Data Assets ABC

数据资产ABC

周法兴 / 主编

王文虎 董佳艺 周洁 / 副主编

中国财经出版传媒集团

经济科学出版社

Economic Science Press

·北京·

图书在版编目（CIP）数据

数据资产 ABC ／ 周法兴主编；王文虎，董佳艺，周洁副主编 . -- 北京 ： 经济科学出版社，2024. 10.
ISBN 978 - 7 - 5218 - 6369 - 7

Ⅰ. TP274

中国国家版本馆 CIP 数据核字第 2024MC5146 号

责任编辑：卢玥丞
责任校对：郑淑艳
责任印制：范　艳

数据资产 ABC

SHUJU ZICHAN ABC

周法兴　主　编
王文虎　董佳艺　周　洁　副主编
经济科学出版社出版、发行　新华书店经销
社址：北京市海淀区阜成路甲 28 号　邮编：100142
总编部电话：010 - 88191217　发行部电话：010 - 88191522
网址：www. esp. com. cn
电子邮箱：esp@ esp. com. cn
天猫网店：经济科学出版社旗舰店
网址：http：// jjkxcbs. tmall. com
北京季蜂印刷有限公司印装
710 × 1000　16 开　45. 5 印张　762000 字
2024 年 10 月第 1 版　2024 年 10 月第 1 次印刷
ISBN 978 - 7 - 5218 - 6369 - 7　定价：188. 00 元
（图书出现印装问题，本社负责调换。电话：010 - 88191545）
（版权所有　侵权必究　打击盗版　举报热线：010 - 88191661
QQ：2242791300　营销中心电话：010 - 88191537
电子邮箱：dbts@ esp. com. cn）

《数据资产 ABC》编委会

序　言

　　数字经济方兴未艾已经成为世界的主要经济形态。2023 年我国数字经济占 GDP 的比重为 42.8％，达到 53.9 万亿元。数据与土地、劳动、资本、技术并列，成为经济社会发展不可或缺的生产要素之一。2022 年 12 月，《中共中央　国务院关于构建数据基础制度更好发挥数据要素作用的意见》（简称"数据二十条"）发布，明确数据作为新型生产要素，是数字化、网络化、智能化的基础，提出要加快构建数据产权、流通交易、收益分配、安全治理等基础制度，激活数据要素潜能，做强做优做大数字经济，构筑国家竞争新优势。

　　2023 年以来，国家数据局正式挂牌，有关部门陆续出台数据资源入表、数据资产管理相关文件，数据资产作为新型资产进入大众视野。利用数据资产变"钱"成了一个热点。一些上市公司、城投公司、数科公司在相关文件指导下，率先开展数据资源入表和数据资产交易实践，数据资产相关产业生态发展受到社会高度关注。参加本书编写的许多同仁对此深有体会，他们有的在一线积极开展数据资产交易实践，有的在政府有关部门为打通数据资源化、数据资产化全流程路径，加快研究建设数据确权、入表、估值、定价、交易、使用等环节相关制度。他们在日常工作和调研中，碰到许多对数字经济、特别是对数据资产感兴趣的人，提出许多各式各样的问题，深感有必要在对现有理论研究、制度政策梳理和介绍的基础上，结合自身工作体会，编写一本通俗易懂的关于数据资产的读物，来普及相关知识，使公众建立起对数据资产的认知，了解数据资产的价值，领略数字经济的魅力。

我们的目标是围绕"数据资产"这个核心，把它的前生前世，即数据和数据资源的问题讲清楚，再通过各行各业已经成功的实践案例，把数据资产使用、交易、资本化的今生今世完整呈现，帮助大家全面直观地理解数据资产"从哪来，往哪去"，并获得数据资产应用示范。同时，我们对目前业界关于数据资产确权、公共数据授权运营等方面的理论、实践、分歧、困惑实事求是地进行梳理和讨论，并试图拨除迷雾、探明方向。

实践中，数据、数据资源、数据资产的概念使用有时候会出现模糊混淆，需要做的是抓住其本质。我们认为，数据就像未开发的土地，本身不具有多少价值，只有通过采集、筛选、加工、整理、分类、聚合等操作获得价值才能成为数据资源。而数据资源是数据资产的基础，只有产权清晰、价值明确的数据资源才能成为数据资产。数据经济价值和社会价值的实现，最好的途径就是资产化，只有实现资产化，数据才能做到产权清晰、可计量、可定价，从而激活流通交易，真正成为数字经济发展的重要引擎。

我们认为数据资产概念的提出和应用场景的挖掘，只是刚刚破题，随着我国数据基础制度的不断完善，特别是权属登记、分类分级、标准等的推出，必将推动数据资产进一步培育壮大，加快促进数据资产交易全国统一大市场的形成和活跃，更好地服务于数字经济发展。

　　本书的编写，希望起到抛砖引玉的作用，许多概念和看法是一家之言，尚不成熟，敬请读者指正。

目　　录

附录1　应用场景案例

附录 2　数据法律法规及相关制度

一、国家层面

（一）法律

（二）制度

二、地方层面

（一）法规

（二）制度

后记／440

第 一 章　基 础 知 识

本章将围绕数据、数据资源、数据资产等基本概念展开详细介绍，帮助读者快速了解数据相关基础知识，树立数据观念、构建数据思维，为更好地理解后续内容打好基础。

第一节 数 据

建设数字中国是数字时代推进中国式现代化的重要引擎，是构筑国家竞争新优势的有力支撑，对全面建设社会主义现代化国家、全面推进中华民族伟大复兴具有重要意义和深远影响。随着技术攀"高"、产业向"新"，数据已经成为数字经济的关键要素，是数字经济深化发展的核心推动力。构建以数据要素为基础的经济发展体系，契合高质量发展内涵，是推动国家数字经济发展战略的切入点，更是实现中国式现代化的必由之路。

一、什么是数据?

"数据"一词由"数"和"据"两个要素组成[①]。其中，前者为计数，即对客观事物记录及描述后的结果；后者为凭据，即承载上述结果的各类物体，随着时代发展不断变化，如石器、龟壳、竹签、纸张、光盘、硬盘等。数据可以表现为各种形式，包括数字、文字、图像、声音、视频等。例如，数字形式的数据可以是某种产品的销售额；文字形式的数据可以是一份市场调研报告中的相关描述；图像形式的数据可以是卫星拍摄的地球照片；声音形式的数据可以是一段音乐录音；视频形式的数据可以是一

---

① 中国大百科全书（第三版）[M]. 北京：中国大百科全书出版社，2021.

场体育比赛的实况转播。

关于数据的明确定义，目前尚未达成共识。国际数据管理协会（DAMA）认为，数据是以文字、数字、图形、图像、声音和视频等格式对事实进行表现；经济合作与发展组织（OECD）认为，数据是指以结构化或非结构化格式记录的信息，包括文本，图像，声音和视频；国际标准化组织（IOS）认为，数据是便于通信、解释或处理的一种事实信息的表现形式。《中华人民共和国数据安全法》指出，数据是指任何以电子或者其他方式对信息的记录。综上，本书将数据界定为：数据是任何以电子或者其他方式对信息的记录，格式主要包括文字、数字、图形、图像、声音和视频等。

二、数据有哪些种类？

数据内容丰富、来源广泛，可从不同的维度出发进行分类。

一是按数据所涉及的主体，可分为公共数据、企业数据、个人数据。2022 年 12 月发布的《中共中央　国务院关于构建数据基础制度更好发挥数据要素作用的意见》（以下简称"数据二十条"）是目前我国数据领域顶层设计文件，根据文件相关内容，公共数据是指各级党政机关、企事业单位依法履职或提供公共服务过程中产生的数据；企业数据是指各类市场主体在生产经营活动中采集加工的、不涉及个人信息和公共利益的数据；个人数据是承载个人信息的数据。

二是按数据内容所涉及的行业领域，可将数据分为工业数据、电信数据、金融数据、交通数据、自然资源数据、卫生健康数据、教育数据、科技数据等。

三是按数据内容所涉及的经营环节，可分为业务数据、经营管理数据，以及系统运行和安全数据。其中，业务数据是指组织在业务经营过程中收集和产生的数据；经营管理数据是指组织在经营管理过程中收集和产生的数据；系统运行和安全数据指在网络和信息系统运维过程中产生的数据，如备份数据、日志数据、安全漏洞信息等。

四是按照数据结构特征，可以分为结构化数据、半结构化数据和非结构化数据[①]。其中，结构化数据由明确定义的数据类型组成，具有统一且确定的关系，如员工信息表，其中包含姓名、年龄、职位等字段；销售数据表，包含产品名称、销售数量、销售日期等。半结构化数据介于两者之间，如简历文档，包含个人基本信息、工作经历、教育背景等部分，但每个部分的内容和格式可能会有所不同。非结构化数据没有统一和确定的关系，如图片、视频等。

五是按照对经济的潜在影响，可分为非商业数据（如政府数据）；以市场价格在买卖双方之间流动的交易数据（如网上银行或广告数据）；在企业之间或内部进行免费交换的商业数据（如信息图形）；向终端用户提供的免费数据（如免费电子邮件、免费地图和导航、短视频）。该分类方式是美国商务部 2016 年提出的，其目的在于探讨如何采用经济统计的相关方法，来衡量数据流动对经济的潜在影响，并在此基础上提出完善现有经济指标的建议[②]。

---

① 覃雄派，陈跃国，杜小勇．数据科学概论［M］．北京：中国人民大学出版社，2018.
② 王理．数据要素驱动经济发展研究［D］．成都：四川大学，2023.

六是按照数据本身的属性可分为定性数据和定量数据。其中，定量数据以数字形式表示，可以进行数学运算和统计分析，如人的身高、体重等；定性数据用于描述事物的性质、特征或类别，通常不能直接进行数学运算，如人的性别、血型等。

除以上列举之外，数据还有很多分类方式，如内部数据和外部数据、实时数据和历史数据等，不再一一列举。不同的分类方式为理解和掌握数据的概念提供了极为多样的视角和丰富的方法。通过这些分类方式，可以更全面、更深入地洞察数据的特性、结构以及其所蕴含的价值，并进一步探索、分析如何合理运用数据。

三、数据为什么是一种生产要素？

党的十八大以来，党中央高度重视数据要素在经济发展中的作用。2013 年 7 月，习近平总书记在视察中国科学院的讲话中指出：“大数据是工业社会的‘自由’资源，谁掌握了数据，谁就掌握了主动权”。① 习近平总书记的这一科学论断，指明了新时代将会是一个由数据主导、数字管理、“互联网＋”推动发展的大时代。2017 年 12 月，中央政治局就实施国家大数据战略进行第二次集体学习时，习近平总书记明确指出：“在互联网经济时代数据是新的生产要素，是基础性资源和战略性资源，也是重要生产力”。② 2019 年 10 月，党的十九届四中全会《中共中央关于坚

---

① 我国数据安全隐患重重 数据库技术建设迫在眉睫［N］. 经济参考报, 2016 − 07 − 08.
② 实施国家大数据战略 建设数字中国［N］. 光明日报, 2018 − 01 − 28.

持和完善中国特色社会主义制度、推进国家治理体系和治理能力现代化若干重大问题的决定》中指出："健全劳动、资本、土地、知识、技术、管理、数据等生产要素由市场评价贡献、按贡献决定报酬的机制"。[①] 这是我国首次在中央文件中将数据列为一种新的生产要素。

生产要素是指进行社会生产经营活动时所需要的各种社会资源，是维系国民经济运行及市场主体生产经营过程中所必须具备的基本因素。如图 1-1 所示，在农业社会，土地和劳动是主要生产要素；在工业革命时期，技术和资本成为新的生产要素；数字经济时代，数据成为一种新的生产要素，已和其他要素一起快速融入生产、分配、流通、消费和社会服务管理等各环节及经济价值创造过程中，深刻改变着生产方式、生活方式和社会治理方式，对生产力发展有广泛的影响。

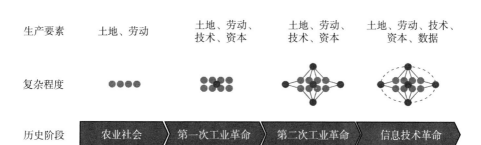

图 1-1　各历史阶段生产要素演进

图片来源：Thoughtworks 发布的《数据工程白皮书》。

2024 年 7 月，党的二十届三中全会通过《中共中央关于进一

　　[①]　中共中央关于坚持和完善中国特色社会主义制度　推进国家治理体系和治理能力现代化若干重大问题的决定［EB/OL］. 新华社，2019 - 11 - 05.

步全面深化改革 推进中国式现代化的决定》，共 19 次提到"数据""数字"等数据要素关键词，提出了全国一体化技术和数据市场、加快构建促进数字经济发展体制机制、完善促进数字产业化和产业数字化政策体系、建设和运营国家数据基础设施等重要改革举措，并明确指出了"加快建立数据产权归属认定、市场交易、权益分配、利益保护制度""建设和运营国家数据基础设施，促进数据共享"等具体要求。

未来，数据要素对经济社会的作用将进一步显现。从微观层面看，数据要素将通过与劳动力、资本、技术等其他生产要素深度融合，显著提升人力资源素质、优化投融资决策、促进先进技术的研发与应用，进而推动生产效率和经济效益的双重提升。从宏观层面看，数据要素将优化资源配置，驱动生产方式变革，提升经济发展的效率与质量，促进政府管理与社会治理模式的创新，并通过科学化决策、精细化治理与高效化服务，为政府和社会带来更多的变革机遇。

四、数据作为生产要素有哪些特征？

作为新型生产要素，数据具备以下五个方面的显著特征。

一是非物质性。数据不同于传统的土地、劳动力、技术、资本等生产要素，数据没有物理实体，不存在有形的物质形态。数据是以数字形式存在的信息，通过电子设备和网络进行存储、传输和处理。这也是它容易被忽视或难以理解为生产要素的原因之一。

二是非排他性。经济学意义上的排他性是指排斥他人使用的可能性，也就是说当某主体在使用该要素时其他主体就不能同时使用。例如，一个企业购买了一片土地的使用权，其他企业就不能同时使用这片土地。而数据由于在技术上可无损耗、低成本无限复制，在一定条件下可同时被多个主体开发利用。

三是可得性。数据要能够成为普遍存在的生产要素，必须具有可得性，也就是劳动者、企事业单位都能够像是获取劳动力、土地等一样方便地获取数据，然后再基于数据基础设施进行对数据的再加工和创造，进而创造出新的价值。在可得性基础上，数据要素可以在不同的行业和领域中广泛应用，还具有很强的通用性和可复用性。

四是衍生性。数据之间往往存在着各种关联关系，不同来源、不同类型的数据相互结合和交叉分析，可能会产生新的洞察和价值。同时，与其他要素市场有机结合，可产生乘数作用，有助于提升全要素生产率。

五是时效性。一些数据在特定的时间范围内具有很高的价值，随着时间的推移，其价值可能会迅速降低。例如，股票市场的实时数据对于短期投资决策非常重要，但在一段时间后可能就失去了大部分的决策参考价值。当然，还有一些数据时效性不明显，如历史数据等。

第二节 数据资源

"数据资源"是数据领域经常被使用的名词，在"数据二十条"及财政部 2023 年 8 月出台的《企业数据资源相关会计处理暂行规定》（财会〔2023〕11 号）等制度文件中多次出现。狭义来看，可以将数据资源简单理解为数据的集合，广义来看，数据资源内涵十分丰富，需要从不同的角度理解。

一、什么是数据资源？

了解数据资源可先从资源概念入手。根据新华字典的释义：资源是一国或一定地区内拥有的物力、财力、人力等各种物质要素的总称，分为自然资源和社会资源两大类，其中社会资源包括人力资源、信息资源以及经过劳动创造的各种物质财富。因此，数据资源可以理解为社会资源中由数据要素组成的集合。

中国信息通信研究院 2021 年 5 月发布的《数据价值化与数据要素市场发展报告》提出，数据资源是指能够参与社会生产经营活动、为使用者或所有者带来经济效益、以电子方式记录的数据；中国资产评估协会出台的《数据资产评估指导意见》（中评协〔2023〕17 号）提出，数据资源是指经过加工后，在现时或者未来具有经济价值的数据；英国政府数字化服务局（GDS）在《政府数字服务设计原则》中提到，数据资源是能够被获取、处理和分析，以支持决策制定、服务改进和政策制定的信息集合；高德纳咨询公司认为，数据资源是兼具容量大、流转快、种类多等特征的信息资产，重点在于如何利用更有效的工具，以更低的成本获得和使用[①]。本书认为，数据资源是指经过加工后，能参

---

① 冯芷艳等. 大数据背景下商务管理研究若干前沿课题［J］. 管理科学学报，2013，16（1）：1－9.

与经济活动的、具有一定经济价值的数据集合。

当前，数据资源已成为国家基础性战略资源的重要组成部分，并参与到社会经济发展的各个领域。随着技术的不断进步和数据应用的不断深化，数据资源的价值正在进一步凸显，已经成为推动经济社会发展的重要新质生产力。

二、数据资源与数据相比有哪些特征?

数据资源与数据相比具有以下四方面的特征。

一是可利用性。数据通常只是原始的信息记录，而数据资源是经过筛选、整理、组织的数据，具有明确的可利用性。数据资源能够更直接地为特定的目的和任务提供支持，例如，决策制定、业务优化等。

二是价值性。数据本身可能包含潜在价值，但这种价值往往因缺少挖掘而不够明确或极为有限。数据资源则是被认定具有一定价值，并且能够通过合理的处理和分析转化为实际的经济、社会或业务价值。

三是系统性和规划性。数据资源的形成往往经过了系统性的规划和整合。相比之下，数据可能是零散、无序的。数据资源在收集、存储和管理方面遵循一定的策略和架构，以提高其使用效率和效果。

四是针对性和目标导向。数据资源通常是针对特定的需求和目标而构建和优化的。而数据可能是广泛收集的，没有明确的针对性。

三、数据资源与传统资源相比有哪些特征？

数据资源与传统资源相比具有以下三方面特征。

一是可复用性。根据资源的定义，钢铁、水泥等传统原材料属于物力资源，在生产高价值产品的过程中会被消耗。但数据资源在使用时不会被消耗或耗尽；相反，数据资源可以被反复利用，且随着每次新的使用、与其他数据资源的集成将不断被积累，提供持续的价值来源。

二是增值性。一般情况下，货币等财力资源十分有限，且随着时间的推移会出现一定程度上的贬值。而数据资源可反复提取使用，且除了时效性强的数据资源，一般数据资源将随着时间的推移和使用量的增加而升值，可称之为数字时代中的"黄金"。

三是持续性。劳动力等人力资源有疲劳、疾病和人员流动等固有局限性，但数据资源是一种全天候可用的资源，不受这些限制，为决策和运营提供一致且不间断的支持。

第三节　数据资产

随着价值挖掘的不断深入，部分数据资源开始逐渐具备资产属性，数据资产作为新兴资产开始跃入大众视野。"数据二十条"对构建数据基础制度作了全面部署，明确提出推进数据资产合规化、标准化、增值化，有序培育数据资产评估等第三方专业服务机构，依法依规维护数据资源资产权益，探索数据资产入表新模式等要求。2023 年 2 月，中共中央、国务院印发《数字中国建设整体布局规划》，进一步指出要加快建立数据产权制度，开展数据资产计价研究等。2023 年 12 月，财政部出台《关于加强数据资产管理的指导意见》（财资〔2023〕141 号），针对数据资产的管理权责、使用、开发、价值评估、收益分配、信息披露等作出明确规定，旨在构建共治共享的数据资产管理格局，加强数据资产全过程管理，促进数据资产合规高效流通使用，更好发挥数据资产价值，推动数字经济发展。

一、什么是数据资产？

前面已经详细介绍了数据、数据资源，现在推出数据的更深层次的概念——数据资产。

在界定数据资产的概念之前，先来回顾一下资产的定义。根据 2014 年新修订的《企业会计准则——基本准则》，资产是指企业过去的交易或者事项形成的、由企业拥有或者控制的、预期会给企业带来经济利益的资源。可以理解为：一是资产本质上仍是一种资源；二是并不是所有资源都是资产，只有符合主体拥有或控制，且能给主体带来预期经济利益的资源才是资产。结合资产定义，本书将数据资产定义为，由主体在相关事项中形成的，能够拥有或控制的，且能给主体带来预期经济利益流入的数据资源。

这与财政部印发的《关于加强数据资产管理的指导意见》中提出公共数据资产的定义是相互印证的。文件提出，鼓励各级党政机关、企事业单位等经依法授权具有公共事务管理和公共服务职能的组织将其依法履职或提供公共服务过程中持有或控制的，预期能够产生管理服务潜力或带来经济利益流入的公共数据资源，作为公共数据资产纳入资产管理范畴。同时，这与财政部 2024 年 2 月印发的《关于加强行政事业单位数据资产管理的通知》（财资〔2024〕1 号）中关于行政事业单位数据资产的定义也是相互印证的。该文件提出，行政事业单位数据资产是各级行政事业单位在依法履职或提供公共服务过程中持有或控制的，预期能够产生管理服务潜力或带来经济利益流入的数据资源。

值得注意的是，数据资产容易与"数字资产"产生混淆。数字资产是任何以数字化形态存在的资产，覆盖范围更加广，包括数据资产、数字知识产权类资产、数字货币等类别。也就是说，数据资产是数字资产中的一种。

二、数据资产有哪些特征？

关于数据资产的特征，参照《数据资产评估指导意见》，数据资产具有非实体性、依托性、可共享性、可加工性、价值易变性等五方面特征。

一是非实体性。非实体性是指数据资产无实物形态，虽然需要依托实物载体，但决定数据资产价值的是数据本身。数据资产的非实体性也衍生出数据资产的无消耗性，即其不会因为使用而磨损、消耗。

二是依托性。依托性是指数据资产必须存储在一定的介质里，必须有载体。介质或载体的种类包括磁盘、光盘、网络空间等。同一数据资产可以同时存储于多种介质。

三是可共享性。可共享性是指在权限可控的前提下，数据资产可以被复制，能够被多个主体共享和应用。

四是可加工性。可加工性是指数据资产可以通过更新、分析、挖掘等处理方式，改变其状态及形态。

五是价值易变性。价值易变性是指数据资产的价值易发生变化，其价值随应用场景、用户数量、使用频率等变化而变化。

三、数据资产与数据、数据资源有什么区别和联系？

通过前文的介绍，可以了解到数据、数据资源、数据资产在内涵、外延等方面存在差别，但也存在一定的联系，只有掌握其中的联系，才能以系统的思维看待数据资产。本书认为，数据、数据资源、数据资产三者的关系如图 1 – 2 所示。

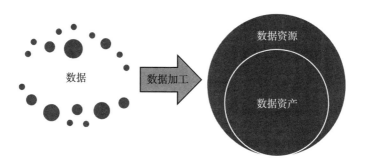

图 1 – 2　数据、数据资源、数据资产三者关系

简单来说，数据是以杂乱无序的形式存在的原始记录，是三

者中的最初形态。经过加工后，具有经济价值的数据集合则可成为数据资源。进一步地，在数据资源中，符合资产定义的，即在主体的相关事项中形成、主体能够拥有或控制、能为主体带来预期经济利益流入的数据资源可以成为数据资产。

四、数据资产如何实现资本化？

资本是人类创造物质和精神财富的各种社会经济资源的总称[①]。资本是一个在经济学、社会学和商业领域中被广泛使用的概念。在经济学中，资本通常指用于生产的财富，包括物质资本（如机器、厂房、设备等）和金融资本（如货币、股票、债券等）；在社会学中，资本的概念可能更广泛，包括经济资本、社会资本（人际关系网络和社会地位等）和文化资本（教育、知识、技能、品位等）。

与数据和数据资源相比，数据资产权属清晰、价值明确，具有更好的交易流通性，具备了基于此开展投融资活动的基础，可实现数据资产资本化。本书认为，在合法合规前提下，数据资产所有者以质押融资、增信融资、投资入股等多种形式，将数据资产转化为经营所需的资本，即数据资产资本化。

当前，相关主体围绕数据资产资本化进行了积极探索实践，最常见的方式有以下三种。

一是质押融资。企业将具有一定价值和稳定性的数据资产作为质押物，向金融机构申请贷款。金融机构会对数据资产的质

---

① 赵林如.中国市场经济学大辞典［M］.北京：中国经济出版社，2019.

量、价值、风险等进行评估，确定贷款额度和利率。

二是增信融资（也称"无质押融资"）。传统增信要第三方担保、信用评级等。在金融机构可以确认持有方数据资产价值和运营能力的前提下，允许持有方以自身的数据资产作为信用背书申请贷款，而无需提供传统的实物质押。贷款额度的确定，依赖于对持有方数据资产的质量、数量、来源和应用场景的全面评估。无质押增信贷款额度的授予，展示了金融机构对数据资产价值的认可。

三是投资入股。传统的投资入股以资金、实物或知识产权为主，现在可以数据资产投资入股。数据资产投资入股体现了数据作为新型生产要素的价值。在 2024 年修订的《中华人民共和国公司法》及相关司法解释下，数据资产出资需要满足一定的条件，如"可以用货币估价并可以依法转让的非货币财产"等。投资入股时，需要考虑数据资产的确权、估值定价、交付和数据安全等多方面因素。同时，企业在接受数据资产入股后，也需要承担相应的数据保护合规义务，建立内部数据合规体系。

以上三种常见方式的实践情况将在后面的内容中详细介绍。此外，资产证券化和数据信托也是可选择方式，但当前实践较少。资产证券化指将数据资产产生的未来现金流进行打包和结构化处理，并据此发行证券在资本市场上融资。这种情况下，通常需要对数据资产的收益进行预测和评估，构建证券化产品的结构。数据信托是大数据时代应运而生的一种新型资产管理方式。就像传统信托中，财产所有人会将财产托付给信托公司以获取收益一样，数据信托允许数据资产所有者将数据资产交给受托人，由专业的第三方来确保数据安全与合规使用，并从中获取收益。在此过程中，数据资产所有者通过转让信托受益权获得收益，而受托人则利用专业能力来提升数据资产的价值，最终这些增值收益会按照信托合同的约定，分配给投资者。

第二章 数据资产化

数据资产化是数字经济的必然趋势，也是推动数字经济高质量发展的重要动能。在对数据、数据资源、数据资产等概念有了初步认识的基础上，本章将详细介绍"数据—数据资源—数据资产"的数据资产化路径，包括数据应用场景、数据加工、数据确权、数据资产价值衡量、数据资产价值实现，以及数据产业生态构建等内容，帮助读者更加深入详细地理解数据资产化过程。数据资产化实现了对数据权属的确认、价值的量化，对进一步促进数据要素交易流通和价值挖掘意义重大。

第一节　数据应用场景

数据价值实现的关键在于寻找场景应用。离开应用场景，数据的价值将无法实现。随着数字经济发展及产业数字化转型，从智慧城市建设到金融服务创新，从商业营销的精准投放到公共安全的智能预警，数据应用无处不在。正是在这样的背景下，发挥我国海量数据规模和丰富应用场景优势，推动数据在不同场景中发挥乘数效应，对于促进我国数据基础资源优势转化为经济发展新优势至关重要。

一、数据应用场景的内涵

具体探索丰富多样的数据应用场景之前，需要对数据应用场景的内涵进行了解，包括什么是数据应用场景，我国构建数据应用场景的优势、成效等。

（一）数据应用场景的定义

应用场景是指一个产品、技术、服务或解决方案在现实中能够被有效运用的具体环境和情景，本质上可以理解为该产品或技术等在某一特定的实际环境中如何应用。数据应用场景的本质即数据要素在特定环境下如何发挥经济价值及社会价值。例如，电商平台如何利用用户购买数据进行精准商品推荐；交通部门如何依据道路流量数据优化信号灯设置；医疗行业如何通过患者病历数据辅助疾病诊断；金融机构如何根据客户信用数据评估贷款风险等。

（二）我国在数据应用场景构建方面的优势

我国是数字经济和数据资源大国。我国拥有 39 个工业大类，191 个中类，525 个小类，是全世界唯一拥有联合国产业分类中全部工业门类的国家[①]。2023 年，我国数据生产总量达 32.85ZB（十万亿亿字节），同比增长 22.44%，并拥有全球规模最大的数字化应用场景、强大的数字基础设施和高素质的数字人才[②]。因此，可以通过技术创新、人才培养、政策支持等多方面的努力，更好地利用我国丰富的应用场景和海量数据规模优势，推动数字经济高质量发展。

党中央、国务院高度重视数据应用场景构建，"数据二十条"提出，充分发挥我国海量数据规模和丰富应用场景优势，激活数据要素潜能，做强做优做大数字经济，增强经济发展新动能，构筑国家竞争新优势；区分使用场景和用途用量，建立数据分类分级授权使用规范；针对跨境电商、跨境支付、供应链管理、服务外包等典型应用场景，探索安全规范的数据跨境流动方式；支持开展数据流通相关安全技术研发和服务，促进不同场景下数据要素安全可信流通等。

---

① "唱衰中国"的闹剧，挡不住"重仓中国"的选择［EB/OL］. 光明网，2024－04－11.
② 数字中国发展报告（2023 年）［R］. 国家数据局，2024－06－30.

为贯彻落实党中央决策部署，2023 年 12 月，国家数据局等十七部门印发《"数据要素 ×"三年行动计划（2024—2026年)》，聚焦重点行业和领域，挖掘典型数据要素应用场景，即具体指出了数据要素在智能制造、智慧农业、商贸流通、交通运输、金融服务、科技创新、文化旅游、医疗健康、应急管理、气象服务、智慧城市、绿色低碳等 12 个行业和领域的应用场景。文件指出，到 2026 年底，数据要素应用场景广度和深度大幅拓展，在经济发展领域数据要素乘数效应得到显现，打造 300 个以上示范性强、显示度高、带动性广的典型应用场景，产品和服务质量效益实现明显提升，涌现出一批成效明显的数据要素应用示范地区，培育一批创新能力强、市场影响力大的数据商和第三方专业服务机构，数据产业年均增速超过 20%，数据交易规模增长 1 倍，场内交易规模大幅提升，推动数据要素价值创造的新业态成为经济增长新动力，数据赋能经济提质增效作用更加凸显，成为高质量发展的重要驱动力量[①]。

（三）我国在数据应用场景构建方面取得的成效

2024 未来数商大会发起了 2024 数商产业场景调研，面向社会公开征集"2024 数商典型应用场景"案例，涉及工业制造、现代农业、商贸流通、交通运输、金融服务、科技创新、文化旅游、医疗健康、应急管理、气象服务、城市治理、绿色低碳、企业服务等 13 个领域。调研结果显示，在应用成效方面，参与调

[①]　国家数据局等 17 部门联合印发《"数据要素×"三年行动计划（2024—2026 年)》[EB/OL].中国互联网协会，2024 – 01 – 08.

研的案例平均降低成本 29%，提升营收 22%。在数据类型方面，74.2% 的案例调用了企业数据，62.9% 的案例调用了公共数据，近半数的案例调用了两种及以上类型的数据，12.3% 的案例同时调用了公共数据、企业数据、个人数据；在数据用量方面，半数以上的案例年平均调用数据次数超 100 万次，调用 1 亿次以上的场景主要分布在金融服务、城市治理、商贸流通和交通运输领域。该项调查表明，各地聚焦优势产业和重点场景，强化数据应用和数商产业生态建设，释放数据要素价值，取得积极成效。[①]

在各行业各领域构建数据应用场景对充分发挥数据要素的放大、叠加、倍增作用，释放数据要素价值，赋能经济社会高质量发展具有重要意义。未来，数据应用场景的重要性将进一步凸显，越来越多的行业和领域将受益于数据应用场景，提升效率、创新服务、增强竞争力，从而推动社会经济的全面发展。

二、数据应用场景的类别

数据应用场景从不同维度出发有着不同的分类方式。可从应用领域出发，分为工业、农业、金融、医疗等场景；也可从应用目的出发，分为提升内部管理水平、提高生产经营效率、增强市场分析能力等场景。以下将从应用目的出发对应用场景进行分类和介绍。值得注意的是，以下应用目的既适用于企业生产经营活动，也适用于政府的公共管理活动。

---

① 2024 未来数商大会在杭州未来科技城举办［EB/OL］. 澎湃新闻，2024 – 04 – 19.

（一）提升内部管理水平

该类应用场景中，主体将通过利用相关数据达到提高内部管理精细化水平、提升决策科学性、推动数字化转型等目的。具体来说，数据在内部管理方面的应用场景一般集中在项目管理、人力资源管理、财务管理、战略管理等领域。

一是项目管理。数据在项目管理的各个阶段都可以发挥至关重要的作用，通过有效的数据收集、分析和应用，项目管理人员能够做出更明智的决策，提高项目的成功率和效益，实现项目目标的最大化。在项目规划阶段，通过收集和分析需求方及市场有关数据，可对拟开展项目进行需求分析、未来风险预测、进度规划等。在项目执行阶段，根据历史经验数据，提升任务分配科学性；同时，通过收集和分析项目进展有关数据，实时进行质量监控、成本控制及沟通协调等工作，确保项目按时按质按量交付。在项目收尾阶段，整理和分析项目建设数据、满意度调查数据等，为未来项目提供参考和借鉴；同时，对比项目的实际收益与预期收益数据，评估项目的投资回报率，为决策层提供关于项目价值的清晰认识。如附录1应用场景案例中的案例20，在海上风电建设项目实施中，通过收集分析气象环境、海洋环境等数据，帮助实现项目选址、建设和运维管理，灾害预警等，可服务于整个项目从立项、施工到运维的全生命周期管理。

二是人力资源管理。在人才招聘与选拔中，利用大数据分析求职者的简历、面试表现、技能评估等数据，可以更精准地筛选出符合岗位需求的候选人。在人员培训与发展中，根据工作要求和人员技能差距，基于数据分析定制培训课程和培养计划，提高整体素质和工作能力。在人员绩效评估与分析中，通过收集和分析人员的工作数据，如服务满意度调查数据、业务办理效率数据等，用于建立更全面和客观的绩效评估体系，帮助更准确地评估人员的绩效表现。在人力资源规划中，基于对人员流动、离职率、业务发展趋势等数据的分析，预测未来的人力资源需求，提前做好人员储备和招聘计划，确保在不同发展阶段都有足够的合适人才支持。

三是财务管理。在预算编制及执行中，通过对历史财务数据、未来发展计划及经济指标数据等分析，制定更科学合理的预算方案；同时，实时监控预算执行情况，及时发现偏差并采取措施进行调整，确保预算资金的高效使用。在财务风险评估与预警中，利用数据模型对财务状况进行实时监测和评估，及时发现潜在的财务风险，如债务违约风险、资金流动性风险等，并发出预警信号，以便采取相应的应对措施。在投资决策支持中，基于对市场数据、项目收益预测、风险评估等多方面数据的分析，为投资决策提供有力支持，提高投资回报率和资金使用效率。

四是战略管理。一方面，利用数据分析，为决策提供支持，降低决策的主观性和盲目性，提高决策的科学性和准确性。另一方面，基于对内部数据和外部市场环境的分析，制定长期发展战略和短期业务目标，并通过数据监测和评估战略执行的效果，及时进行调整和优化。如附录1应用场景案例中的案例35，广州市文化广电旅游局携手中国电信打造数据中台，全面采集客流、消费、OTA数据、文化活动参与以及交通等多元数据，并联合中国旅游研究院构建数据分析模型，多维度理解游客行为和需求、便于有效规划和配置广州市文旅资源，提升文旅产业发展效能。

（二）提高生产经营效率

该类应用场景中，主体将通过利用相关数据，降低运行成本、提高生产经营效率，从而得到更为优化的投入产出比。具体来看，主要分为投入过程中的供应链管理，以及产出过程中的生产经营控制两个方面。

一是供应链管理。在供应商管理中，通过分析供应商的交货准时率、产品质量、价格等数据，对供应商进行评估和分级，选择优质的供应商建立长期合作关系，争取更有利的合作条件。在库存管理中，实时监控库存水平、销售数据和市场需求预测，优化库存结构，避免库存积压或缺货现象的发生；同时，利用数据分析确定最佳的补货策略和安全库存水平，降低库存成本和资金占用。在物流优化中，分析物流路径、运输方式、运输成本等数据，优化物流配送方案，提高物流效率，降低运输成本；同时，还可以通过物流数据的分析提高对客户交付的准时性和准确性。在供应链风险管理中，监测供应链中的潜在风险因素，如自然灾害、供应商破产、市场波动等，提前制定应对预案，降低供应链中断的风险和损失。如附录 1 应用场景案例中的案例 2，格力电器（芜湖）有限公司通过建立一站式大数据分析平台，实时获取物流信息并分析各库存仓位存量及物料比例，提升物流信息和库存信息的有效性、及时性，大幅提升物流和库存管理效率。

二是生产经营管理。生产经营布局与计划调度方面，根据周边资源禀赋、市场需求、设备产能等数据，制定合理的生产经营布局和计划调度方案，确保优化资源配置、降低生产经营成本、提高生产经营效率。质量控制与改进方面，收集和分析生产经营过程中的质量数据，如产品检测结果、工艺参数等，及时发现质量问题的根源，并采取改进措施，提高产品质量稳定性和一致性。设备维护与管理方面，利用设备运行数据、故障记录等进行预测性维护，提前安排设备维护保养计划，减少设备故障停机时间，延长设备使用寿命。生产经营流程优化方面，通过对生产经营流程中各个环节的数据采集和分析，发现流程中的瓶颈和浪费，进行优化和改进，提高生产经营流程的整体效率和灵活性。如附录 1 应用场景案例中的案例 9，张掖市甘州区采集应用玉米种植、生长、环境监测等数据，实现对玉米全生命周期的自动化、数字化监测，使土地配置率提高 150%，制种产量综合提高 8%，人工投入降低 30%，制种优质率提高 15%，实现对玉米制种产业的数据赋能。

（三）增强市场分析能力

该类应用场景中，主体将通过利用相关数据驱动创新，更精准地把握市场需求和生产供给状况，发现新的市场机会、开发新产品和服务、优化业务流程，实现资源的优化配置，从而推动产业升级。具体而言，通过充分利用数据，可准确了解市场动态、消费者需求、竞争对手情况等，从而制定更有效的市场营销策略和业务决策，提高市场竞争力，实现可持续发展。

一是市场趋势预测。宏观经济层面，通过关注宏观经济指标，如国内生产总值（GDP）增长、通货膨胀率、利率、汇率等，以及政策法规的变化，应对潜在的市场波动。行业发展层面，收集和分析行业报告、研究机构的数据以及行业内主要企业的动态，了解行业的增长趋势、技术创新方向、市场份额分布等，据此识别新兴的市场机会和潜在的威胁。

二是消费者行为分析。通过收集消费者基本信息，如年龄、性别、地域、收入等，以及购买行为数据，如浏览记录、购买频率、购买品类品牌、购买金额等，分析消费者个人特征及购买偏好，进行消费者细分，制定个性化营销策略，提高营销精准度，促进购买转化。这方面平台企业和金融机构做得比较成功。如附录1应用场景案例中的案例32，四川省农村信用社联合社通过数据中台，提升"千人千面"能力，完善客户画像，有针对性地开展营销活动、构建营销场景，提供差异化产品和服务，实现精准营销。

三是竞争对手分析。一方面，收集竞争对手的市场份额、销售额、利润等财务数据，以及产品特点、价格策略、营销活动、客户评价等市场表现数据，了解自身在市场中的相对地位，找出竞争优势和差距。另一方面，对竞争对手的产品或服务进行详细的比较分析，包括功能、质量、价格、用户体验等方面。发现竞争对手的优势和劣势，从而为自身产品或服务的改进和创新提供方向。

四是市场风险分析。基于宏观经济数据、行业及市场数据、个人信用数据等，通过设定阈值和预警指标，及时发现潜在的风险因素，更有效地识别、评估和分散市场风险，为提前制定应对方案提供决策支撑。如附录1应用场景案例中的案例33，恒丰银行利用大数据技术构建信用风险预警系统，在贷前、贷中、贷后阶段分别开展风险管理，自风控系统启用以来，其新增授信业务逾欠率控制在1%以内，且呈逐渐降低态势，不良率更是大幅低于全行同类业务。

前文提到，数据应用场景除了从应用目的出发可分为以上场景，还可从应用领域出发，分为工业、农业、金融、医疗等场景。第三章中的公共数据应用场景介绍，以及附录 1 应用场景案例，将从应用领域出发对数据应用场景进行详细介绍和梳理，便于读者从不同维度对各类应用场景进行了解。

第二节　数据加工

随着信息技术的迅猛发展，数据量呈爆炸式增长。各类主体在日常运营中产生了海量的数据，这些数据来源多样、格式各异、质量参差不齐。为了从复杂数据中提取有价值的信息，并匹配应用场景进行开发应用，需要对数据进行加工处理。通过数据加工可有效挖掘复用数据、提升数据利用效率，提升数据应用价值，有利于更好发挥我国海量数据优势。

一、数据加工的内涵

（一）数据加工的定义

数据加工是挖掘数据价值的基础性、关键性工作，原始数据往往并不是诞生即有价值，而是需要经过加工和处理，蕴含的价值才能显现。数据加工是数据向数据资源、数据资产转化的必不可少的环节。

简言之，数据加工是指根据数据使用者需求及数据应用场景，对杂乱无序的原始数据进行筛选和处理，包括对已有的数据进行结构上、形式上或内容上的修改和调整，从而提高数据可用性的方法。

（二）数据加工参与主体

数据加工是一个多主体协同合作的复杂过程，每个参与主体都不可或缺。一般来说，数据加工主要涉及三个主体。

一是数据供给方。这是原始数据的来源，可能是行政机关、事业单位、企业、其他组织或个人等。

二是数据加工方。负责数据加工处理，一般由数据工程师、算法工程师，或数据供需方相关专业技术人员等担任。

三是数据加工需求方。明确数据使用需求，引导数据加工的目标、方向和重点环节，确保数据加工结果与使用需求紧密结合。

（三）数据加工具体作用

数据加工可以帮助使用者更好地理解和利用所持有数据，并将其转化为具有经济价值的数据资源。具体而言，数据加工的作用主要体现在四个方面。

一是提高数据质量。随着信息技术的飞速发展，政府、企业和个人产生的数据量呈指数级增长。原始数据往往存在着噪声、缺失值、异常值等问题，如果不经过处理，这些问题可能会影响数据的准确性和可靠性。通过数据加工，可以清洗和纠正这些问题，从而提高数据的质量。

二是提取有用信息。原始数据往往是海量的、分散的、杂乱无章的，如果不经过处理，很难从中提取有用的信息和知识。数据分析和数据挖掘技术的不断进步，使得从大规模数据中发现隐藏的模式、趋势和关系成为可能，而数据加工是这些分析和挖掘工作的前置步骤。通过数据加工，可以对数据进行分析和挖掘，从而为决策提供有力的支持。

三是确保合规与安全要求。在数据处理过程中，需要满足各种法律法规和行业规范对于数据隐私、安全和合规性的要求。数据加工过程中可以对数据进行加密、脱敏、清洗、访问控制等处理，以确保数据的合法使用和安全保护。

四是使数据融入应用场景。在应用场景明确后，需要根据场景需求，进一步对数据进行深度加工处理，如模型训练、趋势分析、可视化输出等，使数据在应用场景中发挥作用，从而实现数据价值。

（四）我国在数据加工方面的优势和不足

从数据"产—存—算"规模看，我国具备海量数据优势。根据 2024 年国家数据局联合中央网信办、工业和信息化部、公安部组织开展的全国数据资源调查结果[①]，2023 年全国数据生产总量达 32.85ZB（十万亿亿字节），同比增长 22.44%；数据存储总量为 1.73ZB，存储空间利用率为 59%；共建成 2200 多个算力中心，算力规模超 0.23ZFLOPS（十万亿亿次浮点运算/秒），同比增长约 30%。其中，全国一体化政务数据共享枢纽接入 53 个国家部门、31 个省级行政区（不含港澳台地区）和新疆生产建设

[①] 全国数据资源调查工作组. 全国数据资源调查报告（2023 年）[R]. 国家工业信息安全发展研究中心，2024 – 05 – 24.

兵团，公共数据开放量同比增长超 16%，18.6% 的平台企业和 51% 的中央企业在数据开发利用过程中应用到政府开放数据。

从数据要素市场生态看，数据加工已初具规模。根据国家工业信息安全发展研究中心数据，2022 年我国数据要素市场规模达到 1018.8 亿元，且以 29% 左右的复合增长率持续增长，预计 2025 年超过 2000 亿元，2030 年超过 7800 亿元。

但从数据加工能力来看，相关产业仍有较大的提升空间。根据全国数据资源调查结果，2023 年，全国新增数据存储量为 0.95ZB，与年数据生产总量相比，数据产存转化率仅为 2.9%，海量数据源头即弃；企业一年未使用的数据占比为 38.9%，大量数据被存储后不再被读取和复用；开展数字化转型的大企业中，实现数据复用增值的仅有 8.3%，数据价值挖掘任重道远。[①] 这表明，目前数据加工能力不足导致大量数据难以有效挖掘复用、价值被严重低估。因此，数据加工力度亟须加大，数据价值利用率亟须提升。

二、数据加工的步骤

数据加工涉及多个步骤和技术，可从不同角度和应用场景进行阐述。同时，随着技术的不断发展，数据加工的方法和工具也在不断更新。本书根据数据处理和分析相关的理论与实践总结，将数据加工分为五个步骤：数据获取、数据清洗、数据转换、数据分析、数据可视化。其中，前三个步骤可以理解为"基础加

---

① 全国数据资源调查工作组. 全国数据资源调查报告（2023 年）[R]. 国家工业信息安全发展研究中心，2024 – 05 – 24.

工",即对原始数据进行基本的处理,提高数据质量;后两个步骤可以理解为"深度加工",即根据应用场景,对数据进行进一步处理,实现数据在预设场景中的应用,发挥经济社会效益。

(一) 基础加工步骤

1. 数据获取

一是确定数据来源。首先需要明确原始数据的来源渠道,如政府公开数据、企业内部数据库、市场调查问卷数据等,以此确保数据来源的合法合规性。二是提取数据。根据数据源,使用适当的技术和工具提取目标数据。

2. 数据清洗

一是处理缺失值。一般有两种方法,当缺失值的比例较小且对分析结果影响不大时,直接删除包含缺失值的记录;当预计缺失值对分析结果影响较大时,可使用均值、中位数、众数或临近值填充,也可以基于回归模型等进行填充。二是处理重复数据。通过数据比较和查重算法,识别并删除重复的数据记录,以确保数据的唯一性。三是处理异常值。通过统计分析、可视化等方法识别异常值,并对错误的异常值进行修正或删除。

3. 数据转换

一是数据标准化。将数据按照一定的规则进行标准化处理,使不同量级或单位的数据具有可比性。例如,将数据进行 Z 分数 (Z – score) 标准化、最大最小值 (Min – Max) 标准化等。二是数据编码。数据一般分为数值数据、文本数据、分类数据、媒体数据等多种形式,其中只有数值数据容易被计算机识别。为便于计算机处理和分析,需要将分类数据或文本数据转换为数值编码，常见的编码方法有独热编码（One – Hot Encoding）、标签编码（Label Encoding）等。三是数据聚合。如果数据来自多个不同的数据源或数据集，将数据按照一定的维度（如时间、地域、产品类别等），对数据进行聚合操作，常见方法有求和、求平均值、计数等。

（二）深度加工步骤

1. 数据分析

一是统计分析。运用各类统计分析方法对数据进行初步探索，了解数据的分布、趋势、相关性等特征，发现数据中的潜在规律和问题，找准数据在应用场景中发挥效能的切入点。二是模型选择。根据分析目标和数据特点，结合应用场景需求，选择合适的数据分析方法和模型，如回归分析、聚类分析、分类算法、时间序列分析等。三是模型训练与评估。使用训练数据集对模型进行训练，并使用测试数据集对模型的性能进行评估，根据评估结果对模型进行优化和调整，以保障数据在应用场景中最大化发挥效能

2. 数据可视化

结合应用场景中的具体应用需求，将分析结果以直观、易懂的图表形式进行展示，如柱状图、折线图、饼图、箱线图等，并以文档形式详细阐述数据加工的过程、分析方法、结果解读以及结论和建议，帮助数据使用者更好地理解数据和分析结果。

下面以 A 公司数据加工实践为例，详细介绍数据加工步骤

案例背景：A 公司是一家小型电子商务公司，在前期业务活

动中收集了大量的用户交易数据，包括购买日期、商品名称、价格和购买数量等信息，希望通过数据加工来获取有价值的信息，以优化业务决策。

数据加工步骤：

1. 数据获取

该公司数据全部来源于企业内部数据库，数据分析人员直接从数据库导出源数据文件。

2. 数据清洗

首先，技术人员检查数据集中是否存在完全相同的记录，去除多余的重复信息，确保每条记录都是唯一的。其次，检查价格是否为合理的数值范围、购买数量是否为整数等，对于异常或错误的值进行修正。最后，对于某些记录中存在部分字段缺失，根据业务逻辑或其他相关信息，采用平均值、中位数填充缺失值。

3. 数据转换

技术人员发现，该数据需要从三方面进行转换。一是日期格式转换。将购买日期的格式转换为统一且易于分析的格式，例如"YYYY－MM－DD"。二是价格单位转换。统一价格字段的货币单位，方便进行比较和统计。三是商品名称规范化。对商品名称进行标准化处理，去除特殊字符、缩写或不一致的表述，确保商品名称的一致性。同时，将用户信息、商品信息与交易信息进行关联，确保数据的一致性和完整性，处理可能存在的字段不匹配或数据冲突问题，以此完成数据聚合操作。

4. 数据分析

销售部工作人员对数据进行了四方面的分析。一是热门商品分析。统计各类商品的销售数量或销售额，找出最受欢迎、销售额最高的商品。二是用户购买行为模式分析。通过关联用户 ID 和购买记录，分析不同用户的购买偏好，例如，哪些用户更倾向于购买特定类型的商品。三是促销活动效果分析。比较不同促销活动期间的销售数据，确定哪些促销活动带来了最高的转化率和销售额增长。四是购买周期和频率分析。了解用户的购买周期（如多久购买一次）和购买频率，以便进行个性化推荐和制定营销策略。

5. 数据可视化

销售部工作人员分别用折线图、饼图等图表，从以上四方面开展了分析，并制定了未来销售计划，供企业决策者参考。

数据加工案例

案例 2 - 1：中国联通智网创新中心数据实时加工[①]

案例背景： 中国联通智网创新中心是中国联通网络线总部研发部门，负责集中采集处理中国联通全网移动、传输、IP、业务等网络域相关数据，具备联通网络数据加工处理的优势和责任。该中心虽然在大数据离线分析加工方面相对完善和丰富，但在实时和流式数据加工分析方面相对欠缺，尚无一套全国统一高效的实时和流式数据加工和服务平台，尤其是当前灾害预警、重保监控、金融反诈、客服和营销等方面对于实时数据的需求日益增长，当前数据加工能力无法快速满足各类实时

---

① 案例来源：中国信息通信研究院和中国通信标准化协会共同组织的 2023 年大数据"星河"案例征集活动。

应用需求。

加工过程：

数据实时加工平台。为满足上述需求，中国联通新建一套海量网络数据实时加工平台，实现全网主要核心网信令（通信系统中的控制指令）的实时加工处理，日处理信令约 1.5 万亿条，每分钟处理信令超 10 亿条，实现高吞吐、低时延的海量多源数据实时加工处理整体流程，采集、传输、处理、输出的时延控制在 45 秒以内，统一支撑外部灾害预警、重保监控、反诈提醒等实时数据需求。平台由大数据统一底座和联通云组成；其中，大数据统一底座主要提供基础的加工和存储资源，联通云可实现前端 API 接口、页面、应用支撑。本平台主要创新点是，实时数据服务的研发架构不再进行分散式、独立实时需求的开发，而是统一建模、统一设计、统一服务，灵活快速支撑各类上层应用产品需求。

数据安全保障措施。数据加工和数据供应严格依照《中华人民共和国数据安全法》和中国联通数据共享管理办法要求，按需授权加工和提供数据，涉及到具体基站小区信息的数据内容仅限授权用户和公共安全应急使用。同时，数据存储、数据传输过程严格身份验证和数据加密，避免和防止数据泄漏，接口调用使用非对称加密保障数据仅限授权使用，并建立完善的数据使用审计制度，每日开展数据使用审计，避免需求范围之外的数据滥用，确保数据加工和使用合理合规。

加工成效： 经济价值方面，海量数据实时加工体系建立完成后，实现了对全国全量实时消息的处理，可按需方便快捷地对接支持各类应用需求，应用于优化、客服、营销等场景，可节约数据分析时间30%以上，应用于政府、公共安全、应急等需求支撑，交付时效性可提升90%以上。社会价值方面，系统建设以来，承接和支持政府和人民群众各类紧急实时数据需求，切实落实企业社会责任，保障人民群众生命和财产安全，尤其在灾害预警、疫情防控、重大活动保障、金融反诈等多方面实现了显著的社会价值。

案例2-2：民生银行"阿拉丁"大数据加工厂[①]

案例背景： 民生银行从2002年开始搭建数据仓库平台，是国内第一个搭建数据仓库平台的银行。2014年6月，民生银行上线"阿拉丁"在线自助数据分析云平台，就像一个庞大的"生产车间"，提供了各种各样的数据加工工具，是民生银行业务开展和业务决策的核心支撑。

加工过程： 一是将各业务系统的数据实时抽取到"生产车间"进行加工整理。"阿拉丁"大数据加工厂的"生产车间"是一个整合了民生银行100多个业务系统源数据（包括柜员系统、实物黄金、ATM、手机银行等）、运行在intelX86服务器和Linux节点之上的混合架构数据仓库。二是针对初步整理加工后的数据，按照事前设定的各种主题，再进行二次分类加工处理。其中，"主题"即应用场景，如利用消费数据挖掘潜在高价值客户、利用ATM机交易数据分析市场活跃量等。三是"生产"出各种报表和业务信息供业务部门和管理层采用。"阿拉丁"大数据加工厂并不是仅生产"excel表格"，而是生产具有图文并茂、生动

---

① 资料来源：作者根据公开新闻报道整理。

活泼展现方式的信息。例如，一张插满了密密麻麻的小红旗的北京地图，展示的是民生银行在北京所有区县的 4S 店客户。点击每面小红旗，会详细显示该客户的地址、名称、业务情况等信息，从而有助于更加快速、有效地进行决策。

　　加工成效： 数据加工平台助力民生银行实现"用数据说话、靠数据决策"。例如，依据大数据平台和专业金融技术工具，民生银行目前能够准确计算出每位客户的利润贡献度，从而真正做到个性化定价和个性化服务。据悉，目前"阿拉丁"大数据平台能够提供民生银行近十年来的业务数据，包括每个客户的详细信息、每一笔交易的明细数据，以及外部实时更新数据。

第三节　数据确权

　　数据确权对保障数据有序流通、高效利用、维护数据安全、激励数据供给与加工等都具有重要意义。数据来源多样、体量庞大、应用广泛，涉及的权利相关方众多，数据确权问题是数据领域研究的重点难点。可以说，目前数据资源、数据资产交易最大的堵点在这里。

一、数据产权制度构建

（一）"数据二十条"构建数据产权制度

数据确权在于构建数据产权制度。"数据二十条"是目前国家层面出台的，我国数据管理领域的顶层设计文件，专门设有"建立保障权益、合规使用的数据产权制度"部分，提出了推动数据产权结构性分置；在国家数据分类分级保护制度下，推进数据分类分级确权授权使用，健全数据要素权益保护制度，逐步形成具有中国特色的数据产权制度体系。"建立公共数据、企业数据、个人数据的分类分级确权授权制度。根据数据来源和数据生成特征，分别界定数据生产、流通、使用过程中各参与方享有的合法权利，建立数据资源持有权、数据加工使用权、数据产品经营权等分置的产权运行机制"，业内流行称为"三权分置"。

现阶段，"三权分置"的提出为存在广泛争议的数据产权问题提供了一种创新性的解决思路，旨在淡化所有权，推动数据要素流通应用，激活数据要素价值创造和价值实现。这是当前形势下权衡各方利弊的做法，毕竟数据所有权太为复杂，如过多地纠结于此，则数据资产化、价值化的实现将大大受阻。

值得注意的是，"数据二十条"提出的既非建立"数据资源"产权，也非"数据资产"产权，而是使用了覆盖面最大的"数据"一词，即建立"数据"产权制度。且"三权分置"中三权的前缀，分别为"数据资源"持有权、"数据"加工使用权、"数据产品"经营权。第一章的内容已经详细阐释了数据、数据资源、数据资产的区别与联系（数据产品具有由主体持有或控制，可带来经济流入的资产属性，属于数据资产），三权的前缀之所以不同，也有着深层次的含义。对三者内涵的解读，是本书的重点内容。

（二）解读数据产权的"三权分置"

"数据二十条"仅提出"三权分置"概念，对于三权的取得方式、权利内涵等内容，还有待进一步明确。本书尝试对三权的取得方式和权利内涵等作进一步的解读。

数据资源持有权，结合数据资源的定义，数据资源持有权即对具有一定经济价值的数据进行掌管和保有的权力。凡是依照法律规定或合同约定合法合规获取数据资源的主体，则享有数据资源持有权。之所以持有权的前缀为"数据资源"，是因为对无价值的数据的持有，无现实意义，也无产生相关权利纠纷的风险，无须强调持有权，持有对象一定是具有经济价值的数据，即数据资源，才有被冠以持有权必要。因此，持有权对应"数据资源"最为准确。

数据加工使用权，即对数据进行加工处理以及使用的权力。数据的概念大于数据资源和数据资产，与是否具有经济价值无关。既然要进行加工使用，那相关经济价值后续自然会通过加工和使用显现，与数据现阶段是否具有经济价值无关，因此加工使用权对应"数据"即可。

数据产品经营权，即出售数据产品，获得相关经济利益的权力。经营对象必符合能被人们使用和消费，并能满足某种需求，包括有形的物品、无形的服务，这符合产品的定义。因此经营权对应"数据产品"是具有合理性的。

关于"三权"的关系，本书倾向认为"三权"之间是相互独立的，可以通过授权、协议等方式单独出售或获取，且获取其中某项权力，并不意味着会相伴获取其他权利。当然，实践中也普遍存在由单一主体持有多种权利的情况。如某主体同时持有数据加工使用权和数据产品经营权，则该主体结合数据应用场景对数据进行加工处理后，可直接对形成的数据产品进行经营。"数据二十条"提出，"在保障安全前提下，推动数据处理者依法依规对原始数据进行开发利用，支持数据处理者依法依规行使数据应用相关权利，促进数据使用价值复用与充分利用，促进数据使用权交换和市场化流通。"说明对于数据权利交易，特别是数据加工使用权的流转是鼓励的。

二、数据产权与数据资产产权

"数据二十条"提出了构建数据产权制度，数据产权是最大范围的产权概念，涵盖了数据、数据资源、数据资产等各种数据形态，而每种数据形态又包含不只一种产权权利。本书认为，目前仅是从中提取了三种具有代表性的权利，或者说与现阶段数据价值实现密切相关，亟须明确的权利，即数据资源持有权、数据加工使用权、数据产品经营权。未来，数据产权制度的权利内涵或将更加丰富。

传统的产权是指对合法财产的所有权，具体表现为对财产的占有、使用、收益、处分，是包含多种权利的权利束。数据产品本质属于数据资产，那么除了三权中提到的数据产品（资产）经营权以外，还可参照传统的产权概念，尝试对数据资产的所有权及其各项分权利进行明确。

数据资产通常包括各类数据产品和服务，与数据、数据资源相比，已经具有较为明确的边界与用途，所有权界定对象相对清晰，且数据资产是数据开发应用的终极形态，对数据资产所有权进行明确，既有现实需要，又对后续规范数据资产资本化具有重要意义。

（一）数据资产所有权具体权利

数据资产既然是资产，那么根据所有权权利范畴，数据资产所有权应与其他传统资产所有权相同，具体包括占有、使用、收益和处分权利。数据资产因形成渠道多样、应用场景广泛，权利相关方众多，权属问题容易出现争议。

1. 数据资产占有权

数据资产占有权是对数据资产进行控制的权利，是更好地行使收益、使用和处分权的保障。鉴于数据资产的非实体性，其占有权通常需要在特定空间借助特定技术手段实现。数据资产的其他相关权利亦然。

2. 数字资产使用权

数据资产使用权指对数据资产加以利用的权利，可以由所有权主体行使，也可在一定条件下转移给其他主体行使。不同于传统资产，数据资产在使用中的排他性较弱，很多情况下，更多使用者的加入非但不会削弱原有使用者的权益，反而会带动数据资产创新应用和进一步加工，提高资产使用效率、挖掘资产潜在效能、促进资产价值提升。

3. 数据资产收益权

数据资产收益权指通过对数据资产的使用、出售、投资等行为，获取经济利益的权利。三权中数据产品经营权实质包含在数据资产收益权之中。随着市场经济和数字经济的快速发展，所有权权利重心正经历着从"占有控制"到"利益支配"的转化，即所有权的存在以实现经济利益为目的，收益权已上升为所有权核心权能。这也是大家重视数据资产这类新型资产的原因所在。

4. 数据资产处分权

数据资产处分权是对数据资产进行最终处理的权利。鉴于数据资产特殊性，其处分权除包括传统资产普遍涉及的出售、报废等外，还包括修改、公开、封存或删除等。

（二）数据资产确权特殊性

数据资产所有权与传统资产所有权有许多共通之处，同时鉴于数据资产在形态、生成及应用等方面的特征，其确权较传统资产具有一定特殊性。

1. 数据资产相关权利之间的分割性强

所有权具体表现为占有、使用、收益和处分权利。所有权者可让渡所有权，也可分别让渡基于所有权的占有、使用、收益或处分权利。这种让渡在日常经济活动中非常普遍。数据资产的特殊性在于，其所有权及具体权利的让渡更为天然和隐蔽，各权利之间的分割性较强。如数据加工处理者在技术能力、实际控制能力等方面具有绝对优势，数据来源主体虽然只提供了原始数据，但加工处理者可以层层加工再造，创造无限应用可能，数据来源主体在数据资产生成中的贡献难以准确衡量和分配。

2. 数据资产确权链条上权利主体庞大

数据资产确权的另一大特征和难点就是权利链条上主体众多。庞大的数据集合对应着庞大的数据来源主体，广阔的应用空间意味着存在难以计算数量和层级的数据处理者和使用者。因此，数据资产所有权，以及具体的占有、使用、收益和处分权，每个单独权利或权利组合都对应着庞大的权利主体。即便从理论上可以明确数据资产的权利主体构成，后续各主体权利界定及保护仍面临操作层面的困难。如加工次数越多，权利主体越多，权利界定越困难。

3. 数据资产确权中需考虑数据资产的正外部性

一般来说，传统资产的所有权及其占有、使用、收益和处分权利通常具有较强的排他属性。然而对于具有非竞争性、可共享复用性的数据资产来说，一些情况下被更多人占有或使用，并不影响原有权利人的权益分配，甚至会使数据资产通过应用范围的扩大和应用方式的创新，衍生出更大的经济价值，从而使权利人获得更多的收益，即数据资产具有较强的正外部性。

（三）数据资产确权原则

结合数据资产权利分割性强、权利主体庞大、正外部性强等特征，数据资产确权应参照以下原则。

1. 平衡权利保护与开发应用

对于数据资产中涉及私人权利的部分要依法予以保护，既保障个人隐私和数据安全，也鼓励数据资产开发应用和交易流转。对于数据资产中具有公共属性的部分，要探索协调相关权利主体适当让渡权益，打破壁垒、避免垄断，推动数据资产的流动与应用，促进社会公共福利提升和数字经济发展。现阶段可将确权重点放在数据资产收益分配。

2. 实现对不同主体的激励差别

在数据资产确权过程中，不应采用"一刀切"的方式，应基于特定的应用场景和动态的开发过程，结合不同主体在价值链各环节的实际贡献和权利诉求，客观评定其附着在数据资产上的权利，实现对不同主体的激励差别。

三、数据产权登记实践探索

数据产权的明确，需要以数据产权登记作为支撑。数据产权登记是推动构建数据产权制度的关键环节。"数据二十条"提出，"研究数据产权登记新方式"①。在国家层面数据产权登记工作体制机制尚未明确前，为保护数据要素市场参与主体合法权益，促进数据的开放流动和开发利用，各地纷纷开展数据产权登记相关实践探索。

通过梳理各地实践探索情况可以总结，当前开展数据产权登记工作的登记机构主要包括地方数据局、国家发展改革委、财政部门、司法部门、知识产权局、数据交易所及企业类数据平台等；登记形式主要包括数据资产登记、数据产品登记、数据资源登记、数据要素登记、数据产权登记、数据三权登记、数据知识产权登记及数据资源公证登记等。

（一）数据资产登记

数据资产登记是目前地方实践中应用最广的一种数据产权登记方式。说明将产权概念建立在资产之上更符合社会对产权的传

---

① 探索数据产权登记新方式，加快构建全国一体化数据要素登记体系［EB/OL］. 国家发展和改革委员会，2022 - 12 - 21.

统认知，更容易被普遍理解和接受。广东省政务服务数据管理局发布了《广东省公共数据资产登记与评估试点工作指引（试行）》，规定由广东省政务服务数据管理局对申请登记的数据资产进行审核、公示登记和效果监测，对通过必要审核流程的公共数据资产予以登记并制发数据资产登记凭证（见图2-1），凭证除包含数据资产基本信息外，还对三权的权益信息进行了明确；北京国际大数据交易所在北京市《关于更好发挥数据要素作用进一步加快发展数字经济的实施意见》中被明确为社会数据资产的登记主体，发放数据资产登记证书（见图2-2）；温州市财政局起草了《关于探索数据资产管理试点的指导意见（试行）》，并积极开展数据资产确认登记；青岛市依托企业级数据要素平台探索数据资产登记，由国有企业所属的青岛数据资产登记评价中心通过"数据资产登记评价平台"实现青岛、厦门、武汉、兰州、湖州五城数据资产登记评价互通互认（见图2-3）。

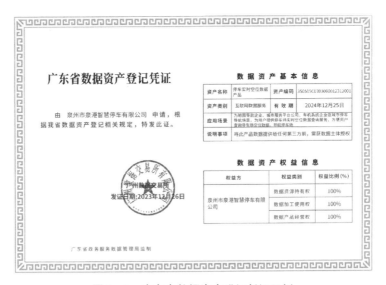

图2-1　广东省数据资产登记凭证示例

图 2 - 2 北京数据资产登记凭证示例

图 2 - 3 青岛数据资产登记证书示例

（二）数据产品登记

上海市发布了《上海数据交易所数据产品登记规范（试行）》，由上海数据交易所发放数据产品登记凭证（见图 2 - 4），对数据产品持有者进行明确；海南省大数据管理局印发《海南省数据产品超市数据产品确权登记实施细则（暂行）》，授权数据产品超市运营方发放数据产品确权登记凭证。浙江大数据交易中心结合区块链技术，为上架数据产品发放数据产品存证证书（见图 2 - 5 和图 2 - 6）。

图 2 - 4　上海数据交易所数据产品登记证书示例

图 2-5　浙江大数据交易服务平台数据产品存证证书示例

图 2-6　浙江大数据交易中心数据产品登记证书示例

（三）数据资源登记

深圳市发展改革委发布《深圳市数据产权登记管理暂行办法》，规定由深圳市发展改革委主管，市委网信办、市公安局、市政务服务数据管理局、市国家安全局在各自职责范围内承担数据产权登记，对数据资源和数据产品进行登记，并由登记机构发放数据资源或数据产品登记证书、数据资源许可凭证。湖北省国有企业湖北华中文化产权交易所是面向数据要素市场化的资产管理平台，为数据资源转化为新型生产要素，提供登记、确权、评估、交易等服务，发放数据资源登记凭证（见图2-7）。

图2-7　湖北数据资源登记凭证示例

（四）数据要素登记

贵州省大数据发展管理局发布《贵州省数据要素登记服务管理办法（试行）》，明确登记对象为数据资源、算法模型、算力资源以及综合形成的产品等数据要素，由省数据流通交易服务中心为审核通过且通过公示期的登记主体颁发登记凭证，凭证种类包括数据要素登记凭证、数据交易凭证、数据用益凭证和数据信托凭证等（见图 2-8 ~ 图 2-10）。

图 2-8　贵州数据商凭证示例

图 2－9　贵州数据中介凭证示例

图 2－10　贵州数据要素登记凭证示例

（五）数据产权登记

郑州数据交易中心对申请登记的数据资产相关信息进行审查，颁发数据产权登记证书（见图2-11）。除证书编号外，数据产权登记证书包含7项主要信息，分别是资产编号、资产名称、资产类型、产权类型、登记主体、统一社会信用代码和有效期，用于证明数据产权的归属和权利状态，保护数据主体合法权益。证书在一定范围内为数据资产后续交易流通、收益分配、数据治理、全流程监督等其他环节提供了合规支撑。根据登记信息，郑州数据交易中心发放的数据产权登记，实质上也是对数据资产进行产权登记。

图2-11　郑州数据交易中心数据产权登记证书示例

（六）数据资源持有权、数据加工使用权、数据产品经营权登记

人民数据管理（北京）有限公司搭建人民数据确权平台，通过人民链 Baas 服务平台（2.0 版本），颁布数据资源持有权、数据加工使用权、数据产品经营权证书（见图 2 – 12 ~ 图 2 – 14）。前文介绍的广东省数据资产登记凭证除包含数据资产基本信息外，也对数据资源持有权、数据加工使用权、数据产品经营权的权益信息进行了明确（见图 2 – 15）。

图 2 – 12   数据资源持有权证书示例

图 2 – 13 数据加工使用权证书示例

图 2 – 14 数据产品经营权证书示例

图 2 - 15 广东省数据资产登记凭证示例

（七）数据知识产权登记

以《国家知识产权局办公室关于确定数据知识产权工作试点地方的通知》等文件为依托，国家知识产权局先后于 2022 年 11 月及 2023 年 12 月确定了 17 个数据知识产权工作试点地方，包括北京市、上海市、江苏省、浙江省、福建省、山东省、广东省、深圳市等，各省市知识产权局牵头开展相关工作。各地知识产权局陆续发布相关管理办法或工作方案，如《北京市数据知识产权登记管理办法（试行）》、《浙江省数据知识产权登记办法（试行）》（见图 2 - 16）、《广东省数据知识产权登记服务指引（试行）》等。

图 2 - 16　浙江省数据知识产权登记证书示例

（八）数据资源公证登记

江西省司法厅指导江西省南昌市赣江公证处打造江西省数据资源登记平台，开展数据资源全链路合规公证登记。公证登记有实质性审核、公证员全程参与和数据全程上链三个特点。实质性审核即在公证员全程参与下，对于拟登记数据资源的存储、使用和来源等进行实质性审查登记，并将公证登记上链，形成可验证的哈希值，以确保安全，实现随时校验（暂无证书示例）。

通过上述梳理可以看出，当前对于数据产权登记的探索以地方为主，相关法律法规依据也大多由地方制定出台，各地在数据产权登记机构、登记流程、登记内容等方面的规定均存在较大差异。一些地方探索实质性开展产权登记，但登记对象各异，包括数据资源、数据资产、数据产品、数据知识产权等；一些地方回避产权问题，仅对数据资源、数据资产等的其他相关信息进行登记，实质上并不属于产权登记。一些地方由政府相关单位开展登记，一些地方由政府指定数据交易机构或其他国有企业开展登记。

四、数据产权制度构建仍需进一步探索完善

目前，数据产权制度构建仍面临相关法律法规基础薄弱，产权结构不完善、产权登记路径不明等问题，亟待进一步探索和解决。

（一）相关法律法规建设有待进一步完善

进一步完善落实数据产权制度，需要将相关制度设计转化为相关法律规范。虽然陆续有地方政府出台地方层面的法规制度，如《深圳经济特区数据条例》《上海市数据条例》等，但这些地方性法规制度文件实际上缺少上位法的支撑。我国现行相关法律，如《中华人民共和国民法典》《中华人民共和国个人信息保护法》《中华人民共和国数据安全法》《中华人民共和国网络安全法》等尚未对数据产权作出明确规定，仅《中华人民共和国民法典》中提到，"法律对数据、网络虚拟财产的保护有规定的，依照其规定"，为数据产权保护和相关制度建设预留了空间。

当前，国家层面亟须加快相关立法进程，厘清数据产权概念、明确权利来源、范围，以及确权原则等，为数据确权工作提

供基本法律依据。立法基础上要及时出台配套制度，明确相关部门权责、细化确权工作流程等，使具体开展确权工作有章可循。相关法律法规建设应兼顾数据权利保护和开发应用，避免法律法规过严制约数据价值实现，同时要注意与现行的《中华人民共和国民法典》《中华人民共和国个人信息保护法》《中华人民共和国数据安全法》《中华人民共和国网络安全法》等相关法律法规相互支撑、形成合力，构建覆盖全面、执行有力的数据产权法律法规体系。

（二）数据产权制度构建有待进一步细化

"数据二十条"提出"三权分置"，初步构建起了数据产权制度底座。但"三权"的权利来源、权利范围尚未明确，有待出台相关文件予以细化。同时，基于"三权分置"的数据产权制度对所有权采取模糊处理，旨在于现阶段起到促进数据交易流通、激发数据价值潜能的作用。但由于数据权利链条上主体数量庞大，且数据来源主体、持有主体、加工使用主体、经营主体层层分离的情况普遍存在，长期来看，所有权界定的模糊会对数据的开发利用造成掣肘、埋下隐患。

国家数据局在 2024 全球数字经济大会上表示，国家数据局今年将推出数据产权相关制度文件。虽然对于数据、数据资源、数据资产等不同形态数据的产权制度构建仍需进一步探索完善，但可先从已经具有资产属性的数据资产入手，探索在"数据二十条"产权制度框架下细化建立数据资产产权制度，明确数据资产所有权及各项相关权利，前文已对数据资产确权的意义和可操作性进行了详细的研究分析。

（三）数据产权登记路径有待进一步规范

各地针对数据产权登记开展了诸多探索，为数据产权制度落地提供了广阔的思路和宝贵的经验。但当前的实践中，各类登记在登记机构、登记对象、登记内容、流通范围等方面均存在较大差异，缺乏规范和统一，登记的合法合规性缺乏保障，登记效力也大打折扣，不利于促进数据交易流通和全国统一大市场的形成。且数据、数据资源、数据资产内涵不同，相应产权登记也有着实质性区别，而目前的登记实践中，三者存在混淆，从登记机构、登记对象等方面都没有进行明确和区分。

权威的数据产权登记制度亟须建立。一是明确数据产权登记主管部门、登记机构、登记对象、登记内容等，基于数据资产的资产属性，可由财政部门开展数据资产产权登记工作，为数据资产的流通应用和资本化提供保障，同时为从财政的国有资产管理职能出发开展公共数据资产管理打下基础；二是明确数据产权登记的申报流程和审核方式；三是明确数据产权登记效力、应用场景；四是探索解决因数据动态易变性而可能引发的变更登记频繁等问题；五是研究已登记数据产权遭受侵权时如何举证，如何采取措施进行维权等。

第四节　数据资产价值衡量

数据资源入表与数据资产评估是衡量数据资产价值的有效方

法。通过入表和评估，可有效衡量数据资产形成过程中投入的成本，预期可产生的经济价值，或市场对其价值的认可程度，为持有主体提供清晰的资产价值视图，为数据资源开发应用和数据资产交易流通提供参考和依据，进一步推动数据资产价值实现。

一、数据资源入表

数据资源入表是指对数据资源相关事项进行会计确认、计量和报告的过程。2023 年 8 月 21 日，财政部发布《企业数据资源相关会计处理暂行规定》（财会〔2023〕11 号），明确数据资源的确认范围和会计处理适用准则等。我国是率先出台数据资源处理会计相关规定的国家，国际上主要准则制定机构均未针对数据资源出台正式的会计处理规定，尚处于研究阶段。该文件已于2024 年 1 月 1 日起正式实施，企业数据资源入表工作正式拉开帷幕。以下根据该文件内容，详细介绍数据资源会计处理方法。

（一）数据资源入表方法

企业使用的数据资源，符合《企业会计准则第 6 号——无形资产》规定的定义和确认条件的，应当确认为无形资产，并按照无形资产准则和应用指南进行会计处理。企业日常活动中持有、最终目的用于出售的数据资源，符合《企业会计准则第 1 号——存货》规定的定义和确认条件的，应当确认为存货，并按照存货准则和应用指南进行会计处理。此外，在"开发支出"项目下增设"其中：数据资源"项目，反映资产负债表日正在进行数据资源研究开发项目满足资本化条件的支出金额。

1. 确认为无形资产的数据资源相关会计处理

一是成本核算。通过外购方式取得的数据资源，其成本包括购买价款、相关税费、直接支出和必要费用。其中，直接支出是指直接归属于使该项无形资产达到预定用途所发生的数据脱敏、清洗、标注、整合、分析、可视化等加工过程所发生的有关支出；必要费用是指数据权属鉴证、质量评估、登记结算、安全管理等费用。值得说明的是，直接支出和必要费用要严格遵守无形资产准则，如果不满足条件的不能计入资产成本，而是计入当期损益。通过自行研发取得的数据资源，其成本包括开发阶段符合条件的支出。根据无形资产准则第九条，满足无形资产研发完成后有能力且有意愿正常使用或出售，而且与其相关的支出能够可靠计量等条件，可计入资产成本。通过投资入股取得的数据资源，其成本应当按照投资合同或协议约定的价值确定（不公允的除外）。

二是后续计量。首先，确定使用寿命。应当考虑无形资产准则应用指南规定的因素，并重点关注数据资源相关业务模式、权利限制、更新频率和时效性、有关产品或技术迭代、同类竞品等因素。其次，计提减值准备。账面价值大于可收回金额的应当按照差额计提无形资产减值准备。最后，计提摊销。对于使用寿命有限，在寿命期内按照合理的方法摊销。

三是处置。出售无形资产，应当将取得的价款与无形资产账面价值的差额计入当期损益。无形资产预期不能为企业带来经济利益的，将无形资产账面价值予以转销。

2. 确认为存货的数据资源相关会计处理

一是成本核算。通过外购方式取得确认为存货的数据资源，其采购成本包括购买价款、相关税费、保险费，以及数据权属鉴证、质量评估、登记结算、安全管理等所发生的其他可归属于存货采购成本的费用。通过数据加工取得确认为存货的数据资源，其成本包括采购成本，数据采集、脱敏、清洗、标注、整合、分析、可视化等加工成本和使存货达到目前场所和状态所发生的其他支出。

二是后续计量。首先，确定发出存货的实际成本。可采用先进先出法、加权平均法、个别计价法等方法确定。其次，计提减值准备。按照成本与可变现净值孰低的方法计提存货减值准备。最后，计算盘盈盘亏。存货盘盈冲减管理费用，盘亏造成的损失计入当期损益。

三是处置。应当将处置收入扣除账面价值和相关税费后的金额计入当期损益。

下面以 B 企业数据资源入表会计处理为例①，详细介绍数据资源入表会计处理方法。

案例背景：B 企业是一家数据服务商（登记为一般纳税人），拟在 2024 年度财务报告中对其所持有的数据资源（见下表）进行入表。此外，B 企业是高新技术企业，适用所得税税率为 15%。

B 企业所持有数据资源

数据资源名称	持有目的	来源
数据集	准备对外提供服务并且满足无形资产确认条件	经过创新型投入和实质性加工形成，非外购
数据应用		
数据产品	在日常活动中持有、最终目的用于出售、且满足存货确认条件	

① 资料来源：作者根据上海数据交易所发布的《数据资产入表及估值实践与操作指南》改编。

成本核算：

2024 年 2 月 1 日，经成本归集，B 企业应被确认为无形资产的数据集成本为 7500 万元，应被确认为无形资产的数据应用成本为 2500 万元，应被确认为存货的数据产品成本为 2000 万元。因此，B 企业应将无形资产 1 亿元、存货 2000 万元作为数据资产初始成本入账。

后续计量：

假设 B 企业被确认为无形资产的数据资源均为使用寿命有限的无形资产。根据 B 企业对提供数据产品最长回溯 3 年或 10 年的历史数据等因素进行综合分析，确定数据集使用寿命为 10 年、数据应用使用寿命为 3 年。

假设 B 企业采用直线法摊销，净残值为 0。2024 年应计提的摊销额计算步骤如下：

数据集摊销额 = 7500/10 × (11/12) = 687.5（万元）

数据应用摊销额 = 2500/3 × (11/12) = 763.89（万元）

2024 年应计提的摊销额 = 687.5 + 763.89 = 1451.39（万元）

会计处理如下：

借：主营业务成本　　　　　　　　　　1451.39

　　贷：累计摊销——数据资源　　　　　　1451.39

假设 2024 年 6 月 1 日，B 企业持有的数据产品市场价格为 1800 万元，无交易成本。经减值测试，需计提存货减值准备 200 万元。会计处理如下：

借：资产减值损失——计提的存货跌价准备　　200

　　贷：存货跌价准备——数据资源　　　　　　200

假设 2024 年 12 月 1 日，B 企业将持有的部分数据产品（占总产品的 90%）按成本价出售，取得含税价款 1717.2 万元（假设增值税率为 6%）。

会计处理如下：

借：银行存款　　　　　　　　　　　　　　1717.2

　　贷：主营业务收入　　　　　　　　　　　　　1620

　　　　应交税费——应交增值税　　　　　　　　97.2

借：主营业务成本　　　　　　　　　　　　1620

　　存货跌价准备——数据资源　　　　　　180

　　贷：存货——数据资源（数据产品）　　　　1800

年末列报：

在资产负债表中，B 公司披露了确认为无形资产及存货的数据资产余额。

年末无形资产余额 = 7500 + 2500 - 1451.39

$$= 8548.61 （万元）$$

年末存货余额 = （2000 - 200）× 10%

$$= 180 （万元）$$

B 企业 2024 年度报告中数据资产披露情况

项目	无形资产——数据资源（万元）	存货——数据资源（万元）
一、账面原值		
1. 期初余额		
2. 本期增加金额	10,000	2,000
其中：数据集	7,500	
数据应用	2,500	
数据产品		2,000

项目	无形资产——数据资源（万元）	存货——数据资源（万元）
3. 本期减少金额		1,800
其中：处置		1,800
二、累计摊销		
1. 期初余额		
2. 本期增加金额	1,451.39	
3. 本期减少金额		
三、减值准备		
1. 期初余额		
2. 本期增加金额		200
3. 本期减少金额		180
4. 期末余额		20
四、账面余额		
1. 期末账面余额	8,548.61	180
2. 期初账面余额		

为编制利润表，B 公司结转了本年数据资产业务相关损益（假设不考虑 B 公司其他业务的影响），包括计提无形资产摊销、计提存货减值、出售部分存货等业务。

本年利润[①] = 1620 - 1620 - 1451.39 - 200 = - 1651.39（万元）

会计处理如下：

---

① 此处仅考虑数据资源相关本年利润。

本年利润

借：主营业务收入——出售部分数据产品　　　1620

　　本年利润　　　　　　　　　　　　　　　1651.39

贷：主营业务成本——数据资产摊销　　　　　1451.39

　　主营业务成本——出售部分数据产品　　　1620

　　资产减值损失——存货跌价准备　　　　　200

借：利润分配——未分配利润　　　　　　　　1651.39

　　贷：本年利润　　　　　　　　　　　　　1651.39

值得强调的是，虽然在仅考虑数据资源相关业务的情况下账面上表现为亏损，但从整体财务效果来看，B公司开展数据资源入表后，原本应计入当期损益的数据资产相关成本费用减少（同时影响所得税费用），从而使企业利润增加（假设以上支出均不满足研发费用加计扣除条件）。

成本减少额 = 8548.61 + 180 –（8548.61 + 200）× 15% = 7416.32（万元）

利润增加额 = 7416.32 – 1651.39 = 5764.93（万元）

因此，数据资源入表后，B企业无形资产增加了8548.61万元，存货增加了180万元，当年利润增加了5764.93万元。

（二）数据资源入表条件

并非所有的数据资源都能在会计上确认为资产并入表，基于会计计量可靠性、严谨性等原则，只有同时符合资产定义和资产确认条件的数据资源才能入表，即图2-17中线条部分。其中，资产定义是指企业过去的交易或者事项形成的、由企业拥有或者控制的、预期会给企业带来经济利益的资源；

而资产确认条件在资产定义的基础上还增加了与该资源有关的经济利益很可能流入企业，以及该资源成本或者价值能够可靠计量。

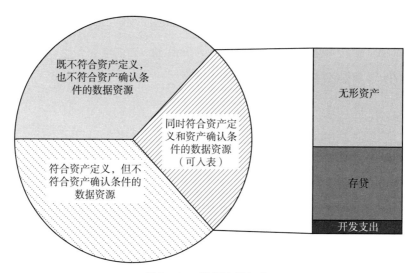

图 2-17　数据资源入表

《企业数据资源相关会计处理暂行规定》出台后，一些地方在此基础上制定相关工作指南，帮助企业进一步明确入表范围，推动入表工作。

1. 浙江省《数据资产确认工作指南》

2023 年 11 月，浙江省财政厅、浙江省标准化研究院主导制定《数据资产确认工作指南》（DB33/T 1329—2023），对数据资产确认标准进行了明确，是国内首个省级地方性数据资产确认标准，为各数据资产持有主体提供一套科学、规范的数据资产确认流程与方法。该指南结合资产定义与资产确认条件，认为数据资产确认存在四个判断关键点，对衡量某项数据资源是否可以入表具有直接参考意义。

一是过去的交易或事项形成。主要包括交易获得、合法授权、自主生产等途径。其中，交易获得的数据资源要有合法的交易凭证，如税务发票等；合法授权的数据资源要有相关合法合规的授权凭据；自主生产的数据资源要有相应的成本和费用支出。值得强调的是，虚构的、没有发生的或者尚未发生的交易或事项形成的数据资源不能确认为数据资产。

二是拥有或控制。指享有某项数据资源的所有权，或者虽然不享有某项数据资源的所有权，但该数据资源能被合法控制。

三是预期价值流入。数据的价值是数据资产的核心，只有具有价值，且经济利益能流入主体的数据资源才可能成为数据资产。在判断数据资源产生的经济利益是否可能流入主体时，需对数据资源在预计使用寿命内可能存在的各种经济因素作出合理估计，并且提供明确证据支持。其中，数据资源的应用是判断其是否能产生预期价值流入的重要维度，具体可以用应用收益、应用成本、应用风险等多个指标进行分析。

四是可靠计量。指数据资源的成本能够可靠地计量，无法进行成本可靠计量的数据资源不能确认为数据资产。

2. 广州市《广州数据资产管理及入表工作指引》

2024 年 8 月，在广州市政务和数据管理局、市财政局指导下，广电计量联合广州数据集团有限公司、广州数据交易所、广州数字政府研究院等共 6 家单位共同编制《广州数据资产管理及入表工作指引》。指引系统展示了数据资源治理、数据确权与合规管理、数据安全管理、数据资源会计核算、数据资产列示与披露以及入表后的定期评估等数据资产管理关键步骤，旨在帮助企业深入理解和执行数据资源入表的相关政策和会计准则，助力企业将数据资源转化为可量化、可管理的资产。指引主要内容包括以下五个方面：

一是明确了数据治理步骤，包括建立数据治理组织体系、进行数据资源盘点、加强数据清洗和质量管理等关键环节。这些步骤是确保数据资源能够转化为高质量数据资产的基础。

二是介绍了数据资源安全与合规管理策略，包括加强数据安全管理、确保数据合规性，并通过合同约定、登记确定等确权方式，确立数据资源的法律地位。

三是介绍了数据资源计量方法，提供了基于成本法、市场法和收益法的评估和计量方法，帮助企业根据数据资源的具体特性和业务模式选择最合适的计量方法。

四是介绍了各环节会计处理方法，包括初始确认、后续计量、摊销、减值以及处置和报废等环节的会计处理方法，确保企业在财务报表中对数据资产进行准确列示和披露。

五是强调了数据资源入表的价值，包括优化企业资产结构、增强数据治理能力、加快数据资产的金融化进程，以及提升企业数据资产管理意识等方面，为企业在数字经济时代的可持续发展提供了新的视角和策略。

（三）数据资源哪些情况下不能入表

根据财政部举办的《企业数据资源相关会计处理暂行规定》专题线上培训有关内容，在以下几种具体情况下，数据资源不能入表。

一是非法拥有或控制的数据资源。例如，A 企业利用"撞库"的黑客手段，获取某社交网站大量用户的个人信息，并打包后出售给 B 企业。在这种情况下，对于 A 企业获取和后续转让相关数据的行为，可能涉及违反《中华人民共和国个人信息保护法》等法律法规，对相关数据的拥有或控制并不具有合法性。对于购买方 B 企业，其购买的个人信息数据来源并不正当，而且也没有按照《中华人民共和国个人信息保护法》等相关法律法规规定取得个人用户的授权，在合法性方面同样存在瑕疵。因此，A、B 企业的上述数据资源均不符合会计上资产的定义。

二是从开源、免费平台获取的部分数据资源。例如，C 企业通过开源数据平台免费下载某国家法律条文、法律判决等数据集，用于司法人工智能的研究。在这个情形下，尽管 C 企业可以利用下载的该数据集开发相关的数据产品、提供数据相关服务等，预期能够产生经济利益，但是由于这个平台它是一个开源的、免费的平台，其他的组织或个人同样可以免费下载相关的数据集，C 企业没有对该数据集实现拥有或控制，同时也没有因取得该数据集发生相关的支出，从而不应将该数据集作为企业自己的资产予以确认。

三是仅获得部分使用权的数据资源。例如，D 企业订阅某数据库，可在一年内实时查询相关数据，据悉，该数据库同时为5000 家企业会员提供查询服务。在此情形下，D 企业只是获得了与其他会员相同的查询数据库的权利，而非排他性的直接获取该数据库的全部内容，D 企业不能将整个的数据库作为自己的资产予以确认，而是只能就其获得的查询权利是否属于资产进行判断。

四是无法为企业带来预期经济利益的数据资源。例如，E 企业从其他多家企业购买了一系列的原始数据集，但在后续的分析当中发现，从数据质量上看，其中一些数据集在准确性、真实性、关联性等方面有严重的欠缺。从所属领域看，这些数据集分别属于金融、医疗、通信等不同的领域，难以进行进一步的整合分析等加工。基于这些情况，E 企业分析认为，尽管前期就购买数据集花费了相关的成本，也获得了大量的原始数据，但这些数据难以与企业的其他资源相结合来支持其经营活动，也无法从中挖掘形成有价值的数据产品或是对外出售来实现经济利益，因此不能够满足资产的定义以及确认条件。

五是无明确应用场景的数据资源。例如，F 企业从事智能财务共享业务，过程中涉及客户企业的费用报销、合同台账等数据。F 企业认为，在取得客户授权的前提下，相关数据存在价值挖掘潜力，但明确尚未明确清晰的应用场景。在此情形下，由于目前尚未构建起清晰的应用场景，无法确认预期是否能够带来经济利益，因此上述加工处理后的数据并不能够满足资产的定义。F 企业对于这些数据，当前还无法作为资产予以确认。

六是无法可靠计量取得成本的数据资源。例如，G 企业在经营中收集了一系列生产数据并进行初步清洗整理，能够为企业后续生产经营活动提供支撑，但由于内部数据治理基础薄弱，成本管理精细化不足，未能对相关成本进行可靠计量，属于符合资产定义但不符合资产确认条件的情形，故不能进行数据资源入表。很多情况下，数据资源作为经营过程中的副产品，会面临成本难以可靠计量的情况。

此外，《企业数据资源相关会计处理暂行规定》的附则中强调"本规定自 2024 年 1 月 1 日起施行。企业应当采用未来适用法执行本规定，本规定施行前已经费用化计入损益的数据资源相关支出不再调整"，即 2024 年 1 月 1 日前已经费用化计入损益的数据资源相关支出不能计入数据资产成本中。企业应严格遵守会计准则和相关规定开展数据资源入表，以免后期审计过程中出现相关问题。

（四）企业开展数据资源入表的意义

开展数据资源入表对企业当前经营及未来发展都具有意义，主要可以概括为以下三方面。

一是增加当期利润。企业将自行研发数据资源相关成本或购买数据相关成本作为无形资产或存货列入资产负债表，并可在之后的期间内逐渐摊销或转售。与入表前相比，原本应被计入当期成本的数据资源相关成本被作为资产，减少了当期成本支出，提升了企业当期利润。

二是降低资产负债率。数据资源入表可以提高企业资产规模，在负债不变的情况下，改变资产负债结构，降低企业整体资产负债率。资产负债率的降低可以改善企业外部评价，帮助企业获得融资优势，提高银行授信额度，降低融资成本。企业也可基于数据资产直接开展增信融资或质押融资。

三是赋能企业数字化转型。数据资产入表不只是企业财务部门的职责，而是一项系统化工程，需要企业信息管理、财务管理、业务管理等多部门协同，倒逼企业加速内部管理的数字化转型。另外，通过数据资源入表，企业数字化转型相关成本、产出的衡量更加精细化，有助于提升企业数字化转型绩效。

从企业以外的宏观层面看，数据资源入表也具有深远意义。一是通过在财务报表中反映数据资源价值，能够为数字化转型背景下客观反映经济发展态势、做好宏观调控提供支撑，有利于更加系统科学地评价数据要素对经济社会发展的贡献度。二是数据资源入表能够有效带动数据采集、清洗、标注、质量评价、资产评估等数据服务业发展，深化数字技术创新应用，加快培育数字产业生态。三是数据资源入表有助于进一步推动数据资源资产化，激励市场主体认识和挖掘数据资源价值，促进数据要素交易流通和价值实现，进一步繁荣发展数字经济。

（五）企业数据资源入表进展

《企业数据资源相关会计处理暂行规定》自 2024 年 1 月 1 日起正式实施以来，企业积极开展数据资源入表研究和实践工作。以上市公司为例①，截至 2024 年 8 月 31 日，A 股共 5346 家上市公司披露 2024 年上半年的财务数据，其中 44 家上市公司披露数据资源入表情况，入表金额达 32.21 亿元，其中确认为无形资产、存货、开发支出的数据资源金额分别为 17.51 亿元、11.69 亿元、3.01 亿元，占比分别为 54.37%、36.30%、9.33%。此外，地方公共数据运营企业，水、电、热、气、交通等公共产品和服务提供企业，城投类企业以及其他类型国有企业，也积极探

---

① 资料来源：Wind 数据库。

索开展政务数据、公共服务数据等公共数据资源入表。截至2024年6月，已有13家城投公司明确披露将数据资产入表，入表资产以公交、供暖、供水、交通等公共事业数据为主，说明城投公司对数据资源入表热情较高。

总体来看，数据资源入表获得社会积极响应并取得成效。一是不同行业经营主体越来越多地认识到数据资源价值，入表企业不仅涉及信息技术领域，还涉及汽车、港口、电力、塑料等众多领域，进一步推动各行业数字化转型，促进数字经济和实体经济融合发展。二是公共数据资源的开发利用及资产化得到重视，数据要素对推进国家治理体系和治理能力现代化的支撑作用日益显现。

当然，数据资源入表处于起步探索阶段，仍存在问题和难点，如成本归集难、收入与成本匹配难、摊销方法选择难、摊销年限确认难、税会政策差异应对难等。企业可通过提高内部管理精细化水平、借鉴行业成功经验等逐步积累数据资源入表经验。同时，国家相关部门应从外部加强规范企业数据资源入表行为。加大对重点上市公司、国有企业，特别是城投类企业数据资源入表的财会监督力度，关注企业入表动机、入表准确性，以及入表后经营和融资动向等，引导企业审慎、科学开展数据资源入表工作，维护数字经济健康稳定发展。最重要的是，数据资源入表还是要与数据开发应用和交易流通有机关联，从实践中来，再回到实践中去，真正促进数据资源价值挖掘和实现，这也是入表的核心意义。

数据资源入表案例①

案例 2-3：卓创资讯数据资源入表

案例背景：山东卓创资讯股份有限公司（以下简称"卓创资讯"）是国内领先的大宗商品信息服务企业，2022 年 10 月公司于创业板上市。2024 年初，卓创资讯探索开展数据资源入表。

入表过程：卓创资讯对服务于资讯服务、数智服务相关产品的底层数据开展入表，初始入表金额 940.51 万元；由于上述数据资源主要目的并非直接对外出售，故均作为无形资产核算。截至 2024 年 6 月 30 日，数据资产余额为 1786.97 万元，上半年比一季度增加 846.45 万元，增幅达到 90%。其中，上半年累计摊销金额为 185.24 万元（采用年数总数法，按 5 年对数据资产进行摊销），未计提减值准备。

入表一是带来无形资产的增加。根据半年报情况，2024 年上半年无形资产账目价值为 4327.22 万元，较过去 3 年大幅增长；其中，同比 2023 年增加 1721.3 万元，增幅达 66.05%，主要是由于上年数据资产增加 1786.97 万元。二是营业成本下降。在半年报关于主营业务重大变化的披露中提到，"营业成本同比下降10.58%，原因是公司自 2024 年 1 月 1 日起执行《企业数据资源相关会计处理暂行规定》，数据资源生产成本资本化。"这表明，数据资源入表使企业利润表中的当期成本下降。三是净利润增长。在半年报关于主营业务重大变化的披露中提到，"净利润增

---

① 资料来源：作者根据公开资料整理。

长 38.19%，主要原因：其一为报告期内收入增加；其二为数据资源入表"，结合营业成本下降的事实可判断，数据资源入表在短期内帮助企业增加利润。

案例启示：卓创资讯的案例具有典型性，对相关企业具有参考价值。从财务角度来看，企业数据资源入表给企业带来两大直接收益，一是资产总额增加带来的企业偿债能力改善，二是成本降低带来的利润增加。同时，入表还能对企业数字化转型、运营效率提升带来积极的影响。

案例 2-4：先导产投数据资源入表

案例背景：先导（苏州）数字产业投资有限公司（以下简称"先导产投"）是一家从事商务服务业的小微企业。公司借助苏州数据要素价值共创平台和苏州大数据交易所专业技术服务，成功完成在苏州高铁新城智能网联（三期）道路项目建设期间形成的超 30 亿条智慧交通路侧感知数据资源入表工作。

入表过程：先导产投经过数据资产盘点、数据解析、数据加工、登记确权、合规评估、价值评估、成本归集与分摊等环节，最终实现数据资产入表。一是通过苏州大数据交易所及专业律师事务所进行合规及授权体系设计，并完成数据安全合规评估，获得相关法律意见书。二是通过苏州数据要素价值共创平台开展数据盘点工作，完成数据质量评估报告。三是借助苏州大数据交易所技术服务生态能力，拟订初步价值意见。四是通过苏州大数据交易所上架数据产品，获得交易所产品证书。五是由专业数据服务机构、评估机构依据先导产投自身财务情况、数据资源质量报告、交易所产品证书，出具价值咨询意见书和资产评估报告。六是将价值咨询意见书提交银行等金融机构进行授信增信。七是与审计单位沟通制定数据资产相关会计管理制度，实现数据资产入表。

案例启示： 通过本次数据资源入表工作，先导产投不仅提升了自身的数据管理能力，也为行业的数字化转型提供了可借鉴的范例。企业可借鉴探索数据资源入表，创新商业模式，将数据资源与业务深度融合，实现数据资源资产化，为企业创造新的经济增长点和竞争优势。

案例 2-5：五疆科技数据资源入表

案例背景： 浙江五疆科技发展有限公司（以下简称"五疆科技"）是一家化纤纺丝产品研发商，由中国民营 500 强企业新凤鸣控股集团有限公司孵化成立，主要从事研究和试验发展。2024年初，在桐乡市乌镇数据要素产业园建设领导小组的组织下，完成数据资源入表准备，并正式启动入表工作。

入表过程： 一是通过感知、汇聚来自工艺现场的生产数据，经清洗、加工后形成高质量的数据资源，主要包含 2787 万条质量管理数据，物理化验数据、过程质检、控制图数据、对比指标参数、指标报警、预警趋势、不合格率等共 27 个数据模型，质量指数、合格率、优等率、稳定度等共 38 类指标体系。二是浙江大数据交易中心、浙江中企华资产评估有限公司、城云科技（中国）有限公司、数字扁担（浙江）科技有限公司、浙江天册律师事务所组成联盟，为本次数据资源入表和数据产品定价提供服务，并根据聚酯、纺丝与检验等生产阶段的设备运行状态、工序关键参数、原材料的质量状况、过程成品检验数据、工人操作记录等多个维度的数据梳理以及形成数据资产相关的成本归集原则，确定可入表的数据资源范围。三是组织法律、技术、安全、行业应用等领域专家进行论证评估，确认交易主体准入资质、确认数据用途合法及使用限制合规，完成数据存证登记，并在浙江大数据交易服务平台上架挂牌。

案例启示：数据资源入表是企业数据资源资产化的关键一步，有利于数据要素价值的充分挖掘和释放。五疆科技为制造业企业制定灵活有效的数据资源"估值、定价、交易"一体化协同路径，以及如何在财务报表中反映数据资产价值提供了有益参考。

案例2-6：中国移动数据资源入表

案例背景：中国移动在8月初发布的2024年上半年中期财报中披露了数据资源入表情况，在两个科目中列示出了数据资源，分别是无形资产和开发支出，为电信运营商类央企中率先开展入表实践的企业。上半年虽然有一些A股上市公司实现了数据资产入表，但以传统行业为主。中国移动作为2024年全球五百强中营收第一的电信运营商，对于数据资产入表的认识和行动路径无疑具有巨大的示范作用。且电信运营商掌握的数据量巨大，其入表举动对数据行业乃至国家层面数据资产化影响深远。

入表过程：从财报披露数据看，"大数据业务领域，依托梧桐大数据平台，沉淀数据资源超2000PB，数据治理水平达到国内最高等级（DCMM五级），数据年调用量达千亿次，在数据治理、应急管理、智慧文旅等多个行业广泛应用。视联网12业务领域，业界率先发布视联网技术标准、服务标准和白皮书，发布视联网大模型，上半年视联网新增视频接入 1019 万路，累计实现 7030 万视频云端互联。安全业务领域，构建'网、云、DICT + 安全'产品体系，上半年累计创收人民币 21 亿元。"对于普通企业，数据量往往在 GB 级别，极少能达到 TB 级别。中国移动大数据体系已是 PB 级别（1PB＝1024TB，TB 为一千千兆字节），达到了 2000PB。中国移动把数据资源和其他的资本化支出，如软件和著作权并列在一起，并且说明"以成本计量"，即采用成本市场收益三种方法中最稳妥的成本法计量。同样是参考了软件和著作权，按照 2 ~ 5 年摊销，财报中对 2023 年的数据已经进行了摊销。财报中将数据资产分为两个部分，2024 年上半年由开发支出转入数据资源的，是 4100 万元。费用化的研发支出 119 亿元，其中和数据资源相关的是 1.21 亿元，大概占 1%。另外的资本化研发支出是 2030 万元。

案例启示：研究开发项目支出根据其性质以及研发活动最终形成无形资产，被分为研究阶段支出和开发阶段支出，研发支出是指企业开展研究与开发活动过程中发生的各项支出，主要包含研发人员的职工薪酬、合作研发费用、相关研发设备的折旧等。中国移动将相关成本如何分摊在相关资产中的具体操作方法进行了详细阐述，为行业内其他企业提供了清晰的参考。

通过入表可以反映出，移动在向算力运营商转型的步伐是坚定和积极的。对运营商来讲，构建算力网络、统筹算力发展、完善算力调度、推进算力的普惠化，才能更好地通过赋能产业，促进全产业链发展，共同推进新质生产力发展。

案例2-7：中国联通数据资源入表

案例背景： 2024年8月15日，中国联通半年报信息披露，报表中显示数据资源科目金额8476.39万元，成为继中国移动之后第二家披露数据资源的电信运营商。

入表过程： 从财报披露数据看，中国联通上半年研发支出总计46.14亿元，同比增加13.14%，符合资本化条件的研发项目开发支出为37.89亿元，其中数据资源占比约2%。中国联通将数据资源列入开发支出，并指出截至2024年6月30日，开发支出余额中包含尚在开发中的数据资源约人民币0.85亿元，主要包含为现有数据产品和服务提供支撑的行业数据库和模型等。截至2024年上半年，中国联通的数据服务行业收入为32亿元，同比增长8.6%，已形成"1+12+N"数据管理制度和"1+13+N"企业标准规范，汇聚、拉通、整合、共享全域数据，全面开展数据治理，对内服务千场万景。近年来，中国联通技术创新、产业赋能和生态共建，联通云、物联网、大数据、数字化应用等创新业务蓬勃发展，基于大规模数据治理和服务实践，积极发挥数据要素乘数效应，为多省市打造政务大数据平台、经济运行平台；积极参与数据要素市场化改革，发布可信数据资源空间和联数网解决方案，夯实数据基础设施，与多地数交所、大数据公司等单位合作，积极推动公共数据运营模式创新。

案例启示： 截至半年报，中国联通数据资源虽然未形成可以被确认为资产的无形资产或存货，但将数据视为具备长期潜力和战略价值的资产，在开发阶段将其资本化，预期未来能带来经济利益。通过数据资源入表，中国联通在相关市场形成示范效应，有利于推动我国数据要素价值加速释放。

案例2-8：中国电信数据资源入表

案例背景： 2024年8月20日，中国电信发布了上半年财报，宣布数据资源入表金额达1.05亿元。至此，三大电信运营商已全部完成数据资源入表，入表金额中国电信居首。

入表过程： 据介绍，中国电信目前拥有超500PB规模的大数据湖，日均采集数据1.6PB；针对海量数据，公司组建了专业的数据标注团队对数据进行清洗，用于自有大模型的训练和外部数据业务的合作；同时，公司通过自研"灵泽"平台加大外部数据引入，丰富大模型数据集。中国电信高度重视数据资源的开发利用，深入挖掘数据资源价值，对外形成相关产品，对内形成数字化转型应用，实现降本增效，相应的数据资源反映在公司财务报表中。半年报显示，上半年开发支出总计28.77亿元，符合资本化条件的数据资源研究开发支出为1.05亿元，占比约3.65%；同时，半年报指出，截至2024年6月30日的6个月期间，公司开发支出项目不存在减值情况。值得注意的是，与中国联通一样，数据产品和服务等项目还未形成可以被确认为资产的无形资产或存货，均被计入开发支出项目。

案例启示： 数据入表不仅是财务管理上的一个重要动作，更是中国电信在数据要素价值释放和数字化转型方面的具体体现。中国电信此次实现数据入表，反映了公司在数据领域掌握了海量数据资源，并具有丰富应用场景优势。

二、数据资产评估

数据资产评估是资产评估机构及其资产评估专业人员遵守法

律、行政法规和资产评估准则，根据委托对评估基准日特定目的下的数据资产价值进行评定和估算，并出具资产评估报告的专业服务行为。数据资产评估通过衡量数据资产价值，为数据的定价、交易、流通和收益分配提供依据，有助于促进数据要素市场化进程，推动数据要素市场的发展。

为指导数据资产评估业务规范开展，2023年9月，中评协在财政部的指导下制定并印发了《数据资产评估指导意见》（中评协〔2023〕17号），规范数据资产评估执业行为，保护资产评估当事人合法权益和公共利益，为建立健全数据资产估值体系奠定了基础。

（一）数据资产评估应用场景

"数据二十条"提出，要有序培育包括资产评估在内的第三方专业服务机构，提升数据流通和交易全流程服务能力。数据资产评估可为准确开展数据资源入表工作提供重要的支持和参考，也可为数据资产后续交易、投融资等活动提供重要的价值判断参考，在涉及国有资产相关的数据资产交易中更是必要步骤。具体来说，数据资产评估可以应用在以下几个方面。

一是为数据资源入表提供参考依据。一方面，对入表前的数据资产采用成本法开展评估，可为入表的账面价值提供直接参考依据；采用收益法可衡量数据资产相关经济流入，判断其是否具有入表的必要性。另一方面，对入表后的数据资产采用市场法进行评估，可以准确及时反映数据资产市场价值，对数据资产后续进行会计调整具有参考意义。

二是有助于推动数据交易和流通。一方面，执业资产评估师可根据评估情况，依据《中华人民共和国资产评估法》出具评估报告，有助于提升数据资产交易的公正性和合法性，促进数据资产的流通和交易。另一方面，资产评估具备价值发现功能，可以在推动数据资产价格形成方面发挥作用。如在场内数据交易中，部分交易所要求交易主体提供标的资产预期现金流测算结果或资产评估报告。

三是为企业开展数据资产投融资活动提供依据。资产评估行业作为资本市场的"看门人"，与资本市场紧密相连、息息相关。在数据资产资本化过程中，主体在开展数据资产质押融资时，银行或其他金融机构通常会要求贷款人提供相关资产的资产评估报告，以确定贷款额度和利率；在以数据资产投资入股企业时，可依据资产账面价值作价入股，也可对资产进行资产评估，以评估金额作价入股。

此外，值得强调的是，如果某项数据资产持有方为行政事业单位或国有企业，除国家另有规定外，在相关管理过程中必须履行资产评估程序。一是对行政事业单位而言，按照《行政事业性国有资产管理条例》（国务院令第 738 号），各部门及其所属单位将行政事业性国有资产进行转让、拍卖、置换、对外投资等，应当按照国家有关规定进行资产评估；对无法进行会计确认入账的资产，可以根据需要组织专家参照资产评估方法进行估价，并作为反映资产状况的依据。财政部于 2024 年 1 月发布的《关于加强行政事业单位数据资产管理的通知》（财资〔2024〕1 号）明确强调，各部门及其所属单位对外授权有偿使用数据资产，应当严格按照资产管理权限履行审批程序，并按照国家规定对资产相关权益进行评估。二是对国有企业而言，按照《中华人民共和国企业国有资产法》有关规定，合并、分立、改制，转让重大财产，以非货币财产对外投资，应当按照规定对有关资产进行评估。国资委于 2024 年 1 月发布的《关于优化中央企业资产评估管理有关事项的通知》明确强调，中央企业及其子企业在开展数据资产转让、作价出资、收购等活动时，应参考评估或估值结果进行定价。北京、上海、深圳、江苏等地已对地方国企开展资产评估提出了明确要求。例如，上海市国资委发布国有企业数据资产评估管理工作指引，明确企业发生涉及数据资产评估管理的经济行为，应切实维护国有资产权益；深圳市国资委规定，市属国企发生数据资产等资产转让行为时，应当依据评估或估值结果作为定价参考依据。

（二）数据资产评估依据

在开展数据资产评估时，应严格遵守相关法律法规、行为规范，并依据相关证明文件开展业务，确保评估结果的公正性及合理性。常用依据包括以下四类。

一是法律法规类。包括但不限于《中华人民共和国资产评估法》《中华人民共和国企业国有资产法》《中华人民共和国数据安全法》《中华人民共和国个人信息保护法》及其他地域、行业领域方面的法律法规。

二是规范准则类。《资产评估基本准则》、《资产评估执业准则—资产评估报告》、《数据资产评估指导意见》、《信息技术服务数据资产管理要求》（GB/T 40685—2021）、《信息技术数据质量评价指标》（GB/T 36344—2018）国家标准等。

三是权属证明类。数据资产相关登记证书、知识产权证、转让合同、投资协议、其他权属证明文件等。

四是估值依据类。国家有关部门发布的统计资料和政策文件，数据持有人提供的财务会计、经营方面的资料，以及评估机构收集的有关询价资料、参数资料等。

（三）数据资产评估价值影响因素

《数据资产评估指导意见》提出了影响数据资产价值的四大关键因素，分别是成本因素、场景因素、市场因素和质量因素。

一是成本因素，包括形成数据资产所涉及的前期费用、直接成本、间接成本、机会成本和相关税费等。

二是场景因素，包括数据资产相应的使用范围、应用场景、商业模式、市场前景、财务预测和应用风险等。

三是市场因素，包括数据资产相关的主要交易市场、市场活跃程度、市场参与者和市场供求关系等。

四是质量因素，包括数据的准确性、一致性、完整性、规范性、时效性和可访问性等。

当然，影响数据资产价值的因素较多，如企业规模、技术水平、法律合规成本等。这些因素既相对独立，也有交互影响，这是当前数据资产评估面临的难点。数据资产评估时要基于评估目的，全面考虑各种因素的综合效应，选取适当的评估方法，才能客观合理地评定数据资产的价值。必须处理好定性分析和定量分析的结合，在遵循评估基本原则的前提下，既要考虑各种影响因素难以量化的特点，也要尽可能构建量化模型，使评估结果更具有说服力。

（四）数据资产评估方法

《数据资产评估指导意见》明确数据资产价值的评估方法包括收益法、成本法和市场法三种基本方法及其衍生方法，并在充分考虑了数据资产的属性、特征和价值影响因素的基础上，对三种基本方法的操作要求、关注事项等作出相关规定。

1. 收益法

收益法是一种基于数据资产未来收益的预测来估算其价值的方法。其基本模型如下：

$$P = \sum_{t=1}^{n} \frac{F_t}{(1 + i)^t} \qquad (2.1)$$

式（2.1）中：P——被评估数据资产价值；

Ft——数据资产未来第 t 个收益期的收益额；

n——剩余经济寿命期；

t——未来第 t 年；

i——折现率。

运用收益法对数据资产价值进行评估，在估算数据资产带来的预期收益时，根据适用性可以选择采用直接收益预测、分成收益预测、超额收益预测和增量收益预测等四种方式。每种方式适用情形各不相同，如直接收益预测通常适用于被评估数据资产的应用场景及商业模式相对独立，且数据资产为运营主体带来的直接收益可以合理预测的情形；当其他相关资产要素所产生的收益不可单独计量时，可以采用分成收益预测，其通常适用于软件开发服务、数据平台对接服务、数据分析服务等数据资产应用场景，在确定分成率时，需要对被评估数据资产的成本因素、场景因素、市场因素和质量因素等方面进行综合分析。

收益法充分考虑了数据资产的未来收益和货币时间价值,能真实准确地反映数据资产的潜在经济价值。由于基于未来预期收益的评估更符合市场逻辑,收益法评估结果易于被买卖双方接受。收益法主要适用于应用场景已经明确,且预期收益可以量化的数据资产的评估。

但由于数据资产具有价值易变性等特性,使用收益法过程中,预期收益、收益期限和风险报酬率的预测难度较大,易受主观判断和未来不可预见因素的影响,为使用收益法评估数据资产价值带来一定挑战。

2. 成本法

成本法是一种基于数据资产的全生命周期成本来估算其价值的方法。其基本模型如下:

$$P = C \times \delta \qquad (2.2)$$

式(2.2)中:P——被评估数据资产价值;

C——数据资产的重置成本,主要包括前期费用、直接成本、间接成本、机会成本和相关税费等。前期费用包括前期规划成本,直接成本包括数据从采集至加工形成资产过程中持续投入的成本,间接成本包括与数据资产直接相关的或者可以进行合理分摊的软硬件采购等成本;

δ——价值调整系数。价值调整系数是对数据资产全部投入对应的期望状况与评估基准日数据资产实际状况之间所存在的差异进行调整的系数,例如,对于需要进行质量因素调整的数据资产,可以结合相应质量因素综合确定调整系数。

　　尽管数据资产的成本和价值先天对应性较弱，但一些情况下采用成本法评估数据资产价值存在一定合理性，如数据资产入表需要了解数据资产的重置成本，此时往往可以使用成本法进行评估。

　　采用成本法评估数据资产价值的过程相对简单，易于理解和操作，且成本法充分考虑了数据资产形成过程中的各项相关成本，评估结果较为客观。成本法通常适用于处于开发初期、未明确具体应用场景，以及同质化竞争较为激烈的数据资产的评估。

　　但成本法忽略了数据资产的潜在价值和未来收益，可能导致评估结果偏低，且成本法适用范围有限，通常适用于数据资产形成过程中相应成本分摊更为清晰的数据资产，对企业成本精细化管理要求较高。

　　贵阳大数据交易所在国家发展改革委价格监测中心的指导下，基于成本法思路，研发上线了全国首个数据产品交易价格计算器，并在气象数据、电网数据、部分金融场景等数据估值定价方面开展试点。以某一降水数据交易定价为例，某气象数据服务公司应省内一家建筑业公司环评工作使用需求，为其提供某地区70个月的月度降水量数据。该数据的定价思路为：在温雨站（即观测气温和降水两个要素的气象站）与雨量相关设备的建设、维保和数据传输以及数据清洗、质控、存储、格点化处理等费用的基础上，以70个月占温雨站建设及降水量数据收集处理总月数的比例为权重，得到目标数据的开发成本为40156元。同时，在单一既定场景下，通过质量因子、时效因子、价值贡献因子、多场景增速因子对目标数据的开发成本进行调整，得到目标数据资产的价值为 32655 元。[①]

3. 市场法

市场法是根据相同或者相似的数据资产的近期或者往期成交价格，通过对比分析，评估数据资产价值的方法。市场法可以采用分解成数据集后与参照数据集进行对比调整的方式，其基本模型如下：

$$P = \sum_{i=1}^{n} (Q_i \times X_{i1} \times X_{i2} \times X_{i3} \times X_{i4} \times X_{i5}) \qquad (2.3)$$

式（2.3）中：P——被评估数据资产价值；

n——被评估数据资产所分解成的数据集的个数；

i——被评估数据资产所分解成的数据集的序号；

Q_i——参照数据集的价值；

X_{i1}——质量调整系数，综合考虑数据质量对数据资产价值的影响；

X_{i2}——供求调整系数，综合考虑数据资产的市场规模、稀缺性及价值密度等因素对数据资产价值的影响；

X_{i3}——期日调整系数，综合考虑各可比案例在其交易时点的居民消费价格指数、行业价格指数等与被评估数据资产交易时点同口径指数的差异情况对数据资产价值的影响；

X_{i4}——容量调整系数，综合考虑数据容量对数据资产价值的影响；

X_{i5}——其他调整系数，综合考虑其他因素对数据资产价值的影响，例如，数据资产的应用场景不同、适用范围不同等也会对

---

① 潘伟杰，肖连春，詹睿，等．公共数据和企业数据估值与定价模式研究——基于数据产品交易价格计算器的贵州实践探索［J］．价格理论与实践，2023．

其价值产生相应影响，可以根据实际情况考虑可比案例差异，选择可量化的其他调整系数。

采用市场法评估数据资产效率较高，且能够客观反映数据资产目前的市场交易情况，评估结果更易于被市场接受，通常适用于在公开、活跃市场上有一定数量可比交易案例的数据资产的评估。

但市场法对市场环境要求较高，缺乏类似数据资产交易案例的情况下难以使用，且评估结果可能受到市场波动的影响，稳定性不足。当前数据产品交易以场外交易为主，市场上仍缺乏公开、活跃的数据产品交易信息，并且因数据产品种类的多样性以及用途的多样化，市场上常难以寻找相似度高的可比案例。所以除一些比较成熟的数据产品和服务（如常规金融服务所需的企业和个人征信数据等）外，市场法在短时间内应用范围有限。

从目前实践情况来看，数据资产入表的逐步推进为成本法的应用打下重要基础，且数据资产的成本相对比较容易获取，使得成本法在初期阶段应用较为广泛。待数据的应用场景深入挖掘出来后，采用收益法对数据资产价值进行评估将更受青睐。不过传统的收益法、成本法和市场法在进行数据资产价值评估时，都具有一定的局限性。未来应进一步结合数据资产的特征，改进和优化现有的数据资产价值评估方法模型及参数确定，同时借用大模型等新技术促进评估模型创新和衍生方法的应用。

下面以 **C 公司数据资产评估为例**①，详细介绍数据资产评估操作流程。

案例背景：C 上市公司主营业务包括：互联网安全技术的研发、网络安全产品的设计、开发和运营。C 公司在经营过程中，产生并收集了大量数据信息，并在此基础上实现了数据挖掘，提供个性化服务产品。现 C 公司拟对所持有数据产品进行入表，入表过程中拟对数据资产进行资产评估。董事会认为，该评估结果预计对财务报表具有重要影响。

评估对象：C 公司数据资产价值

评估基准日：2022 年 6 月 30 日

价值类型：市场价值

评估方法：多期超额收益法

1. 预测未来现金流和收益期

根据评估基准日 C 公司数据资产的状况，确定 C 公司数据资产的收益期为 2022 年 7 月~2027 年 12 月。结合 C 公司的历史发展情况，以及 C 公司未来发展趋势，预测出收益期 C 公司的未来现金流如下表所示：

C 公司自由现金流预测　　　　　　　　单位：万元

项目	剩余期	2023 年	2024 年	2025 年	2026 年	2027 年
营业收入	562,680	1,003,238	1,103,562	1,213,918	1,274,614	1,338,345
营业成本	203,639	363,082	399,390	439,329	461,295	484,360
净利润	118,566	211,400	232,540	255,794	268,583	282,012

---

① 资料来源：作者根据永业行观察《数据资产评估模型浅析与实务探讨——以 A 上市公司为例》改编。

项目	剩余期	2023 年	2024 年	2025 年	2026 年	2027 年
折旧摊销	15,860	28,279	31,106	34,217	35,928	37,724
营运资金补充	33,873	60,395	66,434	73,078	76,732	80,568
自由现金流	66,895	119,272	131,199	144,319	151,535	159,112

2. 确定折现率

本次评估采用加权平均资本成本确定折现率。计算公式如下：

$$\text{WACC} = W_e K_e + W_d K_d \qquad (2.4)$$

其中，W_e 和 K_e 分别为企业权益资本成本及其权重；W_d 和 K_d 分别为企业债务资本成本及其权重。本案例中，企业债务资本成本 K_d 可采用基准日适用的五年期贷款利率，即 4.45%。K_e 计算公式如下：

$$K_e = R_f + \beta (R_m - R_f) + R_c \qquad (2.5)$$

其中，R_f 为评估基准日的无风险收益率；β 为企业风险系数；R_m 为评估基准日的市场平均收益率；R_c 为企业风险调整系数。根据中国债券信息网所披露的信息，评估基准日的无风险收益率 $R_f =$ 2.65%；通过在"同花顺 iFinD 金融数据终端"查询沪、深两地行业上市公司含财务杠杆的 β 系数后，剔除财务杠杆因素，结合 C 公司情况，得出 $\beta = 1.0501$；借助 Wind 信息专业数据库计算分析沪深 300 只成分股的平均收益率后确定市场平均收益率 $R_m =$ 10.34%；综合分析 C 公司规模、盈利能力、管理水平、技术状况、客户稳定性等因素之后确定企业特定风险调整系数 $R_c = 3\%$。于是，计算企业权益资本成本 $K_e = 13.73\%$。最终，选择合适权重后，即可计算加权平均资本成本 WACC $= 11.63\%$。

3. 得出评估结论

超额收益法计算公式如下：

$$F_t = R_t - \sum_{i=1}^{n} C_{ti} \qquad (2.6)$$

式（2.6）中：F_t——预测第 t 期数据资产的收益额；

R_t——数据资产与其他相关贡献资产共同产生的整体收益额；

n——其他相关贡献资产的种类；

i——其他相关贡献资产的序号；

C_{ti}——预测第 t 期其他相关贡献资产的收益额。

获取 C 公司财务报表，预测除数据资产之外的流动资产、固定资产、无形资产以及表外资产的贡献值，在自由现金流中扣除之后，得出数据资产超额收益。按 11.63% 折现之后，即得出 C 公司在基准日数据资产价值为 145000 万元。

C 公司数据资产评估结论   单位：万元

项目	剩余期	2023 年	2024 年	2025 年	2026 年	2027 年
自由现金流	66, 895. 23	119, 271. 83	131, 199. 01	144, 318. 91	151, 534. 86	159, 111. 60
固定资产贡献	15, 141. 99	27, 558. 33	30, 137. 37	32, 974. 30	34, 656. 20	36, 422. 21
流动资产贡献	19, 311. 29	39, 627. 98	40, 980. 64	42, 468. 57	44, 066. 32	45, 743. 96
无形资产贡献	3, 488. 82	6, 446. 04	6, 943. 80	7, 491. 33	7, 814. 31	8, 153. 44
劳动力	7, 358. 95	13, 120. 75	14, 432. 83	15, 876. 11	16, 669. 92	17, 503. 41
超额收益	21, 594. 17	32, 518. 73	38, 704. 38	45, 508. 60	48, 328. 11	51, 288. 58
Kt	1. 00	1. 00	1. 00	1. 00	1. 00	1. 00
折现率	11. 63%					
现值	21, 000. 00	29, 000. 00	31, 000. 00	33, 000. 00	31, 000. 00	30, 000. 00
合计	145, 000. 00					

数据资产评估案例①

案例2-9：德清城市综合数据资产评估

案例背景：德清城市数据经营管理有限公司（以下简称"德清数据"）是德清文旅集团下属国有独资公司，在县大数据发展管理局指导和监督下，开展德清县公共数据授权运营。2024年6月28日，上海数据交易所启动全国首个数据资产交易市场的试运行，德清城市数据经营管理有限公司形成的城市综合数据资产成为第一个挂牌的城市侧数据资产，估值约1.92亿元。此次被评估数据资产是德清数据旗下的"我德清"小程序，涵盖城市地理信息点位、城市泊车、景区预约、找社工、宠物走失寻回等服务相关数据。

评估过程：在评估过程中，上海数据交易所在传统市场法的基础上进行了扩展和创新。传统市场法主要是通过对比类似资产的市场交易价格，来推导目标资产的价值；相比之下，上海数据交易引入了多个可选择的估值模型和评估指标，使得评估过程更加系统化和精准化，并结合上海数据交易所真实的企业交易数据，更好地量化数据资产价值。具体来说，评估专业人员参考市场上类似的数据资产交易案例，分析案例的交易价格、市场需求、数据的使用场景等因素，再结合"我德清"小程序数据特征，估算出数据资产的价值。整个评估过程不仅参考了市场历史交易数据，还考虑了市场的现状和未来的趋势。

---

① 资料来源：作者根据公开资料整理。

案例启示：上海数据交易所在传统评估方法基础上进行探索，根据数据资产特征完善传统评估方法，有利于更加合理地体现数据要素公允价值。同时，该案例表明，除了企业端的数据资产，城市侧数据资产也能产生较大的经济价值，为公共数据授权运营单位积极开展公共数据开发利用，盘活数据资源，深入挖掘数据价值提供参考。

案例 2-10：连信科技心理应用大模型数据资产评估

案例背景：浙江连信科技有限公司（以下简称"连信科技"）是一家以数字化人工智能方式赋能社会治理、心身健康的科技公司。2024 年 8 月，连信科技联合坤元资产评估有限公司，顺利完成对心理应用大模型——"洞见人和大模型"数据资产组合的价值化认定。经专业评估，该数据资产价值 3.65 亿元，这是目前公开报道中全国最大的数据资产价值评估金额。

评估过程：坤元资产评估有限公司结合连信科技业务特点，对"洞见人和大模型"数据组合开展了梳理和盘点，对其作用和价值进行研究，从数据结构、业务属性等多维度选择评估方法，对数据资产进行估值，建立数据资产价值体系，最终对模型估值 3.65 亿元。

案例启示：本次"洞见人和大模型"数据资产价值评估项目，对连信科技进一步提升公司核心技术竞争力、改善财务报表具有重要作用。通过开展数据资产价值评估，也加速了连信科技的数据资本化进程，将有效提高企业信用评级、拓宽融资渠道、降低融资成本。

案例 2–11：江北数投海洋数据资产评估

案例背景：宁波市江北区大数据投资运营有限公司（以下简称"江北数投"）是一家以从事互联网相关服务为主的企业。2023 年 12 月，江北数投联合中国电子技术标准化研究院、浙江中企华资产评估有限公司、浙江大数据交易中心等完成数据资产评估，为后续开展入表、申请授信等奠定了基础。

评估过程：一是北京数无尽藏科技有限公司对海洋数据资产进行了全面梳理，完成覆盖了水质环境、沉积物环境、生物体质量、生物多样性、渔业资源等多个领域的数据质量评价体系。二是浙江大数据交易中心为本案例提供了数据要素定价体系参照建议，并组织法律、技术、安全、行业应用等领域专家从技术合规、业务合规、场景合规等层面进行论证评估。三是浙江中企华资产评估有限公司基于海洋数据资产的应用场景和商业模式，采用成本法和收益法从海洋数据资产的成本构建与预期超额收益实现两个视角评估其市场价值。四是数据产业生态服务联盟帮助企业构建了完备的数据资产风险管理体系，通过权限控制、审计追溯等功能模块，全面保障了数据的安全性和可靠性，确保海洋数据的应用安全，为行业树立了可信赖的标杆。

案例启示：海洋数据覆盖面广、价值量高、应用场景丰富，是数据资产化应用的崭新赛道。此次数据资产评估，是宁波市立足海洋经济迈出数据资产化的重要一步。企业可以通过开展数据资源入表、数据资产评估等数据资源资产化活动，以数据价值挖掘带动区域数字化建设和数字经济发展。

第五节　数据资产价值实现

站在持有主体的视角看，数据资产价值可以通过自身使用、外部交易，或者依托数据资产开展融资获得现金流，以及开展投资活动获得投资收益等方式实现。这实质上与资产管理领域的资产使用和资产处置是对应的，自身使用、投融资对应资产使用，外部交易对应资产处置。

一、数据供自身使用

自身使用是指数据生产或采集加工方，将数据用于自身，即"取之于己用之于己"，以此直接或间接实现效益。本书在介绍数据资源入表的部分提到，在数据资源被确认为资产并入表的情况下，供自身使用的通常计入无形资产。数据供自身使用的目的主要包括提升内部管理水平、提高生产经营效率和增强市场分析能力等，与前文从应用目的角度对应用场景进行梳理一致。附录1应用场景案例中的案例2、案例4，均是将自身数据用于提高自身生产经营效率，从而实现数据价值。

数据"取之于己用之于己"力度较大的典型代表是金融行业中的商业银行。商业银行数据资源禀赋突出，除了购买外部数据，商业银行还在管理和业务活动中产生或采集积累了大量的内部数据，主要集中于管理、合约、交易、客户等数据。关于数据采集，人民银行、金融监管总局、消费者保护协会等监管方有着严格的要求，银行在业务活动中通常会与客户签订详细的授权协议，数据权属清晰、应用场景明确。商业银行对自身数据的应用主要集中在内部管理、风控、营销等领域。

内部管理方面，通过收集、加工、分析和运用内部管理相关指标，助力内部管理效能提升。浙商银行绩效中心共加工130项绩效指标、每月100余万条管理会计明细数据，绩效看板月访问人次突破1万，赋能内控能力提升。风控方面，通过构建客户风险标签、关联图谱，提升风险分析能力，提高风险管理水平，主要应用于识别信贷风险、降低欺诈风险等。民生银行通过招投标数据、水电煤数据、遥感数据等，分析企业生产经营情况，服务贷前、贷中、贷后审批。营销方面，通过完善客户标签、事件感知等关键能力，提供个性化产品和服务，提升客户参与度及客户留存率，提高营销的精准度和成功率。光大银行近年来加大对长维客户数据的分析应用力度，加强在消费金融、网络贷款等零售金融领域的智能营销，精准拓客，有效推动向零售端业务转型。

二、数据资产交易

本书认为，数据交易的前提是权属清晰、价值明确，这恰恰符合资产的定义，因此数据交易的对象本质是数据资产。但实际应用中，从相关制度制定到相关机构建设，均更多地采用"数据交易"的表述，这是一种习惯表述。为统一表述，下文以"数据交易"的表述为主。

数据交易指数据持有方将数据作为商品卖出，直接获得相关收益。本书在介绍数据资源入表的部分提到，在数据资源被确认为资产并入表情况下，供外部交易的通常计入存货。数据交易能够为数据提供方和需求方创造经济价值，实现数据资源的优化配置和高效利用。购买方购买数据的目的主要包括提升内部管理水平、提高生产经营效率和增强市场分析能力等，与前文从应用目的角度对应用场景进行梳理一致。如附录 1 应用场景案例中的案例 43，就是通过交易方式买入数据，在应用中实现数据价值，而数据卖出方则通过获取交易收益实现数据价值。

（一）数据资产交易类型

数据交易主要分为场外交易和场内交易。"数据二十条"提出，建立合规高效、场内外结合的数据要素流通和交易制度。完善和规范数据流通规则，构建促进使用和流通、场内场外相结合的交易制度体系，规范引导场外交易，培育壮大场内交易；有序发展数据跨境流通和交易，建立数据来源可确认、使用范围可界定、流通过程可追溯、安全风险可防范的数据可信流通体系。支持数据处理者依法依规在场内和场外采取开放、共享、交换、交易等方式流通数据。为数据交易的制度和体系构建明确了方向。

1. 场外交易

场外交易指在固定的交易场所外，相关市场主体自发寻找交易机会，自发完成交易。实践中，数据场外交易活跃度远高于场内交易。场外交易没有固定的交易场所和管理机构，涉及主体众多，故难以对场外交易总体情况进行统计。根据以往调研中收到的相关市场主体反馈，目前，数据场外交易无论从交易金额还是交易频次来说，可以占到整个数据交易市场的 90% 以上。

　　和大多数类型资产的场外交易一样，数据场外交易具有交易分散、灵活性高、交易成本低等优点。但由于缺乏相应监管，数据场外交易存在数据来源合规性缺乏保障，数据交割质量缺乏明确标准等问题，因此在后续开发应用或经营过程中存在一定风险。

　　2. 场内交易

　　场内交易指市场主体通过交易场所进行买卖活动。场内交易有集中、固定的交易场所和固定的交易活动时间，有严密的组织管理制度，配备各类专业设施和管理服务人员，通常采取将交易标的公开挂牌上架的方式进行展示和交易。数据交易所挂牌的数据，包括但不限于医疗、金融、企业、电商、能源、交通、商品、消费、教育、社交等多种类型；交易产品不限于数据，存储能力、通信能力、计算能力，甚至算法、人工智能等系统性的解决方案均可在作为数据交易所的交易标的。

　　数据交易所是一个为数据交易参与方提供资源整合、信息发布、交易撮合等服务的场所。其主要职能包括：一是资源整合。数据交易所将数据供给方、数据需求方以及律师事务所、资产评估机构、数据加工方等服务方整合到统一平台，高效匹配供需、配置资源。二是合规审查与交易监管。在批准入场前，数据交易所需要对相关主体的基本信息进行审查，确保相关主体的合法合规性；正式达成交易意向前，数据交易所需要对交易双方相关资质进行审查，确保供给方的数据合法合规，需求方的使用合法合规；在交易过程中，数据交易所需要通过数据确权、数据法律合规审查、数据资产价值评估、数据流通交易等相关规则与制度全程监管数据交易过程，维护交易双方权益。三是提供相关服务。

汇聚数商，构建交易生态，为交易过程撮合提供法律、会计、评估、支付等相关服务。

场内交易情况下，数据交易所通常制定了完备的交易制度，明确了交易流程和合约标准，更加便于实施全方位、全流程监管，可有效降低交易双方风险；且交易所将具有买卖需求的市场主体集中，快速、精准匹配供需，撮合交易，促进数据要素流通和价值实现。"数据二十条"提出"培育壮大场内交易"，并在第九条详细介绍了"统筹构建规范高效的数据交易场所"相关内容，强调加强数据交易场所体系设计，统筹优化数据交易场所的规划布局。出台数据交易场所管理办法，建立健全数据交易规则，制定全国统一的数据交易、安全等标准体系，降低交易成本。引导多种类型的数据交易场所共同发展，突出国家级数据交易场所合规监管和基础服务功能，强化其公共属性和公益定位，推进数据交易场所与数据商功能分离，鼓励各类数据商进场交易。规范各地区各部门设立的区域性数据交易场所和行业性数据交易平台，构建多层次市场交易体系，推动区域性、行业性数据流通使用。促进区域性数据交易场所和行业性数据交易平台与国家级数据交易场所互联互通。构建集约高效的数据流通基础设施，为场内集中交易和场外分散交易提供低成本、高效率、可信赖的流通环境。

场内交易主体需要按照相关规则，向交易场所支付一定比例的佣金，并聘请中介机构对数据开展合规性审核、价值评估等工作，如产品挂牌前需聘请律师事务所对数据产品的合规性进行审核，或聘请评估机构对数据资产进行价值评估等，因此会产生相应费用。目前，我国的数据场内交易正处于起步和培育阶段，活跃度正在逐步提升。

（二）我国数据交易场所建设情况

1. 我国数据交易所建设总体情况

近年来，全国多地积极布局，纷纷建立数据交易场所，出台相关管理办法，建立健全数据交易规则，制定数据交易、安全等标准体系，为数据供需双方搭建便捷、安全的交易平台，对促进数据要素市场配置、培育数据要素流通产业生态、推动数字经济与实体经济的深度融合起到积极作用。

据不完全统计，截至 2024 年 3 月底，全国已成立各级数据交易机构 40 多家[①]。大多数采用"国有控股、政府指导、企业参与、市场运营"的运作机制，供需双方需成为交易所会员才能进行交易。其中，北京国际大数据交易所、上海数据交易所、广州数据交易所、深圳数据交易所、贵阳大数据交易所、浙江大数据交易中心等为领头交易所。几大交易所的交易标的都以数据服务和数据产品为主，其中，深圳数据交易所交易标的类型涉及较广，除了数据产品和数据服务外，还包括数据工具、评估模型、远程平台等，数据产品主要包括数据访问共享工具、数据包、数据报告等，数据服务主要包括数据分析服务、数据采集服务、数据安全服务等。

多因驱动下，日益活跃的数据场内交易生态正在逐步形成。在交易规模方面，截至 2023 年底，深圳数据交易所累计交易总

[①] 资料来源：前瞻产业研究院：《2024－2029 年中国数据交易市场（数据交易所）发展前景预测与投资战略规划分析报告》。

额高达 65 亿元，为五大数据交易所之首；广州数据交易所累计交易金额超 25 亿元；贵阳大数据交易所累计交易规模超过 30 亿元；北京国际大数据交易所累计交易规模超 20 亿元；上海数据交易所累计交易规模超 11 亿元[①]。表 2 – 1 是对我国数据交易机构设立情况的梳理。

表 2 – 1　　　　　　　我国数据交易机构设立情况

成立时间	机构名称
2023 年	北方大数据交易中心（天津） 杭州数据交易所
2022 年	深圳数据交易所 湖南大数据交易所 江西大数据交易市场 无锡大数据交易平台 广州数据交易所 福建大数据交易所 郑州数据交易中心
2021 年	香港数据资产交易所 北京国际大数据交易所 内蒙古数据交易中心 贵州数据流通交易平台 上海数据交易所 华南数据要素交易平台（广东） 合肥数据要素流通平台
2020 年	成都数据资产交易中心 海南数字资产交易中心 山西数据交易平台 北部湾大数据交易中心（广西） 北京数据交易中心 中关村医药健康大数据交易平台 安徽大数据交易中心
2019 年	山东数据交易平台

① 资料来源：前瞻产业研究院：《2024 – 2029 年中国数据交易市场（数据交易所）发展前景预测与投资战略规划分析报告》。

续表

成立时间	机构名称
2018 年	东北亚大数据交易服务中心（吉林）
2017 年	青岛大数据交易中心 河南平台大数据交易中心（河南新乡） 河南中原大数据交易中心（河南郑州）
2016 年	广州数据交易服务平台 亚欧大数据交易中心（乌鲁木齐高新区） 浙江大数据交易中心 南方大数据交易中心（深圳）
2015 年	重庆大数据交易平台 贵阳大数据交易所 武汉东湖大数据交易中心 武汉长江大数据交易中心 西咸新区大数据交易所（陕西） 华东江苏大数据交易中心 河北大数据交易服务中心 杭州钱塘大数据交易中心
2014 年	中关村数海大数据交易平台 北京大数据交易服务平台 香港大数据交易所

2. 我国具有代表性的数据交易所运行情况

下面将详细介绍我国具有代表性的几家数据交易所的基本情况、体制机制建设情况以及创新特色实践情况[①]。

（1）北京国际大数据交易所。

①基本情况。

2021 年 3 月，北京国际大数据交易（以下简称"北数所"）所成立，北京金融控股集团有限公司为最大股东，持股比例为 65%，注册成立的"北京国际大数据交易有限公司"注册资本金 2 亿元。北数所是北京市落实建设"国家服务业扩大开放综合示

---

① 资料来源：作者根据各交易所官网介绍及各公开新闻资料整理。

范区"和"中国（北京）自由贸易试验区"数字经济领域的重点项目，是北京市创建"全球数字经济标杆城市"重要内容，是北京市在数字经济时代战略布局的新型基础设施。截至"2024全球数字经济大会"期间，北数所累计引入数据产品超 2000 款，数据交易规模累计达到 45 亿元。

②体制机制建设情况。

北数所创新形成全国首套数据交易规则体系，发布《北京数据交易服务指南》，涵盖交易主体认证、资产评估、价格发现、交易分润、安全保障、争议解决等各项机制，为数据交易的顺利进行提供了制度保障。

在交易主体认证方面，北数所实行实名注册的会员制，对数据交易行为进行规范管理。交易主体需通过严格的认证程序，确保身份真实、合法。同时搭建数据确权、定价的基本框架，分层分级管理数据权属界定和流转。根据数据的行为确权、使用用途和数量频次等因素，对数据资产进行科学合理的评估。北数所探索从数据、算法定价到收益分配的全生命周期的价值体系，形成覆盖数据全产业链的确权框架。通过市场机制，发现数据资产的合理价格，促进数据资源的有效配置。在收益分配上，北数所制定合理的分配机制，确保数据提供方、交易平台和其他参与者的利益得到合理分配，激发各方参与数据交易的积极性，推动数据市场的繁荣发展。

在风险防控方面，北数所建立数据安全备案机制和风险预警机制，提升数据安全事件应急响应能力。采用隐私计算、区块链等技术手段，确保数据交易过程中的安全性、合规性和保密性。同时建立完善的争议解决机制，为数据交易过程中出现的争议提供公正、高效的解决途径，维护数据交易市场的稳定和秩序，保障各方合法权益。

③创新特色。

2022 年 4 月 14 日，为提升数据跨境流通的安全性、合规性和便捷性，由北数所研发的北京数据托管服务平台正式投入使用，成为国内首个可支持企业数据跨境流通的数据托管服务平台。

北数所创新推出全国首个分级分类交易模式，率先开展数据资产确权、数据分级管理、机构分类审核、合规体系建立等工作。这一模式有助于更好地满足不同行业、不同场景下的数据交易需求。

北数所利用数据交易平台 IDeX 系统，联合北京数字经济中介服务体系，对用户上架的产品进行数据资产登记并颁发数字资产凭证。有助于明确数据资产的权属关系，提高数据交易的透明度和可信度。

北数所通过区块链技术对交易记录存证上链，实现对数据资产的记录和追踪，确保可追溯、防篡改，大大提高数据交易的安全性和可信度。

（2）贵阳大数据交易所。

①基本情况。

贵阳大数据交易所（以下简称"贵数所"）是经贵州省人民政府批准成立的全国第一家以大数据命名的交易所，成立于 2014 年 12 月，2015 年 4 月正式挂牌运营，在全国率先探索数据流通交易价值和交易模式。2021 年贵州省政府对贵数所进行了优化提升，突出合规监管和基础服务功能，构建了"贵州省数据流通交易服务中心"和"贵阳大数据交易所有限责任公司"的组织架构体系，承担流通交易制度规则制定、市场主体登记、数据要素登记确权、数据交易服务等职能。贵数所累计交易规模已超30 亿元。

贵数所以服务全国为目标，通过采用隐私计算、联邦学习、区块链等先进技术，打造数据、算力、算法等多元的数据产品体系，激活数据要素供给，重点在政务、金融、医疗、文旅、劳务用工、公共资源交易、通信、电力、交通、气象等领域，培育一批专业数据服务商，"鼓励发展数据集成、数据经纪、合规认证、数据审计、数据公证、数据保险、资产评估、争议仲裁、人才培训等第三方服务中介机构"，面向全国数据流通交易提供高效便捷、安全合规的市场化服务。

②体制机制建设情况。

贵数所于 2022 年 5 月 27 日发布了数据交易规则体系《数据要素流通交易规则（试行）》，从交易主体登记、交易标的上架、交易场所运营、交易流程实施、监督管理保障等五个方面进行规定，打造高效服务体系。此外，还发布了《数据产品成本评估指引 1.0》《数据交易合规性审查指南》《数据交易安全评估指南》《数据产品交易价格评估指引 1.0》《数据资产价值评估指引 1.0》《贵州省数据流通平台运营管理办法》《数据商准入及运行管理指南》等，进一步规范运行机制，提高了数据交易的透明度和安全性。自交易规则体系发布以来，贵数所的交易量和交易额持续增长，对于推动数据要素市场化流通和数字经济高质量发展具有积极作用。据悉，贵州省大数据局升级了数据流通交易平台，实现原始数据"可用不可见"、数据产品"可控可计量"、流通行为"可信可追溯"，以打造国家数据要素流通核心枢纽、平台由数据流通交易中心负责建设，由贵阳大数据交易所公司负责市场化运营，面向全国提供服务。目前，平台升级上线以来，已集聚数据商 213 家、上架产品 283 个、交易 59 笔、交易额达 4095 万元。发布仪式现场，有六家数据商代表签约，协议金额超过 6000 万元。

③特色创新。

2023 年 1 月，贵数所获得国家 OID 注册中心正式授权，成为全国首个数据要素登记 OID 行业节点。

2023 年 2 月，在国家发展改革委价格监测中心的指导下，贵数所上线全国首个数据产品交易价格计算器。4 月 6 日，贵数所发布了中国全国首个以"百万激励星星之火，数据交易可以燎原"为主题的"交易激励计划"。

2023 年 4 月，全国首笔个人数据合规流转交易在贵数所场内完成。该笔交易在个人用户知情且明确授权的情况下，委托相关企业利用数字化、隐私计算等技术采集个人简历数据，加工处理成数据产品，并在贵数所成功交易。这是 B2B2C 数据交易商业模式的全新探索，促进了个人数据合规使用、规范交易、合法收益，首次实现个人作为数据要素市场的直接参与方并获益。该案例入选了"2024 中国数字经济发展与法治建设十个重大影响力事件"，体现了贵数所在个人数据合规流通交易方面的示范作用。

2024 年 3 月，由贵数所与中国移动大数据（贵阳）创新研究院联合运营的全国首个"移动数据专区"上线，该移动数据专区基于中国移动海量数据资源和平台丰富的大数据组件工具集运营，可支撑大数据与政府、金融、旅游、交通等多个领域的融合场景，具备客户覆盖广、使用频次高、场景关联性强等特点。

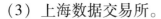

（3）上海数据交易所。

①基本情况。

上海数据交易所（以下简称"上数所"）于 2021 年 11 月 25 日在上海市浦东新区成立，是在上海市人民政府指导下组建的准公共服务机构。上数所采用公司制架构，注册资本 8 亿元人民币。围绕打造全球数据要素配置的重要枢纽节点的目标，构建"1 + 4 + 4"体系：紧扣建设国家数据交易所"一个定位"；突出准公共服务、全数字化交易、全链生态构建、制度规则创新"四个功能"；体现规范确权、统一登记、集中清算、灵活交付"四个特征"，力争用 3 ~ 5 年时间，将"四梁八柱"构筑成型。

2023 年上海数交所数据交易额保持每月稳步增长，全年数据交易额超 11 亿元，累计挂牌数据产品 2100 个，涉及金融、交通、通信等八大类，达成了部分首单交易，包括工商银行和上海电力达成交易的"企业电智绘"数据产品以及民用海图服务产品等，日益活跃的市场交易生态正在逐步形成。

②体制机制建设情况。

上数所重点聚焦确权难、定价难、互信难、入场难、监管难等关键共性难题，形成系列创新安排。一是全新构建"数商"新业态，涵盖数据交易主体、数据合规咨询、质量评估、资产评估、交付等多领域，培育和规范新主体，构筑更加繁荣的流通交易生态。二是率先针对数据交易全过程提供一系列制度规范，涵盖从数据交易所、数据交易主体到数据交易生态体系的各类办法、规范、指引及标准，确立了"不合规不挂牌，无场景不交易"的基本原则，让数据流通交易有规可循、有章可依。三是上线新一代智能数据交易系统，保障数据交易全时挂牌、全域交易、全程可溯。四是首次通过数据产品登记凭证与数据交易凭证的发放，实现一数一码，可登记、可统计、可普查。五是以数据产品说明书的形式使数据可阅读，将抽象数据变为具象产品。

上数所交易规则体系（2024），确立了"办法—规范—指引"三层级的制度架构。《上海数据交易所数据交易管理办法》作为全局性的核心文件，统领全局，内容涵盖"主体管理、交易管理、运营管理和纠纷解决"四大核心模块。在此基础上，进一步细化了九项具体规范，发布了六项指引，从顶层设计到具体操作指南，打造一整套符合数据要素市场发展规律的交易规范体系。

在合规评估方面，上数所发布《上海数据交易所数据交易安全合规指引》及其配套清单，为数据交易提供了明确的合规操作路径。上海数据发展科技有限公司研发了一款自动化、标准化的数据产品合规评估工具，提供全流程的数据交易安全评估服务，包括智能核查分析、材料存证、自动生成评估意见等多项功能，帮助评估方缩短评估周期，降低合规评估成本，并提升合规安全评估的整体效率。

上数所积极推进以可信交付框架为基座的一体化基础设施建设，满足数据交易在安全性、合规性和隐私保护等方面的高要求，联合复旦大学大数据研究院完成了国内首个数据交易内生可信交付框架的顶层设计，形成四个"一"的建设内容，包括一套内生可信框架，一套指标评估体系，一个数据流通可信服务平台，一个可信数据代理。

上数所系统布局数据交易链、数联网等新型基础设施，建设了五大核心业务系统，并与数据交易链对接，为可信流通提供系统支撑。数联网解决了数据标识问题，数据交易链则为数据上链后形成连接秩序提供重要机制和手段。

③特色创新。

上数所围绕供需对接、交易撮合组织各类市场活动，降低数据交易过程中的搜寻成本、决策成本和执行成本，促进了数据交易市场的活跃度和透明度。明确数商的重点培育方向，主要涵盖数据产品开发、数据资产评估、数据合规等 11 类数商，通过提供资质认证、业务赋能、培训支持、市场对接等服务，帮助数商提升专业能力，拓展业务范围，并发布"数据要素市场繁荣计划"，推出补贴资金奖励、基础设施支撑、服务工具赋能、培训体系保障四大举措，促进数商生态发展。

上数所积极探索数据资产入表、数据资产增信、数据资产质押融资、数据资产信托、数据资产保理等创新应用，推动数据要素与资本市场的高效联动。针对数据资产成本归集难、摊销年限确认难、数据资产市场价值测算难等数据资产入表和估值难点问题，联合战略数商团队，发布《数据资产入表及估值实践与操作指南》。

上数所联合北京大学法学院研究发布《数据交易安全港白皮书》，探索构建数据交易纠纷争议解决机制，创新提出 2 + 2 安全港规则，即"合规技术"与"法律规则"相结合，"主动投入"与"预期免责"相结合，通过数据交易场所降低市场主体在数据交易场景中的法律风险。

随着数据跨境流动日益成为驱动全球经济增长的新动能，2023 年 4 月，上数所正式启动了国际板的建设工作。为探索建立便捷、高效、安全的数据跨境流动规则体系，上数所与商务部国际贸易经济合作研究院共同绘制《全球数据跨境流动规则全景图》，从国际组织、国际贸易协定和经济体三个层面入手，重点聚焦十大国际机制安排和十二大经济体数据跨境流动规则与特点，深入分析规则未来发展趋势，为我国参与全球数字经济规则制定提供重要借鉴与参考。

2022年6月30日，上海银行股份有限公司与上海大智慧财汇数据科技有限公司在上数所交易系统中使用数字人民币完成数据产品交易支付，为首单使用数字人民币进行结算支付的数据产品交易，上数所在制度创新和技术创新方面取得突破。

2022年8月24日，作为上海数字化转型的关键基础设施和数据要素市场建设的重要成果，上数所在全国率先设立数字资产板块，重构数字资产体系，打造数字资产与实体经济深度融合的新样板。同日，上数所联合华谊集团旗下国有老字号"回力"和数字资产首批发行平台"哔哩哔哩"，首发数字资产"回力DESIGN – 元年"。

（4）深圳数据交易中心。

①基本情况。

深圳数据交易所（以下简称"深数所"）注册成立于2021年12月，致力于构建数据要素跨域、跨境流通的全国性交易平台。深数所由深圳市人民政府主办，深圳交易集团有限公司、深圳智慧城市科技发展集团有限公司及深圳市福田新一代产业投资服务有限公司三方合资建立。2022年11月15日深数所正式揭牌，揭牌以来成交活跃，交易规模持续扩大。截至2023年底，深数所实现累计交易规模65亿元（累计跨境交易额1.1亿元），位居全国第一。交易范围覆盖30个省份、128个城市，上市数据标的 1900 个，建立数据产品专区 20 个，打造行业创新案例 26 项。交易产品涉及交易场景 228 个，包括企业信用、企业工商、企业税务、金融借贷、资质验证、消费画像、智慧城市、精准营销等，大大丰富了数据交易市场的生态体系，促进了数据价值的充分发挥。

②体制机制建设。

深数所打造了涵盖《数据安全分级分类规范》、数据交易撮合系统技术框架白皮书等九大技术标准规范，为数据交易提供了明确的技术标准，确保了数据交易的安全性和合规性。深数所还牵头起草了深圳地方标准《数据交易合规评估规范（征求意见稿）》，首创"3×4"数据交易合规评估体系，并配套智能合规系统，能有效促进差异化监管、动态监管和精准监管的实现。

③特色创新。

深数所不仅推动了数据交易的活跃，还致力于数据安全合规、数据治理服务、安全技术保障和生态建设发展，形成了一系列数据交易创新成果。包括数据交易平台上线、数据交易撮合平台发布、数据公证平台发布、数据要素登记平台建设方案发布以及制度规则和标准规范的发布。

深数所成功实现了跨境数据交易，为探索跨境数据流通交易迈出了关键一步，标志着我国在数据交易领域的进一步开放和创新。跨境数据交易标的——"数库 SmarTag 新闻分析数据产品"，交易额约 500 万元，买方为境外知名资产管理公司。深数所通过设立合规工作站、培育数据服务企业、与央企共建品牌数据服务专区等措施，积极探索国际化路径，提升国际竞争力。

深数所计划在数据跨境、数据空间、数据资产入表等方面形成示范性成果。预计 2025 年，实现交易规模超过 100 亿元，设立 100 家以上合规工作站，培育和引入 50 家以上数据服务企业，对经济增加值贡献超过 50 亿元。

（5）浙江大数据交易中心。

①基本情况。

2017 年 9 月 26 日，浙江省第一家，也是省内唯一一家持数据交易牌照的数据交易场所——浙江大数据交易中心（以下简称"浙数中心"）在乌镇上线。浙数中心致力于打造浙江省数据要素流通交易统一服务体系，建设公信、安全、开放的数据流通基础设施，培育行业生态，为促进高质量数据供给、国家数据要素综合改革在浙江试点工作提供支撑。目前，交易中心会员数已经有 123 家。

浙数中心为浙江省大数据存储、清洗、分析、发掘和交易的重要机构，对浙江省大数据产业的发展发挥重要作用。中心充分借助浙江省丰富的大数据资源、蓬勃的大数据产业，进一步激发数据市场活力，挖掘数据价值，培育发展大数据应用新兴商业模式和新兴业态，促进浙江构建和完善大数据产业链，带动制造业转型升级。

②体制机制建设。

浙数中心建立了完善的数据安全合规制度，包括 61 项安全合规制度、4 项信息安全管理体系和 20 项数据安全制度体系。通过隐私计算、区块链、态势感知等技术手段，确保了数据要素交易流通过程的安全可控。在数据安全监管上，全面实时向网信办、公安网安等数据安全监管部门进行数据交易全流程的交易日志报送，保证监管部门可以随时对数据交易过程进行监管监督。

③特色创新。

浙数中心与浙报传媒集团公司推进建设的"富春云"互联网数据中心项目组成了浙报传媒大数据产业方阵，浙报传媒后续将打造孵化器模式的大数据创客中心，并已设立总额 10 亿元人民币的大数据产业基金，发挥大数据产业四位一体联动效应，打造覆盖大数据全产业链的开放性生态系统。

2024 年 1 月 23 日，浙数中心完成了浙江省首单制造业数据产品交易，标志着国内水暖阀门行业（工业端）主数据产品的首单交易成功落地，对推进工业领域的数据治理、数据价值化、数据资产化具有重要意义。

2024 年 5 月 27 日，民生银行杭州分行与浙数中心举行签约仪式，进一步加强合作的深度和广度，利用数据要素赋能数字金融建设，通过数字金融服务实体经济高质量发展。

2024 年 7 月 8 日，浙数中心"农业行业数据交易专栏"启动发布会暨战略合作签约仪式顺利举行，标志着农业行业数据交易活动的正式启动，进一步丰富了数据交易市场的行业领域。

2024 年 7 月，浙江大数据交易服务平台南湖专区首单落地的数据产品交易。浙江工企信息技术股份有限公司的数据产品"跨行业通用数字底座"被浙江明铖金属科技股份有限公司以 5 万元的价格买入，这是嘉兴县（市、区）落地的首单数据产品交易，也是南湖专区上线后的首笔交易。

（6）广州数据交易所。

①基本情况。

广州数据交易所（以下简称"广数所"）于 2022 年 9 月 30 日在广州市南沙区正式揭牌成立，作为广东省数据要素市场体系核心枢纽，是开展数据流通交易全周期服务的交易所之一。该交易所按照"省市共建、广佛协同"的总体工作思路，建立"横向到地市、纵向到行业"的"一所多基地多平台"交易服务体系，通过与各地政府、企业等合作，建设区域数据交易服务基地，形成多基地联动的数据交易生态。现已在佛山、湛江、惠州、拉萨、喀什等地设立服务基地，在智能制造、农林牧渔、卫生健康、交通运输、环境保护、产业园区、气象服务、金融等24个行业打造特色数据产品。成立以来，广州数据交易所累计交易额已达21.8亿元。

②体制机制建设。

广数所创立了数据流通交易全周期服务，围绕数据开放、共享、交换、交易、应用、安全、监管等数据要素全周期，提供了一系列综合性服务。服务内容包括数据资产登记、交易清结算、信息披露、数据保险、数据托管、人才培训等，为市场主体提供合规安全、集约高效的数据流通交易环境。

广数所针对数据供给难、确权难、定价难、入场难、监管难、安全难等关键共性难题，坚持"无场景不登记、无登记不交易、无合规不上架"的原则，在数据交易模式、交易主体、交易标的、交易生态、交易安全和应用场景等方面开展了一系列创新。通过建设登记平台、数据交易平台和监管平台等基础设施，引入多方安全计算、联邦学习等隐私计算先进技术，建设完善的数据交易安全防护体系，实现数据"可用不可见、可控可计量"以及"数据不出域"，确保数据合规登记、流通交易和监督管理等全流程顺利开展。同时，广东在全国率先探索成立数据合规委员会，建立合规会审机制，确保数据资产合规登记权威性。

③特色创新。

广数所依托专业中介服务探索数据流通交易新模式，对数据经纪人在公共数据开发利用、数据产品经营等方面提供激励政策，鼓励探索建立行业数据空间，培育更多数据流通的新模式。

广数所积极探索粤港澳大湾区数据跨境双向流通机制，依托"数据特区"推动数据要素跨境流动，研究数据流动的"大湾区方案"，试点对境外数据的汇聚和开发。同时，积极推进数据交易服务基础设施在新疆、西藏等区域的建设，助力数字经济、释放发展动能，赋能产业高质量发展。

（三）数据资产交易进一步促进数据要素流通

虽然一些地区的数据交易较为活跃，但数据交易市场整体活跃度有待进一步提升，特别是场内交易量仍远低于预期。根据《2023 年中国数据交易市场研究分析报告》数据①，2022 年全国数据交易市场规模为 876.8 亿元。场外交易仍是数据交易市场主流，场内交易所占份额不足 5%，许多交易主体对入场交易意愿不强。超过 50% 的数据交易平台年流量低于 50 笔，一些处于停运或半停运状态，多家已陆续注销。本书认为，数据交易活跃度不足的原因主要有以下两方面。

1. 数据质量和开发应用水平有待提升

一是数据加工处理水平较低，高质量数据供给不足。2023 年，我国数据生产总量达 32.85ZB（十万亿亿字节），同比增长

---

① 2023 年中国数据交易市场研究分析报告［R］. 上海数据交易所，2023 – 11 – 30.

22.44%[①]。但数据加工处理水平较低，数据要素统筹管理和利用能力不足，庞大的数据量均停留在"原材料"阶段，有用、能用、易用的数据产品少。二是数据应用场景拓展不足，市场需求没有被充分激发。数据的价值在很大程度上取决于数据应用场景，虽然当前在数据交易所挂牌交易的数据品类很多，但是相当一部分数据由于缺乏明确的使用场景，存在"零交易"的情况。

2. 交易机制不成熟

一是未形成公允的定价体系，数据资产价值确认仍面临困难。当前数据交易以供方定价为主，部分产品定价不合理，制约数据流通和交易。由于数据的复杂性和多样性，数据资产"定价难"的问题普遍存在。二是场内交易撮合方式单一，不能很好地匹配数据要素特性。当前大部分数据交易平台简单套用证券或一般商品等标准化产品的交易撮合模式，在挂牌交易时很少同步披露数据产品具体内容参数及潜在应用场景，购买方在交易前难以准确评判其价值，导致数据资产交易不活跃。三是交易成本较高，制约数据资产流通。场内交易方面，数据产品或服务卖方需根据交易所规定，履行法律合规、质量审查、资产评估等程序，产生相关中介服务费用，同时需向交易所以会费、交易分成等形式支付费用，导致进场交易动力不足；场外交易方面，由于缺乏有效的合规监管，数据交易风险高，一旦出现纠纷，双方将面临经济损失甚至法律风险。

推动活跃数据交易，应从以下三个方面着力。一是要构建政府指导和市场调节相结合的价格机制。交易市场疲软的区域，特

---

① 数字中国发展报告（2023年）［R］. 国家数据局，2024－06－30.

别是在公共数据产品交易中，适当降低价格，让渡利润，培育市场。鼓励交易主体根据《数据资产评估指导意见》对数据资产进行资产评估，为数据产品合理定价提供依据。二是要以合规成本为抓手适当降低交易成本。建立健全数据交易制度体系，出台数据交易管理办法，制定全国统一的数据交易、安全等标准体系，推动建立经济、高效、安全的交易平台，简化交易流程，降低交易成本。引导多种类型的数据交易场所共同发展，强化其公共属性和公益定位，推进数据交易场所与数据商功能分离。鼓励市场主体大胆创新，对于先行先试过程中出现的问题要适当容错免责，避免造成企业"不敢交易"的情况。三是要明确顶层设计，促进加快形成全国统一数据大市场。要加强数据交易场所整体设计，统筹优化数据交易场所规划布局，突出国家级数据交易场所合规监管和基础服务功能，规范各地区各部门设立的区域性数据交易场所和行业性数据交易平台，构建多层次市场交易体系，推动区域性、行业性数据流通使用，促进区域性数据交易场所和行业性数据交易平台与国家级数据交易场所互联互通。在 2023 全球数商大会上，上海、浙江、山东、广州等七家省级数据交易机构已发起并建设联盟链共识节点，覆盖十省市，为实现"一地挂牌、全网互认"奠定了基础。未来，全国统一数据大市场的建设需要国家层面加强统筹协调。

三、数据资产资本化

第一章已经引入了数据资产资本化概念，即在合法合规前提下，数据资产所有者以增信融资、质押融资、投资入股等多种形式，将数据资产转化为经营所需的资本。而数据资产之所以能转化为资本，是因为数据成为资产后具有权属清晰、价值明确的属性，交易流通性提升，具备了开展投融资活动的基础。近年来，市场主体基于数据资产进行投资、融资的活动日益丰富，数据资产资本化在数据价值实现中的作用正在逐步凸显，特别是 2024年 1 月 1 日《企业数据资源相关会计处理暂行规定》（财会〔2023〕11 号）正式施行以来，实现入表的数据资源具有了更加明确的资产属性。此外，财政部于 2023 年 12 月 31 日发布的《关于加强数据资产管理的指导意见》（财资〔2023〕141 号）明确提出，探索开展公共数据资产权益在特定领域和经营主体范围内入股、质押等，以助力公共数据资产多元化价值流通。安徽、北京、温州等地也相继发布政策，积极探索数据资产入股、质押融资等模式。

（一）数据资产资本化对数字经济发展的意义

数据资产资本化以数字经济的崛起为前提，并进一步促进数字经济发展，具体表现在以下三个方面[1]。

一是促使资本加速向数字经济领域流入。数据一旦具有价值，资本自然追随而至，这是资本的逐利本性所决定的。例如，特斯拉首席执行官马斯克 2022 年 10 月以 440 亿美元正式收购美国社交网络平台推特公司，其中重要原因之一是发现了数据背后的价值[2]。在数字经济时代，数据要素或替代传统生产要素，成

---

[1] 陈积银，孙月琴. 数据资本化与资本数据化：数据资本主义的批判与应对 [J]. 探索与争鸣，2023（11）：75 - 86，193.
[2] 过程一波三折，收购牵动美国，440 亿美元，马斯克入主推特 [EB/OL]. 环球网，2022 - 10 - 29.

为最有潜力的投资对象，数据资本化进程的加速正是这一观点的有力证明。在数据资本化进程中，数字经济领域或将迎来新的风口，资本加速向数字经济领域流入，进一步推动数字经济蓬勃发展。

二是带来技术变革，创新数据生产形式。数据资本化将扩充对现有数据量的需求，通过不断创新数字技术，为数据生产开创新形式和新领域，这也是数字经济能够持续增长的源泉。例如，2022 年底开始，以 ChatGPT 为代表的语言大模型开始风靡全球，颠覆了传统的数据生产方式，通过对网络空间人类数据的整合，以及对用户使用过程中的反馈，不断吸纳并形成更加精准的"数据池"，以此产生更多价值的数据。数据资本化将带来新一轮技术变革，打造数据生产新形式，为数字经济发展提供新的动力。

三是进一步推动产业数字化转型。一方面，数据资本化有利于促进数据资源的优化配置，使得企业能够更加充分地挖掘和利用自身所拥有的数据，发现其中的潜在价值，培育新质生产力，为产业数字化转型提供更多的机会和动力；另一方面，数据资本化能为企业提供新的融资渠道，降低融资成本，增强企业的竞争力和创新能力，促使企业加大在数字化转型方面的投入，包括技术研发、设备更新、人才培养等，从而加快产业数字化转型的进程，对数字经济的发展具有十分重要的意义。

（二）数据资产资本化探索实践情况

相关企业、金融机构等市场主体紧跟数据市场发展趋势和需求，基于数据资产开展了增信融资、质押融资、投资入股等经济活动，积极探索实践数据资产资本化。

1. 数据资产增信融资实践

由于数据资产具有非实体性、依托性、可共享性、可加工性、价值易变性等特点，数据资产的确权、处置、保全等在法律和技术层面有待进一步明晰、深化，价值评估方法也有待完善，数据资产质押融资相关政策现阶段仍需进一步明确。光大银行、民生银行等目前开展的数据资产融资服务，主要基于以数据资产对企业融资行为进行增信，数据资产暂不作为独立资产进行质押。例如，截至 2024 年 6 月，光大银行已完成 14 笔基于数据资产的增信融资业务，主要针对科创类中小微企业，合计金额 8000多万元，单笔金额最高 1000 万元左右①。

表 2 - 2 是对收集到的数据资产增信融资业务进行的简要梳理。

表 2 - 2　　　　　　　　数据资产增信融资业务梳理

省份	企业名称	业务简述	日期	融资金额（万元）	融资类型	银行
上海	上海迈利船舶科技有限公司	上海数据交易所携手光大银行上海分行、上海迈利船舶科技有限公司，落地国内首个基于可信数据资产基础设施 DCB 的数据资产增信融资案例，授权额度 500 万元人民币	2023 年11 月 27 日	500	增信	光大银行上海分行
浙江	浙江舜浦工艺美术品股份有限公司	凭借着"各类帽子销售额占比分析""帽子小数额人民币交易客户等级""帽子销售额美元交易客户等级""帽子洗标工序等级情况"等温岭草州非遗相关信息数据，浙江舜浦工艺美术品股份有限公司成功从温岭农商银行获得了5,000 万元融资授信	2023 年11 月 27 日	5,000	增信	温岭农商银行

① 资料来源：作者根据调研资料整理。

省份	企业名称	业务简述	日期	融资金额（万元）	融资类型	银行
浙江	浙江英特讯信息科技有限公司	浙江英特讯信息科技有限公司通过质押"船舶静态信息数据"，成功获得杭州银行舟山分行1,000万元授信	2023年6月19日	1,000	增信	杭州银行舟山分行
	浙江淏翰信息科技有限公司	浙江南湖数据发展集团与中国银行嘉兴分行联手发布数据要素金融产品"数据资产贷"，浙江淏翰信息科技有限公司凭借一张数据资源持有权证书，获得首笔660万元额度的贷款	2024年3月26日	660	增信	中国银行嘉兴分行
河北	华南数字产业（深圳）集团有限公司	新晃农商银行与华南数字产业集团、开源数字科技成功签订乡村振兴数据资产无抵押融资授信合作协议，授信金额1,000万元，全国首例乡村振兴数据资产无抵押融资授信顺利落户	2024年1月12日	1,000	增信	新晃农商银行
四川	四川旅投数字信息产业发展有限责任公司	四川旅投数字信息产业发展有限责任公司凭借在深圳数据交易所上架的数据交易标的，获得光大银行无质押数据资产增信贷款500万元，在四川省属国企中率先实现数据资产融资	2024年3月5日	500	增信	光大银行
广东	广东南方财经全媒体集团股份有限公司	南方财经全媒体集团南财金融终端"资讯通"数据资产完成入表，并在此基础上获得中国工商银行广东自由贸易试验区南沙分行授信500万元	2024年2月29日	500	增信	中国工商银行广东自由贸易试验区南沙分行
	深圳微言科技有限责任公司	全国首笔无质押数据资产增信贷款落地。深圳数据交易所首批数据招商深圳微言科技有限责任公司凭借在深数所上架的数据交易标的，通过光大银行深圳分行授信审批并成功获得1,000万元授信额度	2023年3月30日	1,000	增信	光大银行深圳分行

省份	企业名称	业务简述	日期	融资金额（万元）	融资类型	银行
香港	HARBOUR HILL（HONG KONG）LIMITED	光大银行深圳分行携手深圳数据交易所，成功审批通过首笔跨境企业数据资产融资业务，为香港企业 HARBOUR HILL（HONG KONG）LIMITED 提供 300 万元跨境贷款支持，是目前国内公开报道的跨境企业数据资产融资业务"第一单"	2023 年 12 月 6 日	300	增信	光大银行深圳分行
山东	泰安市泰山发展投资有限公司	泰安市泰山发展投资有限公司将公司自有的"泰山易停"停车数据资产与泰安泰山农村商业银行实现授信并发放贷款 500 万元	2023 年 12 月 22 日	500	增信	泰安泰山农村商业银行
	泰安市泰山发展投资有限公司	泰安银行为本地企业泰安市泰山城建集团有限公司旗下泰安市泰山发展投资有限公司成功授信并发放贷款 1,000 万元	2024 年 1 月 2 日	1,000	增信	泰安银行
	泰安市泰山新基建投资运营有限公司	泰山新基建投资运营有限公司在推进数据要素资产化工作中取得实质性突破，其通过公共数据授权形成国有企业数据资产，实现银行授信放贷 600 万元	2023 年 12 月 18 日	600	增信	泰安泰山农村商业银行
	山东四季汽车服务有限公司	中联资产评估山东公司为山东四季汽车服务有限公司提供数据资产评估服务，协助其成功获得齐鲁银行 300 万元贷款，成为省数据资产融资在科创金融领域的首个成功案例	2023 年 11 月 7 日	300	增信	齐鲁银行
	山东政信大数据科技有限责任公司	济宁国投旗下山东政信大数据科技有限责任公司通过数据资产评估，成功获得北京银行 300 万元人民币授信额度，实现济宁市数据资产融资"零"的突破	2024 年 1 月 15 日	300	增信	北京银行

省份	企业名称	业务简述	日期	融资金额（万元）	融资类型	银行
山东	山东罗克佳华科技有限公司	山东产权交易集团旗下山东数据交易有限公司为山东罗克佳华科技有限公司颁发了数据资产登记证书，并协助其成功获得银行授信贷款，成为首单涵盖数据资产登记、数据质量评价、数据价值评估、数据资产授信贷款全流程的案例	2023年10月13日	—	增信	—
	智慧港城（烟台）数字科技发展有限公司	智慧港城（烟台）数字科技发展有限公司凭借地下管线数据资产成功获得光大银行融资授信300万元，实现烟台数据资产融资授信"零"的突破	2023年12月13日	300	增信	光大银行
	青岛地铁集团有限公司	青岛地铁集团完成商业保理数据资源集登记，标志着青岛地铁集团首笔产业链数据资产业务落地，初步预估评估价值约2,000万元，并在当月完成入表工作，同时依托数据资产增信，获取民生银行批复授信额度6,000万元	2024年6月27日	6,000	增信	民生银行
福建	福茶网科技发展有限公司	福建省大数据集团旗下福茶网科技发展有限公司通过数据资产成功获得福建海峡银行1,000万元授信额度，实现全省数据资产融资"零"的突破	2023年9月28日	1,000	增信	福建海峡银行
贵州	贵州车联邦网络科技有限公司	贵阳大数据交易所与中国光大银行贵阳分行联手打造的全国首个数据资产融资产品"贵数贷"1.0版正式发布，贵州车联邦网络科技有限公司获得光大银行1,000万元的授信额度，其中300万元贷款已发放到账	2024年2月24日	1,000	增信	光大银行贵阳分行
	贵州东方世纪科技股份有限公司	贵州东方世纪科技股份有限公司大数据洪水预报模型评估价值超过3,000万元，成功获得贵阳农商银行首笔数据资产融资授信1,000万元	2023年6月7日	1,000	增信	贵阳农商银行

续表

省份	企业名称	业务简述	日期	融资金额 （万元）	融资 类型	银行
湖南	湖南盛鼎科技发展有限责任公司	湖南大数据交易所与光大银行长沙分行、汇业律师事务所、中伦文德律师事务所等专业机构进行签约，成功提供湖南首笔数据资产无抵押融资服务，帮助湖南本土企业盛鼎科技获得光大银行500万元授信额度	2024年1月11日	500	增信	光大银行长沙分行
山西	山西鹏景科技有限公司	山西省首笔数据资产无抵押增信贷款签约仪式在数据流量谷举办。中国银行山西省分行成功向山西鹏景科技有限公司发放数据资产无质押贷款900万元，实现山西省数据资产无质押融资"零"的突破	2024年3月5日	900	增信	中国银行山西省分行
河南	河南数据集团有限公司	河南数据集团"企业土地使用权"数据在郑州数据交易中心挂牌上市，获颁"数据产权登记证书"。金融机构根据会计师事务所、资产评估事务所、律师事务所有关意见，向河南数据集团批准授信额度800万元，为河南省首笔数据资产无质押融资	2024年1月11日	800	增信	—
黑龙江	哈尔滨城市发展投资集团有限公司	哈尔滨城市发展投资集团旗下哈尔滨市城安停车场经营管理有限公司、哈尔滨市市政工程设计院有限公司，两项数据资产获得合规登记；哈尔滨城市发展投资集团还同步在贵阳、无锡和北方数据交易平台登记上架数据产品，完成了6笔数据交易，获得兴业银行数据资产融资授信1,000万元	2024年4月23日	1,000	增信	兴业银行
广西	数字广西集团有限公司	中国光大银行南宁分行向数字广信集团有限公司发放数据资产无质押增信贷款1,000万元，广西首笔数据资产无质押增信贷款成功在五象新区落地	2024年4月1日	1,000	增信	光大银行南宁分行

省份	企业名称	业务简述	日期	融资金额（万元）	融资类型	银行
陕西	陕西云创网络科技股份有限公司	陕文投集团云创科技公司凭借"文旅产业运营数据集"数据资产入表的成功实践，获批交通银行陕西省分行融资授信500万元，为省文旅行业"首单"数据资产入表、融资双突破	2024年4月23日	500	增信	交通银行陕西省分行
重庆	重庆两江智慧城市投资发展有限公司	两江智慧城投公司盘点数据资产总存储容量7.59TB、数据资源表157张、数据项6.6亿个、数据总数量39.02亿条，实现入表金额1,585.14万元，获得了重庆银行、汉口银行等无质押贷款2,000万元，为重庆市首例数据要素资本化全流程案例	2024年6月26日	2,000	增信	重庆银行、汉口银行等
湖北	湖北交通投资集团有限公司	湖北交投集团两项数据产品上架"湖北省数据流通交易平台"，并获得兴业银行武汉分行授信1亿元	2024年6月27日	10,000	增信	兴业银行武汉分行
海南	海口市交通运输投资发展集团有限公司	海口市交通运输投资发展集团有限公司完成首批"数据资源包"——海口公交智慧出行和移动支付服务的数据梳理、合规确权、资产登记、质量评价、资源入表、资产评估、融资授信、交易流通等工作，获中信银行2,000万元融资授信，成为当前海南省最高数字融资金额	2024年5月26日	2,000	增信	中信银行

2. 数据资产质押融资实践

数据资产增信融资以外，一些商业银行已经探索基于数据资产开展质押融资业务。与抵押仅以财产作为担保，但不转移占有不同，质押是将财产移交给债权人占有作为担保。此外，抵押物多为不动产，而质押物多为动产或权利凭证。数据资产融资主要适用质押方式。

表2－3是对收集到的数据资产质押融资业务进行的简要梳理。

表 2－3　　　　　　　　　数据资产质押融资业务梳理

省份	企业名称	事件简述	日期	融资金额（万元）	融资类型	银行
上海	数库（上海）科技有限公司	2023 全球数商大会数据资产创新应用论坛上，上海数据交易所牵头，北京银行上海分行与国内知名产融大数据服务商数库科技达成一笔 2,000 万元人民币的数据资产质押授信协议	2023 年11 月 28 日	2,000	质押	北京银行上海分行
	上海寰动机器人有限公司	中国建设银行上海市分行日前成功向上海寰动机器人有限公司发放了首笔数据资产质押贷款，金额达数百万元。质押凭证基于上海数交所"数易贷"数据资产相关产品	2024 年2 月 23 日	—	质押	建设银行上海市分行
	百维金科（上海）信息科技有限公司	农行五角场支行与上海数据交易所对接合作，以数据资产质押的形式为企业提供融资。从贷款调查、数据资产的确权、评估、登记、认证、质押到贷款审批发放，仅用 14 天，成功向区内专精特新企业——百维金科（上海）信息科技有限公司投放普廉贷款 400 万元	2024 年4 月 9 日	400	质押	农行五角场支行
北京	北京商务中心区信链科技有限公司	北京商务中心区信链科技有限公司获得中国建设银行北京市分行首单应用"数据资产质押"授信融资。金额 55 万元，成功落地北京市首笔数据资产质押融资业务	2024 年3 月 29 日	55	质押	建设银行北京市分行

省份	企业名称	事件简述	日期	融资金额（万元）	融资类型	银行
江苏	江苏省联合征信有限公司	江苏省联合征信有限公司研发的一款数据产品"企业批量查询"，在交通银行江苏省分行获得质押融资1,200万元	2023年10月16日	1,200	质押	交通银行江苏省分行
	江苏金视传奇科技有限公司	江苏金视传奇科技有限公司通过其拥有的数据知识产权，与苏州银行绿色及科创金融部签订质押融资合作协议，成功获得500万元贷款	2023年9月15日	500	质押	苏州银行
	江苏振邦智慧城市信息系统有限公司	苏州市首单数据知识产权质押融资业务落地。江苏振邦智慧城市信息系统有限公司以其拥有的数据知识产权作为增信条件，向苏州银行常州分行质押融资并获得1,000万元贷款	2023年8月30日	1,000	质押	苏州银行常州分行
	江苏罗思韦尔电气有限公司	江苏罗思韦尔电气有限公司以其拥有的"T－BOX车联网信息数据"知识产权质押成功向苏州银行扬州分行融资1,000万元，是扬州地区发放的首单数据知识产权质押融资业务	2023年8月25日	1,000	质押	苏州银行扬州分行
	江苏蓝智慧养老科技有限公司	江苏蓝智慧养老科技有限公司以其拥有的知识产权向苏州银行南通分行质押融资并成功获得360万元贷款，南通市首单数据知识产权质押融资正式落地	2023年8月14日	360	质押	苏州银行南通分行
	江苏曙光云计算有限公司	苏州银行无锡分行与江苏曙光云计算有限公司签订质押融资合同，曙光云以其拥有的一项数据知识产权作为质押物，成功获得银行500万元贷款，为无锡市落地的首单数据知识产权质押融资业务	2023年8月11日	500	质押	苏州银行无锡分行

续表

省份	企业名称	事件简述	日期	融资金额（万元）	融资类型	银行
江苏	江苏磁谷科技股份有限公司	江苏磁谷科技股份有限公司以其拥有的数据知识产权，向苏州银行镇江分行质押融资并成功获得500万元贷款，为镇江首单数据知识产权质押融资业务	2023年8月7日	500	质押	苏州银行镇江分行
	江苏昆仑互联科技有限公司	江苏昆仑互联科技有限公司以"环保岛设备运行现金过程控制"数据知识产权向苏州银行质押融资并获批500万元授信，盐城市首单数据知识产权质押融资正式落地	2023年7月25日	500	质押	苏州银行
	宜兴市大数据发展有限公司	江苏宜兴农村商业银行股份有限公司以宜兴市大数据发展有限公司所拥有的"宜兴市三维地理信息模型"数据资产为质押物，向其下属子公司发放1,000万元的数据资产质押贷款，为宜兴市首笔数据资产质押贷款	2024年4月26日	1,000	质押	宜兴农商银行
	宿迁易通数字科技有限公司	宿迁易通数字科技有限公司以"园区平台企业经营能力计算与分析模型"数据知识产权证书办理质押登记，在南京银行宿迁分行获贷1,000万元，其中50万元以数字人民币形式发放，为全省目前获批金额最高的数据知识产权质押贷款	2023年7月11日	1,000	质押	南京银行宿迁分行
	江苏书妙翰缘科技发展有限公司	南京银行淮安分行成功为江苏书妙翰缘科技发展有限公司发放数据知识产权质押融资授信100万元	2023年7月5日	100	质押	南京银行淮安分行
浙江	仙居县黎明机械有限公司	仙居县黎明机械有限公司与浙江农商行仙居支行签订质押授信协议，将企业拥有的1项专利、2件数据知识产权进行"打包"，完成全国首笔"数据知识产权＋专利"混合质押授信，授信额度为6,950万元	2023年11月24日	6,950	质押	浙江农商行仙居支行

省份	企业名称	事件简述	日期	融资金额（万元）	融资类型	银行
浙江	温岭市华驰机械有限公司	将"刀具有寿命数据预测"应用数据知识产权作为质押物，温岭市华驰机械有限公司成功从中国邮政储蓄银行温岭市支行获得1,000万元融资授信，为台州首单数据知识产权质押融资案例	2023年10月27日	1,000	质押	中国邮政储蓄银行温岭市支行
	德清县车网智能联产业发展有限公司	德清县国控集团下属德清县车网智联产业发展有限公司通过质押自主数据知识产权——"德清自动驾驶仿真成精库数据"，成功获批宁波银行1,000万元贷款，标志全市首笔数据知识产权质押贷款落地	2023年10月11日	1,000	质押	宁波银行
	宁波德州精密电子有限公司	宁波德州精密电子有限公司以"芯片Substrate折弯展开数据"知识产权作为质押物，向宁波鄞州农村商业银行股份有限公司钟公庙支行融资并获得7,000万元贷款，为区首单数据知识产权质押融资	2023年10月9日	7,000	质押	宁波鄞州农村商业银行
河北	石家庄科林电气股份有限公司	石家庄数据资产运营管理有限责任公司携手北京银行石家庄分行完成数据资产质押贷款。北京银行石家庄分行向石家庄科林电气股份有限公司拟授信额度1亿元，其中数据资产质押授信额度1,000万元	2024年4月8日	1,000	质押	北京银行石家庄分行
四川	德阳市民通数字科技有限公司	兴业银行德阳分行向德阳市民通数字科技有限公司提供500万元数据资产质押贷款。这也是德阳市首笔数据资产质押贷款，标志着德阳市数据要素市场化探索取得新突破	2024年4月3日	500	质押	兴业银行德阳分行

续表

省份	企业名称	事件简述	日期	融资金额（万元）	融资类型	银行
天津	天津临港投资控股有限公司	天津港保税区企业天津临港投资控股有限公司通过质押数据资产"天津港保税区临港区域通信管线运营数据"知识产权证书和"临港港务集团智脑数字人"知识产权证书，分别获批天津银行和中国农业银行两笔贷款1,500万元人民币	2024年3月1日	1,500	质押	天津银行、中国农业银行
山东	青岛北岸控股集团有限责任公司	青岛农商银行以"数据资产"质押作为担保方式，向青岛北岸控股集团发放首笔200万元贷款。青岛北岸控股集团在全面推进数字城市建设过程中，积累大量元数据，此次数据融资产品依托自研"攀雀"平台所承载的BIM（建筑信息模型）数据	2024年3月29日	200	质押	青岛农商银行
河南	河南数据集团有限公司	河南数据集团通过质押已在交易所完成登记的数据产品，在中原银行获批900万元授信，为河南省首单数据资产质押融资授信。这一授信额度是河南数据集团继取得无抵押、无质押800万元授信额度后的又一成果	2024年5月11日	900	质押	中原银行
江西	共青城市金服集团有限公司	在公证机构监督下，共青城市金服集团完成了全链路商服系统1.0版数据资产登记公证确权。上饶银行基于数据资产评估结果给予共青城市金服集团质押融资贷款6,600万元	2024年7月30日	6,600	质押	上饶银行
	江西盈石信息工程有限公司	上饶银行股份有限公司向企业数据资产权利人江西盈石信息工程有限公司授信500万元额度质押融资，实现了江西数据资产金融化"零突破"	2024年3月11日	500	质押	上饶银行

省份	企业名称	事件简述	日期	融资金额（万元）	融资类型	银行
江西	萍乡市安源数字投资有限公司	萍乡市安源数字投资有限公司在"全国数据资产登记服务平台"，通过数据盘点、登记、核验、合规、评估等环节，获颁数据资产登记证书、数据真实性核验凭证、数据资产合规证书等，经中国人民银行动产融资统一登记公示系统完成数据资产经营收益权质押登记，获得萍乡农商银行贷款500万元	2024年4月22日	500	质押	萍乡农商银行
安徽	安徽省路兴建设项目管理有限公司	阜阳市大数据资产运营有限公司联合安徽富友房地产土地资产评估有限公司对安徽省路兴建设项目管理有限公司2020～2022年道路、桥梁检测数据出具企业数据资产评估报告，成功获批徽商银行阜阳分行授信1,000万元，实现阜阳数据要素资产化零突破	2024年4月11日	1,000	质押	徽商银行阜阳分行
重庆	重庆两江智慧城市投资发展有限公司	两江智慧城投公司盘点数据资产总存储容量7.59TB、数据资源表157张、数据项6.6亿个、数据总数量39.02亿条，实现入表金额1,585.14万元，获得了华夏银行数据资产质押贷款约130万元，为重庆市首例数据要素资本化全流程案例	2024年6月26日	130	质押	华夏银行

3. 数据资产投资入股实践

应用数据资产投资入股，主要指通过协商或资产评估等方式，对拟用于投资的数据资产价值进行衡量，作价入股企业，获得相应股权。数据资产投资入股处于起步探索阶段，相关案例较少，以下对青岛华通智能科技研究院有限公司以数据资产投资入股的案例进行介绍。

2023年8月30日，青岛华通智能科技研究院有限公司作为青岛市公共数据运营试点单位，与翼方健数（山东）信息科技有限公司、青岛北岸数字科技集团有限公司签订协议，以数据资产作价入股，共同成立青岛健汇大数据运营有限公司。公司注册资本金1000万元，其中，青岛华通智能科技研究院有限公司持有的数据资产评估作价100.6万元，股份占比10.06%。具体操作主要分为三个步骤：第一步，青岛华通智能科技研究院有限公司对拟投资入股的数据资产——基于医疗数据开发的数据保险箱（医疗）产品进行数据资产登记，青岛市公共数据运营平台对该数据资产进行合规审查，并颁发《数据资产登记证书》；第二步，由相关机构依据特定模型对数据资产进行质量、合规等评价，再由资产评估机构对数据资产进行价值评估；第三步，青岛华通智能科技研究院有限公司以将该数据资产作价100.6万元入股的方式，与另外两家公司签订协议，共同组建成立新公司，股份占比10.06%。

数据资产投资入股需满足多项条件。一是具备资产属性且权属明晰，即由企业合法拥有或控制，且能为企业带来经济利益流入的数据资源。二是数据来源合法合规，不得包含禁止交易的数据，例如危害国家安全和公共利益的数据、涉及商业秘密的数据、侵害个人隐私的数据、未经授权或非法获取的数据等。三是可估值，即可采用资产评估等方法对数据资产价值进行评估。

数据资产入股协议应明确界定入股数据资产的来源、内容、规模等；确保数据资产产权明晰，对产权登记凭证的适用范围进行说明，并承诺相应责任；由于数据资产估值具有不确定性，需明确入股后若发现估值不准确的应采取的措施及相关责任；根据数据的保密和敏感程度确定交付方式，必要时应采用特定的软硬件设备和技术措施以保障安全交付；明确出资期限，出资期限内出资方需对数据资产产权登记凭证进行续期，并明确凭证失效的补救措施及相关责任。[①] 企业在接收数据资产入股后，需承担数据资产合规义务，以确保合规持有并使用数据资产。

数据资产投资入股是推动数字经济发展的强劲动力，有助于充分挖掘并放大数据资产潜在价值，进一步激活数据要素市场。在数据资产投资入股过程中，相关各方应充分考虑数据资产特征和投资入股具体条件，关注实践操作中的注意事项，有效降低或规避相关风险。

（三）数据资产资本化潜在风险

《关于加强数据资产管理的指导意见》提出，鼓励借助中介机构力量和专业优势，有效识别和管控数据资产化、数据资产资本化以及证券化的潜在风险。数据资产资本化是挖掘数据背后价值的重要途径，但同时也面临着诸多风险。

一是权属风险。由于当前数据确权制度尚需进一步完善，数据资产持有主体在后续开展资本化过程中可能面临产权纠纷等问题，阻碍资本化的顺利开展。此外，由于数据易于共享，数据被泄露、篡改、非法访问或复制等风险也可能导致持有方面临法律责任和经济损失，进而影响数据资产资本化进程。

[①] 赵新华，王哲峰，单文钰，司马丹旎．新公司法下数据资产出资入股初探［R］．金杜律师事务所，2024－03－06．

二是信用风险。金融机构传统的风控体系和模型对于非实体的数据资产这一新型资产的适配度需要进一步提升。由于数据资产具有价值不确定性和易变性，在流通利用中的实际价值缺乏成熟的技术手段验证，且在相关违约事件发生后，金融机构难以及时处置变现数据资产，这导致部分数据资产持有方较难获得数据资产融资。

三是泡沫风险。当前，数据资产交易市场尚未完全成熟，数据资产评估也处于探索阶段，在数据资产向资本化方向发展过程中，容易产出"泡沫化现象"，导致数据资产名义价值偏离实际价值。在缺乏有效管理和引导的情况下，可能导致数据资产投融资行为，以及相关衍生产品和服务无序发展，增加金融市场不稳定性。

总而言之，数据资产资本化之路才刚刚开启，在发展过程中不可避免会面临风险或瓶颈。政府层面可加快完善相关风险管理体制机制，引导数据资产资本化健康规范发展，助力数据资产价值进一步实现。

第六节　数据产业生态构建

数字经济的蓬勃发展推动数据要素市场进一步活跃，越来越多的市场主体积极投身数据价值挖掘，以采集、构建应用场景、加工处理、确权、入表、评估、交易等为关键环节的数据资产化、价值化路径已经基本清晰。围绕各个关键环节，聚集了数据采集方、存储方、加工方、应用方，以及数据交易、会计、评估、法律、安全等服务机构，多类市场主体形成了丰富的数据产业生态雏形。加快培育壮大数据产业生态是推进数据要素市场建设、推动数字经济高质量发展的重要举措。

一、数据产业生态核心要素

数据产业是基于数据资源，通过先进技术、设施和专业人才的开发利用形成数据产品或服务，并在市场进行交易流通，从而实现数据价值的新兴产业。因此，数据产业生态的核心要素包括高质量的数据资源，先进的数据采集、存储、加工处理技术，专业的数据开发应用人才，强大的数据基础设施，以及服务于数据交易流通的服务机构。这些要素相互作用、协同发展，共同构建起富有活力和竞争力的数据产业生态。

一是数据资源。数据资源是数据产业生态的基础，高质量、多元化的数据资源为数据产业的发展提供了源源不断的原材料。作为核心要素之一，在培育壮大数据产业生态的过程中，要进一步统筹推进数据资源的汇聚和高质量供给。

二是先进技术。技术创新是推动数据产业生态发展的关键动力，为数据的加工处理、分析和应用提供了工具和手段。无论是数据加工、应用场景构建，还是数据资源价值实现，都需要技术创新的支撑。

三是专业人才。数据产业的发展需要大量具备计算机科学、数学、统计学等多学科背景的专业人才。相关人才不仅要掌握专业的数据处理和分析技术，还要具备促进数字经济与实体经济发展相融合的创新思维。因此，加强数据专业人才的培养，建立完善的数据人才培养体系，是数据产业生态持续发展的动力源泉。

四是数字基础设施。先进完善的数字基础设施是数据产业生态进一步发展壮大的基础保障。数字经济属于高新技术行业，以5G、6G、卫星互联网等为代表的新式网络基础设施，以云计算、大数据中心和工业互联网、物联网平台等为代表的信息服务基础设施，以超级计算中心为代表的算力支撑基础设施，共同构成了数字经济发展的"大动脉"。

五是交易流通服务。完善、高效的数据交易流通服务是推动数据价值实现的"最后一公里"。国家、区域、行业等各级数据交易平台，以及数据经纪、咨询、会计、资产评估、法律、合规、安全、金融等第三方服务机构，为数据交易流通提供全方位的专业化服务，共同构成了数据交易流通服务生态。

二、数据产业生态参与主体

数据产业生态涵盖了数据的生产、采集、存储、处理、分析、应用和交易等各个环节，涉及众多参与主体。综合来看，数据产业生态主要参与主体包含以下四类。

一是数据提供方。数据提供方负责采集、整理和整合各类数据，并将其提供给数据加工方。数据提供方可以是专业的数据采集机构、数据交易平台，也可以是拥有大量数据资源的企业或组织。

二是数据加工方。数据加工方运用先进的设备和技术手段对数据提供方供给的原始数据进行清洗、脱敏、转换、集成等处理，使其成为可供分析和应用的高质量数据资源。数据加工方需要具备强大的数据处理设备和先进的数据处理技术，确保生成数据产品和服务的准确性、完整性，以及对应用场景的适配性。

三是数据应用方。数据应用方将数据产品和服务应用于实际业务场景中，实现数据的价值转化。数据应用方可以是政府、企业、个人等各类主体，也可以涉及市政、教育、医疗、金融、工业等各个领域，通过数据应用驱动科学决策、管理或生产经营提质增效等。

四是相关服务提供方。相关服务提供方为数据产业生态中的参与主体提供各类相关服务，包括软件开发商、硬件设备供应商、云计算服务提供商、数据安全服务提供商、数据交易中介服务提供商等，为数据产业生态的稳定运行和持续发展提供保障。

三、数据产业生态构建面临的瓶颈

当前构建数据产业生态仍面临一些瓶颈，一定程度上制约了数据产业生态的完善和发展。

一是数据资源价值识别和挖掘专业力量有待进一步培育。大部分市场主体内部普遍缺少数据开发专业人才，市场上也缺少专业性较强的数据管理、开发服务机构，数据资源价值潜力无法得到有效识别和发掘。从供给侧看，相关服务商热衷于提供数据采集、数据存储等利润较高的基础服务，对投入大、不确定性强、回报周期长的技术研发活动积极性较低，数据深度加工处理、数据安全保护等关键核心技术服务供给不足。

二是数据交易中介服务机构水平有待进一步提升。数据交易中介服务机构可为数据交易供需方提供数据经纪、质量评价、合规审查、资产评估等多项服务，在市场交易中起重要作用。数据服务行业处于起步阶段，企业数量多、体量小，尚未形成规模效应，市场集中度较低，在成本控制、业务整合等方面存在短板。以数据资产评估为例，截至 2022 年 11 月，全国数据资产评估服务商数量高达 6.6 万家，但多数企业规模小，市场份额低，平均每个资产评估服务商只对应约 1.5 个数据资产供应商[①]。

三是数据基础设施建设规划亟须完善，建设力度亟须进一步加大。与我国庞大的数据资源禀赋相比，我国数据基础设施建设尚存在投资规模较小、建设标准不统一、安全风险偏高等短板，制约了数据要素安全、高效交易流通。如在数据存储基础设施建设方面，目前我国存储和计算投资比例为 1∶3.3（美国、西欧分别为 1∶2 和 1∶1.5）[②]，存在"重计算、轻存储"的问题，导致我国算力性能超过存储能力，产生的数据难以被完全存储并转化为价值。

四、数据产业生态构建路径

未来，随着技术的进步和数据开发利用的不断深化，数据要素市场规模将加速增长，需要更为高效、成熟的数据产业生态作为支撑。可从现阶段数据产业生态的相对薄弱环节入手，精准发力，加速数据产业生态构建。

---

① 全国数商产业发展报告（2023）［R］. 上海数据交易所，2023.
② 对数字经济发展情况报告的意见和建议［EB/OL］. 全国人大网，2023 – 02 – 07.

一是加大培育数据价值挖掘专业力量。"数据二十条"提出，通过数据商为数据交易双方提供数据产品开发、发布、承销和数据资产的合规化、标准化、增值化服务，促进提高数据交易效率。下一步，可引导数据产业加大应用创新力度，以赋能产业发展为目标，积极拓展数据应用场景，围绕工业、农业、商业、服务业、金融业、公共保障和服务等领域，打造典型应用场景，促进数字技术和实体经济深度融合，协同推进数字产业化和产业数字化；可积极促进多源数据汇集、非结构化处理、数据清洗、数据存储、大规模算力、数据建模、安全流通等关键核心技术的研发，加强对数据隐私保护的攻关，为数据的开发利用和数据资产交易流通保驾护航；可支持企业加大对合法获取数据的开发利用，以大型数科企业和国有企业为抓手，鼓励企业加大内部数据价值挖掘力度，培育和积累数据开发利用经验，依托经验对外提供服务，推动行业间、企业间数据互联互通，同时联合上下游企业、科研院所开展创新研究，助力社会数据价值挖掘。

二是提升数据中介服务机构服务水平。"数据二十条"提出，有序培育数据集成、数据经纪、合规认证、安全审计、数据公证、数据保险、数据托管、资产评估、争议仲裁、风险评估、人才培训等第三方专业服务机构，提升数据流通和交易全流程服务能力。下一步，可从财税、金融、监管等多角度发力，出台相关政策，培育数据交易流通服务体系进一步完善，相关专业服务机构进一步发展壮大，如北京市鼓励企业开展数据资产入表活动，对于数据资源首次实现入表且金额大于 100 万元的，对企业发生的数据质量评价、数据资产评估和第三方审计等服务费用予以 30% 的财政补贴；可加强对数据合规、数据安全相关服务机构的扶持引导，以满足快速增长的数据交易规模下的安全合规需求，夯实数据交易流通安全底座；可出台统一的数据交易平台管理办法和交易细则，加快推进全国各级交易平台的互联互通互认，加速形成全国统一的数据交易市场。

三是加强数据基础设施建设。"数据二十条"提出，构建集约高效的数据流通基础设施，为场内集中交易和场外分散交易提供低成本、高效率、可信赖的流通环境。下一步，可加强统筹考虑，协调推进全国层面的数据基础设施建设布局，规划建设统一、高效的数据基础设施，扶持一批技术先进、实力雄厚的数据基础设施建设运营企业，持续降低数据传输、存储和加工处理成本，提高数据质量、数据传输速度、安全可靠水平，为数据资产交易流通奠定基础。

第三章　公共数据与公共数据资产

公共数据是数据的重要组成部分，由于公共数据由国家有关部门和企事业单位拥有，因此社会关注度较高，故本书将公共数据与公共数据资产单列一章进行展开。加强对公共数据的管理应用，对推动数字经济发展、促进产业数字化转型、提升国家治理体系和治理能力现代化水平具有重要意义。本章将围绕国家层面和地方层面的公共数据共享开放、授权运营等，详细介绍相关文件出台情况，以及具体实践情况。同时引入公共数据资产概念，并介绍加强公共数据资产管理的重要意义。

第一节　基本概念

本节将对公共数据、公共数据资产等基本概念进行介绍，并简要梳理当前公共数据管理包含哪些内容，为后文详细了解公共数据共享开放、授权运营等重点工作开展情况打下基础。

一、公共数据

（一）公共数据的定义

根据"数据二十条"相关内容，公共数据是指各级党政机关、企事业单位依法履职或提供公共服务过程中产生的数据。还有一部分观点将相关社会团体、组织或个人，通过相关职能或权力获得的，具有公共价值或与公共利益有关的数据也纳入公共数据范畴。根据以上定义，公共数据持有主体包括各级党政机关、事业单位，以及提供水、电、热、气、交通等公共服务的企业，以及其他相关社会团体、组织或个人。

公共数据涵盖了经济社会的方方面面，包括但不限于人口统计、经济指标、地理信息、环境监测、交通运输等；且与企业数据和个人数据相比，公共数据通常具有数据源明确、授权便捷、数据量大、全面性强等特性，更易于开发利用，具有较高的社会价值和潜在的经济价值，可以在提升政府治理水平和治理能力、改善和保障民生服务、培育经济发展新动能等方面发挥不可或缺的作用。"数据二十条"提出推进实施公共数据确权授权机制。对公共数据加强汇聚共享和开放开发，强化统筹授权使用和管理，推进互联互通，打破"数据孤岛"。

（二）公共数据分类

根据公共数据定义，公共数据通常可以分为政务数据及公共服务数据两大类。各级党政机关、企事业单位等在依法履职过程中产生数据为政务数据，提供公共服务过程中产生的数据为公共服务数据。其中，公共服务数据包括教育数据、卫生健康数据、供水数据、供电数据、供气数据、供热数据、环境保护数据、公共交通数据等。

2022 年中国国际大数据产业博览会发布的《公共数据运营模式研究报告》从公共数据来源主体出发，对公共数据做出了更为细化的分类，将公共数据主要分为五种类型。一是政务数据，即政务部门（党委、人大、政府、政协、法院、检察院等）依法履职过程中采集、获取的数据；二是具有公共职能的企事业单位，在提供公共服务和公共管理过程中产生、收集、掌握的各类数据资源，如教育医疗数据、水电煤气数据、交通通信数据、民航铁路数据等；三是由政府资金资助的专业组织在公共利益领域内收集、获取的具有公共价值的数据，如基础科学研究的数据；四是具有公共管理和服务性质的社会团体掌握的与重大公共利益关切的数据；五是涉及公共服务领域的其他数据来源，如其他社会组织和个人利用公共资源或公共权力，在提供公共服务过程中收集、产生的涉及公共利益的数据。

二、公共数据资产

（一）公共数据资产的定义

财政部于 2023 年 12 月印发《关于加强数据资产管理的指导意见》（财资〔2023〕141 号）对公共数据资产的范畴进行了明确，提出鼓励各级党政机关、企事业单位等经依法授权具有公共事务管理和公共服务职能的组织将其依法履职或提供公共服务过程中持有或控制的，预期能够产生管理服务潜力或带来经济利益流入的公共数据资源，作为公共数据资产纳入资产管理范畴。

由此可见，公共数据成为公共数据资产的关键仍是需符合资产定义，即由主体持有或控制，预期带来经济利益流入。

（二）公共数据资产分类

公共数据资产的分类可参照公共数据分类方式进行。具体可分为政务数据资产、公共服务数据资产。从持有主体角度进一步细化，可分为行政事业单位数据资产、公共服务提供企业数据资产、其他公共组织数据资产等。

行政事业单位数据资产是公共数据资产的重要组成部分，既包含政务数据，也包含部分公共服务数据。财政部 2024 年 1 月出台的《关于加强行政事业单位数据资产管理的通知》（财资〔2024〕1 号）明确提出，行政事业单位数据资产是各级行政事业单位在依法履职或提供公共服务过程中持有或控制的，预期能够产生管理服务潜力或带来经济利益流入的数据资源。地方财政部门应当结合本地实际，逐步建立健全数据资产管理制度及机制。即将行政事业单位数据资产纳入国有资产管理体系。该文件对行政事业单位数据资产的确权、配置、使用、处置、收益、安全、保密等要求予以明确，旨在明晰管理职责、完善管理体系，提升行政事业单位数据资产管理力度和管理水平。

该文件一是强调了各级管理责任与完善管理制度框架的重要性。地方财政部门需紧密结合本地特色，逐步构建并优化数据资产管理体系，针对数据资产的确权、配置、运用等核心环节，量身定制管理办法，确保管理流程透明化、责任界定清晰化，填补管理空白。二是详细阐述数据资产管理规范，包括严格配置标准、规范使用流程、促进开放共享、审慎处置资产及严格收益管理等。要求行政事业单位把控数据资产质量，科学采集并加工数据，积极推动数据资产的开放共享。此外，还明确了数据资产处置的审慎原则与收益分配的合理性。三是高度重视数据资产的安全保障工作，要求建立健全数据安全管理制度，配套监测预警与应急响应机制。通过实施数据资产的分类分级管理策略，实现对数据资产全生命周期的精细化管控，并将数据资产管理成效纳入国有资产管理报告体系。

三、公共数据管理工作的内容

公共数据管理水平直接体现国家治理体系和治理能力现代化水平。许多国家已经围绕公共数据管理开展了相关实践。近年来，我国从国家层面到地方层面，也开展一系列探索和实践，公共数据管理取得了一定成效，相关体制机制正在加速构建和完善。

从目前的实践情况来看，公共数据管理，特别是使用管理主要包括两方面：一是公共数据共享开放；二是公共数据运营。同时，安全管理贯穿公共数据管理的方方面面。其中，公共数据共享开放是在政府部门内部或面向社会公众，按照相关标准，免费供给公共数据。公共数据运营既包括持有主体直接运营，也包括持有主体授权其他机构运营（即授权运营）。授权运营又包含无偿授权和有偿授权。

随着数字经济发展以及国家治理水平和治理能力的提升，公共数据管理的内涵将会进一步丰富。本章后续内容将详细介绍公共数据共享开放与公共数据授权运营。

第二节　公共数据共享开放

现代社会的治理需求，迫切需要通过公共数据共享开放打破部门割据和行业壁垒，促进互联互通、业务协同，切实以数据流引领技术流、物质流、资金流、人才流，强化统筹衔接和条块结合，实现跨部门、跨区域、跨层级、跨系统的数据交换与共享，构建全流程、全覆盖、全模式、全响应的信息化管理与服务体系，全面提升国家治理体系和治理能力现代化水平。

一、公共数据共享开放的内涵

（一）公共数据共享开放的定义

公共数据共享开放主要指对原始公共数据或经初步加工整理

的公共数据的共享开放。2015 年 9 月发布的《国务院关于印发促进大数据发展行动纲要的通知》（国发〔2015〕50 号）提出，数据共享体现为政府部门间的数据使用，数据开放则是面向非政府部门的数据使用。

（二）其他国家公共数据共享开放经验

1. 美国

（1）高规格、高质量推动政府数据开放。1966 年，美国通过《信息自由法》，提出"以公开为原则、不公开为例外"等。1974 年，美国通过《隐私权法》，限制政府机构在公开政务信息时泄露个人隐私。1977 年，美国施行《阳光下的政府法》，明确扩大政府信息公开范围至政府各项会议。至此，美国政府信息公开雏形基本显现。2009 年，美国出台《透明和开放政府备忘录》，正式启动"政府数据开放"行动。2013 年，美国通过了《政府信息公开和机器可读行政命令》，要求政府信息默认向公众开放，且确保不会损害隐私或安全。2018 年，美国参众两院通过《开放政府数据法案》，数据开放上升为政府"法定义务"，并颁布数据开放和治理标准系列文件，明确数据开放技术规范，确保数据开放质量。

（2）高效率推进一体化平台建设。美国政府数据服务以建立数据供应平台为抓手，通过构建数据查询平台，实现数据汇聚与开放。美国 1993 年推进"电子政府"建设，1996 年推行行政电子化。2000 年推出超级电子政务网站"www. firstgov. gov"，提供政府信息搜索和公开服务。2009 年构建"data. gov"的数据开放门户，提高公众数据获取便利度。2022 年完成向"Cloud. gov"

基础迁移，开放度进一步提升。

2. 欧盟

（1）实施公共数据共享战略。欧盟内部的信息互联互通十分繁荣。2019 年 6 月，针对政府和公共数据开放需求，欧盟正式通过《开放数据和公共部门信息再利用的指令》，推动欧盟区域内公共数据的开放与使用。2020 年 2 月，欧盟发布《欧洲数据战略》，提出构建安全、互信的欧洲共同数据空间，建立跨组织和跨部门的数据治理框架体系，解决成员国数据标准和使用的差异，强化数据分类分级管理制度和数据安全保障能力，推动关键领域数据开放试点，分阶段实现多领域数据共享和开放。2022 年 4 月，欧盟批准《数据治理法案》，进一步将政府部门数据纳入到数据开放进程，强调促进成员国与各部门之间的数据共享，增强数据共享的透明性和可信度，保护数据安全。2023 年 11 月，欧盟正式批准《数据法案》，聚焦消除数据在不同平台之间的切换和携带障碍，提高数据互用性，让数据更易获取，并对数据的流通、共享、保护等做出原则性安排。一系列文件旨在创建跨行业和跨国界的数据共享生态系统，最终实现一个无缝衔接的、数据驱动的欧洲数字市场。

（2）以数据开放平台为牵引，集聚各类数据资源。欧盟在 2012 年设立公共数据门户网站，并在 2021 年整合统一构建官方政府数据开放平台——欧洲数据官方门户网站，网站数据显示，截至 2024 年 6 月，已经汇集 35 个国家数据，超过 1735314 个数据集，形成 185 数据产品目录[①]。自 2015 年起，欧盟每年发布

① 资料来源：欧洲数据官方门户网站。

《欧盟数据开放成熟度报告》，针对各国数据开放程度进行评价。

二、公共数据共享开放工作开展情况

（一）国家层面开展的公共数据共享开放相关工作

1. 公共数据共享开放文件制定情况

（1）《国务院关于印发促进大数据发展行动纲要的通知》（国发〔2015〕50号）。

2015年9月，《国务院关于印发促进大数据发展行动纲要的通知》正式发布，明确数据共享和开放是数据管理的两个不同维度，数据共享体现为政府部门间的数据使用，数据开放则是面向非政府部门的数据使用。

该文件是我国促进大数据发展的第一份权威性、系统性文件，从国家大数据发展战略全局的高度，提出了我国大数据发展的顶层设计，是指导我国大数据发展的纲领性文件。该文件的内容可以概括为"三位一体"，即围绕全面推动我国大数据发展和应用，加快建设数据强国这一总体目标，确定三大重点任务：一是加快政府数据开放共享，推动资源整合，提升治理能力；二是推动产业创新发展，培育新业态，助力经济转型；三是健全大数据安全保障体系，强化安全支撑，提高管理水平，促进健康发展。围绕"三位一体"，具体明确了五大目标、七项措施、十大工程。并且据此细化分解出76项具体任务，确定了每项任务的具体责任部门和进度安排。

该文件三大重点任务中的首要任务就是加快政府数据开放共享，推动资源整合，提升治理能力。在该文件中，"共享"共出现 59 次，"开放"共出现 36 处，充分显示了数据共享开放对国家大数据发展的关键性和重要性。

共享开放任务 8 项具体任务中前 2 项

大力推动政府部门数据共享。加强顶层设计和统筹规划，明确各部门数据共享的范围边界和使用方式，厘清各部门数据管理及共享的义务和权利，依托政府数据统一共享交换平台，大力推进国家人口基础信息库、法人单位信息资源库、自然资源和空间地理基础信息库等国家基础数据资源，以及金税、金关、金财、金审、金盾、金宏、金保、金土、金农、金水、金质等信息系统跨部门、跨区域共享。加快各地区、各部门、各有关企事业单位及社会组织信用信息系统的互联互通和信息共享，丰富面向公众的信用信息服务，提高政府服务和监管水平。结合信息惠民工程实施和智慧城市建设，推动中央部门与地方政府条块结合、联合试点，实现公共服务的多方数据共享、制度对接和协同配合。

稳步推动公共数据资源开放。在依法加强安全保障和隐私保护的前提下，稳步推动公共数据资源开放。推动建立政府部门和事业单位等公共机构数据资源清单，按照"增量先行"的方式，加强对政府部门数据的国家统筹管理，加快建设国家政府数据统一开放平台。制定公共机构数据开放计划，落实数据开放和维护责任，推进公共机构数据资源统一汇聚和集中向社会开放，提升政府数据开放共享标准化程度，优先推动信用、交通、医疗、卫生、就业、社保、地理、文化、教育、科技、资源、农业、环境、安监、金融、质量、统计、气象、海洋、企业登记监管等民生保障服务相关领域的政府数据集向社会开放。建立政府和社会互动的大数据采集形成机制，制定政府数据共享开放目录。通过政务数据公开共享，引导企业、行业协会、科研机构、社会组织等主动采集并开放数据。

该文件共提出了十大工程，其中第一个工程就是"政府数据资源共享开放工程"。该工程目标明确，建设周期和进度安排具体，工作内容翔实。

政府数据资源共享开放工程

推动政府数据资源共享。制定政府数据资源共享管理办法，整合政府部门公共数据资源，促进互联互通，提高共享能力，提升政府数据的一致性和准确性。2017 年底前，明确各部门数据共享的范围边界和使用方式，跨部门数据资源共享共用格局基本形成。

形成政府数据统一共享交换平台。充分利用统一的国家电子政务网络，构建跨部门的政府数据统一共享交换平台，到 2018 年，中央政府层面实现数据统一共享交换平台的全覆盖，实现金税、金关、金财、金审、金盾、金宏、金保、金土、金农、金水、金质等信息系统通过统一平台进行数据共享和交换。

形成国家政府数据统一开放平台。建立政府部门和事业单位等公共机构数据资源清单，制定实施政府数据开放共享标准，制定数据开放计划。2018 年底前，建成国家政府数据统一开放平台。2020 年底前，逐步实现信用、交通、医疗、卫生、就业、社保、地理、文化、教育、科技、资源、农业、环境、安监、金融、质量、统计、气象、海洋、企业登记监管等民生保障服务相关领域的政府数据集向社会开放。

该文件构建了公共数据共享开放的底座，后续其他文件也对公共数据共享开放的重要性和重点工作做出进一步强调和部署。

（2）其他公共数据共享开放相关文件。

2021 年 3 月，第十三届全国人大四次会议表决通过了《中华人民共和国国民经济和社会发展第十四个五年规划和 2035 年远景目标纲要》将"加强公共数据开放共享"作为"提高数字政府建设水平"的首个内容，明确提出"扩大基础公共信息数据安全有序开放，探索将公共数据服务纳入公共服务体系""优先推动企业登记监管、卫生、交通、气象等高价值数据集向社会开放"[1]。

2021 年 12 月，国务院发布《国家"十四五"数字经济发展规划》，部署了"强化高质量数据要素供给""创新数据要素开发利用机制"等重点任务，提出要"建立健全国家公共数据资源体系，统筹公共数据资源开发利用，推动基础公共数据安全有序开放"，明确"对具有经济和社会价值、允许加工利用的政务数据和公共数据，通过数据开放、特许开发、授权应用等方式，鼓励更多社会力量进行增值开发利用"[2]。

2023 年 2 月，中共中央、国务院发布了《数字中国建设整体布局规划》，提出数字中国建设的整体框架，强调夯实数字中国

---

[1]　第十三届全国人民代表大会财政经济委员会关于国民经济和社会发展第十四个五年规划和 2035 年远景目标纲要草案的审查结果报告［EB/OL］. 全国人大网，2021－03－11.
[2]　国家"十四五"数字经济发展规划［EB/OL］. 中国政府网，2021－12－12.

建设基础，畅通数据资源大循环，指出"推动公共数据汇聚利用，建设公共卫生、科技、教育等重要领域国家数据资源库。"

"数据二十条"提出，坚持共享共用，释放价值红利。合理降低市场主体获取数据的门槛，增强数据要素共享性、普惠性，激励创新创业创造，强化反垄断和反不正当竞争，形成依法规范、共同参与、各取所需、共享红利的发展模式。对各级党政机关、企事业单位依法履职或提供公共服务过程中产生的公共数据，加强汇聚共享和开放开发，强化统筹授权使用和管理，推进互联互通，打破"数据孤岛"。

2. 全国一体化政务大数据体系建设情况

政务数据是公共数据的重要组成部分。2016 年以来，国务院先后出台《政务信息资源共享管理暂行办法》（国发〔2016〕51号）、《国务院办公厅关于建立健全政务数据共享协调机制加快推进数据有序共享的意见》（国办发〔2021〕6号）、《国务院关于加强数字政府建设的指导意见》（国发〔2022〕14号）、《全国一体化政务大数据体系建设指南》（国办函〔2022〕102号）等一系列制度文件，完善顶层设计，统筹推进政务数据共享开放工作。

2022 年 9 月，国务院办公厅印发《全国一体化政务大数据体系建设指南》，要求各地区各部门深入贯彻落实党中央、国务院关于加强数字政府建设、加快推进全国一体化政务大数据体系建设的决策部署，加强数据共享开放，推动本地区本部门政务数据平台建设，增强数字政府效能，为推进国家治理体系和治理能力现代化提供有力支撑。文件从统筹管理、数据目录、数据资源、共享交换、数据服务、算力设施、标准规范、安全保障等八个方面提出构建全国一体化的政务大数据体系路线图。

全国一体化政务大数据体系包括三类平台和三大支撑。三类平台为"1＋32＋N"框架结构。"1"是指国家政务大数据平台，是我国政务数据管理的总枢纽、政务数据流转的总通道、政务数据服务的总门户；"32"是指31个省级行政区（不含港澳台地区）和新疆生产建设兵团统筹建设的省级政务数据平台，负责本地区政务数据的目录编制、供需对接、汇聚整合、共享开放，与国家平台实现级联对接；"N"是指国务院有关部门的政务数据平台，负责本部门本行业数据汇聚整合与供需对接，与国家平台实现互联互通，尚未建设政务数据平台的部门，可由国家平台提供服务支撑。三大支撑包括管理机制、标准规范、安全保障三个方面。

在全国一体化政务大数据体系基础上，通过国家公共数据开放平台和各地区各部门政务数据开放平台，推动数据安全有序开放。具体措施包括：一是探索利用身份认证授权、数据沙箱、安全多方计算等技术手段，实现数据"可用不可见"，逐步建立数据开放创新机制。二是建立健全政务数据开放申请审批制度，结合国家公共数据资源开发利用试点，加大政务数据开放利用创新力度。三是各地区各部门政务数据主管部门根据国家有关政务数据开放利用的规定和经济社会发展需要，会同相关部门制定年度政务数据开放重点清单，促进政务数据在风险可控原则下尽可能开放，明晰数据开放的权利和义务，界定数据开放的范围和责任，明确数据开放的安全管控要求，优先开放与民生紧密相关、社会迫切需要、行业增值潜力显著的政务数据。

近年来，通过对各地区各部门已有政务数据开放平台资源进行整合完善，全国一体化政务大数据体系基本形成，政务数据基础设施底座基本建成。国家信息中心与复旦大学 2023 年 11 月联合发布的《中国地方公共数据开放利用报告（省域）》显示，截至 2023 年 8 月，我国已有 226 个省级和城市的地方政府上线了数据开放平台，其中省级平台 22 个，城市平台 204 个，整体上呈现出从东南部地区向中西部、东北部地区不断延伸扩散、相连成片的趋势，覆盖国家、省、市、县层级的政务数据开放体系初步形成。各地区各部门依托全国一体化政务服务平台汇聚编制政务数据目录超过 300 万条，信息项超过 2000 万个。[①] 这种自上而下推进、点面结合创新的运作模式，为政务数据的汇聚与共享开放创造有利条件，同时也为进一步的数据开发与利用夯实基础。

3. 国家数据局成立及相关工作开展情况

2023 年 10 月，国家数据局正式挂牌，为公共数据共享开放工作的进一步推动提供了有力的抓手。除推动公共数据共享开放外，国家数据局的主要职责还包括：协调推进数据基础制度建设，统筹数据资源整合共享和开发利用，统筹推进数字中国、数字经济、数字社会规划和建设等工作。

国家数据局成立以来开展的重点工作[②]

国家数据局自成立以来，发布了一系列重要文件，旨在推动数据要素市场健康发展、促进数字经济繁荣以及加强数据资源整合与利用。以下对国家数据局发布的主要文件进行梳理概括。

---

① 复旦 DMG：2023 中国地方公共数据开放利用报告（省域）［EB/OL］. 新浪财经，2023 - 11 - 06.
② 资料来源：中华人民共和国中央人民政府网站《国家数据局今年将陆续推出 8 项制度文件》等新闻报道。

一、数据要素市场

《"数据要素×"三年行动计划（2024—2026年）》

2024年1月4日

该计划由国家数据局等17部门联合发布，旨在通过发挥数据要素乘数效应，推动数字经济健康有序发展。计划明确了到2026年底的目标，包括数据要素应用广度和深度的拓展、数据产业年均增速的提升，以及打造多个示范性强、显示度高、带动性广的典型应用场景等。

《关于开展全国数据资源调查的通知》

2024年2月7日

该通知由国家数据局等3部门联合发布，旨在调研各单位数据资源生产存储、流通交易、开发利用、安全等情况，为相关政策制定、试点示范等工作提供数据支持。

二、数据安全治理

《数据安全技术　个人信息保护合规审计要求（征求意见稿）》

2024年7月12日

该文件由全国网络安全标准化技术委员会归口，旨在规范个人信息保护合规审计要求，提升数据安全保护水平。

国家数据局还参与或推动了多项数据安全相关文件的制定，如《数据出境安全评估申报指南（第二版）》《个人信息出境标准合同备案指南（第二版）》等，以加强数据跨境流动的安全管理。

三、数字经济发展规划

《数字中国发展报告（2023年）》

2024年6月30日

该报告总结了2023年数字中国建设的重要进展，并展望了数字中国的发展前景。报告强调了数字经济在推动经济高质量发展中的重要作用，并提出了未来数字中国建设的发展方向和重点任务。

《数字经济 2024 年工作要点》

2024 年 4 月

该文件由国家发展改革委办公厅、国家数据局综合司联合发布，提出了适度超前布局数字基础设施、加快构建数据基础制度、深入推进产业数字化转型等九方面落实举措，以推动数字经济的高质量发展。

四、地方政策指导

国家数据局还积极推动各地根据自身实际情况制定和实施相关政策文件，如贵州省的《贵州算力券管理办法（试行)》、广东省的《关于构建数据基础制度推进数据要素市场高质量发展的实施意见》等，这些政策文件在地方层面进一步细化了数据要素市场的建设和管理要求。

五、其他重要文件

**《关于加快数字人才培育支撑数字经济发展
行动方案（2024 – 2026 年)》**

2024 年 4 月 2 日

该方案由人力资源和社会保障部、国家数据局等 9 部门联合发布，旨在通过扎实开展数字人才育、引、留、用等专项行动，满足数字产业化和产业数字化发展的需要。

六、待发布文件

**数据产权、数据流通、收益分配等八项制度文件
发布时间：计划陆续推出**

国家数据局局长刘烈宏在 2024 全球数字经济大会上表示，

国家数据局今年将陆续推出数据产权、数据流通、收益分配、安全治理、公共数据开发利用、企业数据开发利用、数字经济高质量发展、数据基础设施建设指引等八项制度文件，以进一步释放数据要素价值，推动高质量发展。

（二）地方层面开展的公共数据共享开放相关工作

1. 地方数据主管部门设立情况

《全国一体化政务大数据体系建设指南》要求各地区各部门深入贯彻落实党中央、国务院关于加强数字政府建设、加快推进全国一体化政务大数据体系建设的决策部署，为推进国家治理体系和治理能力现代化提供有力支撑。目前，全国 31 个省级行政区（不含港澳台地区）和新疆生产建设兵团均已设立或明确政务数据主管部门，负责制定大数据发展规划和政策措施，组织实施政务数据采集、归集、治理、共享、开放和安全保护等工作，对推动公共数据共享开放发挥了重要作用，并为后续地方全面开展全口径数据管理、公共数据授权运营等工作打下了良好的组织基础。表 3 - 1 是对地方数据主管部门成立情况的梳理。

表 3 - 1　　　　　　　　地方数据主管部门成立情况

序号	机构名称	成立时间
1	安徽省数据资源局	2024 年 6 月 12 日
2	江西省数据局	2024 年 2 月 8 日
3	西藏自治区数据管理局	2024 年 2 月 6 日
4	新疆生产建设兵团数据局	2024 年 2 月 3 日
5	陕西省数据和政务服务局	2024 年 2 月 1 日

序号	机构名称	成立时间
6	辽宁省数据局	2024 年 1 月 31 日
7	山西省数据局	2024 年 1 月 31 日
8	海南省数据局	2024 年 1 月 30 日
9	甘肃省数据局	2024 年 1 月 29 日
10	内蒙古自治区政务服务与数据管理局	2024 年 1 月 26 日
11	浙江省数据局	2024 年 1 月 26 日
12	湖北省数据局	2024 年 1 月 25 日
13	河南省数据局	2024 年 1 月 25 日
14	福建省数据管理局	2024 年 1 月 21 日
15	天津市数据局	2024 年 1 月 19 日
16	广东省政务服务和数据管理局	2024 年 1 月 18 日
17	湖南省数据局	2024 年 1 月 16 日
18	云南省数据局	2024 年 1 月 15 日
19	青海省数据局	2024 年 1 月 15 日
20	河北省数据和政务服务局	2024 年 1 月 15 日
21	上海市数据局	2024 年 1 月 14 日
22	四川省数据局	2024 年 1 月 11 日
23	江苏省数据局	2024 年 1 月 4 日
24	北京市政务服务和数据管理局	2024 年 1 月
25	黑龙江省数据局	2024 年
26	宁夏回族自治区数据局	2024 年
27	新疆维吾尔自治区数字化发展局	2023 年 9 月 18 日
28	吉林省政务服务和数字化建设管理局	2018 年 11 月 16 日
29	广西壮族自治区大数据发展局	2018 年 11 月 14 日
30	重庆市大数据应用发展管理局	2018 年 11 月 5 日
31	山东省大数据局	2018 年 10 月 31 日
32	贵州省大数据发展管理局	2017 年 2 月 3 日

2. 地方公共数据共享开放实践情况①

较早开展公共数据管理实践的地区，在相关文件或专门性文件中，对公共数据共享开放原则、内容、分工等进行明确，并且开展了卓有成效的工作。

（1）上海。

①公共数据共享开放文件制定情况。

2019 年 8 月，上海市人民政府发布了《上海市公共数据开放暂行办法》（沪府令 21 号）。该文件共八章四十八条，分为总则、开放机制、平台建设、数据利用、多元开放、监督保障、法律责任以及附则。明确了公共数据开放工作应当遵循"需求导向、安全可控、分级分类、统一标准、便捷高效"的原则；通过制定开放重点、实施分级分类、开放清单管理、规定数据获取渠道、明确质量要求等方面建立公共数据开放的长效机制；通过加强集约建设、明确平台功能、制定平台规范、进行行为记录、开展数据纠错和强化权益保护，优化公共数据平台建设；在数据利用方面，强调了成果展示与合作利用、数据利用反馈与来源披露、数据利用安全保障。

2022 年 12 月，上海市经济和信息化委员会、市互联网信息办公室印发了《上海市公共数据开放实施细则》（沪经信规范〔2022〕12 号）。文件共七章三十九条，包括总则、数据开放、数据获取、信息系统与开放平台、数据利用、保障措施、附则等内容。文件在巩固和拓展现有实践经验的基础上，对具体工作机

---

① 本部分举例中上海、江西是作者实地调研中根据座谈发言或收集的书面资料整理得出，其他地区信息是根据各种新闻及资料整理得出。

制做出了细化安排，突出"三个优化"：优化清单开放机制、优化分级分类机制、优化开放计划与组织机制。强调公共数据开放要以需求为牵引，深入了解、激发和回应社会需求，做到"两个主动"：主动征集开放需求和主动规划开放场景。文件强调公共数据开放要兼顾数量和质量，做到"三个注重"：注重创新数据交付利用方式、注重提升数据质量和注重建设样本数据集。还强调公共数据开放中的企业众创，围绕产业生态培育做到两个"创新"：创新数据利用方式和创新示范应用推广方式。此外，文件也对公共数据开放申请、受理、处理、反馈、交付等开放全流程管理要求进行了细化。

②公共数据共享开放具体工作实施情况。

根据相关文件安排，上海市公共数据共享开放工作由市政府办公厅直接负责，市大数据中心、市经济和信息化工作委员会、市政府各部门、区政府以及其他公共管理和服务机构参与其中，主要工作分工如下：市政府办公厅负责推动、监督公共数据开放工作；市经济信息化部门是公共数据开放主管部门，负责指导协调、统筹推进本市公共数据开放、利用和相关产业发展，具体开展征集公共数据开放需求、制定公共数据开放计划，明确开放重点、开放质量要求，培育产业生态等重点工作；市大数据中心负责本市公共数据统一开放平台的建设、运行和维护，并制定相关技术标准；市政府各部门、区政府以及其他公共管理和服务机构分别负责本系统、行业、本行政区域和本单位的公共数据开放。

上海市大数据中心是公共数据共享开放工作中的枢纽环节。中心成立于 2018 年，是市政府办公厅所属全额拨款副局级事业单位，负责构建全市公共数据资源共享体系，制定数据资源归集、治理、共享、开放、应用、安全等技术标准及管理办法，承担全市政务云、政务网的建设和管理，实现跨层级、跨部门、跨系统、跨业务的数据整合、共享和交换，同时开展促进政务数据与社会数据融合，以及大数据挖掘、分析工作。截至 2023 年上半年，上海市 40 多个政府部门和相关单位的基本公共数据及部分供水、供电、供气、公共交通等公共服务数据已归集至中心。中心根据数据需求主体申请，一是为政府部门间的数据开放共享需求提供服务，二是为社会层面的数据开放共享需求提供服务。中心的数据开放共享服务无论是对政府内部还是外部均为无偿服务。

（2）深圳。

①公共数据共享开放文件制定情况。

2021 年 7 月，深圳市率先出台了国内数据领域首部基础性、综合性立法——《深圳经济特区数据条例》，建立了深圳市数据基础制度的基本框架，对公共数据共享、开放、利用等工作作出了原则性规定。文件明确了公共数据以共享为原则，不共享为例外；建立以公共数据资源目录体系为基础的公共数据共享需求对接机制；建立公共数据开放管理制度，建立公共数据开放目录和调整机制。具体就公共数据开放确立了分类分级、需求导向、安全可控的原则，要求公共数据应当在法律、法规允许范围内最大限度开放。一是最大限度界定公共数据范围，规定公共管理和服务机构在依法履行公共管理职责或者提供公共服务过程中，产生、处理的数据均属于公共数据。明确将提供教育、卫生健康、社会福利、供水、供电、供气、环境保护、公共交通和其他公共服务的组织纳入公共管理和服务机构范围。二是建设统一、高效的公共数据开放平台，组织公共管理和服务机构通过平台向社会开放公共数据。三是公共数据依照法律、法规规定开放，不得收取任何费用。

2023 年 9 月，深圳市政务服务数据管理局组织起草了《深圳市公共数据开放管理办法（征求意见稿)》，旨在进一步规范和推动全市公共数据开放，促进公共数据开发利用，释放公共数据的经济价值和社会价值。

②公共数据共享开放具体工作实施情况。

深圳每年制定公共数据开放计划，明确年度开放重点、开放领域和开放数据量等目标。2023 年，深圳新增公共数据开放目录790 个，重点开放领域包括经济运行、营商环境、城市建设、公共管理、民生服务、城市治理、应急安全、生态文明、智慧医疗、智能制造、低空经济、物联感知等 12 个方面。

深圳已建成统一的市公共数据开放平台，该平台是公共数据共享开放的重要载体。政府部门和公共管理服务机构依据开放目录将有条件和无条件开放类公共数据统一向市公共数据开放平台汇聚，向公众开放公共数据资源。公众可通过市公共数据开放平台的数据下载、接口调用、安全域服务等功能获取和使用所需的公共数据。

深圳市人民政府设立公共数据开放专项资金，用于鼓励和支持公共数据开放利用活动；市公共数据主管部门制定全市统一的公共数据开放实验室建设与管理制度，对全市公共数据开放实验室进行统筹管理；通过发布与推广、评价与奖励、应用场景牵引、优先立项与预算审核等举措，促进数据开放成果的应用。

（3）浙江。

①公共数据共享开放文件制定情况。

2022 年 3 月 1 日，《浙江省公共数据条例》正式施行，这是我国首部针对公共数据的地方性法规。该条例明确了公共数据的边界、范围和多元治理体系，对公共数据授权运营、第三方开发利用等合法合规性进行规范，为公共数据的依法收集、充分共享、有序开放和安全利用提供了制度保障。此外，浙江省还陆续出台了《浙江省公共数据开放与安全管理暂行办法》，进一步细化和完善了公共数据开放共享的管理机制。

②公共数据共享开放具体工作实施情况。

浙江省建设了一体化智能化公共数据平台，该平台包含"四横四纵"八大体系、"两个掌上"等组成部分，全面覆盖数字化改革的各个领域，为公共数据的收集、归集、存储、加工、传输、共享和开放提供了强大的基础设施支撑。特别是在数据开放域方面，浙江省设计了开放授权系统、沙箱系统、开放数据空间和融合计算等组件，支撑公共数据安全合规地向社会开放。

浙江省每年制定公共数据年度开放计划，明确开放的重点领域、数据量和时间节点等，确保公共数据的有序开放。根据计划，通过统一的公共数据开放平台，政府部门和公共管理服务机构将可以开放的公共数据资源汇聚至平台，供公众和社会组织获取和使用。此外，浙江省加强与周边省份和地区的合作，共同推动跨区域的数据共享和业务协同，提升区域整体的数据治理能力和服务水平。

（4）广东。

①公共数据共享开放文件制定情况。

广东省政务服务数据管理局于 2022 年 11 月 30 日印发了

《广东省公共数据开放暂行办法》。文件共六章三十九条，分为总则、一般规定、公共数据开放利用、权益保障、监督保障与法律责任、附则。文件明确了公共数据开放的管理体制，确定了统筹管理、分类分级、便捷高效、安全可控的开放原则。建立了公共数据开放的长效机制：一是实行重点开放制度。要求优先和重点开放与行业增值潜力显著、产业战略意义重大、民生紧密相关、社会迫切需要，以及与粤港澳大湾区和中国特色社会主义先行示范区建设相关的公共数据，在确定开放重点时要听取相关行业主管部门和社会公众的意见，提高数据开放的精准度。二是推行开放目录管理。三是实行分类开放。根据数据开放的风险程度，将数据分为不予开放类、有条件开放类、无条件开放类三类。四是实现平台统一开放。五是提高开放数据质量。

②公共数据共享开放具体工作实施情况。

平台建设方面，广东省已建成"一网共享"平台，为社会公众提供公共数据共享服务。截至 2024 年 7 月，广东省向社会开放的数据集和接口数量显著增加，数据集达到 6.07 万个，数据接口 288 个。广东省已建立完善省、市两级的人口、法人、宏观经济、电子证照、社会信用、自然资源和空间地理等基础数据，并立足应用场景，选取若干行业领域推动"块数据"汇聚共享落地。

（5）江西。

①公共数据共享开放文件制定情况。

2018 年起，江西省逐步开展全省政务信息资源普查和目录编制工作，形成了《江西省政务信息资源目录》《政务数据共享开放责任清单》《省级供需对接清单》，并先后制定《政务信息资源目录编制规范》《公共数据分类分级指南》等 28 项省级地方标准规范，为全省跨部门、跨行业信息资源互联互通提供了统一技术标准。

2022 年 4 月，江西省发布了《江西省公共数据管理办法》，对公共数据的开放、共享、利用与安全管理进行了全面规范，旨在提升政府治理能力和公共服务水平，推动数字经济高质量发展。文件明确了公共数据的定义、管理主体、开放共享原则、安全管理要求等，为公共数据开放共享提供了法律保障。2024 年 5 月，江西省制定了《江西省数字政府建设三年行动计划（2022 – 2024 年)》，提出了江西数字政府建设的总体要求、发展目标、总体架构等，强调了数据融合共享的重要性，并明确了相关任务和措施，通过数字化转型推动政府治理方式变革，提升政府决策科学化、社会治理精准化、公共服务高效化水平。

②公共数据共享开放具体工作实施情况。

按照"省市两级、物理分散、逻辑统一、按需共享"的原则，江西省集约化建设全省统一数据共享交换平台，形成上联国家、下达市县的三横一纵"王"字型结构，畅通信息资源跨部门、跨行业互联互通渠道。截至 2024 年 3 月，江西省已建设人口、法人、电子证照等 16 个高频共享库，落地数据达 45.4 亿条，同时加强省公共数据开放平台运营管理，向公众和企业开放了城市建设、道路交通、民生服务、教育科技、卫生健康等 12 个主题数据。

通过对以上地区公共数据共享开放相关文件制定情况以及具体工作开展情况的梳理不难看出，各地公共数据共享开放以分类分级、安全可控为主要原则，以目录管理、分类分级管理、统一平台建设为重点工作。

第三节　公共数据授权运营

公共数据来源于经济社会发展的方方面面，蕴藏着巨大的经济价值。近年来，随着数据要素市场化配置改革、数据安全、网络安全、个人信息保护等相关法律法规颁布实施，公共数据授权运营用由研究阶段迈入落地实践阶段。公共数据授权运营对国家提升治理体系和治理能力现代化水平，增进公共福祉意义重大，对促进产业数字化转型，培育数据要素市场具有重要引领和推动作用。同时，公共数据授权运营过程中形成公共数据资产，加强公共数据资产管理同样具有重要意义。公共数据授权运营涉及运营模式选取、应用场景构建、产品和服务定价、收益分配等关键环节，本节将详细展开。

一、公共数据授权运营的内涵

（一）公共数据授权运营的定义

公共数据授权运营是指政府按程序依法授权法人或者非法人组织（授权运营单位），对授权的公共数据进行加工处理，开发形成数据产品和服务并向社会提供的行为[1]。"数据二十条"提出

---

[1]　参考《浙江省公共数据条例》相关规定。

推进实施公共数据确权授权机制，对各级党政机关、企事业单位依法履职或提供公共服务过程中产生的公共数据，加强汇聚共享和开放开发，强化统筹授权使用和管理。

公共数据授权运营既包括无偿授权，也包括有偿授权。"数据二十条"提出，推动用于公共治理、公益事业的公共数据有条件无偿使用，探索用于产业发展、行业发展的公共数据有条件有偿使用。财政部出台的《关于加强数据资产管理的指导意见》（财资〔2023〕141号）中专门强调，在推进有条件有偿使用过程中，不得影响用于公共治理、公益事业的公共数据有条件无偿使用，相关方要依法依规采取合理措施获取收益，避免向社会公众转嫁不合理成本。同时根据授权模式的不同，公共数据授权运营又可分为多种方式，后面的内容中将详细介绍。

值得注意的是，当前实践中，公共数据运营既存在授权专门运营机构开展，也存在由公共数据持有主体直接开展的情况。鉴于公共数据运营对专业技术和数据安全环境要求较高，同时根据国家和地方相关文件精神，目前的公共数据运营实践以授权运营为主，本章也主要围绕授权运营方式展开。但同时，本书在附录1应用场景案例部分，也收录了公共数据持有主体直接开展运营的场景供读者了解。如案例6南方电网、案例7济南热力集团等国有企业，均是依托集团自身技术实力，直接对自身业务活动中收集和产生的公共数据进行开发运营。

（二）其他国家公共数据运营经验

1. 新加坡

新加坡在公共数据开放运营方面一直位于全球前列，这得益于新加坡在信息基础设施建设、数据治理、数据开放程度方面的努力。新加坡政府推出了智能国（Smart Nation）计划，旨在利用大数据、云计算、物联网等技术推动国家数字化，提高民众生活质量，促进产业升级和经济转型。在此框架下，新加坡不仅建立了覆盖全岛的数据收集基础设施，还鼓励企业和研究机构通过创新来开发新型数据产品和服务，从而在城市管理、交通优化、医疗健康等多个领域实现了数据的深度应用和智能化服务。

明确公共数据资产所有权，释放数据价值。新加坡将推动"智慧国家"和"电子政府"作为重要战略，形成"基础设施 + 财政"的组合模式，新加坡通信和信息部负责建设与管理基础设施，由国家财政负责基础设施建设投入，并确定公共类数据资产运营、产权等归属财政部。新加坡在 Digital Realty 2020 年"数据重力指数"（DGx）中以 200% 的年复合增长率位居亚太区都市圈之首[①]；同时数字经济对新加坡 GDP 的贡献达到 1060 亿新元（775 亿美元）[②]。

建立数据治理、供给、应用生态，促进数据产业链发展。新加坡政府着眼于政府内部数据治理和外部数据整合，构建"数据供需"应用场景，一是通过政府数据开放平台 Data. gov. sg 规范政府公共数据，集合 70 多个公共部门的数据集和 100 多个应用程序，极大地提升数据开放程度、丰富数据应用场景；二是实施《国家 IT 素养计划》，培养数字化专项人才，同时提升公民的数据使用水平和电子技术应用能力，创造巨大数据需求；三是建立

---

① 数字经济观察 | 新加坡数字基础设施的现状与前景分析及对中企的建议 ［EB/OL］. 风闻，2021 - 02 - 10.

② 资料来源：新加坡资讯通信媒体发展局报告。

政企电子数据交换机制，推进中小企业数字化项目，为物流和零售行业制定"数字产业发展规划"，为中小企业建设"数字技术服务中心"，协助企业与当地银行签订互联网备忘录，为信息通信和媒体行业企业建设"开放创新平台"，撮合供需双方达成合作，极大地促进数据供给和应用。

2. 欧盟

《欧洲数据战略》和《欧洲人工智能白皮书》旨在通过促进产业、学术、政府之间数据共享和高效利用，构建数据统一大市场。为此，欧盟在数据治理、数据开放平台建设、数据授权使用等方面开展重要工作。

以市场化运营模式，促进公共数据流通。2003 年出台的《欧洲议会和理事会关于公共部门信息再利用的第 2003/98/EC 号指令》提出要积极探索市场化运营方案。一是提供免费或较低成本使用的公共数据，从而降低各主体数据使用成本；二是建立数据经纪人制度，通过技术、法律和其他手段，促进数据持有者与数据使用者之间开展合作；三是探索数据授权使用制度，如德国弗劳恩霍夫协会启动产业数据空间，联合 130 多家成员公司，成立产业数据空间协会 IDSA，共同推动数据空间的行业应用和全球化推广。

建立市场化机制，引导主体合规开发数据。2022 年 4 月，欧洲通过《数据治理法案》，在第二章专门建立公共数据利用框架机制，一是禁止部分公共数据开放的排他性安排，即部分公共数据的开放原则上不得设置"独占权"，或者特殊情况下即便设置"独占权"也应当确保透明、平等、非歧视，同时独占期限不得超过三年；二是规定了部分公共数据开放再利用的条件，要求公共部门设置的再利用条件应当具备非歧视、合乎比例、正当以及竞争中立等特征；三是规定了部分公共数据开放的费用，允许公共部门收取费用但要求满足非歧视等特征，同时要求公共部门在收取费用时鼓励中小企业申请相应国家援助。并设置严格的合规标准和合规认证程序，确保数据处理活动符合欧盟法规，以及通过激励机制，如税收优惠和项目资助，鼓励企业和组织参与数据治理实践。2023 年 11 月，欧盟正式批准《数据法案》，聚焦消除用户在不同平台之间切换和数据可携带性障碍，提高数据和数据服务的互用性，让数据产品和服务更易获取等。同时，欧盟分别与协会和其他组织进行合作，如产业数据空间协会，推进行业数据应用。此外对违规行为进行严厉制裁并处以高额罚款，以确保法律的有效执行和市场的公平竞争。

二、公共数据授权运营相关文件出台情况

目前，在国家层面已经出台的相关文件中，如"数据二十条""十四五"规划等，对公共数据授权运营相关内容有所涉及，也对一些大的原则进行了明确，但暂未出台专门针对公共数据授权运营的制度文件，也未从全国层面统筹开展公共数据授权运营工作。地方的公共数据授权运营相关制度建设及实践探索走在前面。

（一）国家层面出台的公共数据授权运营相关文件

"数据二十条"提出推进实施公共数据确权授权机制。对各级党政机关、企事业单位依法履职或提供公共服务过程中产生的

公共数据，加强汇聚共享和开放开发，强化统筹授权使用和管理，推进互联互通，打破"数据孤岛"。鼓励公共数据在保护个人隐私和确保公共安全的前提下，按照"原始数据不出域、数据可用不可见"的要求，以模型、核验等产品和服务等形式向社会提供，对不承载个人信息和不影响公共安全的公共数据，推动按用途加大供给使用范围。推动用于公共治理、公益事业的公共数据有条件无偿使用，探索用于产业发展、行业发展的公共数据有条件有偿使用。严格管控未依法依规公开的原始公共数据直接进入市场，保障公共数据供给使用的公共利益。

2021 年 3 月，第十三届全国人大四次会议表决通过了《中华人民共和国国民经济和社会发展第十四个五年规划和 2035 年远景目标纲要》，提出开展政府数据授权运营试点，鼓励第三方深化对公共数据的挖掘利用，公共数据授权运营正式写入"十四五"国家规划。2021 年 12 月，国务院发布《国家"十四五"数字经济发展规划》，部署强化高质量数据要素供给、创新数据要素开发利用机制等重点任务，提出建立健全国家公共数据资源体系，统筹公共数据资源开发利用，推动基础公共数据安全有序开放，明确对具有经济和社会价值、允许加工利用的政务数据和公共数据，通过数据开放、特许开发、授权应用等方式，鼓励更多社会力量进行增值开发利用。这是我国开始在国家层面上明确提出要加强公共数据资源开发利用。

2022 年 9 月，国务院办公厅发布的《全国一体化政务大数据体系建设指南》（国办函〔2022〕102 号）强调，在政务数据应用方面，重点推进普惠金融、卫生健康、社会保障、交通运输、应急管理等行业应用，建立政务数据开放优秀应用绩效评估机制，推动优秀应用项目落地孵化，形成示范效应。鼓励依法依规开展政务数据授权运营，积极推进数据资源开发利用，培育数据要素市场，营造有效供给、有序开发利用的良好生态，推动构建数据基础制度体系。

2023 年 2 月，中共中央、国务院发布《数字中国建设整体布局规划》，构建数字中国建设整体框架，强调夯实数字中国建设基础，畅通数据资源大循环。推动公共数据汇聚利用，建设公共卫生、科技、教育等重要领域国家数据资源库。加快建立数据产权制度，开展数据资产计价研究，建立数据要素按价值贡献参与分配机制。国家对公共数据开发利用作出进一步重要部署。

2023 年 12 月，财政部印发《关于加强数据资产管理的指导意见》（财资〔2023〕141 号），明确了数据的资产属性，提出依法合规推动数据资产化，有序推动公共数据资源开发利用，开展政府数据授权运营试点，鼓励第三方深化对公共数据进行增值开发利用，提升各行业各领域运用公共数据推动经济社会发展的能力等部署要求。文件明确了授权运营主体，公共管理和服务机构可授权运营主体对其持有或控制的公共数据资产进行运营。鼓励在金融、交通、医疗、能源、工业、电信等数据富集行业探索开展多种形式的数据资产开发利用模式。

2024 年 2 月，财政部印发《关于加强行政事业单位数据资产管理的通知》（财资〔2024〕1 号），对加强行政事业单位数据资产运营做出了进一步的要求。提出规范数据资产授权，经安全评估并按资产管理权限审批后，可将数据加工使用权、数据产品经营权授权运营主体进行运营。运营主体应当建立安全可信的运营环境，在授权范围内运营，并对数据的安全和合规负责。各部门及其所属单位对外授权有偿使用数据资产，应当严格按照资产管理权限履行审批程序，并按照国家规定对资产相关权益进行评估。不得利用数据资产进行担保，新增政府隐性债务。严禁借授权有偿使用数据资产的名义，变相虚增财政收入。

值得关注的是，国家数据局在 2024 全球数字经济大会上表示，国家数据局今年将推出公共数据开发利用相关办法。若办法顺利出台，全国性的公共数据运营体制机制将进一步明确，公共数据开发利用深度和广度将进一步加大。

（二）地方层面出台的公共数据授权运营相关文件

目前，省/直辖市层面，浙江、北京已经先后出台了公共数据授权运营的专门办法。其他地方多在公共数据管理的综合性文件中对公共数据授权运营进行规范。

1. 浙江省——《浙江省公共数据授权运营管理办法（试行）》①

2023 年 8 月 1 日，浙江省人民政府办公厅发布了《浙江省公共数据授权运营管理办法（试行）》（浙政办发〔2023〕44 号），是全国首个颁布公共数据授权运营管理专门办法的省份。文件支持具备条件的市、县（市、区）优先在与民生紧密相关、行业发展潜力显著和产业战略意义重大的领域，先行开展公共数据授权运营试点工作。

文件共七个部分，包括总则、职责分工、授权运营单位安全

---

① 浙江省人民政府办公厅关于印发浙江省公共数据授权运营管理办法（试行）的通知［EB/OL］. 浙江省人民政府网，2023－08－01.

条件、授权方式、授权运营单位权利与行为规范、数据安全与监督管理、附则，对浙江省公共数据授权运营工作进行了全面部署。文件对公共数据授权运营定义进行明确，指出"公共数据授权运营，是指县级以上政府按程序依法授权法人或者非法人组织，对授权的公共数据进行加工处理，开发形成数据产品和服务，并向社会提供的行为"。

文件明确授权运营通过协议进行，县级以上政府与授权运营单位就公共数据授权运营达成的书面协议，明确双方权利义务、授权运营范围、运营期限、合理收益的测算方法、数据安全要求、期限届满后资产处置、退出机制和违约责任等。授权运营协议终止或撤销的，公共数据主管部门应及时关闭授权运营单位的授权运营域使用权限，及时删除授权运营域内留存的相关数据，并按照规定留存相关网络日志不少于6个月。授权运营域应满足以下条件：遵循已有的公共数据平台标准规范体系，复用统一用户认证组件、用户授权服务等公共数据平台能力；实现网络隔离、租户隔离、开发与生产环境隔离，具备数据脱敏处理、数据产品和服务出域审核等功能，确保全流程操作可追踪，数据可溯源；满足政府监管需求，支持集成外部数据，具备分布式隐私计算能力；满足授权运营单位的基本数据加工需求。

文件对授权运营单位的权力和行为规范也进行了相应规定。授权运营单位依法合规开展公共数据运营，不得泄露、窃取、篡改、毁损、丢失、不当利用公共数据，不得将授权运营的公共数据提供给第三方。授权运营单位加工形成的数据产品和服务应接受公共数据主管部门审核。原始数据包不得导出授权运营域。通过可逆模型或算法还原出原始数据包的数据产品和服务，不得导出授权运营域。

2. 北京市——《关于推进北京市金融公共数据专区建设的意见》①《北京市公共数据专区授权运营管理办法（试行）》②

2020 年 4 月，北京市发布《关于推进北京市金融公共数据专区建设的意见》，提出市经济和信息化局依托市级大数据平台建设金融公共数据专区，加强对金融科技领域的数据供给。通过政府引导，在确保安全可控的前提下，授权市场主体通过市场运作、创新引领推动金融公共数据应用。在授权主体和运营模式上，文件第七条规定"经市政府同意，由市经济和信息化部门授权具有公益性、公信力、技术能力和金融资源优势的市属国有企业对专区及金融公共数据进行运营。""运营单位面向应用单位提供服务时，应当以合同、协议等形式约定数据的使用目的、范围、方式和期限，建立访问控制机制，限定数据使用过程中可访问的数据范围和使用目的，并定期就金融公共数据应用成效进行评估。"此外，该文件还对运营单位在数据分级分类标准制定、安全等级保护等方面也作出了相应的规定。在该文件框架下，北京已成功开展金融数据专区运营，将公共数据专区流通平台打造成集数据资源汇聚、生产加工、流通交易、跨境流通、安全监管于一身的全流程服务平台，后面介绍地方实践情况的部分将详细介绍北京金融数据专区运营成效。

2022 年 12 月，北京市发布《北京市公共数据专区授权运营管理办法（试行）》，明确了"政府引导、市场运作；需求导向、

---

① 北京市经济和信息化局印发《关于推进北京市数据专区建设的指导意见》的通知［EB/OL］. 北京市公共数据开放平台，2022 – 11 – 21.

② 北京市经济和信息化局关于印发《北京市公共数据专区授权运营管理办法（试行）》的通知［EB/OL］. 北京市经济和信息化局网站，2023 – 12 – 11.

创新引领；积极探索、共享红利；依法合规、安全可控"四大基本原则。对公共数据专区授权运营的管理机制、工作流程、运营单位管理要求、数据管理要求、安全管理与考核评估等方面做出了具体的规定。在管理机制方面，明确提出北京市大数据主管部门作为公共数据专区统筹协调部门，相关行业主管部门和相关区政府作为公共数据专区监管部门，专区运营单位作为专区运营主体。专区授权运营工作流程包括信息发布、申请提交、资格评审、协议签订等。授权运营协议应遵循法律法规相关规定，包括但不限于以下内容：授权主体和对象、授权内容、授权流程、授权应用范围、授权期限、责任机制、监督机制、终止和撤销机制等，授权运营协议的有效期一般为5年。

3. 广州、上海在相关文件中涉及公共数据授权运营

除浙江、北京等地针对公共数据授权运营出台专门管理办法外，广州、上海等地在出台的数据或公共数据管理相关综合文件中，也专门涉及了公共数据开发利用或授权运营相关内容。

2021年10月18日，广东省发布《广东省公共数据管理办法》，搭建了公共数据管理的基本框架，较为系统和全面地规定了公共数据管理相关内容。具体包括：公共数据目录管理，公共数据的采集、核准与提供，公共数据的共享和使用，公共数据开放，公共数据开发利用，数据主体权益保障等。关于公共数据的供给、使用和开发利用，文件一是在省级层面，将国家要求的"一数一源"探索落地，按照一项数据有且只有一个法定数源部门的要求，分类确定了基础数据的采集、核准和提供部门。二是明确省和地级以上市公共数据主管部门应当依法建立数据主体授权第三方使用数据的机制，涉及商业秘密、个人信息和隐私的敏

感数据或者相应证照经数据主体授权同意后，可以提供给被授权的第三方使用。三是鼓励省和地级以上市公共数据主管部门加强公共数据开发利用指导，创新数据开发利用模式和运营机制，建立公共数据服务规则和流程，提升数据汇聚、加工处理和统计分析能力。

2021年11月25日，上海市发布《上海市数据条例》，专设公共数据授权运营相关章节，提出建立公共数据授权运营机制，提高公共数据社会化开发利用水平。文件明确市政府办公厅应当组织制定公共数据授权运营管理办法，明确授权主体，授权条件、程序、数据范围，运营平台的服务和使用机制，运营行为规范，以及运营评价和退出情形等内容；市大数据中心对被授权运营主体实施日常监督管理；被授权运营主体应当在授权范围内，依托公共数据运营平台安全可信环境，实施数据开发利用，并提供数据产品和服务；市政府办公厅应当会同市网信等相关部门和数据专家委员会，对被授权运营主体规划的应用场景进行合规性和安全风险等评估；授权运营的数据涉及个人隐私、个人信息、商业秘密、保密商务信息的，处理该数据应当符合相关法律、法规的规定；市政府办公厅、市大数据中心、被授权运营主体等部门和单位，应当依法履行数据安全保护义务；通过公共数据授权运营形成的数据产品和服务，可以依托公共数据运营平台进行交易撮合、合同签订、业务结算等，通过其他途径签订合同的，应当在公共数据运营平台备案。

2022年12月31日，上海市印发的《上海市公共数据开放实施细则》中明确，上海市探索开展公共数据授权运营，鼓励相关主体面向社会提供公共数据深度加工、模型训练、系统开发、数据交付、安全保障等市场化服务；对于具有较高社会价值和经济价值的公共数据，鼓励探索开展公共数据授权运营。

（三）地方层面公共数据运营机构组建情况

近年来，随着数字经济发展以及加强公共数据开发利用相关文件的不断出台，地方对公共数据的开发利用和价值挖掘日益重视，纷纷成立以地方数据集团为主要形式的公共数据运营机构，加大对公共数据资源的统筹开发力度。表 3 – 2 是对地方数据运营机构成立情况的梳理。

表 3 – 2 　　　　　　　地方数据运营机构成立情况

序号	地方	运营机构名称	成立时间
1	江苏省	江苏省数据集团有限公司	2024 年 7 月 16 日
2	湖南省	湖南数据产业集团有限公司	2024 年 6 月 28 日
3	辽宁省	辽宁省数智技术集团有限公司	2024 年 4 月 1 日
4	云南省	云南省大数据有限公司	2023 年 9 月 13 日
5	湖北省	湖北数据集团有限公司	2023 年 6 月 6 日
6	宁夏	数字宁夏建设运营有限责任公司	2023 年 3 月 28 日
7	河南省	河南数据集团有限公司	2023 年 1 月 10 日
8	天津市	天津数字经济产业集团有限公司	2023 年 1 月 10 日
9	上海市	上海数据集团有限公司	2022 年 9 月 22 日
10	福建省	福建省大数据集团有限公司	2022 年 8 月 17 日
11	安徽省	数字安徽有限责任公司	2022 年 6 月 20 日
12	青海省	青海数字经济发展集团有限公司	2020 年 7 月 31 日
13	山东省	智慧齐鲁（山东）大数据科技有限公司	2020 年 4 月 21 日
14	河北省	河北省惠信大数据科技服务有限公司	2020 年 4 月 10 日
15	浙江省	数字浙江技术运营有限公司	2019 年 11 月 7 日
16	海南省	数字海南有限公司	2019 年 10 月 31 日

续表

序号	地方	运营机构名称	成立时间
17	江西省	云上（江西）大数据发展有限公司	2019 年 7 月 30 日
18	重庆市	数字重庆大数据应用发展有限公司	2019 年 7 月 26 日
19	四川省	四川省数字经济产业发展有限责任公司	2019 年 4 月 4 日
20	新疆	新疆数字兵团信息产业发展有限责任公司	2019 年 1 月 15 日
21	吉林省	吉林省吉林祥云信息技术有限公司	2018 年 12 月 28 日
22	贵州省	云上贵州大数据（集团）有限公司	2018 年 10 月 19 日
23	内蒙古	内蒙古大数据投资有限责任公司	2018 年 5 月 25 日
24	广西	数字广西集团有限公司	2018 年 5 月 21 日
25	甘肃省	丝绸之路信息港股份有限公司	2018 年 4 月 26 日
26	西藏	西藏高驰科技信息产业集团有限责任公司	2017 年 12 月 15 日
27	广东省	数字广东网络建设有限公司	2017 年 10 月 11 日
28	山西省	山西云时代技术有限公司	2017 年 8 月
29	北京市	北京北控曙光大数据股份有限公司	2017 年 7 月 12 日
30	黑龙江省	黑龙江大数据产业发展有限公司	2017 年 6 月 28 日
31	陕西省	陕西省大数据集团有限公司	2017 年 4 月 17 日

三、地方公共数据授权运营主要模式

从已开展公共数据授权运营探索实践的地方情况来看，当前的授权运营模式大体上可以分为三类，即"1＋1＋市场"模式、"1＋N＋市场"模式和"1＋市场"模式。

（一）"1＋1＋市场"模式

"1＋1＋市场"模式，又称集中授权运营模式，即政府将本行政区域内的公共数据授权运营工作交由数据主管部门或相关单位统筹（第一个"1"），集中统一授权给一家运营机构开展运营（第二个"1"），向市场中的使用主体提供公共数据产品或服务。采用"1＋1＋市场"模式开展公共数据授权运营的典型地区有福建、成都、青岛等地。

1. 福建省

（1）文件制定情况。2021 年 1 月，福建省发布了《福建省公共数据资源开发利用试点实施方案》，首次提出公共数据开发授权的分级开发模式。同年 12 月，又出台了《福建省大数据发展条例》，通过立法形式明确了公共数据的分级开发原则，进一步提升了数据开发利用的规范性和安全性。2022 年，福建省发布《福建省公共数据资源开放开发管理办法（试行）》，构建了全面而系统的数据开放、开发管理制度机制，明确了公共数据将采取场景式开发的策略。2023 年，福建省出台了《福建省一体化公共数据体系建设方案》《福建省公共数据资源开发服务平台管理规则（试行）》《福建省公共数据资源开发服务平台公共数据开发服务商管理规则（试行）》等一系列文件，明确了数据平台的建设和管理，以及数据需求方在申请数据资源和平台入驻等方面的具体流程和规范，为福建省公共数据资源的全面开放和高效利用提供了有力的支持。

（2）公共数据授权运营模式。福建省以福建省数字管理部门，即福建省数字福建建设领导小组办公室做公共数据统筹管理，省属国有资产公司，即福建省政府成立的福建省大数据集团做统一技术支撑和运营维护，依托分工明确的公共数据基础设施平台，基本实现了公共数据授权运营的全流程贯通。福建省公共数据授权运营模式如图 3 – 1 所示。

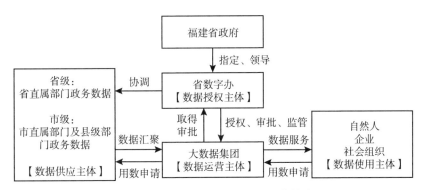

图 3 – 1　福建省公共数据授权运营模式

表 3 – 3 根据文件规定，对各参与主体的职责进行了梳理。

表 3 – 3　　　　　福建省公共数据授权运营参与主体职责分工

参与主体	具体职责	文件依据
福建省政府	福建省政府有本省公共数据所有权，由福建省数字办代为履行管理职责	《福建省政务数据管理办法》明确，政务数据资源属于国家所有
	福建省政府成立福建省大数据集团，该集团对省数字办负责，以公益类国有企业的性质（省属、国有全资控股）作为公共数据资源一级开发主体	《福建省大数据发展条例》明确，省人民政府设立全省公共数据资源一级开发主体
福建省数字办	福建省数字办作为授权主体，负责指导、监督和协调公共数据授权运营工作，对二级开发环节中的应用场景进行安全审核，对开发主体的数据使用进行授权	《福建省政务数据管理办法》规定，省大数据主管部门负责全省公共数据资源开放开发的统筹管理和监督检查等工作，制定相关技术标准，监督、指导平台运营单位做好省级相关公共数据开放开发平台建设、运维工作。大数据主管部门要按照"一模型一评估、一场景一授权"的原则，组织专家组对开发方案进行安全风险评估，并综合数据提供单位意见进行审核

参与主体	具体职责	文件依据
福建省大数据集团	2021年福建省政府成立福建省大数据集团，作为全省公共数据资源一级开发主体，即公共数据的被授权方和运营主体。目前，福建省大数据集团在省一级已建成"三平台一中心（所）"的数字平台基础设施架构，分别包括汇聚共享平台、统一开放平台、开发服务平台和大数据交易所，统称为福建"一体化公共数据平台"	《福建省大数据发展条例》规定，大数据集团承担公共数据汇聚治理、安全保障、开放开发、服务管理等具体支撑工作
数据使用主体		《福建省大数据发展条例》规定，二级开发主体基于具体应用场景，需要获取一级开发主体汇聚治理的数据资源的，应当经大数据主管部门同意，并按要求使用数据，定期向大数据主管部门报告开发利用情况，所开发的数据产品应当注明所利用数据的来源和获取日期。 二级开发主体包括公民、法人或者其他组织
		《福建省公共数据资源开放开发管理办法（试行）》规定，数据使用主体应当按照最小必要原则，通过省、市开发服务平台申请开发公共数据，并提交具体开发方案，明确应用场景、开发类型、数据模型、使用时限等
应用场景	通过开发服务平台，可以看到现已有180家数据应用单位、16家公共数据开发服务商入驻，实现了41个场景应用	《福建省公共数据资源开放开发管理办法（试行）》规定，公共数据资源开发应当坚持"可用不可见"的原则。公共数据资源实行场景式开发，分为实时查询和批量挖掘两种类型

（3）经验总结。福建省公共数据授权运营采用集中授权运营模式，一方面搭建起完善的制度，在制度法规上明确数据汇聚、共享、开放和运营的边界，另一方面设立数字办统筹全省的公共数据授权运营管理，将管理权和最终审批权都归于数字办，大大

提高公共数据授权运营效率。在"1 + 1 + 市场"模式下，依托大数据集团建设的"三平台一中心（所）"，为数据共享、开放和运营提供独立通道，确保公共数据应用体系内各主体分工明确、职能清晰，对其他地区开展公共数据授权运营具有很好的参考价值。

2. 成都市

（1）文件制定情况。2018 年，为了推动数据资源的整合与共享开放，提升公共数据的应用水平，成都市发布了《成都市公共数据管理应用规定》，为公共数据的高效利用奠定了基础。随着公共数据市场化运营的逐步深入，2020 年 10 月，成都市发布了《成都市公共数据运营服务管理办法》，明确数据供给侧、需求侧、运营侧、监管侧等不同服务主体的定位，以及各环节职权分工、服务流程，从制度层面明确了公共数据授权运营的实现机制。2024 年 6 月发布《成都市数据条例》，明确市人民政府应当建立公共数据授权运营机制，并明确了获得授权的公共数据运营服务单位的权责范围等，为做好公共数据授权提供有效指引和保障。

（2）公共数据授权运营模式。成都市政府将公共数据运营权集中授权给市大数据集团，由市大数据集团统一开展数据运营服务，同时指定市网络理政办具体负责指导、监督和协调推进公共数据运营服务工作。市政府各部门（含有关单位），即数据提供单位是公共数据的法定管理部门，对各自管理的公共数据能否进入运营服务范围进行把关。数据使用单位在数据使用中拥有的权利和应履行的义务，通过与市大数据集团签订数据使用协议和安全协议进行明确。成都市公共数据授权运营模式如图 3 - 2 所示。

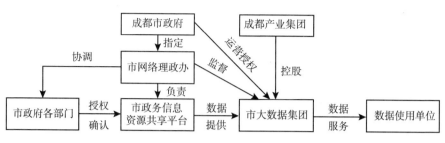

图 3-2　成都市公共数据授权运营模式

《成都市公共数据运营服务管理办法》对各参与主体的职责及分工有详细规定（见表 3-4）。

表 3-4　　　　　　　　成都市公共数据授权运营参与主体职责分工

参与主体	具体职责
市网络理政办	负责指导、监督和协调推进本市公共数据运营服务工作，制定本市公共数据运营服务管理制度规范，建立数据源单位数据提供机制
市新经济委	负责指导公共数据运营服务单位做好新经济企业公共数据需求的收集和整理，推动全市公共数据创新应用，打造应用示范工程，促进数据流通增值，推进大数据产业发展
市大数据中心	负责成都市政务信息资源共享平台的建设、运行和维护，汇聚各部门数据资源，统一对接公共数据运营服务平台，按照数据提供单位授权意见向公共数据运营服务平台提供数据保障，并对公共数据运营服务平台数据安全保护情况进行检查
市政府各部门、有关单位	负责确认公共数据运营服务单位提出的公共数据服务需求、应用场景和评估风险，按照授权确定的数据内容和服务方式，及时汇聚提供和更新数据资源
公共数据运营服务单位	负责建设维护并管理公共数据运营服务平台，按照部门授权意见，采用市场化方式依法依规开展公共数据运营服务，负责公共数据运营服务平台网络安全保护和管理，保障公共数据安全；为政府部门免费提供公共数据运营服务平台相关服务，并通过引导外部数据和技术流入，为政府部门提供数据和技术反哺服务，助力政府部门提升智慧治理和公共服务水平

（3）经验总结。成都市将政府各部门的公共数据市场化运营

权集中授予一家国有企业，实现了对公共数据资源的有效整合，打破了数据孤岛，提高了数据利用效率，且由一家国有企业作为运营主体，能够更好地统筹发挥其对区域内公共数据资源的优化配置作用。采用需求主导型的运营模式使得数据服务更加贴近市场需求，促进了公共数据资产的保值和增值。在数据定价方面，采用了市场化协商方式，即由公共数据运营服务单位与数据使用单位通过多轮协商确定相应的数据服务价格，而不是由单一一方定价。成都市政府通过不断探索和实践，形成了具有示范性和典型性的"成都模式"。

3. 青岛市

（1）文件制定情况。青岛市不断建立健全制度体系，积极构建公共数据开发运营平台，持续拓展数据资源应用场景，深入探索数据资源入表，逐步打通数据资产化路径，成功打造公共数据运营"青岛模式"。一是制订《青岛市公共数据管理办法》《青岛市公共数据运营试点管理暂行办法》等 35 项制度规范和技术标准，涵盖公共数据开发利用、数据治理、安全管理等方面，促进公共数据共享、开放和利用。二是发展 10 家数据资产合规审查机构，围绕主体合规、来源合规、内容合规及流通合规等四个方面对数据资源进行合规审查，并出具相关报告，作为公共数据后续开发、流通、入表等环节的辅助确认材料，规范数据资产化流程。

（2）公共数据授权运营模式。一是建成贯通省、市、区的"一体化大数据平台"，为 766 个接入单位提供统一的数据汇聚、数据治理、安全保障和数据服务，成为公共数据开发利用的"资源池"，夯实"供数"底座。截至 2024 年 5 月，全市公共数据总量 3179.85TB（百万兆字节）、2192 亿条①。二是采用"统一授权模式"，华通智能科技研究院有限公司（青岛市政府直属的国有资本投资运营公司改革试点企业"青岛华通国有资本投资运营集团有限公司"的全资子公司）于 2022 年 8 月获得青岛市人民政府授权，试点运营全市公共数据。青岛市大数据发展管理局作为主管部门，负责公共数据的汇集供给和运营监管，华通智能科技研究院有限公司负责聚焦公共数据资源化、资产化、价值化，提供公共数据产品和服务，并搭建全市"公共数据运营平台"，利用区块链、隐私计算等技术打造"数据保险箱"，精准开展数据治理。截至 2024 年 5 月，已治理涉及市场监管、金融、医疗等 20 个领域高质量数据资源 2 亿余条②。

（3）经验总结。青岛整合政务数据、气象数据、电力数据等公共数据，在金融、医疗、海洋、乡村振兴等领域打造多种应用场景。例如，金融领域，基于一体化大数据平台中汇聚的全市 200 万余个经营主体的工商信息、红黑名单、社保公积金信息等公开数据，打造"行政处罚金融风控""金融业务负面信息核查"等场景，为银行开展贷前审查、贷中放款和贷后跟踪等业务提供参考依据，截至 2024 年 5 月已涉及审核综合资金规模达 3028 亿元，助力 43 家企业获取 63 笔合计 48272 万元融资③。医疗领域，将青岛市卫健委电子病历、健康档案、医保结算数据等 27 亿条医疗数据上传至一体化大数据平台，在"原始数据不出域，数据可用不可见"原则下，通过公共数据运营平台的隐私计算模块向保险公司提供核保产品，将核保时间由几天缩短为 3 ~ 5 秒，

---

①②③　资料来源：作者根据调研资料整理得出。

截至 2024 年 5 月已签约 4 家保险公司，并在内蒙古包头等地复用①。

（二）"1 + N + 市场"模式

"1 + N + 市场"模式，又称分散授权经营模式，即政府将本行政区域内的公共数据授权运营工作交由数据主管部门或相关单位统筹（"1"），按行业、应用场景或地区层级分散授权给多家运营机构（"N"），多家运营机构独立开展运营并向市场中的使用主体提供公共数据产品或服务。采用"1 + 1 + 市场"模式开展公共数据授权运营的典型地区有北京和浙江。

1. 北京市

（1）文件制定情况。2020 年 4 月，北京市发布了《关于推进北京市金融公共数据专区建设的意见》，明确了金融公共数据专区授权运营的基本机制，并明确由市经济和信息化部门作为授权主体。2022 年 11 月，北京市发布了《关于推进北京市数据专区建设的指导意见》，从数据专区的组织管理体系、数据供给机制、运营服务能力、数据使用管控等方面对数据专区建设作出重要工作部署，并明确市大数据主管部门作为公共数据专区统筹协调部门。2023 年 6 月，北京市印发《关于更好发挥数据要素作用进一步加快发展数字经济的实施意见》，明确要扩大公共数据专区授权运营模式应用范围，推广完善金融等公共数据专区建设经验，加快推进医疗、交通、空间等领域的公共数据专区建设。

（2）公共数据授权运营模式。公共数据专区是针对重大领域、重点区域或特定场景，为推动公共数据的多源融合及社会化

---

① 资料来源：作者根据调研资料整理得出。

开发利用、释放数据要素价值而建设的各类专题数据区域的统称，一般分为领域类、区域类及综合基础类。领域类聚焦于金融、教育、医疗、交通、信用、文旅等本市重大领域的应用场景；区域类面向本市重点区域或特定场景，特别是基层社会治理为目标；综合基础类面向跨领域、跨区域的综合应用场景而建设的专题数据区域。公共数据专区采取政府授权运营模式，选择具有技术能力和资源优势的企事业单位等主体开展运营管理。

相关文件对专区公共数据授权运营各参与主体具体职责有详细规定，如表 3-5 所示。

表 3-5　　　　　　北京市公共数据授权运营参与主体职责分工

参与主体	具体职责
北京市大数据工作推进小组	大数据主管部门作为公共数据专区统筹协调部门，制定、解释公共数据专区授权运营规则，以及指导、监督综合基础类公共数据专区的建设和运营。市大数据主管部门会同专区监管部门发布重大领域、重点区域或特定场景开展公共数据专区授权运营的通知，明确申报条件和运营要求。其中，一级数据允许提供原始数据共享，二级、三级数据须通过调用数据接口、部署数据模型等形式开展共享，四级数据原则上不予共享，确有需求的采用数据可用不可见等必要技术手段实现有条件共享。经申报并获批的专区运营单位结合应用场景按需提出公共数据共享申请，由专区监管部门进行评估确认，经数据提供部门审核同意后依托市大数据平台授权共享
相关行业主管部门和相关区政府	相关行业主管部门和相关区政府作为公共数据专区监管部门，负责落实各项重大决策，分别指导、管理领域类和区域类公共数据专区的建设和运营
专区运营单位	专区运营单位作为专区运营主体，负责公共数据专区的建设运营、数据管理、运行维护及安全保障等工作，需投入必要的资金、技术并积极引入相关社会数据。专区运营单位应积极吸纳多元合作方、拓展政企融合应用场景，稳步构建具有专区特色的产业生态体系。专区运营单位应以网络安全等级保护三级标准建设数据开发与运营管理平台，做好授权数据加工处理环节的管理

（3）经验总结。北京在全国率先开展公共数据专区授权运营模式的实践探索，以场景为牵引、分行业集中的数据专区模式，鼓励公共数据专区探索市场自主定价模式。在公共数据专区分类

上，创新性地提出了领域类、区域类及综合基础类三大类别，有助于实现未来公共数据授权运营的精细化管理效果。以北京市金融公共数据专区运营为例，2020年9月，北京市经济和信息化局授权北京金融控股集团开展专区运营①。截至2023年底，专区已汇聚工商、司法、税务、社保、公积金、不动产等多维数据超50亿条，涵盖300多万个市场主体，月更新数据超1亿条②。截至2023年初，专区已累计为银行等金融机构提供服务5000多万次、支撑30余万家企业申请金融服务金额超2000亿元③。

2. 浙江省

（1）文件制定情况。2022年3月，浙江省发布了《浙江省公共数据条例》，以地方法规的形式明确了授权运营是公共数据开放利用的重要手段，对省域范围内公共数据的收集、归集、存储、加工、传输、共享、开放、利用进行了明确和规范。为了进一步细化实施，2023年8月，浙江省出台了《浙江省公共数据授权运营管理办法（试行）》，明确了公共数据授权运营的职责、授权方式、授权流程、监管等，为公共数据授权运营提供了有力的制度保障。此外，杭州、温州、宁波等多地也针对各自发展定位与产业特色，制定了本市的公共数据授权运营文件。通过一系列法规、管理办法以及地方特色管理办法的制定，浙江省已经构建起了相对完善的公共数据授权运营体制机制，为公共数据授权运营提供了坚实的制度基础。

（2）公共数据授权运营模式。浙江省采用分地区分散授权方

---

① 北京金融公共数据专区助力金融"活水"精准"滴灌"［N］.经济参考报，2023－02－03.

②③ 北京金融公共数据应用专区汇聚数据超50亿条　涵盖市场主体超300万个［EB/OL］.人民网，2023－11－12.

式、省、市、县三级公共数据管理机构分别对所辖区域公共数据进行授权经营。浙江省公共数据管理部门统筹建设的跨层级、跨地域、跨系统、跨部门、跨业务有效流通和共享利用的一体化智能化公共数据平台,支持具备条件的市、县(市、区)优先在与民生紧密相关、行业发展潜力显著和产业战略意义重大的领域,开展公共数据授权运营试点工作。

职责分工方面,相关文件明确,省市县三级建立由数据、网信、发展改革、经信、公安、国家安全、司法行政、财政、市场监管等单位组成的公共数据授权运营管理工作协调机制。公共数据主管部门负责落实协调机制明确的相关工作,负责公共数据授权运营合同专用章管理使用,负责依托本级公共数据平台建设授权运营域。公共管理和服务机构负责做好本领域公共数据的治理、申请审核及安全监管等相关工作。设各级公共数据授权运营专家组,提供业务和技术咨询。

数据授权运营平台方面,相关文件指出,省市两级公共数据主管部门依托本级公共数据平台建设授权运营域;县(市、区)依托市级授权运营域开展授权运营工作,确有必要的,可单独建设授权运营域。省公共数据主管部门负责制定全省授权运营域建设标准,并组织验收。

(3)经验总结。浙江在公共数据授权运营上采取了独特的"分散授权,开放运营"模式,这一模式充分展现了地域分散授权的灵活性和高效性。该模式允许省、市、县三级公共数据管理机构分别对其所辖区域的公共数据进行授权经营,有效激发了各级地方政府的积极性,促进了公共数据资源的优化配置和高效利用。在分层级、分地域运营之外,浙江还建立了跨层级、跨地域、跨系统、跨部门、跨业务的一体化智能化公共数据平台，支持符合条件的市、县在关键领域先行开展公共数据授权运营试点工作，为探索公共数据开发利用新路径提供了有力支持。

（三）"1+市场"模式

"1+市场"模式，即由政府主导打造一个集数据归集、管理、加工、交易于一体的平台（"1"），将本行政区域内的公共数据和数据提供方、加工方、经营方、购买方等各类主体纳入其中，相关主体对公共数据进行加工增值后以数据产品和服务的形式开放给市场。采用"1+市场"模式开展公共数据授权运营的典型地区是海南省。

1. 海南省文件制定情况

为从制度上解决数据开发难、确权定价难、流通交易难等问题，海南省构建了贯穿数据要素化全生命周期的法规制度体系。2019年9月，海南省出台《海南省大数据开发应用条例》，为数据的合理开发和应用提供了法规保障。2021年9月，海南省出台《海南省公共数据产品开发利用暂行管理办法》，明确界定公共数据资源的开发边界、开发规则、授权流程和产品交易规则，使公共数据管理责任更清晰、产品开发行为更规范，同时确保了公共数据运营有法可依、安全管控有章可循。2023年12月，海南省出台《海南省数据产品超市数据产品确权登记实施细则（暂行）》，首次明确了数据产品所有权的确权和登记流程，为数据产品的资产化和资本化应用从源头上提供了解决方案，促进了数据资源的有效开发利用。

2. 海南省公共数据授权运营模式

《海南省大数据条例》规定，省人民政府信息化主管部门负责规划、指导、监督全省大数据开发应用工作，省人民政府设立省大数据管理机构，作为实行企业化管理但不以营利为目的、履行相应行政管理和公共服务职责的法定机构。2021 年，海南省大数据管理局通过招标模式选定中国电信合作建设运营"海南省数据产品超市"。数据产品超市是由政府主导的，进行数据产品供需对接的服务平台，是集开发生产平台、流通交易平台和安全使用平台于一体的"三合一"集成平台。

海南省的公共数据授权运营工作主要依托数据产品超市展开。平台的运营涵盖了管理方，数据资源提供方、加工方、购买方等多类主体，同时，各主体身份可在不同交易中随时切换，为数据的全面流通和高效利用提供了良好的生态环境。海南省公共数据授权运营模式如图 3-3 所示。

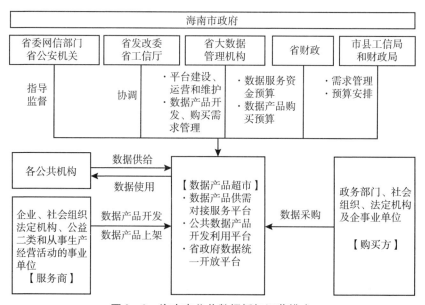

图 3-3 海南省公共数据授权运营模式

　　《海南省公共数据产品开发利用暂行管理办法》对各方职责进行了明确规定，相关内容如表 3-6 所示。

表 3-6　　　　　　海南省公共数据授权运营参与主体职责分工

参与主体	具体职责
省大数据管理机构	负责建设、运营和维护公共数据产品开发利用平台和全省统一的数据产品超市，对数据产品开发与购买需求进行审核、统筹、发布和监督管理，牵头制订相关标准、制度、规则和购买需求指导目录。 省大数据管理机构应当统筹推动公共数据资源汇聚、治理，分类分级登记管理，形成可用数据资源池。由省大数据管理机构统一发布、集中管理公共数据资源目录
省委网信部门、省公安机关	负责对公共数据资源安全使用工作进行指导和监督
省发展改革部门、省工业和信息化主管部门	负责指导协调全省公共数据资源开发利用工作
省财政主管部门	负责结合财力，按照预算编制规程将省本级预算单位购买数据产品和数据服务相关资金需求纳入预算安排
市县政府信息化主管部门和财政主管部门	负责本市县使用财政资金购买数据产品的需求进行计划统筹、需求发布、监督管理和预算安排
各公共机构	按照有关规定将数据资源目录中的共享、开放数据向全省统一的政务信息共享交换平台和政府数据统一开放平台进行汇聚。 创新公共数据资源开放应用模式，大力支持和推动公共数据资源的应用场景创新，促进公共数据资源在各领域与社会数据资源的融合开发利用
服务商	服务商进入公共数据产品开发利用平台进行数据产品开发，应与省大数据管理机构签订协议，明确双方的权利义务。 鼓励服务商根据公共服务应用场景和市场需求，自主利用公共数据产品开发利用平台的能力与数据资源及自有数据资源开发更多的数据产品，在数据产品超市上架展示，供购买方择优选购
购买方	购买方确定所购数据产品后应与产品服务商签订数据产品购买合同，由购买方按照合同约定与产品服务商进行支付结算
交易定价	数据产品交易定价应以市场化为原则。 服务商和购买方在进行数据产品交易时可采用协议定价、竞争定价或委托有相关资质的第三方价格评估机构对其交易价格进行评估

3. 海南省经验总结

海南省以"数据产品超市"为探索，成功促进了公共数据与社会数据的开放融合，为释放数据的巨大价值奠定了基础。数据产品超市打通了数据生产和流通两个环节，采用"前店后厂"的生产与服务模式，提高数据流通效率。平台将数据的汇聚、生产、交易都集中在一个安全域中，实现了"数据可用不可见"。大量受数据开放范围约束原本不能开放和不宜开放的高质量、高价值数据，通过数据超市的数据生产交易平台进行脱敏脱密生产加工后，在数据超市开放运营，大大增加数据开放规模，有效提升数据开放质量。"1+市场模式"有效地推动了各类数据资源的共享流动和融合利用，在促进经济社会高质量发展方面发挥积极作用，可为其他地区提供借鉴和参考。

从以上梳理分析来看，当前地方公共数据授权运营工作主要由地方数据主管部门统筹，一些地区会安排数据主管部门对相关主体持有的公共数据进行集中和初步整理，之后统一供给授权运营机构。各地的主要区别在于后续是选择唯一运营机构还是多家运营机构，以及选择多家运营机构时的划分标准，是按行业、应用场景划分，还是按地域级次等划分。海南模式具有一定特殊性。

除去地方积极探索开展公共数据授权运营实践，一些中央部门和国有企业也对所掌握的公共数据进行了一定程度的开发利用，如教育部、交通部、南方电网等。由于部门、地方或企业的统筹协调难度小于全国范围，目前部门、地方和企业的公共数据运营工作超前于国家层面，对公共数据开发利用起到了较好的探索和带动作用。但长远来看，各部门、各地区和相关企业关于公共数据运营实践方式、进度不一，潜藏数据安全风险和国有资产流失风险。针对公共数据运营，还需要尽快出台相关文件，明确顶层设计，加强统筹管理，建立有效的监督机制，维护公共数据安全和国有资产安全。公共数据开发利用相关制度文件的出台已列入国家数据局 2024 年文件出台计划。

四、公共数据应用场景梳理

公共数据是各级党政机关、企事业单位、相关组织在依法履职或提供公共服务过程中产生的数据，往往包含了社会治理、产业发展和公众服务等关键信息，具备高敏感性和高价值性。在适当的应用场景中对公共数据加以开发应用，形成相关产品和服务，将激发公共数据的巨大潜能，对社会经济发展产生重要的推动作用。这些产品和服务的具体形式可以包括数据分析工具、可视化平台、定制报告、咨询服务等。

各地公共数据资源禀赋相近，潜在应用场景相似，梳理具有普遍适用性的公共数据应用场景，可以为各级政府开展公共数据运营、实现公共数据价值提供直接参考。下面分行业和领域，对一些典型的公共数据应用场景进行梳理，以总结提炼应用场景类型为主，附录 1 应用场景案例中包含对公共数据应用场景案例的详细阐述。

（一）智慧城市管理

1. 智能交通

通过采集和分析城市各时段、各路段的道路流量、车辆位置等交通数据，实现道路拥堵预警、交通信号灯智能调控等功能，提高城市交通管控科学性、及时性，减少交通拥堵，提升出行效率。

（1）杭州城市数据大脑。杭州市利用城市数据大脑对城市交通进行智能化管理，通过实时获取并分析道路监控摄像头的视频数据，系统整合各类交通信息，包括路况信息、车辆信息、交通事故信息等，科学预测路况并通过交通信号管控等方式调控道路流量，缓解交通拥堵，实现了对城市交通管理的动态优化。[①]

（2）重庆智慧交通系统。重庆利用人工智能和物联网技术，实现了交通信息的实时监测和交通管控措施的智能实施。通过智能交通信号灯、智能车辆监控系统等的协同应用，有效的管理和优化道路流量，大大减少了道路拥堵和交通事故的发生率。

2. 环境监测与保护

通过采集和分析城市环境数据，如空气质量、水质、噪声等数据，实时监测环境质量，预警环境风险，为城市加强环境保护、提升环境治理水平提供科学依据。

（1）北京大气污染监测系统。北京市建立了覆盖全市的大气污染监测系统，系统包括多个固定监测站和移动监测站，能够实时监测大气中 PM2.5、PM10、SO_2 等污染物指标，并向公众发布实时空气质量指数，为北京市制定有效的空气污染防控措施提供了科学依据。

（2）上海智慧环保平台。上海市智慧环保平台集成了环境监测、污染源管理、重污染天气应急响应等功能。平台运用先进的大数据分析技术，对收集到的环境数据进行深入分析和挖掘，及时预警环境质量变化趋势，为环境保护和环境治理工作的开展提

---

① 智慧交通有哪些应用场景［EB/OL］. 知乎，2022－10－14.

供决策支持。

3. 城市规划与建设

通过采集和分析城市地理空间数据、人口数量、分布数据等，为城市规划整体布局和具体项目建设提供决策支持，优化城市空间布局，提升城市管理水平，提高居民生活舒适性、便捷性。

（1）深圳城市规划和建设。深圳市在城市规划和建设中广泛运用智慧城市技术，如城市信息模型（BIM）技术，用于城市设计、施工和管理全过程。深圳还利用大数据和人工智能技术进行城市空间分析和未来发展预测，为城市可持续发展提供科学规划依据。

（2）济南城市运行管理服务平台（城管大脑）。济南市以"数字机关建设"为牵引，充分运用云计算、大数据、物联网等数字技术，建设济南市城市运行管理服务平台。平台打通城市运行相关数据壁垒、统筹运行监管、统一评价体系，建立城市管理问题及时发现高效处置闭环机制，不断提高城市治理体系和治理能力现代化。①

（二）金融服务

1. 信贷风险评估

金融机构利用公共数据中的企业工商登记信息，行政处罚信息，税务数据，用水用电数据等经营数据，以及个人信息，对企

---

① 浪潮集团：加快创新转型发展，开创高质量发展新局面［EB/OL］.大众日报，2023 - 08 - 09.

业和个人信贷风险进行综合评估，提高贷款审批效率和风险管理水平。

（1）鹰潭市智慧金融服务平台。平台运用云计算、大数据、AI 等技术，充分共享政务数据、抓取互联网数据，构建信用决策体系，优化金融服务业务流程。截至 2022 年 5 月，平台已聚集全市 12 家金融机构和 27 家准金融机构的 55 款金融产品，注册用户数 237 家，申请 708 笔贷款，放款 361 笔，申贷金额 8095 万元，放款金额 6215 万元[①]。通过利用共享数据进行信贷风险评估，平台有效降低了贷款不良率，提升了金融服务水平。

（2）鹤壁市"信易贷"平台（普惠金融共享平台）。平台依托大数据和人工智能技术，为企业进行"画像"，充分发挥公共数据在金融机构授信中的关键作用，打造"互联网 + 信用 + 贷款"新模式，有效破解企业融资难题。截至 2023 年 1 月，平台已入驻金融机构 13 家，上线金融产品 107 款，注册企业 5100 余家，授信总额 104.04 亿元，放款总额 85.16 亿元[②]。

2. 金融产品创新

金融机构基于公共数据开发创新金融产品和服务，满足客户的多样化需求，有效提升金融服务精准性和有效性，大大提高金融服务智能化、现代化水平。

（1）浙江省"金融综合服务平台"。浙江省打造的金融综合服务平台，集成政府各部门的政务数据资源，为银行等金融机构提供全面、真实、及时的企业信息，不仅帮助金融机构更准确地

[①]　智慧金融服务平台［EB/OL］. 江西省发展改革委官方网站，2022 – 05 – 23.
[②]　鹤壁：打造"信易贷"特色品牌　提升金融服务实体经济质效［EB/OL］. 信用中国（江西樟树），2023 – 01 – 31.

评估贷款风险，同时也促进了针对小微企业的金融产品创新，提升了金融机构对小微企业的金融支持力度。[①]

（2）成都银行的银政合作模式。在"中心化"模式下，成都银行通过接入政府大数据中心数据接口，获取政务数据，用于信贷风险评估和金融产品创新，在有效保障数据安全和隐私的前提下，提高了金融服务实体经济的精准性和有效性。[②]

（三）医疗健康

1. 疾控监测与预警

利用疾控动态监测数据，如病例累计数、新增数，病例分布信息等，实时监测分析疾控动态，预警疾控趋势、风险，为疾控工作提供科学、及时的决策支持。

（1）中国疾控中心与地方政府合作项目。中国疾病预防控制中心与各级地方政府紧密合作，通过收集并分析移动通信、互联网搜索、社交媒体等多源数据，实时追踪人群流动、监控和预测疾控动态，为快速识别疾控风险区域、及时启动应急预案、快速调配医疗资源提供了有力支持，有效提升防控水平和应急响应速度。

（2）百度迁徙地图与疾控预测模型。百度等互联网企业利用大数据分析技术，通过分析人口迁徙模式等对理解疾病地理传播模式至关重要的信息，预测疾病传播趋势，为政府提前部署医疗资源、采取防控措施提供科学依据。

---

① 浙江省"金综平台"：科技金融添动力 服务实体经济提质效［EB/OL］.黄河新闻网，2020－09－20.

② 实战│推进政务数据金融共享——基于四川银政通信息服务平台建设应用的思考［EB/OL］.搜狐新闻，2021－02－02.

2. 医疗资源优化

通过分析医疗资源分布和使用数据，如医院分布，医护人员、医疗设备、床位、病患数量，医院实时运营数据等，优化医疗资源配置，提高医疗服务质量和效率，提升医疗公共服务可及性。

（1）阿里云医疗大脑。阿里巴巴旗下的阿里云与多家医疗机构合作，通过云计算和大数据技术，分析医院运营数据，预测医疗需求，优化就医流程，优化医疗资源配置，提高医疗资源利用效率。同时支持线上诊疗服务，减轻线下医疗系统压力。

（2）国家卫生健康委员会医疗资源调配平台。国家卫健委利用大数据平台整合全国医疗资源信息，包括医院床位、医疗设备、医护人员等信息，实现医疗资源的动态管理和优化配置，有效支撑急症、重症救治资源的跨区域调度，提高医疗资源触达的及时性和准确性。

（四）公共安全

1. 犯罪预防与打击

利用公安司法等系统掌握的犯罪数据、人口流动数据等，分析犯罪高发时点、地区、类型，预测犯罪风险趋势，加强犯罪预防和犯罪打击力度。

（1）智慧警务平台。多地公安机关建立了智慧警务平台，通过整合公安内部及外部政务大数据资源，如人口流动、车辆轨迹、通信记录等数据，进行大数据分析，实现对犯罪风险的预测，对高风险人员的精准识别和管控，大大增强了防范和打击犯罪的精准性。

（2）网络犯罪侦查系统。针对网络诈骗、网络赌博等新型犯罪，部分省市公安机关开发了网络犯罪侦查系统，通过分析网络行为数据、资金流向数据、异常账户数据等，追踪犯罪嫌疑人虚拟身份和活动轨迹，及时、精准打击犯罪行为，有效遏制网络犯罪增长态势。

2. 应急响应与救援

通过环境、交通、安全等公共信息系统，在自然灾害、安全事故等突发事件中，快速获取并分析相关数据，为应急响应和救援工作的迅速开展提供有力支持。

（1）自然灾害预警与救援。国家气象局、地震局等机构利用大数据技术，整合历史数据与实时监测数据，开发出灾害预警系统，能够更准确地预测自然灾害的发生风险和影响范围。一旦灾害发生，可通过大数据分析快速评估受灾情况，指导救援力量精准投放，有效减少人员伤亡和财产损失。

（2）构建数据应急体系。福建省打通数据壁垒，汇聚部、省、市三级应急基础信息资源，约 59.8 亿条气象预报、应急物资、救援队伍等应急基础数据，以及 89 万条部级、2.41 亿条省级危险化学品、工贸、矿山等企业基础信息数据[①]，搭建数字应急综合应用平台，实现多种灾害预警，强化全链条监管，为全省"数字应急"体系建设提供有力支撑。

（五）产业发展

1. 产业政策制定

公共数据中包含如市场需求数据、行业发展数据、区域经济

---

① 【应急管理】强化大数据应用　构建数字应急体系 ［EB/OL］. 陕西省人民政府网，2024 - 08 - 07.

数据等方方面面反映经济社会运行的数据，通过对相关数据进行整合分析，可以挖掘相关产业发展需求与潜力，为政府制定产业政策提供科学支持。

（1）京津冀产业协同发展数字化平台。京津冀地区联合打造产业协同发展数字化平台，作为区域一体化战略的重要技术支撑。平台深度整合北京、天津、河北三地的海量公共数据资源，构建起跨地域、跨部门的公共数据共享与应用体系。平台不仅打破了传统信息壁垒，更以数据为核心驱动力，为京津冀区域的产业政策制定提供支持，为产业协同发展注入新的活力[①]。

（2）广州文旅产业智能化创新应用。广州文旅产业智能化创新应用通过打造多源数据中台，全面采集客流、消费、文化活动参与以及交通等多元数据，打破了企业、政府之间的数据壁垒。结合广州市文化广电旅游局、中国电信以及中国旅游研究院三方联合构建的覆盖市、区县、景区、度假区等不同层级的场景化数据分析模型，助力文旅部门更好地了解游客行为和需求，有效规划旅游资源，出台相关产业支持政策。

2. 企业经营决策

企业可以利用行业发展、市场需求等公共数据，对所处行业进行发展预测，对相关市场进行需求分析，科学制定生产经营策略，提高生产经营效率，防范行业和市场风险。

（1）京东数科智能供应链解决方案。京东数科运用大数据技术，为供应链上下游企业提供智能预测、库存优化、物流调度等服务。通过分析企业历史销售数据，并结合季节性因素、行业发

---

① 资料来源：京津冀协同发展服务平台网站。

展和市场需求变化趋势等公共数据，帮助商家更准确地预测市场规模，减少库存积压，提高供应链整体效率[①]。

（2）华为云 EI 企业智能平台[②]。华为云 EI 是华为云推出的企业级智能分析平台，以华为云为载体，AI 为引擎，通过统一的平台和架构，将大数据、人工智能等创新技术与行业公共数据融合，提供一体化协同的智能服务，促进行业智能升级。目前，已在城市、交通、政府、医疗、金融、工业等多个行业和场景实现规模应用，助力企业智能升级。

五、公共数据资产定价

公共数据通过授权运营，已经形成了相关数据产品和服务，成为公共数据资产。公共数据资产定价是公共数据资产交易流通和价值实现的关键环节，也是市场广泛关注和热议的核心问题之一。

（一）公共数据资产价值影响因素

2023 年 11 月 10 日，湖南省衡阳市宣布以 18.02 亿元作为底价，拍卖市政务数据资源和智慧城市特许经营权，是全国首个公开交易公共数据特许经营权的城市。然而由于社会上对 18.02 亿元的估值依据产生质疑，11 月 15 日该交易就被紧急叫停。[③]

---

① 京东数科之商业模式、转型升级与数字科技的深度解读［EB/OL］.腾讯网，2020－10－12.
② 华为云 EI 引领行业智能化转型：赋能全球企业，共创智能未来［EB/OL］.欧界传媒，2023－04－12.
③ 衡阳转让政务数据经营权为何被叫停？［EB/OL］.人民数据，2024－01－03.

公共数据资产除具有一般数据资产的非实体性、依托性、可共享性、可加工性、价值易变性等特征外，还具有公共性的显著特征，并拥有丰富的潜在应用场景和巨大的经济社会价值。这些特征决定公共数据资产价值评估的角度更加多元化，需结合公共数据的实际开发利用情况和未来潜力，综合考虑影响公共数据资产价值的多方面因素，采取恰当的方式方法为公共数据资产定价。

《数据资产评估指导意见》明确提出了影响数据资产价值的相关因素，包括成本因素、场景因素、市场因素和质量因素。此外，结合公共数据资产的特征，影响公共数据资产价值的因素还包括法律因素、技术因素和社会效益因素等。

1. 成本因素

成本因素包括开发利用公共数据资产所涉及的前期费用、直接成本、间接成本、机会成本和相关税费等。虽然数据资产具有成本与价值的弱对应性，但是成本因素仍然是公共数据资产定价的重要考虑因素。

2. 场景因素

场景因素包括公共数据资产相应的应用场景、应用范围、运营模式、市场前景、收益预测和应用风险等。同一数据资产在不同的应用场景下，可能会发挥不同的作用，所实现的价值也会有所差异；应用场景多样、应用范围广泛的数据资产通常具有更高的价值。

3. 市场因素

市场因素包括与公共数据资产相关的主要交易市场的活跃程度、市场供求关系、市场预测，以及相近资产的成交价格等。公共数据资产的供给存在差异，各行业各领域对公共数据资产的需求存在差异，因此公共数据资产价值也相应存在差异。如对居民社保、公积金等信息的供给需要进行严格的脱敏处理，难度大于对企业工商登记信息的供给；如患者的医疗诊断数据对保险行业来说具有较高价值，对金融行业则价值较弱。

4. 质量因素

质量因素包括公共数据资产相关数据的准确性、一致性、完整性、规范性、时效性和可访问性等。数据质量高低直接关系到数据资产的可用性，以及后期深度开发和应用数据资产所需投入的成本，是决定数据资产价值的关键因素。同等条件下，相关数据质量更高的数据资产可以获得更高的市场估值。

5. 法律因素

法律因素通常包括公共数据资产的权利属性以及权利限制、保护方式以及敏感信息泄露风险等。权属明确是公共数据资产得以流通交易的前提条件，也是公共数据资产价值实现的必备要件。在权属明确的前提下，还需考虑公共数据资产的具体权属类别，属于数据资源持有权、数据加工使用权还是数据产品经营权，不同的权属类别具有不同的权利内涵和权利限制，也会对公共数据资产的价值产生重要影响。此外，部分公共数据资产由于具有高价值性、高敏感性，如果使用不当，可能会造成危害国家安全、泄露商业秘密、侵犯个人隐私等严重后果并引发相应的法律责任，从而降低数据资产的价值。

6. 技术因素

技术因素通常包括公共数据资产形成过程中的数据获取、存储、加工、价值挖掘、数据保护等技术。技术创新可以带来新的方法和工具，多方位多角度深度挖掘公共数据价值。如深度神经网络的应用，让各种类型的数据集、合成数据发挥了更大的价值，催生大模型的应用，有助于进一步加强公共数据的开发利用和价值释放，提升公共数据资产价值。

7. 社会效益因素

社会效益因素主要针对公共数据资产的公共属性而言。公共数据资产相关数据来自政府履职，以及相关企事业单位、组织提供公共服务的过程中，具有较强的公共属性。公共数据资产定价在考虑经济效益的同时，也需兼顾公共数据资产的社会效益，实现经济效益与社会效益相统一。

（二）公共数据资产定价模式

公共数据资产定价的范围界定为公共数据产品或服务。目前来看，公共数据资产可行的定价模式主要有政府指导定价、市场协商定价、资产评估、拍卖竞价等。市场协商定价和拍卖竞价均属于自发的市场定价行为，本书主要针对政府指导定价和资产评估两种定价方式进行探讨和分析。

1. 政府指导定价

政府指导定价主要适用于公共数据运营市场培育初期或公共数据资产定价比较复杂的情形。依照《中华人民共和国价格法》规定，政府指导价是指由政府价格主管部门或者其他有关部门，按照定价权限和范围规定基准价及其浮动幅度，指导经营者制定的价格。根据商品和服务的垄断程度、资源稀缺程度和重要程度，政府在必要时可以对五类商品和服务实行政府指导价和政府定价，包括与国民经济发展和人民生活关系重大的极少数商品、资源稀缺的少数商品、自然垄断经营的商品、重要的公用事业、重要的公益性服务。公共数据作为具有公共属性的国家基础性战略资源，对其开发利用需兼顾公共数据价值挖掘、公共数据资产增值、产业赋能与公益服务等多重目标，符合纳入政府指导定价的范畴。"数据二十条"提出，支持探索多样化、符合数据要素特性的定价模式和价格形成机制，推动用于数字化发展的公共数据按政府指导定价有偿使用。这也为公共数据资产实行政府指导定价提供了文件依据、指明了研究方向。

探索公共数据资产政府指导定价，应遵循"成本补偿，适当获利"原则，主要覆盖相关运营主体在公共数据采集、存储、治理、加工、应用等过程中产生的必要成本。因此，对公共数据资产定价需以成本法为主。具体定价方式的确定，可以结合公共数据资产特性，参照行政管理或资源补偿类公共产品和服务的定价标准，如景区门票定价、用水分类定价等，按照公共数据资产的类别或用途等研究制定相应的政府指导定价标准和操作细则。

为保障公共数据资产政府指导定价能够规范、有序开展，一方面要建立一套覆盖公共数据运营全流程的成本核算机制，实现对公共数据资产成本的准确客观评估；另一方面，要建立公共数据资产市场价格监测体系以及公共数据资产定价协调机制，持续监测公共数据资产市场交易价格，对于定价异常情况予以关注并及时进行价格指导和干预。此外，随着公共数据市场化配置改革不断深化，还需根据市场发展成熟度的变化情况阶段性调整定价机制。

2. 资产评估定价

"数据二十条"提出，要有序培育包括资产评估在内的第三方专业服务机构，提升数据流通和交易全流程服务能力。公共数据资产定价，除在必要情况下采取政府指导定价方式外，必须要在遵循市场价值发展规律的原则下，采用资产评估方式进行定价。一是对行政事业单位持有的公共数据资产而言，按照《行政事业性国有资产管理条例》（国务院令第 738 号），除国家另有规定外，各部门及其所属单位将行政事业性国有资产进行转让、拍卖、置换、对外投资等，应当按照国家有关规定进行资产评估。财政部于 2024 年 1 月发布的《关于加强行政事业单位数据资产管理的通知》（财资〔2024〕1 号）明确强调，各部门及其所属单位对外授权有偿使用数据资产，应按照国家规定对资产相关权益进行评估。二是对国有企业持有的公共数据资产而言，按照《企业国有资产法》有关规定，国有企业合并、分立、改制，转让重大财产，以非货币财产对外投资，应当按照规定对有关资产进行评估。国资委于 2024 年 1 月发布的《关于优化中央企业资产评估管理有关事项的通知》明确强调，中央企业及其子企业在开展数据资产转让、作价出资、收购等活动时，应参考评估或估值结果进行定价。北京、上海、深圳、江苏等地国资委已对地方国有企业开展数据资产评估提出了明确要求。例如，上海市国资委发布《上海市国有企业数据资产评估管理工作指引（试行）》，明确企业发生涉及数据资产评估管理的经济行为，应切实维护国有资产权益；深圳市国资委规定，市属国企发生数据资产等资产转让行为时，应当依据评估或估值结果作为定价参考依据。

　　第二章的内容中已经详细介绍了资产评估方法在数据资产评估中的应用。《数据资产评估指导意见》明确，数据资产评估方法包括收益法、成本法和市场法三种基本方法及其衍生方法，并在充分考虑了数据资产的属性、特征和价值影响因素的基础上，对三种基本方法的具体操作要求、关注事项等作出相关规定，具有较强的可操作性，对公共数据资产价值评估也具有较强的参考意义。

（1）收益法。收益法是一种基于对数据资产未来收益的预测来估算其价值的方法。收益法在实际中比较容易操作，是目前对公共数据资产价值进行评估比较容易被认可的一种方法，主要适用于对应用场景已经明确或预期收益能够明确的公共数据资产的评估。不过，由于数据资产具有价值易变性等特性，预测公共数据资产的未来收益以及收益期限仍面临一定的挑战。

（2）成本法。成本法是一种基于数据资产形成全流程过程中的成本来估算其价值的方法。贵阳大数据交易所在国家发展改革委价格监测中心的指导下，基于成本法思路，研发上线了全国首个数据产品交易价格计算器，并在气象数据、电网数据、部分金融场景等公共数据资产估值定价方面开展试点。

（3）市场法。市场法是根据相同或者相似的数据资产的近期或者往期成交价格，通过对比分析，评估数据资产价值的方法。市场法的应用前提是在公开、活跃市场上有一定数量的可比交易案例。公共数据产品和服务种类繁多、应用场景丰富，高度相近的案例较少，当前公共数据资产交易市场上仍普遍缺乏公开、活跃的公共数据资产交易参考信息。所以除一些比较成熟的公共数据产品和服务（如常规金融信贷服务所需的企业和个人征信数据等）外，市场法的推广应用仍需要等待交易实践案例的继续积累。

从目前实践情况来看，数据资产入表的逐步推进为以成本法开展数据资产评估打下重要基础，且公共数据资产的成本相对容易获取，因此，成本法在公共数据授权运营发展初期的评估事项中应用较为广泛。随着对公共数据应用场景的挖掘不断深入，采用收益法对公共数据资产价值进行评估的操作性将进一步提升，更受到青睐。不过传统的成本法、收益法和市场法在进行公共数据资产价值评估时，都具有一定的局限性。未来应进一步结合公共数据资产的特征，优化和完善现有的数据资产价值评估方法模型及参数，同时借用大模型等新技术促进评估模型创新和衍生方法的应用，提升公共数据资产价值评估的准确性。

总体而言，公共数据资产的定价应遵循"有形的手"和"无形的手"相结合，以政府指导定价为必要辅助，以市场定价为主导的原则。为保障公共数据开发利用的效率与公平，可以结合公共数据市场化配置改革发展情况，分领域、分环节、分阶段制定公共数据资产价格形成机制。如在公共数据资产交易市场培育初期，可以实行政府指导定价，并积极探索实践资产评估等市场化定价方式；待公共数据资产交易市场发育成熟后，除仍在具有垄断性、公益性等特定产业和领域实行政府指导定价外，应在综合考虑公共数据产品和服务的成本、供需关系、稀缺性和预期经济价值等因素基础上实行市场化定价。若公共数据资产定价偏离了促进产业发展和提升社会公共福祉的价值导向，政府也应及时予以干预。在科学合理对公共数据资产进行定价的基础上，购买和使用付费可采用较为灵活的支付方式。

六、公共数据运营收益分配

公共数据运营实践探索开展以来，公共数据运营收益如何在相关各方之间进行分配成为关注重点。建立既能够激励公共数据供给方扩大供给规模、提升供给质量，又能平衡兼顾公共数据加工、使用、流通等不同环节相关主体利益的收益分配机制，才能有效促进公共数据的开发和利用，最大化挖掘公共数据价值潜能，赋能数字经济发展和数字强国建设。

（一）公共数据运营收益分配相关文件

"数据二十条"提出，推动用于公共治理、公益事业的公共数据有条件无偿使用，探索用于产业发展、行业发展的公共数据有条件有偿使用。建立体现效率、促进公平的数据要素收益分配制度，一方面要健全数据要素由市场评价贡献、按贡献决定报酬机制，探索个人、企业、公共数据分享价值收益的方式，建立健全更加合理的市场评价机制；另一方面要更好发挥政府在数据要素收益分配中的引导调节作用，明确提出探索建立公共数据资源开放收益合理分享机制，允许并鼓励各类企业依法依规依托公共数据提供公益服务。

财政部《关于加强数据资产管理的指导意见》要求畅通数据资产收益分配机制，探索公共数据资产收益按授权许可约定向提供方等进行比例分成，保障公共数据资产提供方享有收益的权利，明确公共数据资产各权利主体依法纳税并按国家规定上缴相关收益，由国家财政依法依规纳入预算管理。

财政部《关于加强行政事业单位数据资产管理的通知》强调，各部门及其所属单位对外授权有偿使用数据资产，应当严格按照资产管理权限履行审批程序，并按照国家规定对资产相关权益进行评估。应建立合理的数据资产收益分配机制，依法依规维护数据资产权益。行政单位数据资产使用形成的收入，按照政府非税收入和国库集中收缴制度的有关规定管理。事业单位数据资产使用形成的收入，由本级财政部门规定具体管理办法。除国家另有规定外，行政事业单位数据资产的处置收入按照政府非税收入和国库集中收缴制度的有关规定管理。任何行政事业单位及个人不得违反国家规定，多收、少收、不收、少缴、不缴、侵占、私分、截留、占用、挪用、隐匿、坐支数据资产相关收入。

国家审计署 2023 年审计报告指出，"利用政务数据牟利成为新苗头。按要求，部门应有序开放所掌握的全国性政务和公共数据，降低社会公众获取成本。但一些部门监管不严，所属系统运维单位利用政务数据违规经营收费。4 个部门所属 7 家运维单位未经审批自定数据内容、服务形式和收费标准，依托 13 个系统数据对外收费 2.48 亿元"。[①] 本书认为，部门所属单位未经审批，擅自决定数据内容、服务形式和收费标准确属违规问题，应予以审计整改。但在降低社会公众获取公共数据成本的同时，也不宜无差别采用无偿方式"躺平"式供给公共数据、公共数据资源和公共数据资产。

"数据二十条"明确提出，推动用于公共治理、公益事业的公共数据有条件无偿使用，探索用于产业发展、行业发展的公共数据有条件有偿使用，建立公共数据资源开放收益合理分享机制。公共数据运营收益，来源于公共数据本身的价值，以及对公共数据进行加工和开发应用而产生的价值。允许公共数据采集、供给、开发应用各环节相关主体参与公共数据运营收益分配，保

---

① 2023 年度审计工作报告发布［R］. 人民网，2024－06－25.

护各环节相关主体的权益，有利于激励公共数据供给和价值创造，充分促进公共数据价值挖掘和释放。特别是将公共数据运营收益反哺公共数据供给方，可以有效提升公共服务信息化水平，从而进一步提升公共数据供给质量，形成螺旋式上升的良性循环。而无差别免费供给公共数据不仅不利于提升公共数据供给水平和开发应用效率，甚至会造成整个数据资产交易市场定价和收益分配的不平等、不平衡。

"数据二十条"等文件为公共数据合理有偿使用奠定了基础、指明了方向，也使得公共数据提供单位和主管单位从是否可以从公共数据开发应用中获取收益的争议中解脱出来，从而更好地推动公共数据供给、开发利用和价值实现。未来的监管重点，应继续放在公共数据供给和使用的合法合规性，以及获利的合理性等。

（二）公共数据运营收益分配核心

公共数据运营收益分配需要明确两个核心点，一是分配给谁，二是怎么分配。

1. 公共数据运营收益分配对象

公共数据运营流程涉及公共数据采集、加工、流通、应用等环节，各环节相关主体对公共数据的供给、开发利用和价值挖掘都做出了不同程度的贡献。因此，供给公共数据的党政机关、企事业单位，相关组织等，汇聚公共数据资源并组织实施授权运营的数据主管单位、参与并完成数据加工使用和产品经营的运营主体均具备获取公共数据运营收益分配的权利。

2. 公共数据运营收益分配方式

当前，国家层面及地方层面出台的相关文件中对公共数据运营收益分配的相关表述较少，且以原则性、导向性建议为主，未明确形成可直接指导公共数据运营收益分配实践的具体要求。在实践层面，公共数据运营尚未在全国各地全面开展，公共数据运营收益分配还未形成可复制推广的成熟经验。当前实践中，公共数据运营收益分配多采用"一事一议"的方式，按约定比例或其他方式在各参与主体间进行分配。

成都市探索建立了国有资本经营模式下的公共数据运营收益分配模式，在此模式下，公共数据授权运营主体成都数据集团以市场化方式向公共数据产品和服务的使用主体收取费用作为运营收益。随后，成都数据集团一方面将公共数据运营收益按照约定比例以利润形式上交其控股企业成都产业集团，并由成都产业集团按照成都市国有企业国有资本经营收益管理相关规定上缴地方财政；另一方面，通过向公共数据提供部门反馈公共数据质量问题、免费提供治理后的公共数据、提供社会数据融合路径、提供新技术等方式，反哺公共数据提供部门，助力政府部门提升公共服务信息化水平和公共数据治理水平[①]。

海南省基于自贸港政策优势进行了特许经营模式下的公共数据运营收益分配实践探索。在海南省收益分配模式下，公共数据运营主体海南电信在特许经营期内，以"运营管理服务费"的形式向海南大数据局支付一定比例的公共数据运营收益，待特许经营期满后，再将海南数据超市的资产及运营权无偿移交回海南大数据局。此种模式得以运行的前提是海南的自贸港背景，以及海

---

① 门理想，张瑶瑶，张会平等．公共数据授权运营的收益分配体系研究［J］．电子政务，2023（11）：14–27．

南大数据局的法定机构性质和类企业的运行模式，目前在国内其他地区不具有普遍的可复制性[①]。对于政府内部各数据提供部门的收益分配，《海南省公共数据产品开发利用暂行管理办法》明确了具体方式，要求省大数据管理机构建立数据资源提供方账户，实时记录进行数据产品开发应用的数据资源数量及价值，并定期公告，强调对价值贡献突出的数据资源提供方，在信息化建设及大数据应用方面予以优先支持。实质上实现了对数据提供方的间接奖励。

除上述案例中介绍的将公共数据运营收益以国有资本经营收益、成立专项基金等方式上缴财政，或间接反哺数据提供方以外，运营收益中还有一部分会通过纳税的形式最终上缴中央和地方财政。从当前公共数据运营收益分配的实践探索情况看，相比数据返还、技术支持、信息化项目建设支持等间接反哺方式，直接向公共数据提供方分配收益更能激励其提升公共数据供给积极性，从而提高供给规模与供给质量。

（三）公共数据运营收益分配难点

一是收益贡献界定难，收益分配比例确定难。需考虑如何科学合理地界定公共数据运营各相关主体在公共数据开发利用过程中的贡献比例，特别是如何合理评估公共数据主管部门以及公共数据提供部门的贡献比例。

二是收益分配方式不明确，收益分配渠道不畅通。需考虑以

---

① 门理想，张瑶瑶，张会平等．公共数据授权运营的收益分配体系研究［J］．电子政务，2023（11）：14-27.

何种路径将公共数据运营收益的一部分以合法合规高效的方式分配给公共数据主管部门以及公共数据提供部门。在现行的财政收支两条线管理模式下，公共数据运营收益首先应通过国有资本经营收益上缴等方式上缴财政部门，再由财政部门作为收益拨付主体，以预算拨付方式在政府内部进行收益分配。而在当前部分地区的收益分配模式下，却由公共数据运营单位担任了收益分配角色，存在角色错位的问题，导致公共数据运营收益游离于国有资本经营收益管理等财政预算管理体系之外，潜藏国有资产流失风险。党的二十届三中全会通过《中共中央关于进一步全面深化改革推进中国式现代化的决定》，明确强调健全预算制度，加强财政资源和预算统筹，把依托行政权力、政府信用、国有资源资产获取的收入全部纳入政府预算管理；统一预算分配权，提高预算管理统一性、规范性，完善预算公开和监督制度。在全国统一预算管理下，明确公共数据提供单位、公共数据主管部门、公共数据运营主体，以及财政部门之间的公共数据运营收益管理和分配权责，形成合法、合规、通畅的公共数据运营收益分配机制，是需要进一步探索明确的重要问题。

在当前公共数据运营尚未在全国各地全面铺开的情况下，公共数据运营收益总体规模有限。可先在政策引导基础上，鼓励各地加强自主探索，逐步做大市场"蛋糕"，适时结合实践经验进行检验与修正，进一步统一规范公共数据运营收益的管理与分配，贯彻落实党的二十届三中全会强调的健全预算制度，加强财政资源和预算统筹，统一预算分配权，提高预算管理统一性、规范性。

七、公共数据授权运营与"数字财政"

（一）"数字财政"的内涵

数字经济已经成为世界的主要经济形态。2023 年我国数字经济占 GDP 的比重为 42.8%，达到 53.9 万亿元[①]。新一轮财税体制改革需要与数字经济发展相适应，建立"数字财政"理念。数字财政需要从数字经济下的经济社会运行实际出发，调整财税政策、开辟新财源，同时基于数字经济下的经济社会治理需要，精准发力，提升财政支出效能，为数字经济发展提供不竭动力。因此，数字财政内涵主要包含基于数字经济开辟新财源、精准提升数字经济动能，以及采用数字化手段提升财政管理质效等。以下重点围绕公共数据运营对开辟新财源的贡献展开。

（二）公共数据授权运营中的"数字财政"实现路径

随着新质生产力的不断发展，以数据开发利用为驱动的新的经济增长模式，可以为政府带来新的财政收入来源，且具有广阔的增长潜力，契合数字财政深意。特别是，近年来国家层面陆续出台相关文件鼓励开展公共数据授权运营，进一步扩大潜在财源，其直接的贡献主要体现在以下三个方面：

一是税收贡献。公共数据以及其他各类数据，在采集、加工、应用、交易的各个环节，都会产生相应的税收收入。随着数据开发应用的进一步深化，以及数据交易市场的进一步繁荣，相

---

① 资料来源：中国信息通信研究院：《中国数字经济发展研究报告（2024 年）》。

应税收贡献将持续增大。在现行税种下，相关税收贡献主要集中于增值税、所得税等。未来，可进一步探索明晰相关税收的纳税人、征税范围、计税依据、适用税率等，加强税收征管力度，避免税源流失。

二是行政事业单位非税收入贡献。非税收入指除税收以外，由各级政府、国家机关、事业单位、代行政府职能的社会团体及其他组织依法利用政府权力、政府信誉、国家资源、国有资产或提供特定公共服务、准公共服务取得的财政性资金。因此，行政事业单位、相关社团组织等公共数据供给主体，在公共数据授权运营过程中获得的相应收益需通过非税收入途径上缴财政。

三是国有资本经营收益贡献。国有资本经营收益，指国有资本经营、转让、清算等形成的财政预算收入。结合前文对地方公共数据授权运营模式的介绍，多地由地方国有企业作为运营机构，具体开展公共数据授权运营。相关国有企业在此过程中形成的收益，需通过国有资本经营预算上缴财政。国有资本经营收益上缴比例因层级、地区、企业类型以及时间点的不同而有所差异。

目前，三条路径中，税收路径已经悄然融入数据产业发展的方方面面，国有资本经营收益路径也将随着公共数据授权运营的开展按部就班地实现。行政事业单位非税收入路径虽然在实践中尚存在争议，但正如前文分析总结，公共数据供给主体在公共数据授权运营过程中获得合理收益，符合我国目前关于数据制度的顶层设计文件"数据二十条"提出的"探索用于产业发展、行业发展的公共数据有条件有偿使用""健全数据要素由市场评价贡献、按贡献决定报酬机制""探索建立公共数据资源开放收益合理分享机制"等原则。

下一步，国家相关部门宜适时出台相关文件，明确公共数据授权运营的定价和各相关方的收益分配模式，统一地方实践，明确公共数据授权运营中的数字财政路径。财政部门可紧跟公共数据授权运营和资产化进程，基于税收收入、行政事业单位非税收入、国有资本经营收益三种路径，探索挖掘培育具体的潜在增长点，明确目标和方法。同时，可注意在此过程中加强规范管理，充分发挥财会监督职能，有效防范各类风险，在财税改革中主动迎接数字财政带来的机遇和挑战。

第四节　公共数据管理效能提升

随着我国公共数据管理相关制度体系不断完善和实践经验不断积累，公共数据管理水平不断提升，公共数据共享开放成为常态，公共数据运营日益受到各地政府重视，公共数据社会价值和经济价值得到进一步挖掘。未来，仍需关注公共数据管理中的重点难点，综合施策，推动公共数据管理效能提升，促进公共数据价值实现。

一、公共数据管理效能提升面临的问题

（一）全国范围内的数据管理体系尚未形成

2023 年 10 月，国家数据局正式挂牌，是国家发展改革委管理的副部级机构，主要负责协调推进数据基础制度建设，统筹数

据资源整合共享和开发利用，统筹推进数字中国、数字经济、数字社会规划和建设等工作。国家数据局只包含本级机构，并未在地方设置垂直管理机构，各地数据局、数据中心等数据主管部门或相关机构均由地方政府直接设立，隶属于地方政府，与国家数据局无直接隶属关系。在文件落实、具体工作推进等方面，国家数据局与地方数据主管部门的关系仍有待进一步理顺，国家层面自上而下、全国一盘棋的数据管理体系尚未形成。随着国家数据局开始密集出台数据管理相关顶层设计文件，地方已开展的相关工作或将面临回溯、调整等不确定性，为国家层面与地方层面的统筹协调带来更大的考验，提出了更高的要求。

（二）公共数据统筹管理力度不足

无论中央还是地方，都面临政府部门间，以及部门内部的公共数据管理统筹协调问题。公共数据管理各项工作链条都涉及众多政府部门。如上海市的公共数据共享开放由经信部门统筹，数据中心实施，相关部门配合；山东省的公共数据开发应用试点由财政厅与大数据局合作，分别侧重价值实现与安全合规。从各地公共数据运营实践情况来看，财政、发改、数据、持有单位等相关部门和单位因权责划分不明，协调不畅，相关工作推进受阻。中央部门间也面临相近问题。除去政府部门间，部门内部也存在数据管理统筹协调不足的问题。一些领域的公共数据管理纵横交错，部分数据需要从中央部门获取，部分数据需要从地方相关部门获取，如税务数据、民政数据等。此外，还有一些系统平台存在各地接口标准不一，以及更新迭代较为频繁等问题，数据获取成本较高。

（三）公共数据供给激励机制缺失

公共数据开发应用的前提是保障数据的量与质，这高度依赖于行政事业单位、国有企业等公共数据供给主体的供给水平。由于许多供给主体缺乏自主开发能力，往往采取授权方式运营公共数据，而多地的公共数据授权运营由地方政府主导，进行集中统一授权，供给主体与数据主管部门、授权运营企业、市场需求主体间缺乏有机衔接，基本处于被动、强制提供公共数据的状态。数据开发应用的社会效益和经济效益往往向价值化链条中后端集中，对前端供给主体的激励不足，公共数据供给的量与质都将无法得到有效保障。

（四）公共数据分类分级制度不统一

分类分级是公共数据管理的重要基础。2024 年 3 月 21 日，全国网络安全标准化技术委员会发布《数据安全技术 数据分类分级规则》（GB/T 43697–2024），于 2024 年 10 月 1 日起正式实施，后面的内容中将详细介绍。但各部门、各地方正在实施的相关文件中已多有涉及公共数据分类分级相关内容，且存在一定差异。国务院印发的《政务信息资源共享管理暂行办法》按照共享类型，将政务信息资源分为无条件共享、有条件共享、不予共享三类。工信部印发的《工业和信息化领域数据安全管理办法（试行)》根据数据泄露的危害程度，将数据分为一般数据、重要数据和核心数据。浙江省《数字化改革 公共数据分类分级指南》将数据从管理、应用、安全、对象 4 个维度分为 30 余个子项，从安全角度分为敏感数据、较敏感数据、低敏感数据、不敏感数据 4 级。公共数据分类分级目的和标准的不统一，导致分类分级结果差异较大，影响了数据的共享开放和开发应用。一些企业反映，存在有应用需求但难以获取的数据，如部分地区的公积金、社保等数据有所开放，但由于缺乏全国统一的数据分类分级制度，各地开放范围、开放程度各异且有限。

（五）公共数据质量标准不明确

由于缺乏全国统一的数据标准，各地公共数据质量参差不齐。一些企业反映，浙江在"最多跑一次"行动中对公共数据进行了系统的整合梳理，因此数据成熟度较高，其他很多地区公共数据的规范性及标准化程度较低。政府部门或相关组织往往基于保障履职目的、最低限度公开要求等对数据进行采集和公开，而不是基于后续开发利用目的，因此数据偏基础和粗放，可用性低、治理难度大。由于缺乏相应激励，政府部门和相关组织对提高数据采集质量和开放程度，开展数据基础治理的动力不足。以税务数据为例，各使用方通过各地接口获取相关数据后，需要各自对数据进行加工整理，存在较多本可避免的重复劳动，大大增加了数据治理的社会总成本。

二、公共数据管理效能提升路径

（一）加快形成自上而下、全国一盘棋的数据管理体系

在国家数据局成立，各地数据主管部门相继设立或明确的背景下，国家层面应加强对地方数据主管部门的机构设置、职能划分予以引导，增加地方数据主管部门设立的科学性、规范性，同

时加快在国家数据局与地方数据主管部门建立起有效的统筹协调机制，便于从国家层面统筹推进公共数据管理工作，提升公共数据管理的全局性、统一性。

（二）加强政府部门间和部门内部的统筹协调

国家层面需进一步明确政府部门间的公共数据管理权责划分，推动相关部门在公共数据共享开放、授权运营工作中加强沟通协作，推动公共数据管理提质增效。相关部门应加强对企业所需公共数据进行摸排梳理，由中央部门牵头，加强工作协调，增强中央部门数据和地方相关部门数据的统筹管理力度，理顺条块关系，统一数据接口，降低获取公共数据的沟通成本和软硬件成本。

（三）建立公共数据供给激励机制

针对行政事业单位、国有企业等公共数据供给主体，可研究在一般公共预算、国有资本经营预算绩效考核中增加体现数据供给、应用水平的定性或定量指标，建立预算激励机制。还可考虑安排专项财政资金，用于奖补行政事业单位公共数据开发应用，提升有关单位工作积极性。

（四）加快实施统一的公共数据分类分级制度

分类是将相同属性或特征的数据进行归集，方便管理使用。分级是对数据敏感程度进行划分，主要从安全合规角度出发。在全国网络安全标准化技术委员会新发布，以及各部门、各地方正在实施的相关文件基础上，应加快明确和推动实施全国统一的公共数据分类分级标准，在"原始数据不出域、数据可用不可见"的原则下，根据分类分级标准，扩大并统一公共数据开放范围，明确数据运营范围和运营方式。并在此基础上，进一步明确不同类别和级次公共数据所形成公共数据资产的管理要求，提升国有资产管理精细化水平。

（五）统一明确公共数据质量标准

数据按治理程度可分为三个层次，源数据、基础加工整理数据、数据产品。一是加快公共数据标准研究和制度出台，从数据质量、数据软硬件建设等方面统一标准，提高源数据质量和采集、流通效率。二是加大政府对公共数据基础治理的投入，避免不同主体重复进行基础加工，降低数据治理的社会总成本。三是在保障数据安全前提下，鼓励市场主体积极参与公共数据产品和服务的开发应用，挖掘公共数据的商业价值。值得注意的是，2024年8月，国家标准化管理委员会宣布拟成立全国数据标准化技术委员会。全国数据标准化技术委员会主要负责数据资源、数据技术、数据流通等基础通用标准，支撑和保障数据流通利用的数据基础设施标准、安全标准等领域国家标准制修订工作，由国家数据局负责日常管理和业务指导。公共数据相关标准有望在全国数据标准化建设中逐步明确。

第四章　数据安全

数据安全是数据开发利用和数据资产化的前提保障，数据资产化也可反向推动和促进数据安全管理水平的提升。随着数字经济的发展和数据价值的挖掘不断深入，数据安全也面临着越来越多的威胁和挑战，如数据泄露、黑客攻击等。这些威胁不仅可能造成相关主体的隐私泄漏、声誉损害，以及财产损失，甚至可能危害国家和公共安全。因此，数据安全越来越受到国家和全社会的高度重视。本书将数据安全作为独立章节，从数据安全内涵、数据安全法律制度建设、数据安全风险点、数据安全保护措施等几个方面进行详细探讨。

第一节　基本概念

近年来，我国对数据安全的重视程度有了前所未有的提高，相继出台一系列法律法规，从顶层设计角度明确了数据安全的内涵，为开展数据安全保护指明了方向、奠定了坚实基础。

一、数据安全的内涵

（一）数据安全的定义

根据 2021 年颁布的《中华人民共和国数据安全法》，数据安全是指通过采取必要措施，确保数据处于有效保护和合法利用的状态，以及具备保障持续安全状态的能力。通俗地讲，数据安全就是要在数据合法利用和有效保护之间寻找一种动态平衡，在数据使用过程中保护数据免受未授权访问、泄露或丢失，避免硬件设施遭受破坏。数据安全包含一系列的策略、措施和程序，旨在保护数据的保密性、完整性和可用性。

数据安全在不同行业中的应用非常丰富，涵盖了金融、医疗、教育、工业等多个领域。如政务领域，政府部门需要保护各类公共数据；金融行业，包括银行、证券公司等金融机构，需要对客户信息、交易记录等敏感数据进行保护；医疗行业，患者的病历、处方、隐私等数据需要妥善保护；电信行业，运营商需要对用户的通信记录、服务数据等进行保护。

为了强化数据安全管理，目前，国际数据管理协会对于数据安全设定了六个方面的原则：一是协同合作。数据安全是一项需要协同的工作，涉及 IT 安全管理员、数据管理专员/数据治理、内部和外部审计团队以及法律部门。二是组织统筹。运用数据安全标准和策略时，必须保证组织上下的一致性。三是主动管理。数据安全管理的成功取决于关注度、主动性和动态性，以及克服信息安全、信息技术、数据管理以及业务相关方之间的职责分离。四是明确责任。必须明确界定相关方的角色和职责，厘清数据安全管理链条。五是分类分级驱动。对数据进行分类分级是开展数据安全的重要措施。六是减少接触以降低风险。最大限度地减少敏感/机密数据的扩散，尤其是在非生产和经营环境中。

（二）保护数据安全对个人、企业和国家的意义

全球化背景下，人工智能、物联网、云计算等新技术的发展和迭代升级，为数据的流通和开发利用提供了便利。但是事物一般具有双面性，提升便利的同时也为数据安全带来了威胁。新的信息技术使得数据的流动性提高，可以被无损耗、低成本地复制和传播，并且能够跨越地理边界快速传播，如果重要信息或隐私被泄露，可能会造成不可挽回的后果。

对于个人，信息化时代，个人日常生活中的收入、消费、投资、身份识别等数据已经成为一种宝贵的资源，可以反映个人的生活习惯、消费习惯、兴趣爱好、社交轨迹等诸多信息，可以为企业开展客户分析和个性化服务提供依据，具有极大的商业价值。但个人数据的不当获取可能带来严重的隐私泄露或财产损失

风险，或许在打开某个新软件，并点击同意复杂冗长的用户协议时，个人信息就已经被出卖。因此需要增强个人数据安全意识，通过一些有效的技术手段和法律监管手段，确保个人数据的合法获取和使用，维护个人相关权益。

对于企业，企业在生产经营中不断积累数据资源，客户数据、财务信息、产品信息等关键信息对企业的发展至关重要，在遭受泄露和攻击后将会给企业带来巨大的经济损失。通过实施数据安全保护措施，可以有效保护企业数据，提升企业数据应用分析能力，避免商业机密泄露，保持企业竞争优势。企业不断提升自身数据安全能力，用户也更愿意与能够保障自身数据安全的企业和组织进行合作。

对于国家，数据是基础性战略资源，数据安全是总体国家安全观的重要组成部分。数据作为新型生产要素，是数字化、网络化、智能化的基础，目前也已经快速融入了生产、分配、流通、消费，以及公共服务、国家治理等各环节，与经济社会稳定发展关系密切。要保护数据安全，就需要坚持总体国家安全观，建立健全数据安全治理体系，提升国家数据安全保障能力，有效应对数据安全这一非传统领域的国家安全风险与挑战，切实维护国家安全和发展利益。

近年来，数据安全问题屡屡引起社会关注。从大型网络公司的数据泄露事件到个人信息被恶意利用的案例屡见不鲜，数据安全问题已经成了一个不能被忽视的社会问题。加强数据安全保护需要在强化立法和监管、增强公民的数据安全意识等方面多管齐下。表 4 - 1 梳理了 2023 年最具影响力的十大网络安全事件。

表 4 - 1　　　　　　　　2023 年最具影响力的十大网络安全事件

序号	事件性质	事件	事件概述
1	杀伤半径最大的供应链攻击	MOVEit Transfer 数据盗窃攻击	攻击者利用 MOVEit Transfer 服务器曝出的漏洞入侵并下载用户存储的数据
2	技术最复杂的间谍软件攻击	三角测量	针对苹果 iPhone 设备的间谍软件活动，利用了多达四个零日漏洞
3	金融业最具影响力的安全事件	中国工商银行美国子公司被 LockBit 勒索软件攻击	攻击导致部分系统中断，攻击者可能利用了未及时修补的 Citrix Bleed 漏洞
4	最严重的医疗数据泄露事件	23andMe 数据泄露	基因检测提供商 23andMe 遭遇撞库攻击，导致重大数据泄露
5	最严重的云数据安全事故	丹麦云服务商丢失所有用户数据	丹麦托管服务商被勒索软件攻击加密了大部分客户数据且数据恢复不成功
6	最严重的游戏业网络安全事件	GTA5 源码泄露	Lapsus $ 入侵了 Rockstar 游戏，获得了对 Rockstar 内部 Slack 服务器和 Confluencewiki 的访问权限，并窃取了大量机密数据
7	对科技行业威胁最大的 DDoS 组织	匿名苏丹	"匿名苏丹" 黑客组织的 DDoS 攻击瘫痪了多家全球科技巨头的网站和服务
8	影响最大的在线金融服务数据泄露事件	PayPal 撞库攻击	撞库攻击：黑客收集大量网络上已经泄露的某网站的用户名和密码去登录另一个网站
9	最严重的博彩业黑客攻击	米高梅度假村网络攻击导致 IT 系统关闭	BlackCat 附属机构在事件期间对 100 多个 ESXi 虚拟机管理程序进行了加密
10	影响最大的军工企业安全事件	波音遭 LockBit 勒索软件攻击	LockBit 在数据泄露站点发消息声称窃取了波音的大量敏感数据

资料来源：清华大学智能法治研究院公众号，中泰证券研究所。

二、数据安全法律法规制度建设情况

近年来，越来越多的国家意识到数据安全的重要性，相继出台了相关法律法规。例如，欧盟在 2018 年要求所有欧盟成员国强制实施通用数据保护条例（GDPR），强化了包括访问权、更正权、删除权、数据携带权等数据主体的权利。美国至暂未出台全面的联邦数据安全法，但已正式将联邦层面的统一数据保护提上议程，参众两院陆续审议了《美国数据隐私和保护法案（草案）》《美国隐私权法案（草案）》。2024 年 2 月，美国出台关于防止受关注国家大量访问敏感个人数据和美国政府相关数据的行政命令，聚焦于网络安全、敏感数据安全的保护。

2021 年，我国正式通过了《中华人民共和国数据安全法》，这标志着我国在数据安全领域有法可依，各行业数据安全也有了监管的依据。随后，各行业的行政管理规定密集印发实施，自然资源、科技、工业和信息化、银行、保险等十余个行业出台了数据安全管理办法或相关征求意见稿。

（一）我国出台的数据安全相关法律

法律层面，在《中华人民共和国国家安全法》的顶层设计下，我国陆续出台《中华人民共和国网络安全法》《中华人民共和国数据安全法》《中华人民共和国个人信息保护法》等一系列数据安全相关法律，被认为是数据领域三大法律文件（见图 4-1）。

2017 年，《中华人民共和国网络安全法》正式实施，首次提出了数据安全这一词汇，将数据安全作为网络安全领域重要的一环。明确网络安全是指通过采取必要措施，防范对网络的攻击、侵入、干扰、破坏和非法使用以及意外事故，使网络处于稳定可靠运行的状态，以及保障网络数据的完整性、保密性、可用性的能力。并明确网络安全等级保护制度、关键信息基础设施保护制度、个人信息保护制度等为保障网络数据安全提供重要制度支撑。

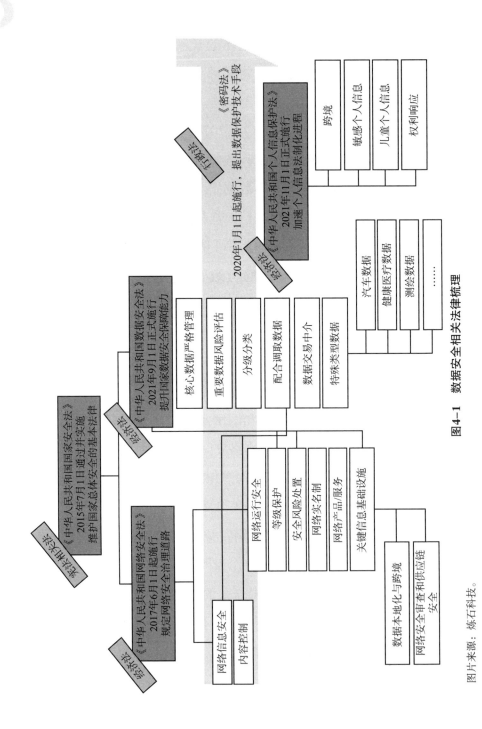

图 4-1 数据安全相关法律梳理

图片来源：炼石科技。

2021 年，《中华人民共和国数据安全法》正式实施。该法律是数据领域的基础性法律，是继《中华人民共和国网络安全法》提出数据安全的概念后，国家在数据安全立法层面的一个重大里程碑，确立国家数据安全工作体制机制，构建数据安全协同治理体系，明确预防、控制和消除数据安全风险的一系列制度、措施，标志着自此我国数据安全相关工作有法可依、有章可循。

《中华人民共和国数据安全法》共七章、五十五条，主要内容包括：一是明确重要定义和适用范围。《中华人民共和国数据安全法》对数据、数据处理、数据安全等进行了定义，明确在我国境内开展的数据活动适用本法律，并具有必要的域外适用效力。二是明确支持促进数据安全与发展的措施。《中华人民共和国数据安全法》对支持促进数据安全与发展的措施做了规定，保护个人、组织与数据有关的权益，提升数据安全治理和数据开发利用水平，促进以数据为关键要素的数字经济发展。三是明确建立健全数据安全制度。为有效应对境内外数据安全风险，明确应建立健全国家数据安全管理制度，完善国家数据安全治理体系。四是明确数据安全保护义务。明确了开展数据活动必须遵守必要法律法规，不得违法收集、使用数据，不得危害国家安全、公共利益，不得损害个人、组织的合法权益等。五是明确政务数据安全与开放要求。从推进电子政务建设，国家机关收集、使用数据，国家机关委托他人存储、加工或者向他人提供政务数据，国家机关按照规定公开政务数据，构建政务数据开放平台等方面提出明确要求。六是明确违反数据安全保护相关规定的法律责任。针对数据处理活动存在较大安全风险、导致非法来源数据交易、违规向境外提供重要数据、未经主管机关批准向外国司法或执法机构提供数据等多种数据安全违法行为，明确了相应的处罚措施。构成犯罪的，依法追究刑事责任。

2021年，《中华人民共和国个人信息保护法》正式实施。该法的核心是保护个人信息权益，规范个人信息处理活动，以及促进个人信息合理利用。该法明确了个人信息的定义、处理规则、处理者的义务以及违反法律的责任，旨在确保个人信息的合法、正当和必要处理，同时保障个人信息的安全和质量。该法明确了个人信息处理的五项原则、个人信息处理活动的七项权利、六种不需取得个人同意就可以使用个人信息的情形等。此外，该法还规定了国家在个人信息保护方面的职责，并建立了个人信息保护的制度框架，以预防和惩治侵害个人信息权益的行为。

（二）我国出台的数据安全相关办法

1. 行业数据安全相关办法

《中华人民共和国数据安全法》颁布以来，各行业纷纷出台了相应的数据安全管理规定，特别是在金融、通信、互联网、工业控制、政务和医疗健康等关键领域，相关管理办法或征求意见稿已陆续发布，如表4-2所示。

表4-2　　　　　　行业数据安全相关办法梳理

序号	名称	所属领域/机构	发布时间	发布机构
1	会计师事务所数据安全管理暂行办法	会计师事务所	2024年	财政部、国家网信办
2	自然资源领域数据安全管理办法	自然资源	2024年	自然资源部

续表

序号	名称	所属领域/机构	发布时间	发布机构
3	中国人民银行业务领域数据安全管理办法（征求意见稿）	中国人民银行	2024 年	中国人民银行
4	银行保险机构数据安全管理办法（公开征求意见稿）	银行保险	2024 年	国家金融监督管理总局
5	工业和信息化领域数据安全管理办法（试行）	工业和信息化领域	2022 年	工业和信息化部
6	工业互联网安全数据分类分级管理办法	工业和信息化领域	2023 年	工业和信息化部
7	医疗卫生机构网络安全管理办法	医疗卫生	2022 年	国家卫生健康委、国家中医药局、国家疾控局
8	证券期货业网络和信息安全管理办法	证券期货	2023 年	证监会
9	汽车数据安全管理若干规定（试行）	汽车	2021 年	国家互联网信息办
10	网络数据安全管理条例（征求意见稿）	网络数据	2021 年	国家互联网信息办
11	中国科学院科学数据管理与开放共享办法（试行）	中国科学院	2019 年	中国科学院
12	电力行业网络安全管理办法	电信行业	2022 年	国家能源局
13	公路水路关键信息基础设施安全保护管理办法	公路水路	2023 年	交通运输部
14	数据出境安全评估办法	数据出境	2022 年	国家互联网信息办
15	寄递服务用户个人信息安全管理办法	快递	2024 年	国家邮政局
16	数据安全管理办法－征求意见稿	全行业	2019 年	国家互联网信息办

资料来源：合规社。

以下详细介绍 4 个重点领域的数据安全相关制度。

（1）《会计师事务所数据安全管理暂行办法》^①。

2024 年 4 月 15 日，财政部和国家互联网办公室联合发布了《会计师事务所数据安全管理暂行办法》。全文共五章三十六条，目的是保障会计师事务所数据安全，规范会计师事务所数据处理活动。本办法定义的数据是指会计师事务所执行审计业务过程中，从外部获取和内部生成的任何以电子或者其他方式对信息的记录。本办法明确的适用范围如下：在中华人民共和国境内依法设立的会计师事务所开展下列审计业务相关数据处理活动的，适用本办法。为上市公司以及非上市的国有金融机构、中央企业等提供审计服务的；为关键信息基础设施运营者或者超过 100 万用户的网络平台运营者提供审计服务的；为境内企业境外上市提供审计服务的。会计师事务所从事的审计业务不属于前款规定的范围，但涉及重要数据或者核心数据的，适用本办法。

（2）《自然资源领域数据安全管理办法》^②。

2024 年 3 月 22 日，自然资源部发布《自然资源领域数据安全管理办法》。全文共七章三十四条，聚焦自然资源领域的数据安全管理和保护。本法对自然资源领域的数据定义："自然资源领域数据，是指在开展自然资源活动中收集和产生的数据，主要包括基础地理信息、遥感影像等地理信息数据，土地、矿产、森林、草原、水、湿地、海域海岛等自然资源调查监测数据，总体规划、详细规划、专项规划等国土空间规划数据，用途管制、资产管理、耕地保护、生态修复、开发利用、不动产登记等自然资

---

① 关于印发《会计师事务所数据安全管理暂行办法》的通知［EB/OL］. 中国政府网，2024 - 04 - 15.

② 自然资源部关于印发《自然资源领域数据安全管理办法》的通知［EB/OL］. 中国政府网，2024 - 03 - 22.

源管理数据。"本办法明确的适用范围如下：在中华人民共和国境内开展的，或在境外履行自然资源部门职责过程中开展的自然资源领域非涉密数据处理活动及其安全监管，应当遵守相关法律法规和本办法的要求。

（3）《工业和信息化领域数据安全管理办法（试行）》①。

2022年12月8日工信部发布《工业和信息化领域数据安全管理办法》征求意见稿，全文共八章四十二条。本办法的数据定义："工业和信息化领域数据包括工业数据、电信数据和无线电数据等。工业数据是指工业各行业各领域在研发设计、生产制造、经营管理、运行维护、平台运营等过程中产生和收集的数据。电信数据是指在电信业务经营活动中产生和收集的数据。无线电数据是指在开展无线电业务活动中产生和收集的无线电频率、台（站）等电波参数数据。"本办法明确的适用范围如下：在中华人民共和国境内开展的工业和信息化领域数据处理活动及其安全监管，应当遵守相关法律、行政法规和本办法的要求。工业和信息化领域的数据及数据安全是重点行业，整体较为成熟，范围和界限相对清晰，适用范围明确。

（4）《医疗卫生机构网络安全管理办法》②。

2022年8月8日，国家卫生健康委、国家中医药局、国家疾控局联合发布了医疗卫生机构网络安全管理办法，全文共六章三十四条，其中第三章重点描述了数据安全管理要求。本办法的数据定义："本办法所称的数据为网络数据，是指医疗卫生机构通

---

① 工业和信息化部关于印发《工业和信息化领域数据安全管理办法（试行）》的通知［EB/OL］. 中华人民共和国工业和信息化部，2022－12－13.

② 关于印发医疗卫生机构网络安全管理办法的通知［EB/OL］. 中国政府网，2022－08－08.

过网络收集、存储、传输、处理和产生的各种电子数据，包括但不限于各类临床、科研、管理等业务数据、医疗设备产生的数据、个人信息以及数据衍生物。"主要明确为网络数据，医疗卫生机构通过网络处理的各种电子数据。本办法明确的适用范围如下：本办法适用于医疗卫生机构运营网络的安全管理。未纳入区域基层卫生信息系统的基层医疗卫生机构参照执行。

2. 地方公共或政务数据安全相关办法

许多地方结合数据安全工作需要也出台了地方公共或政务数据安全相关办法，如表 4 - 3 所示。

表 4 - 3　　　　　地方公共或政务数据安全相关办法梳理

序号	名称	所属领域	发布时间	发布机构
1	石家庄市公共数据开发利用安全管理办法 - 征求意见稿	公共数据	2024 年	石家庄
2	宁波市公共数据安全暂行管理规定	公共数据	2022 年	宁波市
3	广东省公共数据安全管理办法（二次征求意见稿）	公共数据	2022 年	广东省
4	浙江省公共数据开放与安全管理暂行办法	公共数据	2021 年	浙江省
5	山西省政务数据安全管理办法	政务数据	2023 年	山西省
6	广州市政务数据安全管理办法	政务数据	2022 年	广州市
7	济宁市政务数据安全管理办法	政务数据	2020 年	济宁市
8	广西政务数据安全管理办法	政务数据	2021 年	广西壮族自治区
9	宁波市大数据发展管理局网络数据安全管理实施细则	网络数据	2021 年	宁波市

资料来源：合规社。

（三）我国出台的数据安全相关标准

近年来，国家市场监督管理总局等部门或单位，陆续出台了涉及数据安全的相关标准，如表4-4所示。

表4-4　　　　　　　　　数据安全相关标准梳理

序号	名称	发布单位	发布时间
1	GB/T 35273-2020 信息安全技术　个人信息安全规范	国家市场监督管理总局 国家标准化管理委员会	2020年 3月6日
2	GB/T 38667-2020 信息技术　大数据　数据分类指南	国家市场监督管理总局 国家标准化管理委员会	2020年 4月28日
3	GB/T 39725-2020 信息安全技术　健康医疗数据安全指南	国家市场监督管理总局 国家标准化管理委员会	2020年 12月14日
4	GB/T 41773-2022 信息安全技术　步态识别数据安全要求	国家市场监督管理总局 国家标准化管理委员会	2022年 10月12日
5	GB/T 41806-2022 信息安全技术　基因识别数据安全要求	国家市场监督管理总局 国家标准化管理委员会	2022年 10月12日
6	GB/T 41807-2022 信息安全技术　声纹识别数据安全要求	国家市场监督管理总局 国家标准化管理委员会	2022年 10月12日
7	GB/T 41817-2022 信息安全技术　个人信息安全工程指南	国家市场监督管理总局 国家标准化管理委员会	2022年 10月12日
8	GB/T 41819-2022 信息安全技术　人脸识别数据安全要求	国家市场监督管理总局 国家标准化管理委员会	2022年 10月12日
9	GB/T 41871-2022 信息安全技术　汽车数据处理安全要求	国家市场监督管理总局 国家标准化管理委员会	2022年 10月12日
10	GB/T 42012-2022 信息安全技术　即时通信服务数据安全要求	国家市场监督管理总局 国家标准化管理委员会	2022年 10月12日
11	GB/T 42013-2022 信息安全技术　快递物流服务数据安全要求	国家市场监督管理总局 国家标准化管理委员会	2022年 10月12日
12	GB/T 42014-2022 信息安全技术　网上购物服务数据安全要求	国家市场监督管理总局 国家标准化管理委员会	2022年 10月12日
13	GB/T 42015-2022 信息安全技术　网络支付服务数据安全要求	国家市场监督管理总局 国家标准化管理委员会	2022年 10月12日

序号	名称	发布单位	发布时间
14	GB/T 42016 – 2022 信息安全技术 网络音视频服务数据安全要求	国家市场监督管理总局 国家标准化管理委员会	2022 年 10 月 12 日
15	GB/T 42017 – 2022 信息安全技术 网络预约汽车服务数据安全要求	国家市场监督管理总局 国家标准化管理委员会	2022 年 10 月 12 日
16	GB/T 41479 – 2022 信息安全技术 网络数据处理安全要求	中国网络安全审查技术与认证中心 中国电子技术标准化研究院	2022 年 11 月 1 日
17	GB/T 42775 – 2023 证券期货业数据安全风险防控 数据分类分级指引	国家市场监督管理总局 国家标准化管理委员会	2023 年 8 月 6 日
18	GB/T 42447 – 2023 信息安全技术 电信领域数据安全指南	国家市场监督管理总局 国家标准化管理委员会	2023 年 3 月 17 日
19	GB/T 43697 – 2024 数据安全技术 数据分类分级规则	国家市场监督管理总局 国家标准化管理委员会	2024 年 3 月 15 日
20	GB/T 43739 – 2024 数据安全技术 应用商店的移动互联网应用程序（APP）个人信息处理规范性审核与管理指南	国家市场监督管理总局 国家标准化管理委员会	2024 年 4 月 25 日

第二节 数据安全风险点及防范措施

开展数据安全工作的关键是对数据安全风险点进行梳理，之后选择合适的数据安全管理策略。近些年，随着数字经济开放程度的大幅提升和新的信息技术的创新应用，数据安全的风险呈现出复杂性、多样性的特点，相关的防范措施也在与时俱进。

一、数据安全风险点梳理

数据安全风险主要可以归结为数据泄露或窃取，以及数据安全漏洞两大类。每类风险点中又包含各类具体情形。

（一）数据泄露或窃取造成的危害

数据泄露是指因人员保密意识薄弱、疏忽大意造成数据外泄，或部分人员出于经济利益或报复情绪等原因，将敏感数据故意泄露或售卖的情况[①]。数据窃取是指外部人员利用技术手段主动窃取数据，或策反内部人员协助其达到窃取数据的目的。常见的数据窃取手段包括网络钓鱼、利用信息系统存在的配置缺陷或安全漏洞、结构化查询语言（SQL）注入攻击、植入间谍软件等，都是通过非法入侵他人系统窃取数据。

一直以来，数据泄露或窃取事件层出不穷，几乎各行各业都存在。其中，影响最为深远、后果最为严重的就是国外入侵窃取数据，这些泄露和窃取的信息可能被用于身份盗窃和其他金融犯罪，导致社会对数字服务和国家数据安全的信任危机，甚至危害国家的政治、经济、国防安全。例如，2022 年 4 月我国公布了一起间谍窃密的案件，一家自称从事铁路运输技术支撑服务的境外公司以"进入中国市场开展铁路网络调研"为幌子，与上海某信息科技公司进行合作，采集北京、上海等 16 个城市包括物联网、蜂窝和高铁 GSM－R（铁路移动通信专网）在内的中国铁路信号

---

① 张红霞，陈乃博. 常见数据泄露隐患及防范常识［J］. 保密科学技术，2023.

数据①。该境外公司甚至还提出要开通远程登录端口的要求，这些数据一旦遭到破坏或非法利用，将严重影响高铁正常运行秩序，对铁路运营造成重大安全威胁，也可能导致大量高铁内部信息被非法泄露。最终，这家境外公司被我国安全部门查获。再如，2020 年 1 月，某航空公司向国家安全机关报告，该公司信息系统出现异常，怀疑遭到网络攻击。国家安全机关立即进行技术检查，确认相关信息系统遭到网络武器攻击，多台重要服务器和网络设备被植入特种木马程序，部分乘客出行记录等数据被窃取。经深入调查，确认相关攻击活动是由某境外间谍情报机关精心谋划、秘密实施，攻击中利用了多个技术漏洞，并利用多个网络设备进行跳转，以隐匿踪迹。

企业、个人的数据泄露或窃取也同样危害巨大。企业的核心数据意味着企业的安全，一些数据泄漏可能影响企业战略或者被误解、抹黑企业形象，企业面临巨大经营损失。对于个人而言，每天所使用的应用程序，能够准确获取用户姓名、联系方式、地址、购物习惯、支付信息等，其泄露会导致个人隐私被侵犯、个人信息被滥用，相关企业也会面临法律风险，受到高额罚款和其他处罚。例如，2023 年 3 月，济南网安巡查发现，本地群众不停收到一儿童照相馆的广告骚扰电话。经查，该照相馆实际控制人席某某为推广儿童照相业务，从家政公司、妇婴用品销售企业、卫生医疗机构工作人员处非法获取公民个人信息，雇佣工作人员拨打骚扰电话进行精准营销。同时，还将上述信息转卖至疗养机

---

① 国家安全机关公布一起为境外刺探、非法提供高铁数据的重要案件［EB/OL］. 央广网，2022－04－14.

构、保险公司等机构牟利。2023 年 4 月，公安机关将 8 名犯罪嫌疑人抓获归案，查清其利用公民个人信息非法牟利超 200 万元。目前，该案已依法移送审查起诉。[①]

（二）数据安全漏洞造成的危害

数据安全漏洞一般出现在数据的收集、存储、处理、传输和销毁等环节，并可能进一步导致数据的泄露、窃取、篡改或丢失等后果。数据安全漏洞有多种分类方式，根据对网络安全构成的威胁程度，可分为危急、高危、中危、低危等四类[②]；根据数据安全漏洞形成的原因，可分为未授权访问、系统配置错误、软件缺陷、加密不足、应用程序漏洞、内控式错误等六类。以下详细介绍根据数据安全漏洞形成原因进行分类的方式：

一是未授权访问，是指数据在存储或传输过程中未采取适当的访问控制措施，导致未经授权的个人或组织能够访问敏感数据。例如，管理员可能误将包含敏感数据的文件夹设置为"公开"，导致任何人都可以访问和下载这些文件。二是系统配置错误，是指系统或软件配置不当，导致安全漏洞。数据的共享性使得相关文件和消息的接收与发送过程中可能会受到攻击，导致文件的传送产生问题，致使文件数据大量丢失，造成巨大损失[③]。三是软件缺陷，是指在软件编程时出现的错误或缺陷，可能被攻击者利用来执行未授权的操作。四是加密不足，是指在数据保护

---

① 公安部新闻发布会：通报公安机关打击整治侵犯公民个人信息违法犯罪行为举措成效公布十起典型案例 [EB/OL]. 公安部官方网站，2023 – 08 – 10.

② 朱莉欣．陈伟．数据安全法视野下的网络安全漏洞管理 [EB/OL]. 信息安全与通信保密，2021 – 08 – 10.

③ 吴晓峰．大数据时代下的网络安全漏洞与防范措施探讨 [J]. wuxian2 互联科技，2018.

过程中，加密措施没有达到足够的安全水平，从而无法有效防止数据泄露、篡改或其他未授权访问的情况。例如，许多设备和应用程序在初次安装时都有默认密码，如果用户未更改这些默认密码，攻击者可以轻易登录系统。五是应用程序漏洞，是指程序设计或开发本身存在的漏洞。例如，一个使用 SQL 数据库的网站，其搜索功能未能正确处理用户输入，攻击者输入特定的 SQL 命令作为搜索参数，从而绕过正常的搜索逻辑，访问或修改数据库中的敏感数据[1]。六是内控式错误，是指操作方面，如数据存储介质丢失、维修或处置失误等失控导致的敏感数据泄露。

数据安全漏洞的管理线条很长，几乎涵盖了整个数据安全管理的全过程，需要不断评估、更新和强化相应措施。

二、数据安全风险防范措施

数据安全风险防范的具体措施包括开展数据分类分级、用户身份验证和访问控制、数据加密和脱敏、数据备份和灾难恢复、数据安全评估和审计等。

（一）数据分类分级

中共中央、国务院于 2020 年发布的《关于构建更加完善的要素市场化配置体制机制的意见》中明确提出，要推动完善适用于大数据环境下的数据分类分级安全保护制度，加强政务数据、企业商业和个人数据的保护。2021 年发布的《中华人民共和国

---

① 资料来源：小数据研究中心《数据资产安全与保护》。

数据安全法》提出，国家要建立数据分类分级保护制度，确定分类分级是保障国家治理数据安全的重要制度。2022 年印发的"数据二十条"提出将数据分为公共数据、企业数据和个人数据，加强数据分级分类管理，积极有效防范和化解各种数据风险，在国家数据分类分级保护制度下，推进数据分类分级确权授权使用和市场化流通交易；2023 年财政部印发《关于加强数据资产管理的指导意见》，要求加强数据分类分级管理，建立数据资产分类分级授权使用规范。

近年来，金融、电信、工业等多个行业和领域纷纷制定了相应的数据分类分级相关标准，上海、山东等多个省市也根据数据分类分级实践情况积极探索相应的治理规则和模式。但各行业、各地区数据分类分级标准不一，为数据的采集、共享开放、加工、使用、交易流通等带来阻碍。2024 年 3 月 21 日，全国网络安全标准化技术委员会发布《数据安全技术 数据分类分级规则》（GB／T 43697－2024），于 2024 年 10 月 1 日起正式实施，主要内容如下。

1. 数据分类分级基本原则

数据分类分级设定了五个基本原则：一是科学实用原则。从便于数据管理和使用的角度，科学选择常见、稳定的属性或特征作为数据分类的依据，并结合实际需要对数据进行细化分类。二是边界清晰原则。数据分级的各级别应边界清晰，对不同级别的数据采取相应的保护措施。三是就高从严原则。采用就高不就低的原则确定数据级别，当多个因素可能影响数据分级时，按照可能造成的各个影响对象的最高影响程度确定数据级别。四是点面结合原则。数据分级既要考虑单项数据分级，也要充分考虑多个领域、群体或区域的数据汇聚融合后的安全影响，综合确定数据级别。五是动态更新原则。根据数据的业务属性、重要性和可能造成的危害程度的变化，对数据分类分级、重要数据目录等进行定期审核更新。

2. 数据分类规则和步骤

数据分类基本规则为：先按照行业领域分类，再根据业务属性分类，个人信息等法律法规有专门管理要求的数据类别应按照有关规定和标准进行识别和分类。其中，行业领域包括工业、电信、金融、能源、交通运输、自然资源、卫生健康、教育、科学等；业务属性包括业务领域、责任部门、描述对象、流程环节、数据主体、内容主题、数据用途、数据处理和数据来源等。

数据分类步骤包括：一是明确数据范围。按照行业领域主管（监管）部门职责，明确本行业本领域管理的数据范围。二是细化业务分类。对本行业本领域业务进行细化分类，一般按照部门职责分工或者业务范围、运营模式、业务流程等。三是业务属性分类。选择合适的业务属性，对关键业务的数据进行细化分类。四是确定分类规则。梳理分析各关键业务的数据分类结果，根据行业领域数据管理和使用需求，确定行业领域数据分类规则。例如，可采取"业务条线—关键业务—业务属性分类"的方式给出数据分类规则。

3. 数据分级规则和步骤

数据分级基本规则为：根据数据在经济社会发展中的重要程度，以及一旦遭到泄露、篡改、损毁或者非法获取、非法使用、非法共享，对国家运行、经济运行、社会秩序、公共利益、组织权益、个人权益等不同影响对象所造成影响的危害程度，将数据从高到低分为核心数据、重要数据、一般数据三个级别。

数据分级步骤包括：一是确定分级对象。确定数据项、数据集、衍生数据、跨行业领域数据等拟分级数据。二是分级要素识别。识别数据的领域、群体、区域、精度、规模、深度、覆盖度、重要性等识别要素。三是影响分析。分析数据一旦遭到风险可能影响的对象和影响程度。四是综合确定数据级别（见表 4 - 5）。

表 4 - 5　　　　　　　　数据级别确定具体规则

影响对象	影响程度		
	特别严重危害	严重危害	一般危害
国家安全	核心数据	核心数据	重要数据
经济运行	核心数据	重要数据	一般数据
社会秩序	核心数据	重要数据	一般数据
公共利益	核心数据	重要数据	一般数据
组织权益 个人权益	一般数据	一般数据	一般数据

注：如果影响大规模的个人或组织权益，影响对象可能不只包括个人权益或组织权益，也可能对国家安全、经济运行、社会秩序或公共利益造成影响。

数据分级原则与当前法律法规相匹配。一是核心数据的分级原则符合《中华人民共和国数据安全法》第二十一条"关系国家安全、国民经济命脉、重要民生、重大公共利益"对国家核心数据的识别标准，但也吸收了《网络数据分类分级要求》和各地方发布的数据分类分级标准规范中"较高覆盖度、较高精度、较大规模、一定深度"等识别要素。二是重要数据分级原则同样符合《中华人民共和国数据安全法》第二十一条中"一旦遭到篡改、破坏、泄露或者非法获取、非法利用，对国家安全、公共利益或者个人、组织合法权益造成的危害程度"的规定；新增的"特定领域、特定群体、特定区域或达到一定精度和规模"识别要素一方面与核心数据的分级原则相衔接，另一方面也吸收和借鉴了《重要数据识别指南》《工业和信息化领域数据安全管理办法（试行）》等文件对于特定敏感行业领域和群体的列示性规定。三是一般数据的分级原则，此前各个行业领域的相关文件和国家标准各有规定且有所区别，此次提供了 4 级、3 级、2 级的灵活分级框架参考[①]。

明确数据级别对数据安全有重要意义。其中，对于关系到国家安全的数据均属于重要数据或核心数据，必须采取最为全面的保护措施及严格的监管；对于关系到经济、社会秩序和公共利益的数据，一般视影响程度而定；对于仅影响到特定组织或个人的数据，其监管力度有所下降。

（二）用户身份验证和访问控制

身份验证用于确认用户的身份是否真实有效。在进行身份验证时，系统会要求用户提供一些证明其身份的信息，这些信息通常包括但不限于用户名和密码、生物特征如指纹或面部识别等，是安全控制的第一道防线，目的是确保只有合法的实体才能请求访问资源。常见的方式有指纹、面部识别、虹膜扫描等生物特征认证方式，也有验证码、智能卡、软件令牌或硬件令牌等密码令牌方式的认证。身份验证提供了安全、可靠且广泛认可的方法来

---

① 孟洁，钱星辰，黎耀琦. 纲举目张，安则有序——《数据安全技术 数据分类分级规则》解读［EB/OL］. CCIA 数据安全工作委员会，2024.

验证在线实体的身份，对于保护企业的网络安全和促进电子商务的发展至关重要①。

数据访问控制是指通过合理的访问控制策略和技术手段，对数据资源的访问权限进行管理和限制的技术，是保障信息安全的关键技术之一，可以有效地防止未授权访问和非法使用操作系统资源，确保数据的安全性和机密性。数据访问主要由数据所有者利用用户身份和属性进行权限控制，也可以根据用户角色分配访问权限，可适用于政府、企业等各类环境中的权限管理。例如，在企业财务系统中，有资金结算、费用控制、现金管理等不同模块，出纳、会计等不同主体在系统中分配的审核权限不同，各角色对应不同的权限，禁止跨越权限操作。随着技术的不断发展，访问控制技术将日益智能化、灵活化和安全化，为信息安全提供更加坚实的保障。

身份验证和数据访问控制是保护数据安全的重要措施，就像是保护数据免受未授权访问的双重门锁。在实际应用中，这两种措施通常协同使用。首先，用户需要通过身份验证来登录系统，之后，系统会要求用户提供一些信息来证明自己的身份，如用户名和密码、指纹或是面部识别等。为了提高安全性，有时还会要求用户提供额外的信息，如手机上的一次性验证码。一旦用户通过了身份验证，系统就会根据用户的验证结果和预设的访问控制策略来决定用户有权利进行何种操作。用户只能根据被授予的权限来访问或操作数据资源，同时系统会在后台记录下所有的访问和操作情况，就像是监控摄像头记录下了所有的活动。后台记录是

---

① 资料来源：小数据研究中心《数据资产安全与保护》。

为了在事后进行审计，检查是否有异常的行为发生。通过这种方式，可以确保数据只被正当访问和使用，从而保护数据的安全。

（三）数据加密和脱敏

数据加密是一种运用广泛的信息安全技术措施，用于保护数据的隐私和安全。通俗地讲，数据加密就是将可读取的原始数据转换为一种无法直接阅读的形式，防止敏感信息被未经授权的个人或实体访问。常见的密码加密方法有对称加密、非对称加密、哈希加密。对称加密通过使用相同的密钥进行加密和解密操作，从而确保数据的机密性和完整性。非对称加密更为高级，它使用一对独特的密钥：公钥和私钥，这种加密方式的核心思想是确保只有持有相应私钥的实体才能解密使用公钥加密的信息，再通俗地讲，任何人都可以使用公钥来加密信息，但只有拥有相应私钥的实体才能解密这些信息。面对数据化时代不断增长的数据安全需要，哈希加密应运而生，它是一种单向的加密方式，通过哈希算法将任意长度的数据转换成固定长度的哈希值，广泛应用于各种场景，如文件完整性验证、数字签名和证书签名等。加密算法和设置密钥等数字加密技术广泛应用于各种对数据安全有着高要求的行业，在保护用户的隐私和数据安全方面发挥着不可替代的作用。例如，在金融领域，商用密码被广泛应用于身份认证、数据加密校验等各个环节，并成为维护金融行业网络安全与数据安全最重要手段之一①，商用密码包括对称密码、非对称密码和哈

---

① 李伟. 贯彻落实习近平总书记关于网络强国的重要思想　全力推进金融领域商用密码应用 [EB/OL]. 中国信息安全，2021 - 09 - 15.

希算法。

数据脱敏是通过直接处理，将数据变成无法识别或关联到特定主体的形式，但是仍然保留数据的格式和某些信息，以供特定情况使用，从而实现对敏感数据的保护。敏感数据包括个人身份信息、居住地址、联系方式、账户信息、指纹，以及企业核心商业信息、国家经济社会重要信息等。常见的脱敏方式有泛化技术、抑制技术、扰乱技术、有损技术[1]。泛化技术是指在保留原始数据局部特征的前提下使用一般值替代原始数据，泛化后的数据具有不可逆性。例如，将数字 654321 截断为 65；抑制技术是指通过隐藏数据中部分信息的方式来对原始数据的值进行转换，如将 654321 变为 6 ****1；扰乱技术是指通过加入噪声的方式对原始数据进行干扰，如进行数据重写、替换、均化等；有损技术是指通过损失部分数据的方式来保护整个敏感数据集，只有集齐了全部数据集，它们才构成敏感信息，如食品配方，只有在拿到所有配方数据后才有意义。

一般进行了数据加密和脱敏双层防护，数据安全性将大大提高。例如，当数据加密措施失效，敏感数据被非法访问时，如果数据同时做了脱敏处理，则实际敏感信息很难泄露，大大降低了数据安全风险。

（四）数据备份和灾难恢复

数据备份和灾难恢复用来防止数据丢失和毁损，是数据安全的最后一道屏障。数据备份是一个长期持续的过程，而灾难恢复

---

[1]　叶水勇. 数据脱敏全生命周期过程研究. 电力与能源 ［J］. 电力与能源，2019.

只在发生数据安全事故，如操作失误、灾难中断或恶意行为导致数据丢失或泄露后进行。灾难恢复可以看作是备份的逆过程，灾难恢复程度的好坏在很大程度上依赖于数据备份的情况。

数据备份主要有三种类型，分别为完整备份、差异备份、增量备份①。完整备份是将来自服务器、数据库、虚拟机（VM）或连接数据源等的所有数据全部备份并安全地存储在一个目的地，所需的时间从数小时到数天不等，具体取决于所存储的数据量。差异备份是用来保存上次完整备份以来修改的新版本数据。增量备份仅存储自上次备份以来修改的任何类型的文件的新版本，这里指的"上次备份"包括了完整备份和差异备份。对于个人、企业或政府组织来说，数据备份是防止数据永久丢失的最直接最有效途径。例如，个人用户可选择将重要数据复制到 U 盘或存储在云空间以防范数据丢失风险；企业可采用磁盘或光盘等作为备份介质，将数据传送到远程备份中心进行完整备份，或在独立的备份设备上复制主数据库，确保数据的安全性和一致性；政府部门可通过建立异地备份中心，将数据复制到异地进行备份存储，以守护数据安全存储的最后一道防线②。

制定详细的灾难恢复计划和具体流程是灾难恢复的重要环节。灾难恢复计划明确了如何从影响关键应用程序和数据功能，并使其无法访问的意外事件中快速恢复。依据灾难恢复计划，就可以及时有序地开展应用程序和系统功能恢复工作，使其快速恢复在线，从而将数据丢失等产生的影响损失降到最低。灾难恢复

---

① 资料来源：济南智恩：《一文看懂备份和恢复解决方案的所有内容》。
② 胡颖亮. 数据备份恢复技术在税务系统的应用研究［J］. 电子技术与软件工程，2022.

计划应全面、灵活、可执行，并定期模拟演练灾难恢复流程，测试数据恢复到正常状态所需的最大可接受时间和允许的最大数据丢失量。

（五）数据安全风险评估和审计

数据安全风险评估是保障国家、企业和个人数据安全的重要手段，属于事前手段，相关主体可在安全评估基础上，有针对性地提升数据安全管理水平。2023 年 5 月 29 日，全国信息安全标准化技术委员会发布《网络安全标准实践指南——网络数据安全风险评估实施指引》，旨在贯彻落实《中华人民共和国数据安全法》关于数据安全风险评估的要求，指导网络数据安全风险评估工作。文件明确了网络数据安全风险评估思路、工作流程和评估内容；指出网络数据安全风险评估核心内容是在信息调研基础上，围绕数据安全管理、数据处理活动安全、数据安全技术、个人信息保护等方面开展评估；将网络数据安全风险评估过程分为五个阶段，分别为评估准备、信息调研、风险识别、综合分析和评估总结（见表 4 - 6）。

表 4 - 6　　　　　网络数据安全风险评估具体工作及产出

阶段	具体工作	主要产出物
评估准备	确定评估目标	调研的相关表格和评估方案
	确定评估范围	
	组建评估团队	
	开展前期准备	
	制定评估方案	

阶段	具体工作	主要产出物
信息调研	数据处理者调研	处理者基本情况、业务清单、信息系统清单、数据资产清单、数据处理活动清单、数据流图、安全措施情况等
	业务和信息系统调研	
	数据资产调研	
	数据处理活动调研	
	安全措施调研	
风险识别	数据安全管理	数据安全风险识别工作记录，主要为文档查阅记录、人员访谈记录文档、安全核查记录技术检测情况等
	数据处理活动安全	
	数据安全技术	
	个人信息保护	
综合分析	梳理问题清单	数据安全问题清单、数据安全风险清单、整改建议等
	风险分析与评价	
	提出整改建议	
评估总结	风险评估报告及相关风险的处置	风险评估报告

数据安全审计指相关主体对数据的采集、传输、存储、处理、交换及销毁的全生命期管理过程进行监测、记录和分析，以便及时发现和响应数据安全风险事件，属于事后手段。数据安全审计的功能与传统意义的审计类似，需要确保数据持有主体妥善管理数据，具体包括对数据的全生命周期进行识别、评估、安全合规检查、质量管理等过程。数据安全审计是一个多维度、跨领域的过程，往往需要企业内部多个部门的协作，包括 IT、法务、财务、业务等。在进行数据安全审计后，要定期生成审计报告，提供数据访问和使用情况的详细记录，供内部审查或作为合规性证据，并根据审计结果和监控数据，不断优化和改进数据安全策

略和流程①。

在数据安全管理中，需要通过数据安全风险评估、数据安全实时监管、数据安全风险审计，即事前、事中、事后监管相结合的方式，及时评估、识别和响应潜在的数据安全风险，采取有效措施，更好地保护数据安全。

---

① 资料来源：小数据研究中心《数据资产安全与保护》。

数据资产
ABC

附录 1

应用场景案例

▨ 一、工业领域

案例1：工业数据整合赋能电子信息产业链上下游发展——四川长虹工业数据空间

数据来源： 四川长虹电子控股集团有限公司、相关行业

数据内容： 测试、生产、库存、应付账款、供应商资信和历史交易记录等数据

开发主体： 四川长虹电子控股集团有限公司

应用场景：

电子信息行业产业链条长、供应商多，一旦某个环节出现延迟供货或断供，将影响上下游企业的生产和现金流，甚至影响企业群体的生存。同时，很多上下游供应商属于中小微企业，普遍面临融资难、融资贵等生存挑战，为供应链稳定带来风险隐患。四川长虹电子控股集团有限公司通过建立工业数据空间，打通测试、生产、库存、应付账款、供应商资信和历史交易记录等数据，破除产业链上下游企业之间的信息壁垒，同时助力中小微供应商提升授信，促进产业链供应链高质量协同发展。

应用成效：

一是完成多个工业软件系统数据汇聚与校验。工业数据空间接入多个工业软件系统，对数据进行汇聚、处理和交叉验证，保障数据和行为可信、可证，解决数字化工厂管理系统之间进行出入库交互、物料描述信息同步时，双方数据不一致的问题。对账用时最低可至30秒，缩短99.72%，最短可在20分钟内自动完成全量数据异常检测，效率提升98.61%。

二是实现供应链多个主体间数据可信可控流通。利用数据跨域使用控制技术，通过工业数据空间为供应链各方提供可信可控的数据流通通道，实现代工企业产测、整机质检等生产质量数据对客户可控共享。自应用以来，平台向代工品牌商安全共享超135万台电视生产质量数据，赋能产值超90亿元，强化了电子信息产业链协同能力，提升了产业链韧性与安全水平。

三是打造跨产业数据应用，创新供应链金融服务。通过工业数据空间对接金融机构系统，获得龙头企业与产业链上下游的应付账款可信确权，以龙头企业的信息优势提升中小微企业的信用水平和信贷能力，让供应商不受地域和时间影响实现快速融资。目前，供应链金融服务已覆盖64家大型企业及其上下游超过1650家中小企业，融资总额超40亿元，中小企业贷款加权平均利率比市场平均水平低1.05个百分点，且相较传统贷款缩短5~7天，为制造业中小企业保驾护航，促进普惠金

融服务实体产业。①

案例 2：大数据分析提升企业生产物流管理效率——格力一站式大数据分析平台

数据来源：格力电器（芜湖）有限公司
数据内容：生产、物流、运营数据
开发主体：北京永洪商智科技有限公司

应用场景：

格力电器（芜湖）有限公司（以下简称"芜湖格力"）是格力电器在全球九大生产基地中规划用于出口的基地。2015 年，格力物流管理部计划整合各分厂之间的物料配送管理，实现公司物流的统一管理。实现这一目标需要做到物料配送信息化，跟踪物流配送进度，实时掌控公司整体的物流进程。以往操作是将各分厂的物料配送工作以及人员划分到物流管理部，物料交接方式由原来的分厂与分厂对接，改为分厂交接给物流管理部再由物流管理部转交分厂的方式。物料交接环节涉及的部门增多，中间环节无法预知的问题也相应增加，为生产效能控制带来较多的不确定因素。为此，芜湖格力邀请北京永洪商智科技有限公司搭建一站式大数据分析平台。

一站式大数据分析平台需要实现多重管理目标。一是物流分析。通过监控大屏分屏实时监控业务运转情况，并第一时间在仪表盘显示预警，实现物流信息的有效及时；监控库存中每个仓位中物料比例及存量，助力企业开展物流分析。二是运营效率监控。通过数据平台，监控订单数量完成比例、拣选进度并监控生产车间各机组生产效率、下线比例。三是生产线监控。采集系统数据，连接数据平台进行实时多维生产线运行分析。例如，物料七套检查中，以往需要点对点针对相关人员进行排查，现在可在分析平台实时显示检查结果，指标体系可根据情况灵活调整，IT 人员工作效率提升 30% 以上。四是质量控制。通过一站式大数据分析平台，结合更多的业务分析维度对现场生产过程和质量管理进行探索式分析和预测，实现从产线、班组以及分厂多个维度各个层面来展示公司整体生产运营情况，在提高工作效率的同时，降低生产线残次率。

芜湖格力的信息化系统发展分为两个阶段。一是数据采集阶段。采集物流配送过程中的库存数据、拣选备料数据、配送执行数据和分厂接收数据等。二是流程管控阶段。首先，通过 PDA 点检实现物料点检信息化，完善采集订单齐套数据；其次，基于前期采集的从订单下达到物料上线生产的一系列操作数据，利用北京永洪大数据产品 BI 产品搭建一整套信息化系统，实现过程的实时监控和异常预警。

---

① 资料来源：国家数据局首批 20 个"数据要素×"典型案例。

应用成效：

芜湖格力的一站式大数据分析平台解决了数据孤岛问题，业务部门可以通过自助式分析完成常规分析报告，大大提高工作效率。从企业管理、物流分析到质量控制，可以直观高效地对订单、拣选、执行、配送、成本各个环节进行生产监控，并通过数据分析反推业务优化。通过一站式大数据分析平台，芜湖格力解放了40%的IT工作量，实现了业务运转的自动化，包括自动排产、自动效率分析、错误数据预警等，显著提高生产效率。①

案例3：精准产业数据赋能化工行业创新发展——上海芯化和云化工产业智链

数据来源：上海芯化和云数据科技有限公司、相关行业
数据内容：经营数据、结构化集成数据，化工行业产业链数据，其他公开数据
开发主体：上海芯化和云数据科技有限公司

应用场景：

我国拥有全球最大的化工市场，规模达15万亿元人民币，占全球40%份额。化工行业有超过200万家工厂和贸易商、数千万的从业人员以及种类繁多的化工产品。同时，化工行业与仓储、物流和金融等行业紧密关联，具有较强的复杂性。化工行业的持续发展需依赖精准的数据。这些数据不仅有助于企业进行市场分析和业务拓展，还能协助地方政府制定产业策略，为投资机构提供市场洞察途径。

然而，一是当前化工行业所获得的数据缺乏全面性和精准性，主要集中于商机和价格，真实、全面的产业链数据相对匮乏。尽管很多B2B平台收集了大量数据，但由于它们难以介入实际交易，所得数据的准确性经常受到质疑。例如，公开工商网站提供的化工企业信息可能仅反映企业的官方经营范围，而非实际情况。二是多维度的数据整合可以为行业带来巨大价值，但仍面临很多障碍。大部分化工企业仍然依赖传统的经营方式，导致数据收集困难。各B2B平台的信息孤岛现象加剧了数据整合的难度。虽然现有的产业链图谱尝试整合化合物合成关系，但仍缺乏将产业链数据和企业经营数据完整整合的化工产业链图谱。

上海芯化和云数据科技有限公司（以下简称"芯化和云"）发布了两款数据产品：全球化工产业智链和化工产业链企洞察。前者常称"化工产业图谱"，涵盖300万种化学品/化学工艺，计划扩展到700万种。后者提供化工产业链上的企业数据，现覆盖40万条，未来目标为300万条。芯化和云数据来源包括自行生产和直接获取。自行生产数据为由专家团队研究形成的化工产业链图谱，直接获取数据涉及公

---

① 资料来源：作者根据公开案例集整理。

开数据和结构化集成数据，再进行二次加工确保精准性。芯化和云数据产品的具体提供形式为数据集和数据服务。数据集为一次性全量交付的数据包，客户可定制数据范围。数据服务主要为数据报告，顾客可定制内容，例如化学品市场进入研究报告。芯化和云数据产品流通平台包括中台、小程序、官网等，线上线下均有获客策略，如电销、行业会议等。

应用成效：

芯化和云化工产业链数据平台将复杂的化工数据有效整合并输出服务。在数据采集上，芯化和云结合自动化提取与人工核实确保数据精准度，在数据处理上，芯化和云通过对行业的深入了解实现了数据的多维度整合，以辅助交易，释放更大的数据价值。

芯化和云 2023 年的数据产品销售额已超百万元。一方面，芯化和云帮助用户精准定位商机和客户，提升经营效益，为化工企业提供产品梳理、行业分析等低成本且高效率的数据服务，辅助客户选择有前景的产品进行投产，帮助数百家企业实现数字化营销，推动中小化工企业数字化转型，免费为 20 万家企业提供商机数据，拥有 500 多家付费客户。另一方面，芯化和云助力地方产业链的拓展与规划，为地方政府，如新疆某市，提供产业链补强、拓展等服务，并定制产业链发展方向。[①]

案例 4：生产制造数据整合提升企业生产质效——浙江五疆科技化纤制造质量分析系统

数据来源： 浙江五疆科技发展有限公司、相关行业
数据内容： 化纤制造质量分析数据
开发主体： 浙江五疆科技发展有限公司

应用场景：

2024 年 1 月，作为桐乡市数据资本化先行先试企业，浙江五疆科技发展有限公司（以下简称"五疆科技"）完成数据资源入表准备，并正式启动入表工作，试点形成数据资产"化纤制造质量分析数据服务系统"。五疆科技通过感知、汇聚来自工艺现场的生产数据，经清洗、加工后形成高质量的数据资源，用数据融通模型计算分析后，可实时反馈并调控、优化产线相关参数，也可实现对产品线关键质量指标的实时监控和化纤生产过程总体质量水平的实时评级，从而达到提高化纤产品质量、提升企业质量管理能力、提高经营效能的目标。"化纤制造质量分析数据服务系统"包含 2787 万条质量管理数据，物理化验数据、过程质检、控制图数据、对

---

① 资料来源：复旦大学、国家工业信息安全发展研究中心、上海数据交易所《数据要素流通典型应用场景案例集》。

比指标参数、指标报警、预警趋势、不合格率等共 27 个数据模型，质量指数、合格率、优等率、稳定度等共 38 类指标体系。

应用成效：

五疆科技在使用"化纤制造质量分析数据服务系统"前，面临的主要问题有：过程质量信息传递不及时、不准确、不全面、不系统，导致质量管理者无法及时获取相关信息；检验人员无法精准掌握过程信息，影响产品质量的判定和把控；客户需求信息不能及时有效地传递到生产部门，导致生产与市场需求脱节；质量改进能力不足，质量提升速度缓慢，缺乏相应的信息支撑。五疆科技在使用"化纤制造质量分析数据服务系统"后，数据要素驱动下的品控体系日臻完善，吨质量成本年下降约 6.81%，客诉率年下降约 35.72%，质量管理水平和管理效率持续提升。[①]

案例5：高质量化学及材料科学数据应用加速材料研发变革——合肥机数量子材料科学数据库

数据来源：相关数据库
数据内容：化学和材料科学数据
开发主体：合肥机数量子科技有限公司

应用场景：

材料科学是国民经济发展的基础，材料研发的进步有助于国家经济从高速发展向高质量发展转变，新材料产业的战略性崛起对促进高端装备突破及保障国家重大战略需求意义重大。但材料研发的传统"试错"模式存在研发周期较长、成本较高、不确定性较大等问题。

合肥机数量子科技有限公司通过挖掘专利论文等文献数据，开展高效量子化学计算，建立了含 9000 万化合物、1100 万化学反应路径的大规模高质量化学和材料科学数据库。通过数据库训练材料配方与合成方案人工智能分析模型，构建机器人实验系统，打造基于数据的材料研发新模式，显著提升新材料研发质效，大幅增强相关产品市场竞争力。

应用成效：

一是训练专项人工智能分析模型。构建包含材料结构、性能等特征的材料配方与合成方案的人工智能分析模型，借助高质量化学和材料科学数据，对模型进行训练和调优，形成可用于寻找材料配方和合成方案的人工智能产品。

---

① 资料来源：中国大数据产业观察网：《全国25个数据资产入表案例》。

二是打造智能化机器人实验系统。建设机器人试验系统"机器化学家"，实现"数据读取—方案设计—实验操作"全流程智能化，变革材料研发范式，提升研发效能。"机器化学家"日均可完成百次以上化学实验操作，并将数千次实验优化过程缩短至 300 次以下，开发效率提升超百倍，全局优化准确率达到 90% 以上。同时，实验结果反哺到数据库中，推动数据智能驱动材料研发的良性循环。2023 年上线以来，系统已在 20 余家高校、科研机构及行业头部企业得到应用，支撑解决了如开发记忆金属、红外探测芯片光吸收增强、磷矿浮选、智能窗材料等一批技术难题，提升了相关产品的技术水平和市场竞争力。[1]

案例 6：电网数据应用助力金融、环保领域发展——南方电网数据开发应用

数据来源： 中国南方电网有限责任公司
数据内容： 电网运行、电能计量、设备检测等数据
开发主体： 中国南方电网有限责任公司

应用场景：

中国南方电网有限责任公司（以下简称"南方电网"）在电网运行、电能计量、设备检测过程中形成海量数据。随着数据价值挖掘认识和技术的不断提升，南方电网以数据为引擎，对自身海量数据进行了充分有效的开发应用，取得了经济价值和社会价值。南方电网数据开发应用主要包括三个阶段。一是制定数据标准，整合自身及上下游数据，建立涵盖 10 余个数据域、200 多个数据主题、40 多万项数据实体、400 多万项数据字段的数据库；二是构建数据资产管理体系，推进系统与平台建设，培养大数据融合创新能力，培育价值释放环境；三是构建电力大数据产品体系，面向公司内外客户群提供数据服务，完成内部数据应用开发 400 多项，外部产品开发 200 多项，取得良好的社会效益及经济效益。

应用成效：

云南电网打造的"彩云充"将全省充电设施利用率提高约 5%，实现碳减排约 36 万吨；南网数字集团打造的"中小微企业用电景气指数"有效反映中小微企业运行情况，得到工信部充分肯定；南网互联网公司推出的"南网 e 链"为金融机构提供信贷风险评估服务，供应链金融业务规模 300 余亿元。南方电网数据开发应用不仅带来经济效益，而且在碳减排、经济运行分析等领域产生了积极的社会效益。[2]

---

① 资料来源：国家数据局首批 20 个"数据要素×"典型案例。
② 资料来源：作者根据公开资料整理。

案例 7：供热管网数据整合提升热力管理效能——济南热力集团智慧能源平台

数据来源：济南热力集团

数据内容：供热管网 GIS 系统数据

开发主体：济南热力集团

应用场景：

济南热力集团应用自身管理及技术优势，打造具有状态全面感知、信息高效处理、应用便捷灵活的智慧能源平台系统。平台各类供热数据达上百亿条，每天增量 3000 万条，通过智能分析，实现了海量数据的全方位、多视角、自定义查询、统计、分析和监控，为全面掌握全市供热管线布局和运行状况，优化调度运行、降低运营风险、节能降耗提供有力支撑。集团完成了热网监测数据的采集、整合、建模等数据加工环节，形成供热管网 GIS 系统数据，并 2024 年 2 月进行资产评估，严格完成数据资产梳理与认定、内部立项、登记确权、合规评估、经济利益分析、成本归集与分摊等关键环节，实现供热管网 GIS 系统数据资源入表。同月，供热管网 GIS 系统数据获得齐鲁银行授信及放款，融资金额用于二期数据资源项目的实施。

应用成效：

供热管网 GIS 系统数据帮助济南热力集团更加全面、及时地掌握全市供热管线布局和运行状况，优化调度运行、降低运营风险、实现节能降耗。同时，供热管网 GIS 系统数据入表有效盘活集团存量数据资产，提高资产使用效益，为数据资产市场化、资本化打下基础。①

⧅ 二、农业领域

案例 8：多源数据融合提升稻麦重大病害监测预警能力——江苏省农作物病害资源库

数据来源：江苏省政务数据共享平台

数据内容：病害数据、气象数据、遥感数据等

开发主体：江苏省互联网农业发展中心

---

①　资料来源：中国大数据产业观察网：《全国 25 个数据资产入表案例》等公开资料。

应用场景：

　　农作物病虫害是影响农作物稳产增产的重要因素。针对长江中下游地区小麦赤霉病和水稻稻瘟病发病风险高，传统病害监测手段存在数据采集不全面、监测覆盖范围不到位、风险发现不及时等问题，江苏省互联网农业发展中心依托省政务数据共享平台和农业农村大数据云平台，综合应用 GIS、物联网、卫星遥感等手段，采集汇聚农情、病害、植保、气象、遥感、基础空间等多源数据，构建赤霉病、稻瘟病数据资源库，对作物病害发生进行常态化的概率测算和风险预警，有效提高病害防治的精度和准度。

应用成效：

　　一是搭建病害智能化预警模型。整理分析稻麦病害发病情况的历史调查数据，结合对应时期稻麦生育期观测数据、气象数据、作物识别数据、多光谱遥感数据，搭建病害发病概率模型，实现稻麦病害发生风险预测。

　　二是推出风险防控常态化服务。基于病害监测预警数据分析结果，为各类生产经营主体提供历史病害服务、监测分析、预警发布等服务，每日提出未来 7 天病害侵染风险，提升在重点时间、重点区域的病害精准防治能力。2019～2023 年，江苏省互联网农业发展中心连续预测全省赤霉病、稻瘟病发病风险，累计监测小麦和水稻种植面积超 2 亿亩，病害逐日风险预测准确率提高到 80% 以上，风险预测时间比人工提前 7 天，平均减少每年植保用药 1～2 次。近 3 年年均挽回稻麦损失共计 200 万吨，年均挽回直接经济损失 49.8 亿元。[①]

案例 9：农作物制种产业数据应用提升产业发展质效——张掖市甘州区玉米制种产业服务平台

数据来源： 张掖市甘州区政府、玉米制种基地、相关产业链供应链
数据内容： 农业公共数据、玉米制种基地生长监测数据、产业链供应链数据等
开发主体： 张掖市甘州区现代种业有限公司、张掖浪潮云信息科技有限公司

应用场景：

　　张掖市是全国最大的玉米制种产业聚集地。作为公共数据管理主体，张掖市甘州区授权张掖市甘州区现代种业有限公司作为甘州区玉米制种产业公共数据运营主体，进行玉米制种产业公共数据运营。张掖浪潮云信息科技有限公司参与玉米制种产业数据授权运营，负责技术体系搭建和技术实施工作，双方共同提供基于玉米制种产业数据的数据运营全流程一体化服务，推动甘州区农业领域数据生态体系建设。

　　甘州区玉米转基因制种基地安装部署虫情监测、灯诱虫情测报、水质检测、土

---

① 资料来源：国家数据局首批 20 个"数据要素×"典型案例。

壤墒情、农业气象监测站、基因检测芯片等智能边端设备，建设甘州区玉米制种产业数据中心，实时监测、采集、汇聚、存储、计算玉米种子的生长数据，搭建"数采、数用、数算"体系，形成当地玉米制种产业数据资源库。张掖市甘州区现代种业有限公司依托智能物联终端＋大数据平台，建立玉米制种产业数据基础设施，通过打造数据可信空间，汇聚全县产业数据资源和公共数据资源，经过整合加工，形成玉米制种产业全生命周期数据资源体系。同时搭建玉米制种产业服务平台，基于产业全生命周期数据资源体系，打通甘州区国资平台、浪潮云、现代种业公司、农资供应商、育种公司、村集体（合作社）、金融机构等多方合作的数据链路，实现制种生产、土地配置、流程监管、资金配置、产业协同的数字化应用。

平台数据主要包括张掖市甘州区公共数据、玉米制种基地生长监测数据、产业链供应链数据等。其中，公共数据主要包括耕地分布数据、土地等级数据、土地质量数据、土地产权数据、气象气候数据、农业资金补贴数据、地理信息数据、遥感卫星数据、农机数据、农资采购数据、玉米种子质量追溯数据、环保数据、水源分布数据、市场经营主体数据、玉米市场价格数据等。基地生长监测数据主要包括：播种数据、农事作业数据、生长监测数据、灌溉数据、土壤墒情数据、气象站监测数据、病虫害监测数据、施肥数据等。产业链供应链数据主要包括：产量数据、收购数据、制种质量监测数据、价格数据、供需数据、物流数据等。

应用成效：

一是通过建设数字化基础设施，采集农作物种植、生长、环境监测等数据，实现农作物全生命周期的自动化监测，使土地配置率提高150％，制种产量综合提高8％，人工投入降低30％，制种优质率提高15％，实现对玉米制种产业的数据赋能，构建玉米制种产业的数据资源体系。

二是依托产业服务平台和特色产业数字资源，实现产业链相关主体的聚合，围绕产业需求提供多类数据监测、数据应用，通过数据流引领玉米制种产业链中的物资流、人才流、技术流、资金流，找到企业、行业、产业在数据要素资源下的"最优解"，带动 GDP 提升，提高数字经济占比。[①]

案例 10：蛋鸡产业数据应用提升产业发展质效——北京沃德博创智慧蛋鸡产业互联网平台

数据来源：蛋鸡产业、兽医临床、智慧兽医平台

数据内容：蛋鸡产业养殖、管理数据，兽医临床样本数据，智慧兽医智能诊断积累数据

---

① 　资料来源：国家信息中心大数据发展部、中国软件评测中心等单位《全国公共数据运营年度发展报告（2023）》。

开发主体： 北京沃德博创信息科技有限公司

应用场景：

蛋鸡养殖产业作为我国畜禽养殖业的重要组成部分，虽然近十年规模化养殖场占比逐年增大，但农民仍是养殖业主体。大多数养殖场的管理以经验养殖为主，管理较为粗放，缺少科学化、数字化的技术指导；另外，由于疫病防控技术相对落后，信息来源欠缺及专业兽医人才匮乏等因素，导致养殖场一旦出现疾病问题就损失惨重。因此有效采集、整合相关数据信息，通过构建科学养殖、智能诊断、疾病预警大模型，为用户提供专业化、数字化、便捷化智能服务，帮助其科学"养好鸡"，促进蛋鸡养殖场（户）增产增收，成为推动蛋鸡养殖产业高质量发展的关键。

北京沃德博创信息科技有限公司，通过生物技术与信息技术的创新融合应用，构建智慧蛋鸡产业互联网平台。平台建设采用"金三角"科技创新模式，即"政府主导、企业主体、院所支撑"，聚集产业链各方资源，通过融通数据要素，围绕家禽养殖"难点、痛点、堵点"，打造"养殖预案、智慧兽医、疾病预警"数字化场景，为产业链用户提供多场景、多模式的"智"能服务。

应用成效：

一是养殖预案应用大数据技术，将 40 年养殖、管理经验转化为数字化"标准"。围绕蛋鸡饲养关键点，基于 162 个要点和 1295 万条数据，构建形成涵盖饲养、营养和防疫三大层面的预案模型，为用户提供"一场一批一策"定制化服务，助力养殖场实现"标准养"。目前全国 31 个省 2.8 万养殖场已受益养殖预案服务，定制预案量达 7.4 万批次，推送量超过 3700 万次。

二是联合国家农业信息化工程技术研究中心、中国农大、哈兽研、峪口禽业等政、产、学多方资源，开发"智慧兽医"，以"10 亿＋"临床样本为基础，采用高阶多标记方法，计算每种组合病状出现概率。并建立深度学习＋智能演进知识图谱的疫病推理模型，形成了疾病数据库、症状数据库以及诊断方案库。用户仅需筛选相应症状，系统秒出诊断、预防和治疗的全套方案。目前，近 4 万养殖场持续使用，诊断数量 16 万余条，诊断结果准确率 98％以上，满意度 96％，实现了"早发现、早诊断、早治疗"的目标。

三是疾病预警利用智慧兽医智能诊断功能所积累的数据，采用神经网络算法，构建智能疾病预警模型，展现全国及所在地区的近 30 天和近 3 个月内的疾病流行情况，帮助养殖场及时掌握疾病的流行状况，进而采取相应的预防措施，降低养殖风险。

经济效益方面，智慧蛋鸡构建的"养殖预案、智慧兽医、疾病预警"数字化场景，年服务全国超 3 万家养殖场约 1 亿只蛋鸡。通过科学养殖和有效的疾病防控，鸡群死亡率降低、产蛋量提升，每只鸡约可提高收益 0.3 元，年提高养殖场收益约3000 万元。

社会效益方面，智慧蛋鸡平台有效整合、融通产业饲养管理、疫病防控大数据，积极推进数字技术和传统农业深度融合，构建以数据要素服务为核心的新场景，有效推动蛋鸡产业数字化转型升级，成为打造农业领域新质生产力示范的典型案例。[①]

案例11：生猪产业数据汇聚提升全产业链管理效率——农信数智生猪产业数智生态平台

数据来源：通过物联网、大数据、云计算、人工智能等信息技术挖掘

数据内容：行业数据，包括养猪场的人、财、物、猪、场、舍及采销、物流、金融服务等各单元数据

开发主体：农信数智科技有限公司

应用场景：

我国是世界上最大的生猪生产和消费国，产业市场规模巨大，但产业上下游存在生产方式落后、环节多、链条长、信息不对称、运转效率低下、运营成本高等问题。

农信数智"生猪产业数智生态平台"通过运用物联网、大数据、云计算、人工智能等新一代信息技术，搭建服务于我国生猪产业的数据服务平台，实现生猪产业资源、数据等要素的高效共享和充分流通。平台依托多年生猪产业一线深耕积累，利用新一代的数智技术，通过对产业各环节的数据深度挖掘，实现生猪从出生、出栏到屠宰加工全生命周期的数字化、远程化、智能化管控，解决数据碎片化、不连续性问题，消除数据孤岛，跨界构建"生产＋管理＋交易"三位一体产业互联网大数据应用平台。

平台推出"猪企网""猪小智""猪小慧""农信商城""国家生猪市场"等终端应用产品，满足全产业链不同环节的用户需求。建立多数据源业务高效数据采集系统，对猪场的人、财、物、猪、场、舍及采销、物流、金融服务等各单元数据要素全面挖掘，对产业供应链交易环节数据进行全面的收集、整理、分析。其中，"猪小慧"推出行情宝、猪病通、养猪大脑等大数据应用服务，是生猪行业内首个可商业化应用的产业 GPT 数字人产品，可以辅助企业决策，助力降本增效，实现生猪全产业链的科学优化。

技术创新方面，平台基于微服务分布式技术架构，融合弹性计算、智能物联、大数据、机器学习、数字孪生、大语言模型等新一代数字技术，提供数据存储、数据分析、数据治理、数据服务等数据价值产出能力，提供快速、可靠、智能的全新

---

① 资料来源：北京市政务服务和数据管理局、北京软件和信息服务业协会《2024 北京"数据要素×"典型案例集》。

交互体验。模式创新方面，以产业应用服务来获取数据，在用户实时使用过程中完成数据实时采集，从而保证采集的实时性、真实性和准确性。应用创新方面，通过数据中台的技术处理，形成给予不同产业主体的数据产品，让数据产品在产业链中各个主体的使用过程中实际应用，使产业主体用得起、用得上。

应用成效：

"生猪产业数智生态平台"解决产业生产效率低下、综合管理水平落后、信息不对称等难题；同时依托农信生猪全产业链大数据平台，在解决生猪育种"卡脖子"难点上起到了重要作用，推动我国生猪产业实现降本增效、提档升级。

经济效益方面，农信实时大数据监管平台数据显示，全程使用农信数智"生猪产业数智生态平台"的养殖企业，其 PSY（衡量猪场效益和母猪繁殖成绩的重要指标，指每头母猪每年所能提供的断奶仔猪头数。）可提升至 25 头，断奶前成活率可达到 94.75%；综合测算，每头生猪可为养殖户增收 151 元，每头母猪年节省 900 元，千头母猪场每年可降低成本 90 万元，从而促进我国生猪产业健康发展和提档升级。

社会效益方面，"生猪产业数智生态平台"支持下的猪场，每年每头母猪可向社会多提供 5 头左右商品猪，合计近 500 千克猪肉。大数据平台可助力生猪产业振兴，帮助政府决策，科学分析数据价值，创新政府治理模式；监测行业动态，指导养殖户合理布局生产，保障养殖户收益；监督生猪规范化养殖，保证食品安全，帮助养殖户实现数智化养殖，并进一步推动互联网＋、自动化、信息化、智能化养殖进程。此外，平台探索建立的"生产＋管理＋交易"的生态平台模式，除在生猪全产业链应用外，可以复制应用在农林牧渔等多个农业产业以及农业以外的其他产业。①

案例 12：智慧农业驱动农村种植和金融数字化变革——上海左岸芯慧农业数字化管理系统

数据来源： 政府部门，设备采集、农户上传
数据内容： 土壤、水质、气象等数据，作物生产全周期数据等农业数据
开发主体： 上海左岸芯慧电子科技有限公司

应用场景：

传统农业正在进行数字化转型，但却面临着生产经营过程管理难和金融保障不足等核心问题。农业生产经营过程管理难主要体现在自然环境波动大导致种植难以实现精细化操作和质量控制，以及农产品品质认证烦琐，优质产品受盗版威胁。金

---

① 资料来源：北京市政务服务和数据管理局、北京软件和信息服务业协会《2024 北京"数据要素×"典型案例》。

融保障方面的问题包括融资难、融资贵、融资不及时和保险利用不足。

针对上述痛点，上海左岸芯慧电子科技有限公司（以下简称"左岸芯慧"）以农业数据为基础，构建了开放式的数字化管理系统，为农业生产的产前、产中和产后环节提供赋能支持，有针对性地向农户和下游金融机构提供农业数据产品和服务。

在农场管理与产品溯源方面，"神农口袋"是左岸芯慧开发的一款专为农场研制的轻量级的数字化管理系统，也是上海市农业生产信息直报系统。数据来源于两个渠道：一部分通过传感器、水肥一体机和气象监测设备等物联网基础硬件，自动收集实时土壤、水质和气象等数据；另一部分依赖农户自主上传生产操作，实现作物生产全周期数据收集，以实现精细化管理和农产品溯源。平台将收集的农作物历史数据整理成分析图表，协助管理者调整种植策略。例如，农场主可以查看农产品的出入库记录、土壤情况、微量元素浓度等数据，优化生产流程和决策。一方面，"神农口袋"提供农机调度、农药管理、物联网管理、灾情预报等服务，提高产业运营效率。另一方面，"神农口袋"可以支持产品溯源。农场主还可以通过神农口袋平台一键开具"农产品溯源码"或"食用农产品合格证"，实现对农产品的溯源管理和品质认证。

为了帮助金融保险机构更好地进行用户画像和风险评估，左岸芯慧整合了海量农业数据，形成"神农大数据"，在上海市农业农村委员会的授权指导下，以接口的方式开放给对应下游金融机构和征信机构，为其更好地进行产品设计和决策支持赋能。在贷款服务方面，农场主可以通过"神农口袋"的"农村金融"板块申请贷款，并填报银行预授信信息。征信机构可以通过主体授权，从神农口袋的接口中调取左岸芯慧提供的种养殖档案数据，生成涉农主体专项信用报告，协助银行进行信用评估，提高贷款的效率。针对农业保险，左岸芯慧与太平洋安信农业保险股份有限公司合作，构建了农业保险的数字化服务链，包括实现基于地块的数字化投保、开发"穗优农险"创新金融产品、农业保险数字化管理工具以及全产业链的数字管理云平台，帮助提高农户的风险管理和保险利用率。

应用成效：

从经济效益方面，左岸芯慧利用农业数据打造的产品不仅帮助了合作农户实现提质增效，也为金融保险等下游行业的精准服务和产品设计提供数据支持，为多方主体带来了显著的经济效益。例如交通银行上海分行联合左岸芯慧和联合征信有限公司推出了"神农 e 贷"项目，仅需 3～5 日即可申请到农业贷款，截至 2023 年 8 月 28 日，已有 170 余家合作社申请贷款服务，44 家已审批通过，共审批通过 3000 多万元，提款达 2700 多万元。保险方面，左岸芯慧与安信农业保险股份有限公司合作推出"穗优农险"并借助"神农口袋"实现了基于地块的无纸化精准投保与快速理赔，累计投保达 21.1 万亩。

农业数据的使用带来的社会效益主要体现在为农业数字化转型提供支持以及实

现生产—消费数据透明上。一方面，便捷的贷款服务和精准定制的保险双管齐下，解决农业生产的后顾之忧。另一方面，可溯源的农产品高度保证了生产者与消费者之间的数据透明，让消费者可选择、可辨识、可溯源，充分保障食品安全和消费者权益。[①]

案例13：农业农村数据和遥感数据应用助力农村金融服务发展——浙江网商银行、蚂蚁科技农业信用贷款授信评估体系

数据来源：农业农村部大数据中心

数据内容：遥感识别数据、农户个人授权数据、农村土地基础数据、土地承包数据、农业生产活动数据等

开发主体：浙江网商银行股份有限公司　蚂蚁科技集团股份有限公司

应用场景：

通过普惠金融健全农村金融服务体系，加大对农村地区的信贷投放力度，增强农户群体的内生发展动力，是助力乡村振兴战略的有效手段。在农业生产融资过程中，农户往往面临可抵押资产少、农产品生长受气候环境影响大、普惠金融贷款渠道和产品不足等问题。为解决这类问题，浙江网商银行股份有限公司、蚂蚁科技集团股份有限公司与农业农村部大数据中心合作，通过遥感、数字风控等技术的创新结合，结合多方数据建立新型农业信用贷款授信评估体系，提升金融服务对农户的授信范围和额度，同时提高金融服务机构的风险防范能力。

应用成效：

一是建设隐私计算平台，实现多方数据安全融合。利用隐私计算技术，将遥感识别数据、农户个人授权数据和农业农村部的农村土地基础数据、承包数据、农业生产活动等公共数据安全汇集进行联合建模。

二是多源数据建模分析，实现普惠金融服务模式创新。深入挖掘农田遥感数据在预测农作物种植面积、品种、成熟程度和收成方面的价值，结合农户个人授信数据及全量地图数据匹配分析，实时掌握农户种植农田的真实经营情况，用于农业信贷授信评估。有效解决小农户因缺乏贷款记录、有效抵质押物而难以获得贷款支持的难题。自2023年起，累计为260万农户提供普惠金融服务，授信总额638.8亿元，其中53万农户为首次获得银行贷款；覆盖全国31个省（区、市）的2688个县级行政区，占全国县级行政区94.44%。[②]

---

① 资料来源：复旦大学、国家工业信息安全发展研究中心、上海数据交易所《数据要素流通典型应用场景案例集》。

② 资料来源：国家数据局首批20个"数据要素×"典型案例。

⫿⫿⫿　三、交通运输领域

案例14：多式联运数据贯通促进物流行业降本增效——浙江四港联动智慧物流云平台

数据来源：浙江省政府部门、物流行业
数据内容：政务数据、全省海运、空运、陆运、口岸等各类物流数据
开发主体：浙江四港联动发展有限公司

应用场景：

　　物流连接着生产和消费，是支撑国民经济发展的基础性产业。常见的物流种类包括铁路、公路、航空、水运、管道等，货物从生产端到消费端往往会经历多种物流方式的衔接运输（简称多式联运）。由于不同物流方式涉及的主体数量庞杂、差异较大，物流信息存在不对称、不透明等问题，导致信息跟踪难、订舱操作烦琐，限制物流效率提升。

　　浙江四港联动发展有限公司通过打造智慧物流云平台，集成全省多维度物流大数据，打通系统间数据壁垒，构建大数据底座。平台先后整合打通政务、班轮、码头、货代等100多个系统，汇集海运、空运、陆运、口岸各类物流数据超1.1万项，对接各类物流数据超1000万条，为智慧物流服务应用提供坚实基础。平台形成了物流数据存储、交换、共享、应用、开放的核心枢纽，构建了"一地汇聚，全省共享"的一体化智能物流公共数据平台。

应用成效：

　　智慧物流云平台应用物流运单AI智能识别、智能沙箱等技术，打造多样化数据产品服务，通过集成货、箱、车、船、空、铁、驳、仓、关、港10大数据域，重塑数据交互标准、重构系统操作流程、重造应用场景功能，打造跨运输方式、跨政企、跨省市县企的物流数据枢纽，实现多式联运物流全程跟踪、路径优选等功能，提供从订舱到港口出运"一站式"全流程数据服务，实现一站式"查运踪、查船期、查运价、查关务、查航空"，构建"海陆空"多种联运方式融合的数字化物流运输体系。平台通过数字化赋能提升多式联运承载能力和衔接水平，大幅提升企业物流效率，降低运营成本，创新了多式联运组织模式，加快物流行业转型升级。①

---

　　① 资料来源：国家数据局首批20个"数据要素×"典型案例。

案例 15：航运数据智能应用促进物流上下游互联互通——亿海蓝智慧航运物流平台

数据来源：航线、港口、航运企业等

数据内容：位置动态、船舶类型、船舶档案、集装箱运输准班率等航运运输物流数据

开发主体：亿海蓝（北京）数据技术股份公司

应用场景：

集装箱物流各主体协同程度低，导致外贸企业难以预知货物在途风险，亟须整合多源数据，优化供应链决策。干散货物流当前分析普遍依赖统计数据，亟须提高时空粒度、丰富维度、加强时效性，以应对国际环境不确定性与复杂性的挑战。内河航运长期存在"小、散、乱"的特征，船舶有效装载率低、信息差大，处在等货源、等进港、等过闸的恶性循环中，亟须精确匹配船货，提高运行效率。

亿海蓝旗下"船讯网"面向大宗商品及集装箱产业链上的企业提供实时船舶物流跟踪服务，将位置动态、船舶类型、船舶档案等信息融合，形成 API 产品与企业内部的 ERP 系统进行对接，促进国际航运物流上下游互联互通。技术创新方面，亿海蓝研发时空大数据模型和标识算法等数据技术，搭建数据处理与计算中台，实现供应链物流多源异构大数据的实时采集、处理、融合与存储，为供应链管理提供全局视角。应用创新方面，亿海蓝利用新一代信息技术，应用多种机器学习和深度学习模型，支撑了国际供应链物流的高效协同和在途可视化监控与风险预警等应用场景。

亿海蓝将先进的数字化管理与线下物流运力组织相结合，建立"运呱呱网络货运平台"，利用大数据、人工智能、物联网等技术，为货主及船东提供船货匹配和结算服务，帮助航运物流产业链上的传统企业提高效率、降低成本。亿海蓝融合航线、港口及船公司的集装箱运输准班率等信息，研发出全球首款高度智能化、集成化、全程可视化的供应链协同与可视化平台"CargoGo"，实现对集装箱运输"一张网"全流程覆盖监控、"一张图"可视，帮助我国制造业企业和物流企业优化供应链管理。亿海蓝系统攻坚多源异构大数据动态融合与集成、大宗商品时空标识与运输行为推断、贸易稳健性网络构建与扰动因子识别等关键技术，形成"全球大宗商品海运分析决策系统"，推出沿海干散市场冷暖指数等产品，面向港航、金融机构和政府部门提供大宗商品情报、期货交易策略、行业与宏观研究等决策支撑。

应用成效：

经济效益方面，一是基于大数据的内外贸智慧航运物流平台优化了航运物流相关企业的供应链网络，在企业供应链计划制定、执行跟踪、风险管控过程中提供全面可靠的数据和决策支持，为我国外贸企业避免了近亿元级别的滞箱费、滞港费、

临时空运费等供应链延迟损失，为"中国制造"出海保驾护航。二是平台转变了航运产业链上传统企业的经营方式，通过促进各项资源的有机匹配和有效整合，使传统企业的价值链得到明显延伸，核心竞争力和一体化服务优势得到提升。

社会效益方面，一是平台打通了航运供应链物流的关键堵点，促进上下游、产供销、大中小企业协同发展，畅通了国内产业链微循环；二是平台推进了航运物流产业链上下游互联互通，推动贸易自由化便利化，促进资源要素有序流动；三是平台突破了制约外贸企业供应链管理的短板，保障供应链安全平稳运行；四是平台提升了我国对大宗商品价格波动的监管和服务能力、防范化解重大系统性风险能力。[①]

案例16：重载货车数据整合赋能物流行业智能管理——北京中交兴路物流科技能力平台

数据来源：制造业企业

数据内容：物流数据

开发主体：北京中交兴路信息科技股份有限公司

应用场景：

制造企业对生产物流各环节的管理缺失，造成进入原料、成品生产、成品运输各环节的时间周期长、管理难度大、投入成本高的问题。运输公司通常会采取自有运力与外协运力相结合的运输组织方式，但由于对外协车的车辆资质、在途管理、路线安排等缺少管理手段和工具，造成成本高、效率低的问题。

中交兴路打造物流科技能力平台，实现了智能调度、智能轨迹等能力，并在此基础上构建"灵动在途""灵梭运力池""供应链控制塔"等标准化产品。平台打通制造业企业从原料采集到成品出厂装货，以及货物"公铁空水"在途运输和企业订单管理系统等全业务流程的应用系统，配合车辆在途数据，实现全数据资产的一站式可视化。结合制造业企业现有的物流管理系统等综合服务能力，针对厂区地图绘制难、车辆到达时间不确定，车辆进厂排队时间长等造成的厂内物流管理混乱、货物周转时间长的问题，打造进厂物流车辆管理系统，使95%以上的行动行为都得到高效监督与管理。同时，通过构建AI智能匹配算法，帮助企业实现自有运力和外协运力的高效融合，实现运力侧与货主侧的高效精准对接，达到提高管理效率，降低管理成本的目标。

应用成效：

经济效益方面，一是生产制造全业务流程的可视化。在数据治理、AI分析等能

---

①　资料来源：北京市政务服务和数据管理局、北京软件和信息服务业协会《2024北京"数据要素×"典型案例》。

力的助力下，来自制造业企业各业务系统中不同标准、不同格式的多源异构海量数据资源，得到了一体化、实时化的统筹管理和应用，实现数据资源的一张屏可视、检索和调取。二是打造可高效对接的运力池资源。帮助制造企业高效连接全国全量的运力资源，实现在途管理、在途监控、智能调度、智能报表、统计分析等业务数字化管理，提升车辆进场装卸货和运单在途管理的整体效率，从而达到降本增效的目的。三是提升厂区物流高效协同的水平。改变以往相对粗放的货运车辆进场物流管控状态，实现进场货运车辆的智能排号，可根据车辆的业务类型生成过磅、质检、装货、卸货、出厂等专用路线导航路线，使原本需要花费 2~3 天的货运车辆等待时间，缩短到 6~8 个小时就能完成，大幅提升物流货运车辆的使用效率，降低了企业厂区的物流成本。

社会效益方面，通过对车辆在途的管控、建立车辆信用档案等方式，减少了行业中存在的套牌车、违规车辆的使用数量，为行业的健康发展提供土壤，同时，车辆在途的安全提醒服务提高驾驶人员的安全意识，提升了道路货运行业的安全水平。[①]

案例 17：车路协同交通场景支撑自动驾驶车辆仿真测试——德清自动驾驶车路协同场景库

数据来源： 浙江省湖州市德清县政府部门

数据内容： 交通信号灯、道路事故、道路施工等公共数据，交通参与者历史数据，基础安全信息历史数据等

开发主体： 德清城市数据经营管理有限公司

应用场景：

浙江省湖州市德清县充分发挥"联合国世界地理信息大会永久会址"和"国家级车联网先导区"的优势，大力发展地理信息产业，授权德清城市数据经营管理有限公司进行车联网领域公共数据运营。自动驾驶企业希望使用真实路侧数据进行环境探知和反馈，形成结构化方式的表达，实时提取长尾场景，降低验证和数据积累成本。因此，亟需建立自动驾驶车路协同场景库，打造实时数据、协同计算的车路云一体化的智能汽车"中国方案"。

德清县授权德清城市数据经营管理有限公司作为公共数据运营机构，整合社会数据，导入授权运营域，并与公共数据进行融合。其中，社会数据主要包括路侧采集交通参与者历史数据、路侧采集基础安全消息历史数据、路侧采集路侧安全信息历史数据等；公共数据主要包括交通信号灯数据、道路事故数据、道路施工数据

---

① 资料来源：北京市政务服务和数据管理局、北京软件和信息服务业协会《2024 北京"数据要素×"典型案例》。

等。在公共数据授权运营域中进行脱敏、加工和封装，在数据可用不可见的环境中进行训练研发，形成德清特色的车路协同交通场景库，支撑自动驾驶车辆的仿真测试，赋能智慧交通发展。

应用成效：

车路协同交通场景库兼顾政府监管、企业交易、产业服务等需求，推动公共数据与社会数据的跨界融合应用，充分释放车联网相关数据价值。车企可利用仿真场景库进行模拟训练，相对于依靠采集车采集等传统方法，可减少 40% ~ 50% 道路测试时间，大幅降低研发成本，补全德清车联网"仿真 – 封闭 – 开放道路"测试服务链，助力车联网行业发展，对交通运输领域的数据运营具有较好的参考意义。①

＼＼ 四、绿色能源领域

案例 18：数据要素创新应用助力新能源发展及消纳——国网新疆电力新能源分析模型

数据来源：政府部门、新能源行业
数据内容：新能源项目审批数据、新能源场站运行数据、气象数据等
开发主体：国网新疆电力有限公司

应用场景：

大力发展新能源是缓解我国传统能源对外依赖性高、碳排放强度大等问题的关键解决方案。但风电光伏等新能源受自然条件影响，发电量具有随机性、波动性等特点，随着新能源并网增加，带来的系统运行稳定性问题和弃风弃光问题也日益突出。

国网新疆电力有限公司通过汇聚分析新能源项目审批、场站运行、气象等数据，建立新能源功率预测及消纳能力分析模型，为新能源项目建设、并网运行、动态消纳等提供科学决策依据。模型打破各平台数据壁垒，推动新能源数据汇聚融合，获取多源监测分析数据指标 260 项，汇聚 807 家新能源场站的 8497 万条光伏运行数据和 5.7 亿条风电运行数据；获取沙尘、寒潮、大风等 5 种非平稳转折性气象环境数据，沙漠、盆地、戈壁、荒漠及其交叠的 10 种特殊地形地貌下的 9534 万余条云图数据。

---

① 资料来源：国家信息中心大数据发展部、中国软件评测中心等单位《全国公共数据运营年度发展报告（2023）》。

应用成效:

一是开展新能源数据的建模分析应用。构建新能源多维分析框架和全景可视化场景,聚焦新能源运行和消纳环节,应用机器学习等技术测算不同技术路径下的新能源消纳量和利用率提升情况,提前预测可能发生的并网风险,提供消纳措施选取建议,辅助开展各项措施应用后评估。明显提高新能源发电上网的监测准确性,其中,风电短期预测精度提高4.3%,光伏短期预测精度提高2.2%。明显减少弃风弃电现象,增加新能源上网电量31.9亿千瓦时,相当于克拉玛依地区全年用电量。

二是开展新能源数据的共享定制服务。基于能源大数据统一门户,对外提供多元定制化数据共享服务,为800余家新能源企业提供一键式新能源并网信息跟踪查询,为政府部门提供实时动态的新能源发展全场景数据服务和分析报告,实现新能源场站的提前规划、全景监测、智能分析、消纳预测和风险管控,在保障电力系统安全稳定运行的前提下提高新能源应用效率。通过大数据智能化管控,优化并缩短并网流程15项,提升并网效率30%,节约新能源发电项目建设和运营成本,加速了新能源项目在新疆落地发展,为"双碳"目标实现和能源安全贡献力量。[1]

案例19:气象数据保险增值服务赋能风电设施建设运营减损增效——台州气象保险增值服务

数据来源: 台州市气象局

数据内容: 实时风向、风速、雨量、温度、能见度等气象数据

开发主体: 台州市气象局、人保台州分公司、浙能集团

应用场景:

在全球气候变暖背景下,我国极端天气事件增多增强,对防范气象灾害提出了更高要求。精准气象预测借助大数据、AI算法等现代科技技术,可对具体区域和场景的气象变化做出系统性监测和预判,从而有针对性地提升气象预测对生命财产的保驾护航能力。台州市气象局、人保台州分公司、浙能集团三方合作探索"买保险送气象服务"模式,为风电企业提供定制化气象预测,助力企业预防灾害、顺利施工、高效运营。

应用成效:

一是创新"气象保险增值服务"合作模式。风电企业仅需支付商业保险费用,即可享受由保险公司采购、气象部门提供的实时风向、风速、雨量、温度、能见度等气象数据服务,改变了原来需要分别向气象部门和保险公司定制气象服务和工程

---

① 资料来源:国家数据局首批20个"数据要素×"典型案例。

保险的常规流程。

二是实现气象数据产品与项目运营管理有机融合。将天气预报产品、气象模型接入业主方现有的智慧工地平台，实现当致灾气象要素发生异常时，通过电话、短信方式对指定位置进行告警。同时，通过建立风功率预报、灾害风险等模型，实现3天内的天气预报，为电力调度、工程推进提供决策建议。

三是探索数据利益分配模式。该模式形成了保险公司降经营风险、风电企业降本增效、气象服务中心获取更多研究场景和经费的多方共赢局面。2023年，在专业化的气象数据服务下，某海上风电项目未出现灾害理赔情况，为保险公司节约了大量理赔成本。同时，该项目在当年额外增加了45天的作业窗口期，工期提前1个月完成。①

案例20：海洋公共数据应用助力海上风电企业建设运营——青岛国实科技海洋大数据交易服务平台

数据来源： 政府部门、海上风电行业

数据内容： 气象、水文、空气污染等海洋环境预报数据，风环境、海浪、温度、台风等海洋环境分析数据，以及温盐、海流、波浪、水位、水色透明度海发光、浊度和海冰等海洋水文数据等

开发主体： 青岛国实科技集团有限公司

应用场景：

海上风能资源丰富，海上风电行业已成为全球新能源开发的热点与前沿。但海上风电开发项目技术要求严、施工难度大、运维成本高，需要大量的海洋环境数据作为支撑。

青岛国实科技集团建设了全国首个海洋大数据交易服务平台，形成了海洋环境数据（包括地波雷达数据、海洋牧场数据、海洋环境模拟与预报数据）、海洋地理信息数据（主要为地理模型数据）、海洋遥感数据（主要为近海遥感数据）等3大类7项服务内容的整套数据服务体系，数据资产达5090GB。具体产品和服务方面，平台一是开展标准化数据治理，提供海洋数据采集、数据梳理、数据编目、质量检测、数据脱敏、成果展示、应用开发等治理服务，提高数据质量；二是开发海洋数据产品，如全球模式集合预报产品、海上精细化数值预报产品、风功率预测产品、短期功率预测对比服务等，赋能风电项目的各环节及相关主体；三是探索开展数据资产登记、数据确权、数据质量评估、数据资产估值等探索，依托超大规模算力资源、隐私计算和人工智能等技术对平台功能持续进行完善和迭代升级。

---

① 资料来源：国家数据局首批20个"数据要素×"典型案例。

应用效益：

海洋大数据交易服务平台通过开发利用海洋数据，提供定制化、高精度的海洋气象服务产品和海上风电行业创新解决方案。具体包括为前期电场开发规划进行风资源评估、微观选址小区域资源分布评估、中期电场建设阶段气象灾害评估预警、建设窗口期预报，以及后期电场运行阶段预测预警、运维窗口期预报等，可服务于整个风电项目从前期规划到施工、运维的全生命周期管理。平台上线以来，交易商品涉及原始观测数据及数据智能化产品，交易购买对象包括政府机构、海洋能源企业、学校科研机构等。[①]

五、商贸领域

案例 21：汽车交易数据整合促进二手车市场发展——中国汽车流通协会"柠檬查"二手车信息服务平台

数据来源： 商务部、相关行业
数据内容： 二手车辆信息
开发主体： 北京与车行信息技术有限公司

应用场景：

作为汽车全生命周期承上启下的重要环节，二手车在盘活汽车存量、拉动新车增量、促进汽车消费等方面的重要作用越发凸显。但我国二手车市场还处于发展的初期，车况不透明、经营不诚信等问题都给广大车商和消费者带来了极大的困扰，由于一车一况的特性，决定了车辆历史信息对二手车行业至关重要。

中国汽车流通协会作为行业组织，充分发挥中国汽车流通协会的行业影响力，融合多方数据源搭建"柠檬查"二手车信息服务平台，为行业提供合法合规、权威、全面、高效的数据服务，打造公开、公平、透明、普惠的信息服务，助力二手车行业诚信体系建设。平台整合相关主管部门、汽车品牌厂家、企业机构等数据资源，基于大数据、人工智能、物联网、区块链等信息技术，构建"汽车流通行业大脑"，通过"天网和地网"相结合的方式为二手车流通高质量发展提供数字化、数智化、体系化的服务。平台通过柠檬查公众号小程序为运营载体，以《柠檬查车辆历史报告》形式作为服务输出，向车商和消费者提供权威、专业的车辆历史信息。报告包括车况历史信息、损伤部位、维修部件等内容，助力车商、消费者减少损失、规避风险。

---

① 资料来源：国家信息中心大数据发展部、中国软件评测中心等单位《全国公共数据运营年度发展报告（2023）》。

在数据服务合规化管理方面，根据《中华人民共和国数据安全法》《中华人民共和国个人信息保护法》等法律法规要求，《柠檬查车辆历史报告》以服务二手车行业为目标，在用户身份上，率先在国内汽车行业内推动用户实名注册，并经过人工审核后查询报告。在数据合规使用上，在保证数据安全性、合规性、完整性的前提下将车辆历史信息脱敏化处理，仅保留与车辆本身相关内容进行市场化应用。过程中严格把控受众群体对数据产品的使用，采取适当的安全措施，包括加密、访问控制和监控，以保护数据的安全和隐私，避免数据泄露、数据纠纷等情况发生。

应用创新方面，针对不同客户的业务使用场景需求，产品做了不同的延伸。柠檬查推出的"二手车交易市场数智化小程序"，为二手车交易市场服务赋能，为场内车商提供更多的增值服务；针对汽车经销商4S店的二手车置换业务，结合以旧换新这一重要举措，为二手车置换交易提供风控支持，用权威数据为企业和消费者保驾护航；为鉴定评估机构提供《柠檬查车辆历史报告》，帮助鉴定评估师提前了解车况，有针对性地对车辆进行鉴定评估，提高鉴定评估准确率，节省鉴定评估时间。

应用成效：

柠檬查二手车信息服务平台，填补了国内空白，为我国二手车市场的高质量发展起到了支撑作用。经过三年的发展，《柠檬查车辆历史报告》得到行业高度认可，在帮助消费者与车商的二手车交易过程中，累计查出涉水车100000＋辆、盗抢车9000＋辆、火烧车5000＋辆、事故未结案车500000＋辆、全损车100000＋辆，大大降低了消费者购车风险，促进了二手车行业诚信体系建设和健康发展。中国汽车流通协会－柠檬查二手车信息服务平台目前已经服务了超过10万家二手车企业，平台专业用户已覆盖全国31个省（含直辖市），300多个1～4线城市。2023年5月，中国汽车流通协会《柠檬查车辆历史报告》接入商务部官方网站。

经济效益方面，2021～2023年《柠檬查车辆历史报告》累计查询已逾百万次，完成营业收入超千万元，纳税额超三百万元。社会效益方面，建设全国性二手车信息共享平台，帮助群众放心购买二手车。经过三年的发展，《柠檬查车辆历史报告》已基本做到国内全区域覆盖、汽车厂家全品牌覆盖、汽车经销商及二手车商、拍卖鉴定等业务全渠道覆盖，解决了二手车行业痛点，促进了二手车行业诚信体系建设和健康发展。[①]

案例22：贸易数据互联互通提升对外贸易便捷性和安全性——慧贸天下"信贸链"区块链网络

数据来源： 北京市政府、相关行业数据

---

① 资料来源：北京市政务服务和数据管理局、北京软件和信息服务业协会《2024北京"数据要素×"典型案例》。

数据内容： 贸易数据

开发主体： 慧贸天下（北京）科技有限公司

应用场景：

我国正在推进加入数字经济伙伴关系协定的谈判，涉及贸易数字化规则方方面面，如无纸化贸易、数字身份、电子支付等。然而国内外贸易数字化平台遵循各自规则，数据留存在各个平台，既不便利，也不利于保护商业秘密。且各类系统或平台互联互通、互操性差，数字化局部性、碎片化，区块链底座不统一，形成孤岛。

在北京市多部门指导下，慧贸天下牵头发起试点区块链网络"信贸链"，旨在形成开放中立的分布式贸易数据交换与共享基础设施。贸易环节上的贸易企业、物流公司、金融机构、行业组织、政府等机构连接到"信贸链"网络，通过区块链去中心化、不可篡改的方式，实现端对端的数据交换和可信存证。

试点涉及 12 个参与方、5 大业务阶段、19 个贸易操作环节，以提单电子化为突破口，实现从销售下单、工厂采购、订舱、工厂提货、码头交运、出口报关、海关放行、提单签发到目的国进口清关提货、收付汇结算等全环节的电子单证线上流转，和全流程一站式实时追踪。

试点实现了国内"信贸链"和境外 TradeTrust 的首次"握手"。境内机构如中粮、其代工厂、货运代理、报关行、银行等，电子单据主要通过信贸链存证、流转；境外机构如一丰、船运公司、货运代理、银行等，电子单据主要通过 TradeTrust 存证、流转；"信贸链"和 TradeTrust 之间互联互通，解决了区块链孤岛的问题。"信贸链"现已实现其不同底层区块链技术之间的跨链互操作。

应用成效：

"全球订单追踪系统"依托"信贸链"实现 19 个贸易环节全程一站式可视化跟踪与动态通知，让贸易各参与方可以实时掌控全局。签发电子提单使用基于 TradeTrust 框架和"信贸链"的分布式电子提单系统，实现海运提单跨组织分布式流转与核验，同时确保电子提单的真实性、唯一性、安全性和可追溯性。

根据试点的真实数据测算，通过推动出口业务的数字化转型，同比可提高中粮工业食品进出口有限公司 80% 的单证处理效率、降低 30% 的人工成本。传统国际贸易中纸质提单的流转需耗时 5～10 天，而单次数字提单的签发、转让和交还流程仅在 2 日内完成，用户实际在线操作所需时间少于 3 小时。数字化单证的流转还降低了纸质文件打印、正本邮寄等冗余成本。同时，每份电子提单可减少约 27.9 公斤二氧化碳排放量，实现贸易绿色化、数字化发展。

数字化转型还带动了业务的提升，一是实现出口贸易 24 个主要事件节点的可视化，有效掌握供应链瓶颈和风险因素，推进供应链的进一步优化；二是改善企业与客户之间的互动体验，在线上为客户提供更便捷的订单跟踪、服务支持和定制化服务，增强客户满意度，建立更紧密的客户关系。①

案例 23：供应商数据画像提升招投标效率和公平性——中资检验数据互联网、华能招采智能评审模型

数据来源： 付费调取

数据内容： 供应商数据

开发主体： 中资检验认证有限公司、华能招采数字科技有限公司

应用场景：

商务标是投标单位根据招标要求而提供本单位的资质、资信、财务能力、业绩能力等证明企业实力的综合性资料。商务标编制过程繁琐、效率低下、极易出错，且存在虚假编造风险。招标单位审核耗时耗力、效率低下，多种因素可能影响结果公平公正。

中资检验认证通过数智融合、隐私计算、人工智能等技术构建数据空间，让数据在可信的环境中流通和授权运营，维护数据的完整性和可信度，拉通数据持有方搭建"数据互联网"，汇聚多元数据要素。持续吸纳数据持有方和应用方形成新型社群关系，依托海量数据基础，在合规的前提下创新应用场景，使商贸流通中的不同来源、类型、格式的数据相互碰撞、反应、融合后，构建供应商数据画像推动产销对接、精准推送，并融合交易、物流、支付等数据，探索其在智能招标、供应链综合服务、普惠金融等场景的应用，满足各方利益需求，简化业务流程，降低运营成本。

华能招采基于挖掘公共数据资源形成的供应商数据库开发智能评审模型，供应商在经过身份核验后可直接在客户端勾选要调用的数据库信息，在支付数据使用费后将直接生成标准格式的商务标，改变了以往烦琐复杂的撰写过程。后台端将按照预先设定的评标规则对各供应商生成的商务标直接评分，在解决过往评标耗时耗力的同时，也更加保证了结果的客观、公平、公正。

应用成效：

经济效益方面，华能集团通过智能评审模型等深化招投标全流程数字化建设，着力降低投标单位负担，推进交易成本轻量化。推行电子招投标，每年为市场主体节约标书编制工具使用费、标书印刷费、差旅费等各类费用 3000 余万元。同时，供应商数据画像可运用到投标保证金、履约保险、供应链金融等多个领域，例如，华能集团于 2023 年 10 月上线投标保证金保险业务后，已出具 1300 余笔保证金保

---

① 资料来源：北京市政务服务和数据管理局、北京软件和信息服务业协会《2024 北京"数据要素×"典型案例》。

单，减轻市场主体资金压力超 2 亿元，持续降低供应商参与招标采购成本。

社会效益方面，智能评审模型积极破解了传统人工商务评审模式下效率低、工作量大、人为主观意识强、资质业绩真实性不好判定等难题，进一步提升评审效率，提高招投标公平公正性。同时，供应商数据画像将有力推动社会信用体系数字化建设，提升社会信用体系的现代化水平与应用能效，在构建以信用为核心的经济社会治理机制中发挥关键作用，实现数字化、智慧化、信用化的有机结合。①

案例 24：时空位域大数据整合有效辅助商业决策——京东物流数智地图平台

数据来源：大数据挖掘

数据内容：客流、消费行为、交通状况、人文特征等市场环境数据

开发主体：北京京东振世信息技术有限公司

应用场景：

传统门店选址、广告营销及经营策略的制定主要依赖人力线下调研，周期长成本高，难以满足企业快速发展的诉求，亟须通过大数据挖掘的客流、消费行为、交通状况、人文特征等市场环境数据，感知基于位置的人群消费动态需求，指导门店选址、广告营销及经营策略调整等。但是海量的地理数据、市场数据、人群画像数据，企业难获取、时效差、成本高，成为解决该问题的卡点和堵点。

京东物流构建的物流数智地图 SaaS（软件服务）平台基于京东集团线上用户的搜索、浏览、购买行为及京东物流线下履约配送每日产生的亿级数据进行存储和挖掘，整合了包括城市基础设施、城市经济数据、城市人口画像标签数据、地理信息 POI（兴趣点）、AOI（兴趣区域）数据、城市商圈数等多源数据，打通了人、车、货、场、客、销的全链路数据。平台以内部客户、订单、品类、品牌等数据开发客群消费画像、身份画像、爱好画像、品牌网格化标签；以外部城市的常住人口、工作人口、学历等基础数据形成地址小区画像、写字楼画像等。

平台融合并深度挖掘"人车货场客销"场景下时空多源数据价值，在选址、选品及营销三个核心环节，结合人口、消费数据等关键要素，构建区域、业态、消费者等多维度画像，打造了全面制图、智能地址、智能分单、智能调度、智能选址、位域大数据六大产品功能模块，生成标准化的解决方案，为客户提供安全、稳定、鲜活的数据服务，助力企业省心决策、降本提效。

相关数据资产沉淀包括，40 万＋品牌，5000＋品类，30＋分析维度，100＋分析指标，40 亿＋六级门址，700 万＋无留白 AOI，50 万＋精细化小区，1500 万＋楼

---

① 资料来源：北京市政务服务和数据管理局、北京软件和信息服务业协会《2024 北京"数据要素×"典型案例》。

栋 AOI，海量 POI/AOI，日千万级订单妥投验证，SLA99.9%。

应用成效：

基于物流数智地图 SaaS 平台，依托客流、消费行为、交通状况、人文特征等市场环境数据，铸就强大的大数据底座，通过线上线下联动，打造集数据收集、分析、决策、精准推送和动态反馈的闭环消费生态，解决了企业在门店选址、线下广告投放、品牌招商等方面缺乏数据决策依据的痛点。平台已和多家头部快消品牌连锁商超、零售企业开展合作，在缩短选址周期、提升整体配送时效、降低选址及配送成本、提升门店客流量等方面具有显著成效，有效地支撑制定线下业务的经营决策，为企业新增长提供智能决策辅助，为消费者带来更优质的体验，也为市场注入新活力。[①]

案例 25：全链路数据智能应用助力消费企业数字化增长——北京腾云天下全链路数据资产激活及智能应用解决方案

数据来源：企业营销
数据内容：前链路营销投放数据
开发主体：北京腾云天下科技有限公司

应用场景：

在互联网生态高速发展与数字化营销竞争加剧的双重压力之下，消费类企业需要实现全链路数据分析，对消费者进行更精准的洞察，以获得相关决策依据及更高的投效比。当前难点在于：全链路数据无法打通，无法衡量数字营销投入增长贡献；流量生态趋向多元化、分散化，无法横向评估不同媒介平台的转化效果；如何在安全、合规前提下沉淀、打通、激活营销全链路数据，以持续提升品牌洞察、触达、响应、转化能力。

针对某跨国美妆品牌集团在中国市场全链路数字营销的核心需求，打造出一套闭环完备的全链路数据资产激活及智能应用解决方案，支撑该集团在中国市场全渠道数字化营销增长。全链路数据激活及智能应用体系指，通过构建数据 + 业务闭环，实现全链路 ROI（投资回报率）可测量，基于智能算法构建场景 ROI 策略模型，最终达成品效合一持续优化。方案帮助该集团合规地沉淀、托管和激活重要的前链路营销投放数据（跨媒介平台的广告行为数据），提高数据质量和数据融合程度，对于目标用户的 TA 画像更加精准。

---

① 资料来源：北京市政务服务和数据管理局、北京软件和信息服务业协会《2024 北京"数据要素×"典型案例》。

技术创新方面，采用"全域数字化营销闭环"，提供了高潜人群挖掘、全链路归因分析（CPO）、多触点归因分析（MTA）等多种数据模型，基于第三方可信空间，实现多方数据打通，并确保数据阅后即焚，有效地规避了企业数据合规应用的风险。

应用成效：

全链路数字营销的应用有效帮助客户提高了营销投放的效果，优化了投放预算的分配，形成了集数据收集、分析、决策、精准投送和动态反馈的生态闭环。通过数据智能服务帮助该集团实现了 2022 年销售额约 382.6 亿欧元，同比增长 10.9%；实现营业利润约 75 亿欧元，同比增长 21% 的成绩，为近十年最高增长率。该集团超过 3/4 的线上投放流量要经过投放策略和归因模型的测算，数据智能服务对集团 27 个品牌的 ROI 持续提升以及整体利润的稳步增长起到了关键作用。[①]

六、金融领域

案例 26：金融公共数据汇聚提升金融服务质效——北京市金融公共数据专区

数据来源：北京市政府部门
数据内容：工商、司法、税务、社保、公积金、不动产等多维数据
开发主体：北京金融控股集团

应用场景：

2020 年 9 月，北京市经济和信息化局与北京金融控股集团签署协议，携手开展北京市金融公共数据专区的授权运营管理。北京金融大数据有限公司作为北京金融控股集团的全资子公司，负责专区具体运营工作。专区主要提供信用信息查询、准入分析、风险洞察、竞争力分析、企业守信分析等七大类公共数据产品与服务，已经初步形成公益服务和定制化相结合的多元数据产品体系。

北京市金融公共数据专区截至 2023 年底已汇聚工商、司法、税务、社保、公积金、不动产等多维数据超过 50 亿条，涵盖 300 多个市场主体，实现按日、按周、按月稳步更新，持续更新的数据每月超 1 亿条，公共数据汇聚质量和更新效率均处于全国领先水平。

---

① 资料来源：北京市政务服务和数据管理局、北京软件和信息服务业协会《2024 北京"数据要素×"典型案例》。

应用成效：

由于银企信息不对称，中小微企业缺乏信贷数据和信用记录，传统信贷体系无法有效支持中小微企业融资需求。金融公共数据专区通过"政府监管 + 企业运营"的模式向金融机构开放政务数据，高效共享信用信息，显著解决金融机构缺乏企业信用数据的难题，帮助金融机构综合判断企业信用状况，降低信贷风险。截至 2023 年初，专区累计为银行等金融机构提供服务 5000 多万次、支撑 30 余万家企业申请金融服务金额超 2000 亿元，以数字金融创新助力普惠金融发展，推进金融"活水"实现精准"滴灌"。金融公共数据运营专区打破了政府部门数据不同、壁垒多、更新慢、应用难的瓶颈，为后续其他领域公共数据运营专区的建设提供了宝贵的实践经验与参考范例。[①]

案例 27：公共数据融合提升银企融资对接效率——青岛市公共数据运营平台产融专区

数据来源：青岛市政府部门

数据内容：企业工商信息，行政处罚信息、经营异常名录、失信被执行人信息等企业红黑名单信息，社保、公积金缴费信息，不动产、动产资产信息等

开发主体：青岛华通智能科技研究院有限公司

应用场景：

青岛市公共数据运营平台产融专区面向全市银行等金融机构提供公共数据服务，利用公共数据贯通银行风控模型开发、金融产品智能推荐、企业风险评估查验过程，提升银企融资对接效率和成功率。

青岛华通智能科技研究院有限公司（以下简称"华通智研院"）是市属国有企业全资子公司，于 2022 年 8 月 20 日获得市政府授权，试点建设运营全市公共数据平台，市大数据发展管理局负责公共数据的汇集供给和运营监管。华通智研院对全市企业、个体工商户等市场主体相关的数据进行全面梳理，从公共数据中提取与工商信息、红黑名单、社保公积金信息、资产信息相关的数据资源，已归集治理青岛市 200 余万个市场主体公共数据，梳理出 227 个企业类数据项，并建立数据资源集。

青岛市公共数据运营平台产融专区主要包括银企直通车、产业数字金融两大功能模块。银企直通车，供银行、企业之间进行产品对接，银行提供金融产品供企业申请，同时利用基于平台公共数据开发的模型对企业进行风险评定，以判断申请企业是否满足申请条件、适配的金融产品和对应的息率。产业数字金融开发优质中小企业梯度培育模型，分析区域中小企业的所属发展层级，识别具有发展潜力的专精

---

① 资料来源：作者根据公开资料整理。

特新企业，供金融机构开发针对特定群体的金融产品，同时将识别结果与数源单位共享，以实现数据反哺。

应用成效：

青岛市公共数据运营平台产融专区从四个方面积极赋能实体经济。截至 2024 年 5 月，一是以数增信，助力 43 家企业获取 63 笔融资共计 48272 万元；二是以数搭桥，为 50 家企业获取 55 笔合计 13387 万元担保融资；三是以数赋链，为供应链上下游企业和物流企业提供企业信用值查询，实现产品采购额度超 3840 万元，网络货运订单额度超 7500 万元；四是以数促融，积极搭建产业、金融、科技融合发展的良好生态，吸引更多资金流入实体产业链。①

案例 28：个人和企业信息脱敏应用提升金融服务水平——上海新市民金融服务应用

数据来源： 上海市政府部门

数据内容： 常住人口户籍类、教育类、人社类相关数据，企业注册登记信息、参保信息、财税信息、年报信息、研发投入，以及专利、商标、获奖情况等。

开发主体： 上海农商银行等机构

应用场景：

上海新市民是推动城市高质量发展最活跃的群体，是新经济、新消费中不可忽视的新生力量。上海市地方金融监督管理局等主管单位联合发布《关于做好新市民金融服务工作的通知》，提高上海新市民金融服务可得性和便利性。

上海农商银行等机构联合开发上海新市民金融服务应用，涉及的公共数据主要包括本市常住人口户籍类相关数据（包括人员基本信息、户籍、户口卡、居住证等）、教育类相关数据（包括本专科学历等）、人社类相关数据（包括居住证积分、养老保险缴纳等）、企业注册登记信息、企业单位参保信息、企业财税信息、企业年报信息、企业资质、研发投入，以及专利、商标、获奖情况等企业创新能力信息。

平台对上述原始数据进行数据治理和价值挖掘，形成标准化的可对外输出的数据应用类产品。公共数据运营机构建立和维护公共数据运营平台，提供便捷的数据访问接口，同时实施数据加密、访问控制等安全措施，保护数据免受未经授权的访问和泄露，保证公共数据的安全高效流通。符合上海新市民资格条件的申请方在申请商业贷款时会签署信息获取授权书，授权书根据《中华人民共和国个人信息保护法》要求明确取数范围，银行通过接口调用获取申请方相关信息。

---

① 资料来源：作者根据调研资料整理。

应用成效：

上海新市民金融服务应用帮助金融机构持续提升新市民金融服务水平，同时借助公共数据的融合应用解决金融机构利用传统的税贷模型对中小微创新企业不敏感的问题。

一是面向"新市民"提供良好的服务。截至 2024 年 5 月，该核验数据服务产品累计调用超过 10 万次，平均每个月调用 2 万余次。上海农商银行在"鑫 e 贷"等金融产品中陆续新增新市民标签识别功能，通过行业特征、职业身份和产品适配等维度，主动为新市民提供金融支持。新市民数据服务的推出，持续帮助上海农商银行提升新市民金融服务水平。

二是面向金融机构提供金融科技支持。通过对企业单位参保信息、企业财税信息、企业年报信息、企业科创资质及研发投入等科创属性信息，以及专利商标获奖情况等企业创新能力信息的开发利用，服务金融机构在贷前风控、贷后管理场景中更准确地评估中小型创新企业发展前景及还款能力，提高信用贷款发放比例，发挥智能风控与无感知普惠金融服务价值。截至 2024 年 5 月已对金融机构开放公共数据共计 63 个数据服务 API，支持信贷投放规模超 3000 亿元。融合社会数据后开发的数据 API 服务应用于工商银行上海分行"创业贷"、建设银行上海分行"善科贷"、浦发银行"融益贷"金融产品，解决了金融机构利用传统的税贷模型对中小微创新企业不敏感问题，支撑金融机构围绕科技企业"人才、技术、资金、市场"四方面要素、基于标准化流程、线上获取企业经营及创新能力等信息予以定贷，简化手续、缩短时间、提高效率，目前生产调用量 2.7 万余次。[①]

案例 29：公共数据应用辅助优化金融信贷流程决策——中睿信企业增长指数

数据来源： 政府部门

数据内容： 税务、社保、公积金、失信名单等公共数据

开发主体： 中睿信数字技术有限公司

应用场景：

中小企业贷款申请过程中，金融机构需要掌握企业相关的资产、收入、征信等情况，从而评估企业信用风险。在传统金融信贷流程中，金融机构通常依赖于内部数据和第三方信用数据，在数据不足以提供全面的风险评估的情况下，还需要利用实地走访等手段进行辅助信贷决策，耗时费力、效率低下。同时，由于数据隐私性，需要贷款申请方自主查询相关数据，并向金融机构提供纸质或电子材料，金融

[①] 资料来源：国家信息中心大数据发展部、中国软件评测中心等单位《全国公共数据运营年度发展报告（2023）》。

机构据此进行信用评估、还款能力评估、内部审批等操作，相关材料须在多个环节中流转，效率较低且容易出现错误。以上原因导致金融机构贷款审批成本高、时间长，不利于信贷业务发展。

中睿信数字技术有限公司（以下简称"中睿信"）在隐私保护和授权前提下，应用公共数据中的税务、社保、公积金、房产、人才、法院失信等结构化信息，通过加工计算评估企业信用状况、还款能力，形成反映企业增长潜力和健康状况的企业增长指数。企业增长指数为金融机构提供了较综合客观的评估结果，帮助金融机构更全面、准确地评估企业的信贷申请，快捷高效提供信贷服务，扩大授信范围，提升授信额度，降低授信成本，延长授信续期，增强金融风控，具体可应用于企业信贷的贷前审批、贷后延期、提额等业务流程。

应用成效：

金融机构层面，企业增长指数在金融信贷领域带来了多重经济效益，包括降低坏账率、降低成本、扩大贷款规模、增加利润，提高金融机构竞争力，增加金融市场稳定性。同时，企业增长指数为金融机构提供数据基础，用于开发新的金融产品和服务，以满足不同客户的需求，扩展金融市场的潜在收入来源，提高金融服务创新水平。

企业层面，企业增长指数的使用减少了金融机构对传统财务数据的依赖，降低了歧视性信贷决策的风险，增强了信贷市场的公平性。更多企业可以获得贷款支持、扩大业务、创造就业，推动经济增长。

政府层面，企业增长指数不仅依赖于传统的财务数据，还考虑了更广泛的因素，如宏观经济指标、行业趋势等公共数据。在公共数据的流通和共享中，政府采用了严格的保护措施确保数据安全合规，促进公共数据的广泛使用。政府与金融机构通过数据共享和反馈，建立了良好的合作机制，有助于提升金融市场的稳定性。[①]

案例30：科技指数模型应用推动金融科技贷发展——浙江数新网络金融科技贷数据模型平台

数据来源：政府部门、科技企业

数据内容：人行、银保监、科技局、市场监管局和大数据局等政务数据、科技企业相关数据

开发主体：浙江数新网络有限公司

[①] 资料来源：复旦大学、国家工业信息安全发展研究中心、上海数据交易所《数据要素流通典型应用场景案例集》。

应用场景：

科技企业是推动产业转型升级的重要载体，是深化创新驱动战略、推动经济社会高质量发展的重要力量。近年来，科技型中小企业的群体规模快速增长，但普遍面临企业规模小，信贷获得难；价值难体现，信用贷款少；风险溢价大，融资成本高的融资难题。

从扶持科创产业发展，构建良好科创产业金融营商环境出发，浙江数新网络有限公司与地市政府、金融机构合作，利用大数据手段，推出金融科技贷数据模型平台。通过对政务数据的挖掘，针对科技型企业的不同发展阶段，建立基于企业创新能力以及科技企业发展潜力评价、多维度的指标模型，并构建形成科技型企业积分体系和科技指数，打造企业数字画像、金融超市、数字预授信、一键秒贷和政策快兑等数字化跨功能细分场景，推动中小型科技企业授信流程再造，融资场景重构和服务模式变革，从而破解科技中小企业融资难融资贵问题。例如，数新金融科技贷数据模型平台在某地市面向该市科技型企业，归集人行、银保监、科技局、市场监管局和市大数据局等 8 个部门 34 类企业数据清单，并通过清洗、加工等建立科技企业主题库，包括基础库、指标库和标签库等，从而搭建政务数据安全共享机制，夯实金融产品创新建模基础。

应用成效：

数新金融科技贷数据模型平台深入挖掘政务数据价值，更好地为科技企业和金融机构、政府机构、监管部门等多类主体提供贷款、数据分析、智能监管等多类型应用服务。依托大数据分析、政府数据共享等机制，银行等金融机构可以进一步消除政银企信息不对称，进行更精细化的信贷管理，制定不同的贷款审查制度和融资监测机制，构建科技企业融资风险防控机制，同时降低科技企业融资成本，提高融资效率，帮助科技企业解决融资难题。

数新金融科技贷数据模型平台在某地市自 2022 年 12 月上线以来，目前已有 11 家辖内金融机构加入并使用，累计为 4300 多家科技企业进行预授信评估，截至目前总共对接 200 多家企业，为近 200 家科技型企业授信超 8 亿元，逾期不良率均为零；有效缓解科技企业融资难问题，拉动当地企业和经济发展。①

案例 31：企业画像提升普惠金融发力精准性——浙商银行"金服宝"平台

数据来源：浙商银行、浙江省金融综合服务平台、企业

数据内容：注册资本、经营年限等公开工商数据；失信被执行人、限高名单、涉案

---

① 资料来源：复旦大学、国家工业信息安全发展中心、上海数据交易所《数据要素流通典型应用场景案例集》。

数等司法数据；行政处罚、社保缴纳、用水用气等省金综政务数据；企业对外投资关系、供应链关系等公开的关联图谱数据；财报、不动产等企业自主上传数据

开发主体：浙商银行

应用场景：

浙商银行自研开发面向普惠金融的数智金融综合服务平台——金服宝平台。金服宝平台面向中小微企业用户提供"融智、融资、融服务"三大专业功能，建立了涵盖金融顾问、融资服务、政务服务、企业服务、员工服务、工具箱等多个类型服务板块，通过全方位、一站式综合服务助力企业降本增效，赋能企业经营管理数字化转型，实现高质量发展。

在金服宝平台基础上，浙商银行整合行内、省金综等多方数据源，并应用集成学习、知识图谱、隐私计算、图嵌入等前沿技术进行建模，开发小微企业画像分模型，主要服务于平台融资板块。画像分使用注册资本、经营年限等公开工商数据；失信被执行人、限高名单、涉案数等司法数据；行政处罚、社保缴纳、用水用气等省金综政务数据；企业对外投资关系、供应链关系等公开的关联图谱数据；财报、不动产等企业自主上传数据，多维度刻画企业经营和信用状况。画像分可以帮助企业了解自身经营状况，平台也会根据画像分对企业进行贷款产品的智能推荐，同时基于画像分为银行线上自动授信审批决策提供参考。

数据治理上，浙商银行建设数据中台整合业务和政务数据，夯实了平台数据底座和服务能力。利用省金综共享数据，对平台汇聚的工商、税务、司法、行政处罚数据进行补充并整合。根据国家和省内关于公共数据查询授权要求及行内企业征信查询授权规范，整合公共数据查询授权书和授权方式，建设统一的企业信用信息查询共享授权书，支持线上刷脸认证授权，在保证合规、合法基础上，解决不同平台数据查询多次、重复授权和操作问题，提升客户业务办理体验。将用户、交易、水电煤等多渠道数据批量采集、整合、治理，并通过联合建模深入挖掘数据价值，同步推送政府平台落地存储和应用，形成数据共采、共治、共识、共用的数据智治共享能力。

应用成效：

截至 2024 年上半年，金服宝平台已服务了 3 万多家小微企业。平台累计接入了临平区 8 家银行，提供 20 款定制产品，实现融资时间缩短 50%，申贷成功率提升 20%，贷款利率较互联网渠道下降 50%。截至 2023 年末，平台的"临平普惠数智贷"产品，通过线上线下相结合的方式，累计服务 5000 余家小微企业经营者、发放贷款 7.4 亿元。画像分通过刻画小微企业经营状况，对客户评价更精准，对优质企业识别能力较原先提升 10%，解决小微企业融资困境，相关贷款产品在保持线上小微产品纯信用、无纸化、放款快捷等优点的同时，克服同业竞品客群不稳定、数

据维度单一、缺乏区域产业特色的劣势。同时，画像分建设中应用隐私计算技术，运用联邦学习的方式将省金综数据和行内数据一同用于建模，解决双方由于安全要求不能出域数据的共享问题，充分发挥省金综数据效用。①

案例32：农信数字化转型提升基层金融服务水平——四川省农村信用社联合社人工智能平台

数据来源： 四川省农村信用社联合社
数据内容： 内部管理数据、业务数据
开发主体： 四川省农村信用社联合社

应用场景：

四川省农村信用社联合社通过平台建设、数据管理和应用能力建设不断提升数字化水平。一是建设人工智能平台。构建平台框架层、算法层、技术层、组件层等平台基础能力；完善平台管理、数据、模型安全管控能力；丰富人工智能的应用范围和场景，提升智能风控、智能营销和智能运营能力。二是建设数据管理能力。建设企业级数据湖、数据仓库和监管报送等9大主题集市；强化实时计算对业务的支撑能力；设计并落地指标体系、标签体系；推进传统数据仓库向大数据平台演进，完成存量数据及应用上云；满足多级法人体系下数据管理和经营决策需求；以数据平台运营问题为驱动，反向推动数据平台管理能力体系建设。三是建设数据应用能力。集成各系统的数据服务功能，形成统一的数据服务门户，打通数据在业务层的全域交互，实现平台、产品、工具和服务的有效融合和高效集成。满足客户中心、贷款系统、分布式核心等业务系统上云的数字化风控、数字化营销和数字化运营等需求，实现多级法人体系下的数据研发、应用和安全管理需求。

四川省农村信用社联合社在智能贷款应用场景中基于数据中台构建了5类智能贷款风控模型，包括反欺诈规则百余个、业务和风险排除规则20余个、信用评分模型7个、收入估算模型6个、风控策略4个，支撑个人消费贷款"蜀信e贷"、智能小额农贷等线上贷款产品，利用机器决策替代人工决策，实现贷款自动化审批，构建"秒批秒贷"能力。在智能营销方面，基于数据中台策划营销活动、构建营销场景，并根据客户需求，精准开展营销服务及客户走访，构建"千人千面"能力，实现精准营销。

应用成效：

智能贷款方面，截至2022年3月末，"蜀信e贷"线上申贷客户100万余户，

---

① 资料来源：作者根据调研资料整理。

授信客户 52 万余户，用信客户 32 万余户，授信金额超过 580 亿元，累计放款约 140 万笔，用信金额超 370 亿元，贷款余额超 215 亿元，不良率 0.12%，自动化审批通过率达 40%。智能营销方面，截至 2022 年 3 月末，借助数据中台累计策划活动 1500 余个，覆盖 37 种营销场景，精准触达客户 700 多万人次，推送约 156 万高价值目标客户助力客户经理精准营销，客户走访率达 66%，有力支持了全省营销工作。[①]

案例 33：多源数据融合提升银行信贷风险管控能力——恒丰银行大数据风险防控体系

数据来源： 政府部门、银行、第三方公司
数据内容： 企业工商、财务、舆情、股东、投资信息等，个人征信、学历、车辆数据等，银行内部数据、用户授权数据，第三方公司数据等
开发主体： 恒丰银行

应用场景：

恒丰银行股份有限公司是 12 家全国性股份制商业银行之一。2015 年 9 月，恒丰银行启动基于大数据技术的信用风险预警系统建设；2016 年 5 月，企贷风险防控体系初步建成，支撑恒信快贷业务开展；2016 年 8 月，个贷风险防控体系初步建成，支撑现金贷业务开展；2016 年 11 月，基于担保圈的客户违约预测模型投产上线，将贷后风险预警、防控前移；2017 年 1 月，在完善已接入的内外部数据基础上，进一步接入统计局数据、海关进出口数据、金融市场数据及企业资质、评级、税务、个人学历、车辆等外部数据，通过引入知识图谱、机器学习、自然语言处理等技术及专业化决策引擎工具构建丰富的风控模型，并打通与信贷系统、贷后系统、押品系统等的联动，构建完整的大数据风险防控体系。

恒丰银行大数据风险防控体系主要包括三类风险防控功能。一是单笔业务的风险防控。在贷前阶段，风控平台从基础数据层获取客户各类信息，包括黑名单命中情况、工商信息、财务信息、舆情信息、股东信息、投资情况、关系图谱、投资图谱等，形成风险视图并进行贷前分析。贷中阶段，在获取客户授权以后，风控平台将接入征信、学历、车辆等各类数据，基于大数据征信由决策引擎给定客户审批建议、核算建议授信额度等。贷后阶段，根据贷后风控策略定期监测已授信客户风险信号，包括客户履约情况、担保情况、偿债能力变化情况等，协同贷后系统、风险缓释平台进行风险处置。

二是批量业务的风险防控。研发新产品时可通过风控系统对目标客群进行批量

---

① 资料来源：作者根据公开案例集整理。

风险扫描,快速评估目标客户风险状况,预测新业务发展前景,及时对新业务规划、目标进行相应调整;贷后阶段主要结合客户授信偿还情况、担保情况,以及其他风险因素变动情况触发贷后风险处置,以及押品系统、风险缓释系统进行担保物的核查、处置。

三是风险的监测、追踪、预警、预测,主要通过构建行业发展景气指数,并从行业、地域维度分析风险暴发情况,辅助业务规划及相关有权部门调整高风险行业和地域的贷款投向;通过持续追踪国家产业政策的变化,各部门、各地方政府相应细则的落实,协助分支机构合理安排信贷投向;通过监测各类突发事件,快速识别风险类别、风险主体、发生地域等,及时评估事发客户及下游客户风险,启动资产保全措施,及时挽回损失。

应用成效:

一是新增信贷资产质量大幅提升。以平台贷为例,自风控系统启用以来,恒丰银行新增授信业务逾欠率控制在 1% 以内,且呈逐渐降低态势,不良率大幅低于全行同类业务,效果显著。

二是新增的网贷、平台贷授信业务发放效率显著提升。传统贷款类授信业务发放周期为数天至数周甚至更长时间。在不降低风险防控水平的情况下,基于大数据风控技术的"航信票贷""恒信快贷"等业务产品却实现了 24 小时、8 小时放款,即将投放市场的另一款零售产品将实现准实时放款,授信审批效率和客户体验同步大幅提升。

三是新增业务的客户贷前调查成本大幅降低。在以往的风控模式下,客户经理需逐一收集并审核客户各类信息,编制调查报告,业务成本大,因此银行对于开展传统小额贷款不积极、不主动。在大数据技术风控模式下,新增信贷业务采取预先收集意向客户基本信息,经风控系统黑名单及各类风险排查后,初步确立可进一步发展的客户名单。根据对某平台贷的统计数据,风险预审过程可综合节约近 80% 的人力成本。[①]

案例 34:联邦学习平台应用助力电信反欺诈——工商银行联邦学习技术应用

数据来源: 银行、电信运营商

数据内容: 银行业务数据、电信运营商运营数据

开发主体: 中国工商银行股份有限公司

---

① 资料来源:作者根据公开案例集整理。

应用场景：

随着互联网、通信技术的发展，电信网络诈骗案例日益增多且难以识别，2022年上半年四大行电诈涉案同比上涨24.5%，电诈防控形势异常严峻。全国公安机关、金融机构配合开展"长城""云剑""断卡""断流"等专案行动，先后发起40余次全国集群战役，打击电信网络诈骗。然而，银行孤岛数据难以充分支撑欺诈风险识别。实践发现，运营商数据对及时识别诈骗意义重大，诈骗分子异常行为更早体现在运营商侧（如更换手机设备、异地联网等）。在保障数据隐私与安全的前提下实现数据流通和融合应用，通过外部数据补充金融风控反欺诈体系意义重大。

中国工商银行采用联邦学习技术保证数据安全，在数据"可用不可见"前提下，以电信诈骗风险特征为基础，引入了运营商层面通话类、短信类、流量类、机主信息类指标，还原诈骗电话到收款结束的完整诈骗流程，构建完整链路的电诈风险特征，实现手机银行登录行为异常识别。在保护数据隐私与安全前提下，实现对异常客户的预判，快速识别可疑客户，提前、准确识别风险事件，进行欺诈干预，大幅提升工商银行电信反欺诈服务的准确性，有效减低欺诈风险并减少客户的资金损失。

联邦学习技术基于统计学和机器学习建模的原理，在原始数据不进行传输、交换的情况下，通过模型训练过程中的中间结果交互，完成模型训练，实现数据不动模型动，数据可用不可见。工商银行和电信原始数据分别保存在本地，利用工商银行联邦学习平台，使用隐私交换技术在互不暴露用户列表的前提下获取共有客户，使用同态加密技术交互梯度更新模型，模型参数各保存在本地，通过模型参数汇总形成最终模型。

应用成效：

联邦学习建模下工行共衍生212个特征，运营商衍生170个特征，重要性前30的特征中，运营商特征占9个，较只采用工行特征准确率提升30%。截至2022年9月，工商银行涉案账户数量降至四大行最低，取得了国务院"断卡行动"以来的最好成绩。涉案账户数量下降40%，月均诈骗金额同比压降52%。从业务发展角度看，工商银行净增开户数在四大行排名第一，是排名第二金融机构的1.3倍，是排名第三金融机构的8.5倍。

工行反欺诈应用推广价值体现在技术与场景两方面。在技术层面，模型通过联邦学习在确保数据安全合规的前提下，实现数据流通融合和价值释放，为整个金融行业数据流通提供了参考和样本。在场景层面，场景中沉淀形成的反欺诈模型、反欺诈服务链路和处理方式等一整套解决方案，为金融行业提升电信反欺诈能力提供重要的经验和范例，有利于提高整个金融系统的安全性，保障金融体系的稳定和健康。①

---

① 资料来源：复旦大学、国家工业信息安全发展研究中心、上海数据交易所《数据要素流通典型应用场景案例集》。

七、文化旅游领域

案例 35：文旅产业数据融合推动产业智能化创新发展——广州文旅产业智能化创新应用

数据来源：广州市文化广电旅游局等政府部门、中国电信大数据平台、其他相关合作机构

数据内容：客流、消费、OTA（空中下载技术）数据、文化活动参与以及交通等多元数据

开发主体：广州市文化广电旅游局、中国电信

应用场景：

　　为推动文旅产业的高效运转和深化文旅数据价值的挖掘与应用，广州市文化广电旅游局携手中国电信展开深度战略合作，共同打造广州文旅产业智能化创新应用。该应用充分运用5G、大数据、云计算等尖端技术，通过打造多源数据中台，全面采集客流、消费、OTA 数据、文化活动参与以及交通等多元数据，打破了企业、政府之间的数据壁垒，实现了数据的全面融合与高效利用。

　　该应用数据来源于广州市文化广电旅游局、中国电信大数据平台以及其他相关政府部门和合作机构，具体涵盖五大类数据。一是客流数据，主要包括客流量分析、客流对比分析、客流来源分布、游客性别年龄分析、游客停留时长、热门旅游线路、游客首访偏好、过夜客流占比、过夜游客分布、重游率分析、游客分布（热力）、景区舒适度分析等。二是消费数据，主要包括商圈及景区消费总数及笔数、消费月度趋势、购买力层级、消费游客来源、消费量与游客量对比等数据。三是OTA 数据，主要包括联动主流在线旅游服务平台，输出游客关注度、游客美誉度、产品丰富度、游客满意度、评论热词分析、提前预定天数分析、游客出行方式分布、游客出游类型分布、客流来源分布、热门线路分析、竞对分析等。四是文化活动参与数据，主要包括演出、展览、讲座、比赛等不同类型的文化活动的参与人次、参与者属性、参与方式、参与评价等数据。五是交通数据，主要包括交通枢纽流量、游客出行方式数据、游客出游路线等。

　　该应用通过建立完善的数据采集、存储和分析体系，并配备专业的数据运营团队，确保高价值数据的高质量管理。广州市文化广电旅游局、中国电信以及中国旅游研究院三方联合构建了覆盖市、区县、景区、度假区等不同层级的场景化数据分析模型，包括景区关联模型、用户驻留地模型、全网算法模型、客流预测模型等，为客流监测、应急指挥、公共服务、行业监管、舆情监测等多个领域提供了强有力的数据支撑。

应用成效：

文旅产业智能化创新＋应用通过准确分析各区域、景区的客流情况，助力文旅部门更好地多维度理解游客的行为和需求，开展游客画像，全面精准地反映游客在广州的整体情况，有效规划旅游资源，探索商业化拓展的广阔空间，有利于提高游客在游前、游中、游后的旅游体验。游客通过各类门户信息，掌握旅行动向，提高游客满意度。商家通过感知景点客流，实现数据洞察，进行合理智能的运营安排，还可与文旅行业进行有机融合，有效提高资源适配效率，为整个文旅行业注入活力与动能。监管部门也可有效拓展监管途径，及时发现并解决相关安全问题，预防潜在的安全风险，从而保障游客的安全。与此同时，该场景案例通过数字化管理有效减少了对人员的依赖，工作效率提升 50%，人员成本减少 28%。[①]

案例 36：智慧文旅平台创新营销渠道激发文旅消费活力——"烟台文旅云"

数据来源： 烟台市文化和旅游局

数据内容： 景区、服务、道路交通等数据

开发主体： 烟台市文化和旅游局

应用场景：

"烟台文旅云"是山东省首个市级智慧文旅公共服务平台，由烟台市文化和旅游局打造，于 2020 年 3 月 28 日正式投入使用。该平台以"烟台文旅云"为主要载体，构建了"1＋3＋N"的智慧文旅服务模式，即 1 个智慧文旅大数据中心、3 个功能（智慧服务功能、智慧营销功能、智慧管理功能）、N 个应用（贯穿"智、尚、趣"建设原则，从供需两端发力，面向消费者、企业、政府部门等不同用户群体，覆盖网站、APP、小程序、手机网等多终端），最终实现展示有内容、发布有平台、交流有渠道、诉求有回应、消费有保障。

一是创新行业数据整合。打破数据交换条块分割，横向对接公安、大数据、通信、金融等部门，融合同程、携程等 OTA 数据；向上对接国家公共文旅云、好客山东网、"云游齐鲁一部手机游山东"等平台；向下接入烟台市各区市、文旅要素主体，构建全市文旅智慧"大脑"。目前，共对接数据源 335 项，数据条目 12.3 亿条，其中，旅游要素相关数据超过 8 亿条，构建了统一采集、集中存储、快速处理和应用共享的数据融合共享体系。

二是完善供给服务。依托网站、APP、小程序、手机网"四端"，以贯穿全年的"烟台人游烟台"主题节庆品牌为依托，建立"线下＋线上"旅游产品供给、服

---

① 资料来源：国家信息中心大数据发展部、中国软件评测中心等单位《全国公共数据运营年度发展报告（2023）》。

务机制，呈现全市优质旅游资源和产品，展示行业工作举措和成效；通过机制体制创新，转变现有政府信息服务模式，推进文化和旅游领域流程再造，将旅游服务和群众需求建议反馈进行系统化、常态化呈现，搭建智慧旅游服务的"一站式窗口"。

三是创新管理体系。开发安全、文物等监管系统，集合全市 36 家主体、91 个监测点位，接入 462 路视频监控信号，实现客流实时监测、游客分布实时跟踪、热点区域实时预警；开发预约系统，联合 21 家 4A 级旅游景区，实现智慧化线上预约，无纸化、无接触通行入园；开发诚信系统，对要素主体服务质量及时跟踪、动态评价、定期发布文旅企业"红黑榜"。

应用成效：

一是推出多种旅游产品。"烟台文旅云"融合 5 大类 36 项服务应用，先后上线艺术欣赏、精品慕课、非遗体验、读好书、攻略游记等主题产品 6000 余项；推出分时预约、产品预订功能，实现烟台全市 4A 以上景区的分时预约和旅游产品的在线订购；新增"智能魔镜""我在现场"等沉浸式智能体验场景，增强互动体验；推出意见反馈、百姓点单等应用，云助力"放管服"改革，加快实现文旅公共服务事项"一云"查询与办理，文旅需求"一云"反馈与互动。

二是开展智慧营销。搭建展示平台，通过线上文旅推广中心，系统展示烟台优质文旅资源，实现全市 75 家 A 级旅游景区 VR 体验和云导览全覆盖；搭建宣传平台，上线文旅活动、在线直播、旅游线路、影像烟台等主题产品 4000 余项；搭建优惠平台，通过积分商城、文旅消费券申领、烟台市民休闲护照等应用，构建展示、宣传、销售"一条龙"消费闭环。

三是创新服务形式。突出"智慧"、"时尚"、"趣味"特点，构建"吃、住、行、游、购、娱"等场景的数字化、智慧化服务矩阵，基于兴趣爱好、行为轨迹等使用需求和习惯，提供千人千面的个性化精准服务，满足市民游客对于文旅资讯精准推送、文旅产品智能化推荐、交通出行智能化服务、人工智能助手行程规划以及景区、文博非遗互动导览等全流程文旅需求。通过融合多渠道新媒体终端，形成上下贯通、纵横连接的"一云多屏"云服务网络，实现产品服务下沉基层，随时"进村头、上地头、到炕头"。

效益实现方面，"烟台文旅云"上线以来，一是有效扩大智慧旅游服务覆盖面。"烟台文旅云"覆盖网站、手机网、小程序、APP 多终端应用，建立起面向市民游客、旅游企业、管理部门等不同用户群体的 36 个智慧服务应用集群。目前，平台上线游玩推荐、智能导游、VR 全景、产品预订等主题产品 4000 余项，存储发布各类资讯信息 6.2 万条，累计用户量 440 余万人，浏览量超过 3000 万人次，有效扩大智慧旅游服务覆盖面。二是有效拉动旅游消费市场。"烟台文旅云"每年发布上万项文旅活动资讯，通过线上销售平台和"烟台文旅云直播"平台，有效拉动了旅游消费。"云直播"平台自 2020 年 3 月开播至今，共推出各类营销宣传直播活动 270 余场次，累计观看量超过 1600 万人次，取得了良好的宣传营销效果，为持续不断激发市场消费活力起到了积极有效的作用。①

案例 37：实景三维数据整合助力文化保护和传播——北京市测绘院北京中轴线实景三维建模

数据来源：自主采集数据
数据内容：中轴线文化遗产数据
开发主体：北京市测绘设计研究院

应用场景：

　　2020年《首都功能核心区控制性详细规划》中提出"以中轴线为抓手，带动重点文物、历史建筑腾退，强化文物保护和周边环境整治"。然而整治面临实际问题，一是中轴线文化遗产数据质量参差不齐，文物精细数字化难度大、海量数据管理难。二是中轴线遗产保护相关信息存在孤岛、数据零散分布等问题。三是中轴线文化遗产空间展示能力不足、应用场景不足、沉浸体验与展陈表现力不强，活化利用创新方式有待进一步挖掘。

　　工作推进过程中，采用多场景、大空间文化遗产精细化测绘与实景三维建模方法。针对历史道路、历史地标及历史建筑群中的先农坛、鼓楼等重点区域采用地面车载、背包、推车等扫描设备进行地面点云扫描采集，采用人机交互方式建设各类地物要素精细三维模型；针对天安门区域，进行三维模型数据共享；针对社稷坛、太庙等其他建筑群区域，基于三维 Mesh 模型提取地物模型结构，采用实地照片拍摄方式采集模型纹理并进行贴图，建设各类地物要素的一般三维模型。数据涵盖基础地理空间信息数据、三维空间数据等。研发全要素地面采集及多源点云联合下的三维建模技术，解决了全类型扫描数据获取和多源点云数据融合、建模的技术难题。

　　依托实景三维中轴线成果，建立了要素分类、管理分级的遗产保护与监测系统三维云平台；创新云环境下海量三维数据资源可视化表达等系列关键技术方法，构建了文化遗产空天地网协同感知监测体系，实现了动态化、精细化与智能化的监测管理与保护决策，实现了文化遗产的精准、精细化管理。部分数据作为数据资产入场流通，已经实现了多次复用。

应用成效：

　　经济效益方面，一是以中轴线为主题取得全国第一笔空间数据资产等级证书并完成交易，经过交易后的数据被开发成互动产品，为公众提供中轴线虚实融合与沉

---

① 资料来源：作者根据公开案例集整理。

浸式体验，让传统文化持续焕发新活力，对于发展新质生产力、赋能首都数字经济发展具有重要意义。二是正在开展的新型基础测绘北京试点工作，将首都功能核心区、中轴线作为重要示范区域，深度探索空间信息技术与文化遗产融合的模式，遗产监测作为实景三维中轴线的重要场景，有力地推进实景三维北京建设，激活测绘地理信息要素潜能，支撑政府管理、赋能行业发展。

社会效益方面，创建了文化遗产保护传承下的数字化传播和公众参与新模式，形成了内涵多元、空间多点、管理多层复杂文化遗产保护利用综合示范体系。更好地展现了文化遗产数字化保护成果，极大增强了传统文化自信心，使得遗产保护观念深入人心。[①]

案例 38：文物数据资源汇聚助力文物传承保护和文创推广——湖南省博物院文物数据资源集

数据来源：湖南省博物院
数据内容：文物数据
开发主体：高校、企业、文化创意团体等

应用场景：

推动数字技术与文物保护利用融合发展是建设文化强国的重要举措。目前，文物领域的数据资源开发应用程度较低，数据要素在文物保护、管理、传播、利用中发挥的作用不足，难以对文物关联行业的数字化发展起到足够的支撑作用。

湖南省博物院积极推进对文物数据资源的采集、汇聚和开发利用，通过创新合作开发模式，推动文物数据资源协同优化、复用增效、融合创新。博物院多手段采集汇聚文物数据资源，通过高清影像拍摄和激光扫描等手段，采集文物数据 103 万条、图片 11 万张、三维模型 2000 余个，编制文物数据采集加工地方标准，推动构建马王堆汉墓文物、音乐文物等文物知识图谱，并将文物中涉及的传统医药、农牧渔猎、服饰服装、餐饮美食、礼仪文化、人物事件等元素进行数字化映射、匹配、提取和转化，形成多种文物数据资源集。

应用成效：

一是构建文物数据授权和合作开发模式。积极与高校、优质企业、文化创意团体等签署整体授权或单项合作开发协议，免费开放品牌资源和文化数据库授权，联合打造"数字汉生活"文化 IP 系列产品，实现文物数据资源在不同领域中的复用增效。先后签约近 50 家企业和团队，带动近 10 亿元规模的文化创意及周边产业发展。

---

① 　资料来源：北京市政务服务和数据管理局、北京软件和信息服务业协会《2024 北京"数据要素 ×"典型案例》。

二是推动文物数据跨领域融合创新。面向不同行业、不同人群的差异化需求，设计、制作、推出马王堆复原京剧展演、多年龄段"辛追"数字人、文物实景解谜游戏及数字藏品等系列产品。自 2022 年以来，以汇聚形成的文物数据资源为基础，先后推出云展览、云教育、动画视频、沉浸式体验等 200 余项数字化项目，浏览量超过 1200 万次；同时举办 2 个大型线下数字展览，吸引 60 余万观众，实现 2300 万元票房收入，推动了文化传承和文物价值增值协同发展。①

案例 39：VR 技术创新文物文化体验方式——北京国承万通三星堆、兵马俑 VR 沉浸式体验

数据来源：博物馆、其他渠道

数据内容：博物馆文物、展品信息，相关历史背景信息

开发主体：北京国承万通信息科技有限公司

应用场景：

北京国承万通信息科技有限公司将最具国家代表性的文化体 IP 三星堆、兵马俑与国内顶尖 VR 技术相结合，打造大空间 VR 沉浸式体验，再现在千年时光洪流中消逝的大秦帝国，实现与国宝的跨时空对话。项目包含多感官全沉浸 VR 交互系统，利用激光分时扫描技术构建的激光定位系统、动作捕捉系统、视觉显示系统，借助计算机等设备产生一个逼真的三维视觉、前庭感觉、运动感觉等多种感官体验的虚拟世界，不仅具备视觉、听觉、运动觉模拟能力，还具备了力馈触觉、嗅觉等扩展能力，从而实现真正意义上的多感官全沉浸 VR 交互系统，使处于虚拟世界中的人产生一种身临其境的感觉。

项目解决了当前文旅、视听等行业缺乏沉浸感和交互性的技术弊端、成本高、难复制等问题，为消费者在视听新消费、新业态方面的体验感、创新度、参与度方面提供科技和智能支持，发掘了新娱乐、新消费业态，还为文化科技融合下文旅产业的数字化升级带来了可参考的创新体验。项目同时突破了传统视听媒介在沉浸感和互动性上存在的瓶颈，并实现了在多场景中的广泛应用。

应用成效：

经济效益方面，VR 沉浸式体验通过虚拟现实技术，让观众能够身临其境地感受中华文明传统文化，吸引了更多的观众，延长了他们的停留时间，从而带动了周边餐饮、旅游等产业的发展。此外，VR 沉浸式体验推动了复制品、纪念品、艺术品等文创产品的开发，带来了可观的经济效益。

---

① 资料来源：国家数据局首批 20 个"数据要素×"典型案例。

社会效益方面，一是 VR 沉浸式体验可以借助虚拟现实技术，将文化遗产和旅游景点进行数字化呈现，让更多人了解和欣赏文化遗产，利于文化传承与保护。二是 VR 沉浸式体验可以为旅游景点提供更多的展示方式和宣传手段，促进旅游经济的发展。三是 VR 沉浸式体验可以作为社会交流与合作的重要平台，促进不同地区、不同文化之间的交流与合作，提升了我国传统文化的品牌价值，对于中国传统文化的发展和传播具有重要意义。①

﹀ 八、医疗领域

案例 40：医疗数据智能化分析提升基层诊疗水平——讯飞智慧医疗 AI 模型

数据来源：中华医学会杂志社、开放医疗与健康联盟等机构
数据内容：脱敏医疗数据
开发主体：讯飞医疗科技股份有限公司

应用场景：

基层医疗卫生体系是守护人民群众身体健康的"第一道防线"，与每个人的生活息息相关。但基层医疗机构普遍面临人才不足、医生队伍不稳定、资源供给有限等问题，难以完全满足广大群众对医疗服务的需求。

为提升基层医疗服务水平，讯飞医疗科技股份有限公司与中华医学会杂志社、开放医疗与健康联盟等权威机构合作，汇聚公开脱敏数据，构建涵盖疾病知识、症状体征、检验检查、药物信息、临床路径、诊疗规范及指南等内容的数据资源库，通过对海量医疗数据进行分析，训练形成智慧医疗 AI 模型，为基层诊疗提供智能化辅助，促进基层医疗服务提质增效。

应用成效：

智慧医疗 AI 模型推进医疗数据与"问、诊、治"场景深度结合。模型与行业信息平台和医院信息系统对接，以"数据不出本地局域网"方式汇聚分析患者病历数据及历史健康信息数据。在医生问诊过程中，根据问诊逻辑提示病情问诊；在诊断过程中，对患者病历数据进行智能化分析和判断，协助医生对病情进行合理诊断；在医生下处方和检查检验时，及时给出常见用药和常见检查检验建议，并将异常诊断结果数据及时报送医疗主管部门复核。截至 2024 年 5 月，该系统已在全国

---

① 资料来源：北京市政务服务和数据管理局、北京软件和信息服务业协会《2024 北京"数据要素×"典型案例》。

506 个县区的近 5.3 万个基层医疗机构应用，服务 6 万余名基层医生，累计提供 7.7 亿次 AI 辅诊建议，规范病历 2.9 亿次。经该系统提醒而修正诊断的有价值病历超 139 万例，累计识别不合理处方数 6200 万例，AI 辅助诊断合理率提升至 95%（重点地区 97%），覆盖疾病数量超 1680 种。[①]

案例 41：医疗数据整合分析提升医院运营水平——"阿里云医疗大脑"

数据来源： 阿里云合作医疗机构

数据内容： 医院各类运营数据，包括患者就诊记录、医生排班情况、药品库存状态、医疗设备使用频率等

开发主体： 阿里云

应用场景：

　　阿里巴巴旗下的阿里云与多家医疗机构合作，利用大数据平台，建立阿里云医疗大脑，通过云计算和大数据技术，对医院内部的各类运营数据进行全面整合与分析，包括但不限于患者就诊记录、医生排班情况、药品库存状态、医疗设备使用频率等。通过对这些数据的深度挖掘，阿里云能够发现医院运营中的瓶颈与痛点，为医院管理者提供定制化的解决方案，还能预测医疗需求，优化就医流程，提高医疗资源利用效率。系统同时支持线上诊疗服务，减轻了线下医疗系统的压力。

应用成效：

　　基于大数据分析，阿里云帮助医院实现医疗需求的精准预测。通过对历史就诊数据、季节性疾病流行规律、人口结构变化等多维度信息的综合分析，阿里云能够预测未来一段时间内的医疗需求趋势，为医院提供资源配置的科学依据。通过分析患者就诊高峰期与低谷期，医院可以灵活调整医生排班，应对可能出现的高峰，减少患者等待时间，还能有效避免医疗资源的浪费；通过分析药品消耗趋势，医院可以优化库存管理，避免药品积压或短缺。

　　阿里云还利用技术手段优化就医流程，减少患者就医过程中的不便与等待时间。通过构建线上预约挂号、智能导诊、在线问诊等系统，患者能够在家中完成初步诊疗，大大节省时间与成本。同时，系统还能根据患者的具体情况，为其推荐最适合的医生与科室，提高就医效率与满意度。

　　阿里云与医疗机构合作搭建了线上诊疗服务平台，为患者提供了便捷的远程问诊、在线购药、健康咨询等服务，有效减轻了线下医疗系统的压力，降低了交叉感

---

① 资料来源：国家数据局首批 20 个"数据要素×"典型案例。

染的风险。同时，阿里云还利用大数据技术对诊疗数据进行实时分析，为政府决策提供科学依据，助力疾病防控工作开展。①

案例42：医疗健康数据应用提升医疗服务水平——温州"安诊无忧"数智护理平台

数据来源： "安诊无忧"服务平台

数据内容： 平台用户就诊信息数据

开发主体： 温州设计集团智慧城市和大数据研究院，联仁健康医疗大数据科技股份有限公司

应用场景：

为提升医疗服务管理水平和监管水平，温州市建设"安诊无忧"服务平台，为用户提供安心陪诊、安心陪护、安心护理等服务。

用户在"安诊无忧"数智护理平台进行公共数据使用授权，授权内容包含就诊时间、入院时间、疾病信息、就诊医院地址以及需要特殊照顾人群信息，例如，老年人、孕妇、特殊人群、残疾人（残疾类型）等。平台融合多渠道来源数据，其中，门（急）诊表包括就诊时的患者基本信息、就诊时间、就诊科室、主诉、初步诊断等。入院表包括入院时间、入院原因、主治医生、预计住院时间等。出院记录表包括出院时间、出院诊断、出院医嘱、后续治疗建议等。孕产妇基本资料表包括孕产妇的基本信息，如姓名、年龄、孕周、孕期健康状况等。老年人登记表包括老年人的基本信息和健康状况、生活自理能力等。

平台在授权域内根据用户授权数据生成人群画像特征，结合自有的护理人员信息，与场景模型中的因子进行匹配，匹配最精准服务项目（服务项目全部标签化）、推荐最优服务解决方案并生成出域信息。平台根据出域标签展示最优服务内容，包括就诊时间、就诊医院编号、就诊医院名称等。平台对接提供医疗服务的社会机构，可以按需求安排上门护理、院内陪护等多种服务，连接院内与院外，打造一体化全周期服务模式。

应用成效：

"安诊无忧"综合服务平台落地至医疗机构，为老龄化社会下城市乡镇的养老家庭提供服务，院内外护理、护工服务通过平台实现线上线下流转，辅助政府部门对于护理行为实施监管。"安诊无忧"综合服务平台积极以惠民服务为核心目标，持续加大投入力度服务目标人群，同时推动相关行业健康发展，未来可延伸带来的

---

① 资料来源：作者根据公开案例集整理。

产业发展规模将持续增加。①

案例43：高质量药物数据汇集提升新药研发质效——北京计算中心 新药研发数据集

数据来源： 公开数据库、文献，公开购买渠道等

数据内容： 药物相关的分子结构、理化性质和靶点信息等药物研发关键数据

开发主体： 北京市计算中心有限公司

应用场景：

提升创新药自主研发能力对于国家生物医药产业转型升级至关重要，也与国家生物技术安全自主可控、人民群众生命健康紧密相连。高质量药物数据在新药研发的过程中至关重要，目前国内药物数据来自不同细分领域的学术数据库，存在流通不畅、资源分散和标准不统一等问题。

北京市计算中心有限公司通过多渠道、合规收集海量药物研发关键数据，建立专业的新药研发数据集，进行智能化分析和数据挖掘，有效降低新药研发周期，赋能上百个新药研发项目。一是多渠道收集药物研发数据。通过公开数据库下载、文献信息整理、公开渠道购买等多种方式，收集药物相关的分子结构、理化性质和靶点信息等药物研发关键数据，并通过计算机辅助和人工校验确保数据质量可靠，为科研人员提供了较强的数据支持，明显提高药物研发的准确性、可靠性和实用性。二是建立高质量新药研发数据集。对汇聚数据进行统一处理，形成能够支撑药物数据研发的高质量数据集，数据集包括小分子、多肽和蛋白靶点数据，其中小分子和多肽信息400余万条（几乎覆盖当前全部药物数据领域），潜在的药物活性位点超过11万个。

应用成效：

北京市计算中心有限公司基于人工智能算法对药物研发数据集进行数据挖掘和药物特征提取，形成疾病相关的药物有效特征，为新疾病靶点预测和对应药物研发提供准确、个性化、智能化分析服务。目前已与全国30余家高校和科研院所开展合作，利用高质量药物数据集和智能服务开展的新药研发项目100余项，人工智能预测靶点超1万余个，基本覆盖了已知疾病。②

---

① 资料来源：国家信息中心大数据发展部、中国软件评测中心等单位《全国公共数据运营年度发展报告（2023）》。

② 资料来源：国家数据局首批20个"数据要素×"典型案例。

案例44：医疗数据共享流通提升临床试验质效——上海数产医疗数据共享和流通平台

数据来源： 医疗机构

数据内容： 医疗数据

开发主体： 上海数字产业发展有限公司

应用场景：

健康医疗数据是国家重要的基础性数据资源，对促进医疗数字化发展至关重要。由于敏感性较高，健康医疗数据面临数据安全和隐私问题，对数据保护要求较高。国家层面积极推动隐私保护计算等技术与医疗信息化融合，以促进临床、医疗服务和管理信息的共享与协同应用，实现医疗健康数据的高效互通与流动，推动医疗信息共享和服务模式的变革。

医疗健康数据在临床试验领域作用关键，但面临传统招募方法低效且昂贵，医疗系统无法协同获取基层医院和大型医院的病人信息，历史医疗数据常无法满足临床试验需求三大难题，亟需数据共享平台以提高临床试验的效率和安全性。基于此痛点，上海数字产业发展有限公司（以下简称"上海数产"）开发了基于临床试验的医疗数据共享和流通平台，采用1＋N＋2的模式，以上海数产作为医疗数据运营主中心，选定N家医院为参与建设单位，进行医疗数据对接和应用开发试点，基于隐私计算技术探索数据安全流通模式，满足医疗数据"原始数据不出域、数据可用不可见"的合规和应用要求，支持受试者医疗数据共享、受试者实时招募等应用场景，有效促进数据共享应用，实现数据价值转化。

平台系统架构为多个层级，分别为数据接入层、数据传输层、数据汇聚层、中间服务层、数据应用层等。通过各个层级的协同合作，建立一套完善、合规、合法的从原始数据获取到数据价值转化的体系和框架，最终实现医疗健康数据共享和流通。平台参与主体主要包括数据需求方、数据运营方、数据提供方和数据监管方。数据运营方与数据提供方协作，遵循临床试验规则，实现数据上线和数据的转化价值；通过合约协同、应用协同建立数据流通体系，支持数据应用；为数据需求方提供多样化的应用接口和服务。数据监管方由多个机构组成，负责合规管理和监督，包括数据来源、伦理、使用和授权确权等，以确保数据流通合法合规；审查和监管数据需求方的使用和运营平台的内部流程。数据提供方贡献数据，根据标准进行数据清洗、治理，提供伦理授权材料，形成合法合规的数据资源；与数据运营方合作，对外开放数据资源。数据需求方是数据的最终使用者，通过平台获取数据资源和工具，运用算法和服务完成复杂临床试验应用。

针对受试者医疗数据共享，平台通过相应的医疗数据标准在不同医疗机构构建面向临床试验的标准数据集，涵盖病人多维信息，形成临床试验数据资产；通过隐私保护计算技术能力，联通不同医疗机构，保证医疗数据不出域；同时通过接入医药企业，实现医疗数据的引流和应用。对于受试者招募，该平台接入医疗机构的病理系统，根据病理系统出具的最新诊断结果以及通过病理系统与其他系统的前置接入，获取患者或病人的标准诊断结果，以及额外医疗信息。医药企业通过隐私查询算法可实时获取目标医疗机构或地域的患者或病人整体情况，便于医药企业快速开展临床试验以及患者的招募入组。

应用成效：

医疗数据共享和流通平台的建立从社会层面推动了医疗公平，增加患者前沿治疗机会，保障了试验安全和伦理。临床试验受试者匹配过程中扩大了患者筛选样本量，确保在更大范围内筛选到潜在患者，提高治疗成功机会，也促进了更多患者参与临床试验，解决了传统招募中信息不足的问题。此外，平台严格基于合法合规标准寻找符合试验条件的受试者，确保入组受试者合法合规且符合标准，有助于评估治疗效果和安全性，确保伦理和科学性。

医疗数据共享和流通平台已在浦东新区某家医院推进落地中，经济价值主要体现在降低招募研究成本和提高临床试验效率，通过智能算法和数据整合，平台可以准确地找到合适的受试者，据测算可降低约 40%～50% 的招募成本。社会效益方面，基于临床试验的医疗数据共享和流通平台系统拥有自主知识产权，隐私计算技术达到国际先进水平，能够显著提升我国医疗、生物与信息融合技术的研究水平和产业赋能、转化能力。①

案例 45：医疗大数据应用助力商业健康保险发展——上海数产商业健康保险大数据服务平台

数据来源： 上海市卫生健康委

数据内容： 医疗数据

开发主体： 上海数字产业发展有限公司

应用场景：

我国的商业医疗健康保险市场呈高速增长趋势。2012 年国内健康险业务原保费收入仅 862.77 亿元，从 2013 年到 2018 年，健康险年复合增长率达到 35.95%，2019 年健康险占保险行业市场规模的 17%，预计到 2025 年，健康保险市场规模将超越 2 万亿元。我国慢性病患者已超过 2 亿人，因病致贫、因病返贫使得家庭压力增大，医保基金面临压力。当前健康医疗保险行业发展存在如下阻滞：支付方社保

---

① 资料来源：复旦大学、国家工业信息安全发展研究中心、上海数据交易所《数据要素流通典型应用场景案例集》。

持续承压，商业健康保险发展不足；供给方缺乏基础数据平台；需求方持续增长的自费负担。

商业健康保险大数据服务平台由上海市卫生健康委牵头，上海健交科技服务有限责任公司具体搭建并运营。平台基于健康医疗大数据促进商业保险应用，支持商业保险理赔、核保、精算和保险产品设计等多方面业务应用。平台通过与上海卫生统计数据对接，实现了医疗数据和健康保险业务的有效融合，解决了健康保险业产品在核保风控和创新业务方面缺乏数据支撑的痛点，依托区域健康医疗数据建立了系统性、结构化、数字化、高效可视的智能型健康保险系统，打破传统健康保险产品信息对接瓶颈，避免了一个保险产品对多家医疗机构、一家医疗机构对多个保险产品的乱象。集约化、标准化的数据对接方式使得平台以更精准、更规范、更安全的方式开展数据治理和数据服务，为健康数据和商保业务融合提供了新路径、新方法。

应用成效：

商业健康保险大数据服务平台建设方案以数百亿条健康大数据为底层数据支撑，在保障数据安全的前提下，跨界整合医疗、保险、健康产业，利用 AI + 大数据算法，提供既往风险提示、健康风险评估和真实性核验 3 款商业健康保险数据产品，进而实现卫健、医保等政府部门与保险公司、投保人群之间的供需拉通，推动了健康保险服务和保障模式数字化转型发展，加深行业数字化转型和供给侧改革，真正实现了让"数据多跑路、群众少跑腿"，提升了人民群众的健康获得感和满意度，提高了居民健康保障水平。

商业健康保险大数据服务平台形成了从核保、核赔、产品设计等相关业务流程再造，建立了数字化一站式健康保险新模式，解决了传统核保场景中，由于缺少数据支持，为了规避保险风险过度提高核保门槛水平盲目增加保险产品安全系数，简单"一刀切"的粗放做法。平台实现了对投保人风险等级智能判断，线上快速完成核保决策，带病投保识别率达到99%；解决了可疑风险案件的识别不精准，核赔减损率达到66%；创新推出全量承保，即"不把非健康人群排除在保障人群范围外"，引导保险回归本源释放商业保险产业发展新动能，在缓解人口老龄化及慢病高发问题，减缓医保基金承压方面发挥积极作用。[①]

案例 46：医疗数据安全运营辅助商业健康保险核保——青岛市公共数据运营平台医疗专区

数据来源： 青岛市大数据局、青岛华通智能科技研究院有限公司

---

① 　资料来源：复旦大学、国家工业信息安全发展中心、上海数据交易所《数据要素流通典型应用场景案例集》。

数据内容：患者信息、医疗机构信息、诊断信息等

开发主体：翼方健数（山东）信息科技有限公司

应用场景：

青岛市公共数据运营平台医疗专区通过开发应用市医疗公共数据，包括患者信息、医疗机构信息、诊断信息等，在"原始数据不出域，数据可用不可见"前提下，结合保险公司实际业务需求，研发商业保险核查应用。

青岛市优先试点开放城阳区医疗数据服务保险公司业务。2023年1月，通过青岛市公共数据运营平台，保险公司与城阳区完成首单医疗数据产品交易，医疗数据与保险业务实现数据打通。开发应用分为三个阶段，授权阶段、准备阶段和应用阶段。授权阶段需保证数据所有方到数据运营方、服务方的数据开发使用符合合法合规规定。准备阶段，为确保数据安全合规运营，城阳区首先将医疗数据（区下属3个二级医院近3年数据）推送到市一体化大数据平台、市公共数据运营平台，两个平台均是在政务外网环境下的内部平台，根据保险公司核保业务需求治理生成核保数据资源库，在内部平台隐私计算模块黑箱环境内进行数据计算，生成保险风险等级计算结果。应用阶段，计算结果传至公共数据运用平台医疗专区，通过专区传递至保险公司，保险公司仅可获得"高、中、低"风险等级结果，而非个人原始医疗数据，实现了"原始数据不出域，数据可用不可见"。数据的汇聚、计算、输出全过程经过层层防护，确保了原始数据安全。推广阶段，青岛市将开放全市医疗数据（市卫健委医疗数据27亿条，其中包括3940万份电子病历，608万份健康档案，2.18亿条医保结算数据），通过市公共数据运营平台医疗专区进行开发应用，为保险公司提供核保查询。

应用成效：

经济效益方面，公共数据运营平台提供了安全合规的数据应用方式，在不泄露个人隐私和医疗健康数据前提下，提供基于真实数据的核保查验，降低信息获取成本，改变以往核保不真实、效率低下问题，支持保险公司核保业务开展。社会效益方面，一是通过智能核保快速实现对某项保险产品的评估，有效避免后续因核保不准确产生的纠纷，保障人民群众和保险公司正当权益。二是通过智能核保对个人健康状况进行科学评估，有效降低因保险公司调查结果不充分，为规避风险盲目拒保的情况。[①]

---

① 资料来源：作者根据调研资料整理。

◣ 九、环境保护领域

案例 47：生态环境数据贯通提升蓝藻治理水平——合肥市生态环境局 巢湖蓝藻精准预测智能模型

数据来源： 生态环境部，安徽省、合肥市等跨层级的环境、气象、城建、水利、渔 政等多个部门

数据内容： 巢湖流域水文水质、湖体水质、藻类、气象、光照、水温等多源数据

开发主体： 合肥市生态环境局

应用场景：

湖泊是地表水资源的重要载体，与人类生产生活息息相关，对水资源安全保障、生态服务、防汛抗旱等都具有重要作用。水体富营养化会导致藻类迅速繁殖，引起水体溶解氧气量下降、水生生物大量死亡、水质恶化等，严重危害人体健康。

巢湖蓝藻治理经历了长达 30 余年的艰难历程，投入大量人力和资金成本，长期面临防控战线长、人力成本高、监测监控手段不足、分析预警能力不强等问题。合肥市生态环境局以提高巢湖蓝藻监测预警能力为核心，整合跨层级、跨领域、跨部门、跨平台蓝藻治理相关数据，构建水文水质、水动力、藻类生长等智能模型，精准预测蓝藻发生情况，提前介入管控，使巢湖流域生态得到系统性改善，推动了当地生态环境改善和文旅产业发展，打造了"绿水青山就是金山银山"的实践案例。

应用成效：

一是打通数据壁垒，实现多源数据汇聚。建立地表水自动监测网络，贯通生态环境部、安徽省、合肥市等跨层级的环境、气象、城建、水利、渔政等多个行业涉水数据，共接入国控点 23 个、省控点 11 个、市控点 46 个，汇聚共享卫星遥感、视频监控等各类数据达 11 亿条，构建水环境数据库。通过多源数据汇聚融合，实现以"数"治藻，改变了监测靠人、巡查靠走的传统工作模式，大幅降低了蓝藻治理成本，有效提高了治理成效。

二是创新构建模型，实现藻情精准预测。基于巢湖流域水文水质、湖体水质、藻类、气象、光照、水温等多元数据，综合运用大数据、人工智能、地理信息等数字技术，创新构建巢湖流域水文水质模型、三维水动力模型、藻类生长动力学模型等模型库，精准预测蓝藻生长态势，实现藻情"早"预报。

三是推进模型应用，赋能治理科学决策。建设巢湖防控全景驾驶舱，每日整理

形成蓝藻日报，实时发布藻情预测预警信息，为精准调度蓝藻治理提供决策支持，推进污染点源、线源、面源、内源"四源同治"，实现巢湖"慧"治藻。巢湖水质由 2015 年的劣 V 类转变为 2023 年稳定保持Ⅳ类，创 1979 年有监测记录以来最好水平。蓝藻从大面积爆发、异味强烈转变为连续 3 年蓝藻无聚集、无异味，巢湖流域生态得到系统性改善。①

案例 48：废铅蓄电池回收信息汇聚助力循环经济发展——浙江千源百荟"铅蛋"废铅蓄电池再生循环数字经济生态平台

数据来源： 浙江省湖州市生态环境局长兴分局

数据内容： 产废商户、回收企业、处置企业、运力信息等公共数据，再生资源回收分类信息，电池类型、数量、状态、溯源数据等相关行业数据

开发主体： 浙江千源百荟互联网科技有限公司

应用场景：

为解决废铅蓄电池的回收处理乱象，落实习近平总书记关于"加强固体废物回收利用管理，发展循环经济"的重要指示，浙江省湖州市生态环境局长兴分局指导相关企业开展了废铅蓄电池回收的数据运营工作。"铅蛋"废铅蓄电池再生循环数字经济生态平台隶属于天能控股集团孵化项目，项目经营主体为浙江千源百荟互联网科技有限公司。"铅蛋"平台全面整合社会各界提供的废铅蓄电池回收数据，包括产废商户信息、运力信息、回收企业信息、处置企业信息等，再与公共数据进一步融合，包括再生资源回收分类信息、电池类型、数量、状态、溯源数据等，在授权运营域中进行脱敏、加工和封装，形成浙江湖州长兴特有的废铅蓄电池回收综合服务。

废铅蓄电池回收综合服务主要包括三方面。一是回收企业在平台发起每日报价，直接触达产废门店，实现经济效益阳光化。二是门店端发出投售预约，运力根据投售预约上门，精准收集废旧电池并现场确认完成线上付款，实现收集、支付阳光化。三是运力转运到回收企业后，由回收企业在线进行货物闭环确认，实现交付阳光化。

应用成效：

"铅蛋"废铅蓄电池再生循环数字经济生态平台已累计登记上线产废门店 8 万余家、运力 4700 余户、回收企业 400 余家，废旧铅蓄电池回收交易量 120 余万吨，在全国 22 个省份开展推广活动，实现交易流量 154 亿元、线上实际支付流量 1.36 亿元。②

---

① 资料来源：国家数据局首批 20 个"数据要素×"典型案例。
② 资料来源：国家信息中心大数据发展部、中国软件评测中心等单位《全国公共数据运营年度发展报告（2023）》。

案例49：大气污染监测数据应用提升大气污染防治工作质效——北京市大气污染监测系统

数据来源：北京市公共数据

数据内容：空气污染物数据

开发主体：北京市政府

应用场景：

北京市为了积极应对日益严峻的空气污染问题，构建了一套全面而高效的大气污染监测系统。系统设立了遍布全市多个关键区域的固定监测站，还配备了灵活机动的移动监测车，形成了点面结合的立体监测网络，以广泛的覆盖范围和精准的监测能力，成为守护城市蓝天的重要屏障。在收集到的大量监测数据基础上，北京市大气污染监测系统还集成了先进的数据处理与分析平台，运用大数据、云计算等现代信息技术手段，对监测数据进行深度挖掘与分析，生成实时空气质量指数（AQI）并对外发布。

固定监测站作为系统的核心组成部分，被精心选址于城市的风向交汇点、工业区周边、居民密集区及交通要道等地，确保能够全面捕捉并监测到空气中 $PM_{2.5}$（细颗粒物）、PM_{10}（可吸入颗粒物）、SO_2（二氧化硫）等多种主要污染物的浓度变化。这些站点采用先进的光学散射法、化学发光法等技术手段，实现了对污染物浓度的连续、自动、高精度监测，为数据分析提供了坚实的基础。

移动监测车是固定监测站的有效补充，它们穿梭于城市的大街小巷，特别是在突发污染事件或特定时段（如冬季采暖期）时，能够迅速响应，对潜在污染源进行追踪与定位，为应急处置提供及时准确的信息支持。移动监测车装备了车载空气质量监测设备，能够实时测量并上传监测数据，与固定监测站形成互补，进一步提升了监测系统的灵活性和覆盖面。

应用成效：

大气污染监测系统极大地增强了环境信息的透明度，使公众能够随时了解身边的空气质量状况，为出行、健康防护等提供重要参考。更为重要的是，系统为北京市政府制定和实施空气污染防控措施提供了科学、精准的数据支撑。通过分析监测数据，政府能够准确判断空气污染的主要来源、变化趋势及影响因素，进而有针对性地制定减排计划、调整产业结构、加强执法监管等，推动空气质量持续改善。同时，监测数据也是评估污染防控措施效果的重要依据，为政策调整和优化提供了可靠的反馈机制。[①]

---

① 资料来源：作者根据公开案例集整理。

案例50：环保数据智慧应用提升城市综合环保水平——上海智慧环保平台

数据来源： 上海市政府

数据内容： 空气质量、水质、噪声、土壤等多种环境要素数据

开发主体： 上海市政府

应用场景：

上海智慧环保平台设计理念与功能实现体现了智慧化、精准化、高效化的现代环保管理思路。平台通过遍布全市的各类环境监测站点和传感器网络，实时采集空气质量、水质、噪声、土壤等多种环境要素的数据。数据经过严格的质量控制与校验后，被上传至平台的数据中心进行集中存储与管理。平台利用先进的数据处理与分析技术，对海量数据进行快速处理与深度挖掘，集成了环境监测、污染源管理、重污染天气应急响应等核心功能，还深度融合了大数据分析技术，构建起了一套全方位、多层次、立体化的环境保护管理体系，准确反映环境质量状况及其变化趋势，为环境保护工作提供基础数据支撑。

应用成效：

智慧环保平台建立了完善的污染源数据库，对全市范围内的工业排放、机动车尾气、扬尘等各类污染源进行动态监管。通过实时监测与数据分析，平台能够及时发现并预警潜在的污染风险，为环保部门提供精准的执法依据。同时，平台还支持污染源信息的在线查询与共享，促进了跨部门、跨区域的协同监管与联防联控。

针对重污染天气应急响应，智慧环保平台更是发挥了不可替代的作用。平台能够根据实时监测数据和气象条件预测结果，综合评估重污染天气的发生概率与影响范围，及时启动应急预案并发布预警信息。通过指挥调度系统，平台能够迅速调集各方资源，实施有效的污染控制措施，最大限度地减轻重污染天气对公众健康和环境质量的影响。

智慧环保平台还注重提升公众互动与参与度。平台通过官方网站、手机 APP 等多种渠道向公众发布环境质量信息、污染源监管动态以及环保政策法规等内容，提高了公众对环境问题的关注度和参与度。同时，平台还提供了举报投诉、意见反馈等功能，鼓励公众积极参与环境保护工作，共同构建美丽、宜居的生态环境。[①]

---

① 资料来源：作者根据公开案例集整理。

▧ 十、公共安全和应急管理领域

案例 51：公安数据深度挖掘助力精准打击和预防犯罪——智慧警务平台

数据来源：公安部门等
数据内容：人口流动、车辆轨迹、通信记录等数据
开发主体：多地公安机关

应用场景：

多地公安机关建立了智慧警务平台，通过整合公安内部及外部的政务大数据资源，打破信息孤岛，实现数据互联互通。这些数据包括但不限于人口流动信息、车辆轨迹数据、通信记录等，为公安机关提供了全面、实时的信息基础。利用大数据分析技术，智慧警务平台能够对海量数据进行深度挖掘，识别出潜在的高风险人员和异常行为模式。这种跨领域、跨部门的数据整合，有助于公安机关从更宏观、更全面的角度分析问题，提高决策的科学性和准确性。

应用成效：

智慧警务平台的应用，极大地提高了警务工作的效能。一方面，通过自动化、智能化的数据处理和分析，减轻了警务人员的工作负担，使他们能够更专注于案件的侦查和处理；另一方面，通过精准识别和预测，提高了警务工作的针对性和有效性，减少了资源的浪费和误判的风险。

大数据分析不仅能帮助公安机关识别当前的犯罪活动，还能通过对历史数据的分析，揭示犯罪活动的规律和趋势，进而预测未来的犯罪模式。这种预测能力对于公安机关制定针对性的打击策略、优化警力部署具有重要意义。精准识别不仅限于已知的犯罪嫌疑人，还能提前预警潜在的犯罪风险，为公安机关提供预警信息，使其能够提前介入、主动防控。同时，平台还能根据风险等级制定差异化的管控措施，实现对高风险人员的精准管控。通过提前布局、精准打击，公安机关能够更有效地预防和遏制犯罪活动的蔓延，维护社会治安稳定。[①]

案例 52：网络行为数据整合提升网络犯罪治理水平——网络犯罪侦查系统

数据来源：互联网

---

① 资料来源：作者根据公开案例集整理。

数据内容： 网络行为数据，包括网络日志、用户行为记录、通信记录等数据

开发主体： 部分省市公安机关

应用场景：

针对网络诈骗、网络赌博等新型犯罪，部分省市公安机关开发了网络犯罪侦查系统，收集和存储大量的网络数据，包括网络日志、用户行为记录、通信记录等。

大数据分析技术可以帮助警方快速采集和存储数据，并保证数据的完整性和安全性。网络犯罪数据通常包含大量的噪声和冗余信息，需要进行清洗和预处理才能得到有效的数据，大数据分析技术可以通过自动化的方式对数据进行清洗和预处理，并提取出有意义的信息，通过可视化的方式展示分析结果，帮助警方更直观地理解网络犯罪的情况。数据挖掘是大数据分析的核心环节之一，在网络犯罪侦查中，数据挖掘技术用于识别异常行为、关联不同的网络犯罪事件以及构建网络犯罪嫌疑人的模型等。

应用成效：

系统通过分析网络行为数据、资金流向等信息，追踪犯罪分子的虚拟身份和活动轨迹，帮助警方发现隐藏在网络数据中的规律和模式，有效遏制了网络犯罪的增长态势。同时，系统还可为警方提供决策支持，协助制定相应的打击网络犯罪的策略和行动计划。[①]

案例53：舆情数据汇集助力安全风险隐患智能监测——中科天玑、中科星图多模态信息融合智能分析平台

数据来源： 国内主流社交媒体及短视频平台

数据内容： 网络舆情信息

开发主体： 中科天玑数据科技股份有限公司、中科星图慧安科技有限公司

应用场景：

融合网络舆情信息，加强对自媒体短视频信息的深度挖掘，可弥补对生产安全违法行为、突发事件监测的滞后性，助力安全风险隐患精准智能监测。然而难点包括，网络舆情复杂多源，需快速提炼信息、及时发现危机，时效性要求高；风险监测数据海量多源、结构各异、地理属性强，数据资源整体效能发挥受限；面向不同监测需求、不同特征属性的认知分析需要耗费大量人力物力。

中科天玑数据科技股份有限公司、中科星图慧安科技有限公司开发专门平台，

---

① 资料来源：作者根据公开案例集整理。

使用舆情数据助力安全风险隐患精准智能监测。平台对国内主流社交媒体及短视频平台信息进行采集、解析和内容匹配，基于应急场景多模态识别算法，实现对短视频涉应急数据的快速识别与综合检索。此外，平台基于应急热点发现算法对短视频账户属地信息进行采集、分析、处理，以发文账户粉丝数、转、评、赞互动数据等维度进行综合热度值计算，进行应急热点综合呈现。

平台面向不同监测需求，以深度学习技术为核心构建多模态信息融合智能分析平台，以跨模态遥感数据、多源数据为输入，内置样本采集、调度引擎和集成框架，提供多种成熟分析模型。通过对多源信息的融合判证、属性补充，构建形成基于时间、空间、要素的数据关联融合模型并建立关联关系，在此基础上综合目标运动能力和时空关联关系，实现各类探测信息的点迹融合、航迹融合和属性融合。

应用创新方面，将中科天玑社会认知大模型和空天创新研究院的空天·灵眸遥感大模型应用于应急管理领域，利用大模型自监督学习能力、强泛化能力，针对风险监管业务快速调整精准发现。模式创新方面，依托应急行业业务需求，在以短视频为主要载体的多模态复杂网络上进行技术研究；联合开展应急灾情、突发事件智能场景识别，助力传统应急监测精准度提升，创新改变了对舆情数据事后分析利用的模式。

应用成效：

经济效益方面，平台接入实时获取超过 15 类全球高价值信源通道的大规模网络数据，日均采集文本类数据 5 亿 +、视频类数据 3.8 亿 +，累计 22 亿 + 重点账号，超算中心支持 PB 级数据存储索引，保障公共安全价值信息的稳定挖掘，发挥数据要素乘数倍增效应，服务于智慧应急综合管理平台、山东省生产建设项目水土保持遥感监管等典型场景应用，以舆情服务融合创新模式赋能应急实战、防灾减灾、生态环保提质增效。

社会效益方面，一是通过大模型对互联网内容处理，对发现突发事件类领域泛化场景识别发现，反向助力传统监测手段精准发现问题，提高应对突发事件的信息监测、预警和科学决策能力；二是提升城市管理透明度和公众参与度，从而提升城市管理效率，吸引更多的投资和人才流入，形成共建、共治、共享的社会共治格局，促进治理能力现代化、维护经济社会和谐稳定发展。[①]

案例 54：跨部门气象数据共享助力地质灾害分级预警——四川省地质灾害气象数据共享平台

数据来源：四川省气象局，自然资源、水利、应急等政府部门

---

① 资料来源：北京市政务服务和数据管理局、北京软件和信息服务业协会《2024 北京"数据要素 ×"典型案例》。

数据内容：全省气象站点降水、天气、雷达卫星多源融合资料等气象数据，地灾专业监测雨量站点数据，气象、自然资源、水利、应急等部门数据

开发主体：四川省国土空间生态修复与地质灾害防治研究院、四川省气象局

应用场景：

精准及时的地质灾害气象风险预警是保障人民生命安全的"防护堤"，实践表明"预警早一秒，风险少一分"。地质灾害和气象风险往往相互交织，通过对气象与地质数据的深度融合应用，可以显著提升风险预警的实时性、精确度与实用性，进而有效增强防灾减灾的能力。

四川省国土空间生态修复与地质灾害防治研究院联合四川省气象局共同搭建地质灾害气象数据共享平台，实现地质、气象等数据的协同效应，用数据点亮防灾减灾"灯"。平台实时采集共享全省 4000 余处气象站点降水实况、逐小时天气预报、雷达卫星多源融合资料等气象数据及 7000 余处地灾专业监测水量站点数据，推动气象数据实时汇聚共享，并打通气象、自然资源、水利、应急等部门数据，为全省的气象预报、灾害预警以及相关决策支持提供了更为坚实的数据基础。

应用成效：

一是实现灾害精准分析预测。四川省修复防治院通过搭建可自主适配本地化的气象预测模型，为全省 21 个市（州）、175 个地灾易发县提供"6 小时、3 小时、1 小时"短期预测信息，使区域内地质灾害气象预测更加精细化、具有针对性。2022 年以来，在气象、地质等数据大量精确汇聚支撑下，短临预测信息有效性显著提升，精准性高达 55.6%。

二是实现灾害及时预警预防。通过电视、网站、自媒体等渠道发布和短信点对点通知的方式，同步将地质灾害气象风险预警信息及时发送到有关部门单位和人民群众，实现预警信息数据有效传达共享。2022 年以来，有效支撑全省范围发布地质灾害气象风险预警共 5839 次，实现成功避险 123 起，避免 2400 余人可能面临的因灾伤亡。[①]

案例 55：多源大数据融合助力数字化应急管理——福建省数字应急综合应用平台

数据来源：福建省气象、水利、地质等 20 多个行业厅局的 39 个关联业务系统

数据内容：部、省、市三级应急基础信息资源，含气象、应急物资、救援队伍等应急基础数据，部级、省级危险化学品、工贸、矿山等企业基础信息数据

---

① 资料来源：国家数据局首批 20 个"数据要素×"典型案例。

开发主体：福建省电子政务建设运营有限公司

应用场景：

应急管理是国家治理体系和治理能力的重要组成部分，担负保护人民群众生命财产安全和维护社会稳定的重要使命。应急管理涉及地质、森林、海洋、河流等业务场景众多，对打通部门间数据共享，推动实现各场景业务高效协同具有迫切需求。

福建省电子政务建设运营有限公司通过打通数据间壁垒，汇聚部、省、市三级应急基础信息资源，搭建数字应急综合应用平台，实现多种灾害预警，强化全链条监管，为全省"数字应急"体系建设提供有力支撑。平台高效汇聚应急数据，实现与应急管理部、各地市应急平台的纵向贯通，与省级气象、水利、地质等 20 多个行业厅局的 39 个关联业务系统横向链接，汇聚约 59.8 亿条气象预报、应急物资、救援队伍等应急基础数据及 89 万条部级、2.41 亿条省级危险化学品、工贸、矿山等企业基础信息数据。

应用成效：

一是数据赋能监测预警。平台接入危化品、非煤矿山、森林防火、海上安全等重点领域 1.4 万条感知数据和 2.2 万路视频监控，依托风险评估模型、AI 视频分析等技术，自动发布预警信息，实现安全生产隐患的主动监测，推动应急管理"以治为主"向"以防为主"转变。2023 年以来，全省消除各类传感器异常报警约 19 万次，处置各类安全事故 550 余起，事故死亡人数下降 11%。

二是推进一体化监管执法。平台结合企业画像数据治理模型，动态建立全省监管对象台账库，将 5.1 万家危化品、烟花爆竹、矿山、工贸等企业纳入管理平台，通过构建安全生产指数，实现精准监管、靶向治理。

三是高效协同应急指挥救援。平台汇聚全省多部门、跨层级 3 万多条救援相关数据，提升各部门在应急救援场景下的协同作战能力。基于应急联动小程序等方式快速调度队伍、装备等，实时掌握救援进展动态，做到快速响应、高效协同、扁平化指挥调度。①

▨　十一、城市治理领域

案例 56：公共数据应用赋能城市产业发展——雄安新区产业互联网平台

数据来源：河北省、雄安新区政府部门，金融行业等

---

①　资料来源：国家数据局首批 20 个"数据要素 ×"典型案例。

数据内容： 河北省、雄安新区政务服务数据，全国融资信用服务平台（河北省节点）、新区数字信用平台，新区产业互联网平台数据等公共数据、相关行业数据

开发主体： 雄安新区智能城市创新联合会区块链实验室牵头

应用场景：

为解决政府、银行、企业之间的信息不对称造成的信任问题，雄安新区产业互联网平台综合各类公共数据和社会数据开展运营，利用区块链技术，以各类支持政策串联企业数据，以企业数据匹配金融产品，重新搭建了政府、企业和金融机构的可信桥梁，实现了基于区块链技术的产业服务新模式。

新区产业互联网平台涉及的数据既有公共数据也有社会数据。其中，公共数据的来源主要包括雄安新区、河北省政务服务数据，全国融资信用服务平台（河北省节点）、新区数字信用平台数据，企业在新区产业互联网平台申报政策产生的数据等。新区产业互联网平台围绕服务企业、助力政府、赋能银行等重点提供服务。企业在平台注册建立企业数据账户后，平台将自动获取企业公开数据，为企业建立从注册到注销全生命周期的数据管理箱，在后续企业申报政策和金融服务时，无须再次填报，提升了服务效率。对于合同、财务等敏感数据，企业填报后，通过企业密钥加密存储，在未经企业主动授权时，任何第三方（包括平台）都无法获取，保障了企业数据安全，同时帮助企业查缺补漏，还数于企，为企业的成长之路保驾护航。

应用成效：

一是政策计算器。将国家、省、雄安新区的政策进行数据结构化，建立政策数据库，为企业提供政策匹配、政策解读、政策申报的一站式服务，通过政策数据与企业数据的智能匹配，企业即可匹配可享政策，并根据匹配结果实现快速申报。对满足政策条件的企业进行精准推送和免申即享，将政策服务模式从"企业找政策"变成了"政策找企业"，实现政策从政策推演、政策推送、政策申报、政策兑现、政策评估的全流程管理。

二是金融直通车。金融机构实现对科创企业申请、预授信、授信、受理、审批、放贷的全流程线上办理。通过对接省融资信用数据来丰富企业数据账户，再通过企业授权使用、隐私计算、银行业务研发对接等手段完善链上可信数据，可降低金融机构获客成本、风控成本，降低企业融资成本，助力在信任环境下各类新型金融产品与服务的创新，进一步加大对企业的精准信贷支持力度。实现企业一键申请、银行在线贷款办理、人民银行全流程监督、财政贷款贴息的数字化服务闭环。

三是五阶梯度培育库。结合新区实际，依托企业数据账户，形成新区五阶梯度培育库，探索建立起新区特有的"五级跃进梯度培育"模式，坚持"专精特新"同一评价体系不同评分等级，引导企业尽早熟悉"专精特新"评价体系，同时匹配相

应的政策、资金支持，帮助企业像孩子学跑步一样实现从"站"到"走"再到"跑"，推动企业向"专精特新"转型发展。[①]

案例57：城市综合数据应用提升城市规划治理科学性——深圳市城市大数据体系

数据来源：深圳市政府、相关行业
数据内容：交通流量、人口密度、能源消耗、环境质量等数据
开发主体：深圳市政府

应用场景：

深圳市充分利用大数据和人工智能技术的强大能力，进行城市空间分析和预测，为城市的可持续发展提供了坚实的科学依据。通过收集整合来自城市各个角落的海量数据，包括交通流量、人口密度、能源消耗、环境质量等，构建了复杂而精细的城市大数据体系。海量数据随后被输入到先进的人工智能算法中，进行深度挖掘与分析，揭示出城市运行中的内在规律和潜在问题。

同时，深圳市在城市规划和建设中广泛运用智慧城市技术，如城市信息模型（BIM）技术，用于城市设计、施工和管理全过程。深圳市在城市规划初期便引入了 BIM 技术，构建了一个融三维可视化、参数化设计、信息集成于一体的城市数字孪生体。

应用成效：

基于大数据和人工智能的分析结果，深圳市能够精准识别城市发展的瓶颈与机遇，科学制定城市发展战略和政策措施。例如，在交通规划方面，通过分析交通流量数据，可以预测交通拥堵趋势，优化交通网络布局，提升城市交通效率；在环境保护方面，则可以监测空气质量、水质等环境指标，及时发现污染源，制定有效的治理方案。这些科学决策不仅有助于提升城市居民的生活质量，还促进了城市的绿色、低碳、可持续发展。

通过城市数字孪生体，城市规划者能够以前所未有的精度和效率进行城市设计，不仅能够直观展示未来城市的面貌，还能通过模拟不同设计方案的效果，优化资源配置，减少冲突与浪费。在施工阶段，BIM 技术通过精确的模型指导施工，实现了设计到施工的无缝对接，有效提升了施工质量和效率，降低了安全事故风险。而在城市管理阶段，BIM 模型则成为城市基础设施管理的"数字底座"，

[①] 资料来源：国家信息中心大数据发展部、中国软件评测中心等单位《全国公共数据运营年度发展报告（2023）》。

支持运维信息的实时更新与共享，为城市的智慧化管理提供了坚实的基础。①

案例58：城市运行数据应用提升城市管理效率——济南市城市运行管理服务平台

数据来源：济南市公共数据

数据内容：济南市公安、交通、环保、城管等多领域公共数据

开发主体：济南市政府

应用场景：

　　济南市城市运行管理服务平台（城管大脑）以"数字机关建设"为牵引，充分运用云计算、大数据、物联网等数字技术，建设济南市城市运行管理服务平台。平台通过构建统一的数据交换与共享机制，实现了跨部门、跨领域数据资源的互联互通。原本分散在公安、交通、环保、城管等多个部门的数据孤岛被彻底打破，形成了庞大的数据池。平台依托先进的大数据处理技术，能够对海量城市运行数据进行深度挖掘与分析。数据的汇聚与融合，为城市管理的精细化、智能化提供了坚实的基础。

应用成效：

　　平台（城管大脑）打通数据壁垒、统筹运行监管、统一评价体系，建立城市管理问题及时发现高效解决闭环机制，不断提高城市治理体系和治理能力现代化。

　　平台通过构建复杂的算法模型，能够实时监测城市运行状况，预测潜在风险，发现管理盲区。例如，在交通管理领域，平台可以分析历史交通流量数据，预测未来拥堵热点，为交通疏导提供科学依据；在环境保护方面，则能通过分析空气质量监测数据，精准定位污染源，助力环保部门快速响应。

　　平台通过在城市基础设施中广泛部署传感器、摄像头等物联网设备，能够实时收集城市运行的各种物理参数信息，如道路拥堵情况、水质监测数据、公共设施运行状态等。这些实时数据的接入，使平台能够更加直观地展现城市运行的全貌，为城市管理提供更加精准、及时的决策支持。②

案例59：时空 AI 和大数据智能应用提升城市规划和商业选址精准性——上海维智卓新"维智址寻"

数据来源：政府部门、相关行业

---

① ② 资料来源：作者根据公开案例集整理。

数据内容： POI 数据和相关的人流热力数据，地理与地图数据等

开发主体： 上海维智卓新智能科技有限公司

应用场景：

在政务服务侧，政府开展城市规划需要大量数据和分析工具支持基础设施选址决策，传统方法难以综合考虑不同数据源的影响，进而影响资源配置效率。在商业服务端，企业缺乏全面地理信息数据和时空 AI 分析工具助力选址决策，难以识别潜在客户分布和行为习惯，进而影响市场营销效果。因此，政府和企业需要精准化、智能化、数据驱动的选址决策。

面对政府和企业选址需求，上海维智卓新智能科技有限公司推出"维智址寻"，凭借维智地图库、人群热力动态数据及 AI 算法，为政府规划、企业选址提供时空场景信息数据服务，为政府、企业评估备选地点。政府可基于"维智址寻"进行规划和资源配置，分析地理、交通数据，提供城市规划建议；企业可突破店铺限制，精准制定市场策略，了解潜在客户，提升推广精准度，优化营销资源分布。

"维智址寻"将全国划分为 5 亿多个网格，以层次化网格为单位聚合了 8 千多万条 POI 数据和相关人流热力数据，经过大数据开发和图谱相关计算，形成了经纬度–网格–三级标签的关联数据资产，包含地理位置、行政规划、公共交通、周边业态、场景比例等，并支持双向索引查询。所需地理与地图数据源于行业内领先的社会化数据和公共数据。基于以上数据，"维智址寻"对时序信息开展建模与基于图学习的预训练模型，在提供基础性数据资产查询的同时，还提供智能算法加工输出的标签，从人口、商业成熟度、交通便利性与消费水平四大维度来评估点位优劣。以上数据通过 SaaS 系统交付，并根据客户的需求与业务场景提供定制化服务。基于上述指标，"维智址寻"能在城市/行政区范围内，对特定行业及人群标签特征，结合周边场景特点，推荐区域内最适合的网格，并对地图上任意点位利用行业模型进行分析。

"维智址寻"创新点体现在：一是数据整合和分析。对多源数据（包括 POI 数据、人流热力数据）的大数据开发与图谱计算，提供地理信息分析工具。二是精细网格划分。创新地将全国划分为 5 亿多个网格，提供了更细粒度的地理数据，有助于更精确的决策制定。三是双向索引查询。支持根据地理信息查询所属网格区域相关信息，也支持从特定业态或场景出发查找适合的地理位置。四是支持多领域应用。支持商业领域、政府规划、投资决策、市场研究等多个领域，拓展了数据的应用范围。

"维智址寻"应用价值体现在：一是商业价值。帮助企业选择最佳的营业地点，优化资源配置。品牌客户可以利用数据实现店铺与客户管理，制定针对性的市场推广策略，提高市场份额和销售收入。二是政府规划和城市管理价值。支持城市基础设施规划与发展分析，精确配置资源，提高城市可持续性和居民生活质量。三是投资和金融价值。帮助金融机构评估地区投资机会，降低风险，提高回报率。银行可

利用用户画像和地区数据精确评估贷款申请人信用风险，优化贷款策略。四是市场研究价值。数据可支持市场研究，分析趋势、竞争和受众行为，获得市场细分和地域表现的深刻洞察，指导产品定位和营销策略。

应用成效：

"维智址寻"综合利用各类公共数据，打破数据孤岛，基于全国网格聚合的大数据标签图谱系统，为政府、企业、投资者、市场研究人员提供全面的地理信息和分析工具，支持实现智能化决策、资源配置优化。"维智址寻"运营以来，政府、零售企业、银行等客户评估准确率与用户满意度达到90%以上。

"维智址寻"为国家卫健委疾控中心等国家级机构，以及上海市等数十个省市超百家政府机构提供城市数字孪生平台等技术支持。例如，在智慧社区业务中，实现智慧社区展示，提升社区管理效率和服务能力；在产业园区，以动态产业地图展示产业分布，梳理产业链和发展要素，支持产业精准决策。在金融/连锁品牌等企业服务端，"维智址寻"已为宝洁、大众、通用、沃尔玛、美宜佳、华为、小米、平安、农行等数百家大型企业客户提供商业智能决策平台。例如，维智址寻为中国农业银行打造智能展业平台，利用业务生态数据助力金融市场洞察，为网点提供全方位营销与展业智能服务，同时根据行政区划，精细分析每个网点的评分、绩效及周边客群。[①]

案例60：跨层级数据贯通提升基层治理现代化水平——烟台市镇街综合数据平台

数据来源： 烟台市大数据中心
数据内容： 市、县、乡、村四级共15大类、177子类、1300多万条数据
开发主体： 烟台市大数据中心建设镇街综合数据平台

应用场景：

基层治理是服务群众的最前沿，也是群众感知基层治理效能和公共服务温度的"神经末梢"。但基层治理往往面临人员少、任务多、资源不足等现实问题。

为解决基层政务服务重复工作多、数字化程度低等问题，烟台市大数据中心建设市县乡村四级联动、上下贯通的镇街综合数据平台，通过智能报表、智能台账等有效减少基层重复摸排、重复报表工作，推动数据赋能公共服务，为基层减负和基层治理现代化提供了有力支撑。平台打造全量汇聚、多级联动、上下贯通的数据应用体系，整合了市、县、乡、村四级共15大类、177子类、1300多万条数据，实现

---

① 资料来源：复旦大学、国家工业信息安全发展研究中心、上海数据交易所《数据要素流通典型应用场景案例集》。

了基层基础数据"应归尽归"。同时，平台建立数据返还机制，针对基层共性数据需求定期返还，累计返还 166 类国家级、省级和市级数据，实现基层所需数据"应返尽返"。

应用成效：

一是推动基层工作数字化，提升基层治理效率。在数字底座基础上，平台通过智能报表、智能台账等方式，实现报表自由定制、数据自动复用、结果实时统计，有效减少基层数据重复填报和手工筛查，减轻了基层"指尖上"的负担，基层表格缩减率达 34%、填报缩减率超过 52%。

二是赋能基层数据应用场景，推进公共服务普惠化。平台聚焦民生保障、乡村振兴、补贴发放等重点领域，推进 256 个基层业务上网运行。在赋能补贴发放方面，设立社会救助、社会福利、计生奖扶 3 大类、13 小类补贴认证事项，通过跨部门数据共享和融合比对，主动发现老年补助发放、残疾人补助发放和农村奖扶发放人员，协助基层进行低保人员、特困人员、残疾人等相关补贴的认证工作，有效助力提升补贴发放精准性、高效性。[①]

案例61：群租房监测数据应用提升群租房治理效能——上海市群租发现模型

数据来源： 上海市政府部门、租赁行业

数据内容： 不动产登记信息、居民用水用电量等公共数据，居民开账信息、租赁网签合同信息、租赁网签承租人信息等租赁行业数据

开发主体： 上海市"一网统管"平台

应用场景：

从城市管理的角度来看，群租容易引发安全隐患、群死群伤、扰民等治安事件，以及火灾等安全事故，影响社会稳定，造成财产乃至生命的重大损失。现阶段群租摸排主要依靠人工走访排查、市民热线投诉等"被动"方式，不能很好的提前对群租进行发现识别。

为实现对群租房的数字化整治，上海市通过对房屋持有信息、水电用量等公共数据进行授权运营，融合物业日常管理数据，搭建数据分析检测模型，对房屋的水电气用量和居民开账信息、租赁网签合同信息、租赁网签承租人信息等进行分析，结合市民投诉受理、舆情抓取等手段，得到可能存在群租情况的社区住宅，引入群租发现模型，实现对疑似群租情况的自动研判，指导基层的物业管理公司高效处置

---

① 　资料来源：国家数据局首批 20 个"数据要素×"典型案例。

问题，提高群租房整治工作效率，节省时间成本和人员成本。对于认定群租的房屋，部署返潮监测系统进行固守，返潮监测系统可接入群租分析模型，对固守地址继续进行监测分析，定期获取最新分析结果，形成对群租现象的"主动发现—治理—固守"闭环工作模式，从而实现对群租房从发现、整治到长效监管的全流程有效治理。

应用成效：

上海对群租房的监测管理对其他城市具有较好的参考意义。对于物业公司来说，能够更快、更有效、更精准地发现和处置群租事件，节省时间成本和人员成本，有效降低各类管理成本，更好地维护社区生活环境，保障业主生命财产安全。对于城市管理者来说，能够充分利用公共数据支撑群租房整治工作，实现对群租房从发现、整治到长效监管的全流程有效治理，提高城市管理效率的同时还可实现对基层的精准数据反哺，优化公共数据质量，实现精准化城市管理。[①]

案例62：交通数据智能应用提升城市交通综合治理水平——重庆市智慧交通系统

数据来源： 重庆市交通局管理部门
数据内容： 城市交通公共数据，包括实时交通数据、道路车流量、行人流量等
开发主体： 重庆市政府交通管理部门

应用场景：

重庆通过建立智能交通管理平台"智慧交通系统"，实现了对交通信息的集中管理和共享。系统汇集来自交通部门道路车流量、行人流量、出租车公司、公共交通运营商、市民的出行需求以及其他交通参与者的数据，用于交通决策以及一体化交通服务的提供。系统利用人工智能和物联网技术，采用先进的算法和模型，对海量的交通数据进行处理和分析，实现对交通状态的实时监控和预测，提供实时的交通状况、路况预测、导航服务等信息。

应用成效：

一是交通状态实时监控与预测。借助部署在城市各个角落的传感器和摄像头，系统能够实时收集交通数据，并通过人工智能算法对数据进行处理和分析。数据不仅用于监控当前的交通状况，还为未来的交通规划和管理提供有力支持。通过数据分析，系统能够预测交通拥堵的热点区域和时段，为市民提供更加准确的路况信

---

① 资料来源：国家信息中心大数据发展部、中国软件评测中心等单位《全国公共数据运营年度发展报告（2023）》。

息，引导避开拥堵路段，选择更优的出行路线。

二是交通信号优化控制。通过对道路车流量、行人流量等数据的实时监测和分析，系统能够自动调整信号灯的灯光时序，提高道路通行效率。例如，在高峰时段，系统可以增加绿灯时间以缓解交通压力；在平峰时段，则可以减少绿灯时间以减少车辆等待时间。

三是公共交通服务优化。系统通过对公交线路和班次的优化调整，提高了公共交通的运营效率。系统根据市民的出行需求和交通状况，合理安排公交线路和班次，减少市民的等待时间和出行成本。市民可以通过手机应用程序或网站获取实时公交信息，包括公交车到站时间、车厢内拥挤程度等，有助于市民更好地安排出行计划，提高出行效率。

四是低碳出行方式推广。系统积极推动公共交通优先政策的实施。通过优化公交线路、设置公交专用道等方式，提高公共交通的便捷性和舒适性，鼓励市民选择公共交通作为主要出行方式。为了鼓励市民采用绿色出行方式，重庆的智慧交通系统还在城市街道和公园等场所增设骑行道和步行道，并提供智能导航和安全警示等服务。

五是智能交通改造项目。重庆依托"智慧交通系统"与百度等科技企业合作，完成了多个智能交通改造项目。例如，改造智能路口超 110 个、智能化升级 1800 个路侧停车泊位。这些改造项目通过引入智能设备和技术手段，提高了交通管理的智能化水平和市民的出行体验。[①]

案例 63：车路协同数据智能应用提升城市交通管理效能——百度智行杭州市智能交通车路协同应用

数据来源：杭州市政府部门、道路车辆

数据内容：道路基础数据、交通信号机实时数据、车辆定位数据

开发主体：北京百度智行科技有限公司

应用场景：

北京百度智行科技有限公司依托杭州公共数据授权运营的政策支持开展基于信号灯数据的公共数据运营，形成杭州智能交通车路协同应用，在保证数据安全的前提下，向车企、车载终端厂商、图商等企业端提供数据融合利用的机会并面向社会提供相应的服务。

杭州智能交通车路协同应用主要围绕杭州市路口基础数据以及杭州交警信号机实时数据等公共数据来展开，涉及的数据主要包括两方面，一是公共数据，即路口

---

① 资料来源：作者根据公开案例集整理。

名称、交叉道路数量、进出口道数量、路口编号、信号灯周期、相位、配时方案等。二是车辆定位数据，即用户及车辆使用过程中反馈的定位数据信息。

杭州智能交通车路协同应用在公共数据授权运营域部署安全效率服务系统，对车辆定位及信号灯数据进行融合分析，形成绿波车速、起步提醒、抢红灯预警、倒计时提醒、建议车道等智能应用。车辆终端设备或系统向车企自有的符合国家法律法规要求的 TSP 平台上传 GPS 定位数据，车企 TSP 平台携带车辆唯一识别信息完成车辆的注册鉴权，实时管理车辆位置信息。安全效率服务系统校验车辆身份后，向车企下发鉴权证书并将鉴权证书同步至云端场景触发策略服务，通过鉴权的车辆方可接入安全效率服务系统。接下来，安全效率服务系统基于路口地理信息，通过 GPS 数据匹配车辆前方将要经过的路口，并根据车速等行驶信息结合云端信号灯进行实时计算，在满足特定场景触发策略时下发场景服务数据，车企场景触发策略服务结合自身场景逻辑，向车主进行相关的场景展示。

应用成效：

杭州智能交通车路协同应用有效缓解杭州市整体交通通行压力，同时也辅助交管部门提升交通服务能力，以数据算法模型对道路信号灯与道路车况进行科学分析与监管，辅助疏通道路拥堵情况并开展动态调配，增加车辆的通行率。智能交通车路协同应用已在其他城市同步启用，准确率近 100%，据统计红灯等待概率降低 18.66%，绿灯起步时间提升 25.3%，节约 1.83 秒，路口排队长度减少 14.39 米。[①]

---

① 资料来源：国家信息中心大数据发展部、中国软件评测中心等单位《全国公共数据运营年度发展报告（2023）》。

附录 2

数据法律法规及相关制度

▧ 一、国家层面

>> （一）法律

《中华人民共和国网络安全法》

（2016 年 11 月 7 日第十二届全国人民代表大会常务委员会第二十四次会议通过）

第一章　总　　则

第一条　为了保障网络安全，维护网络空间主权和国家安全、社会公共利益，保护公民、法人和其他组织的合法权益，促进经济社会信息化健康发展，制定本法。

第二条　在中华人民共和国境内建设、运营、维护和使用网络，以及网络安全的监督管理，适用本法。

第三条　国家坚持网络安全与信息化发展并重，遵循积极利用、科学发展、依法管理、确保安全的方针，推进网络基础设施建设和互联互通，鼓励网络技术创新和应用，支持培养网络安全人才，建立健全网络安全保障体系，提高网络安全保护能力。

第四条　国家制定并不断完善网络安全战略，明确保障网络安全的基本要求和主要目标，提出重点领域的网络安全政策、工作任务和措施。

第五条　国家采取措施，监测、防御、处置来源于中华人民共和国境内外的网络安全风险和威胁，保护关键信息基础设施免受攻击、侵入、干扰和破坏，依法惩治网络违法犯罪活动，维护网络空间安全和秩序。

第六条 国家倡导诚实守信、健康文明的网络行为，推动传播社会主义核心价值观，采取措施提高全社会的网络安全意识和水平，形成全社会共同参与促进网络安全的良好环境。

第七条 国家积极开展网络空间治理、网络技术研发和标准制定、打击网络违法犯罪等方面的国际交流与合作，推动构建和平、安全、开放、合作的网络空间，建立多边、民主、透明的网络治理体系。

第八条 国家网信部门负责统筹协调网络安全工作和相关监督管理工作。国务院电信主管部门、公安部门和其他有关机关依照本法和有关法律、行政法规的规定，在各自职责范围内负责网络安全保护和监督管理工作。

县级以上地方人民政府有关部门的网络安全保护和监督管理职责，按照国家有关规定确定。

第九条 网络运营者开展经营和服务活动，必须遵守法律、行政法规，尊重社会公德，遵守商业道德，诚实信用，履行网络安全保护义务，接受政府和社会的监督，承担社会责任。

第十条 建设、运营网络或者通过网络提供服务，应当依照法律、行政法规的规定和国家标准的强制性要求，采取技术措施和其他必要措施，保障网络安全、稳定运行，有效应对网络安全事件，防范网络违法犯罪活动，维护网络数据的完整性、保密性和可用性。

第十一条 网络相关行业组织按照章程，加强行业自律，制定网络安全行为规范，指导会员加强网络安全保护，提高网络安全保护水平，促进行业健康发展。

第十二条 国家保护公民、法人和其他组织依法使用网络的权利，促进网络接入普及，提升网络服务水平，为社会提供安全、便利的网络服务，保障网络信息依法有序自由流动。

任何个人和组织使用网络应当遵守宪法法律，遵守公共秩序，尊重社会公德，不得危害网络安全，不得利用网络从事危害国家安全、荣誉和利益，煽动颠覆国家政权、推翻社会主义制度，煽动分裂国家、破坏国家统一，宣扬恐怖主义、极端主义，宣扬民族仇恨、民族歧视，传播暴力、淫秽色情信息，编造、传播虚假信息扰乱经济秩序和社会秩序，以及侵害他人名誉、隐私、知识产权和其他合法权益等活动。

第十三条 国家支持研究开发有利于未成年人健康成长的网络产品和服务，依法惩治利用网络从事危害未成年人身心健康的活动，为未成年人提供安全、健康的网络环境。

第十四条 任何个人和组织有权对危害网络安全的行为向网信、电信、公安等部门举报。收到举报的部门应当及时依法作出处理；不属于本部门职责的，应当及时移送有权处理的部门。

有关部门应当对举报人的相关信息予以保密，保护举报人的合法权益。

第二章　网络安全支持与促进

第十五条　国家建立和完善网络安全标准体系。国务院标准化行政主管部门和国务院其他有关部门根据各自的职责，组织制定并适时修订有关网络安全管理以及网络产品、服务和运行安全的国家标准、行业标准。

国家支持企业、研究机构、高等学校、网络相关行业组织参与网络安全国家标准、行业标准的制定。

第十六条　国务院和省、自治区、直辖市人民政府应当统筹规划，加大投入，扶持重点网络安全技术产业和项目，支持网络安全技术的研究开发和应用，推广安全可信的网络产品和服务，保护网络技术知识产权，支持企业、研究机构和高等学校等参与国家网络安全技术创新项目。

第十七条　国家推进网络安全社会化服务体系建设，鼓励有关企业、机构开展网络安全认证、检测和风险评估等安全服务。

第十八条　国家鼓励开发网络数据安全保护和利用技术，促进公共数据资源开放，推动技术创新和经济社会发展。

国家支持创新网络安全管理方式，运用网络新技术，提升网络安全保护水平。

第十九条　各级人民政府及其有关部门应当组织开展经常性的网络安全宣传教育，并指导、督促有关单位做好网络安全宣传教育工作。

大众传播媒介应当有针对性地面向社会进行网络安全宣传教育。

第二十条　国家支持企业和高等学校、职业学校等教育培训机构开展网络安全相关教育与培训，采取多种方式培养网络安全人才，促进网络安全人才交流。

第三章　网络运行安全

第一节　一般规定

第二十一条　国家实行网络安全等级保护制度。网络运营者应当按照网络安全等级保护制度的要求，履行下列安全保护义务，保障网络免受干扰、破坏或者未经授权的访问，防止网络数据泄露或者被窃取、篡改：

（一）制定内部安全管理制度和操作规程，确定网络安全负责人，落实网络安全保护责任；

（二）采取防范计算机病毒和网络攻击、网络侵入等危害网络安全行为的技术措施；

（三）采取监测、记录网络运行状态、网络安全事件的技术措施，并按照规定留存相关的网络日志不少于六个月；

（四）采取数据分类、重要数据备份和加密等措施；

（五）法律、行政法规规定的其他义务。

第二十二条　网络产品、服务应当符合相关国家标准的强制性要求。网络产品、服务的提供者不得设置恶意程序；发现其网络产品、服务存在安全缺陷、漏洞等风险时，应当立即采取补救措施，按照规定及时告知用户并向有关主管部门报告。

网络产品、服务的提供者应当为其产品、服务持续提供安全维护；在规定或者当事人约定的期限内，不得终止提供安全维护。

网络产品、服务具有收集用户信息功能的，其提供者应当向用户明示并取得同意；涉及用户个人信息的，还应当遵守本法和有关法律、行政法规关于个人信息保护的规定。

第二十三条　网络关键设备和网络安全专用产品应当按照相关国家标准的强制性要求，由具备资格的机构安全认证合格或者安全检测符合要求后，方可销售或者提供。国家网信部门会同国务院有关部门制定、公布网络关键设备和网络安全专用产品目录，并推动安全认证和安全检测结果互认，避免重复认证、检测。

第二十四条　网络运营者为用户办理网络接入、域名注册服务，办理固定电话、移动电话等入网手续，或者为用户提供信息发布、即时通讯等服务，在与用户签订协议或者确认提供服务时，应当要求用户提供真实身份信息。用户不提供真实身份信息的，网络运营者不得为其提供相关服务。

国家实施网络可信身份战略，支持研究开发安全、方便的电子身份认证技术，推动不同电子身份认证之间的互认。

第二十五条　网络运营者应当制定网络安全事件应急预案，及时处置系统漏洞、计算机病毒、网络攻击、网络侵入等安全风险；在发生危害网络安全的事件时，立即启动应急预案，采取相应的补救措施，并按照规定向有关主管部门报告。

第二十六条　开展网络安全认证、检测、风险评估等活动，向社会发布系统漏洞、计算机病毒、网络攻击、网络侵入等网络安全信息，应当遵守国家有关规定。

第二十七条　任何个人和组织不得从事非法侵入他人网络、干扰他人网络正常功能、窃取网络数据等危害网络安全的活动；不得提供专门用于从事侵入网络、干扰网络正常功能及防护措施、窃取网络数据等危害网络安全活动的程序、工具；明知他人从事危害网络安全的活动的，不得为其提供技术支持、广告推广、支付结算等帮助。

第二十八条　网络运营者应当为公安机关、国家安全机关依法维护国家安全和侦查犯罪的活动提供技术支持和协助。

第二十九条　国家支持网络运营者之间在网络安全信息收集、分析、通报和应急处置等方面进行合作，提高网络运营者的安全保障能力。

有关行业组织建立健全本行业的网络安全保护规范和协作机制，加强对网络安全风险的分析评估，定期向会员进行风险警示，支持、协助会员应对网络安全风险。

第三十条　网信部门和有关部门在履行网络安全保护职责中获取的信息，只能用于维护网络安全的需要，不得用于其他用途。

第二节　关键信息基础设施的运行安全

第三十一条　国家对公共通信和信息服务、能源、交通、水利、金融、公共服务、电子政务等重要行业和领域，以及其他一旦遭到破坏、丧失功能或者数据泄露，可能严重危害国家安全、国计民生、公共利益的关键信息基础设施，在网络安全等级保护制度的基础上，实行重点保护。关键信息基础设施的具体范围和安全保护办法由国务院制定。

国家鼓励关键信息基础设施以外的网络运营者自愿参与关键信息基础设施保护体系。

第三十二条　按照国务院规定的职责分工，负责关键信息基础设施安全保护工作的部门分别编制并组织实施本行业、本领域的关键信息基础设施安全规划，指导和监督关键信息基础设施运行安全保护工作。

第三十三条　建设关键信息基础设施应当确保其具有支持业务稳定、持续运行的性能，并保证安全技术措施同步规划、同步建设、同步使用。

第三十四条　除本法第二十一条的规定外，关键信息基础设施的运营者还应当履行下列安全保护义务：

（一）设置专门安全管理机构和安全管理负责人，并对该负责人和关键岗位的人员进行安全背景审查；

（二）定期对从业人员进行网络安全教育、技术培训和技能考核；

（三）对重要系统和数据库进行容灾备份；

（四）制定网络安全事件应急预案，并定期进行演练；

（五）法律、行政法规规定的其他义务。

第三十五条　关键信息基础设施的运营者采购网络产品和服务，可能影响国家安全的，应当通过国家网信部门会同国务院有关部门组织的国家安全审查。

第三十六条　关键信息基础设施的运营者采购网络产品和服务，应当按照规定与提供者签订安全保密协议，明确安全和保密义务与责任。

第三十七条　关键信息基础设施的运营者在中华人民共和国境内运营中收集和产生的个人信息和重要数据应当在境内存储。因业务需要，确需向境外提供的，应当按照国家网信部门会同国务院有关部门制定的办法进行安全评估；法律、行政法规另有规定的，依照其规定。

第三十八条　关键信息基础设施的运营者应当自行或者委托网络安全服务机构对其网络的安全性和可能存在的风险每年至少进行一次检测评估，并将检测评估情况和改进措施报送相关负责关键信息基础设施安全保护工作的部门。

第三十九条　国家网信部门应当统筹协调有关部门对关键信息基础设施的安全保护采取下列措施：

（一）对关键信息基础设施的安全风险进行抽查检测，提出改进措施，必要时可以委托网络安全服务机构对网络存在的安全风险进行检测评估；

（二）定期组织关键信息基础设施的运营者进行网络安全应急演练，提高应对网络安全事件的水平和协同配合能力；

（三）促进有关部门、关键信息基础设施的运营者以及有关研究机构、网络安全服务机构等之间的网络安全信息共享；

（四）对网络安全事件的应急处置与网络功能的恢复等，提供技术支持和协助。

第四章　网络信息安全

第四十条　网络运营者应当对其收集的用户信息严格保密，并建立健全用户信息保护制度。

第四十一条　网络运营者收集、使用个人信息，应当遵循合法、正当、必要的原则，公开收集、使用规则，明示收集、使用信息的目的、方式和范围，并经被收集者同意。

网络运营者不得收集与其提供的服务无关的个人信息，不得违反法律、行政法规的规定和双方的约定收集、使用个人信息，并应当依照法律、行政法规的规定和与用户的约定，处理其保存的个人信息。

第四十二条　网络运营者不得泄露、篡改、毁损其收集的个人信息；未经被收集者同意，不得向他人提供个人信息。但是，经过处理无法识别特定个人且不能复原的除外。

网络运营者应当采取技术措施和其他必要措施，确保其收集的个人信息安全，防止信息泄露、毁损、丢失。在发生或者可能发生个人信息泄露、毁损、丢失的情况时，应当立即采取补救措施，按照规定及时告知用户并向有关主管部门报告。

第四十三条　个人发现网络运营者违反法律、行政法规的规定或者双方的约定收集、使用其个人信息的，有权要求网络运营者删除其个人信息；发现网络运营者收集、存储的其个人信息有错误的，有权要求网络运营者予以更正。网络运营者应当采取措施予以删除或者更正。

第四十四条　任何个人和组织不得窃取或者以其他非法方式获取个人信息，不得非法出售或者非法向他人提供个人信息。

第四十五条　依法负有网络安全监督管理职责的部门及其工作人员，必须对在履行职责中知悉的个人信息、隐私和商业秘密严格保密，不得泄露、出售或者非法向他人提供。

第四十六条　任何个人和组织应当对其使用网络的行为负责，不得设立用于实施诈骗，传授犯罪方法，制作或者销售违禁物品、管制物品等违法犯罪活动的网站、通讯群组，不得利用网络发布涉及实施诈骗，制作或者销售违禁物品、管制物品以及其他违法犯罪活动的信息。

第四十七条　网络运营者应当加强对其用户发布的信息的管理，发现法律、行政法规禁止发布或者传输的信息的，应当立即停止传输该信息，采取消除等处置措施，防止信息扩散，保存有关记录，并向有关主管部门报告。

第四十八条　任何个人和组织发送的电子信息、提供的应用软件，不得设置恶意程序，不得含有法律、行政法规禁止发布或者传输的信息。

电子信息发送服务提供者和应用软件下载服务提供者，应当履行安全管理义务，知道其用户有前款规定行为的，应当停止提供服务，采取消除等处置措施，保存有关记录，并向有关主管部门报告。

第四十九条　网络运营者应当建立网络信息安全投诉、举报制度，公布投诉、举报方式等信息，及时受理并处理有关网络信息安全的投诉和举报。

网络运营者对网信部门和有关部门依法实施的监督检查，应当予以配合。

第五十条　国家网信部门和有关部门依法履行网络信息安全监督管理职责，发现法律、行政法规禁止发布或者传输的信息的，应当要求网络运营者停止传输，采取消除等处置措施，保存有关记录；对来源于中华人民共和国境外的上述信息，应当通知有关机构采取技术措施和其他必要措施阻断传播。

第五章　监测预警与应急处置

第五十一条　国家建立网络安全监测预警和信息通报制度。国家网信部门应当统筹协调有关部门加强网络安全信息收集、分析和通报工作，按照规定统一发布网络安全监测预警信息。

第五十二条　负责关键信息基础设施安全保护工作的部门，应当建立健全本行业、本领域的网络安全监测预警和信息通报制度，并按照规定报送网络安全监测预警信息。

第五十三条　国家网信部门协调有关部门建立健全网络安全风险评估和应急工作机制，制定网络安全事件应急预案，并定期组织演练。

负责关键信息基础设施安全保护工作的部门应当制定本行业、本领域的网络安全事件应急预案，并定期组织演练。

网络安全事件应急预案应当按照事件发生后的危害程度、影响范围等因素对网络安全事件进行分级，并规定相应的应急处置措施。

第五十四条　网络安全事件发生的风险增大时，省级以上人民政府有关部门应当按照规定的权限和程序，并根据网络安全风险的特点和可能造成的危害，采取下列措施：

（一）要求有关部门、机构和人员及时收集、报告有关信息，加强对网络安全风险的监测；

（二）组织有关部门、机构和专业人员，对网络安全风险信息进行分析评估，预测事件发生的可能性、影响范围和危害程度；

（三）向社会发布网络安全风险预警，发布避免、减轻危害的措施。

第五十五条　发生网络安全事件，应当立即启动网络安全事件应急预案，对网络安全事件进行调查和评估，要求网络运营者采取技术措施和其他必要措施，消除安全隐患，防止危害扩大，并及时向社会发布与公众有关的警示信息。

第五十六条　省级以上人民政府有关部门在履行网络安全监督管理职责中，发现网络存在较大安全风险或者发生安全事件的，可以按照规定的权限和程序对该网络的运营者的法定代表人或者主要负责人进行约谈。网络运营者应当按照要求采取措施，进行整改，消除隐患。

第五十七条　因网络安全事件，发生突发事件或者生产安全事故的，应当依照《中华人民共和国突发事件应对法》、《中华人民共和国安全生产法》等有关法律、行政法规的规定处置。

第五十八条　因维护国家安全和社会公共秩序，处置重大突发社会安全事件的需要，经国务院决定或者批准，可以在特定区域对网络通信采取限制等临时措施。

第六章　法　律　责　任

第五十九条　网络运营者不履行本法第二十一条、第二十五条规定的网络安全保护义务的，由有关主管部门责令改正，给予警告；拒不改正或者导致危害网络安全等后果的，处一万元以上十万元以下罚款，对直接负责的主管人员处五千元以上五万元以下罚款。

关键信息基础设施的运营者不履行本法第三十三条、第三十四条、第三十六条、第三十八条规定的网络安全保护义务的，由有关主管部门责令改正，给予警告；拒不改正或者导致危害网络安全等后果的，处十万元以上一百万元以下罚款，对直接负责的主管人员处一万元以上十万元以下罚款。

第六十条　违反本法第二十二条第一款、第二款和第四十八条第一款规定，有下列行为之一的，由有关主管部门责令改正，给予警告；拒不改正或者导致危害网络安全等后果的，处五万元以上五十万元以下罚款，对直接负责的主管人员处一万元以上十万元以下罚款：

（一）设置恶意程序的；

（二）对其产品、服务存在的安全缺陷、漏洞等风险未立即采取补救措施，或者未按照规定及时告知用户并向有关主管部门报告的；

（三）擅自终止为其产品、服务提供安全维护的。

第六十一条　网络运营者违反本法第二十四条第一款规定，未要求用户提供真实身份信息，或者对不提供真实身份信息的用户提供相关服务的，由有关主管部门责令改正；拒不改正或者情节严重的，处五万元以上五十万元以下罚款，并可以由有关主管部门责令暂停相关业务、停业整顿、关闭网站、吊销相关业务许可证或者吊销营业执照，对直接负责的主管人员和其他直接责任人员处一万元以上十万元以下罚款。

第六十二条　违反本法第二十六条规定，开展网络安全认证、检测、风险评估等活动，或者向社会发布系统漏洞、计算机病毒、网络攻击、网络侵入等网络安全信息的，由有关主管部门责令改正，给予警告；拒不改正或者情节严重的，处一万元以上十万元以下罚款，并可以由有关主管部门责令暂停相关业务、停业整顿、关闭网站、吊销相关业务许可证或者吊销营业执照，对直接负责的主管人员和其他直接责任人员处五千元以上五万元以下罚款。

第六十三条　违反本法第二十七条规定，从事危害网络安全的活动，或者提供专门用于从事危害网络安全活动的程序、工具，或者为他人从事危害网络安全的活动提供技术支持、广告推广、支付结算等帮助，尚不构成犯罪的，由公安机关没收违法所得，处五日以下拘留，可以并处五万元以上五十万元以下罚款；情节较重的，处五日以上十五日以下拘留，可以并处十万元以上一百万元以下罚款。

单位有前款行为的，由公安机关没收违法所得，处十万元以上一百万元以下罚款，并对直接负责的主管人员和其他直接责任人员依照前款规定处罚。

违反本法第二十七条规定，受到治安管理处罚的人员，五年内不得从事网络安全管理和网络运营关键岗位的工作；受到刑事处罚的人员，终身不得从事网络安全管理和网络运营关键岗位的工作。

第六十四条　网络运营者、网络产品或者服务的提供者违反本法第二十二条第三款、第四十一条至第四十三条规定，侵害个人信息依法得到保护的权利的，由有关主管部门责令改正，可以根据情节单处或者并处警告、没收违法所得、处违法所得一倍以上十倍以下罚款，没有违法所得的，处一百万元以下罚款，对直接负责的主管人员和其他直接责任人员处一万元以上十万元以下罚款；情节严重的，并可以责令暂停相关业务、停业整顿、关闭网站、吊销相关业务许可证或者吊销营业执照。

违反本法第四十四条规定，窃取或者以其他非法方式获取、非法出售或者非法向他人提供个人信息，尚不构成犯罪的，由公安机关没收违法所得，并处违法所得一倍以上十倍以下罚款，没有违法所得的，处一百万元以下罚款。

第六十五条　关键信息基础设施的运营者违反本法第三十五条规定，使用未经安全审查或者安全审查未通过的网络产品或者服务的，由有关主管部门责令停止使用，处采购金额一倍以上十倍以下罚款；对直接负责的主管人员和其他直接责任人员处一万元以上十万元以下罚款。

第六十六条　关键信息基础设施的运营者违反本法第三十七条规定，在境外存储网络数据，或者向境外提供网络数据的，由有关主管部门责令改正，给予警告，没收违法所得，处五万元以上五十万元以下罚款，并可以责令暂停相关业务、停业整顿、关闭网站、吊销相关业务许可证或者吊销营业执照；对直接负责的主管人员和其他直接责任人员处一万元以上十万元以下罚款。

第六十七条　违反本法第四十六条规定，设立用于实施违法犯罪活动的网站、通讯群组，或者利用网络发布涉及实施违法犯罪活动的信息，尚不构成犯罪的，由公安机关处五日以下拘留，可以并处一万元以上十万元以下罚款；情节较重的，处五日以上十五日以下拘留，可以并处五万元以上五十万元以下罚款。关闭用于实施违法犯罪活动的网站、通讯群组。

单位有前款行为的，由公安机关处十万元以上五十万元以下罚款，并对直接负责的主管人员和其他直接责任人员依照前款规定处罚。

第六十八条 网络运营者违反本法第四十七条规定，对法律、行政法规禁止发布或者传输的信息未停止传输、采取消除等处置措施、保存有关记录的，由有关主管部门责令改正，给予警告，没收违法所得；拒不改正或者情节严重的，处十万元以上五十万元以下罚款，并可以责令暂停相关业务、停业整顿、关闭网站、吊销相关业务许可证或者吊销营业执照，对直接负责的主管人员和其他直接责任人员处一万元以上十万元以下罚款。

电子信息发送服务提供者、应用软件下载服务提供者，不履行本法第四十八条第二款规定的安全管理义务的，依照前款规定处罚。

第六十九条 网络运营者违反本法规定，有下列行为之一的，由有关主管部门责令改正；拒不改正或者情节严重的，处五万元以上五十万元以下罚款，对直接负责的主管人员和其他直接责任人员，处一万元以上十万元以下罚款：

（一）不按照有关部门的要求对法律、行政法规禁止发布或者传输的信息，采取停止传输、消除等处置措施的；

（二）拒绝、阻碍有关部门依法实施的监督检查的；

（三）拒不向公安机关、国家安全机关提供技术支持和协助的。

第七十条 发布或者传输本法第十二条第二款和其他法律、行政法规禁止发布或者传输的信息的，依照有关法律、行政法规的规定处罚。

第七十一条 有本法规定的违法行为的，依照有关法律、行政法规的规定记入信用档案，并予以公示。

第七十二条 国家机关政务网络的运营者不履行本法规定的网络安全保护义务的，由其上级机关或者有关机关责令改正；对直接负责的主管人员和其他直接责任人员依法给予处分。

第七十三条 网信部门和有关部门违反本法第三十条规定，将在履行网络安全保护职责中获取的信息用于其他用途的，对直接负责的主管人员和其他直接责任人员依法给予处分。

网信部门和有关部门的工作人员玩忽职守、滥用职权、徇私舞弊，尚不构成犯罪的，依法给予处分。

第七十四条 违反本法规定，给他人造成损害的，依法承担民事责任。

违反本法规定，构成违反治安管理行为的，依法给予治安管理处罚；构成犯罪的，依法追究刑事责任。

第七十五条 境外的机构、组织、个人从事攻击、侵入、干扰、破坏等危害中华人民共和国的关键信息基础设施的活动，造成严重后果的，依法追究法律责任；国务院公安部门和有关部门并可以决定对该机构、组织、个人采取冻结财产或者其他必要的制裁措施。

第七章　附　　则

第七十六条　本法下列用语的含义：

（一）网络，是指由计算机或者其他信息终端及相关设备组成的按照一定的规则和程序对信息进行收集、存储、传输、交换、处理的系统。

（二）网络安全，是指通过采取必要措施，防范对网络的攻击、侵入、干扰、破坏和非法使用以及意外事故，使网络处于稳定可靠运行的状态，以及保障网络数据的完整性、保密性、可用性的能力。

（三）网络运营者，是指网络的所有者、管理者和网络服务提供者。

（四）网络数据，是指通过网络收集、存储、传输、处理和产生的各种电子数据。

（五）个人信息，是指以电子或者其他方式记录的能够单独或者与其他信息结合识别自然人个人身份的各种信息，包括但不限于自然人的姓名、出生日期、身份证件号码、个人生物识别信息、住址、电话号码等。

第七十七条　存储、处理涉及国家秘密信息的网络的运行安全保护，除应当遵守本法外，还应当遵守保密法律、行政法规的规定。

第七十八条　军事网络的安全保护，由中央军事委员会另行规定。

第七十九条　本法自 2017 年 6 月 1 日起施行。

《中华人民共和国数据安全法》

（2021 年 6 月 10 日第十三届全国人民代表大会常务委员会第二十九次会议通过）

目录

第一章 总 则

第一条 为了规范数据处理活动，保障数据安全，促进数据开发利用，保护个人、组织的合法权益，维护国家主权、安全和发展利益，制定本法。

第二条 在中华人民共和国境内开展数据处理活动及其安全监管，适用本法。

在中华人民共和国境外开展数据处理活动，损害中华人民共和国国家安全、公共利益或者公民、组织合法权益的，依法追究法律责任。

第三条 本法所称数据，是指任何以电子或者其他方式对信息的记录。

数据处理，包括数据的收集、存储、使用、加工、传输、提供、公开等。

数据安全，是指通过采取必要措施，确保数据处于有效保护和合法利用的状态，以及具备保障持续安全状态的能力。

第四条 维护数据安全，应当坚持总体国家安全观，建立健全数据安全治理体系，提高数据安全保障能力。

第五条 中央国家安全领导机构负责国家数据安全工作的决策和议事协调，研究制定、指导实施国家数据安全战略和有关重大方针政策，统筹协调国家数据安全的重大事项和重要工作，建立国家数据安全工作协调机制。

第六条 各地区、各部门对本地区、本部门工作中收集和产生的数据及数据安全负责。

工业、电信、交通、金融、自然资源、卫生健康、教育、科技等主管部门承担本行业、本领域数据安全监管职责。

公安机关、国家安全机关等依照本法和有关法律、行政法规的规定，在各自职责范围内承担数据安全监管职责。

国家网信部门依照本法和有关法律、行政法规的规定，负责统筹协调网络数据安全和相关监管工作。

第七条 国家保护个人、组织与数据有关的权益，鼓励数据依法合理有效利用，保障数据依法有序自由流动，促进以数据为关键要素的数字经济发展。

第八条 开展数据处理活动，应当遵守法律、法规，尊重社会公德和伦理，遵守商业道德和职业道德，诚实守信，履行数据安全保护义务，承担社会责任，不得危害国家安全、公共利益，不得损害个人、组织的合法权益。

第九条 国家支持开展数据安全知识宣传普及，提高全社会的数据安全保护意识和水平，推动有关部门、行业组织、科研机构、企业、个人等共同参与数据安全保护工作，形成全社会共同维护数据安全和促进发展的良好环境。

第十条 相关行业组织按照章程，依法制定数据安全行为规范和团体标准，加强行业自律，指导会员加强数据安全保护，提高数据安全保护水平，促进行业健康发展。

第十一条 国家积极开展数据安全治理、数据开发利用等领域的国际交流与合作，参与数据安全相关国际规则和标准的制定，促进数据跨境安全、自由流动。

第十二条　任何个人、组织都有权对违反本法规定的行为向有关主管部门投诉、举报。收到投诉、举报的部门应当及时依法处理。

有关主管部门应当对投诉、举报人的相关信息予以保密，保护投诉、举报人的合法权益。

第二章　数据安全与发展

第十三条　国家统筹发展和安全，坚持以数据开发利用和产业发展促进数据安全，以数据安全保障数据开发利用和产业发展。

第十四条　国家实施大数据战略，推进数据基础设施建设，鼓励和支持数据在各行业、各领域的创新应用。

省级以上人民政府应当将数字经济发展纳入本级国民经济和社会发展规划，并根据需要制定数字经济发展规划。

第十五条　国家支持开发利用数据提升公共服务的智能化水平。提供智能化公共服务，应当充分考虑老年人、残疾人的需求，避免对老年人、残疾人的日常生活造成障碍。

第十六条　国家支持数据开发利用和数据安全技术研究，鼓励数据开发利用和数据安全等领域的技术推广和商业创新，培育、发展数据开发利用和数据安全产品、产业体系。

第十七条　国家推进数据开发利用技术和数据安全标准体系建设。国务院标准化行政主管部门和国务院有关部门根据各自的职责，组织制定并适时修订有关数据开发利用技术、产品和数据安全相关标准。国家支持企业、社会团体和教育、科研机构等参与标准制定。

第十八条　国家促进数据安全检测评估、认证等服务的发展，支持数据安全检测评估、认证等专业机构依法开展服务活动。

国家支持有关部门、行业组织、企业、教育和科研机构、有关专业机构等在数据安全风险评估、防范、处置等方面开展协作。

第十九条　国家建立健全数据交易管理制度，规范数据交易行为，培育数据交易市场。

第二十条　国家支持教育、科研机构和企业等开展数据开发利用技术和数据安全相关教育和培训，采取多种方式培养数据开发利用技术和数据安全专业人才，促进人才交流。

第三章　数据安全制度

第二十一条　国家建立数据分类分级保护制度，根据数据在经济社会发展中的重要程度，以及一旦遭到篡改、破坏、泄露或者非法获取、非法利用，对国家安全、公共利益或者个人、组织合法权益造成的危害程度，对数据实行分类分级保护。国家数据安全工作协调机制统筹协调有关部门制定重要数据目录，加强对重要数据的保护。

关系国家安全、国民经济命脉、重要民生、重大公共利益等数据属于国家核心数据，实行更加严格的管理制度。

各地区、各部门应当按照数据分类分级保护制度，确定本地区、本部门以及相关行业、领域的重要数据具体目录，对列入目录的数据进行重点保护。

第二十二条　国家建立集中统一、高效权威的数据安全风险评估、报告、信息共享、监测预警机制。国家数据安全工作协调机制统筹协调有关部门加强数据安全风险信息的获取、分析、研判、预警工作。

第二十三条　国家建立数据安全应急处置机制。发生数据安全事件，有关主管部门应当依法启动应急预案，采取相应的应急处置措施，防止危害扩大，消除安全隐患，并及时向社会发布与公众有关的警示信息。

第二十四条　国家建立数据安全审查制度，对影响或者可能影响国家安全的数据处理活动进行国家安全审查。

依法作出的安全审查决定为最终决定。

第二十五条　国家对与维护国家安全和利益、履行国际义务相关的属于管制物项的数据依法实施出口管制。

第二十六条　任何国家或者地区在与数据和数据开发利用技术等有关的投资、贸易等方面对中华人民共和国采取歧视性的禁止、限制或者其他类似措施的，中华人民共和国可以根据实际情况对该国家或者地区对等采取措施。

第四章　数据安全保护义务

第二十七条　开展数据处理活动应当依照法律、法规的规定，建立健全全流程数据安全管理制度，组织开展数据安全教育培训，采取相应的技术措施和其他必要措施，保障数据安全。利用互联网等信息网络开展数据处理活动，应当在网络安全等级保护制度的基础上，履行上述数据安全保护义务。

重要数据的处理者应当明确数据安全负责人和管理机构，落实数据安全保护责任。

第二十八条　开展数据处理活动以及研究开发数据新技术，应当有利于促进经济社会发展，增进人民福祉，符合社会公德和伦理。

第二十九条　开展数据处理活动应当加强风险监测，发现数据安全缺陷、漏洞等风险时，应当立即采取补救措施；发生数据安全事件时，应当立即采取处置措施，按照规定及时告知用户并向有关主管部门报告。

第三十条　重要数据的处理者应当按照规定对其数据处理活动定期开展风险评

估，并向有关主管部门报送风险评估报告。

风险评估报告应当包括处理的重要数据的种类、数量，开展数据处理活动的情况，面临的数据安全风险及其应对措施等。

第三十一条　关键信息基础设施的运营者在中华人民共和国境内运营中收集和产生的重要数据的出境安全管理，适用《中华人民共和国网络安全法》的规定；其他数据处理者在中华人民共和国境内运营中收集和产生的重要数据的出境安全管理办法，由国家网信部门会同国务院有关部门制定。

第三十二条　任何组织、个人收集数据，应当采取合法、正当的方式，不得窃取或者以其他非法方式获取数据。

法律、行政法规对收集、使用数据的目的、范围有规定的，应当在法律、行政法规规定的目的和范围内收集、使用数据。

第三十三条　从事数据交易中介服务的机构提供服务，应当要求数据提供方说明数据来源，审核交易双方的身份，并留存审核、交易记录。

第三十四条　法律、行政法规规定提供数据处理相关服务应当取得行政许可的，服务提供者应当依法取得许可。

第三十五条　公安机关、国家安全机关因依法维护国家安全或者侦查犯罪的需要调取数据，应当按照国家有关规定，经过严格的批准手续，依法进行，有关组织、个人应当予以配合。

第三十六条　中华人民共和国主管机关根据有关法律和中华人民共和国缔结或者参加的国际条约、协定，或者按照平等互惠原则，处理外国司法或者执法机构关于提供数据的请求。非经中华人民共和国主管机关批准，境内的组织、个人不得向外国司法或者执法机构提供存储于中华人民共和国境内的数据。

第五章　政务数据安全与开放

第三十七条　国家大力推进电子政务建设，提高政务数据的科学性、准确性、时效性，提升运用数据服务经济社会发展的能力。

第三十八条　国家机关为履行法定职责的需要收集、使用数据，应当在其履行法定职责的范围内依照法律、行政法规规定的条件和程序进行；对在履行职责中知悉的个人隐私、个人信息、商业秘密、保密商务信息等数据应当依法予以保密，不得泄露或者非法向他人提供。

第三十九条　国家机关应当依照法律、行政法规的规定，建立健全数据安全管理制度，落实数据安全保护责任，保障政务数据安全。

第四十条　国家机关委托他人建设、维护电子政务系统，存储、加工政务数据，应当经过严格的批准程序，并应当监督受托方履行相应的数据安全保护义务。受托方应当依照法律、法规的规定和合同约定履行数据安全保护义务，不得擅自留存、使用、泄露或者向他人提供政务数据。

第四十一条 国家机关应当遵循公正、公平、便民的原则，按照规定及时、准确地公开政务数据。依法不予公开的除外。

第四十二条 国家制定政务数据开放目录，构建统一规范、互联互通、安全可控的政务数据开放平台，推动政务数据开放利用。

第四十三条 法律、法规授权的具有管理公共事务职能的组织为履行法定职责开展数据处理活动，适用本章规定。

第六章 法 律 责 任

第四十四条 有关主管部门在履行数据安全监管职责中，发现数据处理活动存在较大安全风险的，可以按照规定的权限和程序对有关组织、个人进行约谈，并要求有关组织、个人采取措施进行整改，消除隐患。

第四十五条 开展数据处理活动的组织、个人不履行本法第二十七条、第二十九条、第三十条规定的数据安全保护义务的，由有关主管部门责令改正，给予警告，可以并处五万元以上五十万元以下罚款，对直接负责的主管人员和其他直接责任人员可以处一万元以上十万元以下罚款；拒不改正或者造成大量数据泄露等严重后果的，处五十万元以上二百万元以下罚款，并可以责令暂停相关业务、停业整顿、吊销相关业务许可证或者吊销营业执照，对直接负责的主管人员和其他直接责任人员处五万元以上二十万元以下罚款。

违反国家核心数据管理制度，危害国家主权、安全和发展利益的，由有关主管部门处二百万元以上一千万元以下罚款，并根据情况责令暂停相关业务、停业整顿、吊销相关业务许可证或者吊销营业执照；构成犯罪的，依法追究刑事责任。

第四十六条 违反本法第三十一条规定，向境外提供重要数据的，由有关主管部门责令改正，给予警告，可以并处十万元以上一百万元以下罚款，对直接负责的主管人员和其他直接责任人员可以处一万元以上十万元以下罚款；情节严重的，处一百万元以上一千万元以下罚款，并可以责令暂停相关业务、停业整顿、吊销相关业务许可证或者吊销营业执照，对直接负责的主管人员和其他直接责任人员处十万元以上一百万元以下罚款。

第四十七条 从事数据交易中介服务的机构未履行本法第三十三条规定的义务的，由有关主管部门责令改正，没收违法所得，处违法所得一倍以上十倍以下罚款，没有违法所得或者违法所得不足十万元的，处十万元以上一百万元以下罚款，并可以责令暂停相关业务、停业整顿、吊销相关业务许可证或者吊销营业执照；对直接负责的主管人员和其他直接责任人员处一万元以上十万元以下罚款。

第四十八条 违反本法第三十五条规定，拒不配合数据调取的，由有关主管部门责令改正，给予警告，并处五万元以上五十万元以下罚款，对直接负责的主管人员和其他直接责任人员处一万元以上十万元以下罚款。

违反本法第三十六条规定，未经主管机关批准向外国司法或者执法机构提供数据的，由有关主管部门给予警告，可以并处十万元以上一百万元以下罚款，对直接负责的主管人员和其他直接责任人员可以处一万元以上十万元以下罚款；造成严重后果的，处一百万元以上五百万元以下罚款，并可以责令暂停相关业务、停业整顿、吊销相关业务许可证或者吊销营业执照，对直接负责的主管人员和其他直接责任人员处五万元以上五十万元以下罚款。

第四十九条　国家机关不履行本法规定的数据安全保护义务的，对直接负责的主管人员和其他直接责任人员依法给予处分。

第五十条　履行数据安全监管职责的国家工作人员玩忽职守、滥用职权、徇私舞弊的，依法给予处分。

第五十一条　窃取或者以其他非法方式获取数据，开展数据处理活动排除、限制竞争，或者损害个人、组织合法权益的，依照有关法律、行政法规的规定处罚。

第五十二条　违反本法规定，给他人造成损害的，依法承担民事责任。

违反本法规定，构成违反治安管理行为的，依法给予治安管理处罚；构成犯罪的，依法追究刑事责任。

第七章　附　　则

第五十三条　开展涉及国家秘密的数据处理活动，适用《中华人民共和国保守国家秘密法》等法律、行政法规的规定。

在统计、档案工作中开展数据处理活动，开展涉及个人信息的数据处理活动，还应当遵守有关法律、行政法规的规定。

第五十四条　军事数据安全保护的办法，由中央军事委员会依据本法另行制定。

第五十五条　本法自 2021 年 9 月 1 日起施行。

《中华人民共和国个人信息保护法》

（2021 年 8 月 20 日第十三届全国人民代表大会常务委员会第三十次会议通过）

目录

第一章　总　　则

第一条　为了保护个人信息权益，规范个人信息处理活动，促进个人信息合理利用，根据宪法，制定本法。

第二条　自然人的个人信息受法律保护，任何组织、个人不得侵害自然人的个人信息权益。

第三条　在中华人民共和国境内处理自然人个人信息的活动，适用本法。

在中华人民共和国境外处理中华人民共和国境内自然人个人信息的活动，有下列情形之一的，也适用本法：

（一）以向境内自然人提供产品或者服务为目的；

（二）分析、评估境内自然人的行为；

（三）法律、行政法规规定的其他情形。

第四条　个人信息是以电子或者其他方式记录的与已识别或者可识别的自然人有关的各种信息，不包括匿名化处理后的信息。

个人信息的处理包括个人信息的收集、存储、使用、加工、传输、提供、公开、删除等。

第五条　处理个人信息应当遵循合法、正当、必要和诚信原则，不得通过误导、欺诈、胁迫等方式处理个人信息。

第六条　处理个人信息应当具有明确、合理的目的，并应当与处理目的直接相关，采取对个人权益影响最小的方式。

收集个人信息，应当限于实现处理目的的最小范围，不得过度收集个人信息。

第七条　处理个人信息应当遵循公开、透明原则，公开个人信息处理规则，明示处理的目的、方式和范围。

第八条　处理个人信息应当保证个人信息的质量，避免因个人信息不准确、不完整对个人权益造成不利影响。

第九条　个人信息处理者应当对其个人信息处理活动负责，并采取必要措施保障所处理的个人信息的安全。

第十条　任何组织、个人不得非法收集、使用、加工、传输他人个人信息，不得非法买卖、提供或者公开他人个人信息；不得从事危害国家安全、公共利益的个人信息处理活动。

第十一条 国家建立健全个人信息保护制度，预防和惩治侵害个人信息权益的行为，加强个人信息保护宣传教育，推动形成政府、企业、相关社会组织、公众共同参与个人信息保护的良好环境。

第十二条 国家积极参与个人信息保护国际规则的制定，促进个人信息保护方面的国际交流与合作，推动与其他国家、地区、国际组织之间的个人信息保护规则、标准等互认。

第二章 个人信息处理规则

第一节 一般规定

第十三条 符合下列情形之一的，个人信息处理者方可处理个人信息：

（一）取得个人的同意；

（二）为订立、履行个人作为一方当事人的合同所必需，或者按照依法制定的劳动规章制度和依法签订的集体合同实施人力资源管理所必需；

（三）为履行法定职责或者法定义务所必需；

（四）为应对突发公共卫生事件，或者紧急情况下为保护自然人的生命健康和财产安全所必需；

（五）为公共利益实施新闻报道、舆论监督等行为，在合理的范围内处理个人信息；

（六）依照本法规定在合理的范围内处理个人自行公开或者其他已经合法公开的个人信息；

（七）法律、行政法规规定的其他情形。

依照本法其他有关规定，处理个人信息应当取得个人同意，但是有前款第二项至第七项规定情形的，不需取得个人同意。

第十四条 基于个人同意处理个人信息的，该同意应当由个人在充分知情的前提下自愿、明确作出。法律、行政法规规定处理个人信息应当取得个人单独同意或者书面同意的，从其规定。

个人信息的处理目的、处理方式和处理的个人信息种类发生变更的，应当重新取得个人同意。

第十五条 基于个人同意处理个人信息的，个人有权撤回其同意。个人信息处理者应当提供便捷的撤回同意的方式。

个人撤回同意，不影响撤回前基于个人同意已进行的个人信息处理活动的效力。

第十六条 个人信息处理者不得以个人不同意处理其个人信息或者撤回同意为由，拒绝提供产品或者服务；处理个人信息属于提供产品或者服务所必需的除外。

第十七条 个人信息处理者在处理个人信息前，应当以显著方式、清晰易懂的语言真实、准确、完整地向个人告知下列事项：

（一）个人信息处理者的名称或者姓名和联系方式；

（二）个人信息的处理目的、处理方式，处理的个人信息种类、保存期限；

（三）个人行使本法规定权利的方式和程序；

（四）法律、行政法规规定应当告知的其他事项。

前款规定事项发生变更的，应当将变更部分告知个人。

个人信息处理者通过制定个人信息处理规则的方式告知第一款规定事项的，处理规则应当公开，并且便于查阅和保存。

第十八条 个人信息处理者处理个人信息，有法律、行政法规规定应当保密或者不需要告知的情形的，可以不向个人告知前条第一款规定的事项。

紧急情况下为保护自然人的生命健康和财产安全无法及时向个人告知的，个人信息处理者应当在紧急情况消除后及时告知。

第十九条 除法律、行政法规另有规定外，个人信息的保存期限应当为实现处理目的所必要的最短时间。

第二十条 两个以上的个人信息处理者共同决定个人信息的处理目的和处理方式的，应当约定各自的权利和义务。但是，该约定不影响个人向其中任何一个个人信息处理者要求行使本法规定的权利。

个人信息处理者共同处理个人信息，侵害个人信息权益造成损害的，应当依法承担连带责任。

第二十一条 个人信息处理者委托处理个人信息的，应当与受托人约定委托处理的目的、期限、处理方式、个人信息的种类、保护措施以及双方的权利和义务等，并对受托人的个人信息处理活动进行监督。

受托人应当按照约定处理个人信息，不得超出约定的处理目的、处理方式等处理个人信息；委托合同不生效、无效、被撤销或者终止的，受托人应当将个人信息返还个人信息处理者或者予以删除，不得保留。

未经个人信息处理者同意，受托人不得转委托他人处理个人信息。

第二十二条 个人信息处理者因合并、分立、解散、被宣告破产等原因需要转移个人信息的，应当向个人告知接收方的名称或者姓名和联系方式。接收方应当继续履行个人信息处理者的义务。接收方变更原先的处理目的、处理方式的，应当依照本法规定重新取得个人同意。

第二十三条 个人信息处理者向其他个人信息处理者提供其处理的个人信息的，应当向个人告知接收方的名称或者姓名、联系方式、处理目的、处理方式和个人信息的种类，并取得个人的单独同意。接收方应当在上述处理目的、处理方式和个人信息的种类等范围内处理个人信息。接收方变更原先的处理目的、处理方式的，应当依照本法规定重新取得个人同意。

第二十四条 个人信息处理者利用个人信息进行自动化决策，应当保证决策的透明度和结果公平、公正，不得对个人在交易价格等交易条件上实行不合理的差别待遇。

通过自动化决策方式向个人进行信息推送、商业营销，应当同时提供不针对其个人特征的选项，或者向个人提供便捷的拒绝方式。

通过自动化决策方式作出对个人权益有重大影响的决定，个人有权要求个人信息处理者予以说明，并有权拒绝个人信息处理者仅通过自动化决策的方式作出决定。

第二十五条　个人信息处理者不得公开其处理的个人信息，取得个人单独同意的除外。

第二十六条　在公共场所安装图像采集、个人身份识别设备，应当为维护公共安全所必需，遵守国家有关规定，并设置显著的提示标识。所收集的个人图像、身份识别信息只能用于维护公共安全的目的，不得用于其他目的；取得个人单独同意的除外。

第二十七条　个人信息处理者可以在合理的范围内处理个人自行公开或者其他已经合法公开的个人信息；个人明确拒绝的除外。个人信息处理者处理已公开的个人信息，对个人权益有重大影响的，应当依照本法规定取得个人同意。

第二节　敏感个人信息的处理规则

第二十八条　敏感个人信息是一旦泄露或者非法使用，容易导致自然人的人格尊严受到侵害或者人身、财产安全受到危害的个人信息，包括生物识别、宗教信仰、特定身份、医疗健康、金融账户、行踪轨迹等信息，以及不满十四周岁未成年人的个人信息。

只有在具有特定的目的和充分的必要性，并采取严格保护措施的情形下，个人信息处理者方可处理敏感个人信息。

第二十九条　处理敏感个人信息应当取得个人的单独同意；法律、行政法规规定处理敏感个人信息应当取得书面同意的，从其规定。

第三十条　个人信息处理者处理敏感个人信息的，除本法第十七条第一款规定的事项外，还应当向个人告知处理敏感个人信息的必要性以及对个人权益的影响；依照本法规定可以不向个人告知的除外。

第三十一条　个人信息处理者处理不满十四周岁未成年人个人信息的，应当取得未成年人的父母或者其他监护人的同意。

个人信息处理者处理不满十四周岁未成年人个人信息的，应当制定专门的个人信息处理规则。

第三十二条　法律、行政法规对处理敏感个人信息规定应当取得相关行政许可或者作出其他限制的，从其规定。

第三节　国家机关处理个人信息的特别规定

第三十三条　国家机关处理个人信息的活动，适用本法；本节有特别规定的，适用本节规定。

第三十四条　国家机关为履行法定职责处理个人信息，应当依照法律、行政法规规定的权限、程序进行，不得超出履行法定职责所必需的范围和限度。

第三十五条　国家机关为履行法定职责处理个人信息，应当依照本法规定履行告知义务；有本法第十八条第一款规定的情形，或者告知将妨碍国家机关履行法定职责的除外。

第三十六条　国家机关处理的个人信息应当在中华人民共和国境内存储；确需向境外提供的，应当进行安全评估。安全评估可以要求有关部门提供支持与协助。

第三十七条　法律、法规授权的具有管理公共事务职能的组织为履行法定职责处理个人信息，适用本法关于国家机关处理个人信息的规定。

第三章　个人信息跨境提供的规则

第三十八条　个人信息处理者因业务等需要，确需向中华人民共和国境外提供个人信息的，应当具备下列条件之一：

（一）依照本法第四十条的规定通过国家网信部门组织的安全评估；

（二）按照国家网信部门的规定经专业机构进行个人信息保护认证；

（三）按照国家网信部门制定的标准合同与境外接收方订立合同，约定双方的权利和义务；

（四）法律、行政法规或者国家网信部门规定的其他条件。

中华人民共和国缔结或者参加的国际条约、协定对向中华人民共和国境外提供个人信息的条件等有规定的，可以按照其规定执行。

个人信息处理者应当采取必要措施，保障境外接收方处理个人信息的活动达到本法规定的个人信息保护标准。

第三十九条　个人信息处理者向中华人民共和国境外提供个人信息的，应当向个人告知境外接收方的名称或者姓名、联系方式、处理目的、处理方式、个人信息的种类以及个人向境外接收方行使本法规定权利的方式和程序等事项，并取得个人的单独同意。

第四十条　关键信息基础设施运营者和处理个人信息达到国家网信部门规定数量的个人信息处理者，应当将在中华人民共和国境内收集和产生的个人信息存储在境内。确需向境外提供的，应当通过国家网信部门组织的安全评估；法律、行政法规和国家网信部门规定可以不进行安全评估的，从其规定。

第四十一条　中华人民共和国主管机关根据有关法律和中华人民共和国缔结或者参加的国际条约、协定，或者按照平等互惠原则，处理外国司法或者执法机构关于提供存储于境内个人信息的请求。非经中华人民共和国主管机关批准，个人信息处理者不得向外国司法或者执法机构提供存储于中华人民共和国境内的个人信息。

第四十二条　境外的组织、个人从事侵害中华人民共和国公民的个人信息权益，或者危害中华人民共和国国家安全、公共利益的个人信息处理活动的，国家网信部门可以将其列入限制或者禁止个人信息提供清单，予以公告，并采取限制或者禁止向其提供个人信息等措施。

第四十三条　任何国家或者地区在个人信息保护方面对中华人民共和国采取歧视性的禁止、限制或者其他类似措施的，中华人民共和国可以根据实际情况对该国家或者地区对等采取措施。

第四章　个人在个人信息处理活动中的权利

第四十四条　个人对其个人信息的处理享有知情权、决定权，有权限制或者拒绝他人对其个人信息进行处理；法律、行政法规另有规定的除外。

第四十五条　个人有权向个人信息处理者查阅、复制其个人信息；有本法第十八条第一款、第三十五条规定情形的除外。

个人请求查阅、复制其个人信息的，个人信息处理者应当及时提供。

个人请求将个人信息转移至其指定的个人信息处理者，符合国家网信部门规定条件的，个人信息处理者应当提供转移的途径。

第四十六条　个人发现其个人信息不准确或者不完整的，有权请求个人信息处理者更正、补充。

个人请求更正、补充其个人信息的，个人信息处理者应当对其个人信息予以核实，并及时更正、补充。

第四十七条　有下列情形之一的，个人信息处理者应当主动删除个人信息；个人信息处理者未删除的，个人有权请求删除：

（一）处理目的已实现、无法实现或者为实现处理目的不再必要；

（二）个人信息处理者停止提供产品或者服务，或者保存期限已届满；

（三）个人撤回同意；

（四）个人信息处理者违反法律、行政法规或者违反约定处理个人信息；

（五）法律、行政法规规定的其他情形。

法律、行政法规规定的保存期限未届满，或者删除个人信息从技术上难以实现的，个人信息处理者应当停止除存储和采取必要的安全保护措施之外的处理。

第四十八条　个人有权要求个人信息处理者对其个人信息处理规则进行解释说明。

第四十九条　自然人死亡的，其近亲属为了自身的合法、正当利益，可以对死者的相关个人信息行使本章规定的查阅、复制、更正、删除等权利；死者生前另有安排的除外。

第五十条　个人信息处理者应当建立便捷的个人行使权利的申请受理和处理机

制。拒绝个人行使权利的请求的，应当说明理由。

个人信息处理者拒绝个人行使权利的请求的，个人可以依法向人民法院提起诉讼。

第五章　个人信息处理者的义务

第五十一条　个人信息处理者应当根据个人信息的处理目的、处理方式、个人信息的种类以及对个人权益的影响、可能存在的安全风险等，采取下列措施确保个人信息处理活动符合法律、行政法规的规定，并防止未经授权的访问以及个人信息泄露、篡改、丢失：

（一）制定内部管理制度和操作规程；

（二）对个人信息实行分类管理；

（三）采取相应的加密、去标识化等安全技术措施；

（四）合理确定个人信息处理的操作权限，并定期对从业人员进行安全教育和培训；

（五）制定并组织实施个人信息安全事件应急预案；

（六）法律、行政法规规定的其他措施。

第五十二条　处理个人信息达到国家网信部门规定数量的个人信息处理者应当指定个人信息保护负责人，负责对个人信息处理活动以及采取的保护措施等进行监督。

个人信息处理者应当公开个人信息保护负责人的联系方式，并将个人信息保护负责人的姓名、联系方式等报送履行个人信息保护职责的部门。

第五十三条　本法第三条第二款规定的中华人民共和国境外的个人信息处理者，应当在中华人民共和国境内设立专门机构或者指定代表，负责处理个人信息保护相关事务，并将有关机构的名称或者代表的姓名、联系方式等报送履行个人信息保护职责的部门。

第五十四条　个人信息处理者应当定期对其处理个人信息遵守法律、行政法规的情况进行合规审计。

第五十五条　有下列情形之一的，个人信息处理者应当事前进行个人信息保护影响评估，并对处理情况进行记录：

（一）处理敏感个人信息；

（二）利用个人信息进行自动化决策；

（三）委托处理个人信息、向其他个人信息处理者提供个人信息、公开个人信息；

（四）向境外提供个人信息；

（五）其他对个人权益有重大影响的个人信息处理活动。

第五十六条　个人信息保护影响评估应当包括下列内容：

（一）个人信息的处理目的、处理方式等是否合法、正当、必要；

（二）对个人权益的影响及安全风险；

（三）所采取的保护措施是否合法、有效并与风险程度相适应。

个人信息保护影响评估报告和处理情况记录应当至少保存三年。

第五十七条　发生或者可能发生个人信息泄露、篡改、丢失的，个人信息处理者应当立即采取补救措施，并通知履行个人信息保护职责的部门和个人。通知应当包括下列事项：

（一）发生或者可能发生个人信息泄露、篡改、丢失的信息种类、原因和可能造成的危害；

（二）个人信息处理者采取的补救措施和个人可以采取的减轻危害的措施；

（三）个人信息处理者的联系方式。

个人信息处理者采取措施能够有效避免信息泄露、篡改、丢失造成危害的，个人信息处理者可以不通知个人；履行个人信息保护职责的部门认为可能造成危害的，有权要求个人信息处理者通知个人。

第五十八条　提供重要互联网平台服务、用户数量巨大、业务类型复杂的个人信息处理者，应当履行下列义务：

（一）按照国家规定建立健全个人信息保护合规制度体系，成立主要由外部成员组成的独立机构对个人信息保护情况进行监督；

（二）遵循公开、公平、公正的原则，制定平台规则，明确平台内产品或者服务提供者处理个人信息的规范和保护个人信息的义务；

（三）对严重违反法律、行政法规处理个人信息的平台内的产品或者服务提供者，停止提供服务；

（四）定期发布个人信息保护社会责任报告，接受社会监督。

第五十九条　接受委托处理个人信息的受托人，应当依照本法和有关法律、行政法规的规定，采取必要措施保障所处理的个人信息的安全，并协助个人信息处理者履行本法规定的义务。

第六章　履行个人信息保护职责的部门

第六十条　国家网信部门负责统筹协调个人信息保护工作和相关监督管理工作。国务院有关部门依照本法和有关法律、行政法规的规定，在各自职责范围内负责个人信息保护和监督管理工作。

县级以上地方人民政府有关部门的个人信息保护和监督管理职责，按照国家有关规定确定。

前两款规定的部门统称为履行个人信息保护职责的部门。

第六十一条　履行个人信息保护职责的部门履行下列个人信息保护职责：

（一）开展个人信息保护宣传教育，指导、监督个人信息处理者开展个人信息保护工作；

（二）接受、处理与个人信息保护有关的投诉、举报；

（三）组织对应用程序等个人信息保护情况进行测评，并公布测评结果；

（四）调查、处理违法个人信息处理活动；

（五）法律、行政法规规定的其他职责。

第六十二条　国家网信部门统筹协调有关部门依据本法推进下列个人信息保护工作：

（一）制定个人信息保护具体规则、标准；

（二）针对小型个人信息处理者、处理敏感个人信息以及人脸识别、人工智能等新技术、新应用，制定专门的个人信息保护规则、标准；

（三）支持研究开发和推广应用安全、方便的电子身份认证技术，推进网络身份认证公共服务建设；

（四）推进个人信息保护社会化服务体系建设，支持有关机构开展个人信息保护评估、认证服务；

（五）完善个人信息保护投诉、举报工作机制。

第六十三条　履行个人信息保护职责的部门履行个人信息保护职责，可以采取下列措施：

（一）询问有关当事人，调查与个人信息处理活动有关的情况；

（二）查阅、复制当事人与个人信息处理活动有关的合同、记录、账簿以及其他有关资料；

（三）实施现场检查，对涉嫌违法的个人信息处理活动进行调查；

（四）检查与个人信息处理活动有关的设备、物品；对有证据证明是用于违法个人信息处理活动的设备、物品，向本部门主要负责人书面报告并经批准，可以查封或者扣押。

履行个人信息保护职责的部门依法履行职责，当事人应当予以协助、配合，不得拒绝、阻挠。

第六十四条　履行个人信息保护职责的部门在履行职责中，发现个人信息处理活动存在较大风险或者发生个人信息安全事件的，可以按照规定的权限和程序对该个人信息处理者的法定代表人或者主要负责人进行约谈，或者要求个人信息处理者委托专业机构对其个人信息处理活动进行合规审计。个人信息处理者应当按照要求采取措施，进行整改，消除隐患。

履行个人信息保护职责的部门在履行职责中，发现违法处理个人信息涉嫌犯罪的，应当及时移送公安机关依法处理。

第六十五条　任何组织、个人有权对违法个人信息处理活动向履行个人信息保护职责的部门进行投诉、举报。收到投诉、举报的部门应当依法及时处理，并将处理结果告知投诉、举报人。

履行个人信息保护职责的部门应当公布接受投诉、举报的联系方式。

第七章　法律责任

第六十六条　违反本法规定处理个人信息，或者处理个人信息未履行本法规定的个人信息保护义务的，由履行个人信息保护职责的部门责令改正，给予警告，没收违法所得，对违法处理个人信息的应用程序，责令暂停或者终止提供服务；拒不改正的，并处一百万元以下罚款；对直接负责的主管人员和其他直接责任人员处一万元以上十万元以下罚款。

有前款规定的违法行为，情节严重的，由省级以上履行个人信息保护职责的部门责令改正，没收违法所得，并处五千万元以下或者上一年度营业额百分之五以下罚款，并可以责令暂停相关业务或者停业整顿、通报有关主管部门吊销相关业务许可或者吊销营业执照；对直接负责的主管人员和其他直接责任人员处十万元以上一百万元以下罚款，并可以决定禁止其在一定期限内担任相关企业的董事、监事、高级管理人员和个人信息保护负责人。

第六十七条　有本法规定的违法行为的，依照有关法律、行政法规的规定记入信用档案，并予以公示。

第六十八条　国家机关不履行本法规定的个人信息保护义务的，由其上级机关或者履行个人信息保护职责的部门责令改正；对直接负责的主管人员和其他直接责任人员依法给予处分。

履行个人信息保护职责的部门的工作人员玩忽职守、滥用职权、徇私舞弊，尚不构成犯罪的，依法给予处分。

第六十九条　处理个人信息侵害个人信息权益造成损害，个人信息处理者不能证明自己没有过错的，应当承担损害赔偿等侵权责任。

前款规定的损害赔偿责任按照个人因此受到的损失或者个人信息处理者因此获得的利益确定；个人因此受到的损失和个人信息处理者因此获得的利益难以确定的，根据实际情况确定赔偿数额。

第七十条　个人信息处理者违反本法规定处理个人信息，侵害众多个人的权益的，人民检察院、法律规定的消费者组织和由国家网信部门确定的组织可以依法向人民法院提起诉讼。

第七十一条　违反本法规定，构成违反治安管理行为的，依法给予治安管理处罚；构成犯罪的，依法追究刑事责任。

第八章　附　　则

第七十二条　自然人因个人或者家庭事务处理个人信息的，不适用本法。

法律对各级人民政府及其有关部门组织实施的统计、档案管理活动中的个人信息处理有规定的，适用其规定。

第七十三条 本法下列用语的含义：

（一）个人信息处理者，是指在个人信息处理活动中自主决定处理目的、处理方式的组织、个人。

（二）自动化决策，是指通过计算机程序自动分析、评估个人的行为习惯、兴趣爱好或者经济、健康、信用状况等，并进行决策的活动。

（三）去标识化，是指个人信息经过处理，使其在不借助额外信息的情况下无法识别特定自然人的过程。

（四）匿名化，是指个人信息经过处理无法识别特定自然人且不能复原的过程。

第七十四条 本法自 2021 年 11 月 1 日起施行。

>> （二）制度

《中共中央　国务院关于构建更加完善的
要素市场化配置体制机制的意见》

（2020 年 3 月 30 日）

完善要素市场化配置是建设统一开放、竞争有序市场体系的内在要求，是坚持和完善社会主义基本经济制度、加快完善社会主义市场经济体制的重要内容。为深化要素市场化配置改革，促进要素自主有序流动，提高要素配置效率，进一步激发全社会创造力和市场活力，推动经济发展质量变革、效率变革、动力变革，现就构建更加完善的要素市场化配置体制机制提出如下意见。

一、总体要求

（一）指导思想。以习近平新时代中国特色社会主义思想为指导，全面贯彻党的十九大和十九届二中、三中、四中全会精神，坚持稳中求进工作总基调，坚持以供给侧结构性改革为主线，坚持新发展理念，坚持深化市场化改革、扩大高水平开放，破除阻碍要素自由流动的体制机制障碍，扩大要素市场化配置范围，健全要素市场体系，推进要素市场制度建设，实现要素价格市场决定、流动自主有序、配置高效公平，为建设高标准市场体系、推动高质量发展、建设现代化经济体系打下坚实制度基础。

（二）基本原则。一是市场决定，有序流动。充分发挥市场配置资源的决定性作用，畅通要素流动渠道，保障不同市场主体平等获取生产要素，推动要素配置依据市场规则、市场价格、市场竞争实现效益最大化和效率最优化。二是健全制度，创新监管。更好发挥政府作用，健全要素市场运行机制，完善政府调节与监管，做到放活与管好有机结合，提升监管和服务能力，引导各类要素协同向先进生产力集聚。三是问题导向，分类施策。针对市场决定要素配置范围有限、要素流动存在体制机制障碍等问题，根据不同要素属性、市场化程度差异和经济社会发展需要，分类完善要素市场化配置体制机制。四是稳中求进，循序渐进。坚持安全可控，从实际出发，尊重客观规律，培育发展新型要素形态，逐步提高要素质量，因地制宜稳步推进要素市场化配置改革。

二、推进土地要素市场化配置

（三）建立健全城乡统一的建设用地市场。加快修改完善土地管理法实施条例，完善相关配套制度，制定出台农村集体经营性建设用地入市指导意见。全面推开农村土地征收制度改革，扩大国有土地有偿使用范围。建立公平合理的集体经营性建设用地入市增值收益分配制度。建立公共利益征地的相关制度规定。

（四）深化产业用地市场化配置改革。健全长期租赁、先租后让、弹性年期供应、作价出资（入股）等工业用地市场供应体系。在符合国土空间规划和用途管制要求前提下，调整完善产业用地政策，创新使用方式，推动不同产业用地类型合理转换，探索增加混合产业用地供给。

（五）鼓励盘活存量建设用地。充分运用市场机制盘活存量土地和低效用地，研究完善促进盘活存量建设用地的税费制度。以多种方式推进国有企业存量用地盘活利用。深化农村宅基地制度改革试点，深入推进建设用地整理，完善城乡建设用地增减挂钩政策，为乡村振兴和城乡融合发展提供土地要素保障。

（六）完善土地管理体制。完善土地利用计划管理，实施年度建设用地总量调控制度，增强土地管理灵活性，推动土地计划指标更加合理化，城乡建设用地指标使用应更多由省级政府负责。在国土空间规划编制、农村房地一体不动产登记基本完成的前提下，建立健全城乡建设用地供应三年滚动计划。探索建立全国性的建设用地、补充耕地指标跨区域交易机制。加强土地供应利用统计监测。实施城乡土地统一调查、统一规划、统一整治、统一登记。推动制定不动产登记法。

三、引导劳动力要素合理畅通有序流动

（七）深化户籍制度改革。推动超大、特大城市调整完善积分落户政策，探索推动在长三角、珠三角等城市群率先实现户籍准入年限同城化累计互认。放开放宽除个别超大城市外的城市落户限制，试行以经常居住地登记户口制度。建立城镇教育、就业创业、医疗卫生等基本公共服务与常住人口挂钩机制，推动公共资源按常住人口规模配置。

（八）畅通劳动力和人才社会性流动渠道。健全统一规范的人力资源市场体系，加快建立协调衔接的劳动力、人才流动政策体系和交流合作机制。营造公平就业环境，依法纠正身份、性别等就业歧视现象，保障城乡劳动者享有平等就业权利。进一步畅通企业、社会组织人员进入党政机关、国有企事业单位渠道。优化国有企事业单位面向社会选人用人机制，深入推行国有企业分级分类公开招聘。加强就业援

助，实施优先扶持和重点帮助。完善人事档案管理服务，加快提升人事档案信息化水平。

（九）完善技术技能评价制度。创新评价标准，以职业能力为核心制定职业标准，进一步打破户籍、地域、身份、档案、人事关系等制约，畅通非公有制经济组织、社会组织、自由职业专业技术人员职称申报渠道。加快建立劳动者终身职业技能培训制度。推进社会化职称评审。完善技术工人评价选拔制度。探索实现职业技能等级证书和学历证书互通衔接。加强公共卫生队伍建设，健全执业人员培养、准入、使用、待遇保障、考核评价和激励机制。

（十）加大人才引进力度。畅通海外科学家来华工作通道。在职业资格认定认可、子女教育、商业医疗保险以及在中国境内停留、居留等方面，为外籍高层次人才来华创新创业提供便利。

四、推进资本要素市场化配置

（十一）完善股票市场基础制度。制定出台完善股票市场基础制度的意见。坚持市场化、法治化改革方向，改革完善股票市场发行、交易、退市等制度。鼓励和引导上市公司现金分红。完善投资者保护制度，推动完善具有中国特色的证券民事诉讼制度。完善主板、科创板、中小企业板、创业板和全国中小企业股份转让系统（新三板）市场建设。

（十二）加快发展债券市场。稳步扩大债券市场规模，丰富债券市场品种，推进债券市场互联互通。统一公司信用类债券信息披露标准，完善债券违约处置机制。探索对公司信用类债券实行发行注册管理制。加强债券市场评级机构统一准入管理，规范信用评级行业发展。

（十三）增加有效金融服务供给。健全多层次资本市场体系。构建多层次、广覆盖、有差异、大中小合理分工的银行机构体系，优化金融资源配置，放宽金融服务业市场准入，推动信用信息深度开发利用，增加服务小微企业和民营企业的金融服务供给。建立县域银行业金融机构服务"三农"的激励约束机制。推进绿色金融创新。完善金融机构市场化法治化退出机制。

（十四）主动有序扩大金融业对外开放。稳步推进人民币国际化和人民币资本项目可兑换。逐步推进证券、基金行业对内对外双向开放，有序推进期货市场对外开放。逐步放宽外资金融机构准入条件，推进境内金融机构参与国际金融市场交易。

五、加快发展技术要素市场

（十五）健全职务科技成果产权制度。深化科技成果使用权、处置权和收益权改革，开展赋予科研人员职务科技成果所有权或长期使用权试点。强化知识产权保护和运用，支持重大技术装备、重点新材料等领域的自主知识产权市场化运营。

（十六）完善科技创新资源配置方式。改革科研项目立项和组织实施方式，坚持目标引领，强化成果导向，建立健全多元化支持机制。完善专业机构管理项目机制。加强科技成果转化中试基地建设。支持有条件的企业承担国家重大科技项目。建立市场化社会化的科研成果评价制度，修订技术合同认定规则及科技成果登记管理办法。建立健全科技成果常态化路演和科技创新咨询制度。

（十七）培育发展技术转移机构和技术经理人。加强国家技术转移区域中心建设。支持科技企业与高校、科研机构合作建立技术研发中心、产业研究院、中试基地等新型研发机构。积极推进科研院所分类改革，加快推进应用技术类科研院所市场化、企业化发展。支持高校、科研机构和科技企业设立技术转移部门。建立国家技术转移人才培养体系，提高技术转移专业服务能力。

（十八）促进技术要素与资本要素融合发展。积极探索通过天使投资、创业投资、知识产权证券化、科技保险等方式推动科技成果资本化。鼓励商业银行采用知识产权质押、预期收益质押等融资方式，为促进技术转移转化提供更多金融产品服务。

（十九）支持国际科技创新合作。深化基础研究国际合作，组织实施国际科技创新合作重点专项，探索国际科技创新合作新模式，扩大科技领域对外开放。加大抗病毒药物及疫苗研发国际合作力度。开展创新要素跨境便利流动试点，发展离岸创新创业，探索推动外籍科学家领衔承担政府支持科技项目。发展技术贸易，促进技术进口来源多元化，扩大技术出口。

六、加快培育数据要素市场

（二十）推进政府数据开放共享。优化经济治理基础数据库，加快推动各地区各部门间数据共享交换，制定出台新一批数据共享责任清单。研究建立促进企业登记、交通运输、气象等公共数据开放和数据资源有效流动的制度规范。

（二十一）提升社会数据资源价值。培育数字经济新产业、新业态和新模式，支持构建农业、工业、交通、教育、安防、城市管理、公共资源交易等领域规范化数据开发利用的场景。发挥行业协会商会作用，推动人工智能、可穿戴设备、车联网、物联网等领域数据采集标准化。

（二十二）加强数据资源整合和安全保护。探索建立统一规范的数据管理制度，提高数据质量和规范性，丰富数据产品。研究根据数据性质完善产权性质。制定数据隐私保护制度和安全审查制度。推动完善适用于大数据环境下的数据分类分级安全保护制度，加强对政务数据、企业商业秘密和个人数据的保护。

七、加快要素价格市场化改革

（二十三）完善主要由市场决定要素价格机制。完善城乡基准地价、标定地价的制定与发布制度，逐步形成与市场价格挂钩动态调整机制。健全最低工资标准调整、工资集体协商和企业薪酬调查制度。深化国有企业工资决定机制改革，完善事业单位岗位绩效工资制度。建立公务员和企业相当人员工资水平调查比较制度，落实并完善工资正常调整机制。稳妥推进存贷款基准利率与市场利率并轨，提高债券市场定价效率，健全反映市场供求关系的国债收益率曲线，更好发挥国债收益率曲线定价基准作用。增强人民币汇率弹性，保持人民币汇率在合理均衡水平上的基本稳定。

（二十四）加强要素价格管理和监督。引导市场主体依法合理行使要素定价自主权，推动政府定价机制由制定具体价格水平向制定定价规则转变。构建要素价格公示和动态监测预警体系，逐步建立要素价格调查和信息发布制度。完善要素市场价格异常波动调节机制。加强要素领域价格反垄断工作，维护要素市场价格秩序。

（二十五）健全生产要素由市场评价贡献、按贡献决定报酬的机制。着重保护劳动所得，增加劳动者特别是一线劳动者劳动报酬，提高劳动报酬在初次分配中的比重。全面贯彻落实以增加知识价值为导向的收入分配政策，充分尊重科研、技术、管理人才，充分体现技术、知识、管理、数据等要素的价值。

八、健全要素市场运行机制

（二十六）健全要素市场化交易平台。拓展公共资源交易平台功能。健全科技成果交易平台，完善技术成果转化公开交易与监管体系。引导培育大数据交易市场，依法合规开展数据交易。支持各类所有制企业参与要素交易平台建设，规范要素交易平台治理，健全要素交易信息披露制度。

（二十七）完善要素交易规则和服务。研究制定土地、技术市场交易管理制度。建立健全数据产权交易和行业自律机制。推进全流程电子化交易。推进实物资产证券化。鼓励要素交易平台与各类金融机构、中介机构合作，形成涵盖产权界定、价格评估、流转交易、担保、保险等业务的综合服务体系。

（二十八）提升要素交易监管水平。打破地方保护，加强反垄断和反不正当竞争执法，规范交易行为，健全投诉举报查处机制，防止发生损害国家安全及公共利益的行为。加强信用体系建设，完善失信行为认定、失信联合惩戒、信用修复等机制。健全交易风险防范处置机制。

（二十九）增强要素应急配置能力。把要素的应急管理和配置作为国家应急管理体系建设的重要内容，适应应急物资生产调配和应急管理需要，建立对相关生产要素的紧急调拨、采购等制度，提高应急状态下的要素高效协同配置能力。鼓励运用大数据、人工智能、云计算等数字技术，在应急管理、疫情防控、资源调配、社会管理等方面更好发挥作用。

九、组织保障

（三十）加强组织领导。各地区各部门要充分认识完善要素市场化配置的重要性，切实把思想和行动统一到党中央、国务院决策部署上来，明确职责分工，完善工作机制，落实工作责任，研究制定出台配套政策措施，确保本意见确定的各项重点任务落到实处。

（三十一）营造良好改革环境。深化"放管服"改革，强化竞争政策基础地位，打破行政性垄断、防止市场垄断，清理废除妨碍统一市场和公平竞争的各种规定和做法，进一步减少政府对要素的直接配置。深化国有企业和国有金融机构改革，完善法人治理结构，确保各类所有制企业平等获取要素。

（三十二）推动改革稳步实施。在维护全国统一大市场的前提下，开展要素市场化配置改革试点示范。及时总结经验，认真研究改革中出现的新情况新问题，对不符合要素市场化配置改革的相关法律法规，要按程序抓紧推动调整完善。

《中共中央　国务院关于构建数据基础制度更好发挥数据要素作用的意见》

（2022 年 12 月 2 日）

数据作为新型生产要素，是数字化、网络化、智能化的基础，已快速融入生产、分配、流通、消费和社会服务管理等各环节，深刻改变着生产方式、生活方式和社会治理方式。数据基础制度建设事关国家发展和安全大局。为加快构建数据基础制度，充分发挥我国海量数据规模和丰富应用场景优势，激活数据要素潜能，做强做优做大数字经济，增强经济发展新动能，构筑国家竞争新优势，现提出如下意见。

一、总体要求

（一）指导思想。以习近平新时代中国特色社会主义思想为指导，深入贯彻党的二十大精神，完整、准确、全面贯彻新发展理念，加快构建新发展格局，坚持改革创新、系统谋划，以维护国家数据安全、保护个人信息和商业秘密为前提，以促进数据合规高效流通使用、赋能实体经济为主线，以数据产权、流通交易、收益分配、安全治理为重点，深入参与国际高标准数字规则制定，构建适应数据特征、符合数字经济发展规律、保障国家数据安全、彰显创新引领的数据基础制度，充分实现数据要素价值、促进全体人民共享数字经济发展红利，为深化创新驱动、推动高质量发展、推进国家治理体系和治理能力现代化提供有力支撑。

（二）工作原则

——遵循发展规律，创新制度安排。充分认识和把握数据产权、流通、交易、使用、分配、治理、安全等基本规律，探索有利于数据安全保护、有效利用、合规流通的产权制度和市场体系，完善数据要素市场体制机制，在实践中完善，在探索中发展，促进形成与数字生产力相适应的新型生产关系。

——坚持共享共用，释放价值红利。合理降低市场主体获取数据的门槛，增强数据要素共享性、普惠性，激励创新创业创造，强化反垄断和反不正当竞争，形成依法规范、共同参与、各取所需、共享红利的发展模式。

——强化优质供给，促进合规流通。顺应经济社会数字化转型发展趋势，推动数据要素供给调整优化，提高数据要素供给数量和质量。建立数据可信流通体系，增强数据的可用、可信、可流通、可追溯水平。实现数据流通全过程动态管理，在合规流通使用中激活数据价值。

——完善治理体系，保障安全发展。统筹发展和安全，贯彻总体国家安全观，强化数据安全保障体系建设，把安全贯穿数据供给、流通、使用全过程，划定监管底线和红线。加强数据分类分级管理，把该管的管住、该放的放开，积极有效防范和化解各种数据风险，形成政府监管与市场自律、法治与行业自治协同、国内与国际统筹的数据要素治理结构。

——深化开放合作，实现互利共赢。积极参与数据跨境流动国际规则制定，探索加入区域性国际数据跨境流动制度安排。推动数据跨境流动双边多边协商，推进建立互利互惠的规则等制度安排。鼓励探索数据跨境流动与合作的新途径新模式。

二、建立保障权益、合规使用的数据产权制度

探索建立数据产权制度，推动数据产权结构性分置和有序流通，结合数据要素特性强化高质量数据要素供给；在国家数据分类分级保护制度下，推进数据分类分级确权授权使用和市场化流通交易，健全数据要素权益保护制度，逐步形成具有中国特色的数据产权制度体系。

（三）探索数据产权结构性分置制度。建立公共数据、企业数据、个人数据的分类分级确权授权制度。根据数据来源和数据生成特征，分别界定数据生产、流通、使用过程中各参与方享有的合法权利，建立数据资源持有权、数据加工使用权、数据产品经营权等分置的产权运行机制，推进非公共数据按市场化方式"共同使用、共享收益"的新模式，为激活数据要素价值创造和价值实现提供基础性制度保障。研究数据产权登记新方式。在保障安全前提下，推动数据处理者依法依规对原始数据进行开发利用，支持数据处理者依法依规行使数据应用相关权利，促进数据使用价值复用与充分利用，促进数据使用权交换和市场化流通。审慎对待原始数据的流转交易行为。

（四）推进实施公共数据确权授权机制。对各级党政机关、企事业单位依法履职或提供公共服务过程中产生的公共数据，加强汇聚共享和开放开发，强化统筹授权使用和管理，推进互联互通，打破"数据孤岛"。鼓励公共数据在保护个人隐私和确保公共安全的前提下，按照"原始数据不出域、数据可用不可见"的要求，以模型、核验等产品和服务等形式向社会提供，对不承载个人信息和不影响公共安全的公共数据，推动按用途加大供给使用范围。推动用于公共治理、公益事业的公共数据有条件无偿使用，探索用于产业发展、行业发展的公共数据有条件有偿使用。依法依规予以保密的公共数据不予开放，严格管控未依法依规公开的原始公共数据直接进入市场，保障公共数据供给使用的公共利益。

（五）推动建立企业数据确权授权机制。对各类市场主体在生产经营活动中采

集加工的不涉及个人信息和公共利益的数据，市场主体享有依法依规持有、使用、获取收益的权益，保障其投入的劳动和其他要素贡献获得合理回报，加强数据要素供给激励。鼓励探索企业数据授权使用新模式，发挥国有企业带头作用，引导行业龙头企业、互联网平台企业发挥带动作用，促进与中小微企业双向公平授权，共同合理使用数据，赋能中小微企业数字化转型。支持第三方机构、中介服务组织加强数据采集和质量评估标准制定，推动数据产品标准化，发展数据分析、数据服务等产业。政府部门履职可依法依规获取相关企业和机构数据，但须约定并严格遵守使用限制要求。

（六）建立健全个人信息数据确权授权机制。对承载个人信息的数据，推动数据处理者按照个人授权范围依法依规采集、持有、托管和使用数据，规范对个人信息的处理活动，不得采取"一揽子授权"、强制同意等方式过度收集个人信息，促进个人信息合理利用。探索由受托者代表个人利益，监督市场主体对个人信息数据进行采集、加工、使用的机制。对涉及国家安全的特殊个人信息数据，可依法依规授权有关单位使用。加大个人信息保护力度，推动重点行业建立完善长效保护机制，强化企业主体责任，规范企业采集使用个人信息行为。创新技术手段，推动个人信息匿名化处理，保障使用个人信息数据时的信息安全和个人隐私。

（七）建立健全数据要素各参与方合法权益保护制度。充分保护数据来源者合法权益，推动基于知情同意或存在法定事由的数据流通使用模式，保障数据来源者享有获取或复制转移由其促成产生数据的权益。合理保护数据处理者对依法依规持有的数据进行自主管控的权益。在保护公共利益、数据安全、数据来源者合法权益的前提下，承认和保护依照法律规定或合同约定获取的数据加工使用权，尊重数据采集、加工等数据处理者的劳动和其他要素贡献，充分保障数据处理者使用数据和获得收益的权利。保护经加工、分析等形成数据或数据衍生产品的经营权，依法依规规范数据处理者许可他人使用数据或数据衍生产品的权利，促进数据要素流通复用。建立健全基于法律规定或合同约定流转数据相关财产性权益的机制。在数据处理者发生合并、分立、解散、被宣告破产时，推动相关权利和义务依法依规同步转移。

三、建立合规高效、场内外结合的数据要素流通和交易制度

完善和规范数据流通规则，构建促进使用和流通、场内场外相结合的交易制度体系，规范引导场外交易，培育壮大场内交易；有序发展数据跨境流通和交易，建立数据来源可确认、使用范围可界定、流通过程可追溯、安全风险可防范的数据可信流通体系。

（八）完善数据全流程合规与监管规则体系。建立数据流通准入标准规则，强化市场主体数据全流程合规治理，确保流通数据来源合法、隐私保护到位、流通和交易规范。结合数据流通范围、影响程度、潜在风险，区分使用场景和用途用量，建立数据分类分级授权使用规范，探索开展数据质量标准化体系建设，加快推进数

据采集和接口标准化,促进数据整合互通和互操作。支持数据处理者依法依规在场内和场外采取开放、共享、交换、交易等方式流通数据。鼓励探索数据流通安全保障技术、标准、方案。支持探索多样化、符合数据要素特性的定价模式和价格形成机制,推动用于数字化发展的公共数据按政府指导定价有偿使用,企业与个人信息数据市场自主定价。加强企业数据合规体系建设和监管,严厉打击黑市交易,取缔数据流通非法产业。建立实施数据安全管理认证制度,引导企业通过认证提升数据安全管理水平。

(九)统筹构建规范高效的数据交易场所。加强数据交易场所体系设计,统筹优化数据交易场所的规划布局,严控交易场所数量。出台数据交易场所管理办法,建立健全数据交易规则,制定全国统一的数据交易、安全等标准体系,降低交易成本。引导多种类型的数据交易场所共同发展,突出国家级数据交易场所合规监管和基础服务功能,强化其公共属性和公益定位,推进数据交易场所与数据商功能分离,鼓励各类数据商进场交易。规范各地区各部门设立的区域性数据交易场所和行业性数据交易平台,构建多层次市场交易体系,推动区域性、行业性数据流通使用。促进区域性数据交易场所和行业性数据交易平台与国家级数据交易场所互联互通。构建集约高效的数据流通基础设施,为场内集中交易和场外分散交易提供低成本、高效率、可信赖的流通环境。

(十)培育数据要素流通和交易服务生态。围绕促进数据要素合规高效、安全有序流通和交易需要,培育一批数据商和第三方专业服务机构。通过数据商,为数据交易双方提供数据产品开发、发布、承销和数据资产的合规化、标准化、增值化服务,促进提高数据交易效率。在智能制造、节能降碳、绿色建造、新能源、智慧城市等重点领域,大力培育贴近业务需求的行业性、产业化数据商,鼓励多种所有制数据商共同发展、平等竞争。有序培育数据集成、数据经纪、合规认证、安全审计、数据公证、数据保险、数据托管、资产评估、争议仲裁、风险评估、人才培训等第三方专业服务机构,提升数据流通和交易全流程服务能力。

(十一)构建数据安全合规有序跨境流通机制。开展数据交互、业务互通、监管互认、服务共享等方面国际交流合作,推进跨境数字贸易基础设施建设,以《全球数据安全倡议》为基础,积极参与数据流动、数据安全、认证评估、数字货币等国际规则和数字技术标准制定。坚持开放发展,推动数据跨境双向有序流动,鼓励国内外企业及组织依法依规开展数据跨境流动业务合作,支持外资依法依规进入开放领域,推动形成公平竞争的国际化市场。针对跨境电商、跨境支付、供应链管理、服务外包等典型应用场景,探索安全规范的数据跨境流动方式。统筹数据开发利用和数据安全保护,探索建立跨境数据分类分级管理机制。对影响或者可能影响国家安全的数据处理、数据跨境传输、外资并购等活动依法依规进行国家安全审查。按照对等原则,对维护国家安全和利益、履行国际义务相关的属于管制物项的数据依法依规实施出口管制,保障数据用于合法用途,防范数据出境安全风险。探索构建多渠道、便利化的数据跨境流动监管机制,健全多部门协调配合的数据跨境流动监管体系。反对数据霸权和数据保护主义，有效应对数据领域"长臂管辖"。

四、建立体现效率、促进公平的数据要素收益分配制度

顺应数字产业化、产业数字化发展趋势，充分发挥市场在资源配置中的决定性作用，更好发挥政府作用。完善数据要素市场化配置机制，扩大数据要素市场化配置范围和按价值贡献参与分配渠道。完善数据要素收益的再分配调节机制，让全体人民更好共享数字经济发展成果。

（十二）健全数据要素由市场评价贡献、按贡献决定报酬机制。结合数据要素特征，优化分配结构，构建公平、高效、激励与规范相结合的数据价值分配机制。坚持"两个毫不动摇"，按照"谁投入、谁贡献、谁受益"原则，着重保护数据要素各参与方的投入产出收益，依法依规维护数据资源资产权益，探索个人、企业、公共数据分享价值收益的方式，建立健全更加合理的市场评价机制，促进劳动者贡献和劳动报酬相匹配。推动数据要素收益向数据价值和使用价值的创造者合理倾斜，确保在开发挖掘数据价值各环节的投入有相应回报，强化基于数据价值创造和价值实现的激励导向。通过分红、提成等多种收益共享方式，平衡兼顾数据内容采集、加工、流通、应用等不同环节相关主体之间的利益分配。

（十三）更好发挥政府在数据要素收益分配中的引导调节作用。逐步建立保障公平的数据要素收益分配体制机制，更加关注公共利益和相对弱势群体。加大政府引导调节力度，探索建立公共数据资源开放收益合理分享机制，允许并鼓励各类企业依法依规依托公共数据提供公益服务。推动大型数据企业积极承担社会责任，强化对弱势群体的保障帮扶，有力有效应对数字化转型过程中的各类风险挑战。不断健全数据要素市场体系和制度规则，防止和依法依规规制资本在数据领域无序扩张形成市场垄断等问题。统筹使用多渠道资金资源，开展数据知识普及和教育培训，提高社会整体数字素养，着力消除不同区域间、人群间数字鸿沟，增进社会公平、保障民生福祉、促进共同富裕。

五、建立安全可控、弹性包容的数据要素治理制度

把安全贯穿数据治理全过程，构建政府、企业、社会多方协同的治理模式，创新政府治理方式，明确各方主体责任和义务，完善行业自律机制，规范市场发展秩序，形成有效市场和有为政府相结合的数据要素治理格局。

（十四）创新政府数据治理机制。充分发挥政府有序引导和规范发展的作用，守住安全底线，明确监管红线，打造安全可信、包容创新、公平开放、监管有效的数据要素市场环境。强化分行业监管和跨行业协同监管，建立数据联管联治机制，建立健全鼓励创新、包容创新的容错纠错机制。建立数据要素生产流通使用全过程的合规公证、安全审查、算法审查、监测预警等制度，指导各方履行数据要素流通安全责任和义务。建立健全数据流通监管制度，制定数据流通和交易负面清单，明确不能交易或严格限制交易的数据项。强化反垄断和反不正当竞争，加强重点领域

111

执法司法，依法依规加强经营者集中审查，依法依规查处垄断协议、滥用市场支配地位和违法实施经营者集中行为，营造公平竞争、规范有序的市场环境。在落实网络安全等级保护制度的基础上全面加强数据安全保护工作，健全网络和数据安全保护体系，提升纵深防护与综合防御能力。

（十五）压实企业的数据治理责任。坚持"宽进严管"原则，牢固树立企业的责任意识和自律意识。鼓励企业积极参与数据要素市场建设，围绕数据来源、数据产权、数据质量、数据使用等，推行面向数据商及第三方专业服务机构的数据流通交易声明和承诺制。严格落实相关法律规定，在数据采集汇聚、加工处理、流通交易、共享利用等各环节，推动企业依法依规承担相应责任。企业应严格遵守反垄断法等相关法律规定，不得利用数据、算法等优势和技术手段排除、限制竞争，实施不正当竞争。规范企业参与政府信息化建设中的政务数据安全管理，确保有规可循、有序发展、安全可控。建立健全数据要素登记及披露机制，增强企业社会责任，打破"数据垄断"，促进公平竞争。

（十六）充分发挥社会力量多方参与的协同治理作用。鼓励行业协会等社会力量积极参与数据要素市场建设，支持开展数据流通相关安全技术研发和服务，促进不同场景下数据要素安全可信流通。建立数据要素市场信用体系，逐步完善数据交易失信行为认定、守信激励、失信惩戒、信用修复、异议处理等机制。畅通举报投诉和争议仲裁渠道，维护数据要素市场良好秩序。加快推进数据管理能力成熟度国家标准及数据要素管理规范贯彻执行工作，推动各部门各行业完善元数据管理、数据脱敏、数据质量、价值评估等标准体系。

六、保障措施

加大统筹推进力度，强化任务落实，创新政策支持，鼓励有条件的地方和行业在制度建设、技术路径、发展模式等方面先行先试，鼓励企业创新内部数据合规管理体系，不断探索完善数据基础制度。

（十七）切实加强组织领导。加强党对构建数据基础制度工作的全面领导，在党中央集中统一领导下，充分发挥数字经济发展部际联席会议作用，加强整体工作统筹，促进跨地区跨部门跨层级协同联动，强化督促指导。各地区各部门要高度重视数据基础制度建设，统一思想认识，加大改革力度，结合各自实际，制定工作举措，细化任务分工，抓好推进落实。

（十八）加大政策支持力度。加快发展数据要素市场，做大做强数据要素型企业。提升金融服务水平，引导创业投资企业加大对数据要素型企业的投入力度，鼓励征信机构提供基于企业运营数据等多种数据要素的多样化征信服务，支持实体经济企业特别是中小微企业数字化转型赋能开展信用融资。探索数据资产入表新模式。

（十九）积极鼓励试验探索。坚持顶层设计与基层探索结合，支持浙江等地区和有条件的行业、企业先行先试，发挥好自由贸易港、自由贸易试验区等高水平开放平台作用，引导企业和科研机构推动数据要素相关技术和产业应用创新。采用"揭榜挂帅"方式，支持有条件的部门、行业加快突破数据可信流通、安全治理等关键技术，建立创新容错机制，探索完善数据要素产权、定价、流通、交易、使用、分配、治理、安全的政策标准和体制机制，更好发挥数据要素的积极作用。

（二十）稳步推进制度建设。围绕构建数据基础制度，逐步完善数据产权界定、数据流通和交易、数据要素收益分配、公共数据授权使用、数据交易场所建设、数据治理等主要领域关键环节的政策及标准。加强数据产权保护、数据要素市场制度建设、数据要素价格形成机制、数据要素收益分配、数据跨境传输、争议解决等理论研究和立法研究，推动完善相关法律制度。及时总结提炼可复制可推广的经验和做法，以点带面推动数据基础制度构建实现新突破。数字经济发展部际联席会议定期对数据基础制度建设情况进行评估，适时进行动态调整，推动数据基础制度不断丰富完善。

《国务院关于印发促进大数据发展行动纲要的通知》

国发〔2015〕50 号

各省、自治区、直辖市人民政府，国务院各部委、各直属机构：

现将《促进大数据发展行动纲要》印发给你们，请认真贯彻落实。

国务院

2015 年 8 月 31 日

促进大数据发展行动纲要

大数据是以容量大、类型多、存取速度快、应用价值高为主要特征的数据集合，正快速发展为对数量巨大、来源分散、格式多样的数据进行采集、存储和关联分析，从中发现新知识、创造新价值、提升新能力的新一代信息技术和服务业态。

信息技术与经济社会的交汇融合引发了数据迅猛增长，数据已成为国家基础性战略资源，大数据正日益对全球生产、流通、分配、消费活动以及经济运行机制、社会生活方式和国家治理能力产生重要影响。目前，我国在大数据发展和应用方面已具备一定基础，拥有市场优势和发展潜力，但也存在政府数据开放共享不足、产业基础薄弱、缺乏顶层设计和统筹规划、法律法规建设滞后、创新应用领域不广等问题，亟待解决。为贯彻落实党中央、国务院决策部署，全面推进我国大数据发展和应用，加快建设数据强国，特制定本行动纲要。

一、发展形势和重要意义

全球范围内，运用大数据推动经济发展、完善社会治理、提升政府服务和监管能力正成为趋势，有关发达国家相继制定实施大数据战略性文件，大力推动大数据发展和应用。目前，我国互联网、移动互联网用户规模居全球第一，拥有丰富的数据资源和应用市场优势，大数据部分关键技术研发取得突破，涌现出一批互联网创新企业和创新应用，一些地方政府已启动大数据相关工作。坚持创新驱动发展，加快大数据部署，深化大数据应用，已成为稳增长、促改革、调结构、惠民生和推动政府治理能力现代化的内在需要和必然选择。

（一）大数据成为推动经济转型发展的新动力。以数据流引领技术流、物质流、资金流、人才流，将深刻影响社会分工协作的组织模式，促进生产组织方式的集约和创新。大数据推动社会生产要素的网络化共享、集约化整合、协作化开发和高效化利用，改变了传统的生产方式和经济运行机制，可显著提升经济运行水平和效率。大数据持续激发商业模式创新，不断催生新业态，已成为互联网等新兴领域促进业务创新增值、提升企业核心价值的重要驱动力。大数据产业正在成为新的经济增长点，将对未来信息产业格局产生重要影响。

（二）大数据成为重塑国家竞争优势的新机遇。在全球信息化快速发展的大背景下，大数据已成为国家重要的基础性战略资源，正引领新一轮科技创新。充分利用我国的数据规模优势，实现数据规模、质量和应用水平同步提升，发掘和释放数据资源的潜在价值，有利于更好发挥数据资源的战略作用，增强网络空间数据主权保护能力，维护国家安全，有效提升国家竞争力。

（三）大数据成为提升政府治理能力的新途径。大数据应用能够揭示传统技术方式难以展现的关联关系，推动政府数据开放共享，促进社会事业数据融合和资源整合，将极大提升政府整体数据分析能力，为有效处理复杂社会问题提供新的手段。建立"用数据说话、用数据决策、用数据管理、用数据创新"的管理机制，实现基于数据的科学决策，将推动政府管理理念和社会治理模式进步，加快建设与社会主义市场经济体制和中国特色社会主义事业发展相适应的法治政府、创新政府、廉洁政府和服务型政府，逐步实现政府治理能力现代化。

二、指导思想和总体目标

（一）指导思想。深入贯彻党的十八大和十八届二中、三中、四中全会精神，按照党中央、国务院决策部署，发挥市场在资源配置中的决定性作用，加强顶层设计和统筹协调，大力推动政府信息系统和公共数据互联开放共享，加快政府信息平台整合，消除信息孤岛，推进数据资源向社会开放，增强政府公信力，引导社会发展，服务公众企业；以企业为主体，营造宽松公平环境，加大大数据关键技术研发、产业发展和人才培养力度，着力推进数据汇集和发掘，深化大数据在各行业创新应用，促进大数据产业健康发展；完善法规制度和标准体系，科学规范利用大数据，切实保障数据安全。通过促进大数据发展，加快建设数据强国，释放技术红利、制度红利和创新红利，提升政府治理能力，推动经济转型升级。

（二）总体目标。立足我国国情和现实需要，推动大数据发展和应用在未来 5 ~

10 年逐步实现以下目标：

打造精准治理、多方协作的社会治理新模式。将大数据作为提升政府治理能力的重要手段，通过高效采集、有效整合、深化应用政府数据和社会数据，提升政府决策和风险防范水平，提高社会治理的精准性和有效性，增强乡村社会治理能力；助力简政放权，支持从事前审批向事中事后监管转变，推动商事制度改革；促进政府监管和社会监督有机结合，有效调动社会力量参与社会治理的积极性。2017 年底前形成跨部门数据资源共享共用格局。

建立运行平稳、安全高效的经济运行新机制。充分运用大数据，不断提升信用、财政、金融、税收、农业、统计、进出口、资源环境、产品质量、企业登记监管等领域数据资源的获取和利用能力，丰富经济统计数据来源，实现对经济运行更为准确的监测、分析、预测、预警，提高决策的针对性、科学性和时效性，提升宏观调控以及产业发展、信用体系、市场监管等方面管理效能，保障供需平衡，促进经济平稳运行。

构建以人为本、惠及全民的民生服务新体系。围绕服务型政府建设，在公用事业、市政管理、城乡环境、农村生活、健康医疗、减灾救灾、社会救助、养老服务、劳动就业、社会保障、文化教育、交通旅游、质量安全、消费维权、社区服务等领域全面推广大数据应用，利用大数据洞察民生需求，优化资源配置，丰富服务内容，拓展服务渠道，扩大服务范围，提高服务质量，提升城市辐射能力，推动公共服务向基层延伸，缩小城乡、区域差距，促进形成公平普惠、便捷高效的民生服务体系，不断满足人民群众日益增长的个性化、多样化需求。

开启大众创业、万众创新的创新驱动新格局。形成公共数据资源合理适度开放共享的法规制度和政策体系，2018 年底前建成国家政府数据统一开放平台，率先在信用、交通、医疗、卫生、就业、社保、地理、文化、教育、科技、资源、农业、环境、安监、金融、质量、统计、气象、海洋、企业登记监管等重要领域实现公共数据资源合理适度向社会开放，带动社会公众开展大数据增值性、公益性开发和创新应用，充分释放数据红利，激发大众创业、万众创新活力。

培育高端智能、新兴繁荣的产业发展新生态。推动大数据与云计算、物联网、移动互联网等新一代信息技术融合发展，探索大数据与传统产业协同发展的新业态、新模式，促进传统产业转型升级和新兴产业发展，培育新的经济增长点。形成一批满足大数据重大应用需求的产品、系统和解决方案，建立安全可信的大数据技术体系，大数据产品和服务达到国际先进水平，国内市场占有率显著提高。培育一批面向全球的骨干企业和特色鲜明的创新型中小企业。构建形成政产学研用多方联动、协调发展的大数据产业生态体系。

三、主要任务

（一）加快政府数据开放共享，推动资源整合，提升治理能力。

1. 大力推动政府部门数据共享。加强顶层设计和统筹规划，明确各部门数据共享的范围边界和使用方式,厘清各部门数据管理及共享的义务和权利,依托政府数据统一共享交换平台,大力推进国家人口基础信息库、法人单位信息资源库、自然资源和空间地理基础信息库等国家基础数据资源,以及金税、金关、金财、金审、金盾、金宏、金保、金土、金农、金水、金质等信息系统跨部门、跨区域共享。加快各地区、各部门、各有关企事业单位及社会组织信用信息系统的互联互通和信息共享,丰富面向公众的信用信息服务,提高政府服务和监管水平。结合信息惠民工程实施和智慧城市建设,推动中央部门与地方政府条块结合、联合试点,实现公共服务的多方数据共享、制度对接和协同配合。

2. 稳步推动公共数据资源开放。在依法加强安全保障和隐私保护的前提下,稳步推动公共数据资源开放。推动建立政府部门和事业单位等公共机构数据资源清单,按照"增量先行"的方式,加强对政府部门数据的国家统筹管理,加快建设国家政府数据统一开放平台。制定公共机构数据开放计划,落实数据开放和维护责任,推进公共机构数据资源统一汇聚和集中向社会开放,提升政府数据开放共享标准化程度,优先推动信用、交通、医疗、卫生、就业、社保、地理、文化、教育、科技、资源、农业、环境、安监、金融、质量、统计、气象、海洋、企业登记监管等民生保障服务相关领域的政府数据集向社会开放。建立政府和社会互动的大数据采集形成机制,制定政府数据共享开放目录。通过政务数据公开共享,引导企业、行业协会、科研机构、社会组织等主动采集并开放数据。

专栏 1　政府数据资源共享开放工程

推动政府数据资源共享。制定政府数据资源共享管理办法,整合政府部门公共数据资源,促进互联互通,提高共享能力,提升政府数据的一致性和准确性。2017年底前,明确各部门数据共享的范围边界和使用方式,跨部门数据资源共享共用格局基本形成。

形成政府数据统一共享交换平台。充分利用统一的国家电子政务网络,构建跨部门的政府数据统一共享交换平台,到2018年,中央政府层面实现数据统一共享交换平台的全覆盖,实现金税、金关、金财、金审、金盾、金宏、金保、金土、金农、金水、金质等信息系统通过统一平台进行数据共享和交换。

形成国家政府数据统一开放平台。建立政府部门和事业单位等公共机构数据资源清单,制定实施政府数据开放共享标准,制定数据开放计划。2018年底前,建成国家政府数据统一开放平台。2020年底前,逐步实现信用、交通、医疗、卫生、就业、社保、地理、文化、教育、科技、资源、农业、环境、安监、金融、质量、统计、气象、海洋、企业登记监管等民生保障服务相关领域的政府数据集向社会开放。

3. 统筹规划大数据基础设施建设。结合国家政务信息化工程建设规划，统筹政务数据资源和社会数据资源，布局国家大数据平台、数据中心等基础设施。加快完善国家人口基础信息库、法人单位信息资源库、自然资源和空间地理基础信息库等基础信息资源和健康、就业、社保、能源、信用、统计、质量、国土、农业、城乡建设、企业登记监管等重要领域信息资源，加强与社会大数据的汇聚整合和关联分析。推动国民经济动员大数据应用。加强军民信息资源共享。充分利用现有企业、政府等数据资源和平台设施，注重对现有数据中心及服务器资源的改造和利用，建设绿色环保、低成本、高效率、基于云计算的大数据基础设施和区域性、行业性数据汇聚平台，避免盲目建设和重复投资。加强对互联网重要数据资源的备份及保护。

专栏 2　国家大数据资源统筹发展工程

整合各类政府信息平台和信息系统。严格控制新建平台，依托现有平台资源，在地市级以上（含地市级）政府集中构建统一的互联网政务数据服务平台和信息惠民服务平台，在基层街道、社区统一应用，并逐步向农村特别是农村社区延伸。除国务院另有规定外，原则上不再审批有关部门、地市级以下（不含地市级）政府新建孤立的信息平台和信息系统。到 2018 年，中央层面构建形成统一的互联网政务数据服务平台；国家信息惠民试点城市实现基础信息集中采集、多方利用，实现公共服务和社会信息服务的全人群覆盖、全天候受理和"一站式"办理。

整合分散的数据中心资源。充分利用现有政府和社会数据中心资源，运用云计算技术，整合规模小、效率低、能耗高的分散数据中心，构建形成布局合理、规模适度、保障有力、绿色集约的政务数据中心体系。统筹发挥各部门已建数据中心的作用，严格控制部门新建数据中心。开展区域试点，推进贵州等大数据综合试验区建设，促进区域性大数据基础设施的整合和数据资源的汇聚应用。

加快完善国家基础信息资源体系。加快建设完善国家人口基础信息库、法人单位信息资源库、自然资源和空间地理基础信息库等基础信息资源。依托现有相关信息系统，逐步完善健康、社保、就业、能源、信用、统计、质量、国土、农业、城乡建设、企业登记监管等重要领域信息资源。到 2018 年，跨部门共享校核的国家人口基础信息库、法人单位信息资源库、自然资源和空间地理基础信息库等国家基础信息资源体系基本建成，实现与各领域信息资源的汇聚整合和关联应用。

加强互联网信息采集利用。加强顶层设计，树立国际视野，充分利用已有资源，加强互联网信息采集、保存和分析能力建设，制定完善互联网信息保存相关法律法规，构建互联网信息保存和信息服务体系。

4. 支持宏观调控科学化。建立国家宏观调控数据体系，及时发布有关统计指标和数据，强化互联网数据资源利用和信息服务，加强与政务数据资源的关联分析和融合利用，为政府开展金融、税收、审计、统计、农业、规划、消费、投资、进出口、城乡建设、劳动就业、收入分配、电力及产业运行、质量安全、节能减排等领域运行动态监测、产业安全预测预警以及转变发展方式分析决策提供信息支持，提高宏观调控的科学性、预见性和有效性。

5. 推动政府治理精准化。在企业监管、质量安全、节能降耗、环境保护、食品安全、安全生产、信用体系建设、旅游服务等领域，推动有关政府部门和企事业单位将市场监管、检验检测、违法失信、企业生产经营、销售物流、投诉举报、消费维权等数据进行汇聚整合和关联分析，统一公示企业信用信息，预警企业不正当行为，提升政府决策和风险防范能力，支持加强事中事后监管和服务，提高监管和服务的针对性、有效性。推动改进政府管理和公共治理方式，借助大数据实现政府负面清单、权力清单和责任清单的透明化管理，完善大数据监督和技术反腐体系，促进政府简政放权、依法行政。

6. 推进商事服务便捷化。加快建立公民、法人和其他组织统一社会信用代码制度，依托全国统一的信用信息共享交换平台，建设企业信用信息公示系统和"信用中国"网站，共享整合各地区、各领域信用信息，为社会公众提供查询注册登记、行政许可、行政处罚等各类信用信息的一站式服务。在全面实行工商营业执照、组织机构代码证和税务登记证"三证合一"、"一照一码"登记制度改革中，积极运用大数据手段，简化办理程序。建立项目并联审批平台，形成网上审批大数据资源库，实现跨部门、跨层级项目审批、核准、备案的统一受理、同步审查、信息共享、透明公开。鼓励政府部门高效采集、有效整合并充分运用政府数据和社会数据，掌握企业需求，推动行政管理流程优化再造，在注册登记、市场准入等商事服务中提供更加便捷有效、更有针对性的服务。利用大数据等手段，密切跟踪中小微企业特别是新设小微企业运行情况，为完善相关政策提供支持。

7. 促进安全保障高效化。加强有关执法部门间的数据流通，在法律许可和确保安全的前提下，加强对社会治理相关领域数据的归集、发掘及关联分析，强化对妥善应对和处理重大突发公共事件的数据支持，提高公共安全保障能力，推动构建智能防控、综合治理的公共安全体系，维护国家安全和社会安定。

专栏 3   政府治理大数据工程

推动宏观调控决策支持、风险预警和执行监督大数据应用。统筹利用政府和社会数据资源，探索建立国家宏观调控决策支持、风险预警和执行监督大数据应用体系。到 2018 年，开展政府和社会合作开发利用大数据试点，完善金融、税收、审计、统计、农业、规划、消费、投资、进出口、城乡建设、劳动就业、收入分配、电力及产业运行、质量安全、节能减排等领域国民经济相关数据的采集和利用机制，推进各级政府按照统一体系开展数据采集和综合利用，加强对宏观调控决策的支撑。

推动信用信息共享机制和信用信息系统建设。加快建立统一社会信用代码制度，建立信用信息共享交换机制。充分利用社会各方面信息资源，推动公共信用数据与互联网、移动互联网、电子商务等数据的汇聚整合，鼓励互联网企业运用大数据技术建立市场化的第三方信用信息共享平台，使政府主导征信体系的权威性和互联网大数据征信平台的规模效应得到充分发挥，依托全国统一的信用信息共享交换平台，建设企业信用信息公示系统，实现覆盖各级政府、各类别信用主体的基础信用信息共享，初步建成社会信用体系，为经济高效运行提供全面准确的基础信用信息服务。

建设社会治理大数据应用体系。到 2018 年，围绕实施区域协调发展、新型城镇化等重大战略和主体功能区规划，在企业监管、质量安全、质量诚信、节能降耗、环境保护、食品安全、安全生产、信用体系建设、旅游服务等领域探索开展一批应用试点，打通政府部门、企事业单位之间的数据壁垒，实现合作开发和综合利用。实时采集并汇总分析政府部门和企事业单位的市场监管、检验检测、违法失信、企业生产经营、销售物流、投诉举报、消费维权等数据，有效促进各级政府社会治理能力提升。

8. 加快民生服务普惠化。结合新型城镇化发展、信息惠民工程实施和智慧城市建设，以优化提升民生服务、激发社会活力、促进大数据应用市场化服务为重点，引导鼓励企业和社会机构开展创新应用研究，深入发掘公共服务数据，在城乡建设、人居环境、健康医疗、社会救助、养老服务、劳动就业、社会保障、质量安全、文化教育、交通旅游、消费维权、城乡服务等领域开展大数据应用示范，推动传统公共服务数据与互联网、移动互联网、可穿戴设备等数据的汇聚整合，开发各类便民应用，优化公共资源配置，提升公共服务水平。

专栏4 公共服务大数据工程

医疗健康服务大数据。构建电子健康档案、电子病历数据库，建设覆盖公共卫生、医疗服务、医疗保障、药品供应、计划生育和综合管理业务的医疗健康管理和服务大数据应用体系。探索预约挂号、分级诊疗、远程医疗、检查检验结果共享、防治结合、医养结合、健康咨询等服务，优化形成规范、共享、互信的诊疗流程。鼓励和规范有关企事业单位开展医疗健康大数据创新应用研究，构建综合健康服务应用。

社会保障服务大数据。建设由城市延伸到农村的统一社会救助、社会福利、社会保障大数据平台，加强与相关部门的数据对接和信息共享，支撑大数据在劳动用工和社保基金监管、医疗保险对医疗服务行为监控、劳动保障监察、内控稽核以及人力资源社会保障相关政策制定和执行效果跟踪评价等方面的应用。利用大数据创新服务模式，为社会公众提供更为个性化、更具针对性的服务。

教育文化大数据。完善教育管理公共服务平台，推动教育基础数据的伴随式收集和全国互通共享。建立各阶段适龄入学人口基础数据库、学生基础数据库和终身电子学籍档案，实现学生学籍档案在不同教育阶段的纵向贯通。推动形成覆盖全国、协同服务、全网互通的教育资源云服务体系。探索发挥大数据对变革教育方式、促进教育公平、提升教育质量的支撑作用。加强数字图书馆、档案馆、博物馆、美术馆和文化馆等公益设施建设，构建文化传播大数据综合服务平台，传播中国文化，为社会提供文化服务。

交通旅游服务大数据。探索开展交通、公安、气象、安监、地震、测绘等跨部门、跨地域数据融合和协同创新。建立综合交通服务大数据平台，共同利用大数据提升协同管理和公共服务能力，积极吸引社会优质资源，利用交通大数据开展出行信息服务、交通诱导等增值服务。建立旅游投诉及评价全媒体交互中心，实现对旅游城市、重点景区游客流量的监控、预警和及时分流疏导，为规范市场秩序、方便游客出行、提升旅游服务水平、促进旅游消费和旅游产业转型升级提供有力支撑。

（二）推动产业创新发展，培育新兴业态，助力经济转型。

1. 发展工业大数据。推动大数据在工业研发设计、生产制造、经营管理、市场营销、售后服务等产品全生命周期、产业链全流程各环节的应用，分析感知用户需求，提升产品附加价值，打造智能工厂。建立面向不同行业、不同环节的工业大数据资源聚合和分析应用平台。抓住互联网跨界融合机遇，促进大数据、物联网、云计算和三维（3D）打印技术、个性化定制等在制造业全产业链集成运用，推动制造模式变革和工业转型升级。

2. 发展新兴产业大数据。大力培育互联网金融、数据服务、数据探矿、数据化学、数据材料、数据制药等新业态，提升相关产业大数据资源的采集获取和分析利用能力，充分发掘数据资源支撑创新的潜力，带动技术研发体系创新、管理方式变革、商业模式创新和产业价值链体系重构，推动跨领域、跨行业的数据融合和协同创新，促进战略性新兴产业发展、服务业创新发展和信息消费扩大，探索形成协同发展的新业态、新模式，培育新的经济增长点。

专栏5　工业和新兴产业大数据工程

工业大数据应用。利用大数据推动信息化和工业化深度融合，研究推动大数据在研发设计、生产制造、经营管理、市场营销、售后服务等产业链各环节的应用，研发面向不同行业、不同环节的大数据分析应用平台，选择典型企业、重点行业、重点地区开展工业企业大数据应用项目试点，积极推动制造业网络化和智能化。

服务业大数据应用。利用大数据支持品牌建立、产品定位、精准营销、认证认可、质量诚信提升和定制服务等，研发面向服务业的大数据解决方案，扩大服务范围，增强服务能力，提升服务质量，鼓励创新商业模式、服务内容和服务形式。

培育数据应用新业态。积极推动不同行业大数据的聚合、大数据与其他行业的融合，大力培育互联网金融、数据服务、数据处理分析、数据影视、数据探矿、数据化学、数据材料、数据制药等新业态。

电子商务大数据应用。推动大数据在电子商务中的应用，充分利用电子商务中形成的大数据资源为政府实施市场监管和调控服务，电子商务企业应依法向政府部门报送数据。

3. 发展农业农村大数据。构建面向农业农村的综合信息服务体系，为农民生产生活提供综合、高效、便捷的信息服务，缩小城乡数字鸿沟，促进城乡发展一体化。加强农业农村经济大数据建设，完善村、县相关数据采集、传输、共享基础设施，建立农业农村数据采集、运算、应用、服务体系，强化农村生态环境治理，增强乡村社会治理能力。统筹国内国际农业数据资源，强化农业资源要素数据的集聚利用，提升预测预警能力。整合构建国家涉农大数据中心，推进各地区、各行业、各领域涉农数据资源的共享开放，加强数据资源发掘运用。加快农业大数据关键技术研发，加大示范力度，提升生产智能化、经营网络化、管理高效化、服务便捷化能力和水平。

专栏 6 现代农业大数据工程

农业农村信息综合服务。充分利用现有数据资源，完善相关数据采集共享功能，完善信息进村入户村级站的数据采集和信息发布功能，建设农产品全球生产、消费、库存、进出口、价格、成本等数据调查分析系统工程，构建面向农业农村的综合信息服务平台，涵盖农业生产、经营、管理、服务和农村环境整治等环节，集合公益服务、便民服务、电子商务和网络服务，为农业农村农民生产生活提供综合、高效、便捷的信息服务，加强全球农业调查分析，引导国内农产品生产和消费，完善农产品价格形成机制，缩小城乡数字鸿沟，促进城乡发展一体化。

农业资源要素数据共享。利用物联网、云计算、卫星遥感等技术，建立我国农业耕地、草原、林地、水利设施、水资源、农业设施设备、新型经营主体、农业劳动力、金融资本等资源要素数据监测体系，促进农业环境、气象、生态等信息共享，构建农业资源要素数据共享平台，为各级政府、企业、农户提供农业资源数据查询服务，鼓励各类市场主体充分发掘平台数据，开发测土配方施肥、统防统治、农业保险等服务。

农产品质量安全信息服务。建立农产品生产的生态环境、生产资料、生产过程、市场流通、加工储藏、检验检测等数据共享机制，推进数据实现自动化采集、网络化传输、标准化处理和可视化运用，提高数据的真实性、准确性、及时性和关联性，与农产品电子商务等交易平台互联共享，实现各环节信息可查询、来源可追溯、去向可跟踪、责任可追究，推进实现种子、农药、化肥等重要生产资料信息可追溯，为生产者、消费者、监管者提供农产品质量安全信息服务，促进农产品消费安全。

4. 发展万众创新大数据。适应国家创新驱动发展战略，实施大数据创新行动计划，鼓励企业和公众发掘利用开放数据资源，激发创新创业活力，促进创新链和产业链深度融合，推动大数据发展与科研创新有机结合，形成大数据驱动型的科研创新模式，打通科技创新和经济社会发展之间的通道，推动万众创新、开放创新和联动创新。

专栏 7　万众创新大数据工程

大数据创新应用。通过应用创新开发竞赛、服务外包、社会众包、助推计划、补助奖励、应用培训等方式，鼓励企业和公众发掘利用开放数据资源，激发创新创业活力。

大数据创新服务。面向经济社会发展需求，研发一批大数据公共服务产品，实现不同行业、领域大数据的融合，扩大服务范围、提高服务能力。

发展科学大数据。积极推动由国家公共财政支持的公益性科研活动获取和产生的科学数据逐步开放共享，构建科学大数据国家重大基础设施，实现对国家重要科技数据的权威汇集、长期保存、集成管理和全面共享。面向经济社会发展需求，发展科学大数据应用服务中心，支持解决经济社会发展和国家安全重大问题。

知识服务大数据应用。利用大数据、云计算等技术，对各领域知识进行大规模整合，搭建层次清晰、覆盖全面、内容准确的知识资源库群，建立国家知识服务平台与知识资源服务中心，形成以国家平台为枢纽、行业平台为支撑，覆盖国民经济主要领域，分布合理、互联互通的国家知识服务体系，为生产生活提供精准、高水平的知识服务。提高我国知识资源的生产与供给能力。

---

5. 推进基础研究和核心技术攻关。围绕数据科学理论体系、大数据计算系统与分析理论、大数据驱动的颠覆性应用模型探索等重大基础研究进行前瞻布局，开展数据科学研究，引导和鼓励在大数据理论、方法及关键应用技术等方面展开探索。采取政产学研用相结合的协同创新模式和基于开源社区的开放创新模式，加强海量数据存储、数据清洗、数据分析发掘、数据可视化、信息安全与隐私保护等领域关

键技术攻关，形成安全可靠的大数据技术体系。支持自然语言理解、机器学习、深度学习等人工智能技术创新，提升数据分析处理能力、知识发现能力和辅助决策能力。

6. 形成大数据产品体系。围绕数据采集、整理、分析、发掘、展现、应用等环节，支持大型通用海量数据存储与管理软件、大数据分析发掘软件、数据可视化软件等软件产品和海量数据存储设备、大数据一体机等硬件产品发展，带动芯片、操作系统等信息技术核心基础产品发展，打造较为健全的大数据产品体系。大力发展与重点行业领域业务流程及数据应用需求深度融合的大数据解决方案。

专栏 8　大数据关键技术及产品研发与产业化工程

通过优化整合后的国家科技计划（专项、基金等），支持符合条件的大数据关键技术研发。

加强大数据基础研究。融合数理科学、计算机科学、社会科学及其他应用学科，以研究相关性和复杂网络为主，探讨建立数据科学的学科体系；研究面向大数据计算的新体系和大数据分析理论，突破大数据认知与处理的技术瓶颈；面向网络、安全、金融、生物组学、健康医疗等重点需求，探索建立数据科学驱动行业应用的模型。

大数据技术产品研发。加大投入力度，加强数据存储、整理、分析处理、可视化、信息安全与隐私保护等领域技术产品的研发，突破关键环节技术瓶颈。到 2020 年，形成一批具有国际竞争力的大数据处理、分析、可视化软件和硬件支撑平台等产品。

提升大数据技术服务能力。促进大数据与各行业应用的深度融合，形成一批代表性应用案例，以应用带动大数据技术和产品研发，形成面向各行业的成熟的大数据解决方案。

---

7. 完善大数据产业链。支持企业开展基于大数据的第三方数据分析发掘服务、技术外包服务和知识流程外包服务。鼓励企业根据数据资源基础和业务特色，积极发展互联网金融和移动金融等新业态。推动大数据与移动互联网、物联网、云计算的深度融合，深化大数据在各行业的创新应用，积极探索创新协作共赢的应用模式和商业模式。加强大数据应用创新能力建设，建立政产学研用联动、大中小企业协调发展的大数据产业体系。建立和完善大数据产业公共服务支撑体系，组建大数据开源社区和产业联盟，促进协同创新，加快计量、标准化、检验检测和认证认可等大数据产业质量技术基础建设，加速大数据应用普及。

专栏9　大数据产业支撑能力提升工程

培育骨干企业。完善政策体系，着力营造服务环境优、要素成本低的良好氛围，加速培育大数据龙头骨干企业。充分发挥骨干企业的带动作用，形成大中小企业相互支撑、协同合作的大数据产业生态体系。到2020年，培育10家国际领先的大数据核心龙头企业，500家大数据应用、服务和产品制造企业。

大数据产业公共服务。整合优质公共服务资源，汇聚海量数据资源，形成面向大数据相关领域的公共服务平台，为企业和用户提供研发设计、技术产业化、人力资源、市场推广、评估评价、认证认可、检验检测、宣传展示、应用推广、行业咨询、投融资、教育培训等公共服务。

中小微企业公共服务大数据。整合现有中小微企业公共服务系统与数据资源，链接各省（区、市）建成的中小微企业公共服务线上管理系统，形成全国统一的中小微企业公共服务大数据平台，为中小微企业提供科技服务、综合服务、商贸服务等各类公共服务。

（三）强化安全保障，提高管理水平，促进健康发展。

1. 健全大数据安全保障体系。加强大数据环境下的网络安全问题研究和基于大数据的网络安全技术研究，落实信息安全等级保护、风险评估等网络安全制度，建立健全大数据安全保障体系。建立大数据安全评估体系。切实加强关键信息基础设施安全防护，做好大数据平台及服务商的可靠性及安全性评测、应用安全评测、监测预警和风险评估。明确数据采集、传输、存储、使用、开放等各环节保障网络安全的范围边界、责任主体和具体要求，切实加强对涉及国家利益、公共安全、商业秘密、个人隐私、军工科研生产等信息的保护。妥善处理发展创新与保障安全的关系，审慎监管，保护创新，探索完善安全保密管理规范措施，切实保障数据安全。

2. 强化安全支撑。采用安全可信产品和服务，提升基础设施关键设备安全可靠水平。建设国家网络安全信息汇聚共享和关联分析平台，促进网络安全相关数据融合和资源合理分配，提升重大网络安全事件应急处理能力；深化网络安全防护体系和态势感知能力建设，增强网络空间安全防护和安全事件识别能力。开展安全监测和预警通报工作，加强大数据环境下防攻击、防泄露、防窃取的监测、预警、控制和应急处置能力建设。

专栏10　网络和大数据安全保障工程

网络和大数据安全支撑体系建设。在涉及国家安全稳定的领域采用安全可靠的产品和服务，到2020年，实现关键部门的关键设备安全可靠。完善网络安全保密防护体系。

大数据安全保障体系建设。明确数据采集、传输、存储、使用、开放等各环节保障网络安全的范围边界、责任主体和具体要求，建设完善金融、能源、交通、电信、统计、广电、公共安全、公共事业等重要数据资源和信息系统的安全保密防护体系。

网络安全信息共享和重大风险识别大数据支撑体系建设。通过对网络安全威胁特征、方法、模式的追踪、分析，实现对网络安全威胁新技术、新方法的及时识别与有效防护。强化资源整合与信息共享，建立网络安全信息共享机制，推动政府、行业、企业间的网络风险信息共享，通过大数据分析，对网络安全重大事件进行预警、研判和应对指挥。

四、政策机制

（一）完善组织实施机制。建立国家大数据发展和应用统筹协调机制，推动形成职责明晰、协同推进的工作格局。加强大数据重大问题研究，加快制定出台配套政策，强化国家数据资源统筹管理。加强大数据与物联网、智慧城市、云计算等相关政策、规划的协同。加强中央与地方协调，引导地方各级政府结合自身条件合理定位、科学谋划，将大数据发展纳入本地区经济社会和城镇化发展规划，制定出台促进大数据产业发展的政策措施，突出区域特色和分工，抓好措施落实，实现科学有序发展。设立大数据专家咨询委员会，为大数据发展应用及相关工程实施提供决策咨询。各有关部门要进一步统一思想，认真落实本行动纲要提出的各项任务，共同推动形成公共信息资源共享共用和大数据产业健康安全发展的良好格局。

（二）加快法规制度建设。修订政府信息公开条例。积极研究数据开放、保护等方面制度，实现对数据资源采集、传输、存储、利用、开放的规范管理，促进政府数据在风险可控原则下最大程度开放，明确政府统筹利用市场主体大数据的权限及范围。制定政府信息资源管理办法，建立政府部门数据资源统筹管理和共享复用制度。研究推动网上个人信息保护立法工作，界定个人信息采集应用的范围和方式，明确相关主体的权利、责任和义务，加强对数据滥用、侵犯个人隐私等行为的管理和惩戒。推动出台相关法律法规，加强对基础信息网络和关键行业领域重要信息系统的安全保护，保障网络数据安全。研究推动数据资源权益相关立法工作。

（三）健全市场发展机制。建立市场化的数据应用机制，在保障公平竞争的前提下，支持社会资本参与公共服务建设。鼓励政府与企业、社会机构开展合作，通过政府采购、服务外包、社会众包等多种方式，依托专业企业开展政府大数据应用，降低社会管理成本。引导培育大数据交易市场，开展面向应用的数据交易市场试点，探索开展大数据衍生产品交易，鼓励产业链各环节市场主体进行数据交换和交易，促进数据资源流通，建立健全数据资源交易机制和定价机制，规范交易行为。

（四）建立标准规范体系。推进大数据产业标准体系建设，加快建立政府部门、事业单位等公共机构的数据标准和统计标准体系，推进数据采集、政府数据开放、指标口径、分类目录、交换接口、访问接口、数据质量、数据交易、技术产品、安全保密等关键共性标准的制定和实施。加快建立大数据市场交易标准体系。开展标准验证和应用试点示范，建立标准符合性评估体系，充分发挥标准在培育服务市场、提升服务能力、支撑行业管理等方面的作用。积极参与相关国际标准制定工作。

（五）加大财政金融支持。强化中央财政资金引导，集中力量支持大数据核心关键技术攻关、产业链构建、重大应用示范和公共服务平台建设等。利用现有资金渠道，推动建设一批国际领先的重大示范工程。完善政府采购大数据服务的配套政策，加大对政府部门和企业合作开发大数据的支持力度。鼓励金融机构加强和改进金融服务，加大对大数据企业的支持力度。鼓励大数据企业进入资本市场融资，努力为企业重组并购创造更加宽松的金融政策环境。引导创业投资基金投向大数据产业，鼓励设立一批投资于大数据产业领域的创业投资基金。

（六）加强专业人才培养。创新人才培养模式，建立健全多层次、多类型的大数据人才培养体系。鼓励高校设立数据科学和数据工程相关专业，重点培养专业化数据工程师等大数据专业人才。鼓励采取跨校联合培养等方式开展跨学科大数据综合型人才培养，大力培养具有统计分析、计算机技术、经济管理等多学科知识的跨界复合型人才。鼓励高等院校、职业院校和企业合作，加强职业技能人才实践培养，积极培育大数据技术和应用创新型人才。依托社会化教育资源，开展大数据知识普及和教育培训，提高社会整体认知和应用水平。

（七）促进国际交流合作。坚持平等合作、互利共赢的原则，建立完善国际合作机制，积极推进大数据技术交流与合作，充分利用国际创新资源，促进大数据相关技术发展。结合大数据应用创新需要，积极引进大数据高层次人才和领军人才，完善配套措施，鼓励海外高端人才回国就业创业。引导国内企业与国际优势企业加强大数据关键技术、产品的研发合作，支持国内企业参与全球市场竞争，积极开拓国际市场，形成若干具有国际竞争力的大数据企业和产品。

《国务院关于印发"十四五"数字经济发展规划的通知》

国发〔2021〕29 号

各省、自治区、直辖市人民政府，国务院各部委、各直属机构：

现将《"十四五"数字经济发展规划》印发给你们，请认真贯彻执行。

国务院

2021 年 12 月 12 日

"十四五"数字经济发展规划

数字经济是继农业经济、工业经济之后的主要经济形态,是以数据资源为关键要素,以现代信息网络为主要载体,以信息通信技术融合应用、全要素数字化转型为重要推动力,促进公平与效率更加统一的新经济形态。数字经济发展速度之快、辐射范围之广、影响程度之深前所未有,正推动生产方式、生活方式和治理方式深刻变革,成为重组全球要素资源、重塑全球经济结构、改变全球竞争格局的关键力量。"十四五"时期,我国数字经济转向深化应用、规范发展、普惠共享的新阶段。为应对新形势新挑战,把握数字化发展新机遇,拓展经济发展新空间,推动我国数字经济健康发展,依据《中华人民共和国国民经济和社会发展第十四个五年规划和2035 年远景目标纲要》,制定本规划。

一、发展现状和形势

(一)发展现状。

"十三五"时期,我国深入实施数字经济发展战略,不断完善数字基础设施,加快培育新业态新模式,推进数字产业化和产业数字化取得积极成效。2020 年,我国数字经济核心产业增加值占国内生产总值(GDP)比重达到 7.8%,数字经济为经济社会持续健康发展提供了强大动力。

信息基础设施全球领先。建成全球规模最大的光纤和第四代移动通信(4G)网络,第五代移动通信(5G)网络建设和应用加速推进。宽带用户普及率明显提高,光纤用户占比超过 94%,移动宽带用户普及率达到 108%,互联网协议第六版(IPv6)活跃用户数达到 4.6 亿。

产业数字化转型稳步推进。农业数字化全面推进。服务业数字化水平显著提高。工业数字化转型加速,工业企业生产设备数字化水平持续提升,更多企业迈上"云端"。

新业态新模式竞相发展。数字技术与各行业加速融合,电子商务蓬勃发展,移动支付广泛普及,在线学习、远程会议、网络购物、视频直播等生产生活新方式加速推广,互联网平台日益壮大。

数字政府建设成效显著。一体化政务服务和监管效能大幅度提升,"一网通办"、"最多跑一次"、"一网统管"、"一网协同"等服务管理新模式广泛普及,数字营商环境持续优化,在线政务服务水平跃居全球领先行列。

数字经济国际合作不断深化。《二十国集团数字经济发展与合作倡议》等在全球赢得广泛共识,信息基础设施互联互通取得明显成效,"丝路电商"合作成果丰硕,我国数字经济领域平台企业加速出海,影响力和竞争力不断提升。

与此同时,我国数字经济发展也面临一些问题和挑战:关键领域创新能力不足,产业链供应链受制于人的局面尚未根本改变;不同行业、不同区域、不同群体间数字鸿沟未有效弥合，甚至有进一步扩大趋势；数据资源规模庞大，但价值潜力还没有充分释放；数字经济治理体系需进一步完善。

（二）面临形势。

当前，新一轮科技革命和产业变革深入发展，数字化转型已经成为大势所趋，受内外部多重因素影响，我国数字经济发展面临的形势正在发生深刻变化。

发展数字经济是把握新一轮科技革命和产业变革新机遇的战略选择。数字经济是数字时代国家综合实力的重要体现，是构建现代化经济体系的重要引擎。世界主要国家均高度重视发展数字经济，纷纷出台战略规划，采取各种举措打造竞争新优势，重塑数字时代的国际新格局。

数据要素是数字经济深化发展的核心引擎。数据对提高生产效率的乘数作用不断凸显，成为最具时代特征的生产要素。数据的爆发增长、海量集聚蕴藏了巨大的价值，为智能化发展带来了新的机遇。协同推进技术、模式、业态和制度创新，切实用好数据要素，将为经济社会数字化发展带来强劲动力。

数字化服务是满足人民美好生活需要的重要途径。数字化方式正有效打破时空阻隔，提高有限资源的普惠化水平，极大地方便群众生活，满足多样化个性化需要。数字经济发展正在让广大群众享受到看得见、摸得着的实惠。

规范健康可持续是数字经济高质量发展的迫切要求。我国数字经济规模快速扩张，但发展不平衡、不充分、不规范的问题较为突出，迫切需要转变传统发展方式，加快补齐短板弱项，提高我国数字经济治理水平，走出一条高质量发展道路。

二、总体要求

（一）指导思想。

以习近平新时代中国特色社会主义思想为指导，全面贯彻党的十九大和十九届历次全会精神，立足新发展阶段，完整、准确、全面贯彻新发展理念，构建新发展格局，推动高质量发展，统筹发展和安全、统筹国内和国际，以数据为关键要素，以数字技术与实体经济深度融合为主线，加强数字基础设施建设，完善数字经济治理体系，协同推进数字产业化和产业数字化，赋能传统产业转型升级，培育新产业新业态新模式，不断做强做优做大我国数字经济，为构建数字中国提供有力支撑。

（二）基本原则。

坚持创新引领、融合发展。坚持把创新作为引领发展的第一动力，突出科技自立自强的战略支撑作用，促进数字技术向经济社会和产业发展各领域广泛深入渗透，推进数字技术、应用场景和商业模式融合创新，形成以技术发展促进全要素生产率提升、以领域应用带动技术进步的发展格局。

坚持应用牵引、数据赋能。坚持以数字化发展为导向，充分发挥我国海量数据、广阔市场空间和丰富应用场景优势，充分释放数据要素价值，激活数据要素潜能，以数据流促进生产、分配、流通、消费各个环节高效贯通，推动数据技术产品、应用范式、商业模式和体制机制协同创新。

坚持公平竞争、安全有序。突出竞争政策基础地位，坚持促进发展和监管规范并重，健全完善协同监管规则制度，强化反垄断和防止资本无序扩张，推动平台经济规范健康持续发展，建立健全适应数字经济发展的市场监管、宏观调控、政策法规体系，牢牢守住安全底线。

坚持系统推进、协同高效。充分发挥市场在资源配置中的决定性作用，构建经济社会各主体多元参与、协同联动的数字经济发展新机制。结合我国产业结构和资源禀赋，发挥比较优势，系统谋划、务实推进，更好发挥政府在数字经济发展中的作用。

（三）发展目标。

到 2025 年，数字经济迈向全面扩展期，数字经济核心产业增加值占 GDP 比重达到 10%，数字化创新引领发展能力大幅提升，智能化水平明显增强，数字技术与实体经济融合取得显著成效，数字经济治理体系更加完善，我国数字经济竞争力和影响力稳步提升。

——数据要素市场体系初步建立。数据资源体系基本建成，利用数据资源推动研发、生产、流通、服务、消费全价值链协同。数据要素市场化建设成效显现，数据确权、定价、交易有序开展，探索建立与数据要素价值和贡献相适应的收入分配机制，激发市场主体创新活力。

——产业数字化转型迈上新台阶。农业数字化转型快速推进，制造业数字化、网络化、智能化更加深入，生产性服务业融合发展加速普及，生活性服务业多元化拓展显著加快，产业数字化转型的支撑服务体系基本完备，在数字化转型过程中推进绿色发展。

——数字产业化水平显著提升。数字技术自主创新能力显著提升，数字化产品和服务供给质量大幅提高，产业核心竞争力明显增强，在部分领域形成全球领先优势。新产业新业态新模式持续涌现、广泛普及，对实体经济提质增效的带动作用显著增强。

——数字化公共服务更加普惠均等。数字基础设施广泛融入生产生活，对政务服务、公共服务、民生保障、社会治理的支撑作用进一步凸显。数字营商环境更加优化，电子政务服务水平进一步提升，网络化、数字化、智慧化的利企便民服务体系不断完善，数字鸿沟加速弥合。

——数字经济治理体系更加完善。协调统一的数字经济治理框架和规则体系基本建立，跨部门、跨地区的协同监管机制基本健全。政府数字化监管能力显著增强，行业和市场监管水平大幅提升。政府主导、多元参与、法治保障的数字经济治理格局基本形成，治理水平明显提升。与数字经济发展相适应的法律法规制度体系更加完善，数字经济安全体系进一步增强。

展望 2035 年，数字经济将迈向繁荣成熟期，力争形成统一公平、竞争有序、成熟完备的数字经济现代市场体系，数字经济发展基础、产业体系发展水平位居世界前列。

"十四五"数字经济发展主要指标

指标	2020 年	2025 年	属性
数字经济核心产业增加值占 GDP 比重（%）	7.8	10	预期性
IPv6 活跃用户数（亿户）	4.6	8	预期性
千兆宽带用户数（万户）	640	6,000	预期性
软件和信息技术服务业规模（万亿元）	8.16	14	预期性
工业互联网平台应用普及率（%）	14.7	45	预期性
全国网上零售额（万亿元）	11.76	17	预期性
电子商务交易规模（万亿元）	37.21	46	预期性
在线政务服务实名用户规模（亿）	4	8	预期性

三、优化升级数字基础设施

（一）加快建设信息网络基础设施。建设高速泛在、天地一体、云网融合、智能敏捷、绿色低碳、安全可控的智能化综合性数字信息基础设施。有序推进骨干网扩容，协同推进千兆光纤网络和 5G 网络基础设施建设，推动 5G 商用部署和规模应用，前瞻布局第六代移动通信（6G）网络技术储备，加大 6G 技术研发支持力度，积极参与推动 6G 国际标准化工作。积极稳妥推进空间信息基础设施演进升级，加快布局卫星通信网络等，推动卫星互联网建设。提高物联网在工业制造、农业生产、公共服务、应急管理等领域的覆盖水平，增强固移融合、宽窄结合的物联接入能力。

专栏 1　信息网络基础设施优化升级工程

1. 推进光纤网络扩容提速。加快千兆光纤网络部署，持续推进新一代超大容量、超长距离、智能调度的光传输网建设，实现城市地区和重点乡镇千兆光纤网络全面覆盖。

2. 加快 5G 网络规模化部署。推动 5G 独立组网（SA）规模商用，以重大工程应用为牵引，支持在工业、电网、港口等典型领域实现 5G 网络深度覆盖，助推行业融合应用。

3. 推进 IPv6 规模部署应用。深入开展网络基础设施 IPv6 改造，增强网络互联互通能力，优化网络和应用服务性能，提升基础设施业务承载能力和终端支持能力，深化对各类网站及应用的 IPv6 改造。

4. 加速空间信息基础设施升级。提升卫星通信、卫星遥感、卫星导航定位系统的支撑能力，构建全球覆盖、高效运行的通信、遥感、导航空间基础设施体系。

（二）推进云网协同和算网融合发展。加快构建算力、算法、数据、应用资源协同的全国一体化大数据中心体系。在京津冀、长三角、粤港澳大湾区、成渝地区双城经济圈、贵州、内蒙古、甘肃、宁夏等地区布局全国一体化算力网络国家枢纽节点，建设数据中心集群，结合应用、产业等发展需求优化数据中心建设布局。加快实施"东数西算"工程，推进云网协同发展，提升数据中心跨网络、跨地域数据交互能力，加强面向特定场景的边缘计算能力，强化算力统筹和智能调度。按照绿色、低碳、集约、高效的原则，持续推进绿色数字中心建设，加快推进数据中心节能改造，持续提升数据中心可再生能源利用水平。推动智能计算中心有序发展，打造智能算力、通用算法和开发平台一体化的新型智能基础设施，面向政务服务、智慧城市、智能制造、自动驾驶、语言智能等重点新兴领域，提供体系化的人工智能服务。

（三）有序推进基础设施智能升级。稳步构建智能高效的融合基础设施，提升基础设施网络化、智能化、服务化、协同化水平。高效布局人工智能基础设施，提升支撑"智能＋"发展的行业赋能能力。推动农林牧渔业基础设施和生产装备智能化改造，推进机器视觉、机器学习等技术应用。建设可靠、灵活、安全的工业互联网基础设施，支撑制造资源的泛在连接、弹性供给和高效配置。加快推进能源、交通运输、水利、物流、环保等领域基础设施数字化改造。推动新型城市基础设施建设，提升市政公用设施和建筑智能化水平。构建先进普惠、智能协作的生活服务数字化融合设施。在基础设施智能升级过程中，充分满足老年人等群体的特殊需求，打造智慧共享、和睦共治的新型数字生活。

四、充分发挥数据要素作用

（一）强化高质量数据要素供给。支持市场主体依法合规开展数据采集，聚焦数据的标注、清洗、脱敏、脱密、聚合、分析等环节，提升数据资源处理能力，培育壮大数据服务产业。推动数据资源标准体系建设，提升数据管理水平和数据质量，探索面向业务应用的共享、交换、协作和开放。加快推动各领域通信协议兼容统一，打破技术和协议壁垒，努力实现互通互操作，形成完整贯通的数据链。推动数据分类分级管理，强化数据安全风险评估、监测预警和应急处置。深化政务数据跨层级、跨地域、跨部门有序共享。建立健全国家公共数据资源体系，统筹公共数据资源开发利用，推动基础公共数据安全有序开放，构建统一的国家公共数据开放平台和开发利用端口，提升公共数据开放水平，释放数据红利。

专栏 2　数据质量提升工程

1. 提升基础数据资源质量。建立健全国家人口、法人、自然资源和空间地理等基础信息更新机制，持续完善国家基础数据资源库建设、管理和服务，确保基础信息数据及时、准确、可靠。

2. 培育数据服务商。支持社会化数据服务机构发展，依法依规开展公共资源数据、互联网数据、企业数据的采集、整理、聚合、分析等加工业务。

3. 推动数据资源标准化工作。加快数据资源规划、数据治理、数据资产评估、数据服务、数据安全等国家标准研制，加大对数据管理、数据开放共享等重点国家标准的宣贯力度。

（二）加快数据要素市场化流通。加快构建数据要素市场规则，培育市场主体、完善治理体系，促进数据要素市场流通。鼓励市场主体探索数据资产定价机制，推动形成数据资产目录，逐步完善数据定价体系。规范数据交易管理，培育规范的数据交易平台和市场主体，建立健全数据资产评估、登记结算、交易撮合、争议仲裁等市场运营体系，提升数据交易效率。严厉打击数据黑市交易，营造安全有序的市场环境。

专栏3　数据要素市场培育试点工程

1. 开展数据确权及定价服务试验。探索建立数据资产登记制度和数据资产定价规则，试点开展数据权属认定，规范完善数据资产评估服务。

2. 推动数字技术在数据流通中的应用。鼓励企业、研究机构等主体基于区块链等数字技术，探索数据授权使用、数据溯源等应用，提升数据交易流通效率。

3. 培育发展数据交易平台。提升数据交易平台服务质量，发展包含数据资产评估、登记结算、交易撮合、争议仲裁等的运营体系，健全数据交易平台报价、询价、竞价和定价机制，探索协议转让、挂牌等多种形式的数据交易模式。

（三）创新数据要素开发利用机制。适应不同类型数据特点，以实际应用需求为导向，探索建立多样化的数据开发利用机制。鼓励市场力量挖掘商业数据价值，推动数据价值产品化、服务化，大力发展专业化、个性化数据服务，促进数据、技术、场景深度融合，满足各领域数据需求。鼓励重点行业创新数据开发利用模式，在确保数据安全、保障用户隐私的前提下，调动行业协会、科研院所、企业等多方参与数据价值开发。对具有经济和社会价值、允许加工利用的政务数据和公共数据，通过数据开放、特许开发、授权应用等方式，鼓励更多社会力量进行增值开发利用。结合新型智慧城市建设，加快城市数据融合及产业生态培育，提升城市数据运营和开发利用水平。

五、大力推进产业数字化转型

（一）加快企业数字化转型升级。引导企业强化数字化思维，提升员工数字技能和数据管理能力，全面系统推动企业研发设计、生产加工、经营管理、销售服务等业务数字化转型。支持有条件的大型企业打造一体化数字平台，全面整合企业内部信息系统，强化全流程数据贯通，加快全价值链业务协同，形成数据驱动的智能决策能力，提升企业整体运行效率和产业链上下游协同效率。实施中小企业数字化赋能专项行动，支持中小企业从数字化转型需求迫切的环节入手，加快推进线上营销、远程协作、数字化办公、智能生产线等应用，由点及面向全业务全流程数字化转型延伸拓展。鼓励和支持互联网平台、行业龙头企业等立足自身优势，开放数字化资源和能力，帮助传统企业和中小企业实现数字化转型。推行普惠性"上云用数赋智"服务，推动企业上云、上平台，降低技术和资金壁垒，加快企业数字化转型。

（二）全面深化重点产业数字化转型。立足不同产业特点和差异化需求，推动传统产业全方位、全链条数字化转型，提高全要素生产率。大力提升农业数字化水平，推进"三农"综合信息服务，创新发展智慧农业，提升农业生产、加工、销售、物流等各环节数字化水平。纵深推进工业数字化转型，加快推动研发设计、生产制造、经营管理、市场服务等全生命周期数字化转型，加快培育一批"专精特新"中小企业和制造业单项冠军企业。深入实施智能制造工程，大力推动装备数字化，开展智能制造试点示范专项行动，完善国家智能制造标准体系。培育推广个性化定制、网络化协同等新模式。大力发展数字商务，全面加快商贸、物流、金融等服务业数字化转型，优化管理体系和服务模式，提高服务业的品质与效益。促进数字技术在全过程工程咨询领域的深度应用，引领咨询服务和工程建设模式转型升级。加快推动智慧能源建设应用，促进能源生产、运输、消费等各环节智能化升级，推动能源行业低碳转型。加快推进国土空间基础信息平台建设应用。推动产业互联网融通应用，培育供应链金融、服务型制造等融通发展模式，以数字技术促进产业融合发展。

专栏 4　重点行业数字化转型提升工程

1. 发展智慧农业和智慧水利。加快推动种植业、畜牧业、渔业等领域数字化转型，加强大数据、物联网、人工智能等技术深度应用，提升农业生产经营数字化水平。构建智慧水利体系，以流域为单元提升水情测报和智能调度能力。

2. 开展工业数字化转型应用示范。实施智能制造试点示范行动，建设智能制造示范工厂，培育智能制造先行区。针对产业痛点、堵点，分行业制定数字化转型路线图，面向原材料、消费品、装备制造、电子信息等重点行业开展数字化转型应用示范和评估，加大标杆应用推广力度。

3. 加快推动工业互联网创新发展。深入实施工业互联网创新发展战略，鼓励工业企业利用 5G、时间敏感网络（TSN）等技术改造升级企业内外网，完善标识解析体系，打造若干具有国际竞争力的工业互联网平台，提升安全保障能力，推动各行业加快数字化转型。

4. 提升商务领域数字化水平。打造大数据支撑、网络化共享、智能化协作的智慧供应链体系。健全电子商务公共服务体系，汇聚数字赋能服务资源，支持商务领域中小微企业数字化转型升级。提升贸易数字化水平。引导批发零售、住宿餐饮、租赁和商务服务等传统业态积极开展线上线下、全渠道、定制化、精准化营销创新。

5. 大力发展智慧物流。加快对传统物流设施的数字化改造升级，促进现代物流业与农业、制造业等产业融合发展。加快建设跨行业、跨区域的物流信息服务平台，实现需求、库存和物流信息的实时共享，探索推进电子提单应用。建设智能仓储体系，提升物流仓储的自动化、智能化水平。

6. 加快金融领域数字化转型。合理推动大数据、人工智能、区块链等技术在银行、证券、保险等领域的深化应用，发展智能支付、智慧网点、智能投顾、数字化融资等新模式，稳妥推进数字人民币研发，有序开展可控试点。

7. 加快能源领域数字化转型。推动能源产、运、储、销、用各环节设施的数字化升级，实施煤矿、油气田、油气管网、电厂、电网、油气储备库、终端用能等领域设备设施、工艺流程的数字化建设与改造。推进微电网等智慧能源技术试点示范应用。推动基于供需衔接、生产服务、监督管理等业务关系的数字平台建设，提升能源体系智能化水平。

（三）推动产业园区和产业集群数字化转型。引导产业园区加快数字基础设施建设，利用数字技术提升园区管理和服务能力。积极探索平台企业与产业园区联合运营模式，丰富技术、数据、平台、供应链等服务供给，提升线上线下相结合的资源共享水平，引导各类要素加快向园区集聚。围绕共性转型需求，推动共享制造平台在产业集群落地和规模化发展。探索发展跨越物理边界的"虚拟"产业园区和产业集群，加快产业资源虚拟化集聚、平台化运营和网络化协同，构建虚实结合的产业数字化新生态。依托京津冀、长三角、粤港澳大湾区、成渝地区双城经济圈等重点区域，统筹推进数字基础设施建设，探索建立各类产业集群跨区域、跨平台协同新机制，促进创新要素整合共享，构建创新协同、错位互补、供需联动的区域数字化发展生态，提升产业链供应链协同配套能力。

（四）培育转型支撑服务生态。建立市场化服务与公共服务双轮驱动，技术、资本、人才、数据等多要素支撑的数字化转型服务生态，解决企业"不会转"、"不能转"、"不敢转"的难题。面向重点行业和企业转型需求，培育推广一批数字化解决方案。聚焦转型咨询、标准制定、测试评估等方向，培育一批第三方专业化服务机构，提升数字化转型服务市场规模和活力。支持高校、龙头企业、行业协会等加强协同，建设综合测试验证环境，加强产业共性解决方案供给。建设数字化转型促进中心，衔接集聚各类资源条件，提供数字化转型公共服务，打造区域产业数字化创新综合体，带动传统产业数字化转型。

专栏 5　数字化转型支撑服务生态培育工程

1. 培育发展数字化解决方案供应商。面向中小微企业特点和需求，培育若干专业型数字化解决方案供应商，引导开发轻量化、易维护、低成本、一站式解决方案。培育若干服务能力强、集成水平高、具有国际竞争力的综合型数字化解决方案供应商。

2. 建设一批数字化转型促进中心。依托产业集群、园区、示范基地等建立公共数字化转型促进中心，开展数字化服务资源条件衔接集聚、优质解决方案展示推广、人才招聘及培养、测试试验、产业交流等公共服务。依托企业、产业联盟等建立开放型、专业化数字化转型促进中心，面向产业链上下游企业和行业内中小微企业提供供需撮合、转型咨询、定制化系统解决方案开发等市场化服务。制定完善数字化转型促进中心遴选、评估、考核等标准、程序和机制。

3. 创新转型支撑服务供给机制。鼓励各地因地制宜，探索建设数字化转型产品、服务、解决方案供给资源池，搭建转型供需对接平台，开展数字化转型服务券等创新，支持企业加快数字化转型。深入实施数字化转型伙伴行动计划，加快建立高校、龙头企业、产业联盟、行业协会等市场主体资源共享、分工协作的良性机制。

六、加快推动数字产业化

（一）增强关键技术创新能力。瞄准传感器、量子信息、网络通信、集成电路、关键软件、大数据、人工智能、区块链、新材料等战略性前瞻性领域，发挥我国社会主义制度优势、新型举国体制优势、超大规模市场优势，提高数字技术基础研发能力。以数字技术与各领域融合应用为导向，推动行业企业、平台企业和数字技术服务企业跨界创新，优化创新成果快速转化机制，加快创新技术的工程化、产业化。鼓励发展新型研发机构、企业创新联合体等新型创新主体，打造多元化参与、网络化协同、市场化运作的创新生态体系。支持具有自主核心技术的开源社区、开源平台、开源项目发展，推动创新资源共建共享，促进创新模式开放化演进。

专栏 6　数字技术创新突破工程

1. 补齐关键技术短板。优化和创新"揭榜挂帅"等组织方式，集中突破高端芯片、操作系统、工业软件、核心算法与框架等领域关键核心技术，加强通用处理器、云计算系统和软件关键技术一体化研发。

2. 强化优势技术供给。支持建设各类产学研协同创新平台，打通贯穿基础研究、技术研发、中试熟化与产业化全过程的创新链，重点布局 5G、物联网、云计算、大数据、人工智能、区块链等领域，突破智能制造、数字孪生、城市大脑、边缘计算、脑机融合等集成技术。

3. 抢先布局前沿技术融合创新。推进前沿学科和交叉研究平台建设，重点布局下一代移动通信技术、量子信息、神经芯片、类脑智能、脱氧核糖核酸（DNA）存储、第三代半导体等新兴技术，推动信息、生物、材料、能源等领域技术融合和群体性突破。

（二）提升核心产业竞争力。着力提升基础软硬件、核心电子元器件、关键基础材料和生产装备的供给水平，强化关键产品自给保障能力。实施产业链强链补链行动，加强面向多元化应用场景的技术融合和产品创新，提升产业链关键环节竞争力，完善5G、集成电路、新能源汽车、人工智能、工业互联网等重点产业供应链体系。深化新一代信息技术集成创新和融合应用，加快平台化、定制化、轻量化服务模式创新，打造新兴数字产业新优势。协同推进信息技术软硬件产品产业化、规模化应用，加快集成适配和迭代优化，推动软件产业做大做强，提升关键软硬件技术创新和供给能力。

（三）加快培育新业态新模式。推动平台经济健康发展，引导支持平台企业加强数据、产品、内容等资源整合共享，扩大协同办公、互联网医疗等在线服务覆盖面。深化共享经济在生活服务领域的应用，拓展创新、生产、供应链等资源共享新空间。发展基于数字技术的智能经济，加快优化智能化产品和服务运营，培育智慧销售、无人配送、智能制造、反向定制等新增长点。完善多元价值传递和贡献分配体系，有序引导多样化社交、短视频、知识分享等新型就业创业平台发展。

专栏7　数字经济新业态培育工程

1. 持续壮大新兴在线服务。加快互联网医院发展，推广健康咨询、在线问诊、远程会诊等互联网医疗服务，规范推广基于智能康养设备的家庭健康监护、慢病管理、养老护理等新模式。推动远程协同办公产品和服务优化升级，推广电子合同、电子印章、电子签名、电子认证等应用。

2. 深入发展共享经济。鼓励共享出行等商业模式创新，培育线上高端品牌，探索错时共享、有偿共享新机制。培育发展共享制造平台，推进研发设计、制造能力、供应链管理等资源共享，发展可计量可交易的新型制造服务。

3. 鼓励发展智能经济。依托智慧街区、智慧商圈、智慧园区、智能工厂等建设，加强运营优化和商业模式创新，培育智能服务新增长点。稳步推进自动驾驶、无人配送、智能停车等应用，发展定制化、智慧化出行服务。

4. 有序引导新个体经济。支持线上多样化社交、短视频平台有序发展，鼓励微创新、微产品等创新模式。鼓励个人利用电子商务、社交软件、知识分享、音视频网站、创客等新型平台就业创业，促进灵活就业、副业创新。

（四）营造繁荣有序的产业创新生态。发挥数字经济领军企业的引领带动作用，加强资源共享和数据开放，推动线上线下相结合的创新协同、产能共享、供应链互通。鼓励开源社区、开发者平台等新型协作平台发展，培育大中小企业和社会开发者开放协作的数字产业创新生态，带动创新型企业快速壮大。以园区、行业、区域为整体推进产业创新服务平台建设，强化技术研发、标准制修订、测试评估、应用培训、创业孵化等优势资源汇聚，提升产业创新服务支撑水平。

七、持续提升公共服务数字化水平

（一）提高"互联网＋政务服务"效能。全面提升全国一体化政务服务平台功能，加快推进政务服务标准化、规范化、便利化，持续提升政务服务数字化、智能化水平，实现利企便民高频服务事项"一网通办"。建立健全政务数据共享协调机制，加快数字身份统一认证和电子证照、电子签章、电子公文等互信互认，推进发票电子化改革，促进政务数据共享、流程优化和业务协同。推动政务服务线上线下整体联动、全流程在线、向基层深度拓展，提升服务便利化、共享化水平。开展政务数据与业务、服务深度融合创新，增强基于大数据的事项办理需求预测能力，打造主动式、多层次创新服务场景。聚焦公共卫生、社会安全、应急管理等领域，深化数字技术应用，实现重大突发公共事件的快速响应和联动处置。

（二）提升社会服务数字化普惠水平。加快推动文化教育、医疗健康、会展旅游、体育健身等领域公共服务资源数字化供给和网络化服务，促进优质资源共享复用。充分运用新型数字技术，强化就业、养老、儿童福利、托育、家政等民生领域供需对接，进一步优化资源配置。发展智慧广电网络，加快推进全国有线电视网络整合和升级改造。深入开展电信普遍服务试点，提升农村及偏远地区网络覆盖水平。加强面向革命老区、民族地区、边疆地区、脱贫地区的远程服务，拓展教育、医疗、社保、对口帮扶等服务内容，助力基本公共服务均等化。加强信息无障碍建设，提升面向特殊群体的数字化社会服务能力。促进社会服务和数字平台深度融合，探索多领域跨界合作，推动医养结合、文教结合、体医结合、文旅融合。

专栏 8　社会服务数字化提升工程

1. 深入推进智慧教育。推进教育新型基础设施建设，构建高质量教育支撑体系。深入推进智慧教育示范区建设，进一步完善国家数字教育资源公共服务体系，提升在线教育支撑服务能力，推动"互联网＋教育"持续健康发展，充分依托互联网、广播电视网络等渠道推进优质教育资源覆盖农村及偏远地区学校。

2. 加快发展数字健康服务。加快完善电子健康档案、电子处方等数据库，推进医疗数据共建共享。推进医疗机构数字化、智能化转型，加快建设智慧医院，推广远程医疗。精准对接和满足群众多层次、多样化、个性化医疗健康服务需求，发展远程化、定制化、智能化数字健康新业态，提升"互联网＋医疗健康"服务水平。

3. 以数字化推动文化和旅游融合发展。加快优秀文化和旅游资源的数字化转化和开发，推动景区、博物馆等发展线上数字化体验产品，发展线上演播、云展览、沉浸式体验等新型文旅服务，培育一批具有广泛影响力的数字文化品牌。

4. 加快推进智慧社区建设。充分依托已有资源，推动建设集约化、联网规范化、应用智能化、资源社会化，实现系统集成、数据共享和业务协同，更好提供政务、商超、家政、托育、养老、物业等社区服务资源，扩大感知智能技术应用，推动社区服务智能化，提升城乡社区服务效能。

5. 提升社会保障服务数字化水平。完善社会保障大数据应用，开展跨地区、跨部门、跨层级数据共享应用，加快实现"跨省通办"。健全风险防控分类管理，加强业务运行监测，构建制度化、常态化数据核查机制。加快推进社保经办数字化转型，为参保单位和个人搭建数字全景图，支持个性服务和精准监管。

（三）推动数字城乡融合发展。统筹推动新型智慧城市和数字乡村建设，协同优化城乡公共服务。深化新型智慧城市建设，推动城市数据整合共享和业务协同，提升城市综合管理服务能力，完善城市信息模型平台和运行管理服务平台，因地制宜构建数字孪生城市。加快城市智能设施向乡村延伸覆盖，完善农村地区信息化服务供给，推进城乡要素双向自由流动，合理配置公共资源，形成以城带乡、共建共享的数字城乡融合发展格局。构建城乡常住人口动态统计发布机制，利用数字化手段助力提升城乡基本公共服务水平。

专栏9　新型智慧城市和数字乡村建设工程

1. 分级分类推进新型智慧城市建设。结合新型智慧城市评价结果和实践成效，遴选有条件的地区建设一批新型智慧城市示范工程，围绕惠民服务、精准治理、产业发展、生态宜居、应急管理等领域打造高水平新型智慧城市样板，着力突破数据融合难、业务协同难、应急联动难等痛点问题。

2. 强化新型智慧城市统筹规划和建设运营。加强新型智慧城市总体规划与顶层设计，创新智慧城市建设、应用、运营等模式，建立完善智慧城市的绩效管理、发展评价、标准规范体系，推进智慧城市规划、设计、建设、运营的一体化、协同化，建立智慧城市长效发展的运营机制。

3. 提升信息惠农服务水平。构建乡村综合信息服务体系，丰富市场、科技、金融、就业培训等涉农信息服务内容，推进乡村教育信息化应用，推进农业生产、市场交易、信贷保险、农村生活等数字化应用。

4. 推进乡村治理数字化。推动基本公共服务更好向乡村延伸，推进涉农服务事项线上线下一体化办理。推动农业农村大数据应用，强化市场预警、政策评估、监管执法、资源管理、舆情分析、应急管理等领域的决策支持服务。

（四）打造智慧共享的新型数字生活。加快既有住宅和社区设施数字化改造，鼓励新建小区同步规划建设智能系统，打造智能楼宇、智能停车场、智能充电桩、智能垃圾箱等公共设施。引导智能家居产品互联互通，促进家居产品与家居环境智能互动，丰富"一键控制"、"一声响应"的数字家庭生活应用。加强超高清电视普及应用，发展互动视频、沉浸式视频、云游戏等新业态。创新发展"云生活"服务，深化人工智能、虚拟现实、8K高清视频等技术的融合，拓展社交、购物、娱乐、展览等领域的应用，促进生活消费品质升级。鼓励建设智慧社区和智慧服务生活圈，推动公共服务资源整合，提升专业化、市场化服务水平。支持实体消费场所建设数字化消费新场景，推广智慧导览、智能导流、虚实交互体验、非接触式服务等应用，提升场景消费体验。培育一批新型消费示范城市和领先企业，打造数字产品服务展示交流和技能培训中心，培养全民数字消费意识和习惯。

八、健全完善数字经济治理体系

（一）强化协同治理和监管机制。规范数字经济发展，坚持发展和监管两手抓。探索建立与数字经济持续健康发展相适应的治理方式，制定更加灵活有效的政策措施，创新协同治理模式。明晰主管部门、监管机构职责，强化跨部门、跨层级、跨区域协同监管，明确监管范围和统一规则，加强分工合作与协调配合。深化"放管服"改革，优化营商环境，分类清理规范不适应数字经济发展需要的行政许可、资质资格等事项，进一步释放市场主体创新活力和内生动力。鼓励和督促企业诚信经营，强化以信用为基础的数字经济市场监管，建立完善信用档案，推进政企联动、行业联动的信用共享共治。加强征信建设，提升征信服务供给能力。加快建立全方位、多层次、立体化监管体系，实现事前事中事后全链条全领域监管，完善协同会商机制，有效打击数字经济领域违法犯罪行为。加强跨部门、跨区域分工协作，推动监管数据采集和共享利用，提升监管的开放、透明、法治水平。探索开展跨场景跨业务跨部门联合监管试点，创新基于新技术手段的监管模式，建立健全触发式监管机制。加强税收监管和税务稽查。

（二）增强政府数字化治理能力。加大政务信息化建设统筹力度，强化政府数字化治理和服务能力建设，有效发挥对规范市场、鼓励创新、保护消费者权益的支撑作用。建立完善基于大数据、人工智能、区块链等新技术的统计监测和决策分析体系，提升数字经济治理的精准性、协调性和有效性。推进完善风险应急响应处置流程和机制，强化重大问题研判和风险预警，提升系统性风险防范水平。探索建立适应平台经济特点的监管机制，推动线上线下监管有效衔接，强化对平台经营者及其行为的监管。

专栏 10 数字经济治理能力提升工程

1. 加强数字经济统计监测。基于数字经济及其核心产业统计分类，界定数字经济统计范围，建立数字经济统计监测制度，组织实施数字经济统计监测。定期开展数字经济核心产业核算，准确反映数字经济核心产业发展规模、速度、结构等情况。探索开展产业数字化发展状况评估。

2. 加强重大问题研判和风险预警。整合各相关部门和地方风险监测预警能力，健全完善风险发现、研判会商、协同处置等工作机制，发挥平台企业和专业研究机构等力量的作用，有效监测和防范大数据、人工智能等技术滥用可能引发的经济、社会和道德风险。

3. 构建数字服务监管体系。加强对平台治理、人工智能伦理等问题的研究，及时跟踪研判数字技术创新应用发展趋势，推动完善数字中介服务、工业 APP、云计算等数字技术和服务监管规则。探索大数据、人工智能、区块链等数字技术在监管领域的应用。强化产权和知识产权保护，严厉打击网络侵权和盗版行为，营造有利于创新的发展环境。

（三）完善多元共治新格局。建立完善政府、平台、企业、行业组织和社会公众多元参与、有效协同的数字经济治理新格局，形成治理合力，鼓励良性竞争，维护公平有效市场。加快健全市场准入制度、公平竞争审查机制，完善数字经济公平竞争监管制度，预防和制止滥用行政权力排除限制竞争。进一步明确平台企业主体责任和义务，推进行业服务标准建设和行业自律，保护平台从业人员和消费者合法权益。开展社会监督、媒体监督、公众监督，培育多元治理、协调发展新生态。鼓励建立争议在线解决机制和渠道，制定并公示争议解决规则。引导社会各界积极参与推动数字经济治理，加强和改进反垄断执法，畅通多元主体诉求表达、权益保障渠道，及时化解矛盾纠纷，维护公众利益和社会稳定。

专栏 11 多元协同治理能力提升工程

1. 强化平台治理。科学界定平台责任与义务，引导平台经营者加强内部管理和安全保障，强化平台在数据安全和隐私保护、商品质量保障、食品安全保障、劳动保护等方面的责任，研究制定相关措施，有效防范潜在的技术、经济和社会风险。

2. 引导行业自律。积极支持和引导行业协会等社会组织参与数字经济治理，鼓励出台行业标准规范、自律公约，并依法依规参与纠纷处理，规范行业企业经营行为。

3. 保护市场主体权益。保护数字经济领域各类市场主体尤其是中小微企业和平台从业人员的合法权益、发展机会和创新活力，规范网络广告、价格标示、宣传促销等行为。

4. 完善社会参与机制。拓宽消费者和群众参与渠道，完善社会举报监督机制，推动主管部门、平台经营者等及时回应社会关切，合理引导预期。

九、着力强化数字经济安全体系

（一）增强网络安全防护能力。强化落实网络安全技术措施同步规划、同步建设、同步使用的要求，确保重要系统和设施安全有序运行。加强网络安全基础设施建设，强化跨领域网络安全信息共享和工作协同，健全完善网络安全应急事件预警通报机制，提升网络安全态势感知、威胁发现、应急指挥、协同处置和攻击溯源能力。提升网络安全应急处置能力，加强电信、金融、能源、交通运输、水利等重要行业领域关键信息基础设施网络安全防护能力，支持开展常态化安全风险评估，加强网络安全等级保护和密码应用安全性评估。支持网络安全保护技术和产品研发应用，推广使用安全可靠的信息产品、服务和解决方案。强化针对新技术、新应用的安全研究管理，为新产业新业态新模式健康发展提供保障。加快发展网络安全产业体系，促进拟态防御、数据加密等网络安全技术应用。加强网络安全宣传教育和人才培养，支持发展社会化网络安全服务。

（二）提升数据安全保障水平。建立健全数据安全治理体系，研究完善行业数据安全管理政策。建立数据分类分级保护制度，研究推进数据安全标准体系建设，规范数据采集、传输、存储、处理、共享、销毁全生命周期管理，推动数据使用者落实数据安全保护责任。依法依规加强政务数据安全保护，做好政务数据开放和社会化利用的安全管理。依法依规做好网络安全审查、云计算服务安全评估等，有效防范国家安全风险。健全完善数据跨境流动安全管理相关制度规范。推动提升重要设施设备的安全可靠水平，增强重点行业数据安全保障能力。进一步强化个人信息保护，规范身份信息、隐私信息、生物特征信息的采集、传输和使用，加强对收集使用个人信息的安全监管能力。

（三）切实有效防范各类风险。强化数字经济安全风险综合研判，防范各类风险叠加可能引发的经济风险、技术风险和社会稳定问题。引导社会资本投向原创性、引领性创新领域，避免低水平重复、同质化竞争、盲目跟风炒作等，支持可持续发展的业态和模式创新。坚持金融活动全部纳入金融监管，加强动态监测，规范数字金融有序创新，严防衍生业务风险。推动关键产品多元化供给，着力提高产业链供应链韧性，增强产业体系抗冲击能力。引导企业在法律合规、数据管理、新技术应用等领域完善自律机制，防范数字技术应用风险。健全失业保险、社会救助制度，完善灵活就业的工伤保险制度。健全灵活就业人员参加社会保险制度和劳动者权益保障制度，推进灵活就业人员参加住房公积金制度试点。探索建立新业态企业劳动保障信用评价、守信激励和失信惩戒等制度。着力推动数字经济普惠共享发展，健全完善针对未成年人、老年人等各类特殊群体的网络保护机制。

十、有效拓展数字经济国际合作

（一）加快贸易数字化发展。以数字化驱动贸易主体转型和贸易方式变革，营造贸易数字化良好环境。完善数字贸易促进政策，加强制度供给和法律保障。加大服务业开放力度，探索放宽数字经济新业态准入，引进全球服务业跨国公司在华设立运营总部、研发设计中心、采购物流中心、结算中心，积极引进优质外资企业和创业团队，加强国际创新资源"引进来"。依托自由贸易试验区、数字服务出口基地和海南自由贸易港，针对跨境寄递物流、跨境支付和供应链管理等典型场景，构建安全便利的国际互联网数据专用通道和国际化数据信息专用通道。大力发展跨境电商，扎实推进跨境电商综合试验区建设，积极鼓励各业务环节探索创新，培育壮大一批跨境电商龙头企业、海外仓领军企业和优秀产业园区，打造跨境电商产业链和生态圈。

（二）推动"数字丝绸之路"深入发展。加强统筹谋划，高质量推动中国—东盟智慧城市合作、中国—中东欧数字经济合作。围绕多双边经贸合作协定，构建贸易投资开放新格局，拓展与东盟、欧盟的数字经济合作伙伴关系，与非盟和非洲国家研究开展数字经济领域合作。统筹开展境外数字基础设施合作，结合当地需求和条件，与共建"一带一路"国家开展跨境光缆建设合作，保障网络基础设施互联互通。构建基于区块链的可信服务网络和应用支撑平台，为广泛开展数字经济合作提供基础保障。推动数据存储、智能计算等新兴服务能力全球化发展。加大金融、物流、电子商务等领域的合作模式创新，支持我国数字经济企业"走出去"，积极参与国际合作。

（三）积极构建良好国际合作环境。倡导构建和平、安全、开放、合作、有序的网络空间命运共同体，积极维护网络空间主权，加强网络空间国际合作。加快研究制定符合我国国情的数字经济相关标准和治理规则。依托双边和多边合作机制，开展数字经济标准国际协调和数字经济治理合作。积极借鉴国际规则和经验，围绕数据跨境流动、市场准入、反垄断、数字人民币、数据隐私保护等重大问题探索建立治理规则。深化政府间数字经济政策交流对话，建立多边数字经济合作伙伴关系，主动参与国际组织数字经济议题谈判，拓展前沿领域合作。构建商事协调、法律顾问、知识产权等专业化中介服务机制和公共服务平台，防范各类涉外经贸法律风险，为出海企业保驾护航。

十一、保障措施

（一）加强统筹协调和组织实施。建立数字经济发展部际协调机制，加强形势研判，协调解决重大问题，务实推进规划的贯彻实施。各地方要立足本地区实际，健全工作推进协调机制，增强发展数字经济本领，推动数字经济更好服务和融入新发展格局。进一步加强对数字经济发展政策的解读与宣传，深化数字经济理论和实践研究，完善统计测度和评价体系。各部门要充分整合现有资源，加强跨部门协调沟通，有效调动各方面的积极性。

（二）加大资金支持力度。加大对数字经济薄弱环节的投入，突破制约数字经济发展的短板与瓶颈，建立推动数字经济发展的长效机制。拓展多元投融资渠道，鼓励企业开展技术创新。鼓励引导社会资本设立市场化运作的数字经济细分领域基金，支持符合条件的数字经济企业进入多层次资本市场进行融资，鼓励银行业金融机构创新产品和服务，加大对数字经济核心产业的支持力度。加强对各类资金的统筹引导，提升投资质量和效益。

（三）提升全民数字素养和技能。实施全民数字素养与技能提升计划，扩大优质数字资源供给，鼓励公共数字资源更大范围向社会开放。推进中小学信息技术课程建设，加强职业院校（含技工院校）数字技术技能类人才培养，深化数字经济领域新工科、新文科建设，支持企业与院校共建一批现代产业学院、联合实验室、实习基地等，发展订单制、现代学徒制等多元化人才培养模式。制定实施数字技能提升专项培训计划，提高老年人、残障人士等运用数字技术的能力，切实解决老年人、残障人士面临的困难。提高公民网络文明素养，强化数字社会道德规范。鼓励将数字经济领域人才纳入各类人才计划支持范围，积极探索高效灵活的人才引进、培养、评价及激励政策。

（四）实施试点示范。统筹推动数字经济试点示范，完善创新资源高效配置机制，构建引领性数字经济产业集聚高地。鼓励各地区、各部门积极探索适应数字经济发展趋势的改革举措，采取有效方式和管用措施，形成一批可复制推广的经验做法和制度性成果。支持各地区结合本地区实际情况，综合采取产业、财政、科研、人才等政策手段，不断完善与数字经济发展相适应的政策法规体系、公共服务体系、产业生态体系和技术创新体系。鼓励跨区域交流合作，适时总结推广各类示范区经验，加强标杆示范引领，形成以点带面的良好局面。

（五）强化监测评估。各地区、各部门要结合本地区、本行业实际，抓紧制定出台相关配套政策并推动落地。要加强对规划落实情况的跟踪监测和成效分析，抓好重大任务推进实施，及时总结工作进展。国家发展改革委、中央网信办、工业和信息化部要会同有关部门加强调查研究和督促指导，适时组织开展评估，推动各项任务落实到位，重大事项及时向国务院报告。

《国务院关于加强数字政府建设的指导意见》

国发〔2022〕14 号

各省、自治区、直辖市人民政府，国务院各部委、各直属机构：

加强数字政府建设是适应新一轮科技革命和产业变革趋势、引领驱动数字经济发展和数字社会建设、营造良好数字生态、加快数字化发展的必然要求，是建设网络强国、数字中国的基础性和先导性工程，是创新政府治理理念和方式、形成数字治理新格局、推进国家治理体系和治理能力现代化的重要举措，对加快转变政府职能，建设法治政府、廉洁政府和服务型政府意义重大。为贯彻落实党中央、国务院关于加强数字政府建设的重大决策部署，现提出以下意见。

一、发展现状和总体要求

（一）发展现状。

党的十八大以来，党中央、国务院从推进国家治理体系和治理能力现代化全局出发，准确把握全球数字化、网络化、智能化发展趋势和特点，围绕实施网络强国战略、大数据战略等作出了一系列重大部署。经过各方面共同努力，各级政府业务信息系统建设和应用成效显著，数据共享和开发利用取得积极进展，一体化政务服务和监管效能大幅提升，"最多跑一次"、"一网通办"、"一网统管"、"一网协同"、"接诉即办"等创新实践不断涌现，数字技术在新冠肺炎疫情防控中发挥重要支撑作用，数字治理成效不断显现，为迈入数字政府建设新阶段打下了坚实基础。但同时，数字政府建设仍存在一些突出问题，主要是顶层设计不足，体制机制不够健全，创新应用能力不强，数据壁垒依然存在，网络安全保障体系还有不少突出短板，干部队伍数字意识和数字素养有待提升，政府治理数字化水平与国家治理现代化要求还存在较大差距。

当前，我国已经开启全面建设社会主义现代化国家的新征程，推进国家治理体系和治理能力现代化、适应人民日益增长的美好生活需要，对数字政府建设提出了新的更高要求。要主动顺应经济社会数字化转型趋势，充分释放数字化发展红利，进一步加大力度，改革突破，创新发展，全面开创数字政府建设新局面。

（二）总体要求。

1. 指导思想。

高举中国特色社会主义伟大旗帜，坚持以习近平新时代中国特色社会主义思想为指导，全面贯彻党的十九大和十九届历次全会精神，深入贯彻习近平总书记关于网络强国的重要思想，认真落实党中央、国务院决策部署，立足新发展阶段，完整、准确、全面贯彻新发展理念，构建新发展格局，将数字技术广泛应用于政府管理服务，推进政府治理流程优化、模式创新和履职能力提升，构建数字化、智能化的政府运行新形态，充分发挥数字政府建设对数字经济、数字社会、数字生态的引领作用，促进经济社会高质量发展，不断增强人民群众获得感、幸福感、安全感，为推进国家治理体系和治理能力现代化提供有力支撑。

2. 基本原则。

坚持党的全面领导。充分发挥党总揽全局、协调各方的领导核心作用，全面贯彻党中央、国务院重大决策部署，将坚持和加强党的全面领导贯穿数字政府建设各领域各环节，贯穿政府数字化改革和制度创新全过程，确保数字政府建设正确方向。

坚持以人民为中心。始终把满足人民对美好生活的向往作为数字政府建设的出发点和落脚点，着力破解企业和群众反映强烈的办事难、办事慢、办事繁问题，坚持数字普惠，消除"数字鸿沟"，让数字政府建设成果更多更公平惠及全体人民。

坚持改革引领。围绕经济社会发展迫切需要，着力强化改革思维，注重顶层设计和基层探索有机结合、技术创新和制度创新双轮驱动，以数字化改革助力政府职能转变，促进政府治理各方面改革创新，推动政府治理法治化与数字化深度融合。

坚持数据赋能。建立健全数据治理制度和标准体系，加强数据汇聚融合、共享开放和开发利用，促进数据依法有序流动，充分发挥数据的基础资源作用和创新引擎作用，提高政府决策科学化水平和管理服务效率，催生经济社会发展新动能。

坚持整体协同。强化系统观念，加强系统集成，全面提升数字政府集约化建设水平，统筹推进技术融合、业务融合、数据融合，提升跨层级、跨地域、跨系统、跨部门、跨业务的协同管理和服务水平，做好与相关领域改革和"十四五"规划的有效衔接、统筹推进，促进数字政府建设与数字经济、数字社会协调发展。

坚持安全可控。全面落实总体国家安全观，坚持促进发展和依法管理相统一、安全可控和开放创新并重，严格落实网络安全各项法律法规制度，全面构建制度、管理和技术衔接配套的安全防护体系，切实守住网络安全底线。

3. 主要目标。

到 2025 年，与政府治理能力现代化相适应的数字政府顶层设计更加完善、统筹协调机制更加健全，政府数字化履职能力、安全保障、制度规则、数据资源、平台支撑等数字政府体系框架基本形成，政府履职数字化、智能化水平显著提升，政府决策科学化、社会治理精准化、公共服务高效化取得重要进展，数字政府建设在服务党和国家重大战略、促进经济社会高质量发展、建设人民满意的服务型政府等方面发挥重要作用。

到 2035 年，与国家治理体系和治理能力现代化相适应的数字政府体系框架更加成熟完备，整体协同、敏捷高效、智能精准、开放透明、公平普惠的数字政府基本建成，为基本实现社会主义现代化提供有力支撑。

二、构建协同高效的政府数字化履职能力体系

全面推进政府履职和政务运行数字化转型，统筹推进各行业各领域政务应用系统集约建设、互联互通、协同联动，创新行政管理和服务方式，全面提升政府履职效能。

（一）强化经济运行大数据监测分析，提升经济调节能力。

将数字技术广泛应用于宏观调控决策、经济社会发展分析、投资监督管理、财政预算管理、数字经济治理等方面，全面提升政府经济调节数字化水平。加强经济数据整合、汇聚、治理。全面构建经济治理基础数据库，加强对涉及国计民生关键数据的全链条全流程治理和应用，赋能传统产业转型升级和新兴产业高质量发展。运用大数据强化经济监测预警。加强覆盖经济运行全周期的统计监测和综合分析能

力，强化经济趋势研判，助力跨周期政策设计，提高逆周期调节能力。提升经济政策精准性和协调性。充分发挥国家规划综合管理信息平台作用，强化经济运行动态感知，促进各领域经济政策有效衔接，持续提升经济调节政策的科学性、预见性和有效性。

（二）大力推行智慧监管，提升市场监管能力。

充分运用数字技术支撑构建新型监管机制，加快建立全方位、多层次、立体化监管体系，实现事前事中事后全链条全领域监管，以有效监管维护公平竞争的市场秩序。以数字化手段提升监管精准化水平。加强监管事项清单数字化管理，运用多源数据为市场主体精准"画像"，强化风险研判与预测预警。加强"双随机、一公开"监管工作平台建设，根据企业信用实施差异化监管。加强重点领域的全主体、全品种、全链条数字化追溯监管。以一体化在线监管提升监管协同化水平。大力推行"互联网＋监管"，构建全国一体化在线监管平台，推动监管数据和行政执法信息归集共享和有效利用，强化监管数据治理，推动跨地区、跨部门、跨层级协同监管，提升数字贸易跨境监管能力。以新型监管技术提升监管智能化水平。充分运用非现场、物联感知、掌上移动、穿透式等新型监管手段，弥补监管短板，提升监管效能。强化以网管网，加强平台经济等重点领域监管执法，全面提升对新技术、新产业、新业态、新模式的监管能力。

（三）积极推动数字化治理模式创新，提升社会管理能力。

推动社会治理模式从单向管理转向双向互动、从线下转向线上线下融合，着力提升矛盾纠纷化解、社会治安防控、公共安全保障、基层社会治理等领域数字化治理能力。提升社会矛盾化解能力。坚持和发展新时代"枫桥经验"，提升网上行政复议、网上信访、网上调解、智慧法律援助等水平，促进矛盾纠纷源头预防和排查化解。推进社会治安防控体系智能化。加强"雪亮工程"和公安大数据平台建设，深化数字化手段在国家安全、社会稳定、打击犯罪、治安联动等方面的应用，提高预测预警预防各类风险的能力。推进智慧应急建设。优化完善应急指挥通信网络，全面提升应急监督管理、指挥救援、物资保障、社会动员的数字化、智能化水平。提高基层社会治理精准化水平。实施"互联网＋基层治理"行动，构建新型基层管理服务平台，推进智慧社区建设，提升基层智慧治理能力。

（四）持续优化利企便民数字化服务，提升公共服务能力。

持续优化全国一体化政务服务平台功能，全面提升公共服务数字化、智能化水平，不断满足企业和群众多层次多样化服务需求。打造泛在可及的服务体系。充分发挥全国一体化政务服务平台"一网通办"枢纽作用，推动政务服务线上线下标准统一、全面融合、服务同质，构建全时在线、渠道多元、全国通办的一体化政务服务体系。提升智慧便捷的服务能力。推行政务服务事项集成化办理，推广"免申即享"、"民生直达"等服务方式，打造掌上办事服务新模式，提高主动服务、精准服务、协同服务、智慧服务能力。提供优质便利的涉企服务。以数字技术助推深化"证照分离"改革，探索"一业一证"等照后减证和简化审批新途径，推进涉企审批减环节、减材料、减时限、减费用。强化企业全生命周期服务，推动涉企审批一网通办、惠企政策精准推送、政策兑现直达直享。拓展公平普惠的民生服务。探索推进"多卡合一"、"多码合一"，推进基本公共服务数字化应用，积极打造多元参与、功能完备的数字化生活网络，提升普惠性、基础性、兜底性服务能力。围绕老年人、残疾人等特殊群体需求，完善线上线下服务渠道，推进信息无障碍建设，切实解决特殊群体在运用智能技术方面遇到的突出困难。

（五）强化动态感知和立体防控，提升生态环境保护能力。

全面推动生态环境保护数字化转型，提升生态环境承载力、国土空间开发适宜性和资源利用科学性，更好支撑美丽中国建设。提升生态环保协同治理能力。建立一体化生态环境智能感知体系，打造生态环境综合管理信息化平台，强化大气、水、土壤、自然生态、核与辐射、气候变化等数据资源综合开发利用，推进重点流域区域协同治理。提高自然资源利用效率。构建精准感知、智慧管控的协同治理体系，完善自然资源三维立体"一张图"和国土空间基础信息平台，持续提升自然资源开发利用、国土空间规划实施、海洋资源保护利用、水资源管理调配水平。推动绿色低碳转型。加快构建碳排放智能监测和动态核算体系，推动形成集约节约、循环高效、普惠共享的绿色低碳发展新格局，服务保障碳达峰、碳中和目标顺利实现。

（六）加快推进数字机关建设，提升政务运行效能。

提升辅助决策能力。建立健全大数据辅助科学决策机制，统筹推进决策信息资源系统建设，充分汇聚整合多源数据资源，拓展动态监测、统计分析、趋势研判、效果评估、风险防控等应用场景，全面提升政府决策科学化水平。提升行政执行能力。深化数字技术应用，创新行政执行方式，切实提高政府执行力。加快一体化协同办公体系建设，全面提升内部办公、机关事务管理等方面共性办公应用水平，推动机关内部服务事项线上集成化办理，不断提高机关运行效能。提升行政监督水平。以信息化平台固化行政权力事项运行流程，推动行政审批、行政执法、公共资源交易等全流程数字化运行、管理和监督，促进行政权力规范透明运行。优化完善"互联网＋督查"机制，形成目标精准、讲求实效、穿透性强的新型督查模式，提升督查效能，保障政令畅通。

（七）推进公开平台智能集约发展，提升政务公开水平。

优化政策信息数字化发布。完善政务公开信息化平台，建设分类分级、集中统一、共享共用、动态更新的政策文件库。加快构建以网上发布为主、其他发布渠道为辅的政策发布新格局。优化政策智能推送服务，变"人找政策"为"政策找人"。顺应数字化发展趋势，完善政府信息公开保密审查制度，严格审查标准，消除安全隐患。发挥政务新媒体优势做好政策传播。积极构建政务新媒体矩阵体系，形成整体联动、同频共振的政策信息传播格局。适应不同类型新媒体平台传播特点，开发多样化政策解读产品。依托政务新媒体做好突发公共事件信息发布和政务舆情回应工作。紧贴群众需求畅通互动渠道。以政府网站集约化平台统一知识问答库为支撑，灵活开展政民互动，以数字化手段感知社会态势，辅助科学决策，及时回应群众关切。

三、构建数字政府全方位安全保障体系

全面强化数字政府安全管理责任，落实安全管理制度，加快关键核心技术攻关，加强关键信息基础设施安全保障，强化安全防护技术应用，切实筑牢数字政府建设安全防线。

（一）强化安全管理责任。

各地区各部门按照职责分工，统筹做好数字政府建设安全和保密工作，落实主体责任和监督责任，构建全方位、多层级、一体化安全防护体系，形成跨地区、跨部门、跨层级的协同联动机制。建立数字政府安全评估、责任落实和重大事件处置机制，加强对参与政府信息化建设、运营企业的规范管理，确保政务系统和数据安全管理边界清晰、职责明确、责任落实。

（二）落实安全制度要求。

建立健全数据分类分级保护、风险评估、检测认证等制度，加强数据全生命周期安全管理和技术防护。加大对涉及国家秘密、工作秘密、商业秘密、个人隐私和个人信息等数据的保护力度，完善相应问责机制，依法加强重要数据出境安全管理。加强关键信息基础设施安全保护和网络安全等级保护，建立健全网络安全、保密监测预警和密码应用安全性评估的机制，定期开展网络安全、保密和密码应用检查，提升数字政府领域关键信息基础设施保护水平。

（三）提升安全保障能力。

建立健全动态监控、主动防御、协同响应的数字政府安全技术保障体系。充分运用主动监测、智能感知、威胁预测等安全技术，强化日常监测、通报预警、应急处置，拓展网络安全态势感知监测范围，加强大规模网络安全事件、网络泄密事件预警和发现能力。

（四）提高自主可控水平。

加强自主创新，加快数字政府建设领域关键核心技术攻关，强化安全可靠技术和产品应用，切实提高自主可控水平。强化关键信息基础设施保护，落实运营者主体责任。开展对新技术新应用的安全评估，建立健全对算法的审核、运用、监督等管理制度和技术措施。

四、构建科学规范的数字政府建设制度规则体系

以数字化改革促进制度创新，保障数字政府建设和运行整体协同、智能高效、平稳有序，实现政府治理方式变革和治理能力提升。

（一）以数字化改革助力政府职能转变。

推动政府履职更加协同高效。充分发挥数字技术创新变革优势，优化业务流程，创新协同方式，推动政府履职效能持续优化。坚持以优化政府职责体系引领政

府数字化转型，以数字政府建设支撑加快转变政府职能，推进体制机制改革与数字技术应用深度融合，推动政府运行更加协同高效。健全完善与数字化发展相适应的政府职责体系，强化数字经济、数字社会、数字和网络空间等治理能力。助力优化营商环境。加快建设全国行政许可管理等信息系统，实现行政许可规范管理和高效办理，推动各类行政权力事项网上运行、动态管理。强化审管协同，打通审批和监管业务信息系统，形成事前事中事后一体化监管能力。充分发挥全国一体化政务服务平台作用，促进政务服务标准化、规范化、便利化水平持续提升。

（二）创新数字政府建设管理机制。

明确运用新技术进行行政管理的制度规则，推进政府部门规范有序运用新技术手段赋能管理服务。推动技术部门参与业务运行全过程，鼓励和规范政产学研用等多方力量参与数字政府建设。健全完善政务信息化建设管理会商机制，推进建设管理模式创新，鼓励有条件的地方探索建立综合论证、联合审批、绿色通道等项目建设管理新模式。做好数字政府建设经费保障，统筹利用现有资金渠道，建立多渠道投入的资金保障机制。推动数字普惠，加大对欠发达地区数字政府建设的支持力度，加强对农村地区资金、技术、人才等方面的支持，扩大数字基础设施覆盖范围，优化数字公共产品供给，加快消除区域间"数字鸿沟"。依法加强审计监督，强化项目绩效评估，避免分散建设、重复建设，切实提高数字政府建设成效。

（三）完善法律法规制度。

推动形成国家法律和党内法规相辅相成的格局，全面建设数字法治政府，依法依规推进技术应用、流程优化和制度创新，消除技术歧视，保障个人隐私，维护市场主体和人民群众利益。持续抓好现行法律法规贯彻落实，细化完善配套措施，确保相关规定落到实处、取得实效。推动及时修订和清理现行法律法规中与数字政府建设不相适应的条款，将经过实践检验行之有效的做法及时上升为制度规范，加快完善与数字政府建设相适应的法律法规框架体系。

（四）健全标准规范。

推进数据开发利用、系统整合共享、共性办公应用、关键政务应用等标准制定，持续完善已有关键标准，推动构建多维标准规范体系。加大数字政府标准推广执行力度，建立评估验证机制，提升应用水平，以标准化促进数字政府建设规范化。研究设立全国数字政府标准化技术组织，统筹推进数字政府标准化工作。

（五）开展试点示范。

坚持加强党的领导和尊重人民首创精神相结合，坚持全面部署和试点带动相促进。立足服务党和国家工作大局，聚焦基础性和具有重大牵引作用的改革举措，探索开展综合性改革试点，为国家战略实施创造良好条件。围绕重点领域、关键环节、共性需求等有序开展试点示范，鼓励各地区各部门开展应用创新、服务创新和模式创新，实现"国家统筹、一地创新、各地复用"。科学把握时序、节奏和步骤，推动创新试点工作总体可控、走深走实。

五、构建开放共享的数据资源体系

加快推进全国一体化政务大数据体系建设，加强数据治理，依法依规促进数据高效共享和有序开发利用，充分释放数据要素价值，确保各类数据和个人信息安全。

（一）创新数据管理机制。

强化政府部门数据管理职责，明确数据归集、共享、开放、应用、安全、存储、归档等责任，形成推动数据开放共享的高效运行机制。优化完善各类基础数据库、业务资源数据库和相关专题库，加快构建标准统一、布局合理、管理协同、安全可靠的全国一体化政务大数据体系。加强对政务数据、公共数据和社会数据的统筹管理，全面提升数据共享服务、资源汇聚、安全保障等一体化水平。加强数据治理和全生命周期质量管理，确保政务数据真实、准确、完整。建立健全数据质量管理机制，完善数据治理标准规范，制定数据分类分级标准，提升数据治理水平和管理能力。

（二）深化数据高效共享。

充分发挥政务数据共享协调机制作用，提升数据共享统筹协调力度和服务管理水平。建立全国标准统一、动态管理的政务数据目录，实行"一数一源一标准"，实现数据资源清单化管理。充分发挥全国一体化政务服务平台的数据共享枢纽作用，持续提升国家数据共享交换平台支撑保障能力，实现政府信息系统与党委、人大、政协、法院、检察院等信息系统互联互通和数据按需共享。有序推进国务院部门垂直管理业务系统与地方数据平台、业务系统数据双向共享。以应用场景为牵引，建立健全政务数据供需对接机制，推动数据精准高效共享，大力提升数据共享的实效性。

（三）促进数据有序开发利用。

编制公共数据开放目录及相关责任清单，构建统一规范、互联互通、安全可控的国家公共数据开放平台，分类分级开放公共数据，有序推动公共数据资源开发利用，提升各行业各领域运用公共数据推动经济社会发展的能力。推进社会数据"统采共用"，实现数据跨地区、跨部门、跨层级共享共用，提升数据资源使用效益。推进公共数据、社会数据融合应用，促进数据流通利用。

六、构建智能集约的平台支撑体系

强化安全可信的信息技术应用创新，充分利用现有政务信息平台，整合构建结构合理、智能集约的平台支撑体系，适度超前布局相关新型基础设施，全面夯实数字政府建设根基。

（一）强化政务云平台支撑能力。

依托全国一体化政务大数据体系，统筹整合现有政务云资源，构建全国一体化政务云平台体系，实现政务云资源统筹建设、互联互通、集约共享。国务院各部门政务云纳入全国一体化政务云平台体系统筹管理。各地区按照省级统筹原则开展政务云建设，集约提供政务云服务。探索建立政务云资源统一调度机制，加强一体化政务云平台资源管理和调度。

（二）提升网络平台支撑能力。

强化电子政务网络统筹建设管理，促进高效共建共享，降低建设运维成本。推动骨干网扩容升级，扩大互联网出口带宽，提升网络支撑能力。提高电子政务外网移动接入能力，强化电子政务外网服务功能，并不断向乡镇基层延伸，在安全可控的前提下按需向企事业单位拓展。统筹建立安全高效的跨网数据传输机制，有序推进非涉密业务专网向电子政务外网整合迁移，各地区各部门原则上不再新建业务专网。

（三）加强重点共性应用支撑能力。

推进数字化共性应用集约建设。依托身份认证国家基础设施、国家人口基础信息库、国家法人单位信息资源库等认证资源，加快完善线上线下一体化统一身份认证体系。持续完善电子证照共享服务体系，推动电子证照扩大应用领域和全国互通互认。完善电子印章制发、管理和使用规范，健全全国统一的电子印章服务体系。深化电子文件资源开发利用，建设数字档案资源体系，提升电子文件（档案）管理和应用水平。发挥全国统一的财政电子票据政务服务平台作用，实现全国财政电子票据一站式查验，推动财政电子票据跨省报销。开展各级非税收入收缴相关平台建设，推动非税收入收缴电子化全覆盖。完善信用信息公共服务平台功能，提升信息查询和智能分析能力。推进地理信息协同共享，提升公共服务能力，更好发挥地理信息的基础性支撑作用。

七、以数字政府建设全面引领驱动数字化发展

围绕加快数字化发展、建设数字中国重大战略部署，持续增强数字政府效能，更好激发数字经济活力，优化数字社会环境，营造良好数字生态。

（一）助推数字经济发展。

以数字政府建设为牵引，拓展经济发展新空间，培育经济发展新动能，提高数字经济治理体系和治理能力现代化水平。准确把握行业和企业发展需求，打造主动式、多层次创新服务场景，精准匹配公共服务资源，提升社会服务数字化普惠水平，更好满足数字经济发展需要。完善数字经济治理体系，探索建立与数字经济持续健康发展相适应的治理方式，创新基于新技术手段的监管模式，把监管和治理贯穿创新、生产、经营、投资全过程。壮大数据服务产业，推动数字技术在数据汇聚、流通、交易中的应用，进一步释放数据红利。

（二）引领数字社会建设。

推动数字技术和传统公共服务融合，着力普及数字设施、优化数字资源供给，推动数字化服务普惠应用。推进智慧城市建设，推动城市公共基础设施数字转型、智能升级、融合创新，构建城市数据资源体系，加快推进城市运行"一网统管"，

探索城市信息模型、数字孪生等新技术运用，提升城市治理科学化、精细化、智能化水平。推进数字乡村建设，以数字化支撑现代乡村治理体系，加快补齐乡村信息基础设施短板，构建农业农村大数据体系，不断提高面向农业农村的综合信息服务水平。

（三）营造良好数字生态。

建立健全数据要素市场规则，完善数据要素治理体系，加快建立数据资源产权等制度，强化数据资源全生命周期安全保护，推动数据跨境安全有序流动。完善数据产权交易机制，规范培育数据交易市场主体。规范数字经济发展，健全市场准入制度、公平竞争审查制度、公平竞争监管制度，营造规范有序的政策环境。不断夯实数字政府网络安全基础，加强对关键信息基础设施、重要数据的安全保护，提升全社会网络安全水平，为数字化发展营造安全可靠环境。积极参与数字化发展国际规则制定，促进跨境信息共享和数字技术合作。

八、加强党对数字政府建设工作的领导

以习近平总书记关于网络强国的重要思想为引领，始终把党的全面领导作为加强数字政府建设、提高政府管理服务能力、推进国家治理体系和治理能力现代化的根本保证，坚持正确政治方向，把党的政治优势、组织优势转化为数字政府建设的强大动力和坚强保障，确保数字政府建设重大决策部署贯彻落实。

（一）加强组织领导。

加强党中央对数字政府建设工作的集中统一领导。各级党委要切实履行领导责任，及时研究解决影响数字政府建设重大问题。各级政府要在党委统一领导下，履行数字政府建设主体责任，谋划落实好数字政府建设各项任务，主动向党委报告数字政府建设推进中的重大问题。各级政府及有关职能部门要履职尽责，将数字政府建设工作纳入重要议事日程，结合实际抓好组织实施。

（二）健全推进机制。

成立数字政府建设工作领导小组，统筹指导协调数字政府建设，由国务院领导同志任组长，办公室设在国务院办公厅，具体负责组织推进落实。各地区各部门要建立健全数字政府建设领导协调机制，强化统筹规划，明确职责分工，抓好督促落实，保障数字政府建设有序推进。发挥我国社会主义制度集中力量办大事的政治优势，建立健全全国一盘棋的统筹推进机制，最大程度凝聚发展合力，更好服务党和国家重大战略，更好服务经济社会发展大局。

（三）提升数字素养。

着眼推动建设学习型政党、学习大国，搭建数字化终身学习教育平台，构建全民数字素养和技能培育体系。把提高领导干部数字治理能力作为各级党校（行政学院）的重要教学培训内容，持续提升干部队伍数字思维、数字技能和数字素养，创新数字政府建设人才引进培养使用机制，建设一支讲政治、懂业务、精技术的复合型干部队伍。深入研究数字政府建设中的全局性、战略性、前瞻性问题，推进实践

基础上的理论创新。成立数字政府建设专家委员会，引导高校和科研机构设置数字政府相关专业，加快形成系统完备的数字政府建设理论体系。

（四）强化考核评估。

在各级党委领导下，建立常态化考核机制，将数字政府建设工作作为政府绩效考核的重要内容，考核结果作为领导班子和有关领导干部综合考核评价的重要参考。建立完善数字政府建设评估指标体系，树立正确评估导向，重点分析和考核统筹管理、项目建设、数据共享开放、安全保障、应用成效等方面情况，确保评价结果的科学性和客观性。加强跟踪分析和督促指导，重大事项及时向党中央、国务院请示报告，促进数字政府建设持续健康发展。

国务院

2022 年 6 月 6 日

《国务院办公厅关于印发全国一体化政务 大数据体系建设指南的通知》

国办函〔2022〕102 号

各省、自治区、直辖市人民政府，国务院各部委、各直属机构：

《全国一体化政务大数据体系建设指南》已经国务院同意，现印发给你们，请结合实际认真贯彻落实。

各地区各部门要深入贯彻落实党中央、国务院关于加强数字政府建设、加快推进全国一体化政务大数据体系建设的决策部署，按照建设指南要求，加强数据汇聚融合、共享开放和开发利用，促进数据依法有序流动，结合实际统筹推动本地区本部门政务数据平台建设，积极开展政务大数据体系相关体制机制和应用服务创新，增强数字政府效能，营造良好数字生态，不断提高政府管理水平和服务效能，为推进国家治理体系和治理能力现代化提供有力支撑。

国务院办公厅

2022 年 9 月 13 日

全国一体化政务大数据体系建设指南

党中央、国务院高度重视政务大数据体系建设。近年来，各地区各部门认真贯彻落实党中央、国务院决策部署，深入推进政务数据共享开放和平台建设，经过各方面共同努力，政务数据在调节经济运行、改进政务服务、优化营商环境、支撑疫情防控等方面发挥了重要作用。但同时，政务数据体系仍存在统筹管理机制不健全、供需对接不顺畅、共享应用不充分、标准规范不统一、安全保障不完善等问题。为贯彻党中央、国务院决策部署，落实中央全面深化改革委员会第十七次会议精神、《国务院办公厅关于建立健全政务数据共享协调机制加快推进数据有序共享的意见》（国办发〔2021〕6号）和《国务院关于加强数字政府建设的指导意见》（国发〔2022〕14号）部署要求，整合构建标准统一、布局合理、管理协同、安全可靠的全国一体化政务大数据体系，加强数据汇聚融合、共享开放和开发利用，促进数据依法有序流动，充分发挥政务数据在提升政府履职能力、支撑数字政府建设以及推进国家治理体系和治理能力现代化中的重要作用，制定本建设指南。

一、建设背景

（一）建设现状。

1. 政务数据管理职能基本明确。

2016年以来，国务院出台《政务信息资源共享管理暂行办法》（国发〔2016〕51号）、《国务院办公厅关于建立健全政务数据共享协调机制加快推进数据有序共享的意见》等一系列政策文件，加强顶层设计，统筹推进政务数据共享和应用工作。目前，全国31个省（自治区、直辖市）均已结合政务数据管理和发展要求明确政务数据主管部门，负责制定大数据发展规划和政策措施，组织实施政务数据采集、归集、治理、共享、开放和安全保护等工作，统筹推进数据资源开发利用。

2. 政务数据资源体系基本形成。

目前，覆盖国家、省、市、县等层级的政务数据目录体系初步形成，各地区各部门依托全国一体化政务服务平台汇聚编制政务数据目录超过300万条，信息项超过2000万个。人口、法人、自然资源、经济等基础库初步建成，在优化政务服务、改善营商环境方面发挥重要支撑作用。国务院各有关部门积极推进医疗健康、社会保障、生态环保、信用体系、安全生产等领域主题库建设，为经济运行、政务服务、市场监管、社会治理等政府职责履行提供有力支撑。各地区积极探索政务数据管理模式，建设政务数据平台，统一归集、统一治理辖区内政务数据，以数据共享支撑政府高效履职和数字化转型。截至目前，全国已建设26个省级政务数据平台、257个市级政务数据平台、355个县级政务数据平台。

3. 政务数据基础设施基本建成。

国家电子政务外网基础能力不断提升，已实现县级以上行政区域100%覆盖，乡镇覆盖率达到96.1%。政务云基础支撑能力不断夯实，全国31个省（自治区、直辖市）和新疆生产建设兵团云基础设施基本建成，超过70%的地级市建设了政务云平台，政务信息系统逐步迁移上云，初步形成集约化建设格局。建成全国一体化政务数据共享枢纽，依托全国一体化政务服务平台和国家数据共享交换平台，构建起覆盖国务院部门、31个省（自治区、直辖市）和新疆生产建设兵团的数据共享交换体系，初步实现政务数据目录统一管理、数据资源统一发布、共享需求统一受理、数据供需统一对接、数据异议统一处理、数据应用和服务统一推广。全国一体化政务数据共享枢纽已接入各级政务部门5951个，发布53个国务院部门的各类数据资源 1.35 万个，累计支撑全国共享调用超过 4000 亿次。国家公共数据开放体系加快构建，21 个省（自治区、直辖市）建成了省级数据开放平台，提供统一规范的数据开放服务。

（二）取得的成效。

1. 经济调节方面，利用大数据加强经济监测分析，提升研判能力。数字技术在宏观调控决策、经济社会发展分析、投资监督管理、数字经济治理等方面应用持续深化，政府经济调节数字化水平逐步提高。各地区运用大数据强化经济监测预警，加强覆盖经济运行全周期的统计监测和综合分析，不断提升对经济运行"形"和"势"的数字化研判能力。

2. 市场监管方面，通过数据共享减轻企业负担，提升监管能力。利用前端填报合并、后端数据共享等方式，推进市场监管与人力资源社会保障、海关、商务等多部门业务协同，实现企业年报事项"多报合一"，减轻企业负担，助力优化营商环境。充分利用法人基础信息，支持地方和部门开展企业违规行为监管、行业动态监测和辅助决策分析，防范企业经营风险。

3. 社会管理方面，推进城市运行"一网统管"和社会信用体系建设。以大数据算法建模、分析应用为手段，推进城市运行"一网统管"，提高治理能力和水平。通过数据融合支撑突发事件应急处置，开展危化品、矿产等重点企业风险态势分析和自然灾害监测预警等工作，提升社会治理、应急指挥的效率和质量。推进社会信用体系建设，通过信用状况分析，揭示社会主体信用优劣，警示社会主体信用风险，整合全社会力量褒扬诚信、惩戒失信。

4. 公共服务方面，促进政务服务模式创新，提升办事效率。各地区各部门深入挖掘、充分利用数据资源，促进政务服务办理方式不断优化、办事效率不断提升，创新个税专项扣除、跨省转学、精准扶贫、普惠金融等服务模式，企业和群众的满意度、获得感不断提升。目前，政务服务事项网上可办率达到 90% 以上，政务服务"一网通办"加速推进。

5. 生态环保方面，强化环境监测和应急处理能力。建设生态环保主题库，涵盖环境质量、污染源、环保产业、环保科技等数据，通过跨部门数据共享，支撑环境质量监测、突发环境事件应急处置等 23 类应用，为打赢蓝天、碧水、净土保卫战，服务保障碳达峰、碳中和目标实现提供了数据支持。

特别是在新冠肺炎疫情防控中，及时响应并解决各地区提出的数据共享需求，推动各类防疫数据跨地区、跨部门、跨层级互通共享，目前 31 个省（自治区、直辖市）已共享调用健康码、核酸检测、疫苗接种、隔离管控等涉疫情数据超过 3000 亿次，为有效实施精准防控、助力人员有序流动，坚决筑牢疫情防控屏障，高效统筹疫情防控和经济社会发展提供了有力支撑。

（三）存在的主要问题。

1. 政务数据统筹管理机制有待完善。

目前，国家层面已明确建立政务数据共享协调机制，但部分政务部门未明确政务数据统筹管理机构，未建立有效的运行管理机制。各级政务部门既受上级主管部门业务指导，又归属于本地政府管理，政务数据管理权责需进一步厘清，协调机制需进一步理顺。基层仍存在数据重复采集、多次录入和系统连通不畅等问题，影响政务数据统筹管理和高效共享。

2. 政务数据共享供需对接不够充分。

当前政务数据资源存在底数不清，数据目录不完整、不规范，数据来源不一等问题，亟需进一步加强政务数据目录规范化管理。数据需求不明确、共享制度不完备、供给不积极、供需不匹配、共享不充分、异议处理机制不完善、综合应用效能不高等问题较为突出。有些部门以数据安全要求高、仅供特定部门使用为由，数据供需双方自建共享渠道，需整合纳入统一的数据共享交换体系。

3. 政务数据支撑应用水平亟待提升。

政务云平台建设与管理不协同，政务云资源使用率不高，缺乏一体化运营机制。政务数据质量问题较为突出，数据完整性、准确性、时效性亟待提升。跨地区、跨部门、跨层级数据综合分析需求难以满足，数据开放程度不高、数据资源开发利用不足。地方对国务院部门垂直管理系统数据的需求迫切，数据返还难制约了地方经济调节、市场监管、社会治理、公共服务、生态环保等领域数字化创新应用。

4. 政务数据标准规范体系尚不健全。

由于各地区各部门产生政务数据所依据的技术标准、管理规范不尽相同，政务数据缺乏统一有效的标准化支撑，在数据开发利用时，需要投入大量人力财力对数据进行清洗、比对，大幅增加运营成本，亟需完善全国统一的政务数据标准、提升数据质量。部分地方和部门对标准规范实施推广、应用绩效评估等重视不足，一些标准规范形同虚设。

5. 政务数据安全保障能力亟需强化。

《中华人民共和国数据安全法》、《中华人民共和国个人信息保护法》、《关键信息基础设施安全保护条例》等法律法规出台后，亟需建立完善与政务数据安全配套的制度。数据全生命周期的安全管理机制不健全，数据安全技术防护能力亟待加强。缺乏专业化的数据安全运营团队，数据安全管理的规范化水平有待提升，在制度规范、技术防护、运行管理三个层面尚未形成数据安全保障的有机整体。

二、总体要求

（一）指导思想。

以习近平新时代中国特色社会主义思想为指导，坚持以人民为中心的发展思想，立足新发展阶段、贯彻新发展理念、构建新发展格局，建立健全权威高效的政务数据共享协调机制，整合构建全国一体化政务大数据体系，增强数字政府效能，营造良好数字生态，进一步发挥数据在促进经济社会发展、服务企业和群众等方面的重要作用，推进政务数据开放共享、有效利用，构建完善数据全生命周期质量管理体系，加强数据资源整合和安全保护，促进数据高效流通使用，充分释放政务数据资源价值，推动政府治理流程再造和模式优化，不断提高政府管理水平和服务效能，为推进国家治理体系和治理能力现代化提供有力支撑。

（二）基本原则。

坚持系统观念、统筹推进。加强全局性谋划、一体化布局、整体性推进，更好发挥中央、地方和各方面积极性，聚焦政务数据归集、加工、共享、开放、应用、安全、存储、归档各环节全过程，切实破解阻碍政务数据共享开放的制度性瓶颈，整体推进数据共建共治共享，促进数据有序流通和开发利用，提升数据资源配置效率。

坚持继承发展、迭代升级。充分整合利用各地区各部门现有政务数据资源，以政务数据共享为重点，适度超前布局，预留发展空间，加快推进各级政务数据平台建设和迭代升级，不断提升政务数据应用支撑能力。

坚持需求导向、应用牵引。从企业和群众需求出发，从政府管理和服务场景入手，以业务应用牵引数据治理和有序流动，加强数据赋能，推进跨部门、跨层级业务协同与应用，使政务数据更好地服务企业和群众。

坚持创新驱动、提质增效。坚持新发展理念，积极运用云计算、区块链、人工智能等技术提升数据治理和服务能力，加快政府数字化转型，提供更多数字化服务，推动实现决策科学化、管理精准化、服务智能化。

坚持整体协同、安全可控。坚持总体国家安全观，树立网络安全底线思维，围绕数据全生命周期安全管理，落实安全主体责任，促进安全协同共治，运用安全可靠技术和产品，推进政务数据安全体系规范化建设，推动安全与利用协调发展。

（三）建设目标。

2023 年底前，全国一体化政务大数据体系初步形成，基本具备数据目录管理、数据归集、数据治理、大数据分析、安全防护等能力，数据共享和开放能力显著增强，政务数据管理服务水平明显提升。全面摸清政务数据资源底数，建立政务数据目录动态更新机制，政务数据质量不断改善。建设完善人口、法人、自然资源、经济、电子证照等基础库和医疗健康、社会保障、生态环保、应急管理、信用体系等主题库，并统一纳入全国一体化政务大数据体系。政务大数据管理机制、标准规范、安全保障体系初步建立，基础设施保障能力持续提升。政务数据资源基本纳入目录管理，有效满足数据共享需求，数据服务稳定性不断增强。

到 2025 年，全国一体化政务大数据体系更加完备，政务数据管理更加高效，政务数据资源全部纳入目录管理。政务数据质量显著提升，"一数一源、多源校核"等数据治理机制基本形成，政务数据标准规范、安全保障制度更加健全。政务数据共享需求普遍满足，数据资源实现有序流通、高效配置，数据安全保障体系进一步完善，有效支撑数字政府建设。政务数据与社会数据融合应用水平大幅提升，大数据分析应用能力显著增强，推动经济社会可持续高质量发展。

（四）主要任务。

统筹管理一体化。完善政务大数据管理体系，建立健全政务数据共享协调机制，形成各地区各部门职责清晰、分工有序、协调有力的全国一体化政务大数据管理新格局。

数据目录一体化。按照应编尽编的原则，推动各地区各部门建立全量覆盖、互联互通的高质量全国一体化政务数据目录。建立数据目录系统与部门目录、地区目录实时同步更新机制，实现全国政务数据"一本账"管理。

数据资源一体化。推动政务数据"按需归集、应归尽归"，加强政务数据全生命周期质量控制，实现问题数据可反馈、共享过程可追溯、数据质量问题可定责，推动数据源头治理、系统治理，形成统筹管理、有序调度、合理分布的全国一体化政务数据资源体系。

共享交换一体化。整合现有政务数据共享交换系统，形成覆盖国家、省、市等层级的全国一体化政务数据共享交换体系，提供统一规范的共享交换服务，高效满足各地区各部门数据共享需求。

数据服务一体化。优化国家政务数据服务门户，构建完善"建设集约、管理规范、整体协同、服务高效"的全国一体化政务大数据服务体系，加强基础能力建设，加大应用创新力度，推进资源开发利用，打造一体化、高水平政务数据平台。

算力设施一体化。合理利用全国一体化大数据中心协同创新体系，完善政务大数据算力管理措施，整合建设全国一体化政务大数据体系主节点与灾备设施，优化全国政务云建设布局，提升政务云资源管理运营水平，提高各地区各部门政务大数据算力支撑能力。

标准规范一体化。编制全面兼容的基础数据元、云资源管控、数据对接、数据质量管理、数据回流等标准，制定供需对接、数据治理、运维管理等规范，推动构建全国一体化政务大数据标准规范体系。

安全保障一体化。以"数据"为安全保障的核心要素，强化安全主体责任，健全保障机制，完善数据安全防护和监测手段，加强数据流转全流程管理，形成制度规范、技术防护和运行管理三位一体的全国一体化政务大数据安全保障体系。

三、总体架构

全国一体化政务大数据体系包括三类平台和三大支撑。三类平台为"1 + 32 + N"框架结构。"1"是指国家政务大数据平台，是我国政务数据管理的总枢纽、政务数据流转的总通道、政务数据服务的总门户；"32"是指31个省（自治区、直辖市）和新疆生产建设兵团统筹建设的省级政务数据平台，负责本地区政务数据的目录编制、供需对接、汇聚整合、共享开放，与国家平台实现级联对接；"N"是指国务院有关部门的政务数据平台，负责本部门本行业数据汇聚整合与供需对接，与国家平台实现互联互通，尚未建设政务数据平台的部门，可由国家平台提供服务支撑。三大支撑包括管理机制、标准规范、安全保障三个方面。

（一）国家政务大数据平台内容构成。

国家政务大数据平台是在现有共享平台、开放平台、供需对接系统、基础库、主题库、算力设施、灾备设施的基础上进行整合完善，新建数据服务、数据治理、数据分析、政务云监测、数据安全管理等系统组件，打造形成的国家级政务大数据管理和服务平台。其内容主要包括国家政务数据服务门户，基础库和主题库两类数据资源库，数据分析系统、数据目录系统、数据开放系统、数据治理系统、供需对接系统、数据共享系统六大核心系统，以及通用算法模型和控件、政务区块链服务、政务云监测、数据安全管理、算力设施、灾备设施等相关应用支撑组件。

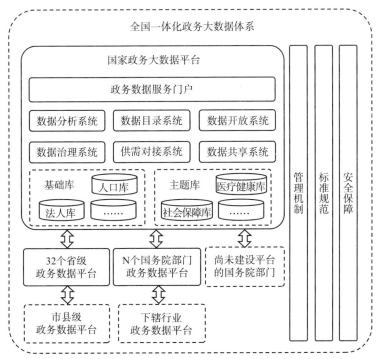

图1　全国一体化政务大数据体系总体架构图

（二）国家平台与地方和部门平台关系。

国家政务大数据平台是全国一体化政务大数据体系的核心节点。地方和部门政务数据平台的全量政务数据应按照标准规范进行数据治理，在国家政务大数据平台政务数据服务门户注册数据目录，申请、获取数据服务，并按需审批、提供数据资源和服务。

国务院办公厅统筹全国一体化政务大数据体系的建设和管理，整合形成国家政务大数据平台，建立完善政务大数据管理机制、标准规范、安全保障体系。国务院有关部门要明确本部门政务数据主管机构，统筹管理本部门本行业政务数据，推动垂直管理业务系统与国家政务大数据平台互联互通。已建设政务数据平台的国务院部门，应将本部门平台与国家政务大数据平台对接，同步数据目录，支撑按需调用。

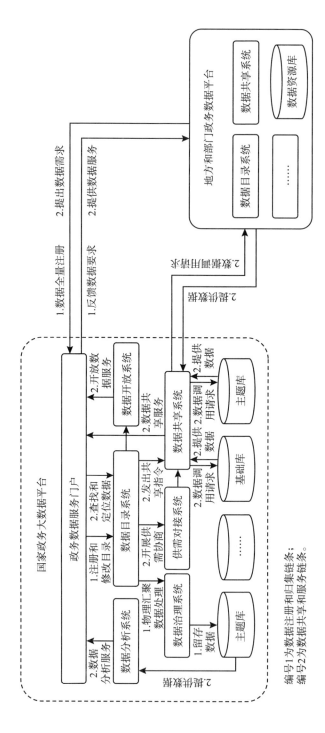

图 2　国家平台与地方和部门平台关系图

尚未建设政务数据平台的国务院部门，要在国家政务大数据平台上按照统一要求提供数据资源、获取数据服务。

各地区政务数据主管部门要统筹管理辖区内政务数据资源和政务数据平台建设工作。可采用省级统建或省市两级分建的模式建设完善地方政务数据平台，并做好地方平台与国家政务大数据平台的对接，同步数据目录，支撑按需调用；同时，应当按照统分结合、共建共享的原则，统筹推进基础数据服务能力标准化、集约化建设。各县（市、区、旗）原则上不独立建设政务数据平台，可利用上级平台开展政务数据的汇聚整合、共享应用。

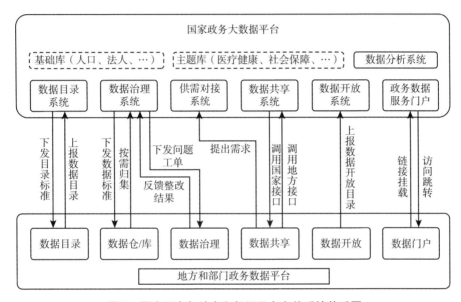

图3　国家平台与地方和部门平台有关系统关系图

（三）与相关系统的关系。

1. 整合全国一体化政务服务平台和国家数据共享交换平台等现有数据共享渠道，充分利用全国一体化政务服务平台和国家"互联网＋监管"系统现有资源和能力，优化政务数据服务总门户，构建形成统一政务数据目录、统一政务数据需求申请标准和统一数据共享交换规则，为各地区各部门提供协同高效的政务数据服务。

2. 涉密数据依托国家电子政务内网开展共享，推进政务内网与政务外网数据共享交换，建设政务外网数据向政务内网安全导入通道，以及政务内网非涉密数据向政务外网安全导出通道，实现非涉密数据与政务内网共享有效交互、涉密数据脱密后依托国家政务大数据平台安全共享、有序开放利用。

3. 全国一体化政务大数据体系具备对接党委、人大、政协、纪委监委、法院、检察院和军队等机构数据的能力，应遵循互联互通、资源共享的原则，结合实际情况采用总对总系统联通或分级对接。

4. 全国一体化政务大数据体系按需接入供水、供电、供气、公共交通等公共服务运营单位在依法履职或者提供公共服务过程中收集、产生的公共数据，以及第三方互联网信息平台和其他领域的社会数据，结合实际研究确定对接方式等，依法依规推进公共数据和社会数据有序共享、合理利用，促进公共数据与社会数据融合应用。

5. 推进全国一体化政务大数据体系与全国一体化大数据中心协同创新体系融合对接，充分利用云、网等基础资源，发挥云资源集约调度优势，提升资源调度能力，更好满足各地区各部门业务应用系统的数据共享需求，为企业和群众提供政务数据开放服务。

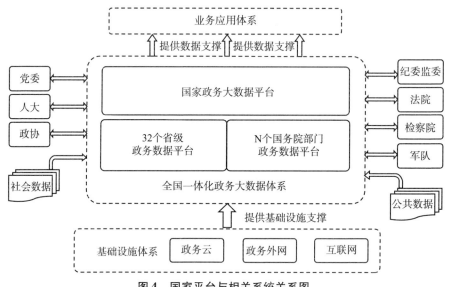

图 4　国家平台与相关系统关系图

四、主要内容

充分整合现有政务数据资源和平台系统，重点从统筹管理、数据目录、数据资源、共享交换、数据服务、算力设施、标准规范、安全保障等 8 个方面，组织推进全国一体化政务大数据体系建设。

（一）统筹管理一体化。

1. 建立完善政务大数据管理体系。

国务院办公厅负责统筹、指导、协调、监督各地区各部门的政务数据归集、加工、共享、开放、应用、安全、存储、归档等工作。各地区政务数据主管部门统筹本地区编制政务数据目录，按需归集本地区数据，形成基础库、主题库，满足跨区域、跨层级数据共享需求，加强数据资源开发利用。国务院各有关部门统筹协调本部门本行业，摸清数据资源底数，编制政务数据目录，依托国家政务大数据平台，与各地区各部门开展数据共享应用，不得另建跨部门数据共享交换通道，已有通道纳入国家政务大数据平台数据共享系统管理。

2. 建立健全政务数据共享协调机制。

各地区各部门要建立健全本地区本部门政务数据共享协调机制，明确管理机构和主要职责，确保政务数据共享协调有力、职责明确、运转顺畅、管理规范、安全有序。加强政务数据供需对接，优化审批流程，精简审批材料，及时响应数据共享需求，非因法定事由不得拒绝其他单位因依法履职提出的数据共享需求。积极推动政务数据属地返还，按需回流数据，探索利用核查、模型分析、隐私计算等多种手段，有效支撑地方数据资源深度开发利用。

（二）数据目录一体化。

1. 全量编制政务数据目录。

建设政务数据目录系统，全面摸清政务数据资源底数，建立覆盖国家、省、市、县等层级的全国一体化政务数据目录，形成全国政务数据"一本账"，支撑跨层级、跨地域、跨系统、跨部门、跨业务的数据有序流通和共享应用。建立数据目录分类分级管理机制，按照有关法律、行政法规的规定确定重要政务数据具体目录，加强政务数据分类管理和分级保护。国务院办公厅负责政务数据目录的统筹管理，各地区各部门政务数据主管部门负责本地区本部门政务数据目录的审核和汇总工作，各级政务部门应按照本部门"三定"规定，梳理本部门权责清单和核心业务，将履职过程中产生、采集和管理的政务数据按要求全量编目。

2. 规范编制政务数据目录。

实现政务数据目录清单化管理，支撑政务部门注册、检索、定位、申请政务数据资源。政务部门在数据资源生成后要及时开展数据源鉴别、数据分类分级以及合规性、安全性、可用性自查，完成数据资源注册，建立"目录—数据"关联关系，形成政务数据目录。政务数据资源注册时，政务部门应同时登记提供该数据资源的政务信息系统，建立"数据—系统"关联关系，明确数据来源，避免数据重复采集，便利数据供需对接。各地区各部门政务数据主管部门要根据政务数据目录代码规则、数据资源编码规则、元数据规范等检查目录编制，落实目录关联政务信息系统、"一数一源"等有关要求，将审核不通过的目录退回纠正，切实规范目录编制。各地区在编制本地区政务数据目录时，要对照国务院部门数据目录内容、分类分级等相关标准，确保同一政务数据目录与国务院部门数据目录所含信息基本一致。

3. 加强目录同步更新管理。

各地区各部门调整政务数据目录时，要在国家政务大数据平台实时同步更新。政务部门职责发生变化的，要及时调整政务数据目录；已注册的数据资源要及时更新，并同步更新"数据—系统"关联关系。原则上目录有新增关联的政务数据资源，应在20个工作日内完成注册；目录信息发生变化的，应在20个工作日内完成更新。

（三）数据资源一体化。

1. 推进政务数据归集。

国家政务大数据平台以政务数据目录为基础，推动数据资源"按需归集、应归尽归"，通过逻辑接入与物理汇聚两种方式归集全国政务数据资源，并进行统筹管理。逻辑上全量接入国家层面统筹建设、各部门联合建设以及各地区各部门自建的数据资源库；物理上按需汇聚人口、法人、信用体系等国家级基础库、主题库数据，建立国家电子证照基础库，"一人一档"、"一企一档"等主题库。各地区应依托政务数据平台统筹推进本区域政务数据的归集工作，实现省市县三级数据汇聚整合，并按需接入党委、人大、政协、纪委监委、法院、检察院等机构数据。行业主管部门做好本行业政务数据的归集工作，实现行业数据的汇聚整合，并按需归集公共数据和社会数据，提升数据资源配置效率。

2. 加强政务数据治理。

国家政务大数据平台建设覆盖数据归集、加工、共享、开放、应用、安全、存储、归档等各环节的数据治理系统，明确数据治理规则，对归集的数据进行全生命周期的规范化治理。各地区各部门按照国家标准规范，细化数据治理规则，开展数据治理工作。按照"谁管理谁负责、谁提供谁负责、谁使用谁负责"的原则，建立健全数据质量反馈整改责任机制和激励机制，加强数据质量事前、事中和事后监督检查，实现问题数据可反馈、共享过程可追溯、数据质量问题可定责，推动数据源头治理、系统治理。强化数据提供部门数据治理职责，数据提供部门要按照法律法规和相关标准规范严格履行数据归集、加工、共享等工作职责，确保数据真实、可用、有效共享；数据使用部门要合规、正确使用数据，确保数据有效利用、安全存储、全面归档；数据管理部门要会同数据提供、使用部门，完善数据质量管理制度，建立协同工作机制，细化数据治理业务流程，在数据共享使用过程中不断提升数据质量。加强政务数据分类管理，规范数据业务属性、来源属性、共享属性、开放属性等。运用多源比对、血缘分析、人工智能等技术手段，开展数据质量多源校核和绩效评价，减少无效数据、错误数据，识别重复采集数据，明确权威数据源，提升政务数据的准确性、完整性和一致性。

3. 建设完善数据资源库。

加大政务数据共享协调力度，协同发展改革、公安、自然资源、市场监管等国务院部门持续建设完善人口、法人、自然资源、经济、电子证照等国家级基础库，协同人力资源社会保障、生态环境、应急、自然资源、水利、气象、医保、国资等部门加快优化完善医疗健康、政务服务、社会保障、生态环保、信用体系、应急管理、国资监管等主题库，统一纳入全国一体化政务大数据体系管理，对各类基础数据库、业务资源数据库实行规范管理，建立健全政务数据归集共享通报制度，支撑各地区各部门政务数据共享、开放和开发利用。各地区要依托本级政务数据平台，积极开展疫情防控、经济运行监测等领域主题库建设，促进数据资源按地域、按主题充分授权、自主管理。

（四）共享交换一体化。

1. 构建完善统一共享交换体系。

依托全国一体化政务服务平台和国家数据共享交换平台，提升国家政务大数据平台数据共享支撑能力，统一受理共享申请并提供服务，形成覆盖国家、省、市等层级的全国一体化政务数据共享交换体系，高效满足各地区各部门数据共享需求，有序推进国务院部门垂直管理业务系统向地方政务数据平台共享数据。各地区各部门按需建设政务数据实时交换系统，支持海量数据高速传输，实现数据分钟级共享，形成安全稳定、运行高效的数据供应链。

2. 深入推进政务数据协同共享。

国家政务大数据平台支撑各省（自治区、直辖市）之间、国务院各部门之间以及各省（自治区、直辖市）与国务院部门之间的跨部门、跨地域、跨层级数据有效流通和充分共享。各地方政务数据平台支撑本行政区域内部门间、地区间数据流通和共享。各部门政务数据平台支撑本部门内、本行业内数据流通和共享。以应用为牵引，全面提升数据共享服务能力，协同推进公共数据和社会数据共享，探索社会数据"统采共用"，加强对政府共享社会数据的规范管理，形成国家、地方、部门、企业等不同层面的数据协同共享机制，提升数据资源使用效益。

（五）数据服务一体化。

1. 优化国家政务数据服务门户。

依托国家政务大数据平台的政务数据服务总门户，整合集成目录管理、供需对接、资源管理、数据共享、数据开放、分析处理等功能，为各地区各部门提供政务数据目录编制、资源归集、申请受理、审核授权、资源共享、统计分析、可视化展示和运营管理等服务，实现对各地区各部门政务数据"一本账"展示、"一站式"申请、"一平台"调度，支撑各地区各部门政务数据跨地区、跨部门、跨层级互认共享，推动实现数据资源高效率配置、高质量供给。各地区各部门可按照国家政务数据服务总门户管理要求和相关标准规范，统筹建设政务数据服务门户，并做好与国家政务数据服务总门户的对接，实现纵向贯通、横向协同。

2. 加强政务大数据基础能力建设。

加强国家政务大数据平台和各地区各部门政务数据平台的共性基础数据服务能力建设。建设大数据处理分析系统，具备数据运算、分域分级用户管理和数据沙箱模型开发等能力，为多元、异构、海量数据融合应用创新提供技术支撑。充分运用大数据、人工智能等技术手段，构建集成自然语言处理、视频图像解析、智能问答、机器翻译、数据挖掘分析、数据可视化、数据开放授权、数据融合计算等功能的通用算法模型和控件库，提供标准化、智能化数据服务。建设全国标准统一的政务区块链服务体系，推动"区块链＋政务服务"、"区块链＋政务数据共享"、"区块链＋社会治理"等场景应用创新，建立完善数据供给的可信安全保障机制，保障数据安全合规共享开放。

3. 加大政务大数据应用创新力度。

聚焦城市治理、环境保护、生态建设、交通运输、食品安全、应急管理、金融服务、经济运行等应用场景，按照"一应用一数仓"要求，推动各地区各部门依托全国一体化政务大数据体系建立政务数据仓库，为多行业和多跨场景应用提供多样化共享服务。依托高性能、高可用的大数据分析和共享能力，整合经济运行数据，建立经济运行监测分析系统，即时分析预测经济运行趋势，进一步提升经济运行研判和辅助决策的系统性、精准性、科学性，促进经济持续健康发展；融合集成基层治理数据，建立基层治理运行分析和预警监测模型，通过大数据分析，动态感知基层治理状态和趋势，预警监测、防范化解各类重大风险，切实提升社会治理水平；汇聚城市人流、物流、信息流等多源数据，建立城市运行生命体征指标体系，运用大数据的深度学习模型，实现对城市运行状态的整体感知、全局分析和智能处置，提升城市"一网统管"水平。同时，围绕产业发展、市场监管、社会救助、公共卫生、应急处突等领域，推动开展政务大数据综合分析应用，为政府精准施策和科学指挥提供数据支撑。

4. 推进政务数据资源开发利用。

基于全国一体化政务大数据体系，建设政务数据开放体系，通过国家公共数据开放平台和各地区各部门政务数据开放平台，推动数据安全有序开放。探索利用身份认证授权、数据沙箱、安全多方计算等技术手段，实现数据"可用不可见"，逐步建立数据开放创新机制。建立健全政务数据开放申请审批制度，结合国家公共数据资源开发利用试点，加大政务数据开放利用创新力度。各地区各部门政务数据主管部门应当根据国家有关政务数据开放利用的规定和经济社会发展需要，会同相关部门制定年度政务数据开放重点清单，促进政务数据在风险可控原则下尽可能开放，明晰数据开放的权利和义务，界定数据开放的范围和责任，明确数据开放的安全管控要求，优先开放与民生紧密相关、社会迫切需要、行业增值潜力显著的政务数据。重点推进普惠金融、卫生健康、社会保障、交通运输、应急管理等行业应用，建立政务数据开放优秀应用绩效评估机制，推动优秀应用项目落地孵化，形成示范效应。鼓励依法依规开展政务数据授权运营，积极推进数据资源开发利用，培育数据要素市场，营造有效供给、有序开发利用的良好生态，推动构建数据基础制度体系。

（六）算力设施一体化。

1. 完善算力管理体系。

开展全国政务大数据算力资源普查，摸清算力总量、算力分布、算力构成和技术选型等，形成全国政务大数据算力"一本账"。强化全国政务云监测分析，汇聚国家、省、市级云资源利用、业务性能等数据，掌握政务云资源使用情况，开展云资源分析评估，完善云资源管理运营机制。推进政务云资源统筹管理、高效提供、集约使用，探索建立政务云资源统一调度机制，推动建设全国一体化政务云平台体系。

2. 建设国家主备节点。

合理利用全国一体化大数据中心协同创新体系，建设国家政务大数据平台算力设施，强化云平台、大数据平台基础"底座"支撑，提供数据汇聚、存储、计算、治理、分析、服务等基础功能，承载数据目录、治理、共享等系统运转，按需汇聚、整合共享政务数据资源，构建电子证照等数据库，保障国家政务大数据平台运行。整合建设国家政务大数据平台灾备设施，完善基础设施高可用保障体系，基于"两地三中心"模式建立本地、异地双容灾备份中心，面向业务连续性、稳定性要求高的关键业务实现本地"双活"、重要数据本地实时灾备、全量数据异地定时灾备。

3. 提升算力支撑能力。

合理利用全国一体化大数据中心协同创新体系，推动各地区各部门政务云建设科学布局、集约发展。提升各地区各部门政务大数据云资源支撑能力，推动政务数据中心整合改造，提高使用低碳、零碳能源比例，按需打造图像显示处理器（GPU）、专用集成电路芯片（ASIC）等异构计算能力，构建存算分离、图计算、隐私计算等新型数据分析管理能力。

（七）标准规范一体化。

1. 加快编制国家标准。

重点围绕政务数据管理、技术平台建设和数据应用服务等方面推进国家标准编制，明确各地区各部门提升政务数据管理能力和开展数据共享开放服务的标准依据。编制政务数据目录、数据元、数据分类分级、数据质量管理、数据安全管理等政务数据标准规范；编制政务数据平台建设指南、技术对接规范、基础库主题库建设指引、运行维护指南、安全防护基本要求等平台技术标准；按照数据共享、数据开放、数据回流等不同业务模式，编制数据服务管理、技术、运营等制度规范；编制政务云建设管理规范、政务云监测指南等规范。

2. 协同开展标准体系建设。

根据国家政务大数据标准体系框架和国家标准要求，各地区各部门、行业主管机构结合自身业务特点和行业特色，积极开展政务数据相关行业标准、地方标准编制工作，以国家标准为核心基础、以地方标准和行业标准为有效补充，推动形成规范统一、高效协同、支撑有力的全国一体化政务大数据标准体系。

3. 推进标准规范落地实施。

完善标准规范落地推广机制，各地区各部门制定出台标准实施方案，依据相关标准规范建设完善政务数据平台，提高数据管理能力和服务水平。政务数据主管部门定期对标准执行情况开展符合性审查，强化标准规范实施绩效评估，充分发挥全国一体化政务大数据标准体系支撑作用。

（八）安全保障一体化。

1. 健全数据安全制度规范。

贯彻落实《中华人民共和国数据安全法》、《中华人民共和国个人信息保护法》

等法律法规，明确数据分类分级、安全审查等具体制度和要求。明确数据安全主体责任，按照"谁管理、谁负责"和"谁使用、谁负责"的原则，厘清数据流转全流程中各方权利义务和法律责任。围绕数据全生命周期管理，以"人、数据、场景"关联管理为核心，建立健全工作责任机制，制定政务数据访问权限控制、异常风险识别、安全风险处置、行为审计、数据安全销毁、指标评估等数据安全管理规范，开展内部数据安全检测与外部评估认证，促进数据安全管理规范有效实施。

2. 提升平台技术防护能力。

加强数据安全常态化检测和技术防护，建立健全面向数据的信息安全技术保障体系。充分利用电子认证，数据加密存储、传输和应用手段，防止数据篡改，推进数据脱敏使用，加强重要数据保护，加强个人隐私、商业秘密信息保护，严格管控数据访问行为，实现过程全记录和精细化权限管理。建设数据安全态势感知平台，挖掘感知各类威胁事件，实现高危操作及时阻断，变被动防御为主动防御，提高风险防范能力，优化安全技术应用模式，提升安全防护监测水平。

3. 强化数据安全运行管理。

完善数据安全运维运营保障机制，明确各方权责，加强数据安全风险信息的获取、分析、研判、预警。建立健全事前管审批、事中全留痕、事后可追溯的数据安全运行监管机制，加强数据使用申请合规性审查和白名单控制，优化态势感知规则和全流程记录手段，提高对数据异常使用行为的发现、溯源和处置能力，形成数据安全管理闭环，筑牢数据安全防线。加强政务系统建设安全管理，保障数据应用健康稳定运行，确保数据安全。

五、保障措施

（一）加强组织实施。

充分发挥国家政务数据共享协调机制作用，建立全国一体化政务大数据体系规划、建设、运维、运营的领导责任制，统筹推进国家和各地区各部门政务数据平台纵向贯通、横向联动。国务院各有关部门要指导、协调、监督本部门本行业做好政务数据管理工作。各地区要加强政务数据管理，研究制定配套措施，推动相关法规规章立改废释，确保数据依法依规共享和高效利用。各地区各部门要合理安排项目与经费，加大对全国一体化政务大数据体系建设运行的支持力度，相关项目建设资金纳入基本建设投资，相关工作经费纳入部门预算统筹安排。各地区各部门要加强宣传引导和培训，不断提升全国一体化政务大数据体系应用成效。

（二）推进数据运营。

按照"管运适度分离"原则，加大政务数据运营力量投入。加强专业力量建设，建立专业数据人才队伍，提升其数字思维、数字技能和数字素养，补齐运营主体缺位、专业能力不足短板，创新政务数据开发运营模式，支持具备条件、信誉良好的第三方企事业单位开展运营服务。建立健全政务数据运营规则，明确数据运营非歧视、非垄断原则，明确运营机构的安全主体责任，研究制定政务数据授权运营管理办法,强化授权场景、授权范围和运营安全监督管理。

(三)强化督促落实。

国务院办公厅牵头制定全国一体化政务大数据管理和应用评估评价体系,指导各地区各部门加强政务数据管理和应用,督促各地区将相关工作纳入政府绩效考核,并对未按要求完成任务的进行重点督查。各地区各部门要研究制定本地区本部门政务大数据工作监督评估办法,积极运用第三方评估、专业机构评定、用户满意度评价等方式开展评估评价。各地区各部门要对相关经费进行全过程绩效管理,把绩效评价结果作为完善政策、改进管理和安排预算的重要依据,凡不符合全国一体化政务大数据体系建设要求的,不予审批建设项目,不予安排运维运营经费。各地区各部门如有违规使用、超范围使用、滥用、篡改、毁损、泄露数据等行为,按照有关规定追究责任。

(四)鼓励探索创新。

鼓励各地区各部门开展制度创新,完善数据要素法治环境,构建数据要素市场化配置体制机制,规范数据权属、数据定价、交易规则,建立权责清晰的数据要素市场化运行机制,推动各类机构依法依规开展数据交易,加强数据产品和数据服务产权保护。鼓励各地区各部门开展应用创新,在普惠金融、卫生健康、社会保障、交通运输、应急管理等领域开展试点,推进重点领域政务数据深度应用。鼓励各地区各部门推进数据基础能力建设,积极构建数据安全存储、数据存证、隐私计算等支撑体系,推动大数据挖掘分析、智能计算、数据安全与隐私保护等核心技术攻关。

国家数据局等部门关于印发《"数据要素 ×"三年行动计划(2024—2026 年)》的通知

国数政策〔2023〕11 号

各省、自治区、直辖市及计划单列市、新疆生产建设兵团数据管理部门、党委网信办、科学技术厅(委、局)、工业和信息化主管部门、交通运输厅(局、委)、农业农村(农牧)厅(局、委)、商务主管部门、文化和旅游厅(局)、卫生健康委、应急管理厅(局)、医保局、气象局、文物局、中医药主管部门,中国人民银行上海总部,各省、自治区、直辖市及计划单列市分行,金融监管总局各监管局,中国科学院院属各单位:

为深入贯彻党的二十大和中央经济工作会议精神,落实《中共中央　国务院关于构建数据基础制度更好发挥数据要素作用的意见》,充分发挥数据要素乘数效应,赋能经济社会发展,国家数据局会同有关部门制定了《"数据要素 ×"三年行动计划(2024—2026 年)》,现印发给你们,请认真组织实施。

国家数据局

中央网信办

科技部

工业和信息化部

交通运输部

农业农村部

商务部

文化和旅游部

国家卫生健康委

应急管理部

中国人民银行

金融监管总局

国家医保局

中国科学院

中国气象局

国家文物局

国家中医药局

2023 年 12 月 31 日

"数据要素×"三年行动计划（2024—2026 年）

发挥数据要素的放大、叠加、倍增作用，构建以数据为关键要素的数字经济，是推动高质量发展的必然要求。为深入贯彻党的二十大和中央经济工作会议精神，落实《中共中央　国务院关于构建数据基础制度更好发挥数据要素作用的意见》，充分发挥数据要素乘数效应，赋能经济社会发展，特制定本行动计划。

一、激活数据要素潜能

随着新一轮科技革命和产业变革深入发展，数据作为关键生产要素的价值日益凸显。发挥数据要素报酬递增、低成本复用等特点，可优化资源配置，赋能实体经济，发展新质生产力，推动生产生活、经济发展和社会治理方式深刻变革，对推动高质量发展具有重要意义。近年来，我国数字经济快速发展，数字基础设施规模能级大幅跃升，数字技术和产业体系日臻成熟，为更好发挥数据要素作用奠定了坚实基础。与此同时，也存在数据供给质量不高、流通机制不畅、应用潜力释放不够等问题。实施"数据要素×"行动，就是要发挥我国超大规模市场、海量数据资源、丰富应用场景等多重优势，推动数据要素与劳动力、资本等要素协同，以数据流引领技术流、资金流、人才流、物资流，突破传统资源要素约束，提高全要素生产率；促进数据多场景应用、多主体复用，培育基于数据要素的新产品和新服务，实

170

现知识扩散、价值倍增，开辟经济增长新空间；加快多元数据融合，以数据规模扩张和数据类型丰富，促进生产工具创新升级，催生新产业、新模式，培育经济发展新动能。

二、总体要求

（一）指导思想

以习近平新时代中国特色社会主义思想为指导，深入贯彻落实党的二十大精神，完整、准确、全面贯彻新发展理念，发挥数据的基础资源作用和创新引擎作用，遵循数字经济发展规律，以推动数据要素高水平应用为主线，以推进数据要素协同优化、复用增效、融合创新作用发挥为重点，强化场景需求牵引，带动数据要素高质量供给、合规高效流通，培育新产业、新模式、新动能，充分实现数据要素价值，为推动高质量发展、推进中国式现代化提供有力支撑。

（二）基本原则

需求牵引，注重实效。聚焦重点行业和领域，挖掘典型数据要素应用场景，培育数据商，繁荣数据产业生态，激励各类主体积极参与数据要素开发利用。试点先行，重点突破。加强试点工作，探索多样化、可持续的数据要素价值释放路径。推动在数据资源丰富、带动性强、前景广阔的领域率先突破，发挥引领作用。有效市场，有为政府。充分发挥市场机制作用，强化企业主体地位，推动数据资源有效配置。更好发挥政府作用，扩大公共数据资源供给，维护公平正义，营造良好发展环境。开放融合，安全有序。推动数字经济领域高水平对外开放，加强国际交流互鉴，促进数据有序跨境流动。坚持把安全贯穿数据要素价值创造和实现全过程，严守数据安全底线。

（三）总体目标

到 2026 年底，数据要素应用广度和深度大幅拓展，在经济发展领域数据要素乘数效应得到显现，打造 300 个以上示范性强、显示度高、带动性广的典型应用场景，涌现出一批成效明显的数据要素应用示范地区，培育一批创新能力强、成长性好的数据商和第三方专业服务机构，形成相对完善的数据产业生态，数据产品和服务质量效益明显提升，数据产业年均增速超过 20％，场内交易与场外交易协调发展，数据交易规模倍增，推动数据要素价值创造的新业态成为经济增长新动力，数据赋能经济提质增效作用更加凸显，成为高质量发展的重要驱动力量。

三、重点行动

（四）数据要素 × 工业制造

创新研发模式，支持工业制造类企业融合设计、仿真、实验验证数据，培育数据驱动型产品研发新模式，提升企业创新能力。推动协同制造，推进产品主数据标准生态系统建设，支持链主企业打通供应链上下游设计、计划、质量、物流等数据，实现敏捷柔性协同制造。提升服务能力，支持企业整合设计、生产、运行数据，提升预测性维护和增值服务等能力，实现价值链延伸。强化区域联动，支持产能、采购、库存、物流数据流通，加强区域间制造资源协同，促进区域产业优势互补，提升产业链供应链监测预警能力。开发使能技术，推动制造业数据多场景复用，支持制造业企业联合软件企业，基于设计、仿真、实验、生产、运行等数据积极探索多维度的创新应用，开发创成式设计、虚实融合试验、智能无人装备等方面的新型工业软件和装备。

（五）数据要素×现代农业

提升农业生产数智化水平，支持农业生产经营主体和相关服务企业融合利用遥感、气象、土壤、农事作业、灾害、农作物病虫害、动物疫病、市场等数据，加快打造以数据和模型为支撑的农业生产数智化场景，实现精准种植、精准养殖、精准捕捞等智慧农业作业方式，支撑提高粮食和重要农产品生产效率。提高农产品追溯管理能力，支持第三方主体汇聚利用农产品的产地、生产、加工、质检等数据，支撑农产品追溯管理、精准营销等，增强消费者信任。推进产业链数据融通创新，支持第三方主体面向农业生产经营主体提供智慧种养、智慧捕捞、产销对接、疫病防治、行情信息、跨区作业等服务，打通生产、销售、加工等数据，提供一站式采购、供应链金融等服务。培育以需定产新模式，支持农业与商贸流通数据融合分析应用，鼓励电商平台、农产品批发市场、商超、物流企业等基于销售数据分析，向农产品生产端、加工端、消费端反馈农产品信息，提升农产品供需匹配能力。提升农业生产抗风险能力，支持在粮食、生猪、果蔬等领域，强化产能、运输、加工、贸易、消费等数据融合、分析、发布、应用，加强农业监测预警，为应对自然灾害、疫病传播、价格波动等影响提供支撑。

（六）数据要素×商贸流通

拓展新消费，鼓励电商平台与各类商贸经营主体、相关服务企业深度融合，依托客流、消费行为、交通状况、人文特征等市场环境数据，打造集数据收集、分析、决策、精准推送和动态反馈的闭环消费生态，推进直播电商、即时电商等业态创新发展，支持各类商圈创新应用场景，培育数字生活消费方式。培育新业态，支持电子商务企业、国家电子商务示范基地、传统商贸流通企业加强数据融合，整合订单需求、物流、产能、供应链等数据，优化配置产业链资源，打造快速响应市场的产业协同创新生态。打造新品牌，支持电子商务企业、商贸企业依托订单数量、订单类型、人口分布等数据，主动对接生产企业、产业集群，加强产销对接、精准推送，助力打造特色品牌。推进国际化，在安全合规前提下，鼓励电子商务企业、现代流通企业、数字贸易龙头企业融合交易、物流、支付数据，支撑提升供应链综合服务、跨境身份认证、全球供应链融资等能力。

（七）数据要素×交通运输

提升多式联运效能，推进货运寄递数据、运单数据、结算数据、保险数据、货运跟踪数据等共享互认，实现托运人一次委托、费用一次结算、货物一次保险、多式联运经营人全程负责。推进航运贸易便利化，推动航运贸易数据与电子发票核验、经营主体身份核验、报关报检状态数据等的可信融合应用，加快推广电子提单、信用证、电子放货等业务应用。提升航运服务能力，支持海洋地理空间、卫星遥感、定位导航、气象等数据与船舶航行位置、水域、航速、装卸作业数据融合，创新商渔船防碰撞、航运路线规划、港口智慧安检等应用。挖掘数据复用价值，融合"两客一危"、网络货运等重点车辆数据，构建覆盖车辆营运行为、事故统计等高质量动态数据集，为差异化信贷、保险服务、二手车消费等提供数据支撑。支持交通运输龙头企业推进高质量数据集建设和复用，加强人工智能工具应用，助力企业提升运输效率。推进智能网联汽车创新发展，支持自动驾驶汽车在特定区域、特定时段进行商业化试运营试点，打通车企、第三方平台、运输企业等主体间的数据壁垒，促进道路基础设施数据、交通流量数据、驾驶行为数据等多源数据融合应用，提高智能汽车创新服务、主动安全防控等水平。

（八）数据要素×金融服务

提升金融服务水平，支持金融机构融合利用科技、环保、工商、税务、气象、消费、医疗、社保、农业农村、水电气等数据，加强主体识别，依法合规优化信贷业务管理和保险产品设计及承保理赔服务，提升实体经济金融服务水平。提高金融抗风险能力，推进数字金融发展，在依法安全合规前提下，推动金融信用数据和公共信用数据、商业信用数据共享共用和高效流通，支持金融机构间共享风控类数据，融合分析金融市场、信贷资产、风险核查等多维数据，发挥金融科技和数据要素的驱动作用，支撑提升金融机构反欺诈、反洗钱能力，提高风险预警和防范水平。

（九）数据要素×科技创新

推动科学数据有序开放共享，促进重大科技基础设施、科技重大项目等产生的各类科学数据互联互通，支持和培育具有国际影响力的科学数据库建设，依托国家科学数据中心等平台强化高质量科学数据资源建设和场景应用。以科学数据助力前沿研究，面向基础学科，提供高质量科学数据资源与知识服务，驱动科学创新发现。以科学数据支撑技术创新，聚焦生物育种、新材料创制、药物研发等领域，以数智融合加速技术创新和产业升级。以科学数据支持大模型开发，深入挖掘各类科学数据和科技文献，通过细粒度知识抽取和多来源知识融合，构建科学知识资源底座，建设高质量语料库和基础科学数据集，支持开展人工智能大模型开发和训练。探索科研新范式，充分依托各类数据库与知识库，推进跨学科、跨领域协同创新，以数据驱动发现新规律，创造新知识，加速科学研究范式变革。

（十）数据要素×文化旅游

培育文化创意新产品，推动文物、古籍、美术、戏曲剧种、非物质文化遗产、民族民间文艺等数据资源依法开放共享和交易流通，支持文化创意、旅游、展览等领域的经营主体加强数据开发利用，培育具有中国文化特色的产品和品牌。挖掘文化数据价值，贯通各类文化机构数据中心，关联形成中华文化数据库，鼓励依托市场化机制开发文化大模型。提升文物保护利用水平，促进文物病害数据、保护修复数据、安全监管数据、文物流通数据融合共享，支持实现文物保护修复、监测预警、精准管理、应急处置、阐释传播等功能。提升旅游服务水平，支持旅游经营主体共享气象、交通等数据，在合法合规前提下构建客群画像、城市画像等，优化旅游配套服务、一站式出行服务。提升旅游治理能力，支持文化和旅游场所共享公安、交通、气象、证照等数据，支撑"免证"购票、集聚人群监测预警、应急救援等。

（十一）数据要素×医疗健康

提升群众就医便捷度，探索推进电子病历数据共享，在医疗机构间推广检查检验结果数据标准统一和共享互认。便捷医疗理赔结算，支持医疗机构基于信用数据开展先诊疗后付费就医。推动医保便民服务。依法依规探索推进医保与商业健康保险数据融合应用，提升保险服务水平，促进基本医保与商业健康保险协同发展。有序释放健康医疗数据价值，完善个人健康数据档案，融合体检、就诊、疾控等数据，创新基于数据驱动的职业病监测、公共卫生事件预警等公共服务模式。加强医疗数据融合创新，支持公立医疗机构在合法合规前提下向金融、养老等经营主体共享数据，支撑商业保险产品、疗养休养等服务产品精准设计，拓展智慧医疗、智能健康管理等数据应用新模式新业态。提升中医药发展水平，加强中医药预防、治疗、康复等健康服务全流程的多源数据融合，支撑开展中医药疗效、药物相互作用、适应症、安全性等系统分析，推进中医药高质量发展。

（十二）数据要素×应急管理

提升安全生产监管能力，探索利用电力、通信、遥感、消防等数据，实现对高危行业企业私挖盗采、明停暗开行为的精准监管和城市火灾的智能监测。鼓励社会保险企业围绕矿山、危险化学品等高危行业，研究建立安全生产责任保险评估模型，开发新险种，提高风险评估的精准性和科学性。提升自然灾害监测评估能力，利用铁塔、电力、气象等公共数据，研发自然灾害灾情监测评估模型，强化灾害风险精准预警研判能力。强化地震活动、地壳形变、地下流体等监测数据的融合分析，提升地震预测预警水平。提升应急协调共享能力，推动灾害事故、物资装备、特种作业人员、安全生产经营许可等数据跨区域共享共用，提高监管执法和救援处置协同联动效率。

（十三）数据要素×气象服务

降低极端天气气候事件影响，支持经济社会、生态环境、自然资源、农业农村等数据与气象数据融合应用，实现集气候变化风险识别、风险评估、风险预警、风险转移的智能决策新模式，防范化解重点行业和产业气候风险。支持气象数据与城市规划、重大工程等建设数据深度融合，从源头防范和减轻极端天气和不利气象条件对规划和工程的影响。创新气象数据产品服务，支持金融企业融合应用气象数据，发展天气指数保险、天气衍生品和气候投融资新产品，为保险、期货等提供支撑。支持新能源企业降本增效，支持风能、太阳能企业融合应用气象数据，优化选址布局、设备运维、能源调度等。

（十四）数据要素×城市治理

优化城市管理方式，推动城市人、地、事、物、情、组织等多维度数据融通，支撑公共卫生、交通管理、公共安全、生态环境、基层治理、体育赛事等各领域场景应用，实现态势实时感知、风险智能研判、及时协同处置。支撑城市发展科学决策，支持利用城市时空基础、资源调查、规划管控、工程建设项目、物联网感知等数据，助力城市规划、建设、管理、服务等策略精细化、智能化。推进公共服务普惠化，深化公共数据的共享应用，深入推动就业、社保、健康、卫生、医疗、救助、养老、助残、托育等服务"指尖办""网上办""就近办"。加强区域协同治理，推动城市群数据打通和业务协同，实现经营主体注册登记、异地就医结算、养老保险互转等服务事项跨城通办。

（十五）数据要素×绿色低碳

提升生态环境治理精细化水平，推进气象、水利、交通、电力等数据融合应用，支撑气象和水文耦合预报、受灾分析、河湖岸线监测、突发水事件应急处置、重污染天气应对、城市水环境精细化管理等。加强生态环境公共数据融合创新，支持企业融合应用自有数据、生态环境公共数据等，优化环境风险评估，支撑环境污染责任保险设计和绿色信贷服务。提升能源利用效率，促进制造与能源数据融合创新，推动能源企业与高耗能企业打通订单、排产、用电等数据，支持能耗预测、多能互补、梯度定价等应用。提升废弃资源利用效率，汇聚固体废物收集、转移、利用、处置等各环节数据，促进产废、运输、资源化利用高效衔接，推动固废、危废资源化利用。提升碳排放管理水平，支持打通关键产品全生产周期的物料、辅料、能源等碳排放数据以及行业碳足迹数据，开展产品碳足迹测算与评价，引导企业节能降碳。

四、强化保障支撑

（十六）提升数据供给水平

完善数据资源体系，在科研、文化、交通运输等领域，推动科研机构、龙头企业等开展行业共性数据资源库建设，打造高质量人工智能大模型训练数据集。加大公共数据资源供给，在重点领域、相关区域组织开展公共数据授权运营，探索部省协同的公共数据授权机制。引导企业开放数据，鼓励市场力量挖掘商业数据价值，支持社会数据融合创新应用。健全标准体系，加强数据采集、管理等标准建设，协同推进行业标准制定。加强供给激励，制定完善数据内容采集、加工、流通、应用等不同环节相关主体的权益保护规则，在保护个人隐私前提下促进个人信息合理利用。

（十七）优化数据流通环境

提高交易流通效率，支持行业内企业联合制定数据流通规则、标准，聚焦业务需求促进数据合规流通，提高多主体间数据应用效率。鼓励交易场所强化合规管理，创新服务模式，打造服务生态，提升服务质量。打造安全可信流通环境，深化数据空间、隐私计算、联邦学习、区块链、数据沙箱等技术应用，探索建设重点行业和领域数据流通平台，增强数据利用可信、可控、可计量能力，促进数据合规高效流通使用。培育流通服务主体，鼓励地方政府因地制宜，通过新建或拓展既有园区功能等方式，建设数据特色园区、虚拟园区，推动数据商、第三方专业服务机构等协同发展。完善培育数据商的支持举措。促进数据有序跨境流动，对标国际高标准经贸规则，持续优化数据跨境流动监管措施，支持自由贸易试验区开展探索。

（十八）加强数据安全保障

落实数据安全法规制度，完善数据分类分级保护制度，落实网络安全等级保护、关键信息基础设施安全保护等制度，加强个人信息保护，提升数据安全保障水平。丰富数据安全产品，发展面向重点行业、重点领域的精细化、专业型数据安全产品，开发适合中小企业的解决方案和工具包，支持发展定制化、轻便化的个人数据安全防护产品。培育数据安全服务，鼓励数据安全企业开展基于云端的安全服务，有效提升数据安全水平。

五、做好组织实施

（十九）加强组织领导

发挥数字经济发展部际联席会议制度作用，强化重点工作跟踪和任务落实，协调推进跨部门协作。行业主管部门要聚焦重点行业数据开发利用需求，细化落实行动计划的举措。地方数据管理部门要会同相关部门研究制定落实方案，因地制宜形成符合实际的数据要素应用实践，带动培育一批数据商和第三方专业服务机构，营造良好生态。

（二十）开展试点工作

支持部门、地方协同开展政策性试点，聚焦重点行业和领域，结合场景需求，研究数据资源持有权、数据加工使用权、数据产品经营权等分置的落地举措，探索数据流通交易模式。鼓励各地方大胆探索、先行先试，加强模式创新，及时总结可复制推广的实践经验。推动企业按照国家统一的会计制度对数据资源进行会计处理。

（二十一）推动以赛促用

组织开展"数据要素×"大赛，聚焦重点行业和领域搭建专业竞赛平台，加强数据资源供给，激励社会各界共同挖掘市场需求，提升数据利用水平。支持各类企业参与赛事，加强大赛成果转化，孵化新技术、新产品，培育新模式、新业态，完善数据要素生态。

（二十二）加强资金支持

实施"数据要素×"试点工程，统筹利用中央预算内投资和其他各类资金加大支持力度。鼓励金融机构按照市场化原则加大信贷支持力度，优化金融服务。依法合规探索多元化投融资模式，发挥相关引导基金、产业基金作用，引导和鼓励各类社会资本投向数据产业。支持数据商上市融资。

（二十三）加强宣传推广

开展数据要素应用典型案例评选，遴选一批典型应用。依托数字中国建设峰会及各类数据要素相关会议、论坛和活动等，积极发布典型案例，促进经验分享和交流合作。各地方数据管理部门要深入挖掘数据要素应用好经验、好做法，充分利用各类新闻媒体，加大宣传力度，提升影响力。

人力资源社会保障部　中共中央组织部　中央网信办国家发展改革委　教育部　科技部　工业和信息化部财政部　国家数据局关于印发《加快数字人才培育支撑数字经济发展行动方案（2024—2026 年）》的通知

人社部发〔2024〕37 号

各省、自治区、直辖市及新疆生产建设兵团党委组织部、网信办，政府人力资源社会保障厅（局）、发展改革委、教育厅（教委）、科技厅（局）、工业和信息化主管部门、财政厅（局）、数据局：

为贯彻落实党中央、国务院关于发展数字经济的决策部署，发挥数字人才支撑数字经济的基础性作用，现将《加快数字人才培育支撑数字经济发展行动方案（2024—2026 年)》印发给你们，请结合实际认真贯彻落实。

人力资源社会保障部
中共中央组织部
中央网信办
国家发展改革委
教育部
科技部
工业和信息化部
财政部
国家数据局
2024 年 4 月 2 日

加快数字人才培育支撑数字经济发展行动方案（2024—2026 年）

为贯彻落实党中央、国务院关于发展数字经济的决策部署，发挥数字人才支撑数字经济的基础性作用，加快推动形成新质生产力，为高质量发展赋能蓄力，制定本行动方案。

一、总体要求

以习近平新时代中国特色社会主义思想为指导，全面贯彻党的二十大精神，落实中央人才工作会议部署，坚持党管人才原则，坚持创新引领和服务发展，坚持需求导向和能力导向，紧贴数字产业化和产业数字化发展需要，用 3 年左右时间，扎实开展数字人才育、引、留、用等专项行动，提升数字人才自主创新能力，激发数字人才创新创业活力，增加数字人才有效供给，形成数字人才集聚效应，着力打造一支规模壮大、素质优良、结构优化、分布合理的高水平数字人才队伍，更好支撑数字经济高质量发展。

二、重点任务

（一）实施数字技术工程师培育项目。重点围绕大数据、人工智能、智能制造、集成电路、数据安全等数字领域新职业，以技术创新为核心，以数据赋能为关键，制定颁布国家职业标准，开发培训教程，分职业、分专业、分等级开展规范化培训、社会化评价，取得专业技术等级证书的可衔接认定相应职称。在项目实施基础上，构建科学规范培训体系，开辟数字人才自主培养新赛道。

（二）推进数字技能提升行动。适应数字产业发展和企业转型升级需求，大力培养数字技能人才。加快开发一批数字职业（工种）的国家职业标准、基本职业培训包、教材课程等，依托互联网平台加大数字培训资源开放共享力度。全面推行工学一体化技能人才培养模式，深入推进产教融合，支持行业企业、职业院校（含技工院校，下同）、职业培训机构、公共实训基地、技能大师工作室等，加强创新型、实用型数字技能人才培养培训。推进"新八级工"职业技能等级制度，依托龙头企业、职业院校、行业协会、社会培训评价组织等开展数字职业技能等级认定。

（三）开展数字人才国际交流活动。加大对数字人才倾斜力度，引进一批海外高层次数字人才，支持一批留学回国数字人才创新创业，组织一批海外高层次数字人才回国服务。加强留学人员创业园建设，支持数字人才在园内创新创业。推进引才引智工作，支持开展高层次数字人才出国（境）培训交流，加强与共建"一带一路"国家数字人才国际交流，培养一批具有国际视野的骨干人才。

（四）开展数字人才创新创业行动。支持建设一批数字经济创业载体、创业学院，深度融合创新、产业、资金、人才等资源链条，加大数字人才创业培训力度，促进数字人才在人工智能、信息技术、智能制造、电子商务等数字经济领域创新创业。积极培育数字经济细分领域专业投资机构，投成一批数字经济专精特新"小巨人"企业，重点支持数字经济"硬科技"和未来产业领域发展。加快建设一批数字经济领域专业性国家级人才市场，支持北京、上海、粤港澳大湾区等科学中心和创新高地建设数字人才孵化器、产业园、人力资源服务园，培育发展一批数字化人力资源服务企业，为数字人才流动、求职、就业提供人事档案基本公共服务。

（五）开展数字人才赋能产业发展行动。紧贴企业发展需求开设订单、订制、定向培训班，培养一批既懂产业技术又懂数字技术的复合型人才，不断提升从业人员数字素养和专业水平，助力产业数字化转型和高质量发展。发挥专业技术人员继续教育基地、数字卓越工程师实践基地、高技能人才培训基地、产教融合实训基地、国家软件与集成电路人才国际培训基地作用，利用国内外优质培训资源，开展高层次数字人才高级研修和学术技术交流活动，加快产学合作协同育人。专业技术人才知识更新工程、高技能领军人才培育计划等人才工程向数字领域倾斜。加强数字领域博士后科研流动站、工作站建设，加大博士后人才培养力度。

（六）举办数字职业技术技能竞赛活动。在全国技能大赛专设智能制造、集成电路、人工智能、数据安全等数字职业竞赛项目，以赛促学、以赛促训，以赛选拔培养数字人才。在全国博士后创新创业大赛中突出新一代信息技术、高端装备制造等数字领域，促进高水平数字人才与项目产业对接。支持各地和有关行业举办数字职业技术技能竞赛。

三、政策保障

（一）优化培养政策。结合数字人才需求，深化数字领域新工科研究与实践，加强高等院校数字领域相关学科专业建设，加大交叉学科人才培养力度。充分发挥职业院校作用，推进职业教育专业升级和数字化改造，新增一批数字领域新专业。推进数字技术相关课程、教材教程和教学团队建设。深化产学研融合，支持高校、科研院所与企业联合培养复合型数字人才。

（二）健全评价体系。持续发布数字职业，动态调整数字职称专业设置。支持各地根据行业发展需要增设人工智能、集成电路、大数据、工业互联网、数据安全等数字领域职称专业。健全数字职业标准和评价标准体系，完善数字经济相关职业资格制度。规范数字技能人才评价，落实高技能人才与专业技术人才职业发展贯通政策。开展数字领域卓越工程师能力评价，推动数字技术工程师国际互认。

（三）完善分配制度。完善数字科技成果转化、增加数字知识价值为导向的收入分配政策，完善高层次人才工资分配激励机制，落实科研人员职务科技成果转化现金奖励政策。制定数字经济从业人员薪酬分配指引，引导企业建立健全符合数字人才特点的企业薪酬分配制度。强化薪酬信息服务，指导有条件的地区结合实际发布数字职业从业人员工资价位信息。

（四）提高投入水平。探索建立通过社会力量筹资的数字人才培养专项基金。企业应按规定提取和使用职工教育经费，不断加大数字人才培养培训投入力度。各地应将符合本地需求的数字职业（工种）培养培训纳入职业技能培训需求指导目录、培训机构目录、实名制信息管理系统。对符合条件人员可按规定落实职业培训补贴、职业技能评价补贴、失业保险技能提升补贴等政策。对跨地区就业创业的允许在常住地或就业地按规定享受相关就业创业扶持政策。

（五）畅通流动渠道。畅通企业数字人才向高校流动渠道，支持高校设立流动岗位，吸引符合条件的企业高层次数字人才按规定兼职，支持和鼓励高校、科研院所数字领域符合条件的科研人员按照国家规定兼职创新、在职和离岗创办企业。

（六）强化激励引导。通过国情研修、休假疗养，开展咨询服务、走访慰问等方式，加强对高层次数字人才的政治引领。将高层次数字人才纳入地方高级专家库，鼓励有条件的地方结合实际在住房、落户、就医服务、子女入学、配偶就业、创业投资、职称评审等方面给予支持或提供便利。加大政策宣传力度，大力弘扬和培育科学家精神、工匠精神，营造数字人才成长成才良好环境。

各部门各有关方面要进一步提高政治站位，深刻认识加强数字人才培育的重要性，站在为党育人、为国育才的政治高度，各司其职、密切协作，着力造就大批高水平数字人才，确保政策到位、措施到位、成效到位。组织部门要加强统筹协调，充分发挥行业主管部门等各方作用，形成工作合力。人力资源社会保障部门要承担政策制定、资源整合、质量监管等职责，发挥综合协调作用，抓好督促落实。网信、发展改革、教育、科技、工业和信息化、数据等部门要立足职能职责，主动谋划实施好本行业本系统本领域重点项目。财政部门要确保相关财政资金及时足额拨付到位。其他有关部门和单位以及行业组织要共同做好数字人才有关工作，确保取得实效。

工业和信息化部关于印发《工业和信息化领域数据安全管理办法（试行）》的通知

工信部网安〔2022〕166号

各省、自治区、直辖市、计划单列市及新疆生产建设兵团工业和信息化主管部门，各省、自治区、直辖市通信管理局，青海、宁夏无线电管理机构，部属各单位，部属各高校，各有关企业：

现将《工业和信息化领域数据安全管理办法（试行)》印发给你们，请认真遵照执行。

工业和信息化部

2022年12月8日

工业和信息化领域数据安全管理办法（试行）

第一章 总 则

第一条 为了规范工业和信息化领域数据处理活动，加强数据安全管理，保障数据安全，促进数据开发利用，保护个人、组织的合法权益，维护国家安全和发展利益，根据《中华人民共和国数据安全法》《中华人民共和国网络安全法》《中华人民共和国个人信息保护法》《中华人民共和国国家安全法》《中华人民共和国民法典》等法律法规，制定本办法。

　　第二条　在中华人民共和国境内开展的工业和信息化领域数据处理活动及其安全监管，应当遵守相关法律、行政法规和本办法的要求。

　　第三条　工业和信息化领域数据包括工业数据、电信数据和无线电数据等。工业数据是指工业各行业各领域在研发设计、生产制造、经营管理、运行维护、平台运营等过程中产生和收集的数据。电信数据是指在电信业务经营活动中产生和收集的数据。无线电数据是指在开展无线电业务活动中产生和收集的无线电频率、台（站）等电波参数数据。工业和信息化领域数据处理者是指数据处理活动中自主决定处理目的、处理方式的工业企业、软件和信息技术服务企业、取得电信业务经营许可证的电信业务经营者和无线电频率、台（站）使用单位等工业和信息化领域各类主体。工业和信息化领域数据处理者按照所属行业领域可分为工业数据处理者、电信数据处理者、无线电数据处理者等。数据处理活动包括但不限于数据收集、存储、使用、加工、传输、提供、公开等活动。

　　第四条　在国家数据安全工作协调机制统筹协调下，工业和信息化部负责督促指导各省、自治区、直辖市及计划单列市、新疆生产建设兵团工业和信息化主管部门，各省、自治区、直辖市通信管理局和无线电管理机构（以下统称地方行业监管部门）开展数据安全监管，对工业和信息化领域的数据处理活动和安全保护进行监督管理。地方行业监管部门分别负责对本地区工业、电信、无线电数据处理者的数据处理活动和安全保护进行监督管理。工业和信息化部及地方行业监管部门统称为行业监管部门。行业监管部门按照有关法律、行政法规，依法配合有关部门开展的数据安全监管相关工作。

　　第五条　行业监管部门鼓励数据开发利用和数据安全技术研究，支持推广数据安全产品和服务，培育数据安全企业、研究和服务机构，发展数据安全产业，提升数据安全保障能力，促进数据的创新应用。工业和信息化领域数据处理者研究、开发、使用数据新技术、新产品、新服务，应当有利于促进经济社会和行业发展，符合社会公德和伦理。

　　第六条　行业监管部门推进工业和信息化领域数据开发利用和数据安全标准体系建设，组织开展相关标准制修订及推广应用工作。

第二章　数据分类分级管理

　　第七条　工业和信息化部组织制定工业和信息化领域数据分类分级、重要数据和核心数据识别认定、数据分级防护等标准规范，指导开展数据分类分级管理工作，制定行业重要数据和核心数据具体目录并实施动态管理。地方行业监管部门分别组织开展本地区工业和信息化领域数据分类分级管理及重要数据和核心数据识别工作,确定本地区重要数据和核心数据具体目录并上报工业和信息化部,目录发生变化的,应当及时上报更新。工业和信息化领域数据处理者应当定期梳理数据,按照相关标准规范识别重要数据和核心数据并形成本单位的具体目录。

第八条 根据行业要求、特点、业务需求、数据来源和用途等因素,工业和信息化领域数据分类类别包括但不限于研发数据、生产运行数据、管理数据、运维数据、业务服务数据等。根据数据遭到篡改、破坏、泄露或者非法获取、非法利用,对国家安全、公共利益或者个人、组织合法权益等造成的危害程度,工业和信息化领域数据分为一般数据、重要数据和核心数据三级。工业和信息化领域数据处理者可在此基础上细分数据的类别和级别。

第九条 危害程度符合下列条件之一的数据为一般数据:

(一)对公共利益或者个人、组织合法权益造成较小影响,社会负面影响小;

(二)受影响的用户和企业数量较少、生产生活区域范围较小、持续时间较短,对企业经营、行业发展、技术进步和产业生态等影响较小;

(三)其他未纳入重要数据、核心数据目录的数据。

第十条 危害程度符合下列条件之一的数据为重要数据:

(一)对政治、国土、军事、经济、文化、社会、科技、电磁、网络、生态、资源、核安全等构成威胁,影响海外利益、生物、太空、极地、深海、人工智能等与国家安全相关的重点领域;

(二)对工业和信息化领域发展、生产、运行和经济利益等造成严重影响;

(三)造成重大数据安全事件或生产安全事故,对公共利益或者个人、组织合法权益造成严重影响,社会负面影响大;

(四)引发的级联效应明显,影响范围涉及多个行业、区域或者行业内多个企业,或者影响持续时间长,对行业发展、技术进步和产业生态等造成严重影响;

(五)经工业和信息化部评估确定的其他重要数据。

第十一条 危害程度符合下列条件之一的数据为核心数据:

(一)对政治、国土、军事、经济、文化、社会、科技、电磁、网络、生态、资源、核安全等构成严重威胁,严重影响海外利益、生物、太空、极地、深海、人工智能等与国家安全相关的重点领域;

(二)对工业和信息化领域及其重要骨干企业、关键信息基础设施、重要资源等造成重大影响;

(三)对工业生产运营、电信网络和互联网运行服务、无线电业务开展等造成重大损害,导致大范围停工停产、大面积无线电业务中断、大规模网络与服务瘫痪、大量业务处理能力丧失等;

(四)经工业和信息化部评估确定的其他核心数据。

第十二条 工业和信息化领域数据处理者应当将本单位重要数据和核心数据目录向本地区行业监管部门备案。备案内容包括但不限于数据来源、类别、级别、规模、载体、处理目的和方式、使用范围、责任主体、对外共享、跨境传输、安全保护措施等基本情况，不包括数据内容本身。地方行业监管部门应当在工业和信息化领域数据处理者提交备案申请的二十个工作日内完成审核工作，备案内容符合要求的，予以备案，同时将备案情况报工业和信息化部；不予备案的应当及时反馈备案申请人并说明理由。备案申请人应当在收到反馈情况后的十五个工作日内再次提交备案申请。备案内容发生重大变化的，工业和信息化领域数据处理者应当在发生变化的三个月内履行备案变更手续。重大变化是指某类重要数据和核心数据规模（数据条目数量或者存储总量等）变化30%以上，或者其它备案内容发生变化。

第三章　数据全生命周期安全管理

第十三条　工业和信息化领域数据处理者应当对数据处理活动负安全主体责任，对各类数据实行分级防护，不同级别数据同时被处理且难以分别采取保护措施的，应当按照其中级别最高的要求实施保护，确保数据持续处于有效保护和合法利用的状态。

（一）建立数据全生命周期安全管理制度，针对不同级别数据，制定数据收集、存储、使用、加工、传输、提供、公开等环节的具体分级防护要求和操作规程；

（二）根据需要配备数据安全管理人员，统筹负责数据处理活动的安全监督管理，协助行业监管部门开展工作；

（三）合理确定数据处理活动的操作权限，严格实施人员权限管理；

（四）根据应对数据安全事件的需要，制定应急预案，并开展应急演练；

（五）定期对从业人员开展数据安全教育和培训；

（六）法律、行政法规等规定的其他措施。工业和信息化领域重要数据和核心数据处理者，还应当：

（一）建立覆盖本单位相关部门的数据安全工作体系，明确数据安全负责人和管理机构，建立常态化沟通与协作机制。本单位法定代表人或者主要负责人是数据安全第一责任人，领导团队中分管数据安全的成员是直接责任人；

（二）明确数据处理关键岗位和岗位职责，并要求关键岗位人员签署数据安全责任书，责任书内容包括但不限于数据安全岗位职责、义务、处罚措施、注意事项等内容；

（三）建立内部登记、审批等工作机制，对重要数据和核心数据的处理活动进行严格管理并留存记录。

第十四条　工业和信息化领域数据处理者收集数据应当遵循合法、正当的原则，不得窃取或者以其他非法方式收集数据。数据收集过程中，应当根据数据安全级别采取相应的安全措施，加强重要数据和核心数据收集人员、设备的管理，并对收集来源、时间、类型、数量、频度、流向等进行记录。通过间接途径获取重要数据和核心数据的，工业和信息化领域数据处理者应当与数据提供方通过签署相关协议、承诺书等方式，明确双方法律责任。

第十五条　工业和信息化领域数据处理者应当按照法律、行政法规规定和用户约定的方式、期限进行数据存储。存储重要数据和核心数据的，应当采用校验技术、密码技术等措施进行安全存储，并实施数据容灾备份和存储介质安全管理，定期开展数据恢复测试。

第十六条　工业和信息化领域数据处理者利用数据进行自动化决策的，应当保证决策的透明度和结果公平合理。使用、加工重要数据和核心数据的，还应当加强访问控制。工业和信息化领域数据处理者提供数据处理服务，涉及经营电信业务的，应当按照相关法律、行政法规规定取得电信业务经营许可。

第十七条　工业和信息化领域数据处理者应当根据传输的数据类型、级别和应用场景，制定安全策略并采取保护措施。传输重要数据和核心数据的，应当采取校验技术、密码技术、安全传输通道或者安全传输协议等措施。

第十八条　工业和信息化领域数据处理者对外提供数据，应当明确提供的范围、类别、条件、程序等。提供重要数据和核心数据的，应当与数据获取方签订数据安全协议，对数据获取方数据安全保护能力进行核验，采取必要的安全保护措施。

第十九条　工业和信息化领域数据处理者应当在数据公开前分析研判可能对国家安全、公共利益产生的影响，存在重大影响的不得公开。

第二十条　工业和信息化领域数据处理者应当建立数据销毁制度，明确销毁对象、规则、流程和技术等要求，对销毁活动进行记录和留存。个人、组织按照法律规定、合同约定等请求销毁的，工业和信息化领域数据处理者应当销毁相应数据。工业和信息化领域数据处理者销毁重要数据和核心数据后，不得以任何理由、任何方式对销毁数据进行恢复，引起备案内容发生变化的，应当履行备案变更手续。

第二十一条　工业和信息化领域数据处理者在中华人民共和国境内收集和产生的重要数据和核心数据，法律、行政法规有境内存储要求的，应当在境内存储，确需向境外提供的，应当依法依规进行数据出境安全评估。工业和信息化部根据有关法律和中华人民共和国缔结或者参加的国际条约、协定，或者按照平等互惠原则，处理外国工业、电信、无线电执法机构关于提供工业和信息化领域数据的请求。非经工业和信息化部批准，工业和信息化领域数据处理者不得向外国工业、电信、无线电执法机构提供存储于中华人民共和国境内的工业和信息化领域数据。

第二十二条　工业和信息化领域数据处理者因兼并、重组、破产等原因需要转移数据的，应当明确数据转移方案，并通过电话、短信、邮件、公告等方式通知受影响用户。涉及重要数据和核心数据备案内容发生变化的，应当履行备案变更手续。

第二十三条　工业和信息化领域数据处理者委托他人开展数据处理活动的，应当通过签订合同协议等方式，明确委托方与受托方的数据安全责任和义务。委托处理重要数据和核心数据的，应当对受托方的数据安全保护能力、资质进行核验。除法律、行政法规等另有规定外，未经委托方同意，受托方不得将数据提供给第三方。

第二十四条 跨主体提供、转移、委托处理核心数据的，工业和信息化领域数据处理者应当评估安全风险，采取必要的安全保护措施，并由本地区行业监管部门审查后报工业和信息化部。工业和信息化部按照有关规定进行审查。

第二十五条 工业和信息化领域数据处理者应当在数据全生命周期处理过程中，记录数据处理、权限管理、人员操作等日志。日志留存时间不少于六个月。

第四章 数据安全监测预警与应急管理

第二十六条 工业和信息化部建立数据安全风险监测机制，组织制定数据安全监测预警接口和标准，统筹建设数据安全监测预警技术手段，形成监测、预警、处置、溯源等能力，与相关部门加强信息共享。地方行业监管部门分别建设本地区数据安全风险监测预警机制，组织开展数据安全风险监测，按照有关规定及时发布预警信息，通知本地区工业和信息化领域数据处理者及时采取应对措施。工业和信息化领域数据处理者应当开展数据安全风险监测，及时排查安全隐患，采取必要的措施防范数据安全风险。

第二十七条 工业和信息化部建立数据安全风险信息上报和共享机制，统一汇集、分析、研判、通报数据安全风险信息，鼓励安全服务机构、行业组织、科研机构等开展数据安全风险信息上报和共享。地方行业监管部门分别汇总分析本地区数据安全风险，及时将可能造成重大及以上安全事件的风险上报工业和信息化部。工业和信息化领域数据处理者应当及时将可能造成较大及以上安全事件的风险向本地区行业监管部门报告。

第二十八条 工业和信息化部制定工业和信息化领域数据安全事件应急预案，组织协调重要数据和核心数据安全事件应急处置工作。地方行业监管部门分别组织开展本地区数据安全事件应急处置工作。涉及重要数据和核心数据的安全事件，应当立即上报工业和信息化部，并及时报告事件发展和处置情况。工业和信息化领域数据处理者在数据安全事件发生后，应当按照应急预案，及时开展应急处置，涉及重要数据和核心数据的安全事件，第一时间向本地区行业监管部门报告，事件处置完成后在规定期限内形成总结报告，每年向本地区行业监管部门报告数据安全事件处置情况。工业和信息化领域数据处理者对发生的可能损害用户合法权益的数据安全事件，应当及时告知用户，并提供减轻危害措施。

第二十九条 工业和信息化部委托相关行业组织建立工业和信息化领域数据安全违法行为投诉举报渠道，地方行业监管部门分别建立本地区数据安全违法行为投诉举报机制或渠道，依法接收、处理投诉举报，根据工作需要开展执法调查。鼓励工业和信息化领域数据处理者建立用户投诉处理机制。

第五章　数据安全检测、认证、评估管理

第三十条　工业和信息化部指导、鼓励具备相应资质的机构，依据相关标准开展行业数据安全检测、认证工作。

第三十一条　工业和信息化部制定行业数据安全评估管理制度，开展评估机构管理工作。制定行业数据安全评估规范，指导评估机构开展数据安全风险评估、出境安全评估等工作。地方行业监管部门分别负责组织开展本地区数据安全评估工作。工业和信息化领域重要数据和核心数据处理者应当自行或委托第三方评估机构，每年对其数据处理活动至少开展一次风险评估，及时整改风险问题，并向本地区行业监管部门报送风险评估报告。

第六章　监　督　检　查

第三十二条　行业监管部门对工业和信息化领域数据处理者落实本办法要求的情况进行监督检查。工业和信息化领域数据处理者应当对行业监管部门监督检查予以配合。

第三十三条　工业和信息化部在国家数据安全工作协调机制指导下，开展工业和信息化领域数据安全审查相关工作。

第三十四条　行业监管部门及其委托的数据安全评估机构工作人员对在履行职责中知悉的个人信息和商业秘密等，应当严格保密，不得泄露或者非法向他人提供。

第七章　法　律　责　任

第三十五条　行业监管部门在履行数据安全监督管理职责中，发现数据处理活动存在较大安全风险的，可以按照规定权限和程序对工业和信息化领域数据处理者进行约谈，并要求采取措施进行整改，消除隐患。

第三十六条　有违反本办法规定行为的，由行业监管部门按照相关法律法规，根据情节严重程度给予没收违法所得、罚款、暂停业务、停业整顿、吊销业务许可证等行政处罚；构成犯罪的，依法追究刑事责任。

第八章　附　　　则

第三十七条　中央企业应当督促指导所属企业，在重要数据和核心数据目录备案、核心数据跨主体处理风险评估、风险信息上报、年度数据安全事件处置报告、重要数据和核心数据风险评估等工作中履行属地管理要求，还应当全面梳理汇总企业集团本部、所属公司的数据安全相关情况，并及时报送工业和信息化部。

第三十八条　开展涉及个人信息的数据处理活动,还应当遵守有关法律、行政法规的规定。

第三十九条　涉及军事、国家秘密信息等数据处理活动,按照国家有关规定执行。

第四十条　工业和信息化领域政务数据处理活动的具体办法,由工业和信息化部另行规定。

第四十一条　国防科技工业、烟草领域数据安全管理由国家国防科技工业局、国家烟草专卖局负责,具体制度参照本办法另行制定。

第四十二条　本办法自 2023 年 1 月 1 日起施行。

财政部关于印发《企业数据资源相关
会计处理暂行规定》的通知

财会〔2023〕11 号

国务院有关部委、有关直属机构,各省、自治区、直辖市、计划单列市财政厅(局),新疆生产建设兵团财政局,财政部各地监管局,有关单位:

为规范企业数据资源相关会计处理,强化相关会计信息披露,根据《中华人民共和国会计法》和相关企业会计准则,我们制定了《企业数据资源相关会计处理暂行规定》,现予印发,请遵照执行。

执行中如有问题,请及时反馈我部。

财政部

2023 年 8 月 1 日

企业数据资源相关会计处理暂行规定

为规范企业数据资源相关会计处理,强化相关会计信息披露,根据《中华人民共和国会计法》和企业会计准则等相关规定,现对企业数据资源的相关会计处理规定如下:

一、关于适用范围

本规定适用于企业按照企业会计准则相关规定确认为无形资产或存货等资产类别的数据资源,以及企业合法拥有或控制的、预期会给企业带来经济利益的、但由于不满足企业会计准则相关资产确认条件而未确认为资产的数据资源的相关会计处理。

二、关于数据资源会计处理适用的准则

企业应当按照企业会计准则相关规定，根据数据资源的持有目的、形成方式、业务模式，以及与数据资源有关的经济利益的预期消耗方式等，对数据资源相关交易和事项进行会计确认、计量和报告。

1. 企业使用的数据资源，符合《企业会计准则第 6 号——无形资产》（财会〔2006〕3 号，以下简称无形资产准则）规定的定义和确认条件的，应当确认为无形资产。

2. 企业应当按照无形资产准则、《〈企业会计准则第 6 号——无形资产〉应用指南》（财会〔2006〕18 号，以下简称无形资产准则应用指南）等规定，对确认为无形资产的数据资源进行初始计量、后续计量、处置和报废等相关会计处理。

其中，企业通过外购方式取得确认为无形资产的数据资源，其成本包括购买价款、相关税费，直接归属于使该项无形资产达到预定用途所发生的数据脱敏、清洗、标注、整合、分析、可视化等加工过程所发生的有关支出，以及数据权属鉴证、质量评估、登记结算、安全管理等费用。企业通过外购方式取得数据采集、脱敏、清洗、标注、整合、分析、可视化等服务所发生的有关支出，不符合无形资产准则规定的无形资产定义和确认条件的，应当根据用途计入当期损益。

企业内部数据资源研究开发项目的支出，应当区分研究阶段支出与开发阶段支出。研究阶段的支出，应当于发生时计入当期损益。开发阶段的支出，满足无形资产准则第九条规定的有关条件的，才能确认为无形资产。

企业在对确认为无形资产的数据资源的使用寿命进行估计时，应当考虑无形资产准则应用指南规定的因素，并重点关注数据资源相关业务模式、权利限制、更新频率和时效性、有关产品或技术迭代、同类竞品等因素。

3. 企业在持有确认为无形资产的数据资源期间，利用数据资源对客户提供服务的，应当按照无形资产准则、无形资产准则应用指南等规定，将无形资产的摊销金额计入当期损益或相关资产成本；同时，企业应当按照《企业会计准则第 14 号——收入》（财会〔2017〕22 号，以下简称收入准则）等规定确认相关收入。

除上述情形外，企业利用数据资源对客户提供服务的，应当按照收入准则等规定确认相关收入，符合有关条件的应当确认合同履约成本。

4. 企业日常活动中持有、最终目的用于出售的数据资源，符合《企业会计准则第 1 号——存货》（财会〔2006〕3 号，以下简称存货准则）规定的定义和确认条件的，应当确认为存货。

5. 企业应当按照存货准则、《〈企业会计准则第 1 号——存货〉应用指南》（财会〔2006〕18 号）等规定，对确认为存货的数据资源进行初始计量、后续计量等相关会计处理。

其中，企业通过外购方式取得确认为存货的数据资源，其采购成本包括购买价款、相关税费、保险费，以及数据权属鉴证、质量评估、登记结算、安全管理等所

发生的其他可归属于存货采购成本的费用。企业通过数据加工取得确认为存货的数据资源，其成本包括采购成本，数据采集、脱敏、清洗、标注、整合、分析、可视化等加工成本和使存货达到目前场所和状态所发生的其他支出。

6. 企业出售确认为存货的数据资源，应当按照存货准则将其成本结转为当期损益；同时，企业应当按照收入准则等规定确认相关收入。

7. 企业出售未确认为资产的数据资源，应当按照收入准则等规定确认相关收入。

三、关于列示和披露要求

（一）资产负债表相关列示。

企业在编制资产负债表时，应当根据重要性原则并结合本企业的实际情况，在"存货"项目下增设"其中：数据资源"项目，反映资产负债表日确认为存货的数据资源的期末账面价值；在"无形资产"项目下增设"其中：数据资源"项目，反映资产负债表日确认为无形资产的数据资源的期末账面价值；在"开发支出"项目下增设"其中：数据资源"项目，反映资产负债表日正在进行数据资源研究开发项目满足资本化条件的支出金额。

（二）相关披露。

企业应当按照相关企业会计准则及本规定等，在会计报表附注中对数据资源相关会计信息进行披露。

1. 确认为无形资产的数据资源相关披露。

（1）企业应当按照外购无形资产、自行开发无形资产等类别，对确认为无形资产的数据资源（以下简称数据资源无形资产）相关会计信息进行披露，并可以在此基础上根据实际情况对类别进行拆分。具体披露格式如下：

项目	外购的数据资源无形资产	自行开发的数据资源无形资产	其他方式取得的数据资源无形资产	合计
一、账面原值				
1. 期初余额				
2. 本期增加金额				
其中：购入				
内部研发				
其他增加				
3. 本期减少金额				
其中：处置				

项目	外购的数据资源无形资产	自行开发的数据资源无形资产	其他方式取得的数据资源无形资产	合计
失效且终止确认				
其他减少				
4. 期末余额				
二、累计摊销				
1. 期初余额				
2. 本期增加金额				
3. 本期减少金额				
其中：处置				
失效且终止确认				
其他减少				
4. 期末余额				
三、减值准备				
1. 期初余额				
2. 本期增加金额				
3. 本期减少金额				
4. 期末余额				
四、账面价值				
1. 期末账面价值				
2. 期初账面价值				

（2）对于使用寿命有限的数据资源无形资产，企业应当披露其使用寿命的估计情况及摊销方法；对于使用寿命不定的数据资源无形资产，企业应当披露其账面价值及使用寿命不确定的判断依据。

（3）企业应当按照《企业会计准则第 28 号——会计政策、会计估计变更和差错更正》（财会〔2006〕3 号）的规定，披露对数据资源无形资产的摊销期、摊销方法或残值的变更内容、原因以及对当期和未来期间的影响数。

（4）企业应当单独披露对企业财务报表具有重要影响的单项数据资源无形资产的内容、账面价值和剩余摊销期限。

（5）企业应当披露所有权或使用权受到限制的数据资源无形资产，以及用于担保的数据资源无形资产的账面价值、当期摊销额等情况。

（6）企业应当披露计入当期损益和确认为无形资产的数据资源研究开发支出金额。

（7）企业应当按照《企业会计准则第 8 号——资产减值》（财会〔2006〕3 号）等规定，披露与数据资源无形资产减值有关的信息。

（8）企业应当按照《企业会计准则第 42 号——持有待售的非流动资产、处置组和终止经营》（财会〔2017〕13 号）等规定，披露划分为持有待售类别的数据资源无形资产有关信息。

2. 确认为存货的数据资源相关披露。

（1）企业应当按照外购存货、自行加工存货等类别，对确认为存货的数据资源（以下简称数据资源存货）相关会计信息进行披露，并可以在此基础上根据实际情况对类别进行拆分。具体披露格式如下：

项目	外购的数据资源存货	自行加工的数据资源存货	其他方式取得的数据资源存货	合计
一、账面原值				
1. 期初余额				
2. 本期增加金额				
其中：购入				
采集加工				
其他增加				
3. 本期减少金额				
其中：出售				
失效且终止确认				
其他减少				
4. 期末余额				
二、存货跌价准备				
1. 期初余额				
2. 本期增加金额				
3. 本期减少金额				
其中：转回				
转销				

项目	外购的数据资源存货	自行加工的数据资源存货	其他方式取得的数据资源存货	合计
4. 期末余额				
三、账面价值				
1. 期末账面价值				
2. 期初账面价值				

（2）企业应当披露确定发出数据资源存货成本所采用的方法。

（3）企业应当披露数据资源存货可变现净值的确定依据、存货跌价准备的计提方法、当期计提的存货跌价准备的金额、当期转回的存货跌价准备的金额，以及计提和转回的有关情况。

（4）企业应当单独披露对企业财务报表具有重要影响的单项数据资源存货的内容、账面价值和可变现净值。

（5）企业应当披露所有权或使用权受到限制的数据资源存货，以及用于担保的数据资源存货的账面价值等情况。

3. 其他披露要求。

企业对数据资源进行评估且评估结果对企业财务报表具有重要影响的，应当披露评估依据的信息来源，评估结论成立的假设前提和限制条件，评估方法的选择，各重要参数的来源、分析、比较与测算过程等信息。

企业可以根据实际情况，自愿披露数据资源（含未作为无形资产或存货确认的数据资源）下列相关信息：

（1）数据资源的应用场景或业务模式、对企业创造价值的影响方式，与数据资源应用场景相关的宏观经济和行业领域前景等。

（2）用于形成相关数据资源的原始数据的类型、规模、来源、权属、质量等信息。

（3）企业对数据资源的加工维护和安全保护情况，以及相关人才、关键技术等的持有和投入情况。

（4）数据资源的应用情况，包括数据资源相关产品或服务等的运营应用、作价出资、流通交易、服务计费方式等情况。

（5）重大交易事项中涉及的数据资源对该交易事项的影响及风险分析，重大交易事项包括但不限于企业的经营活动、投融资活动、质押融资、关联方及关联交易、承诺事项、或有事项、债务重组、资产置换等。

（6）数据资源相关权利的失效情况及失效事由、对企业的影响及风险分析等，如数据资源已确认为资产的，还包括相关资产的账面原值及累计摊销、减值准备或跌价准备、失效部分的会计处理。

（7）数据资源转让、许可或应用所涉及的地域限制、领域限制及法律法规限制等权利限制。

（8）企业认为有必要披露的其他数据资源相关信息。

四、附则

本规定自 2024 年 1 月 1 日起施行。企业应当采用未来适用法执行本规定，本规定施行前已经费用化计入损益的数据资源相关支出不再调整。

财政部关于印发《关于加强数据资产管理的指导意见》的通知

财资〔2023〕141 号

各省、自治区、直辖市、计划单列市财政厅（局），新疆生产建设兵团财政局：

为深入贯彻落实党中央关于构建数据基础制度的决策部署，规范和加强数据资产管理，更好推动数字经济发展，根据《中华人民共和国网络安全法》、《中华人民共和国数据安全法》、《中华人民共和国个人信息保护法》等，我们制定了《关于加强数据资产管理的指导意见》。现印发给你们，请遵照执行。

财政部

2023 年 12 月 31 日

关于加强数据资产管理的指导意见

数据资产，作为经济社会数字化转型进程中的新兴资产类型，正日益成为推动数字中国建设和加快数字经济发展的重要战略资源。为深入贯彻落实党中央决策部署，现就加强数据资产管理提出如下意见。

一、总体要求

（一）指导思想。

以习近平新时代中国特色社会主义思想为指导，全面深入贯彻落实党的二十大精神，完整、准确、全面贯彻新发展理念，加快构建新发展格局，坚持统筹发展和安全，坚持改革创新、系统谋划，把握全球数字经济发展趋势，建立数据资产管理制度，促进数据资产合规高效流通使用，构建共治共享的数据资产管理格局，为加快经济社会数字化转型、推动高质量发展、推进国家治理体系和治理能力现代化提供有力支撑。

（二）基本原则。

——坚持确保安全与合规利用相结合。统筹发展和安全，正确处理数据资产安全、个人信息保护与数据资产开发利用的关系。以保障数据安全为前提，对需要严格保护的数据，审慎推进数据资产化；对可开发利用的数据，支持合规推进数据资产化，进一步发挥数据资产价值。

——坚持权利分置与赋能增值相结合。适应数据资产多用途属性，按照"权责匹配、保护严格、流转顺畅、利用充分"原则，明确数据资产管理各方权利义务，推动数据资产权利分置，完善数据资产权利体系，丰富权利类型，有效赋能增值，夯实开发利用基础。

——坚持分类分级与平等保护相结合。加强数据分类分级管理，建立数据资产分类分级授权使用规范。鼓励按用途增加公共数据资产供给，推动用于公共治理、公益事业的公共数据资产有条件无偿使用，平等保护各类数据资产权利主体合法权益。

——坚持有效市场与有为政府相结合。充分发挥市场配置资源的决定性作用，探索多样化有偿使用方式。支持用于产业发展、行业发展的公共数据资产有条件有偿使用。加大政府引导调节力度，探索建立公共数据资产开发利用和收益分配机制。强化政府对数据资产全过程监管，加强数据资产全过程管理。

——坚持创新方式与试点先行相结合。强化部门协同联动，完善数据资产管理体制机制。坚持顶层设计与基层探索相结合，坚持改革于法有据，既要发挥顶层设计指导作用，又要鼓励支持各方因地制宜、大胆探索。

（三）总体目标。

构建"市场主导、政府引导、多方共建"的数据资产治理模式，逐步建立完善数据资产管理制度，不断拓展应用场景，不断提升和丰富数据资产经济价值和社会价值，推进数据资产全过程管理以及合规化、标准化、增值化。通过加强和规范公共数据资产基础管理工作，探索公共数据资产应用机制，促进公共数据资产高质量供给，有效释放公共数据价值，为赋能实体经济数字化转型升级，推进数字经济高质量发展，加快推进共同富裕提供有力支撑。

二、主要任务

（四）依法合规管理数据资产。保护各类主体在依法收集、生成、存储、管理数据资产过程中的相关权益。鼓励各级党政机关、企事业单位等经依法授权具有公共事务管理和公共服务职能的组织（以下统称公共管理和服务机构）将其依法履职或提供公共服务过程中持有或控制的，预期能够产生管理服务潜力或带来经济利益流入的公共数据资源，作为公共数据资产纳入资产管理范畴。涉及处理国家安全、商业秘密和个人隐私的，应当依照法律、行政法规规定的权限、程序进行，不得超出履行法定职责所必需的范围和限度。相关部门结合国家有关数据目录工作要求，按照资产管理相关要求，组织梳理统计本系统、本行业符合数据资产范围和确认要求的公共数据资产目录清单，登记数据资产卡片，暂不具备确认登记条件的可先纳入资产备查簿。

（五）明晰数据资产权责关系。适应数据多种属性和经济社会发展要求，与数据分类分级、确权授权使用要求相衔接，落实数据资源持有权、数据加工使用权和数据产品经营权权利分置要求，加快构建分类科学的数据资产产权体系。明晰公共数据资产权责边界，促进公共数据资产流通应用安全可追溯。探索开展公共数据资产权益在特定领域和经营主体范围内入股、质押等，助力公共数据资产多元化价值流通。

（六）完善数据资产相关标准。推动技术、安全、质量、分类、价值评估、管理运营等数据资产相关标准建设。鼓励行业根据发展需要，自行或联合制定企业数据资产标准。支持企业、研究机构、高等学校、相关行业组织等参与数据资产标准制定。公共管理和服务机构应配套建立公共数据资产卡片，明确公共数据资产基本信息、权利信息、使用信息、管理信息等。在对外授予数据资产加工使用权、数据产品经营权时，在本单位资产卡片中对授权进行登记标识，在不影响本单位继续持有或控制数据资产的前提下，可不减少或不核销本单位数据资产。

（七）加强数据资产使用管理。鼓励数据资产持有主体提升数据资产数字化管理能力，结合数据采集加工周期和安全等级等实际情况及要求，对所持有或控制的数据资产定期更新维护。数据资产各权利主体建立健全全流程数据安全管理机制，提升安全保护能力。支持各类主体依法依规行使数据资产相关权利，促进数据资产价值复用和市场化流通。结合数据资产流通范围、流通模式、供求关系、应用场景、潜在风险等，不断完善数据资产全流程合规管理。在保障安全、可追溯的前提下，推动依法依规对公共数据资产进行开发利用。支持公共管理和服务机构为提升履职能力和公共服务水平，强化公共数据资产授权运营和使用管理。公共管理和服务机构要按照有关规定对授权运营的公共数据资产使用情况等重要信息进行更新维护。

（八）稳妥推动数据资产开发利用。完善数据资产开发利用规则，推进形成权责清晰、过程透明、风险可控的数据资产开发利用机制。严格按照"原始数据不出域、数据可用不可见"要求和资产管理制度规定，公共管理和服务机构可授权运营主体对其持有或控制的公共数据资产进行运营。授权运营前要充分评估授权运营可能带来的安全风险，明确安全责任。运营主体应建立公共数据资产安全可信的运营环境，在授权范围内推动可开发利用的公共数据资产向区域或国家级大数据平台和交易平台汇聚。支持运营主体对各类数据资产进行融合加工。探索建立公共数据资产政府指导定价机制或评估、拍卖竞价等市场价格发现机制。鼓励在金融、交通、医疗、能源、工业、电信等数据富集行业探索开展多种形式的数据资产开发利用模式。

（九）健全数据资产价值评估体系。推进数据资产评估标准和制度建设，规范数据资产价值评估。加强数据资产评估能力建设，培养跨专业、跨领域数据资产评估人才。全面识别数据资产价值影响因素，提高数据资产评估总体业务水平。推动数据资产价值评估业务信息化建设，利用数字技术或手段对数据资产价值进行预测和分析，构建数据资产价值评估标准库、规则库、指标库、模型库和案例库等，支撑标准化、规范化和便利化业务开展。开展公共数据资产价值评估时，要按照资产评估机构选聘有关要求，强化公平、公正、公开和诚实信用，有效维护公共数据资产权利主体权益。

（十）畅通数据资产收益分配机制。完善数据资产收益分配与再分配机制。按照"谁投入、谁贡献、谁受益"原则，依法依规维护各相关主体数据资产权益。支持合法合规对数据资产价值进行再次开发挖掘，尊重数据资产价值再创造、再分配，支持数据资产使用权利各个环节的投入有相应回报。探索建立公共数据资产治理投入和收益分配机制，通过公共数据资产运营公司对公共数据资产进行专业化运营，推动公共数据资产开发利用和价值实现。探索公共数据资产收益按授权许可约定向提供方等进行比例分成，保障公共数据资产提供方享有收益的权利。在推进有条件有偿使用过程中，不得影响用于公共治理、公益事业的公共数据有条件无偿使用，相关方要依法依规采取合理措施获取收益，避免向社会公众转嫁不合理成本。公共数据资产各权利主体依法纳税并按国家规定上缴相关收益，由国家财政依法依规纳入预算管理。

（十一）规范数据资产销毁处置。对经认定失去价值、没有保存要求的数据资产，进行安全和脱敏处理后及时有效销毁，严格记录数据资产销毁过程相关操作。委托他人代为处置数据资产的，应严格签订数据资产安全保密合同，明确双方安全保护责任。公共数据资产销毁处置要严格履行规定的内控流程和审批程序，严禁擅自处置，避免公共数据资产流失或泄露造成法律和安全风险。

（十二）强化数据资产过程监测。数据资产各权利主体均应落实数据资产安全管理责任，按照分类分级原则，在网络安全等级保护制度的基础上，落实数据安全保护制度，把安全贯彻数据资产开发、流通、使用全过程，提升数据资产安全保障能力。权利主体因合并、分立、收购等方式发生变更，新的权利主体应继续落实数据资产管理责任。数据资产各权利主体应当记录数据资产的合法来源，确保来源清晰可追溯。公共数据资产权利主体开放共享数据资产的，应当建立和完善安全管理和对外提供制度机制。鼓励开展区域性、行业性数据资产统计监测工作，提升对数据资产的宏观观测与管理能力。

（十三）加强数据资产应急管理。数据资产各权利主体应分类分级建立数据资产预警、应急和处置机制，深度分析相关领域数据资产风险环节，梳理典型应用场景，对数据资产泄露、损毁、丢失、篡改等进行与类别级别相适的预警和应急管理，制定应急处置预案。出现风险事件，及时启动应急处置措施，最大程度避免或减少资产损失。支持开展数据资产技术、服务和管理体系认证。鼓励开展数据资产安全存储与计算相关技术研发与产品创新。跟踪监测公共数据资产时，要及时识别潜在风险事件，第一时间采取应急管理措施，有效消除或控制相关风险。

（十四）完善数据资产信息披露和报告。鼓励数据资产各相关主体按有关要求及时披露、公开数据资产信息，增加数据资产供给。数据资产交易平台应对交易流通情况进行实时更新并定期进行信息披露，促进交易市场公开透明。稳步推进国有企业和行政事业单位所持有或控制的数据资产纳入本级政府国有资产报告工作，接受同级人大常委会监督。

（十五）严防数据资产价值应用风险。数据资产权利主体应建立数据资产协同管理的应用价值风险防控机制，多方联动细化操作流程及关键管控点。鼓励借助中介机构力量和专业优势，有效识别和管控数据资产化、数据资产资本化以及证券化的潜在风险。公共数据资产权利主体在相关资产交易或并购等活动中，应秉持谨慎性原则扎实开展可研论证和尽职调查，规范实施资产评估，严防虚增公共数据资产价值。加强监督检查，对涉及公共数据资产运营的重大事项开展审计，将国有企业所属数据资产纳入内部监督重点检查范围，聚焦高溢价和高减值项目，准确发现管理漏洞，动态跟踪价值变动，审慎开展价值调整，及时采取防控措施降低或消除价值应用风险。

三、实施保障

（十六）加强组织实施。切实提高政治站位，统一思想认识，把坚持和加强党的领导贯穿到数据资产管理全过程各方面，高度重视激发公共数据资产潜能，加强公共数据资产管理。加强统筹协调，建立推进数据资产管理的工作机制，促进跨地区跨部门跨层级协同联动，确保工作有序推进。强化央地联动，及时研究解决工作推进中的重大问题。探索将公共数据资产管理发展情况纳入有关考核评价指标体系。

（十七）加大政策支持。按照财政事权和支出责任相适应原则，统筹利用现有资金渠道，支持统一的数据资产标准和制度建设、数据资产相关服务、数据资产管理和运营平台等项目实施。统筹运用财政、金融、土地、科技、人才等多方面政策工具，加大对数据资产开发利用、数据资产管理运营的基础设施、试点试验区等扶持力度，鼓励产学研协作，引导金融机构和社会资本投向数据资产领域。

（十八）积极鼓励试点。坚持顶层设计与基层探索结合，形成鼓励创新、容错免责良好氛围。支持有条件的地方、行业和企业先行先试，结合已出台的文件制度，探索开展公共数据资产登记、授权运营、价值评估和流通增值等工作，因地制宜探索数据资产全过程管理有效路径。加大对优秀项目、典型案例的宣介力度，总结提炼可复制、可推广的经验和做法，以点带面推动数据资产开发利用和流通增值。鼓励地方、行业协会和相关机构促进数据资产相关标准、技术、产品和案例等的推广应用。

财政部《关于加强行政事业单位数据资产管理的通知》

财资〔2024〕1 号

党中央有关部门，国务院各部委、各直属机构，全国人大常委会办公厅，全国政协办公厅，最高人民法院，最高人民检察院，各民主党派中央，有关人民团体，各省、自治区、直辖市、计划单列市财政厅（局），新疆生产建设兵团财政局，有关中央管理企业：

为贯彻落实《中共中央 国务院关于构建数据基础制度更好发挥数据要素作用的意见》，加强行政事业单位数据资产管理，充分发挥数据资产价值作用，保障数据资产安全，更好地服务与保障单位履职和事业发展，根据《行政事业性国有资产管理条例》（国务院令第 738 号）、《财政部关于印发〈关于加强数据资产管理的指导意见〉的通知》（财资〔2023〕141 号）等有关规定，现就加强行政事业单位数据资产管理工作通知如下：

一、明晰管理责任，健全管理制度

（一）明晰责任。行政事业单位数据资产是各级行政事业单位在依法履职或提供公共服务过程中持有或控制的，预期能够产生管理服务潜力或带来经济利益流入的数据资源。地方财政部门应当结合本地实际，逐步建立健全数据资产管理制度及机制，并负责组织实施和监督检查。各部门要切实加强本部门数据资产管理工作，指导、监督所属单位数据资产管理工作。各部门所属单位负责本单位数据资产的具体管理。

（二）健全制度。各部门应当根据工作需要和实际情况，建立健全行政事业单位数据资产管理办法，针对数据资产确权、配置、使用、处置、收益、安全、保密等重点管理环节，细化管理要求，明确操作规程，确保管理规范、流程清晰、责任可查。涉及处理个人信息的，应当依照相关法律法规规定的权限和程序进行。

二、规范管理行为，释放资产价值

（三）从严配置。行政事业单位主要通过自主采集、生产加工、购置等方式配置数据资产。加强数据资产源头管理，在依法履职或提供公共服务过程中，应当按照规定的范围、方法、技术标准等进行自主采集、生产加工数据形成资产。通过购置方式配置数据资产的，应当根据依法履职和事业发展需要，落实过紧日子要求，按照预算管理规定科学配置，涉及政府采购的应当执行政府采购有关规定。

（四）规范使用。依据《中华人民共和国数据安全法》等规定，做好数据资产加工处理工作，提高数据资产质量和管理水平。规范数据资产授权，经安全评估并按资产管理权限审批后，可将数据加工使用权、数据产品经营权授权运营主体进行运营。运营主体应当建立安全可信的运营环境，在授权范围内运营，并对数据的安全和合规负责。各部门及其所属单位对外授权有偿使用数据资产，应当严格按照资产管理权限履行审批程序，并按照国家规定对资产相关权益进行评估。不得利用数据资产进行担保，新增政府隐性债务。严禁借授权有偿使用数据资产的名义，变相虚增财政收入。

（五）开放共享。积极推动数据资产开放共享，在确保公共安全和保护个人隐私的前提下，加强数据资产汇聚共享和开发开放，促进数据资产使用价值充分利用。加大数据资产供给使用，推动用于公共治理、公益事业的数据资产有条件无偿使用，探索用于产业发展、行业发展的数据资产有条件有偿使用。依法依规予以保密的数据资产不予开放，开放共享进入市场的数据资产应当明确授权使用范围，并严格授权使用。

（六）审慎处置。各部门及其所属单位应当根据依法履职、事业发展需要和数据资产使用状况，经集体决策和履行审批程序，依据处置事项批复等相关文件及时处置数据资产。确需彻底删除、销毁数据资产的，应当按照保密制度的规定，利用专业技术手段彻底销毁，确保无法恢复。

（七）严格收益。建立合理的数据资产收益分配机制，依法依规维护数据资产权益。行政单位数据资产使用形成的收入，按照政府非税收入和国库集中收缴制度的有关规定管理。事业单位数据资产使用形成的收入，由本级财政部门规定具体管理办法。除国家另有规定外，行政事业单位数据资产的处置收入按照政府非税收入和国库集中收缴制度的有关规定管理。任何行政事业单位及个人不得违反国家规定，多收、少收、不收、少缴、不缴、侵占、私分、截留、占用、挪用、隐匿、坐支数据资产相关收入。

（八）夯实基础。各部门及其所属单位要结合数据资源目录对数据资产进行清查盘点，并按照《固定资产等资产基础分类与代码》（GB/T 14885 – 2022）等国家标准，加强数据资产登记，在预算管理一体化系统中建立并完善资产信息卡。

三、严格防控风险，确保数据安全

（九）维护安全。各部门及其所属单位要认真贯彻总体国家安全观，严格遵守《中华人民共和国网络安全法》、《中华人民共和国数据安全法》、《中华人民共和国个人信息保护法》等法律制度规定，落实网络安全等级保护制度，建立数据资产安全管理制度和监测预警、应急处置机制，推进数据资产分类分级管理，把安全贯穿数据资产全生命周期管理，有效防范和化解各类数据资产安全风险，切实筑牢数据资产安全保障防线。各部门及其所属单位应当按规定做好国家数据安全风险评估。

（十）加强监督。各部门及其所属单位要加强数据资产监督，坚持事前监督与事中监督、事后监督相结合，日常监督和专项检查相结合，构筑立体化监督网络；自觉接受人大监督、审计监督、财会监督等各类监督，确保数据资产安全完整。

（十一）及时报告。各部门及其所属单位应当将数据资产管理情况逐步纳入行政事业性国有资产管理情况报告。

数据资产作为经济社会数字化转型进程中的新兴资产类型，是国家重要的战略资源。各部门及其所属单位要按照国家有关规定及本通知要求，切实加强行政事业单位数据资产管理，因地制宜探索数据资产管理模式，充分实现数据要素价值，更好发挥数据资产对推动数字经济发展的支撑作用。

财政部

2024 年 2 月 5 日

中评协关于印发《数据资产评估指导意见》的通知

中评协〔2023〕17 号

各省、自治区、直辖市、计划单列市资产评估协会（有关注册会计师协会）：

为规范数据资产评估执业行为，保护资产评估当事人合法权益和公共利益，在财政部指导下，中国资产评估协会制定了《数据资产评估指导意见》，现予印发，自 2023 年 10 月 1 日起施行。

请各地方协会将《数据资产评估指导意见》及时转发资产评估机构，组织学习和培训，并将执行过程中发现的问题及时上报中国资产评估协会。

中国资产评估协会

2023 年 9 月 8 日

数据资产评估指导意见

第一章 总 则

第一条 为规范数据资产评估行为，保护资产评估当事人合法权益和公共利益，根据《资产评估基本准则》及其他相关资产评估准则，制定本指导意见。

第二条 本指导意见所称数据资产，是指特定主体合法拥有或者控制的，能进行货币计量的，且能带来直接或者间接经济利益的数据资源。

第三条 本指导意见所称数据资产评估，是指资产评估机构及其资产评估专业人员遵守法律、行政法规和资产评估准则，根据委托对评估基准日特定目的下的数据资产价值进行评定和估算，并出具资产评估报告的专业服务行为。

第四条 执行数据资产评估业务，应当遵守本指导意见。

第二章 基本遵循

第五条 执行数据资产评估业务，应当遵守法律、行政法规和资产评估准则，坚持独立、客观、公正的原则，诚实守信，勤勉尽责，谨慎从业，遵守职业道德规范，自觉维护职业形象，不得从事损害职业形象的活动。

第六条 执行数据资产评估业务，应当独立进行分析和估算并形成专业意见，拒绝委托人或者其他相关当事人的干预，不得直接以预先设定的价值作为评估结论。

第七条 执行数据资产评估业务，应当具备数据资产评估的专业知识和实践经验，能够胜任所执行的数据资产评估业务。缺乏特定的数据资产评估专业知识、技术手段和经验时，应当采取弥补措施，包括利用数据领域专家工作成果及相关专业报告等。

第八条 执行数据资产评估业务，应当关注数据资产的安全性和合法性，并遵守保密原则。

第九条 执行企业价值评估中的数据资产评估业务，应当了解数据资产作为企业资产组成部分的价值可能有别于作为单项资产的价值，其价值取决于它对企业价值的贡献程度。数据资产与其他资产共同发挥作用时，需要采用适当方法区分数据资产和其他资产的贡献，合理评估数据资产价值。

第十条 执行数据资产评估业务，应当根据评估业务具体情况和数据资产的特性，对评估对象进行针对性的现场调查，收集数据资产基本信息、权利信息、相关财务会计信息和其他资料，并进行核查验证、分析整理和记录。核查数据资产基本信息可以利用数据领域专家工作成果及相关专业报告等。资产评估专业人员自行履行数据资产基本信息相关的现场核查程序时，应当确保具备相应专业知识、技术手段和经验。

第十一条 执行数据资产评估业务，应当合理使用评估假设和限制条件。

第三章 评估对象

第十二条 执行数据资产评估业务，可以通过委托人、相关当事人等提供或者自主收集等方式，了解和关注被评估数据资产的基本情况，例如：数据资产的信息属性、法律属性、价值属性等。信息属性主要包括数据名称、数据结构、数据字典、数据规模、数据周期、产生频率及存储方式等。法律属性主要包括授权主体信息、产权持有人信息，以及权利路径、权利类型、权利范围、权利期限、权利限制等权利信息。价值属性主要包括数据覆盖地域、数据所属行业、数据成本信息、数据应用场景、数据质量、数据稀缺性及可替代性等。

第十三条 执行数据资产评估业务，应当知晓数据资产具有非实体性、依托性、可共享性、可加工性、价值易变性等特征，关注数据资产特征对评估对象的影响。非实体性是指数据资产无实物形态，虽然需要依托实物载体，但决定数据资产价值的是数据本身。数据资产的非实体性也衍生出数据资产的无消耗性，即其不会因为使用而磨损、消耗。依托性是指数据资产必须存储在一定的介质里，介质的种类包括磁盘、光盘等。同一数据资产可以同时存储于多种介质。可共享性是指在权限可控的前提下，数据资产可以被复制，能够被多个主体共享和应用。可加工性是指数据资产可以通过更新、分析、挖掘等处理方式，改变其状态及形态。价值易变性是指数据资产的价值易发生变化，其价值随应用场景、用户数量、使用频率等的变化而变化。

第十四条 执行数据资产评估业务，应当根据数据来源和数据生成特征，关注数据资源持有权、数据加工使用权、数据产品经营权等数据产权，并根据评估目的、权利证明材料等，确定评估对象的权利类型。

第四章 操 作 要 求

第十五条 执行数据资产评估业务，应当明确资产评估业务基本事项，履行适当的资产评估程序。

第十六条 执行数据资产评估业务，需要关注影响数据资产价值的成本因素、场景因素、市场因素和质量因素。成本因素包括形成数据资产所涉及的前期费用、直接成本、间接成本、机会成本和相关税费等。场景因素包括数据资产相应的使用范围、应用场景、商业模式、市场前景、财务预测和应用风险等。市场因素包括数据资产相关的主要交易市场、市场活跃程度、市场参与者和市场供求关系等。质量因素包括数据的准确性、一致性、完整性、规范性、时效性和可访问性等。

第十七条 资产评估专业人员应当关注数据资产质量，并采取恰当方式执行数据质量评价程序或者获得数据质量的评价结果，必要时可以利用第三方专业机构出具的数据质量评价专业报告或者其他形式的数据质量评价专业意见等。数据质量评价采用的方法包括但不限于：层次分析法、模糊综合评价法和德尔菲法等。

第十八条 同一数据资产在不同的应用场景下，通常会发挥不同的价值。资产评估专业人员应当通过委托人、相关当事人等提供或者自主收集等方式，了解相应评估目的下评估对象的具体应用场景，选择和使用恰当的价值类型。

第五章 评 估 方 法

第十九条 确定数据资产价值的评估方法包括收益法、成本法和市场法三种基本方法及其衍生方法。

第二十条 执行数据资产评估业务，资产评估专业人员应当根据评估目的、评估对象、价值类型、资料收集等情况，分析上述三种基本方法的适用性，选择评估方法。

第二十一条　采用收益法评估数据资产时应当：

（一）根据数据资产的历史应用情况及未来应用前景，结合应用或者拟应用数据资产的企业经营状况，重点分析数据资产经济收益的可预测性，考虑收益法的适用性；

（二）保持预期收益口径与数据权利类型口径一致；

（三）在估算数据资产带来的预期收益时，根据适用性可以选择采用直接收益预测、分成收益预测、超额收益预测和增量收益预测等方式；

（四）区分数据资产和其他资产所获得的收益，分析与之有关的预期变动、收益期限，与收益有关的成本费用、配套资产、现金流量、风险因素；

（五）根据数据资产应用过程中的管理风险、流通风险、数据安全风险、监管风险等因素估算折现率；

（六）保持折现率口径与预期收益口径一致；

（七）综合考虑数据资产的法律有效期限、相关合同有效期限、数据资产的更新时间、数据资产的时效性、数据资产的权利状况以及相关产品生命周期等因素，合理确定经济寿命或者收益期限，并关注数据资产在收益期限内的贡献情况。

第二十二条　采用成本法评估数据资产时应当：

（一）根据形成数据资产所需的全部投入，分析数据资产价值与成本的相关程度，考虑成本法的适用性；

（二）确定数据资产的重置成本，包括前期费用、直接成本、间接成本、机会成本和相关税费等；

（三）确定数据资产价值调整系数，例如：对于需要进行质量因素调整的数据资产，可以结合相应质量因素综合确定调整系数；对于可以直接确定剩余经济寿命的数据资产，也可以结合剩余经济寿命确定调整系数。

第二十三条　采用市场法评估数据资产时应当：

（一）考虑该数据资产或者类似数据资产是否存在合法合规的、活跃的公开交易市场，是否存在适当数量的可比案例，考虑市场法的适用性；

（二）根据该数据资产的特点，选择合适的可比案例，例如：选择数据权利类型、数据交易市场及交易方式、数据规模、应用领域、应用区域及剩余年限等相同或者近似的数据资产；

（三）对比该数据资产与可比案例的差异，确定调整系数，并将调整后的结果汇总分析得出被评估数据资产的价值。通常情况下需要考虑质量差异调整、供求差异调整、期日差异调整、容量差异调整以及其他差异调整等。

第二十四条　对同一数据资产采用多种评估方法时，应当对所获得的各种测算结果进行分析，说明两种以上评估方法结果的差异及其原因和最终确定评估结论的理由。

第六章　披露要求

第二十五条　无论是单独出具数据资产的资产评估报告，还是将数据资产评估作为资产评估报告的组成部分，都应当在资产评估报告中披露必要信息，使资产评估报告使用人能够正确理解评估结论。

第二十六条　单独出具数据资产的资产评估报告，应当说明下列内容：

（一）数据资产基本信息和权利信息；

（二）数据质量评价情况，评价情况应当包括但不限于评价目标、评价方法、评价结果及问题分析等内容；

（三）数据资产的应用场景以及数据资产应用所涉及的地域限制、领域限制及法律法规限制等；

（四）与数据资产应用场景相关的宏观经济和行业的前景；

（五）评估依据的信息来源；

（六）利用专家工作或者引用专业报告内容；

（七）其他必要信息。

第二十七条　单独出具数据资产的资产评估报告，应当说明有关评估方法的下列内容：

（一）评估方法的选择及其理由；

（二）各重要参数的来源、分析、比较与测算过程；

（三）对测算结果进行分析，形成评估结论的过程；

（四）评估结论成立的假设前提和限制条件。

第七章　附　　则

第二十八条　本指导意见自 2023 年 10 月 1 日起施行。

二、地方层面

>>（一）法规

《北京市数字经济促进条例》

（2022 年 11 月 25 日北京市第十五届人民代表大会
常务委员会第四十五次会议通过）

目录

第一章　总　　则

第一条　为了加强数字基础设施建设，培育数据要素市场，推进数字产业化和产业数字化，完善数字经济治理，促进数字经济发展，建设全球数字经济标杆城市，根据有关法律、行政法规，结合本市实际情况，制定本条例。

第二条　本市行政区域内数字经济促进相关活动适用本条例。本条例所称数字经济，是指以数据资源为关键要素，以现代信息网络为主要载体，以信息通信技术融合应用、全要素数字化转型为重要推动力，促进公平与效率更加统一的新经济形态。

第三条　促进数字经济发展是本市的重要战略。促进数字经济发展应当遵循创新驱动、融合发展、普惠共享、安全有序、协同共治的原则。

第四条　市、区人民政府应当加强对数字经济促进工作的领导，建立健全推进协调机制，将数字经济发展纳入国民经济和社会发展规划和计划，研究制定促进措施并组织实施，解决数字经济促进工作中的重大问题。

第五条　市经济和信息化部门负责具体组织协调指导全市数字经济促进工作，拟订相关促进规划，推动落实相关促进措施，推进实施重大工程项目；区经济和信息化部门负责本行政区域数字经济促进工作。发展改革、教育、科技、公安、民政、财政、人力资源和社会保障、城市管理、农业农村、商务、文化和旅游、卫生健康、市场监管、广播电视、体育、统计、金融监管、政务服务、知识产权、网信、人才工作等部门按照职责分工，做好各自领域的数字经济促进工作。

第六条　市经济和信息化部门会同市场监管等有关部门推进数字经济地方标准体系建设，建立健全关键技术、数据治理和安全合规、公共数据管理等领域的地方标准；指导和支持采用先进的数字经济标准。鼓励行业协会、产业联盟和龙头企业参与制定数字经济国际标准、国家标准、行业标准和地方标准，自主制定数字经济团体标准和企业标准。

第七条　市统计部门会同经济和信息化部门完善数字经济统计测度和评价体系，开展数字经济评价，定期向社会公布主要统计结果、监测结果和综合评价指数。

第八条　本市为在京单位数字化发展做好服务，鼓励其利用自身优势参与本市数字经济建设；推进京津冀区域数字经济融合发展，在技术创新、基础设施建设、数据流动、推广应用、产业发展等方面深化合作。

第二章　数字基础设施

第九条　市、区人民政府及其有关部门应当按照统筹规划、合理布局、集约高效、绿色低碳的原则，加快建设信息网络基础设施、算力基础设施、新技术基础设施等数字基础设施，推进传统基础设施的数字化改造，推动新型城市基础设施建设，并将数字基础设施建设纳入国民经济和社会发展规划和计划、国土空间规划。相关部门做好能源、土地、市政、交通等方面的保障工作。

第十条　信息网络基础设施建设应当重点支持新一代高速固定宽带和移动通信网络、卫星互联网、量子通信等，形成高速泛在、天地一体、云网融合、安全可控的网络服务体系。新建、改建、扩建住宅区和商业楼宇，信息网络基础设施应当与主体工程同时设计、同时施工、同时验收并投入使用。信息网络基础设施运营企业享有公平进入市场的权利，不得实施垄断和不正当竞争行为；用户有权自主选择电信业务经营企业。信息网络基础设施管道建设应当统一规划，合理利用城市道路、轨道交通等空间资源，减少和降低对城市道路交通的影响，为信息网络基础设施运营企业提供公平普惠的网络接入服务。

第十一条　感知物联网建设应当支持部署低成本、低功耗、高精度、安全可靠的智能化传感器，提高工业制造、农业生产、公共服务、应急管理等领域的物联网覆盖水平。支持建设车路协同基础设施，推进道路基础设施、交通标志标识的数字化改造和建设，提高路侧单元与道路交通管控设施的融合接入能力。

第十二条　算力基础设施建设应当按照绿色低碳、集约高效的原则，建设城市智能计算集群，协同周边城市共同建设全国一体化算力网络京津冀国家枢纽节点，强化算力统筹、智能调度和多样化供给，提升面向特定场景的边缘计算能力，促进数据、算力、算法和开发平台一体化的生态融合发展。支持对新建数据中心实施总量控制、梯度布局、区域协同，对存量数据中心实施优化调整、技改升级。

第十三条　新技术基础设施建设应当统筹推进人工智能、区块链、大数据、隐私计算、城市空间操作系统等。支持建设通用算法、底层技术、软硬件开源等共性平台。对主要使用财政资金形成的新技术基础设施，项目运营单位应当在保障安全规范的前提下，向社会提供开放共享服务。

第十四条　除法律、行政法规另有规定外，数字基础设施建设可以采取政府投资、政企合作、特许经营等多种方式；符合条件的各类市场主体和社会资本，有权平等参与投资、建设和运营。

第三章　数 据 资 源

第十五条　本市加强数据资源安全保护和开发利用，促进公共数据开放共享，加快数据要素市场培育，推动数据要素有序流动，提高数据要素配置效率，探索建立数据要素收益分配机制。

第十六条　公共数据资源实行统一的目录管理。市经济和信息化部门应当会同有关部门制定公共数据目录编制规范，有关公共机构依照规范及有关管理规定，编制本行业、本部门公共数据目录，并按照要求向市级大数据平台汇聚数据。公共机构应当确保汇聚数据的合法、准确、完整、及时，并探索建立新型数据目录管理方式。本条例所称公共机构，包括本市各级国家机关、经依法授权具有管理公共事务职能的组织。本条例所称公共数据，是指公共机构在履行职责和提供公共服务过程中处理的各类数据。

第十七条　市人民政府建立全市公共数据共享机制，推动公共数据和相关业务系统互联互通。市大数据中心具体负责公共数据的汇聚、清洗、共享、开放、应用和评估，通过集中采购、数据交换、接口调用等方式，推进非公共数据的汇聚，建设维护市级大数据平台、公共数据开放平台以及自然人、法人、信用、空间地理、电子证照、电子印章等基础数据库，提升跨部门、跨区域和跨层级的数据支撑能力。区人民政府可以按照全市统一规划，建设本区域大数据中心，将公共数据资源纳入统一管理。

第十八条　市经济和信息化部门、区人民政府等有关公共机构应当按照需求导向、分类分级、安全可控、高效便捷的原则，制定并公布年度公共数据开放清单或者计划，采取无条件开放、有条件开放等方式向社会开放公共数据。单位和个人可以通过公共数据开放平台获取公共数据。鼓励单位和个人依法开放非公共数据，促进数据融合创新。

　　第十九条　本市设立金融、医疗、交通、空间等领域的公共数据专区，推动公共数据有条件开放和社会化应用。市人民政府可以开展公共数据专区授权运营。市人民政府及其有关部门可以探索设立公共数据特定区域，建立适应数字经济特征的新型监管方式。市经济和信息化部门推动建设公共数据开放创新基地以及大数据相关的实验室、研究中心、技术中心等，对符合条件的单位和个人提供可信环境和特定数据，促进数据融合创新应用。

　　第二十条　除法律、行政法规另有规定或者当事人另有约定外，单位和个人对其合法正当收集的数据，可以依法存储、持有、使用、加工、传输、提供、公开、删除等，所形成的数据产品和数据服务的相关权益受法律保护。除法律、行政法规另有规定外，在确保安全的前提下，单位和个人可以对城市基础设施、建筑物、构筑物、物品等进行数字化仿真，并对所形成的数字化产品持有相关权益，但需经相关权利人和有关部门同意的，应当经其同意。

　　第二十一条　支持市场主体探索数据资产定价机制，推动形成数据资产目录，激发企业在数字经济领域投资动力；推进建立数据资产登记和评估机制，支持开展数据入股、数据信贷、数据信托和数据资产证券化等数字经济业态创新；培育数据交易撮合、评估评价、托管运营、合规审计、争议仲裁、法律服务等数据服务市场。

　　第二十二条　支持在依法设立的数据交易机构开展数据交易活动。数据交易机构应当制定数据交易规则，对数据提供方的数据来源、交易双方的身份进行合规性审查，并留存审查和交易记录，建立交易异常行为风险预警机制，确保数据交易公平有序、安全可控、全程可追溯。本市公共机构依托数据交易机构开展数据服务和数据产品交易活动。鼓励市场主体通过数据交易机构入场交易。

第四章　数字产业化

　　第二十三条　市、区人民政府及其有关部门应当支持数字产业基础研究和关键核心技术攻关，引导企业、高校、科研院所、新型研发机构、开源社区等，围绕前沿领域，提升基础软硬件、核心元器件、关键基础材料和生产装备的供给水平，重点培育高端芯片、新型显示、基础软件、工业软件、人工智能、区块链、大数据、云计算等数字经济核心产业。支持企业发展数字产业，培育多层次的企业梯队。

　　第二十四条　支持建设开源社区、开源平台和开源项目等，鼓励软件、硬件的开放创新发展，推动创新资源共建共享。

　　第二十五条　支持网络安全、数据安全、算法安全技术和软硬件产品的研发应用，鼓励安全咨询设计、安全评估、数据资产保护、存储加密、隐私计算、检测认证、监测预警、应急处置等数据安全服务业发展；支持相关专业机构依法提供服务；鼓励公共机构等单位提高数据安全投入水平。

　　第二十六条　支持平台企业规范健康发展，鼓励利用互联网优势，加大创新研发投入，加强平台企业间、平台企业与中小企业间的合作共享，优化平台发展生态，促进数字技术与实体经济融合发展，赋能经济社会转型升级。发展改革、市场监管、网信、经济和信息化等部门应当优化平台经济发展环境，促进平台企业开放生态系统，通过项目合作等方式推动政企数据交互共享。

　　第二十七条　鼓励数字经济业态创新，支持远程办公等在线服务和产品的优化升级；有序引导新个体经济，鼓励个人利用电子商务、社交软件、知识分享、音视频网站、创客等新型平台就业创业。支持开展自动驾驶全场景运营试验示范，培育推广智能网联汽车、智能公交、无人配送机器人、智能停车、智能车辆维护等新业态。支持互联网医院发展，鼓励提供在线问诊、远程会诊、机器人手术、智慧药房等新型医疗服务，规范推广利用智能康养设备的新型健康服务，创新对人工智能新型医疗方式和医疗器械的监管方式。支持数据支撑的研发和知识生产产业发展，积极探索基于大数据和人工智能应用的跨学科知识创新和知识生产新模式，以数据驱动产、学、研、用融合。

　　第二十八条　支持建设数字经济产业园区和创新基地，推动重点领域数字产业发展，推动数字产业向园区聚集，培育数字产业集群。

　　第二十九条　商务部门应当会同有关部门推动数字贸易高质量发展，探索放宽数字经济新业态准入、建设数字口岸、国际信息产业和数字贸易港；支持发展跨境贸易、跨境物流和跨境支付，促进数字证书和电子签名国际互认，构建国际互联网数据专用通道、国际化数据信息专用通道和基于区块链等先进技术的应用支撑平台，推动数字贸易交付、结算便利化。

第五章　产业数字化

　　第三十条　支持农业、制造业、建筑、能源、金融、医疗、教育、流通等产业领域互联网发展，推进产业数字化转型升级，支持产业互联网平台整合产业资源，提供远程协作、在线设计、线上营销、供应链金融等创新服务，建立健全安全保障体系和产业生态。

　　第三十一条　经济和信息化部门应当会同国有资产监管机构鼓励国有企业整合内部信息系统，在研发设计、生产加工、经营管理、销售服务等方面形成数据驱动的决策能力，提升企业运行和产业链协同效率，树立全面数字化转型的行业标杆。经济和信息化部门应当推动中小企业数字化转型，培育发展第三方专业服务机构，鼓励互联网平台、龙头企业开放数据资源、提升平台能力，支持中小微企业和创业者创新创业，推动建立市场化服务与公共服务双轮驱动的数字化转型服务生态。

　　第三十二条　经济和信息化部门应当会同通信管理部门健全工业互联网标识解析体系和新型工业网络部署，支持工业企业实施数字化改造，加快建设智能工厂、智能车间，培育推广智能化生产、网络化协同、个性化定制等新模式。

　　第三十三条　地方金融监管部门应当推动数字金融体系建设，支持金融机构加快数字化转型，以数据融合应用推动普惠金融发展，促进数字技术在支付清算、登记托管、征信评级、跨境结算等环节的深度应用，丰富数字人民币的应用试点场景和产业生态。鼓励单位和个人使用数字人民币。

　　第三十四条　商务部门应当会同有关部门推动超市等传统商业数字化升级，推动传统品牌、老字号数字化推广，促进生活性服务业数字化转型。

　　第三十五条　农业农村部门应当会同有关部门推动农业农村基础设施数字化改造和信息网络基础设施建设，推进物联网、遥感监测、区块链、人工智能等技术的深度应用，提升农产品生产、加工、销售、物流，以及乡村公共服务、乡村治理的数字化水平，促进数字乡村和智慧农业创新发展。

　　第三十六条　教育、文化和旅游、体育、广播电视等部门应当支持和规范在线教育、在线旅游、网络出版、融媒体、数字动漫等数字消费新模式；发展数字化文化消费新场景；加强未成年人网络保护；鼓励开发智慧博物馆、智慧体育场馆、智慧科技馆，提升数字生活品质。

第六章　智慧城市建设

　　第三十七条　市、区人民政府及其有关部门围绕优政、惠民、兴业、安全的智慧城市目标，聚焦交通体系、生态环保、空间治理、执法司法、人文环境、商务服务、终身教育、医疗健康等智慧城市应用领域，推进城市码、空间图、基础工具库、算力设施、感知体系、通信网络、政务云、大数据平台以及智慧终端等智慧城市基础建设。市人民政府建立健全智慧城市建设统筹调度机制，统筹规划和推进社会治理数字化转型，建立智慧城市规划体系，通过统一的基础设施、智慧终端和共性业务支撑平台，实现城市各系统间信息资源共享和业务协同，提升城市管理和服务的智慧化水平。

　　第三十八条　市经济和信息化部门应当会同有关部门编制全市智慧城市发展规划、市级控制性规划，报市人民政府批准后组织实施。区人民政府、市人民政府有关部门应当按照全市智慧城市发展规划、市级控制性规划，编制区域控制性规划、专项规划并组织实施。

　　第三十九条　政务服务部门应当会同有关部门全方位、系统性、高标准推进数字政务"一网通办"领域相关工作，加快推进政务服务标准化、规范化、便利化，推进线上服务统一入口和全程数字化，促进电子证照、电子印章、电子档案等广泛应用和互信互认。市发展改革部门应当会同有关部门开展营商环境的监测分析、综合管理、"互联网＋"评价，建设整体联动的营商环境体系。

　　第四十条　城市管理部门应当会同有关部门推进城市运行"一网统管"领域相关工作，建设城市运行管理平台，依托物联网、区块链等技术，开展城市运行生命体征监测，在市政管理、城市交通、生态环境、公共卫生、社会安全、应急管理等领域深化数字技术应用，实现重大突发事件的快速响应和应急联动。市场监管部门应当会同有关部门推进一体化综合监管工作，充分利用公共数据和各领域监管系统，推行非现场执法、信用监管、风险预警等新型监管模式，提升监管水平。

第四十一条　经济和信息化部门应当会同有关部门推进各级决策"一网慧治"相关工作，建设智慧决策应用统一平台，支撑各级智能决策管理信息系统，统筹引导市、区、乡镇、街道和社区、村开展数据智慧化应用。区人民政府和有关部门依托智慧决策应用统一平台推进各级决策，深化数据赋能基层治理。

第四十二条　公共机构应当通过多种形式的场景开放，引导各类市场主体参与智慧城市建设，并为新技术、新产品、新服务提供测试验证、应用试点和产业孵化的条件。市科技部门应当会同有关部门定期发布应用场景开放清单。鼓励事业单位、国有企业开放应用场景，采用市场化方式，提升自身数字化治理能力和应用水平。

第四十三条　政府投资新建、改建、扩建、运行维护的信息化项目，应当符合智慧城市发展规划，通过同级经济和信息化部门的技术评审，并实行项目规划、建设、验收、投入使用、运行维护、升级、绩效评价等流程管理。不符合流程管理要求的，不予立项或者安排资金，具体办法由市经济和信息化部门会同有关部门制定，报市人民政府批准后实施。为公共机构提供信息化项目开发建设服务的单位，应当依法依约移交软件源代码、数据和相关控制措施，保证项目质量并履行不少于两年保修期义务，不得擅自留存、使用、泄露或者向他人提供公共数据。

第七章　数字经济安全

第四十四条　市、区人民政府及其有关部门和有关组织应当强化数字经济安全风险综合研判，推动关键产品多元化供给，提高产业链供应链韧性；引导社会资本投向原创性、引领性创新领域，支持可持续发展的业态和模式创新；规范数字金融有序创新，严防衍生业务风险。

第四十五条　本市依法保护与数据有关的权益。任何单位和个人从事数据处理活动，应当遵守法律法规、公序良俗和科技伦理，不得危害国家安全、公共利益以及他人的合法权益。任何单位和个人不得非法处理他人个人信息。

第四十六条　市、区人民政府及其有关部门应当建立健全数据安全工作协调机制，采取数据分类分级、安全风险评估和安全保障措施，强化监测预警和应急处置，切实维护国家主权、安全和发展利益，提升本市数据安全保护水平，保护个人信息权益。各行业主管部门、各区人民政府对本行业、本地区数据安全负指导监督责任。单位主要负责人为本单位数据安全第一责任人。

第四十七条　市网信部门会同公安等部门对关键信息基础设施实行重点保护，建立关键信息基础设施网络安全保障体系，构建跨领域、跨部门、政企合作的安全风险联防联控机制，采取措施监测、防御、处置网络安全风险和威胁，保护关键信息基础设施免受攻击、侵入、干扰和破坏，依法惩治危害关键信息基础设施安全的违法犯罪活动。

第四十八条 开展数据处理活动，应当建立数据治理和合规运营制度，履行数据安全保护义务，严格落实个人信息合法使用、数据安全使用承诺和重要数据出境安全管理等相关制度，结合应用场景对匿名化、去标识化技术进行安全评估，并采取必要技术措施加强个人信息安全保护，防止非法滥用。鼓励各单位设立首席数据官。开展数据处理活动，应当加强风险监测，发现数据安全缺陷、漏洞等风险时，应当立即采取补救措施；发生数据安全事件时，应当立即采取处置措施，按照规定及时告知用户并向有关主管部门报告。

第四十九条 平台企业应当建立健全平台管理制度规则；不得利用数据、算法、流量、市场、资本优势，排除或者限制其他平台和应用独立运行，不得损害中小企业合法权益，不得对消费者实施不公平的差别待遇和选择限制。发展改革、市场监管、网信等部门应当建立健全平台经济治理规则和监管方式，依法查处垄断和不正当竞争行为，保障平台从业人员、中小企业和消费者合法权益。

第八章 保障措施

第五十条 本市建立完善政府、企业、行业组织和社会公众多方参与、有效协同的数字经济治理新格局，以及协调统一的数字经济治理框架和规则体系，推动健全跨部门、跨地区的协同监管机制。数字经济相关协会、商会、联盟等应当加强行业自律，建立健全行业服务标准和便捷、高效、友好的争议解决机制、渠道。鼓励平台企业建立争议在线解决机制和渠道，制定并公示争议解决规则。

第五十一条 网信、教育、人力资源和社会保障、人才工作等部门应当组织实施全民数字素养与技能提升计划。畅通国内外数字经济人才引进绿色通道，并在住房、子女教育、医疗服务、职称评定等方面提供支持。鼓励高校、职业院校、中小学校开设多层次、多方向、多形式的数字经济课程教学和培训。支持企业与院校通过联合办学，共建产教融合基地、实验室、实训基地等形式，拓展多元化人才培养模式，培养各类专业化和复合型数字技术、技能和管理人才。

第五十二条 财政、发展改革、科技、经济和信息化等部门应当统筹运用财政资金和各类产业基金，加大对数字经济关键核心技术研发、重大创新载体平台建设、应用示范和产业化发展等方面的资金支持力度，引导和支持天使投资、风险投资等社会力量加大资金投入，鼓励金融机构开展数字经济领域的产品和服务创新。政府采购的采购人经依法批准，可以通过非公开招标方式，采购达到公开招标限额标准的首台（套）装备、首批次产品、首版次软件，支持数字技术产品和服务的应用推广。

第五十三条 知识产权等部门应当执行数据知识产权保护规则，开展数据知识产权保护工作，建立知识产权专利导航制度，支持在数字经济行业领域组建产业知识产权联盟；加强企业海外知识产权布局指导，建立健全海外预警和纠纷应对机制，建立快速审查、快速维权体系，依法打击侵权行为。

第五十四条　政务服务、卫生健康、民政、经济和信息化等部门应当采取措施，鼓励为老年人、残疾人等提供便利适用的智能化产品和服务，推进数字无障碍建设。对使用数字公共服务确有困难的人群，应当提供可替代的服务和产品。

第五十五条　市、区人民政府及其有关部门应当加强数字经济领域相关法律法规、政策和知识的宣传普及，办好政府网站国内版、国际版，深化数字经济理论和实践研究，营造促进数字经济的良好氛围。

第五十六条　鼓励拓展数字经济领域国际合作，支持参与制定国际规则、标准和协议，搭建国际会展、论坛、商贸、赛事、培训等合作平台，在数据跨境流动、数字服务市场开放、数字产品安全认证等领域实现互惠互利、合作共赢。

第五十七条　鼓励政府及其有关部门结合实际情况，在法治框架内积极探索数字经济促进措施；对探索中出现失误或者偏差，符合规定条件的，可以予以免除或者从轻、减轻责任。

第九章　附　　则

第五十八条　本条例自 2023 年 1 月 1 日起施行。

北京市人民代表大会常务委员会
2022 年 11 月 25 日

《上海市数据条例》

（2021 年 11 月 25 日上海市第十五届人民代表大会
常务委员会第三十七次会议通过）

目录

第一章　总　　则

　　第一条　为了保护自然人、法人和非法人组织与数据有关的权益，规范数据处理活动，促进数据依法有序自由流动，保障数据安全，加快数据要素市场培育，推动数字经济更好服务和融入新发展格局，根据《中华人民共和国数据安全法》《中华人民共和国个人信息保护法》等法律、行政法规，结合本市实际，制定本条例。

　　第二条　本条例中下列用语的含义：

　　（一）数据，是指任何以电子或者其他方式对信息的记录。

　　（二）数据处理，包括数据的收集、存储、使用、加工、传输、提供、公开等。

　　（三）数据安全，是指通过采取必要措施，确保数据处于有效保护和合法利用的状态，以及具备保障持续安全状态的能力。

　　（四）公共数据，是指本市国家机关、事业单位，经依法授权具有管理公共事务职能的组织，以及供水、供电、供气、公共交通等提供公共服务的组织（以下统称公共管理和服务机构），在履行公共管理和服务职责过程中收集和产生的数据。

　　第三条　本市坚持促进发展和监管规范并举，统筹推进数据权益保护、数据流通利用、数据安全管理，完善支持数字经济发展的体制机制，充分发挥数据在实现治理体系和治理能力现代化、推动经济社会发展中的作用。

　　第四条　市人民政府应当将数据开发利用和产业发展、数字经济发展纳入国民经济和社会发展规划，建立健全数据治理和流通利用体系，促进公共数据社会化开发利用，协调解决数据开发利用、产业发展和数据安全工作中的重大问题，推动数字经济发展和城市数字化转型。

　　区人民政府应当按照全市总体要求和部署，做好本行政区域数据发展和管理相关工作，创新推广数字化转型应用场景。

　　乡镇人民政府、街道办事处应当在基层治理中，推进数据的有效应用，提升治理效能。

　　第五条　市政府办公厅负责统筹规划、综合协调全市数据发展和管理工作，促进数据综合治理和流通利用，推进、指导、监督全市公共数据工作。

市发展改革部门负责统筹本市新型基础设施规划建设和数字经济发展，推进本市数字化重大体制机制改革、综合政策制定以及区域联动等工作。

市经济信息化部门负责协调推进本市公共数据开放、社会经济各领域数据开发应用和产业发展，统筹推进信息基础设施规划、建设和发展，推动产业数字化、数字产业化等工作。

市网信部门负责统筹协调本市个人信息保护、网络数据安全和相关监管工作。

市公安、国家安全机关在各自职责范围内承担数据安全监管职责。

市财政、人力资源社会保障、市场监管、统计、物价等部门在各自职责范围内履行相关职责。

市大数据中心具体承担本市公共数据的集中统一管理，推动数据的融合应用。

第六条 本市实行数据工作与业务工作协同管理，管区域必须管数字化转型、管行业必须管数字化转型，加强运用数字化手段，提升治理能力和治理水平。

本市鼓励各区、各部门、各企业事业单位建立首席数据官制度。首席数据官由本区域、本部门、本单位相关负责人担任。

第七条 市人民政府设立由高校、科研机构、企业、相关部门的专家组成的数据专家委员会。数据专家委员会开展数据权益保护、数据流通利用、数据安全管理等方面的研究、评估，为本市数据发展和管理工作提供专业意见。

第八条 本市加强数字基础设施规划和布局，提升电子政务云、电子政务外网等的服务能力，建设新一代通信网络、数据中心、人工智能平台等重大基础设施，建立完善网络、存储、计算、安全等数字基础设施体系。

第九条 市、区有关部门应当将数据领域高层次、高学历、高技能以及紧缺人才纳入人才支持政策体系；完善专业技术职称体系，创新数据人才评价与激励机制，健全数据人才服务和保障机制。

本市加强数据领域相关知识和技术的宣传、教育、培训，提升公众数字素养和数字技能，将数字化能力培养纳入公共管理和服务机构教育培训体系。

第十条 市标准化行政主管部门应当会同市政府办公厅、市有关部门加强数据标准体系的统筹建设和管理。

市数据标准化技术组织应当推动建立和完善本市数据基础性、通用性地方标准。

第十一条 本市支持数据相关行业协会和组织发展。行业协会和组织应当依法制定并推动实施相关团体标准和行业规范，反映会员合理诉求和建议，加强行业自律，提供信息、技术、培训等服务，引导会员依法开展数据处理活动，配合有关部门开展行业监管，促进行业健康发展。

第二章　数据权益保障

第一节　一般规定

第十二条　本市依法保护自然人对其个人信息享有的人格权益。

本市依法保护自然人、法人和非法人组织在使用、加工等数据处理活动中形成的法定或者约定的财产权益，以及在数字经济发展中有关数据创新活动取得的合法财产权益。

第十三条　自然人、法人和非法人组织可以通过合法、正当的方式收集数据。收集已公开的数据，不得违反法律、行政法规的规定或者侵犯他人的合法权益。法律、行政法规对数据收集的目的和范围有规定的，应当在法律、行政法规规定的目的和范围内收集。

第十四条　自然人、法人和非法人组织对其合法取得的数据，可以依法使用、加工。法律、行政法规另有规定或者当事人另有约定的除外。

第十五条　自然人、法人和非法人组织可以依法开展数据交易活动。法律、行政法规另有规定的除外。

第十六条　市、区人民政府及其有关部门可以依法要求相关自然人、法人和非法人组织提供突发事件处置工作所必需的数据。

要求自然人、法人和非法人组织提供数据的，应当在其履行法定职责的范围内依照法定的条件和程序进行，并明确数据使用的目的、范围、方式、期限。收集的数据不得用于与突发事件处置工作无关的事项。对在履行职责中知悉的个人隐私、个人信息、商业秘密、保密商务信息等应当依法予以保密，不得泄露或者非法向他人提供。

第十七条　自然人、法人和非法人组织开展数据处理活动、行使相关数据权益，应当遵守法律、法规，尊重社会公德和伦理，遵守商业道德，诚实守信，不得危害国家安全和公共利益，不得损害他人的合法权益。

第二节　个人信息特别保护

第十八条　除法律、行政法规另有规定外，处理个人信息的，应当取得个人同意。个人信息的处理目的、处理方式和处理的个人信息种类发生变更的，应当重新取得个人同意。

处理个人自行公开或者其他已经合法公开的个人信息，应当依法在合理的范围内进行；个人明确拒绝的除外。处理已公开的个人信息，对个人权益有重大影响的，应当依法取得个人同意。

第十九条　基于个人同意处理个人信息的，应当保证个人在充分知情的前提下自愿、明确作出同意，不得通过误导、欺诈、胁迫等违背其真实意愿的方式取得同意。法律、行政法规规定处理个人信息应当取得个人单独同意或者书面同意的，从其规定。

处理者在提供产品或者服务时，不得以个人不同意处理其个人信息或者撤回同意为由，拒绝提供产品或者服务；处理个人信息属于提供产品或者服务所必需的除外。

第二十条　处理个人信息前，应当向个人告知下列事项：

（一）处理者的名称或者姓名和联系方式；

（二）处理个人信息的目的、方式；

（三）处理的个人信息种类、保存期限；

（四）个人依法享有的权利以及行使权利的方式和程序；

（五）法律、行政法规规定应当告知的其他事项。

处理者应当以显著方式、清晰易懂的语言真实、准确、完整地告知前款事项。

第二十一条　个人发现其个人信息不准确或者不完整的，有权请求处理者更正、补充。

有下列情形之一的，处理者应当主动删除个人信息；处理者未删除的，个人有权请求删除：

（一）处理目的已实现、无法实现或者为实现处理目的不再必要；

（二）处理者停止提供产品或者服务，或者保存期限已届满；

（三）个人撤回同意；

（四）处理者违反法律、行政法规或者违反约定处理个人信息；

（五）法律、行政法规规定的其他情形。

对属于本条第一款、第二款情形的，处理者应当分别予以更正、补充、删除。法律、行政法规另有规定的，从其规定。

第二十二条　处理自然人生物识别信息的，应当具有特定的目的和充分的必要性，并采取严格的保护措施。处理生物识别信息应当取得个人的单独同意；法律、行政法规另有规定的，从其规定。

第二十三条　在本市商场、超市、公园、景区、公共文化体育场馆、宾馆等公共场所，以及居住小区、商务楼宇等区域，安装图像采集、个人身份识别设备，应当为维护公共安全所必需，遵守国家有关规定，并设置显著标识。

所收集的个人图像、身份识别信息，只能用于维护公共安全的目的，不得用于其他目的；取得个人单独同意的除外。

本条第一款规定的公共场所或者区域，不得以图像采集、个人身份识别技术作为出入该场所或者区域的唯一验证方式。

第二十四条　利用个人信息进行自动化决策，应当遵循合法、正当、必要、诚信的原则，保证决策的透明度和结果的公平、公正，不得对个人在交易价格等交易条件上实行不合理的差别待遇。

通过自动化决策方式向个人进行信息推送、商业营销的，应当同时提供不针对其个人特征的选项，或者向个人提供便捷的拒绝方式。

通过自动化决策方式作出对个人权益有重大影响的决定，个人有权要求处理者予以说明，并有权拒绝处理者仅通过自动化决策的方式作出决定。

第三章 公 共 数 据

第一节 一 般 规 定

第二十五条 本市健全公共数据资源体系，加强公共数据治理，提高公共数据共享效率，扩大公共数据有序开放，构建统一协调的公共数据运营机制，推进公共数据和其他数据融合应用，充分发挥公共数据在推动城市数字化转型和促进经济社会发展中的驱动作用。

第二十六条 负责本系统、行业公共数据管理的市级部门（以下简称市级责任部门）应当依据业务职能，制定本系统、行业公共数据资源规划，完善管理制度和标准规范，组织开展本系统、行业数据的收集、归集、治理、共享、开放、应用及其相关质量和安全管理。公共数据管理涉及多个部门或者责任不明确的，由市政府办公厅指定市级责任部门。

区人民政府明确的公共数据主管部门，负责统筹开展本行政区域公共数据管理工作，接受市政府办公厅的业务指导。

第二十七条 市大数据资源平台和区大数据资源分平台（以下统称大数据资源平台）是本市依托电子政务云实施全市公共数据归集、整合、共享、开放、运营的统一基础设施，由市大数据中心负责统一规划。

本市财政资金保障运行的公共管理和服务机构不得新建跨部门、跨层级的公共数据资源平台、共享和开放渠道；已经建成的，应当按照有关规定进行整合。

第二十八条 本市建立全市统一的公共数据目录管理体系。公共管理和服务机构在依法履行公共管理和服务职责过程中收集和产生的数据，以及依法委托第三方收集和产生的数据，应当纳入公共数据目录。

市政府办公厅负责制定目录编制规范。市级责任部门应当按照数据与业务对应的原则，编制本系统、行业公共数据目录，明确公共数据的来源、更新频率、安全等级、共享开放属性等要素。区公共数据主管部门可以根据实际需要，对未纳入市级责任部门公共数据目录的公共数据编制区域补充目录。

第二十九条 本市对公共数据实行分类管理。市大数据中心应当根据公共数据的通用性、基础性、重要性和数据来源属性等制定公共数据分类规则和标准，明确不同类别公共数据的管理要求，在公共数据全生命周期采取差异化管理措施。

市级责任部门应当按照公共数据分类规则和标准确定公共数据类别，落实差异化管理措施。

第三十条 公共管理和服务机构收集数据应当符合本单位法定职责，遵循合法、正当、必要的原则。可以通过共享方式获取的公共数据，不得重复收集。

需要依托区有关部门收集的视频、物联等数据量大、实时性强的公共数据，由区公共数据主管部门根据市级责任部门需求统筹开展收集，并依托区大数据资源分平台存储。

第三十一条　通过市大数据资源平台治理的公共数据，可以按照数据的区域属性回传至大数据资源分平台，支持各区开展数据应用。

第三十二条　本市财政资金保障运行的公共管理和服务机构为依法履行职责，可以申请采购非公共数据。市政府办公厅负责统筹市级公共管理和服务机构的非公共数据采购需求，市大数据中心负责统一实施。区公共数据主管部门负责统筹本行政区域个性化采购需求，自行组织采购。

第三十三条　本市国家机关、事业单位以及经依法授权具有管理公共事务职能的组织应当及时向大数据资源平台归集公共数据。其他公共管理和服务机构的公共数据可以按照逻辑集中、物理分散的方式实施归集，但具有公共管理和服务应用需求的公共数据应当向大数据资源平台归集。

市大数据中心根据公共数据分类管理要求对相关数据实施统一归集，保障数据向大数据资源平台归集的实时性、完整性和准确性。

已归集的公共数据发生变更、失效等情形的，公共管理和服务机构应当及时更新。

第三十四条　市大数据中心应当统筹规划并组织实施自然人、法人、自然资源和空间地理等基础数据库建设。

市级责任部门应当按照本市公共数据管理要求，规划和建设本系统、行业业务应用专题库，并会同相关部门规划和建设重点行业领域主题库。

第三十五条　市级责任部门应当建立健全本系统、行业公共数据质量管理体系，加强数据质量管控。

市大数据中心应当按照市政府办公厅明确的监督管理规则，组织开展公共数据的质量监督，对数据质量进行实时监测和定期评估，并建立异议与更正管理制度。

第三十六条　市政府办公厅应当建立日常公共数据管理工作监督检查机制，对公共管理和服务机构的公共数据目录编制工作、质量管理、共享、开放等情况开展监督检查。

市政府办公厅应当对市级责任部门和各区开展公共数据工作的成效情况定期组织考核评价，考核评价结果纳入各级领导班子和领导干部年度绩效考核。

第三十七条　本市财政资金保障运行的公共管理和服务机构开展公共数据收集、归集、治理、共享、开放及其质量和安全管理等工作涉及的经费，纳入市、区财政预算。

第二节　公共数据共享和开放

第三十八条　公共管理和服务机构之间共享公共数据，应当以共享为原则，不共享为例外。公共数据应当通过大数据资源平台进行共享。

公共管理和服务机构应当根据履职需要，提出数据需求清单；根据法定职责，明确本单位可以共享的数据责任清单；对法律、法规明确规定不能共享的数据，经市政府办公厅审核后，列入负面清单。

市政府办公厅应当建立以共享需求清单、责任清单和负面清单为基础的公共数据共享机制。

第三十九条 公共管理和服务机构提出共享需求的，应当明确应用场景，并承诺其真实性、合规性、安全性。对未列入负面清单的公共数据，可以直接共享，但不得超出依法履行职责的必要范围；对未列入公共数据目录的公共数据，市级责任部门应当在收到共享需求之日起十五个工作日内进行确认后编入公共数据目录并提供共享。

公共管理和服务机构超出依法履行职责的必要范围，通过大数据资源平台获取其他机构共享数据的，市大数据中心应当在发现后立即停止其获取超出必要范围的数据。

第四十条 公共管理和服务机构向自然人、法人和非法人组织提供服务时，需要使用其他部门数据的，应当使用大数据资源平台提供的最新数据。

公共管理和服务机构应当建立共享数据管理机制，通过共享获取的公共数据，应当用于本单位依法履行职责的需要，不得以任何形式提供给第三方，也不得用于其他任何目的。

第四十一条 本市以需求导向、分级分类、公平公开、安全可控、统一标准、便捷高效为原则，推动公共数据面向社会开放，并持续扩大公共数据开放范围。

公共数据按照开放类型分为无条件开放、有条件开放和非开放三类。涉及个人隐私、个人信息、商业秘密、保密商务信息，或者法律、法规规定不得开放的，列入非开放类；对数据安全和处理能力要求较高、时效性较强或者需要持续获取的公共数据，列入有条件开放类；其他公共数据列入无条件开放类。

非开放类公共数据依法进行脱密、脱敏处理，或者相关权利人同意开放的，可以列入无条件开放或者有条件开放类。对有条件开放类公共数据，自然人、法人和非法人组织可以通过市大数据资源平台提出数据开放请求，相关公共管理和服务机构应当按照规定处理。

第四十二条 本市依托市大数据资源平台向社会开放公共数据。

市级责任部门、区人民政府以及其他公共管理和服务机构分别负责本系统、行业、本行政区域和本单位的公共数据开放，在公共数据目录范围内制定公共数据开放清单，明确数据的开放范围、开放类型、开放条件和更新频率等，并动态调整。

公共数据开放具体规则，由市经济信息化部门制定。

第四十三条 本市制定相关政策，组织开展公共数据开放和开发利用的创新试点，鼓励自然人、法人和非法人组织对公共数据进行深度加工和增值使用。

第三节 公共数据授权运营

第四十四条 本市建立公共数据授权运营机制,提高公共数据社会化开发利用水平。

市政府办公厅应当组织制定公共数据授权运营管理办法,明确授权主体,授权条件、程序、数据范围,运营平台的服务和使用机制,运营行为规范,以及运营评价和退出情形等内容。市大数据中心应当根据公共数据授权运营管理办法对被授权运营主体实施日常监督管理。

第四十五条 被授权运营主体应当在授权范围内,依托统一规划的公共数据运营平台提供的安全可信环境,实施数据开发利用,并提供数据产品和服务。

市政府办公厅应当会同市网信等相关部门和数据专家委员会,对被授权运营主体规划的应用场景进行合规性和安全风险等评估。

授权运营的数据涉及个人隐私、个人信息、商业秘密、保密商务信息的,处理该数据应当符合相关法律、法规的规定。

市政府办公厅、市大数据中心、被授权运营主体等部门和单位,应当依法履行数据安全保护义务。

第四十六条 通过公共数据授权运营形成的数据产品和服务,可以依托公共数据运营平台进行交易撮合、合同签订、业务结算等;通过其他途径签订合同的,应当在公共数据运营平台备案。

第四章 数据要素市场

第一节 一 般 规 定

第四十七条 市人民政府应当按照国家要求,深化数据要素市场化配置改革,制定促进政策,培育公平、开放、有序、诚信的数据要素市场,建立资产评估、登记结算、交易撮合、争议解决等市场运营体系,促进数据要素依法有序流动。

第四十八条 市政府办公厅应当制定政策,鼓励和引导市场主体依法开展数据共享、开放、交易、合作,促进跨区域、跨行业的数据流通利用。

第四十九条 本市制定政策,培育数据要素市场主体,鼓励研发数据技术、推进数据应用,深度挖掘数据价值,通过实质性加工和创新性劳动形成数据产品和服务。

第五十条 本市探索构建数据资产评估指标体系,建立数据资产评估制度,开展数据资产凭证试点,反映数据要素的资产价值。

第五十一条 市相关主管部门应当建立健全数据要素配置的统计指标体系和评估评价指南,科学评价各区、各部门、各领域的数据对经济社会发展的贡献度。

第五十二条 市场主体应当加强数据质量管理,确保数据真实、准确、完整。

市场主体对数据的使用应当遵守反垄断、反不正当竞争、消费者权益保护等法律、法规的规定。

第二节 数 据 交 易

第五十三条 本市支持数据交易服务机构有序发展,为数据交易提供数据资产、数据合规性、数据质量等第三方评估以及交易撮合、交易代理、专业咨询、数据经纪、数据交付等专业服务。

本市建立健全数据交易服务机构管理制度,加强对服务机构的监管,规范服务人员的执业行为。

第五十四条 数据交易服务机构应当建立规范透明、安全可控、可追溯的数据交易服务环境,制定交易服务流程、内部管理制度,并采取有效措施保护数据安全,保护个人隐私、个人信息、商业秘密、保密商务信息。

第五十五条 本市鼓励数据交易活动,有下列情形之一的,不得交易:

(一)危害国家安全、公共利益,侵害个人隐私的;

(二)未经合法权利人授权同意的;

(三)法律、法规规定禁止交易的其他情形。

第五十六条 市场主体可以通过依法设立的数据交易所进行数据交易,也可以依法自行交易。

第五十七条 从事数据交易活动的市场主体可以依法自主定价。

市相关主管部门应当组织相关行业协会等制订数据交易价格评估导则,构建交易价格评估指标。

第五章 数据资源开发和应用

第五十八条 本市支持数据资源开发和应用,发挥海量数据和丰富应用场景优势,鼓励和引导全社会参与经济、生活、治理等领域全面数字化转型,提升城市软实力。

第五十九条 本市通过标准制定、政策支持等方式,支持数据基础研究和关键核心技术攻关,发展高端数据产品和服务。

本市培育壮大数据收集存储、加工处理、交易流通等数据核心产业,发展大数据、云计算、人工智能、区块链、高端软件、物联网等产业。

第六十条 本市促进数据技术与实体经济深度融合,推动数据赋能经济数字化转型,支持传统产业转型升级,催生新产业、新业态、新模式。本市鼓励各类企业开展数据融合应用,加快生产制造、科技研发、金融服务、商贸流通、航运物流、农业等领域的数据赋能,推动产业互联网和消费互联网贯通发展。

第六十一条 本市促进数据技术和服务业深度融合,推动数据赋能生活数字化转型,提高公共卫生、医疗、教育、养老、就业等基本民生领域和商业、文娱、体育、旅游等质量民生领域的数字化水平。本市制定政策,支持网站、手机应用程序、智慧终端设施、各类公共服务设施面向残疾人和老年人开展适应性数字化改造。

第六十二条 　 本市促进数据技术与政府管理、服务、运行深度融合,推动数据赋能治理数字化转型,深化政务服务"一网通办"、城市运行"一网统管"建设,推进经济治理、社会治理、城市治理领域重点综合场景应用体系构建,通过治理数字化转型驱动超大城市治理模式创新。

第六十三条 　 本市鼓励重点领域产业大数据枢纽建设,融合数据、算法、算力,建设综合性创新平台和行业数据中心。

本市推动国家和地方大数据实验室、产业创新中心、技术创新中心、工程研究中心、企业技术中心,以及研发与转化功能型平台、新型研发组织等建设。

第六十四条 　 本市建设数字化转型示范区,支持新城等重点区域同步规划关键信息基础设施,完善产业空间、生活空间、城市空间等领域数据资源的全生命周期管理机制。

市、区人民政府应当根据本市产业功能布局,推动园区整体数字化转型,发展智能制造、在线新经济、大数据、人工智能等数字产业园区。

第六章 　 浦东新区数据改革

第六十五条 　 本市支持浦东新区高水平改革开放、打造社会主义现代化建设引领区,推进数据权属界定、开放共享、交易流通、监督管理等标准制定和系统建设。

第六十六条 　 本市支持浦东新区探索与海关、统计、税务、人民银行、银保监等国家有关部门建立数据共享使用机制,对浦东新区相关的公共数据实现实时共享。

浦东新区应当结合重大风险防范、营商环境提升、公共服务优化等重大改革创新工作,明确数据应用场景需求。

浦东新区应当健全各区级公共管理和服务机构之间的公共数据共享机制。

第六十七条 　 本市按照国家要求,在浦东新区设立数据交易所并运营。

数据交易所应当按照相关法律、行政法规和有关主管部门的规定,为数据交易提供场所与设施,组织和监管数据交易。

数据交易所应当制订数据交易规则和其他有关业务规则,探索建立分类分层的新型数据综合交易机制,组织对数据交易进行合规性审查、登记清算、信息披露,确保数据交易公平有序、安全可控、全程可追溯。

浦东新区鼓励和引导市场主体依法通过数据交易所进行交易。

第六十八条 　 本市根据国家部署,推进国际数据港建设,聚焦中国(上海)自由贸易试验区临港新片区(以下简称临港新片区),构建国际互联网数据专用通道、功能型数据中心等新型基础设施，打造全球数据汇聚流转枢纽平台。

第六十九条 本市依照国家相关法律、法规的规定，在临港新片区内探索制定低风险跨境流动数据目录，促进数据跨境安全、自由流动。在临港新片区内依法开展跨境数据活动的自然人、法人和非法人组织，应当按照要求报送相关信息。

第七十条 本市按照国家相关要求，采取措施，支持浦东新区培育国际化数据产业，引进相关企业和项目。

本市支持浦东新区建立算法评价标准体系，推动算法知识产权保护。

本市支持在浦东新区建设行业性数据枢纽，打造基础设施和平台，促进重大产业链供应链数据互联互通。

第七十一条 本市支持浦东新区加强数据交易相关的数字信任体系建设，创新融合大数据、区块链、零信任等技术，构建数字信任基础设施，保障可信数据交易服务。

第七章　长三角区域数据合作

第七十二条 本市按照国家部署，协同长三角区域其他省建设全国一体化大数据中心体系长三角国家枢纽节点，优化数据中心和存算资源布局，引导数据中心集约化、规模化、绿色化发展，推动算力、数据、应用资源集约化和服务化创新，全面支撑长三角区域各行业数字化升级和产业数字化转型。

第七十三条 本市与长三角区域其他省共同开展长三角区域数据标准化体系建设，按照区域数据共享需要，共同建立数据资源目录、基础库、专题库、主题库、数据共享、数据质量和安全管理等基础性标准和规范，促进数据资源共享和利用。

第七十四条 本市依托全国一体化政务服务平台建设长三角数据共享交换平台，支撑长三角区域数据共享共用、业务协同和场景应用建设，推动数据有效流动和开发利用。

本市与长三角区域其他省共同推动建立以需求清单、责任清单和共享数据资源目录为基础的长三角区域数据共享机制。

第七十五条 本市与长三角区域其他省共同推动建立跨区域数据异议核实与处理、数据对账机制，确保各省级行政区域提供的数据与长三角数据共享交换平台数据的一致性，实现数据可对账、可校验、可稽核，问题可追溯、可处理。

第七十六条 本市与长三角区域其他省共同促进数字认证体系、电子证照等的跨区域互认互通，支撑政务服务和城市运行管理跨区域协同。

第七十七条 本市与长三角区域其他省共同推动区块链、隐私计算等数据安全流通技术的利用，建立跨区域的数据融合开发利用机制，发挥数据在跨区域协同发展中的创新驱动作用。

第八章　数据安全

第七十八条　本市实行数据安全责任制，数据处理者是数据安全责任主体。

数据同时存在多个处理者的，各数据处理者承担相应的安全责任。

数据处理者发生变更的，由新的数据处理者承担数据安全保护责任。

第七十九条　开展数据处理活动，应当履行以下义务，保障数据安全：

（一）依照法律、法规的规定，建立健全全流程数据安全管理制度和技术保护机制；

（二）组织开展数据安全教育培训；

（三）采取相应的技术措施和其他的必要措施，确保数据安全，防止数据篡改、泄露、毁损、丢失或者非法获取、非法利用；

（四）加强风险监测，发现数据安全缺陷、漏洞等风险时，应当立即采取补救措施；

（五）发生数据安全事件时，应当立即采取处置措施，按照规定及时告知用户并向有关主管部门报告；

（六）利用互联网等信息网络开展数据处理活动，应当在网络安全等级保护制度的基础上，履行上述数据安全保护义务；

（七）法律、法规规定的其他数据安全保护义务。

第八十条　本市按照国家要求，建立健全数据分类分级保护制度，推动本地区数据安全治理工作。

本市建立重要数据目录管理机制，对列入目录的数据进行重点保护。重要数据的具体目录由市政府办公厅会同市网信等部门编制，并按照规定报送国家有关部门。

第八十一条　重要数据处理者应当明确数据安全责任人和管理机构，按照规定定期对其数据处理活动开展风险评估，并依法向有关主管部门报送风险评估报告。

处理重要数据应当按照法律、行政法规及国家有关规定执行。

第八十二条　市级责任部门应当制定本系统、行业公共数据安全管理制度，并根据国家和本市数据分类分级相关要求对公共数据进行分级，在数据收集、使用和人员管理等业务环节承担安全责任。

属于市大数据中心实施信息化工作范围的，市大数据中心应当对公共数据的传输、存储、加工等技术环节承担安全责任，并按照数据等级采取安全防护措施。

第八十三条　本市按照国家统一部署，建立健全集中统一的数据安全风险评估、报告、信息共享、监测预警机制，加强本地区数据安全风险信息的获取、分析、研判、预警工作。

第八十四条　本市按照国家统一部署，建立健全数据安全应急处置机制。发生数据安全事件，市网信部门应当会同市公安机关依照相关应急预案，采取应急处置措施，防止危害扩大，消除安全隐患，并及时向社会发布与公众有关的警示信息。

第八十五条 本市支持数据安全检测评估、认证等专业机构依法开展服务活动。

本市支持有关部门、行业组织、企业、教育和科研机构、有关专业机构等在数据安全风险评估、防范、处置等方面开展协作。

第九章 法 律 责 任

第八十六条 违反本条例规定，法律、行政法规有规定的，从其规定。

第八十七条 国家机关、履行公共管理和服务职责的事业单位及其工作人员有下列行为之一的，由本级人民政府或者上级主管部门责令改正；情节严重的，由有权机关对直接负责的主管人员和其他直接责任人员依法给予处分：

（一）未按照本条例第十六条第二款规定收集或者使用数据的；

（二）违反本条例第二十七条第二款规定，擅自新建跨部门、跨层级的数据资源平台、共享、开放渠道，或者未按规定进行整合的；

（三）未按照本条例第二十八条规定编制公共数据目录的；

（四）未按照本条例第三十条、第三十三条、第三十八条、第三十九条、第四十条、第四十二条规定收集、归集、共享、开放公共数据的；

（五）未按照本条例第三十五条第一款规定履行公共数据质量管理义务的；

（六）未通过公共数据开放或者授权运营等法定渠道，擅自将公共数据提供给市场主体的。

第八十八条 违反本条例规定，依法受到行政处罚的，相关信息纳入本市公共信用信息服务平台，由有关部门依法开展联合惩戒。

第八十九条 违反本条例规定处理个人信息，侵害众多个人的权益的，人民检察院、市消费者权益保护委员会，以及由国家网信部门确定的组织，可以依法向人民法院提起诉讼。

第十章 附 则

第九十条 除本条例第二条第四项规定的公共管理和服务机构外，运行经费由本市各级财政保障的单位、中央国家机关派驻本市的相关管理单位以及通信、民航、铁路等单位在依法履行公共管理和服务职责过程中收集和产生的各类数据，参照公共数据的有关规定执行。法律、行政法规另有规定的，从其规定。

第九十一条 本条例自 2022 年 1 月 1 日起施行。

上海市
2021 年 11 月 29 日

《浙江省公共数据条例》

（2022 年 1 月 21 日浙江省第十三届人民代表大会第六次会议通过）

目录

第一章 总 则

第一条 为了加强公共数据管理，促进公共数据应用创新，保护自然人、法人和非法人组织合法权益，保障数字化改革，深化数字浙江建设，推进省域治理体系和治理能力现代化，根据有关法律、行政法规，结合本省实际，制定本条例。

第二条 本省行政区域内公共数据收集、归集、存储、加工、传输、共享、开放、利用等数据处理活动，以及公共数据安全等管理活动，适用本条例。涉及国家秘密的公共数据及相关处理活动，不纳入本条例管理，按照有关法律、法规的规定执行。

第三条 本条例所称公共数据，是指本省国家机关、法律法规规章授权的具有管理公共事务职能的组织以及供水、供电、供气、公共交通等公共服务运营单位（以下统称公共管理和服务机构），在依法履行职责或者提供公共服务过程中收集、产生的数据。根据本省应用需求，税务、海关、金融监督管理等国家有关部门派驻浙江管理机构提供的数据，属于本条例所称公共数据。

第四条 公共数据发展和管理工作坚持中国共产党的领导，遵循统筹规划、依法有序、分类分级、安全可控的原则。

第五条 县级以上人民政府应当将公共数据发展和管理工作纳入国民经济和社会发展规划以及数字政府建设等相关专项规划，建立健全工作协调机制，完善政策措施，保障公共数据发展和管理工作所需经费。县级以上人民政府应当建立健全公共数据发展和管理工作考核评价机制，将公共数据发展和管理工作作为年度政府目标责任制考核的重要内容。

第六条 县级以上人民政府大数据发展主管部门或者设区的市、县（市、区）人民政府确定的负责大数据发展工作的部门（以下简称公共数据主管部门），负责本行政区域内公共数据发展和管理工作，指导、协调、督促其他有关部门按照各自职责做好公共数据处理和安全管理相关工作。公共管理和服务机构负责本部门、本系统、本领域公共数据处理和安全管理工作。网信、公安、国家安全、保密、密码等部门按照各自职责，做好公共数据安全的监督管理工作。

第七条 公共数据主管部门应当会同有关部门建立健全监督检查工作机制，加强对公共数据平台建设、数据标准实施、数据质量、数据共享开放、数据安全保障等情况的监督检查，并督促落实。

第八条 县级以上人民政府应当按照长江三角洲区域一体化发展国家战略要求，加强公共数据发展和管理工作跨省域合作，推动公共数据标准统一，促进公共数据共享利用，发挥公共数据在区域一体化协同治理和跨区域协同发展中的驱动作用。

第二章　公共数据平台

第九条 省公共数据主管部门应当会同省有关部门，统筹规划和建设以基础设施、数据资源、应用支撑、业务应用体系为主体，以政策制度、标准规范、组织保障、网络安全体系为支撑的一体化智能化公共数据平台（以下简称公共数据平台），促进省域整体智治、高效协同。设区的市公共数据主管部门应当会同同级有关部门，按照省有关标准和指导规范的要求建设本级公共数据平台。县（市、区）应当按照互联互通、共建共享原则，依托设区的市公共数据平台建设本级公共数据平台；确有必要的，可以单独建设。省、设区的市公共数据平台应当按照地方实际需要，及时向下级公共数据平台返回数据。

第十条 公共数据主管部门应当依托公共数据平台建立统一的数据共享、开放通道。公共管理和服务机构应当通过统一的共享、开放通道共享、开放公共数据。公共管理和服务机构不得新建公共数据共享、开放通道；已建共享、开放通道的，应当并入统一的共享、开放通道。

第十一条 省公共数据主管部门应当统筹建设全省一体化数字资源系统，推动全省公共数据、应用、组件、算力等数字资源集约管理，促进数字资源高效配置供给，实现公共数据跨层级、跨地域、跨系统、跨部门、跨业务有序流通和共享。

第十二条 县级以上人民政府应当建立使用财政资金的数字化项目管理机制，加强对数字化项目的统筹、整合和共享管理，避免重复建设。使用本省财政资金的数字化项目有下列情形之一的，不予立项、审查验收或者不予安排运行和维护经费：

（一）未经县级以上人民政府指定的部门同意，新建业务专网或者新建、扩建、改建独立数据平台的；

（二）未经县级以上人民政府指定的部门同意，在公共数据平台外开发、升级改造应用系统的；

（三）未按照规定纳入一体化数字资源系统管理的；

（四）未按照要求共享、开放数据或者重复收集数据的；

（五）不符合密码应用和安全管理要求的。

第十三条　公共数据实行目录化管理。省公共数据主管部门应当统筹推进省、设区的市、县（市、区）三级公共数据目录一体化建设，制定统一的目录编制标准，组织编制全省公共数据目录。设区的市、县（市、区）公共数据主管部门应当按照统一标准，组织编制本级公共数据子目录，并报上一级公共数据主管部门审核。公共管理和服务机构应当按照统一标准，编制本部门公共数据子目录，并报同级公共数据主管部门审核。

第十四条　省公共数据主管部门应当会同省标准化主管部门和其他有关部门，推进本省公共数据标准体系建设，制定省、设区的市、县（市、区）公共数据平台建设标准以及公共数据处理和安全管理等标准，推动公共数据国家标准、行业标准和地方标准有效实施。

第三章　公共数据收集与归集

第十五条　公共管理和服务机构收集数据应当遵循合法、正当、必要的原则，按照法定权限、范围、程序和标准规范收集。可以通过共享获取数据的，公共管理和服务机构不得重复收集；共享数据无法满足履行职责需求的，公共管理和服务机构可以向公共数据主管部门提交数据需求清单，由公共数据主管部门与相关公共管理和服务机构协商解决。

第十六条　公共管理和服务机构按照法定权限、范围、程序和标准规范收集单位、个人数据的，有关单位、个人应当予以配合。收集公共数据应当遵守网络安全、数据安全、个人信息保护等法律、法规以及国家标准的强制性要求。

第十七条　收集公共数据应当分别以下列号码或者代码作为必要标识：

（一）公民身份号码或者个人其他有效身份证件号码；

（二）法人统一社会信用代码；

（三）非法人组织统一社会信用代码或者其他识别代码。公共管理和服务机构收集数据时，不得强制要求个人采用多种方式重复验证或者特定方式验证。已经通过有效身份证件验明身份的，不得强制通过收集指纹、虹膜、人脸等生物识别信息重复验证。法律、行政法规另有规定的除外。

第十八条　省公共数据主管部门应当会同省有关部门在省公共数据平台建立和完善人口、法人、信用、电子证照、自然资源和空间地理等基础数据库，以及跨地域、跨部门专题数据库。省公共管理和服务机构应当根据公共数据目录，按照应用需求将公共数据统一归集到省公共数据平台基础数据库和专题数据库。设区的市、县（市、区）公共数据主管部门应当在本级公共数据平台建立和完善跨地域、跨部门专题数据库。公共管理和服务机构应当根据公共数据目录，按照应用需求将公共数据统一归集到本级公共数据平台专题数据库。

第十九条　自然人、法人或者非法人组织对涉及自身的公共数据有异议或者发现公共数据不准确、不完整的，可以向公共管理和服务机构提出校核申请。公共管理和服务机构应当自收到校核申请之日起五个工作日内校核完毕；情况复杂的，经公共管理和服务机构负责人批准，可以延长至十个工作日。公共管理和服务机构应当将校核处理结果及时告知当事人。自然人、法人或者非法人组织对涉及自身的公共数据有异议或者发现公共数据不准确、不完整的，也可以向公共数据主管部门提出校核申请。公共数据主管部门应当自收到校核申请之日起两个工作日内转交相应公共管理和服务机构，并督促公共管理和服务机构在前款规定的期限内校核完毕。公共数据主管部门、公共管理和服务机构发现数据不准确、不完整或者不同的公共管理和服务机构收集、提供的数据不一致的，由公共数据主管部门通知数据收集、提供单位限期校核。数据收集、提供单位应当在期限内校核完毕。

第二十条　公共数据主管部门、公共管理和服务机构应当建立健全数据全流程质量管控体系，加强数据质量事前、事中和事后的监督检查，及时更新已变更、失效数据，实现问题数据可追溯、可定责，保证数据的及时性、准确性、完整性。

第二十一条　为了应对突发事件，公共管理和服务机构按照应对突发事件有关法律、法规规定，可以要求自然人、法人或者非法人组织提供应对突发事件所必需的数据，并根据实际需要，依法、及时共享和开放相关公共数据，为应对突发事件提供支持；收集的数据不得用于与应对突发事件无关的事项；对在履行职责中知悉的个人信息、商业秘密、保密商务信息等应当依法予以保密。突发事件应急处置工作结束后，公共管理和服务机构应当对获得的突发事件相关公共数据进行分类评估，将涉及个人信息、商业秘密、保密商务信息的公共数据采取封存等安全处理措施，并关停相关数据应用。

第四章　公共数据共享

第二十二条　本条例所称公共数据共享，是指公共管理和服务机构因履行法定职责或者提供公共服务需要，依法使用其他公共管理和服务机构的数据，或者向其他公共管理和服务机构提供数据的行为。公共数据应当以共享为原则、不共享为例外。

第二十三条　公共数据按照共享属性分为无条件共享、受限共享和不共享数据。公共管理和服务机构应当按照国家和省有关规定对其收集、产生的公共数据进行评估，科学合理确定共享属性，并定期更新。列入受限共享数据的，应当说明理由并明确共享条件；列入不共享数据的，应当提供明确的法律、法规、规章或者国家有关规定依据。公共数据主管部门对同级公共管理和服务机构确定的公共数据共享属性有异议，经协商不能达成一致意见的，报本级人民政府决定。

第二十四条 公共管理和服务机构需要通过共享获取数据的，应当向数据提供单位的同级公共数据主管部门提出申请明确应用场景，通过统一的公共数据共享通道以接口调用、批量数据使用等方式获取数据。无法按照前款规定获取数据的，可以向公共数据主管部门提交数据需求清单，由公共数据主管部门与相关公共管理和服务机构协商解决。

第二十五条 公共管理和服务机构申请使用无条件共享数据的，公共数据主管部门应当在两个工作日内予以共享。申请使用受限共享数据的，公共数据主管部门应当自收到申请之日起一个工作日内征求数据提供单位意见，数据提供单位应当在三个工作日内反馈意见。数据提供单位同意共享的，公共数据主管部门应当在两个工作日内予以共享。数据提供单位不同意共享的，应当说明理由，公共数据主管部门应当自收到反馈意见之日起两个工作日内完成审核，认为应当共享的，应当在两个工作日内予以共享，并告知数据提供单位；认为不应当共享的，应当立即告知提出申请的公共管理和服务机构。

第二十六条 公共管理和服务机构通过共享获取的公共数据，应当用于本机构依法履行职责的需要，不得用于或者变相用于其他目的。

第五章 公共数据开放与利用

第二十七条 本条例所称公共数据开放，是指向自然人、法人或者非法人组织依法提供公共数据的公共服务行为。公共数据开放应当遵循依法、规范、公平、优质、便民的原则。公共数据按照开放属性分为无条件开放、受限开放和禁止开放数据。

第二十八条 省公共数据主管部门根据国家和省有关公共数据分类分级要求，组织编制全省公共数据开放目录。设区的市公共数据主管部门可以组织编制本行政区域公共数据开放子目录。公共数据开放目录按照实际需要实行动态调整。公共数据开放目录应当标注数据名称、数据开放主体、数据开放属性、数据格式、数据类型、数据更新频率等内容。

第二十九条 省、设区的市公共数据主管部门应当根据当地经济社会发展需要，会同同级公共管理和服务机构制定年度公共数据开放重点清单，优先开放与民生紧密相关、社会迫切需要、行业增值潜力显著和产业战略意义重大的公共数据。确定年度公共数据开放重点清单，应当听取相关行业组织、企业、专家和社会公众的意见。

第三十条 公共数据有下列情形之一的，禁止开放：

（一）开放后危及或者可能危及国家安全的；

（二）开放后可能损害公共利益的；

（三）涉及个人信息、商业秘密或者保密商务信息的；

（四）数据获取协议约定不得开放的；

（五）法律、法规规定不得开放的。

前款第三项规定的公共数据有下列情形之一的，可以列入受限开放或者无条件开放数据：

（一）涉及个人信息的公共数据经匿名化处理的；

（二）涉及商业秘密、保密商务信息的公共数据经脱敏、脱密处理的；

（三）涉及个人信息、商业秘密、保密商务信息的公共数据指向的特定自然人、法人或者非法人组织依法授权同意开放的。省公共数据主管部门应当会同省网信、公安、经济和信息化等部门制定公共数据脱敏、脱密等技术规范。

第三十一条 公共管理和服务机构应当按照国家和省有关规定对其收集、产生的公共数据进行评估，科学合理确定开放属性，并定期更新。公共数据主管部门对同级公共管理和服务机构确定的公共数据开放属性有异议，经协商不能达成一致意见的，报本级人民政府决定。

第三十二条 自然人、法人或者非法人组织需要获取无条件开放的公共数据的，可以通过统一的公共数据开放通道获取。

第三十三条 自然人、法人或者非法人组织需要获取受限开放的公共数据的，应当具备相应的数据存储、处理和安全保护能力，并符合申请时信用档案中无因违反本条例规定记入的不良信息等要求，具体条件由省、设区的市公共管理和服务机构通过本级公共数据平台公布。自然人、法人或者非法人组织需要获取受限开放的公共数据的，应当通过统一的公共数据开放通道向公共数据主管部门提出申请。公共数据主管部门应当会同数据提供单位审核后确定是否同意开放。经审核同意开放公共数据的，申请人应当签署安全承诺书，并与数据提供单位签订开放利用协议。申请开放的公共数据涉及两个以上数据提供单位的，开放利用协议由公共数据主管部门与申请人签订。开放利用协议应当明确数据开放方式、使用范围、安全保障措施等内容。申请人应当按照开放利用协议约定的范围使用公共数据，并按照开放利用协议和安全承诺书采取安全保障措施。

第三十四条 县级以上人民政府应当将公共数据作为促进经济社会发展的重要生产要素，促进公共数据有序流动，推进数据要素市场化配置改革，推动公共数据与社会数据深度融合利用，提升公共数据资源配置效率。自然人、法人或者非法人组织利用依法获取的公共数据加工形成的数据产品和服务受法律保护，但不得危害国家安全和公共利益，不得损害他人的合法权益。

第三十五条 县级以上人民政府可以授权符合规定安全条件的法人或者非法人组织运营公共数据，并与授权运营单位签订授权运营协议。禁止开放的公共数据不得授权运营。授权运营单位应当依托公共数据平台对授权运营的公共数据进行加工；对加工形成的数据产品和服务，可以向用户提供并获取合理收益。授权运营单位不得向第三方提供授权运营的原始公共数据。授权运营协议应当明确授权运营范围、运营期限、合理收益的测算方法、数据安全要求、期限届满后资产处置等内容。省公共数据主管部门应当会同省网信、公安、国家安全、财政等部门制定公共数据授权运营具体办法，明确授权方式、授权运营单位的安全条件和运营行为规范等内容，报省人民政府批准后实施。

第三十六条　县级以上人民政府及其有关部门应当通过产业政策引导、资金扶持、引入社会资本等方式，拓展公共数据开发利用场景。县级以上人民政府及其有关部门可以通过政府购买服务、协议合作等方式，支持利用公共数据创新产品、技术和服务，提升公共数据产业化水平。公共数据主管部门可以通过应用创新大赛、补助奖励、合作开发等方式，鼓励利用公共数据开展科学研究、产品开发、数据加工等活动。

第六章　公共数据安全

第三十七条　公共数据安全管理应当坚持统筹协调、分类分级、权责统一、预防为主、防治结合的原则，加强公共数据全生命周期安全和合法利用管理，防止数据被非法获取、篡改、泄露、损毁或者不当利用。

第三十八条　公共数据、网信、公安、国家安全、密码等部门应当按照各自职责，对下级公共数据主管部门、本级公共管理和服务机构的公共数据安全承担监督管理责任。公共管理和服务机构在公共数据、网信、公安、国家安全、密码等部门指导下，开展本系统、本领域公共数据安全保护工作。

第三十九条　公共数据安全实行谁收集谁负责、谁使用谁负责、谁运行谁负责的责任制。公共数据主管部门、公共管理和服务机构的主要负责人是本单位数据安全工作的第一责任人。公共数据主管部门、公共管理和服务机构应当强化和落实数据安全主体责任，建立数据安全常态化运行管理机制，具体履行下列职责：

（一）落实网络安全等级保护制度，建立健全本单位数据安全管理制度、技术规范和操作规程；

（二）设置数据安全管理岗位，实行管理岗位责任制，配备安全管理人员和专业技术人员；

（三）定期组织相关人员进行数据安全教育、技术培训；

（四）加强数据安全日常管理和检查，对复制、导出、脱敏、销毁数据等可能影响数据安全的行为，以及可能影响个人信息保护的行为进行监督；

（五）加强平台（系统）压力测试和风险监测，发现数据安全缺陷、漏洞等风险时立即采取补救措施；

（六）制定数据安全事件应急预案，并定期进行演练；

（七）法律、法规、规章规定的其他职责。

第四十条　公共数据主管部门应当会同网信、公安、国家安全、密码等部门建立健全公共数据分类分级、安全审查、风险评估、监测预警、应急演练、安全审计、封存销毁等制度，并督促指导公共管理和服务机构实施。

第四十一条　公共数据主管部门、公共管理和服务机构应当结合公共数据具体应用场景，按照分类分级保护要求，建立健全公共数据安全防护技术标准和规范，采取身份认证、访问控制、数据加密、数据脱敏、数据溯源、数据备份、隐私计算等技术措施，提高数据安全保障能力。

第四十二条　公共数据主管部门、公共管理和服务机构在处理公共数据过程中，因数据汇聚、关联分析等原因，可能产生涉密、敏感数据的，应当进行安全评估，并根据评估意见采取相应的安全措施。

第四十三条　公共数据主管部门、公共管理和服务机构依法委托第三方服务机构开展平台（系统）建设以及运行维护的，应当按照国家和省有关规定对服务提供方进行安全审查；经安全审查符合条件的，签订服务外包协议时应当同时签订服务安全保护及保密协议，约定违约责任，并监督服务提供方履行数据安全保护义务。服务外包协议不生效、无效、被撤销或者终止的，公共数据主管部门、公共管理和服务机构应当撤销账号或者重置密码，并监督服务提供方以数据覆写、物理销毁等不可逆方式删除相关数据。

第四十四条　自然人、法人或者非法人组织认为开放的公共数据侵犯其合法权益的，有权向公共管理和服务机构提出撤回数据的要求。公共管理和服务机构收到撤回数据要求后，应当立即进行核实，必要时立即中止开放；经核实存在前款规定问题的，应当根据不同情形采取撤回数据或者处理后再开放等措施，并将有关处理结果及时告知当事人。当事人对处理结果有异议的，可以向公共数据主管部门申请复核。公共管理和服务机构在日常监督管理过程中发现开放的公共数据存在安全风险的，应当立即中止开放，并在消除安全风险后开放。

第四十五条　公共数据主管部门、公共管理和服务机构可以组织有关单位、专家或者委托第三方专业机构，对公共数据共享、开放和安全保障等工作开展评估，提升公共数据管理水平。

第七章　法律责任

第四十六条　违反本条例规定的行为，法律、行政法规已有法律责任规定的，从其规定。

第四十七条　公共管理和服务机构有下列情形之一的，由公共数据主管部门按照管理权限责令限期整改：

（一）未按照规定编制或者更新公共数据子目录的；

（二）违反规定新建业务专网或者新建、扩建、改建独立数据平台的；

（三）违反规定在公共数据平台外开发、升级改造应用系统的；

（四）违反规定重复收集数据的；

（五）未及时向公共数据平台归集数据或者归集的数据不符合标准要求的；

（六）未按照规定校核、封存、撤回公共数据或者关停数据应用的；

（七）未按照规定共享或者开放公共数据的；

（八）违反规定将共享获取的公共数据用于其他目的的；

（九）未依法履行公共数据安全管理职责的；

（十）违反本条例规定的其他情形。公共管理和服务机构应当在规定期限内完成整改，并反馈整改情况；未按照要求整改的，由公共数据主管部门提请本级人民政府予以通报批评；情节严重的，由有权机关对负有责任的领导人员和直接责任人员依法给予处理。

第四十八条　公共数据主管部门及其工作人员在公共数据发展和管理工作中，不履行或者不正确履行本条例规定的职责，造成危害后果或者不良影响的，或者存在其他玩忽职守、滥用职权、徇私舞弊行为的，由有权机关对负有责任的领导人员和直接责任人员依法给予处理。

第四十九条　自然人、法人或者非法人组织有下列情形之一的，公共管理和服务机构、公共数据主管部门应当按照职责责令改正，并暂时关闭其获取相关公共数据的权限；未按照要求改正的，对其终止开放相关公共数据：

（一）未经同意超出公共数据开放利用协议约定的范围使用数据的；

（二）未按照公共数据开放利用协议和安全承诺书采取安全保障措施的；

（三）严重违反公共数据平台安全管理规范的；

（四）其他严重违反公共数据开放利用协议的情形。

第五十条　自然人、法人或者非法人组织违反公共数据开放利用协议，第三方服务机构违反服务安全保护协议或者保密协议，授权运营单位违反授权运营协议，属于违反网络安全、数据安全、个人信息保护有关法律、法规规定的，由网信、公安等部门按照职责依法予以查处，相关不良信息依法记入其信用档案。

第八章　附　　则

第五十一条　本条例自 2022 年 3 月 1 日起施行。浙江省人民政府发布的《浙江省公共数据和电子政务管理办法》同时废止。

浙江省

2022 年 1 月 21 日

《山东省大数据发展促进条例》

(2021 年 9 月 30 日山东省第十三届人民代表大会
常务委员会第三十次会议通过)

目录

第一章　总　　则

第一条　为了全面实施国家大数据战略，运用大数据推动经济发展、完善社会治理、提升政府服务和管理能力，加快数字强省建设，根据《中华人民共和国数据安全法》等法律、行政法规，结合本省实际，制定本条例。

第二条　本省行政区域内促进大数据发展的相关活动，适用本条例。

本条例所称大数据，是指以容量大、类型多、存取速度快、应用价值高为主要特征的数据集合，以及对数据进行收集、存储和关联分析，发现新知识、创造新价值、提升新能力的新一代信息技术和服务业态。

第三条　本省确立大数据引领发展的战略地位。促进大数据发展应当遵循政府引导、市场主导、开放包容、创新应用、保障安全的原则。

第四条　县级以上人民政府应当加强对本行政区域内大数据发展工作的领导，建立大数据发展统筹协调机制，将大数据发展纳入国民经济和社会发展规划，加强促进大数据发展的工作力量，并将大数据发展资金作为财政支出重点领域予以优先保障。

县级以上人民政府大数据工作主管部门负责统筹推动大数据发展以及相关活动，其他有关部门在各自职责范围内做好相关工作。

第五条　自然人、法人和其他组织从事与大数据发展相关的活动，应当遵守法律、法规，不得泄露国家秘密、商业秘密和个人隐私，不得损害国家利益、公共利益和他人合法权益。

第六条　县级以上人民政府、省人民政府有关部门应当按照国家和省有关规定，对在促进大数据发展中做出突出贡献的单位和个人给予表彰、奖励。

第二章　基　础　设　施

第七条　县级以上人民政府应当组织有关部门编制和实施数字基础设施建设规划，加强数字基础设施建设的统筹协调，建立高效协同、智能融合的数字基础设施体系。

交通、能源、水利、市政等基础设施专项规划，应当与数字基础设施建设规划相衔接。

第八条　省、设区的市人民政府应当组织有关部门推进新型数据中心、智能计算中心、边缘数据中心等算力基础设施建设，提高算力供应多元化水平，提升智能应用支撑能力。

第九条　县级以上人民政府和有关部门应当支持通信运营企业加强高速宽带网络建设，提升网络覆盖率和接入能力。

第十条　县级以上人民政府和有关部门应当推进物联网建设，支持基础设施、城市治理、物流仓储、生产制造、生活服务等领域建设和应用感知系统，推动感知系统互联互通和数据共享。

第十一条　县级以上人民政府工业和信息化部门应当会同有关部门推进工业互联网建设，完善工业互联网标识解析体系，推动新型工业网络部署。

第十二条　省人民政府大数据工作主管部门应当建设全省一体化大数据平台，统筹全省电子政务云平台建设，加强对全省电子政务云平台的整合和管理。

县级以上人民政府大数据工作主管部门应当会同有关部门按照规定建设本级电子政务网络，优化整合现有政务网络。

第十三条　县级以上人民政府及其有关部门应当推动交通、能源、水利、市政等领域基础设施数字化改造，建立智能化基础设施体系。

第十四条　县级以上人民政府及其有关部门应当按照实施乡村振兴战略的要求，加强农村地区数字基础设施建设，提升乡村数字基础设施建设水平和覆盖质量。

第三章　数　据　资　源

第十五条　县级以上人民政府大数据工作主管部门应当按照国家和省有关数据管理、使用、收益等规定，依法统筹管理本行政区域内数据资源。

国家机关、法律法规授权的具有管理公共事务职能的组织、人民团体以及其他具有公共服务职能的企业事业单位等（以下统称公共数据提供单位），在依法履行公共管理和服务职责过程中收集和产生的各类数据（以下统称公共数据），由县级以上人民政府大数据工作主管部门按照国家和省有关规定组织进行汇聚、治理、共享、开放和应用。

利用财政资金购买公共数据之外的数据（以下统称非公共数据）的，除法律、行政法规另有规定外，应当报本级人民政府大数据工作主管部门审核。

第十六条 数据资源实行目录管理。

省人民政府大数据工作主管部门应当制定公共数据目录编制规范，组织编制和发布本省公共数据总目录。

公共数据提供单位应当按照公共数据目录编制规范，编制和更新本单位公共数据目录，并报大数据工作主管部门审核后，纳入本省公共数据总目录。

鼓励非公共数据提供单位参照公共数据目录编制规范，编制和更新非公共数据目录。

第十七条 数据收集应当遵循合法、正当、必要的原则，不得窃取或者以其他非法方式获取数据。

公共数据提供单位应当根据公共数据目录，以数字化方式统一收集、管理公共数据，确保收集的数据及时、准确、完整。

除法律、行政法规另有规定外，公共数据提供单位不得重复收集能够通过共享方式获取的公共数据。

第十八条 自然人、法人和其他组织收集数据不得损害被收集人的合法权益。

公共数据提供单位应当根据履行公共管理职责或者提供公共服务的需要收集数据，并以明示方式告知被收集人；依照有关法律、行政法规收集数据的，被收集人应当配合。

被收集人认为公共数据存在错误、遗漏，或者侵犯国家秘密、商业秘密和个人隐私等情形的，可以向公共数据提供单位、使用单位或者有关主管部门提出异议，相关单位应当及时进行处理。

第十九条 公共数据提供单位应当按照公共数据目录管理要求向省一体化大数据平台汇聚数据。鼓励社会力量投资建设数据平台，制定相关标准、规范，汇聚非公共数据。

鼓励汇聚非公共数据的平台与省一体化大数据平台对接，推动公共数据与非公共数据的融合应用。

第二十条 县级以上人民政府大数据工作主管部门应当建立公共数据治理工作机制，明确数据质量责任主体，完善数据质量核查和问题反馈机制，提升数据质量。

公共数据提供单位应当按照规定开展公共数据治理工作，建立数据质量检查和问题数据纠错机制，对公共数据进行校核、确认。

鼓励社会力量建立非公共数据治理机制，建设非公共数据标准体系。

第二十一条　除法律、行政法规规定不予共享的情形外，公共数据应当依法共享。

公共数据提供单位应当注明数据共享的条件和方式，并通过省一体化大数据平台共享。鼓励运用区块链、人工智能等新技术创新数据共享模式，探索通过数据比对、核查等方式提供数据服务。

第二十二条　省、设区的市人民政府大数据工作主管部门应当通过省一体化大数据平台，依法有序向社会公众开放公共数据。

公共数据提供单位应当建立数据开放范围动态调整机制，逐步扩大公共数据开放范围。

鼓励自然人、法人和其他组织依法开放非公共数据，促进数据融合创新。

第四章　发 展 应 用

第二十三条　县级以上人民政府和有关部门应当采取措施，优化大数据发展应用环境，发挥大数据在新旧动能转换、服务改善民生、完善社会治理等方面的作用。

第二十四条　县级以上人民政府有关部门应当采取措施，扶持和培育先进计算、新型智能终端、高端软件等特色产业，布局云计算、人工智能、区块链等新兴产业，发展集成电路、基础电子元器件等基础产业，推动数字产业发展。

第二十五条　县级以上人民政府应当推动利用云计算、人工智能、物联网等技术对农业、工业、服务业进行数字化改造，推动大数据与产业融合发展。

第二十六条　县级以上人民政府应当推进数字经济平台建设，支持跨行业、跨领域工业互联网平台发展，培育特定行业、区域平台；推进数字经济园区建设，促进产业集聚发展。

第二十七条　县级以上人民政府应当推进现代信息技术在政务服务领域的应用，推动政务信息系统互联互通、数据共享，通过一体化在线政务服务平台和"爱山东"移动政务服务平台提供政务服务，推动政务服务便捷化。

县级以上人民政府有关部门应当建立线上服务与线下服务相融合的政务服务工作机制，优化工作流程，减少纸质材料；在政务服务中能够通过省一体化大数据平台获取的电子材料，不得要求另行提供纸质材料。

除法律、行政法规另有规定外，电子证照和加盖电子印章的电子材料可以作为办理政务服务事项的依据。

第二十八条　县级以上人民政府和有关部门应当加快数字机关建设，依托全省统一的"山东通"平台推动机关办文、办会、办事实现网上办理，提升机关运行效能和数字化水平。

政务信息系统的开发、购买等，除法律、行政法规另有规定外，应当按照规定报本级人民政府大数据工作主管部门审核；涉及固定资产投资和国家投资补助的，依照有关投资的法律、法规执行。

第二十九条 省人民政府应当组织建立全省重点领域数字化统计、分析、监测、评估等系统，建设全省统一的展示、分析、调度、指挥平台，健全大数据辅助决策机制，提升宏观决策和调控水平。

县级以上人民政府应当在社会态势感知、综合分析、预警预测等方面，加强大数据关联分析和创新应用，提高科学决策和风险防范能力。

第三十条 县级以上人民政府应当发挥大数据优化公共资源配置的作用，推进大数据与公共服务融合。

县级以上人民政府有关部门应当推动大数据在科技、教育、医疗、健康、就业、社会保障、交通运输、法律服务等领域的应用，提高公共服务智能化水平。

提供智能化公共服务，应当充分考虑老年人、残疾人的需求，避免对老年人、残疾人的日常生活造成障碍。

鼓励自然人、法人和其他组织在公共服务领域开发大数据应用产品和场景解决方案，提供特色化、个性化服务。

第三十一条 县级以上人民政府应当在国家安全、安全生产、应急管理、防灾减灾、社会信用、生态环境治理、市场监督管理等领域加强大数据创新应用，推行非现场监管、风险预警等新型监管模式，提升社会治理水平。

第三十二条 县级以上人民政府应当推动大数据在城市规划、建设、治理和服务等领域的应用，加强新型智慧城市建设和区域一体化协同发展，鼓励社会力量参与新型智慧城市建设运营。

县级以上人民政府应当推动数字乡村建设，建立农业农村数据收集、应用、共享、服务体系，推进大数据在农业生产、经营、管理和服务等环节的应用，提升乡村治理和生产生活数字化水平。

第五章 安 全 保 护

第三十三条 本省实行数据安全责任制。

数据安全责任按照谁收集谁负责、谁持有谁负责、谁管理谁负责、谁使用谁负责的原则确定。

第三十四条 县级以上人民政府和有关部门应当按照数据分类分级保护制度，确定本地区、本部门以及相关行业、领域的重要数据具体目录，对列入目录的数据进行重点保护。

第三十五条 国家安全领导机构负责数据安全工作的议事协调，实施国家数据安全战略和有关重大方针政策，建立完善数据安全工作协调机制，研究解决数据安全的重大事项和重要工作，推动落实数据安全责任。

公安、国家安全、大数据、保密、密码管理、通信管理等部门和单位按照各自职责，负责数据安全相关监督管理工作。

网信部门依照法律、行政法规的规定，负责统筹协调网络数据安全和相关监督管理工作。

第三十六条　数据收集、持有、管理、使用等数据安全责任单位应当建立本单位、本领域数据安全保护制度，落实有关数据安全的法律、行政法规和国家标准以及网络安全等级保护制度；属于关键信息基础设施范围的，还应当落实关键信息基础设施保护有关要求，保障数据安全。

自然人、法人和其他组织在数据收集、汇聚等过程中，应当对数据存储环境进行分域分级管理，选择安全性能、防护级别与其安全等级相匹配的存储载体，并对重要数据进行加密存储。

第三十七条　自然人、法人和其他组织开展涉及个人信息的数据活动，应当依法妥善处理个人隐私保护与数据应用的关系，不得泄露或者篡改涉及个人信息的数据，不得过度处理；未经被收集者同意，不得向他人非法提供涉及个人信息的数据，但是经过处理无法识别特定自然人且不能复原的除外。

第三十八条　数据收集、持有、管理、使用等数据安全责任单位应当制定本单位、本领域数据安全应急预案，定期开展数据安全风险评估和应急演练；发生数据安全事件，应当依法启动应急预案，采取相应的应急处置措施，并按照规定向有关主管部门报告。

第三十九条　省人民政府大数据工作主管部门统筹建设全省公共数据灾备体系；设区的市人民政府应当按照统一部署，对公共数据进行安全备份。

第四十条　数据收集、持有、管理、使用等数据安全责任单位向境外提供国家规定的重要数据，应当按照国家有关规定实行数据出境安全评估和国家安全审查。

第六章　促进措施

第四十一条　省人民政府大数据工作主管部门应当会同有关部门编制本省大数据发展规划，报省人民政府批准后发布实施。

设区的市人民政府、省人民政府有关部门应当根据本省大数据发展规划编制本区域、本部门、本行业大数据发展专项规划，报省人民政府大数据工作主管部门备案。

第四十二条　省人民政府标准化行政主管部门应当会同大数据工作主管部门组织制定大数据领域相关标准，完善大数据地方标准体系，支持、引导地方标准上升为国家标准。

鼓励企业、社会团体制定大数据领域企业标准、团体标准，鼓励高等学校、科研机构、企业、社会团体等参与制定大数据领域国际标准、国家标准、行业标准和地方标准。

第四十三条　县级以上人民政府及其有关部门应当通过政策引导、资金支持等方式，支持高等学校、科研机构、企业等开展大数据领域技术创新和产业研发活动。

第四十四条 县级以上人民政府应当制定大数据人才培养与引进计划，完善人才评价与激励机制，加强大数据专家智库建设，发展大数据普通高等教育、职业教育，为大数据发展提供智力支持。

第四十五条 县级以上人民政府应当依法推进数据资源市场化交易，并加强监督管理；鼓励和引导数据资源在依法设立的数据交易平台进行交易。

数据交易平台运营者应当制定数据交易、信息披露、自律监管等规则，建立安全可信、管理可控、全程可追溯的数据交易环境。

利用合法获取的数据资源开发的数据产品和服务可以交易，有关财产权益依法受保护。

第四十六条 县级以上人民政府应当根据实际情况，安排资金支持大数据关键技术研究、产业链构建、重大应用示范和公共服务平台建设等工作，鼓励金融机构和社会资本加大投资力度，促进大数据发展应用。

第四十七条 对列入全省重点建设项目名单的大数据项目，省人民政府应当根据国土空间规划优先保障其建设用地。

符合条件的大数据中心、云计算中心、超算中心、灾备中心等按照有关规定享受电价优惠。

第四十八条 县级以上人民政府有关部门和新闻媒体应当加强大数据法律、法规以及相关知识的宣传教育，提高全社会大数据应用意识和能力。

第七章　法律责任

第四十九条 违反本条例规定的行为，法律、行政法规已经规定法律责任的，适用其规定。

第五十条 违反本条例规定，有关单位有下列行为之一的，对直接负责的主管人员和其他直接责任人员依法给予处分；构成犯罪的，依法追究刑事责任：

（一）未按照规定收集、汇聚、治理、共享、开放公共数据的；

（二）未经审核，开发、购买政务信息系统的；

（三）未经审核，利用财政资金购买非公共数据的；

（四）未依法履行数据安全相关职责的；

（五）其他滥用职权、玩忽职守、徇私舞弊的行为。

第五十一条 本省建立健全责任明晰、措施具体、程序严密、配套完善的大数据发展容错免责机制。

政府财政资金支持的大数据项目未取得预期成效，建设单位已经尽到诚信和勤勉义务的，应当按照有关规定从轻、减轻或者免予追责。

有关单位和个人在利用数据资源创新管理和服务模式时，出现偏差失误或者未能实现预期目标，但是符合国家确定的改革方向，决策程序符合法律、法规规定，未牟取私利或者未恶意串通损害国家利益、公共利益的，应当按照有关规定从轻、减轻或者免予追责。

经确定予以免责的单位和个人，在绩效考核、评先评优、职务职级晋升、职称评聘和表彰奖励等方面不受影响。

第八章 附 则

第五十二条 本条例自 2022 年 1 月 1 日起施行。

山东省政府

2021 年 10 月 11 日

《广东省数字经济促进条例》

（2021 年 7 月 30 日广东省第十三届人民代表大会
常务委员会第三十三次会议通过）

目录

第一章 总 则

第一条 为了促进数字经济发展，推进数字产业化和产业数字化，推动数字技术与实体经济深度融合，打造具有国际竞争力的数字产业集群，全面建设数字经济强省，根据有关法律、行政法规，结合本省实际，制定本条例。

第二条 本条例适用于本省行政区域内促进数字经济发展，以及为数字经济提供支撑保障等相关活动。

本条例所称数字经济，是指以数据资源为关键生产要素，以现代信息网络作为重要载体，以信息通信技术的有效使用作为效率提升和经济结构优化的重要推动力的一系列经济活动。

第三条 数字经济发展应当遵循创新引领、数据驱动、融合赋能、包容审慎、安全发展的原则。

第四条 数字经济发展以数字产业化和产业数字化为核心。数字产业化主要促进数字产品制造业、数字产品服务业、数字技术应用业、数字要素驱动业的发展；产业数字化主要促进工业数字化、农业数字化、服务业数字化等数字化效率提升业的发展。

第五条 县级以上人民政府应当将数字经济发展纳入国民经济和社会发展规划，并根据需要制定本级数字经济发展规划。

省人民政府应当加强对全省数字经济发展的统筹部署，营造数字经济发展良好环境。地级以上市、县级人民政府应当及时掌握数字经济发展动态，协调解决重大问题，按照上级人民政府统筹部署组织实施。

第六条 省人民政府发展改革主管部门负责拟制促进数字化发展战略、规划和重大政策，推进数字化发展重大工程和项目实施；工业和信息化主管部门负责促进数字经济发展工作，拟制促进数字经济发展的战略、规划和政策措施并组织实施；统计主管部门负责建立数字经济统计监测机制，开展数字经济统计调查和监测分析，依法向社会公布。

地级以上市、县级人民政府工业和信息化主管部门或者本级人民政府确定的主管部门，负责推进数字经济发展具体工作。

县级以上人民政府其他有关部门按照职责分工，做好数字经济发展工作。

第七条 省人民政府及有关部门应当加强与"一带一路"沿线国家和地区在数字基础设施、数字商贸、数字金融、智慧物流等领域的交流合作，扩大数字经济领域开放。加强粤港澳大湾区数字经济规则衔接、机制对接，推进网络互联互通、数字基础设施共建共享、数字产业协同发展。

县级以上人民政府及有关部门应当按照本省关于珠三角核心区、沿海经济带、北部生态发展区的区域发展格局，加强数字经济区域优势互补、差异化协调发展。

鼓励社会力量参与数字经济发展，加强国内外交流合作。

第八条 引导企业等市场主体在促进数字经济发展政策支持下，进行数字化转型。支持和鼓励各类市场主体参与数字经济领域投资建设。

支持行业协会、科研机构、高等学校以及其他组织为促进数字经济发展提供创业孵化、投资融资、技术支持、法律服务、产权交易等服务。

第二章　数字产业化

第九条 县级以上人民政府应当促进计算机通信和其他电子设备制造业、电信广播电视和卫星传输服务、互联网和相关服务、软件和信息技术服务业等发展，培育人工智能、大数据、区块链、云计算、网络安全等新兴数字产业，谋划布局未来产业。

第十条　省人民政府及发展改革、科技、工业和信息化等有关部门应当统筹规划集成电路产业发展，提升基金、平台、高等学校、园区支撑水平，从制造、设计、封测、材料、装备、零部件、工具、应用等方面构建产业支柱，支持优质项目投资建设，打造集成电路产业创新发展高地。

第十一条　省人民政府及科技、工业和信息化等有关部门应当统筹规划软件产业发展，培育具有自主知识产权的软件产业，推进软件产品迭代、平台搭建、产业化应用、适配测试和开源开放，拓展用户市场，构建安全可控、共建共享的软件产业生态。

第十二条　省人民政府及工业和信息化、通信管理等有关部门应当统筹规划新一代移动通信产业发展和应用创新，加强材料、制造工艺等领域前沿布局，构建集材料、芯片、基站、设备、终端、应用于一体的新一代移动通信产业链。

第十三条　县级以上人民政府及发展改革、商务、市场监督管理等有关部门应当培育互联网平台企业，支持利用互联网平台推进资源集成共享和优化配置。依法依规明确平台企业定位和监管规则，促进平台经济和共享经济规范有序创新健康发展。

互联网平台经营者应当建立健全平台管理规则和制度，依法依约履行产品和服务质量保障、网络安全保障、数据安全保障、消费者权益保护、个人信息保护等方面的义务。

第十四条　县级以上人民政府及发展改革、科技、工业和信息化、商务、市场监督管理等有关部门应当引导支持数字经济领域的龙头企业、高新技术企业，以及科技型中小企业和专业化、精细化、特色化、新颖化中小企业发展。

县级以上人民政府及地方金融监督管理等有关部门应当培育数字经济领域企业上市资源，支持有条件的企业依法到证券交易机构上市。

第十五条　县级以上人民政府及发展改革、科技、工业和信息化等有关部门应当结合本地实际，引导支持数字产业基地和园区建设，重点培育下列数字产业集群：

（一）新一代电子信息；

（二）软件与信息服务；

（三）超高清视频显示；

（四）半导体与集成电路；

（五）智能机器人；

（六）区块链与量子信息；

（七）数字创意；

（八）其他重要数字产业集群。

第十六条　引导互联网企业、行业龙头企业、基础电信企业开放数据资源和平台计算能力等，支持企业、科研机构、高等学校等创建数字经济领域众创空间、科技企业孵化器、科技企业加速器、大学科技园等创新创业载体，构建协同共生的数字经济产业创新生态。

第三章　工业数字化

第十七条　县级以上人民政府应当推进工业实施全方位、全角度、全链条的改造，提升全要素生产率，加快工业生产模式和企业形态变革，促进工业数字化、网络化、智能化转型。

第十八条　县级以上人民政府及工业和信息化、通信管理等有关部门应当推动跨行业、跨领域以及特色型、专业型工业互联网平台建设，支持企业改造提升工业互联网内外网络，建立完善工业互联网标识解析体系，健全工业互联网安全保障体系。

第十九条　省人民政府及科技、工业和信息化、通信管理等有关部门应当通过推动工业互联网平台、网络、标识解析、安全等关键技术突破，增强工业芯片、工业软件、工业操作系统等供给能力，实现工业制造技术和工艺数字化、软件化。

第二十条　县级以上人民政府及工业和信息化等有关部门应当推动工业数字化产业生态建设，培育工业数字化转型服务商，以提供数字化平台、系统解决方案以及数字产品和服务。

第二十一条　县级以上人民政府及工业和信息化等有关部门应当推动发展智能制造，加强工业互联网创新应用，支持工业企业实施数字化改造，推进工业设备和业务系统上云上平台，建设智能工厂、智能车间，培育推广智能化生产、网络化协同、个性化定制、服务化延伸、数字化管理等新业态新模式。

第二十二条　县级以上人民政府及工业和信息化、国有资产监督管理等有关部门应当推动大型工业企业开展集成应用创新，推进关键业务环节数字化，带动供应链企业数字化转型。推动中小型工业企业运用低成本、快部署、易运维的工业互联网解决方案，普及应用工业互联网。

第二十三条　县级以上人民政府及工业和信息化等有关部门应当结合本地实际，推进产业集群数字化改造，推动产业集群利用工业互联网进行全要素、全产业链、全价值链的连接，通过信息、技术、产能、订单共享，实现跨地域、跨行业资源的精准配置与高效对接。

支持产业集群骨干企业、工业数字化转型服务商等组建产业联合体，开发推广行业通用的技术集成解决方案，促进集群企业协同发展。

第四章 农业数字化

第二十四条 县级以上人民政府应当加快种植业、种业、林业、畜牧业、渔业、农产品加工业等数字化转型，推动发展智慧农业，促进乡村振兴。

第二十五条 县级以上人民政府及农业农村等有关部门应当推动遥感监测、地理信息等信息通信技术在农田建设、农机作业、农产品质量安全追溯等的应用，支持建设智慧农业云平台和农业大数据平台，探索智慧农业技术集成应用解决方案，提升农业生产精细化、智能化水平。

第二十六条 县级以上人民政府及农业农村、商务等有关部门应当支持新型农业规模经营主体、加工流通企业与电子商务企业融合，推动农产品加工、包装、冷链、仓储、配送等物流设施数字化建设，培育电子商务农产品品牌，促进农业农村电子商务发展。

第二十七条 县级以上人民政府及农业农村、通信管理等有关部门应当提升乡村信息网络水平，推动乡村信息服务供给和基础设施数字化转型。

第二十八条 县级以上人民政府及农业农村、文化和旅游等有关部门应当推动互联网与特色农业融合发展，培育推广创意农业、认养农业、观光农业以及游憩休闲、健康养生、创意民宿等数字乡村新业态新模式。

第五章 服务业数字化

第二十九条 县级以上人民政府应当重点推动智能交通、智慧物流、数字金融、数字商贸、智慧教育、智慧医疗、智慧文旅等数字应用场景建设，创新服务内容和模式，提升服务质量和效率。

第三十条 县级以上人民政府交通运输主管部门应当推动发展智能交通，加速交通基础设施网、运输服务网、能源网与信息网络融合发展，构建泛在先进的交通信息基础设施。构建综合交通大数据中心体系。培育推广智能网联汽车、自动驾驶船舶、自动化码头，以及定制公交、智能公交、智能停车等新业态新模式。

第三十一条 县级以上人民政府及发展改革、交通运输、邮政管理等有关部门应当推动发展智慧物流，推进货物、运输工具、场站等物流要素数字化，支持物流园区、大型仓储设施、货运车辆等普及应用数字化技术和智能终端设备，提升物流智能化水平。

第三十二条 县级以上人民政府地方金融监督管理部门应当推动发展数字金融，优化移动支付应用，推进数字金融与产业链、供应链融合。

按照国家规定探索数字人民币的应用和国际合作。

第三十三条 县级以上人民政府及商务等有关部门应当推动发展数字商贸，引导支持服务贸易和数字贸易的集聚区、平台及其促进体系发展。促进跨境电子商务综合试验区、数字服务出口基地建设，培育推广云服务、数字内容、数字服务、跨境电子商务等新业态新模式，支持数字化商贸平台建设，发展社交电子商务、直播电子商务等，完善发展机制、监管模式，建设与国际接轨的高水平服务贸易和数字贸易开放体系，提升数字商贸水平。

第三十四条　县级以上人民政府教育主管部门应当推动发展智慧教育，推进教育数据和数字教学资源互通共享，支持建设智慧校园、智慧课堂、互联网教育资源服务大平台，培育推广并规范管理互动教学、个性定制等在线教育新业态新模式。

第三十五条　县级以上人民政府卫生健康主管部门应当推动发展智慧医疗，推进人工智能、大数据、区块链和云计算在医学影像辅助诊断、临床辅助决策、智能化医学设备、公共卫生事件防控等领域的应用，加快开展网上预约、咨询、挂号、分诊、问诊、结算以及药品配送、检查检验报告推送等网络医疗服务，建设互联网医院，拓展医疗卫生机构服务空间和内容。

县级以上人民政府民政、卫生健康主管部门应当推动发展智慧健康养老产业，推动个人、家庭、社区、机构与健康养老资源有效对接和优化配置，促进健康养老服务智慧化升级，以满足个人和家庭多层次、多样化健康养老服务需求。

第三十六条　县级以上人民政府及网信、文化和旅游、广电、版权等有关部门应当推动发展互联网文体娱乐业等，支持建设公共文化云平台和智慧图书馆、博物馆等数字文化场馆，培育推广游戏、动漫、电竞、网络直播、融媒体等新业态新模式，发展网络视听、数字出版、数字娱乐、线上演播等产业，鼓励拓展优秀传统文化产品和影视剧、游戏等数字文化产品的海外市场。

县级以上人民政府及文化和旅游等有关部门应当推动发展智慧旅游，加强线上旅游宣传，推广在线预约预订服务，创新道路信息、气象预警等旅游公共服务模式，引导旅游景区开发数字化体验产品并普及景区电子地图、线路推荐、语音导览等智慧化服务。

第六章　数据资源开发利用保护

第三十七条　鼓励对数据资源实行全生命周期管理，挖掘数据资源要素潜力，发挥数据的关键资源作用和创新引擎作用，提升数据要素质量，培育数据要素市场，促进数据资源开发利用保护。

第三十八条　国家机关以及法律、法规授权的具有管理公共事务职能的组织在依法履行职责、提供服务过程中产生或者获取的公共数据，应当按照国家和省的有关规定进行分类分级，实行目录制管理。

县级以上人民政府政务服务数据管理部门统筹推进公共数据资源共享开放和开发利用，规范公共数据产品服务。国家机关以及法律、法规授权的具有管理公共事务职能的组织应当建立公共数据开放范围的动态调整机制，创新公共数据资源开发利用模式和运营机制，满足市场主体合理需求。

第三十九条　县级以上人民政府及政务服务数据管理等有关部门应当促进各类数据深度融合，鼓励依法依规利用数据资源开展科学研究、数据加工等活动，引导各类主体通过省统一的开放平台开放数据资源。支持构建工业、农业、服务业等领域数据资源开发利用场景。

第四十条　自然人、法人和非法人组织对依法获取的数据资源开发利用的成果，所产生的财产权益受法律保护，并可以依法交易。法律另有规定或者当事人另有约定的除外。

探索数据交易模式，培育数据要素市场，规范数据交易行为，促进数据高效流通。有条件的地区可以依法设立数据交易场所，鼓励和引导数据供需方在数据交易场所进行交易。

第四十一条　数据的收集、存储、使用、加工、传输、提供、公开等处理活动，应当遵守法律、法规，履行数据安全保护义务，尊重社会公德和伦理，遵守商业道德和职业道德，诚实守信，承担社会责任。

开展数据处理活动，不得危害国家安全、公共利益，不得损害个人、组织的合法权益。

个人信息受法律保护。个人信息的收集、存储、使用、加工、传输、提供、公开等处理活动，应当遵循合法、正当、必要原则，不得过度处理，并符合法律、法规规定的条件。

第四十二条　县级以上人民政府及网信、发展改革、工业和信息化、农业农村、商务、市场监督管理、政务服务数据管理等有关部门应当推广数据管理相关国家标准和行业标准，规范数据管理，提升数据质量。

探索推动产业数据的收集、存储、使用、加工、传输和共享，加强产业数据分类分级管理，支持企业提升数据汇聚、分析、应用能力，以及构建数据驱动的生产方式和企业管理模式。

第七章　数字技术创新

第四十三条　省人民政府及有关部门应当围绕数据的产生、传输、存储、计算与应用环节，推动数字技术创新，加强数字技术基础研究、应用基础研究和技术成果转化，完善产业技术创新体系和共性基础技术供给体系。

第四十四条　省人民政府及科技等有关部门应当围绕数字经济实施省重点领域研发计划重大专项，构建国家重大科技项目承接机制，推动获取重大原创科技成果和自主知识产权。

第四十五条　省人民政府及科技等有关部门应当探索建立数字经济关键核心技术攻关新型体制机制，重点在集成电路、基础软件、工业软件等基础领域，新一代移动通信、人工智能、区块链、数字孪生、量子科技、类脑计算等前沿技术领域，加快推进基础理论、基础算法、装备材料等关键核心技术攻关和突破。

第四十六条　省人民政府应当统筹规划、科学布局，推进数字经济领域省实验室建设，打造数字技术大型综合研究基地和原始创新策源地。

第四十七条　省人民政府及发展改革、科技、工业和信息化、市场监督管理等有关部门应当推动数字经济领域的科技创新平台、公共技术服务平台和重大科技基础设施建设，构建以企业为主体、市场为导向的技术创新体系。

第四十八条　县级以上人民政府及教育、科技等有关部门应当推进数字经济产学研合作，支持科研机构、高等学校等与企业共建技术创新联盟、科技创新基地、博士工作站、博士后科研工作站等创新平台，加强科研力量优化配置和资源共享，促进关键共性技术研发、系统集成和工程化应用。

支持数字技术开源平台、开源社区和开放技术网络建设，鼓励企业开放软件源代码、硬件设计和应用服务。

第四十九条　县级以上人民政府市场监督管理部门，以及其他行政主管部门应当加强数字经济标准化工作，依法对数字经济标准的实施进行监督。

支持社会团体、企业及其他组织开展数字经济国际国内标准交流合作，参与制定数字经济国际规则、国际国内标准，自主制定数字经济团体标准和企业标准。

第五十条　县级以上人民政府及教育、科技、工业和信息化、财政等有关部门应当支持科研机构、高等学校和企业完善数字技术转移机制；探索实施政府采购首台（套）装备、首批次产品、首版次软件等政策，支持创新产品和服务的应用推广；鼓励将财政资金支持形成的科技成果许可给中小企业使用，提升成果转化与产业化水平。

第八章　数字基础设施建设

第五十一条　县级以上人民政府应当完善数字基础设施体系，重点统筹通信网络基础设施、新技术基础设施、存储和计算基础设施等建设，推进传统基础设施的数字化改造，布局卫星互联网等未来网络设施。

第五十二条　数字基础设施的建设和布局应当纳入国土空间规划，市政、交通、电力、公共安全等相关基础设施规划应当结合数字经济发展需要，与数字基础设施相关规划相互协调和衔接。

第五十三条　县级以上人民政府及通信管理等有关部门应当支持新一代固定宽带网络和移动通信网络建设，推进核心网、承载网、接入网及基站、管线等信息通信网络建设。

工程建设、设计等相关单位应当按照有关建设设计标准和规范，预留信息通信网络设施所需的空间、电力等资源，并与主体工程同时设计、同时施工、同时验收。

推动通信设施与铁路、城市轨道、道路、桥梁、隧道、电力、地下综合管廊、机场、港口、枢纽站场、智慧杆塔等基础设施以及相关配套设施共商共建共享共维。

第五十四条　县级以上人民政府及有关部门应当推进物联网建设，积极部署低成本、低功耗、高精度、高可靠的智能化传感器，推进基础设施、城市治理、物流仓储、生产制造、生活服务、应急管理、生态保护等领域感知系统的建设应用、互联互通和数据共享。

县级以上人民政府及有关部门可以根据实际情况推进车联网建设，扩大车联网覆盖范围，提高路侧单元与道路基础设施、智能管控设施的融合接入能力，推进道路基础设施、交通标志标识的数字化改造和建设。

第五十五条　省人民政府及发展改革、科技、工业和信息化等有关部门应当统筹推进人工智能、区块链、云计算等新技术基础设施建设，支持建设底层技术平台、算法平台、开源平台等基础平台，建立领先的通用技术能力支撑体系。

第五十六条　省人民政府及发展改革、科技、工业和信息化、通信管理等有关部门应当统筹推进数据中心、智能计算中心、超级计算中心、边缘计算节点等存储和计算基础设施建设，支持优化升级改造，提升计算能力，构建高效协同的数据处理体系。

第五十七条　县级以上人民政府应当结合本地实际，推动能源、交通、城市、物流、医疗、教育、文化、自然资源、农业农村、水利、生态环境、应急等领域的传统基础设施数字化、智能化改造。

第五十八条　省人民政府自然资源主管部门应当统筹建设本省卫星导航定位基准服务系统和配套基础设施，提供卫星导航定位基准信息公共服务。

鼓励符合法定条件的组织参与卫星互联网基础设施建设，构建通信、导航、遥感空间基础设施体系。

第九章　保障措施

第五十九条　县级以上人民政府应当坚持数字经济、数字政府、数字社会一体建设，营造良好数字生态。在政务服务、财政、税收、金融、人才、知识产权，以及土地供应、电力接引、设施保护、政府采购等方面完善政策措施，为促进数字经济发展提供保障。

第六十条　省人民政府及政务服务数据管理部门应当推进数字政府改革建设，完善管运分离、政企合作的管理体制，创新建设运营模式，优化一网通办政务服务，推动一网统管省域治理，强化一网协同政府运行，提高政府数字化服务数字经济发展效能。

省人民政府及政务服务数据管理部门应当统筹规划全省政务网络基础设施建设，打造全省统一的政务基础网络、政务云平台和政务大数据中心，推进一体化网上政务服务平台以及移动政务平台的建设和应用。

第六十一条　省人民政府及有关部门统筹使用省级专项资金，有条件的地级以上市、县级人民政府在本级财政预算中安排资金，重点用于数字经济关键核心技术攻关、重大创新平台、公共技术平台和产业载体建设、应用示范和产业化发展、企业培育等领域。

县级以上人民政府应当依法落实数字经济的税收优惠政策。完善投融资服务体系，拓宽数字经济市场主体融资渠道。发挥省级政策性基金作用，重点支持数字经济领域重大项目建设和高成长、初创型数字经济企业发展。

第六十二条 县级以上人民政府及教育、人力资源社会保障等有关部门应当鼓励企事业单位、社会组织等培养创新型、应用型、技能型、融合型人才，支持高等学校、中等职业学校与企业开展合作办学，培养数字经济专业人才。

县级以上人民政府及人力资源社会保障主管部门应当将数字经济领域引进的高层次、高技能以及紧缺人才纳入政府人才支持政策范围，按照规定享受入户、住房、子女教育等优惠待遇。探索建立适应数字经济新业态发展需要的人才评价机制。

第六十三条 县级以上人民政府及市场监督管理、版权等有关部门应当加强数字经济领域知识产权保护，培育知识产权交易市场，探索建立知识产权保护规则和快速维权体系，依法打击知识产权侵权行为。

第六十四条 县级以上人民政府及市场监督管理部门应当依法查处滥用市场支配地位、实施垄断协议以及从事不正当竞争等违法行为，保障各类市场主体的合法权益，营造公平竞争市场环境。

县级以上人民政府及人力资源社会保障等有关部门应当加强劳动用工服务指导，清理对灵活就业的不合理限制，鼓励依托数字经济创造更多灵活就业机会，完善平台经济、共享经济等新业态从业人员在工作时间、报酬支付、保险保障等方面政策规定。

第六十五条 县级以上人民政府及网信、应急管理、政务服务数据管理、通信管理等有关部门，企业、平台等处理数据的主体应当落实数字经济发展过程中的安全保障责任，健全安全管理制度，加强重要领域数据资源、重要网络、信息系统和硬件设备安全保障，健全关键信息基础设施保障体系，建立安全风险评估、监测预警和应急处置机制，采取必要安全措施，保护数据、网络、设施等方面的安全。

第六十六条 县级以上人民政府应当建立数字经济创新创业容错免责机制，对新技术、新产业、新业态、新模式等实行包容审慎监管。

第六十七条 县级以上人民政府及有关部门应当加强数字经济宣传、教育、培训，加强数字技能教育和培训，普及提升全社会数字素养。

支持举办数字经济领域的国际国内会展、赛事等活动，搭建数字经济展示交易、交流合作平台，畅通供需对接渠道，提高市场开拓能力。

第六十八条 县级以上人民政府及有关部门应当推进信息无障碍建设，坚持创新智能化服务与改进传统服务并行。鼓励针对老年人、残疾人等运用智能技术困难的群体的出行、就医、消费、文娱、办事等，提供适用的智能化产品和服务，帮助其共享数字生活。

第六十九条　县级以上人民政府有关部门应当按照职责分工，制定执行本条例的工作计划，并定期向本级人民政府报告执行情况。

第七十条　县级以上人民政府应当定期对本级数字经济发展情况进行评估，并对下一级人民政府数字经济发展情况开展监督检查。

数字经济发展情况评估可以委托第三方机构开展，并向社会公布。

第七十一条　各级人民政府及有关部门在数字经济促进工作中不依法履行职责的，依照法律、法规追究责任，对直接负责的主管人员和其他直接责任人员依法给予处分。

违反有关网络安全、数据安全、个人信息保护等法律、法规的，由有关主管部门依法予以处罚；构成犯罪的，依法追究刑事责任。

第十章　附　则

第七十二条　本条例自 2021 年 9 月 1 日起施行。

广东省

2021 年 7 月 30 日

《深圳经济特区数据条例》

（2021 年 6 月 29 日深圳市第七届人民代表大会常务委员会第二次会议通过）

目录

第一章　总　　则

第一条　为了规范数据处理活动，保护自然人、法人和非法人组织的合法权益，促进数据作为生产要素开放流动和开发利用，加快建设数字经济、数字社会、数字政府，根据有关法律、行政法规的基本原则，结合深圳经济特区实际，制定本条例。

第二条　本条例中下列用语的含义：

（一）数据，是指任何以电子或者其他方式对信息的记录。

（二）个人数据，是指载有可识别特定自然人信息的数据，不包括匿名化处理后的数据。

（三）敏感个人数据，是指一旦泄露、非法提供或者滥用，可能导致自然人受到歧视或者人身、财产安全受到严重危害的个人数据，具体范围依照法律、行政法规的规定确定。

（四）生物识别数据，是指对自然人的身体、生理、行为等生物特征进行处理而得出的能够识别自然人独特标识的个人数据，包括自然人的基因、指纹、声纹、掌纹、耳廓、虹膜、面部识别特征等数据。

（五）公共数据，是指公共管理和服务机构在依法履行公共管理职责或者提供公共服务过程中产生、处理的数据。

（六）数据处理，是指数据的收集、存储、使用、加工、传输、提供、开放等活动。

（七）匿名化，是指个人数据经过处理无法识别特定自然人且不能复原的过程。

（八）用户画像，是指为了评估自然人的某些条件而对个人数据进行自动化处理的活动，包括为了评估自然人的工作表现、经济状况、健康状况、个人偏好、兴趣、可靠性、行为方式、位置、行踪等进行的自动化处理。

（九）公共管理和服务机构，是指本市国家机关、事业单位和其他依法管理公共事务的组织，以及提供教育、卫生健康、社会福利、供水、供电、供气、环境保护、公共交通和其他公共服务的组织。

第三条　自然人对个人数据享有法律、行政法规及本条例规定的人格权益。处理个人数据应当具有明确、合理的目的，并遵循最小必要和合理期限原则。

第四条　自然人、法人和非法人组织对其合法处理数据形成的数据产品和服务享有法律、行政法规及本条例规定的财产权益。但是，不得危害国家安全和公共利益，不得损害他人的合法权益。

第五条　处理公共数据应当遵循依法收集、统筹管理、按需共享、有序开放、充分利用的原则，充分发挥公共数据资源对优化公共管理和服务、提升城市治理现代化水平、促进经济社会发展的积极作用。

第六条　市人民政府应当建立健全数据治理制度和标准体系，统筹推进个人数据保护、公共数据共享开放、数据要素市场培育及数据安全监督管理工作。

第七条　市人民政府设立市数据工作委员会，负责研究、协调本市数据管理工作中的重大事项。市数据工作委员会的日常工作由市政务服务数据管理部门承担。市数据工作委员会可以设立若干专业委员会。

第八条　市网信部门负责统筹协调本市个人数据保护、网络数据安全、跨境数据流通等相关监督管理工作。市政务服务数据管理部门负责本市公共数据管理的统筹、指导、协调和监督工作。市发展改革、工业和信息化、公安、财政、人力资源保障、规划和自然资源、市场监管、审计、国家安全等部门依照有关法律、法规，在各自职责范围内履行数据监督管理相关职能。市各行业主管部门负责本行业数据管理工作的统筹、指导、协调和监督。

第二章　个人数据

第一节　一般规定

第九条　处理个人数据应当充分尊重和保障自然人与个人数据相关的各项合法权益。

第十条　处理个人数据应当符合下列要求：

（一）处理个人数据的目的明确、合理，方式合法、正当；

（二）限于实现处理目的所必要的最小范围、采取对个人权益影响最小的方式，不得进行与处理目的无关的个人数据处理；

（三）依法告知个人数据处理的种类、范围、目的、方式等，并依法征得同意；

（四）保证个人数据的准确性和必要的完整性，避免因个人数据不准确、不完整给当事人造成损害；

（五）确保个人数据安全，防止个人数据泄露、毁损、丢失、篡改和非法使用。

第十一条　本条例第十条第二项所称限于实现处理目的所必要的最小范围、采取对个人权益影响最小的方式，包括但是不限于下列情形：

（一）处理个人数据的种类、范围应当与处理目的有直接关联，不处理该个人数据则处理目的无法实现；

（二）处理个人数据的数量应当为实现处理目的所必需的最少数量；

（三）处理个人数据的频率应当为实现处理目的所必需的最低频率；

（四）个人数据存储期限应当为实现处理目的所必需的最短时间，超出存储期限的，应当对个人数据予以删除或者匿名化，法律、法规另有规定或者经自然人同意的除外；

（五）建立最小授权的访问控制策略，使被授权访问个人数据的人员仅能访问完成职责所需的最少个人数据，且仅具备完成职责所需的最少数据处理权限。

第十二条 数据处理者不得以自然人不同意处理个人数据为由，拒绝向其提供相关核心功能或者服务。但是，该个人数据为提供相关核心功能或者服务所必需的除外。

第十三条 市网信部门应当会同市工业和信息化、公安、市场监管等部门以及相关行业主管部门建立健全个人数据保护监督管理联合工作机制，加强对个人数据保护和相关监督管理工作的统筹和指导；建立个人数据保护投诉举报处理机制，依法处理相关投诉举报。

第二节 告知与同意

第十四条 处理个人数据应当在处理前以通俗易懂、明确具体、易获取的方式向自然人完整、真实、准确地告知下列事项：

（一）数据处理者的姓名或者名称以及联系方式；

（二）处理个人数据的种类和范围；

（三）处理个人数据的目的和方式；

（四）存储个人数据的期限；

（五）处理个人数据可能存在的安全风险以及对其个人数据采取的安全保护措施；

（六）自然人依法享有的相关权利以及行使权利的方式；

（七）法律、法规规定应当告知的其他事项。处理敏感个人数据的，应当依照前款规定，以更加显著的标识或者突出显示的形式告知处理敏感个人数据的必要性以及对自然人可能产生的影响。

第十五条 紧急情况下为了保护自然人的人身、财产安全等重大合法权益，无法依照本条例第十四条规定进行事前告知的，应当在紧急情况消除后及时告知。处理个人数据有法律、行政法规规定应当保密或者无需告知情形的，不适用本条例第十四条规定。

第十六条 数据处理者应当在处理个人数据前，征得自然人的同意，并在其同意范围内处理个人数据，但是法律、行政法规以及本条例另有规定的除外。前款规定应当征得同意的事项发生变更的，应当重新征得同意。

第十七条 数据处理者不得通过误导、欺骗、胁迫或者其他违背自然人真实意愿的方式获取其同意。

第十八条 处理敏感个人数据的，应当在处理前征得该自然人的明示同意。

第十九条 处理生物识别数据的，应当在征得该自然人明示同意时，提供处理其他非生物识别数据的替代方案。但是，处理生物识别数据为处理个人数据目的所必需，且不能为其他个人数据所替代的除外。基于特定目的处理生物识别数据的，未经自然人明示同意，不得将该生物识别数据用于其他目的。生物识别数据具体管理办法由市人民政府另行制定。

第二十条 处理未满十四周岁的未成年人个人数据的，按照处理敏感个人数据的有关规定执行，并应当在处理前征得其监护人的明示同意。处理无民事行为能力或者限制民事行为能力的成年人个人数据的，应当在处理前征得其监护人的明示同意。

第二十一条 处理个人数据有下列情形之一的，可以在处理前不征得自然人的同意：

（一）处理自然人自行公开或者其他已经合法公开的个人数据，且符合该个人数据公开时的目的；

（二）为了订立或者履行自然人作为一方当事人的合同所必需；

（三）数据处理者因人力资源管理、商业秘密保护所必需，在合理范围内处理其员工个人数据；

（四）公共管理和服务机构为了依法履行公共管理职责或者提供公共服务所必需；

（五）新闻单位依法进行新闻报道所必需；

（六）法律、行政法规规定的其他情形。

第二十二条 自然人有权撤回部分或者全部其处理个人数据的同意。自然人撤回同意的，数据处理者不得继续处理该自然人撤回同意范围内的个人数据。但是，不影响数据处理者在自然人撤回同意前基于同意进行的合法数据处理。法律、法规另有规定的，从其规定。

第二十三条 处理个人数据应当采用易获取的方式提供自然人撤回其同意的途径，不得利用服务协议或者技术等手段对自然人撤回同意进行不合理限制或者附加不合理条件。

第三节 个人数据处理

第二十四条 个人数据不准确或者不完整的，数据处理者应当根据自然人的要求及时补充、更正。

第二十五条 有下列情形之一的，数据处理者应当及时删除个人数据：

（一）法律、法规规定或者约定的存储期限届满；

（二）处理个人数据的目的已经实现或者处理个人数据对于处理目的已经不再必要；

（三）自然人撤回同意且要求删除个人数据；

（四）数据处理者违反法律、法规规定或者双方约定处理数据，自然人要求删除；

（五）法律、法规规定的其他情形。有前款第一项、第二项规定情形，但是法律、法规另有规定或者经自然人同意的，数据处理者可以保留相关个人数据。数据处理者根据本条第一款规定删除个人数据的，可以留存告知和同意的证据，但是不得超过其履行法定义务或者处理纠纷需要的必要限度。

第二十六条　数据处理者向他人提供其处理的个人数据，应当对个人数据进行去标识化处理，使得被提供的个人数据在不借助其他数据的情况下无法识别特定自然人。法律、法规规定或者自然人与数据处理者约定应当匿名化的，数据处理者应当依照法律、法规规定或者双方约定进行匿名化处理。

第二十七条　数据处理者向他人提供其处理的个人数据有下列情形之一的，可以不进行去标识化处理：

（一）应公共管理和服务机构依法履行公共管理职责或者提供公共服务的需要且书面要求提供的；

（二）基于自然人的同意向他人提供相关个人数据的；

（三）为了订立或者履行自然人作为一方当事人的合同所必需的；

（四）法律、行政法规规定的其他情形。

第二十八条　自然人可以向数据处理者要求查阅、复制其个人数据，数据处理者应当按照有关规定及时提供，并不得收取费用。

第二十九条　数据处理者基于提升产品或者服务质量的目的，对自然人进行用户画像的，应当向其明示用户画像的具体用途和主要规则。自然人可以拒绝数据处理者根据前款规定对其进行用户画像或者基于用户画像推荐个性化产品或者服务，数据处理者应当以易获取的方式向其提供拒绝的有效途径。

第三十条　数据处理者不得基于用户画像向未满十四周岁的未成年人推荐个性化产品或者服务。但是，为了维护其合法权益并征得其监护人明示同意的除外。

第三十一条　数据处理者应当建立自然人行使相关权利和投诉举报的处理机制，并以易获取的方式提供有效途径。数据处理者收到行使权利要求或者投诉举报的，应当及时受理，并依法采取相应处理措施；拒绝要求事项或者投诉的，应当说明理由。

第三章　公　共　数　据

第一节　一　般　规　定

第三十二条　市数据工作委员会设立公共数据专业委员会，负责研究、协调公共数据管理工作中的重大事项。市政务服务数据管理部门承担市公共数据专业委员会日常工作，并负责统筹全市公共数据管理工作，建立和完善公共数据资源管理体系，推进公共数据共享、开放和利用。区政务服务数据管理部门在市政务服务数据管理部门指导下，负责统筹本区公共数据管理工作。

第三十三条　市人民政府应当建立城市大数据中心，建立健全其建设运行管理机制，实现对全市公共数据资源统一、集约、安全、高效管理。各区人民政府可以按照全市统一规划，建设城市大数据中心分中心，将公共数据资源纳入城市大数据中心统一管理。城市大数据中心包括公共数据资源和支撑其管理的软硬件基础设施。

第三十四条　市政务服务数据管理部门负责推动公共数据向城市大数据中心汇聚，组织公共管理和服务机构依托城市大数据中心开展公共数据共享、开放和利用。

第三十五条　实行公共数据分类管理制度。市政务服务数据管理部门负责统筹本市公共数据资源体系整体规划、建设和管理，并会同相关部门建设和管理人口、法人、房屋、自然资源与空间地理、电子证照、公共信用等基础数据库。各行业主管部门应当按照公共数据资源体系整体规划和相关制度规范要求，规划本行业公共数据资源体系，建设并管理相关主题数据库。公共管理和服务机构应当按照公共数据资源体系整体规划、行业专项规划和相关制度规范要求，建设、管理本机构业务数据库。

第三十六条　实行公共数据目录管理制度。市政务服务数据管理部门负责建立全市统一的公共数据资源目录体系，制定公共数据资源目录编制规范，组织公共管理和服务机构按照公共数据资源目录编制规范要求编制目录、处理各类公共数据，明确数据来源部门和管理职责。公共管理和服务机构应当按照公共数据资源目录编制规范要求，对本机构的公共数据进行目录管理。

第三十七条　公共管理和服务机构收集数据应当符合下列要求：

（一）为依法履行公共管理职责或者提供公共服务所必需，且在其履行的公共管理职责或者提供的公共服务范围内；

（二）收集数据的种类和范围与其依法履行的公共管理职责或者提供的公共服务相适应；

（三）收集程序符合法律、法规相关规定。公共管理和服务机构可以通过共享方式获得的数据，不得另行向自然人、法人和非法人组织收集。

第三十八条　公共管理和服务机构应当按照有关规定保存公共数据处理的过程记录。

第三十九条　市政务服务数据管理部门应当组织制定公共数据质量管理制度和规范，建立健全质量监测和评估体系，并组织实施。公共管理和服务机构应当按照公共数据质量管理制度和规范，建立和完善本机构数据质量管理体系，加强数据质量管理，保障数据真实、准确、完整、及时、可用。市公共数据专业委员会应当定期对公共管理和服务机构数据管理工作进行评价，并向市数据工作委员会报告评价结果。

第四十条　市人民政府应当加强公共数据共享、开放和利用体制机制和技术创新，不断提高公共数据共享、开放和利用的质量与效率。

第二节　公共数据共享

第四十一条　公共数据应当以共享为原则，不共享为例外。市政务服务数据管理部门应当建立以公共数据资源目录体系为基础的公共数据共享需求对接机制和相关管理制度。

第四十二条　纳入公共数据共享目录的公共数据，应当按照有关规定通过城市大数据中心的公共数据共享平台在有需要的公共管理和服务机构之间及时、准确共享，法律、法规另有规定的除外。公共数据共享目录由市政务服务数据管理部门另行制定，并及时调整。

第四十三条　公共管理和服务机构可以根据依法履行公共管理职责或者提供公共服务的需要提出公共数据共享申请，明确数据使用的依据、目的、范围、方式及相关需求，并按照本级政务服务数据管理部门和数据提供部门的要求，加强共享数据使用管理，不得超出使用范围或者用于其他目的。公共数据提供部门应当在规定时间内，回应公共数据使用部门的共享需求，并提供必要的数据使用指导和技术支持。

第四十四条　公共管理和服务机构依法履行公共管理职责或者提供公共服务所需要的数据，无法通过公共数据共享平台共享获得的，可以由市人民政府统一对外采购，并按照有关规定纳入公共数据共享目录，具体工作由市政务服务数据管理部门统筹。

第三节　公共数据开放

第四十五条　本条例所称公共数据开放，是指公共管理和服务机构通过公共数据开放平台向社会提供可机器读取的公共数据的活动。

第四十六条　公共数据开放应当遵循分类分级、需求导向、安全可控的原则，在法律、法规允许范围内最大限度开放。

第四十七条　依照法律、法规规定开放公共数据，不得收取任何费用。法律、行政法规另有规定的，从其规定。

第四十八条　公共数据按照开放条件分为无条件开放、有条件开放和不予开放三类。无条件开放的公共数据，是指应当无条件向自然人、法人和非法人组织开放的公共数据；有条件开放的公共数据，是指按照特定方式向自然人、法人和非法人组织平等开放的公共数据；不予开放的公共数据，是指涉及国家安全、商业秘密和个人隐私，或者法律、法规等规定不得开放的公共数据。

第四十九条　市政务服务数据管理部门应当建立以公共数据资源目录体系为基础的公共数据开放管理制度，编制公共数据开放目录并及时调整。有条件开放的公共数据，应当在编制公共数据开放目录时明确开放方式、使用要求及安全保障措施等。

第五十条　市政务服务数据管理部门应当依托城市大数据中心建设统一、高效的公共数据开放平台，并组织公共管理和服务机构通过该平台向社会开放公共数据。公共数据开放平台应当根据公共数据开放类型，提供数据下载、应用程序接口和安全可信的数据综合开发利用环境等多种数据开放服务。

第四节　公共数据利用

第五十一条　市人民政府应当加快推进数字政府建设，深化数据在经济调节、市场监管、社会管理、公共服务、生态环境保护中的应用，建立和完善运用数据管理的制度规则，创新政府决策、监管及服务模式，实现主动、精准、整体式、智能化的公共管理和服务。

第五十二条　市人民政府应当依托城市大数据中心建设基于统一架构的业务中枢、数据中枢和能力中枢，形成统一的城市智能中枢平台体系，为公共管理和服务以及各区域各行业应用提供统一、全面的数字化服务，促进技术融合、业务融合、数据融合。市人民政府可以依托城市智能中枢平台建设政府管理服务指挥中心，建立和完善运行管理机制，推动政府整体数字化转型，深化跨层级、跨地域、跨系统、跨部门、跨业务的数据共享和业务协同，建立统一指挥、一体联动、智能精准、科学高效的政府运行体系。各行业主管部门应当依托城市智能中枢平台建设本行业管理服务平台，推动本行业管理服务全面数字化。各区人民政府应当依托城市智能中枢平台，以服务基层为目标，整合数据资源、优化业务流程、创新管理模式，推进基层治理与服务科学化、精细化、智能化。

第五十三条　市人民政府应当依托城市智能中枢平台，推动业务整合和流程再造，深化前台统一受理、后台协同审批、全市一体运作的整体式政务服务模式创新。市政务服务数据管理部门应当推动公共管理和服务机构加强公共数据在公共管理和服务过程中的创新应用，精简办事材料、环节，优化办事流程；对于可以通过数据比对作出审批决定的事项，可以开展无人干预智能审批。

第五十四条　市人民政府应当依托城市智能中枢平台，加强监管数据和信用数据归集、共享，充分利用公共数据和各领域监管系统，推行非现场监管、信用监管、风险预警等新型监管模式，提升监管水平。

第五十五条　市政务服务数据管理部门可以组织建设数据融合应用服务平台，向社会提供安全可信的数据综合开发利用环境，共同开展智慧城市应用创新。

第四章　数据要素市场

第一节　一般规定

第五十六条　市人民政府应当统筹规划，加快培育数据要素市场，推动构建数据收集、加工、共享、开放、交易、应用等数据要素市场体系，促进数据资源有序、高效流动与利用。

第五十七条　市场主体开展数据处理活动，应当落实数据管理主体责任，建立健全数据治理组织架构、管理制度和自我评估机制，对数据实施分类分级保护和管理，加强数据质量管理，确保数据的真实性、准确性、完整性、时效性。

第五十八条 市场主体对合法处理数据形成的数据产品和服务，可以依法自主使用，取得收益，进行处分。

第五十九条 市场主体向第三方开放或者提供使用个人数据的，应当遵守本条例第二章的有关规定；向特定第三方开放、委托处理、提供使用个人数据的，应当签订相关协议。

第六十条 使用、传输、受委托处理其他市场主体的数据产品和服务，涉及个人数据的，应当遵守本条例第二章的规定以及相关协议的约定。

第二节　市 场 培 育

第六十一条 市人民政府应当组织制定数据处理活动合规标准、数据产品和服务标准、数据质量标准、数据安全标准、数据价值评估标准、数据治理评估标准等地方标准。支持数据相关行业组织制定团体标准和行业规范，提供信息、技术、培训等服务，引导和督促市场主体规范其数据行为，促进行业健康发展。鼓励市场主体制定数据相关企业标准，参与制定相关地方标准和团体标准。

第六十二条 数据处理者可以委托第三方机构进行数据质量评估认证；第三方机构应当按照独立、公开、公正原则，开展数据质量评估认证活动。

第六十三条 鼓励数据价值评估机构从实时性、时间跨度、样本覆盖面、完整性、数据种类级别和数据挖掘潜能等方面，探索构建数据资产定价指标体系，推动制定数据价值评估准则。

第六十四条 市统计部门应当探索建立数据生产要素统计核算制度，明确统计范围、统计指标和统计方法，准确反映数据生产要素的资产价值，推动将数据生产要素纳入国民经济核算体系。

第六十五条 市人民政府应当推动建立数据交易平台，引导市场主体通过数据交易平台进行数据交易。市场主体可以通过依法设立的数据交易平台进行数据交易，也可以由交易双方依法自行交易。

第六十六条 数据交易平台应当建立安全、可信、可控、可追溯的数据交易环境，制定数据交易、信息披露、自律监管等规则，并采取有效措施保护个人数据、商业秘密和国家规定的重要数据。

第六十七条 市场主体合法处理数据形成的数据产品和服务，可以依法交易。但是，有下列情形之一的除外：

（一）交易的数据产品和服务包含个人数据未依法获得授权的；

（二）交易的数据产品和服务包含未经依法开放的公共数据的；

（三）法律、法规规定禁止交易的其他情形。

第三节　公平竞争

第六十八条　市场主体应当遵守公平竞争原则，不得实施下列侵害其他市场主体合法权益的行为：

（一）使用非法手段获取其他市场主体的数据；

（二）利用非法收集的其他市场主体数据提供替代性产品或者服务；

（三）法律、法规规定禁止的其他行为。

第六十九条　市场主体不得利用数据分析，对交易条件相同的交易相对人实施差别待遇，但是有下列情形之一的除外：

（一）根据交易相对人的实际需求，且符合正当的交易习惯和行业惯例，实行不同交易条件的；

（二）针对新用户在合理期限内开展优惠活动的；

（三）基于公平、合理、非歧视规则实施随机性交易的；

（四）法律、法规规定的其他情形。前款所称交易条件相同，是指交易相对人在交易安全、交易成本、信用状况、交易环节、交易持续时间等方面不存在实质性差别。

第七十条　市场主体不得通过达成垄断协议、滥用在数据要素市场的支配地位、违法实施经营者集中等方式，排除、限制竞争。

第五章　数据安全

第一节　一般规定

第七十一条　数据安全管理遵循政府监管、责任主体负责、积极防御、综合防范的原则，坚持安全和发展并重，鼓励研发数据安全技术，保障数据全生命周期安全。市人民政府应当统筹全市数据安全管理工作，建立和完善数据安全综合治理体系。

第七十二条　数据处理者应当依照法律、法规规定，建立健全数据分类分级、风险监测、安全评估、安全教育等安全管理制度，落实保障措施，不断提升技术手段，确保数据安全。数据处理者因合并、分立、收购等变更的，由变更后的数据处理者继续落实数据安全管理责任。

第七十三条　处理敏感个人数据或者国家规定的重要数据的，应当按照有关规定设立数据安全管理机构、明确数据安全管理责任人，并实施特别技术保护。

第七十四条　市网信部门应当统筹协调相关主管部门和行业主管部门按照国家数据分类分级保护制度制定本部门、本行业的重要数据具体目录，对列入目录的数据进行重点保护。

第二节　数据安全管理

第七十五条　数据处理者应当对其数据处理全流程进行记录，保障数据来源合法以及处理全流程清晰、可追溯。

第七十六条　数据处理者应当依照法律、法规规定以及国家标准的要求，对所收集的个人数据进行去标识化或者匿名化处理，并与可用于恢复识别特定自然人的数据分开存储。数据处理者应当针对敏感个人数据、国家规定的重要数据制定并实施去标识化或者匿名化处理等安全措施。

第七十七条　数据处理者应当对数据存储进行分域分级管理，选择安全性能、防护级别与安全等级相匹配的存储载体；对敏感个人数据和国家规定的重要数据还应当采取加密存储、授权访问或者其他更加严格的安全保护措施。

第七十八条　数据处理者应当对数据处理过程实施安全技术防护，并建立重要系统和核心数据的容灾备份制度。

第七十九条　数据处理者共享、开放数据的，应当建立数据共享、开放安全管理制度，建立和完善对外数据接口的安全管理机制。

第八十条　数据处理者应当建立数据销毁规程，对需要销毁的数据实施有效销毁。数据处理者终止或者解散，没有数据承接方的，应当及时有效销毁其控制的数据。法律、法规另有规定的除外。

第八十一条　数据处理者委托他人代为处理数据的，应当与其订立数据安全保护合同，明确双方安全保护责任。受托方完成处理任务后，应当及时有效销毁其存储的数据，但是法律、法规另有规定或者双方另有约定的除外。

第八十二条　数据处理者向境外提供个人数据或者国家规定的重要数据，应当按照有关规定申请数据出境安全评估，进行国家安全审查。

第八十三条　数据处理者应当落实与数据安全防护级别相适应的监测预警措施，对数据泄露、毁损、丢失、篡改等异常情况进行监测和预警。监测到发生或者可能发生数据泄露、毁损、丢失、篡改等数据安全事件的，数据处理者应当立即采取补救、预防措施。

第八十四条　处理敏感个人数据或者国家规定的重要数据，应当按照有关规定定期开展风险评估，并向有关主管部门报送风险评估报告。

第八十五条　数据处理者应当建立数据安全应急处置机制，制定数据安全应急预案。数据安全应急预案应当按照危害程度、影响范围等因素对数据安全事件进行分级，并规定相应的应急处置措施。

第八十六条　发生数据泄露、毁损、丢失、篡改等数据安全事件的，数据处理者应当立即启动应急预案，采取相应的应急处置措施，及时告知相关权利人，并按照有关规定向市网信、公安部门和有关行业主管部门报告。

第三节　数据安全监督

第八十七条　市网信部门应当依照有关法律、行政法规以及本条例规定负责统筹协调数据安全和相关监督工作,并会同市公安、国家安全等部门和有关行业主管部门建立健全数据安全监督机制,组织数据安全监督检查。

第八十八条　市网信部门应当会同有关主管部门加强数据安全风险分析、预测、评估,收集相关信息;发现可能导致较大范围数据泄露、毁损、丢失、篡改等数据安全事件的,应当及时发布预警信息,提出防范应对措施,指导、监督数据处理者做好数据安全保护工作。

第八十九条　市网信部门以及其他履行数据安全监督职责的部门可以委托第三方机构,按照法律、法规规定和相关标准要求,对数据处理者开展数据安全管理认证以及数据安全评估工作,并对其进行安全等级评定。

第九十条　市网信部门以及其他履行数据安全监督职责的部门在履行职责过程中,发现数据处理者未按照规定落实安全管理责任的,应当按照规定约谈数据处理者,督促其整改。

第九十一条　市网信部门以及其他数据监督管理部门及其工作人员,应当对在履行职责过程中知悉的个人数据、商业秘密和需要保守秘密的其他数据严格保密,不得泄露、出售或者非法向他人提供。

第六章　法律责任

第九十二条　违反本条例规定处理个人数据的,依照个人信息保护有关法律、法规规定处罚。

第九十三条　公共管理和服务机构违反本条例有关规定的,由上级主管部门或者有关主管部门责令改正;拒不改正或者造成严重后果的,依法追究法律责任;因此给自然人、法人、非法人组织造成损失的,应当依法承担赔偿责任。

第九十四条　违反本条例第六十七条规定交易数据的,由市市场监督管理部门或者相关行业主管部门按照职责责令改正,没收违法所得,交易金额不足一万元的,处五万元以上二十万元以下罚款;交易金额一万元以上的,处二十万元以上一百万元以下罚款;并可以依法给予法律、行政法规规定的其他行政处罚。法律、行政法规另有规定的,从其规定。

第九十五条　违反本条例第六十八条、第六十九条规定,侵害其他市场主体、消费者合法权益的,由市市场监督管理部门或者相关行业主管部门按照职责责令改正,没收违法所得;拒不改正的,处五万元以上五十万元以下罚款;情节严重的,处上一年度营业额百分之五以下罚款,最高不超过五千万元;并可以依法给予法律、行政法规规定的其他行政处罚。法律、行政法规另有规定的,从其规定。市场主体违反本条例第七十条规定,有不正当竞争行为或者垄断行为的,依照反不正当竞争或者反垄断有关法律、法规规定处罚。

第九十六条 数据处理者违反本条例规定，未履行数据安全保护责任的，依照数据安全有关法律、法规规定处罚。

第九十七条 履行数据监督管理职责的部门以及公共管理和服务机构不履行或者不正确履行本条例规定职责的，对直接负责的主管人员和其他直接责任人员依法给予处分；构成犯罪的，依法追究刑事责任。

第九十八条 违反本条例规定处理数据，致使国家利益或者公共利益受到损害的，法律、法规规定的组织可以依法提起民事公益诉讼。法律、法规规定的组织提起民事公益诉讼，人民检察院认为有必要的，可以支持起诉。法律、法规规定的组织未提起民事公益诉讼的，人民检察院可以依法提起民事公益诉讼。人民检察院发现履行数据监督管理职责的部门违法行使职权或者不作为，致使国家利益或者公共利益受到损害的，应当向有关行政机关提出检察建议；行政机关不依法履行职责的，人民检察院可以依法提起行政公益诉讼。

第九十九条 数据处理者违反本条例规定处理数据，给他人造成损害的，应当依法承担民事责任；构成违反治安管理行为的，依法给予治安管理处罚；构成犯罪的，依法追究刑事责任。

第七章 附 则

第一百条 本条例自 2022 年 1 月 1 日起施行。

深圳市

2021 年 6 月 29 日

>> （二）制度

北京市大数据工作推进小组办公室关于印发
《北京市公共数据管理办法》的通知

各区人民政府、各相关部门：

为了规范公共数据管理，促进公共数据共享开放，提升政府治理能力和公共服务水平，经市领导同意，现将《北京市公共数据管理办法》印发给你们，请遵照执行。

特此通知。

北京市大数据工作推进小组办公室

2021 年 1 月 28 日

北京市公共数据管理办法

第一条　为了规范公共数据的共享，推动公共数据的开放，提升政府治理能力和公共服务水平，根据相关法律法规和《国务院关于印发〈促进大数据发展行动纲要〉的通知》（国发〔2015〕50 号）等规定，结合本市实际情况，制定本办法。

第二条　本办法所称公共数据，是指具有公共使用价值的，不涉及国家秘密、商业秘密和个人隐私的，依托计算机信息系统记录和保存的各类数据。

第三条　本市行政区域内各级行政机关和法律、法规授权的具有公共管理和服务职能的事业单位（以下统称为公共管理和服务机构）对公共数据的采集、汇聚、共享和开放以及相关管理活动，适用本办法。本办法所称公共数据的共享，是指公共管理和服务机构之间提供或者使用公共数据的行为。本办法所称公共数据的开放，是指公共管理和服务机构向除公共管理和服务机构之外的法人和非法人组织（"法人和非法人组织"以下统称为单位）以及自然人提供公共数据的行为。

第四条　公共数据管理遵循依法采集、充分共享、有序开放、保障安全的原则。

第五条　市、区人民政府应当加强对公共数据管理工作的领导，建立健全工作协调机制，统筹推进公共数据的采集、汇聚、共享和开放等工作，将所需经费纳入财政预算，对工作情况进行监督考核。

第六条　市经济信息化部门负责组织、协调、指导和监督全市公共数据管理工作，研究解决公共数据管理工作中的重大问题；区经济信息化部门负责本行政区域内公共数据管理的具体工作。公共管理和服务机构按照各自职责和本办法的规定，做好公共数据的采集、汇聚、共享和开放等工作。

第七条　公共管理和服务机构应当建立健全公共数据管理工作机制，完善公共数据的采集、汇聚、共享和开放等内部工作程序和管理制度，明确负责公共数据管理工作的机构或者人员，加强公共数据的管理。公共管理和服务机构应当落实公共数据管理责任制，主要负责人对公共数据管理工作全面负责。

第八条　公共管理和服务机构采集个人信息，应当遵循合法、正当、必要的原则，公告采集、使用规则，明示采集、使用信息的目的、方式和范围，并经被采集者或者其监护人同意，法律法规另有规定的除外。

第九条　公共管理和服务机构办理公共服务事项，能够通过共享方式获取公共数据的，不得要求单位或者自然人重复提供。公共管理和服务机构依照法律、法规和规章的规定或者约定采集公共数据，单位和自然人应当予以配合。

第十条　本市建立统一的公共数据目录，作为公共管理和服务机构采集、汇聚、共享和开放公共数据的依据。市经济信息化部门负责制定公共数据目录编制规范，明确目录编制的具体要求。

第十一条　市级公共管理和服务机构依照法定职责和本市公共数据目录编制规范，编制本系统公共数据目录。市经济信息化部门会同有关部门负责核定市级公共管理和服务机构编制的公共数据目录。

第十二条　本市设立市、区两级大数据平台，汇聚公共数据，为公共数据的共享和开放提供技术支撑。区级大数据平台应当与市级大数据平台实现对接。

第十三条　公共管理和服务机构应当根据本市公共数据目录向大数据平台汇聚公共数据，并确保汇聚数据的合规性、准确性、完整性。公共管理和服务机构应当及时对其向大数据平台上汇聚的公共数据进行更新。

第十四条　公共管理和服务机构申报新建和升级改造信息化项目时，应当向本级经济信息化部门提交信息化项目的公共数据目录；未按要求提交的，经济信息化部门不予通过立项评审。公共管理和服务机构信息化项目竣工验收前，应当更新公共数据目录并向大数据平台汇聚相关公共数据，未按要求完成的，不得通过验收。

第十五条　公共数据的共享分为无条件共享、有条件共享。无条件共享的公共数据，是指可以向其他公共管理和服务机构提供的公共数据；有条件共享的公共数据，是指可以向部分因履行职责需要的公共管理和服务机构提供或者部分内容可以向其他公共管理和服务机构提供的公共数据。

第十六条　对于无条件共享的公共数据，公共管理和服务机构可以通过大数据平台直接获取。对于有条件共享的公共数据，公共管理和服务机构可以通过大数据平台申请获取。

第十七条　公共管理和服务机构通过共享获取的公共数据，应当用于履行职责，不得用于其他目的，不得向他人非法提供。

第十八条　公共管理和服务机构对通过共享获取的公共数据存在异议的，应当及时告知提供公共数据的公共管理和服务机构，提供公共数据的公共管理和服务机构应当及时进行核查并采取更正以及告知更正结果等必要措施。

第十九条　公共数据的开放分为无条件开放和有条件开放。无条件开放的公共数据，是指依托统一的公共数据开放平台向所有单位和自然人提供的公共数据；有条件开放的公共数据，是指通过公共数据开放创新基地、数据专区、数据服务窗口、移动政务服务门户等载体向符合申请条件的单位和自然人提供的公共数据。

第二十条　公共数据有下列情形之一的，不得开放：

（一）法律、法规规定禁止开放的；

（二）开放后可能危及国家安全、公共安全、经济安全或者社会稳定的；

（三）能够推断或者识别特定自然人的。

前款所列的公共数据，依法已经脱敏、脱密等技术处理，符合开放条件的，可以列为无条件开放或者有条件开放公共数据。

第二十一条　公共管理和服务机构应当根据本市公共数据目录、市政府重点工作安排和社会提出的开放需求，制定本机构年度公共数据开放计划。市经济信息化部门汇总各区、市级公共管理和服务机构公共数据开放计划并向社会公布。

第二十二条　市经济信息化部门依托市级大数据平台构建全市统一的公共数据开放平台，为单位和自然人提供公共数据的开放服务，并与市人民政府门户网站实现对接。区级政府不再构建公共数据开放平台，依托全市统一的公共数据开放平台开放公共数据。

第二十三条 　对列入无条件开放的公共数据，单位和自然人可以通过开放平台直接获取。对列入有条件开放的公共数据，开放数据的公共管理和服务机构应当面向社会选择符合要求的单位和自然人，明确使用条件、数据内容并开放数据。

第二十四条 　单位和自然人认为开放的公共数据与事实不符或者依法不应当开放的，可以通过开放平台提出异议申请。市经济信息化部门应当及时会同有关公共管理和服务机构进行核查、处理和反馈。

第二十五条 　公共管理和服务机构应当开展公共数据的智能化应用，为政府决策提供服务，提升政府治理能力和公共服务水平。市经济信息化部门可以会同相关公共管理和服务机构采取开放竞赛、补助奖励、应用培训等形式，推动公共数据的创新应用和价值挖掘。

第二十六条 　本市鼓励单位和自然人利用开放的公共数据创新产品、技术和服务，发挥公共数据的经济价值和社会效益。

第二十七条 　本市对公共数据实行数据分级保护制度。市经济信息化部门负责制定公共数据分级保护规范，明确不同级别数据的共享开放和安全保护要求。公共管理和服务机构应当按照规范对公共数据进行分级并根据相应级别实施共享、开放和安全保护。

第二十八条 　市经济信息化部门应当依照网络安全法律法规和国家标准，完善数据控制、身份识别、行为追溯等措施，加强大数据平台的安全管理，保障大数据平台的安全运行。

第二十九条 　市经济信息化部门应当会同网信、公安等相关部门，建立公共数据管理安全预警机制和应急管理制度，监测公共数据管理安全水平，指导公共管理和服务机构制定安全处置应急预案，定期组织应急演练，确保公共数据管理工作安全有序。

第三十条 　公共管理和服务机构应当建立健全公共数据安全管理制度，采取必要的技术措施，确保公共数据的安全；发生公共数据泄露、篡改、丢失等数据安全事件，应当及时采取补救措施，并向本级经济信息化部门和相关权利人报告。

第三十一条 　公共管理和服务机构及其工作人员对其履行职责和提供服务过程中知悉的公共数据负有保密义务，不得泄露或者篡改，不得向他人非法提供。

第三十二条 　任何单位和自然人使用公共数据，不得损害国家利益和社会公共利益，不得侵害其他单位和自然人的合法权益。

第三十三条 　公共管理和服务机构有下列行为之一的，由本级经济信息化部门督促改正；经督促仍不改正的，提请本级人民政府给予通报批评：

（一）未按照规定编制公共数据目录的；

（二）未按照公共数据目录向大数据平台汇聚公共数据的；

（三）未按照规定更新公共数据的；

（四）未及时核查其他公共管理和服务机构认为存在异议的公共数据的；

（五）其他违反本办法规定的行为。

第三十四条 本市教育、医疗、供水、供电、供气、供热、环保、公共交通和通讯等与人民群众利益密切相关的公共服务企业对公共数据的采集、汇聚、共享和开放以及相关管理活动，参照本办法执行。

第三十五条 本办法自 2021 年 3 月 1 日起施行。

北京市经济和信息化局印发《关于推进北京市数据专区建设的指导意见》的通知

京经信发〔2022〕87 号

各区政府，各相关单位：

为促进政企数据融合应用，充分释放数据要素价值，培育和带动数字经济产业发展，根据《"十四五"数字经济发展规划》《国务院关于加强数字政府建设的指导意见》《北京市"十四五"时期智慧城市发展行动纲要》等相关政策文件，我局制定了《关于推进北京市数据专区建设的指导意见》，现印发给你们，请结合实际认真贯彻落实。

北京市经济和信息化局

2022 年 11 月 21 日

关于推进北京市数据专区建设的指导意见

为促进政企数据融合应用，充分释放数据要素价值，培育和带动数字经济产业发展，根据《"十四五"数字经济发展规划》《国务院关于加强数字政府建设的指导意见》《北京市"十四五"时期智慧城市发展行动纲要》等相关政策文件，结合本市实际情况，现就推进北京市数据专区建设提出如下意见。

一、总体要求

（一）指导思想

以习近平新时代中国特色社会主义思想为指导，全面贯彻落实党的十九大和二十大精神，深入贯彻习近平总书记对北京系列重要讲话和重要指示批示精神，坚持深化供给侧结构性改革，加快培育数据要素市场，推动数字经济创新发展，为我市加快建设全球数字经济标杆城市提供重要支撑。

（二）总体定位

数据专区作为市大数据平台的重要组成部分，是指针对重大领域、重点区域或特定场景，为推动政企数据融合和社会化开发利用而建设的各类专题数据区域的统称，一般分为领域类、区域类及综合基础类三种类型。

通过数据专区建设，旨在吸纳市场主体和数据、技术、资本等多元要素参与，以政企数据融合应用为主线，构建多层级数据要素市场，形成政务和社会数据流通融合体系，激发企业创新活力，释放数据要素价值，为加快推动首都新型智慧城市建设和打造全球数字经济标杆城市提供有力支撑。

（三）工作目标

利用 2～3 年时间，建立健全数据专区配套管理制度和标准规范，形成一套科学完备且操作性强的专区管理制度体系，为数据专区健康、安全、稳定、高效运营提供制度保障；鼓励和引导各类市场主体或科研机构积极参与数据专区先行先试，不断推进和深化金融、交通、位置、空间、信用等数据专区建设和应用，创新政务数据共享授权运营模式，积累一批典型的政企数据融合应用场景和可复制可推广的经验做法，构建"多元主体参与、多方合作共赢"新机制，培育数字经济产业发展新生态。

二、基本原则

（一）坚持"政府引导、市场运作"。强化政府统筹和政策供给，营造良好发展环境，充分发挥运营单位主体作用，激发数据专区建设内生动力，禁止垄断经营。

（二）坚持"授权运营、创新引领"。完善政务数据共享机制，深化政务数据授权运营模式，积极推动政企数据融合应用场景和专区运营制度创新，引领数字经济产业生态发展。

（三）坚持"依法合规、安全可控"。严格遵守国家法律法规相关要求，落实数据全生命周期安全保护，加强数据应用管控和安全管理，确保数据依法合规使用，防止数据泄露和滥用。

三、建立健全组织管理体系

（一）建立专区监督管理体系

北京市大数据工作推进小组负责数据专区建设和应用的总体指导和重大问题决策，北京市大数据工作推进小组办公室负责组织推进相关决策落实。

北京市经济和信息化局负责数据专区的统筹协调和监督指导，并依托我市信息化基础设施为各专区建设提供共性技术支持；承担综合基础类数据专区监管责任，指导综合基础类数据专区的建设和运营。

相关行业主管部门和相关区政府（以下统称专区监管部门）落实各项重大决策，分别承担领域类专区和区域类数据专区的监管责任，指导领域类和区域类数据专区的建设和运营。

对于尚无明确领域或区域归属的数据专区，先期由北京市经济和信息化局进行监管和指导，后续视实际情况交由相关部门进行监管。

（二）落实专区运营主体责任

运营单位作为专区运营主体，负责数据专区的建设运营、数据管理、运行维护及安全保障等工作，须投入必要的资金、技术和数据。同时，专区应积极吸纳多元合作方、拓展政企融合应用场景，稳步构建具有专区特色的产业生态体系。

四、完善专区数据供给机制

（一）完善政务数据共享机制

按照我市政务数据共享机制，政务数据的申请、授权和共享实施依托市大数据平台目录区块链系统开展。数据专区所需政务数据共享行为纳入目录区块链系统进行统一管理。

北京市经济和信息化局会同专区监管部门将运营单位纳入目录区块链系统用户管理体系。运营单位结合应用场景按需提出政务数据共享申请，由专区监管部门进行评估确认，经数据提供部门审核同意后依托市大数据平台实施共享。

（二）建立数据质量反馈机制

北京市经济和信息化局会同专区监管部门、数据提供部门和运营单位建立数据质量反馈机制，以提升数据的准确性、相关性、完整性和时效性。对于错误和遗漏等数据质量问题，数据提供方在职责范围内，须及时处理并予以反馈。相关数据共享及质量反馈情况纳入我市大数据及智慧城市工作考核。

数据提供部门及运营单位应当按照相关法律法规提供和处理数据，并履行监督管理职责和合理注意义务，尽量避免因数据质量等问题造成数据使用单位或者其他第三方的损失。

（三）推动专区数据成果反哺

鼓励运营单位将专区数据成果进行反哺，并定期反馈政务数据应用绩效。鼓励运营单位以数据互换、项目合作等方式将其自有数据提供我市相关政务部门共享使用。

专区反哺数据经专区监管部门审核同意后汇聚至市大数据平台，纳入目录区块链系统进行统一管理。各政务部门、各区按需在目录区块链系统中提出数据共享申请，由专区监管部门会同运营单位审核同意后依托市大数据平台实施共享。

五、提升专区运营服务能力

（一）探索专区长效运营机制

数据专区采取政府授权运营模式，遴选具有技术能力和资源优势的企事业单位或科研机构开展数据专区建设和运营。运营单位应结合数据专区特色，加强资金、技术投入，探索长效运营机制，为社会治理、商业合作或科学研究等提供数据服务。

（二）深化拓展专区应用场景

基于"数据＋场景"双轮驱动，吸聚多方参与，构建数据产业发展生态，形成一批具有典型示范效应的数据专区服务应用成果。推动金融、交通等领域类数据专区进一步深化和拓展领域应用场景，推动空间、位置等综合基础类数据专区探索政企数据融合应用场景，并推广扩展到其它专区。

（三）培育专区发展生态

各数据专区应结合各自特色建立合作生态，鼓励具备数据安全保障能力、技术开发实力和稳定业务需求的各类机构及其他市场主体以数据、技术、资本等多种方式与运营单位合作开展多维度、多层次的政企数据开发利用，共同构建供需联动、多元参与、创新协同、繁荣有序的专区发展生态。

六、加强专区数据使用管控

（一）严格专区数据使用管理

专区数据使用应遵循集约利用和最小授权原则，按需申请共享数据并在授权范围内使用，不得将数据用于或变相用于其他目的，不得以营利为目的对原始数据以任何形式进行交易。运营单位应当明确数据管理策略，建立数据管理制度和操作规程，明确数据的归集、传输、存储、使用、销毁等各环节的管控要求。

（二）建立数据使用备案制度

数据专区应建立数据使用备案制度，运营单位对外提供数据服务时，应将数据应用场景、数据使用范围及方式等向专区监管部门备案，并按相关约定定期反馈数据应用情况和支撑应用场景效果。运营单位对合作方实施分级管理，按需向合作方授予数据获取、产品和场景授权、权属管控等方面的权限。

（三）加强专区管控能力建设

依托市大数据平台已有技术能力，充分利用区块链、隐私计算等技术手段，建设数据专区统一管控平台，实现基础共性数据服务能力和技术支撑能力输出，进一步加强对数据专区数据申请、确权追溯、脱敏处理、调取使用等全流程管控，在确保数据安全可控的前提下，稳步推进政企数据深度融合应用。

七、强化专区安全管理能力

（一）强化数据安全主体责任

运营单位作为数据专区的管理责任主体，承担专区数据安全主体责任。专区监管方承担专区监管责任，建立数据泄露溯源及违规使用数据责任追究机制，严格专区安全及数据使用管理。运营单位应在专区监管方的监督指导下，建立健全安全管理制度，建立职能清晰的运营团队，明确数据安全责任人，严格管理数据专区运营工作，落实数据汇聚、存储、共享、开发利用等各环节的数据安全管理责任。

（二）健全数据安全防护体系

运营单位应当按照国家网络安全等级保护要求进行等级保护定级备案，定期开展等级测评和数据安全风险评估工作。建立数据分类分级保护体系，根据数据安全级别明确管理要求和技术防护措施。建立数据安全监测和应急处置体系，强化敏感数据监测识别、数据异常流动分析、数据安全事件追溯处置等能力。

（三）加强专区安全合规监管

专区监管部门负责监督运营单位健全完善专区数据汇聚、存储、共享、开发利用等全流程技术规范和操作规程等。探索专区安全监管模式，针对行业监管、等级保护和个人信息保护等合规制度执行情况进行检视，并加强安全风险监测，及时督促整改专区数据安全相关缺陷和漏洞，防范数据安全风险。

八、保障措施

（一）加快制度规范建设

加快制定数据专区管理制度和技术规范，结合数据专区所属领域、区域的数据管理要求和专区实际运行情况，边应用、边迭代、边完善，从顶层设计、监督管理和建设运营等不同层面，面向运营方、合作方等不同角色制定相应的管理制度，为数据专区建设运营提供制度保障。

（二）组织绩效考核评估

北京市经济和信息化局统筹制定数据专区运营绩效考核评估指标体系，定期组织运营单位开展绩效考核评估。对于考核评估结果优秀的运营单位，优先试点创新举措，并在数据申请应用、产业政策引导等方面适当倾斜；对于评估结果较差的运营单位，进行通报或约谈，连续两次评估结果较差的，终止数据专区运营授权并启动退出程序。

（三）加强试点示范推广

数据专区是政务数据授权运营的试点探索，由北京市经济和信息化局会同数据专区监管部门组织做好数据专区建设应用试点示范，积累总结可复制可推广的经验做法，加大宣传引导力度，营造开放合作的良好氛围，积极调动社会各界力量参与数据专区建设运营。

中共北京市委　北京市人民政府印发《关于更好发挥数据要素作用进一步加快发展数字经济的实施意见》的通知

各区委、区政府，市委各部委办，市各国家机关，各国有企业，各人民团体，各高等院校：

现将《关于更好发挥数据要素作用进一步加快发展数字经济的实施意见》印发给你们，请结合实际认真贯彻落实。

中共北京市委

北京市人民政府

2023 年 6 月 20 日

关于更好发挥数据要素作用进一步加快发展数字经济的实施意见

为贯彻落实党中央、国务院关于构建数据基础制度更好发挥数据要素作用的决策部署，深入实施《北京市数字经济促进条例》，培育发展数据要素市场，加快建设全球数字经济标杆城市，结合本市实际，现提出如下实施意见。

一、总体要求

（一）指导思想

以习近平新时代中国特色社会主义思想为指导，全面贯彻落实党的二十大精神，按照做强做优做大数字经济的要求，坚持"五子"联动，发挥"两区"政策优势，把释放数据价值作为北京减量发展条件下持续增长的新动力，以促进数据合规高效流通使用、赋能实体经济为主线，加快推进数据产权制度和收益分配机制先行先试，围绕数据开放流动、应用场景示范、核心技术保障、发展模式创新、安全监管治理等重点，充分激活数据要素潜能，健全数据要素市场体系，为建设全球数字经济标杆城市奠定坚实基础。

（二）工作原则

首创首善、先行示范。坚持改革创新，率先开展国家数据基础制度先行先试，打造数据要素政策高地。

开放融合、互利共赢。推进数据开放和融合应用，赋能"四个中心"功能建设和经济高质量发展，释放数据红利。

场景牵引、供需匹配。以数据赋能产业发展、城市治理和民生服务为牵引，推动数据供给和需求匹配。

政府引导、市场运作。不断强化数据资源供给，充分发挥市场在资源配置中的决定性作用。

安全合规、守牢底线。遵守相关法律法规，加强数据治理，保证数据供给、流通、使用全过程安全合规。

（三）总体目标

形成一批先行先试的数据制度、政策和标准。推动建立供需高效匹配的多层次数据交易市场，充分挖掘数据资产价值，打造数据要素配置枢纽高地。促进数字经济全产业链开放发展和国际交流合作，形成一批数据赋能的创新应用场景，培育一批数据要素型领军企业。力争到 2030 年，本市数据要素市场规模达到 2000 亿元，基本完成国家数据基础制度先行先试工作，形成数据服务产业集聚区。

二、率先落实数据产权和收益分配制度

（四）探索建立结构性分置的数据产权制度

推动界定数据来源、持有、加工、流通、使用过程中各参与方的合法权利，推进数据资源持有权、数据加工使用权、数据产品经营权结构性分置的产权运行机制先行先试。遵循"谁采集谁负责、谁管理谁负责、谁持有谁负责、谁使用谁负责"原则，明确各单位按照数据的采集、管理、持有、使用职责履行数据安全责任。市大数据主管部门统筹数据资源整合共享、开发利用和管理，按照法律法规要求建立公共数据管理规范。公共数据的采集单位要确保汇聚数据合法、准确、及时。市大数据中心开展公共数据归集、清洗、共享、开放、治理等活动，确保数据合规使用。推动建立企业数据分类分级确权授权机制，对各类市场主体在生产经营活动中依法依规采集、持有、加工和销售的不涉及个人信息和公共利益的数据，市场主体享有分别按照数据资源持有权、加工使用权或产品经营权获取相应收益的权益。推进建立个人数据分类分级确权授权机制，允许个人将承载个人信息的数据授权数据处理者或第三方托管使用，推动数据处理者或第三方按照个人授权范围依法依规采集、持有、使用数据或提供托管服务。

（五）完善数据收益合理化分配

按照"谁投入、谁贡献、谁受益"原则，建立数据要素由市场评价贡献、按贡献决定报酬的收益分配机制。鼓励数据来源者依法依规分享数据并获得相应收益。探索建立公共数据开发利用的收益分配机制，推进公共数据被授权运营方分享收益和提供增值服务。探索建立企业数据开发利用的收益分配机制，鼓励采用分红、提成等多种收益共享方式，平衡兼顾数据来源、采集、持有、加工、流通、使用等不同环节相关主体之间的利益分配。探索个人以按次、按年等方式依法依规获得个人数据合法使用中产生的收益。

三、加快推动数据资产价值实现

（六）开展数据资产登记

市大数据主管部门会同财政、国资等部门研究出台并组织实施数据资产登记管理制度。市大数据中心开展公共数据资产登记工作，持续组织完善和更新公共数据目录，依托市大数据平台和可信可控的区块链底层技术体系，建立公共数据资产基础台账，做到"一数一源"、动态更新和上链存证，推动公共数据资产化全流程管理。在社会数据来源合法、内容合规、授权明晰的原则下，支持依法设立的数据交易机构为社会主体提供社会数据资产登记服务，发放数据资产登记证书，详细载明权利类型和数据状况，形成数据目录，并提供核验服务；组织建设行业数据资产登记节点，推进工业、交通、金融等行业数据登记，激活行业数据要素市场；支持市属国有企业以及有条件的企业率先在数据交易机构开展数据资产登记。

（七）探索数据资产评估和入表

不断推动完善数据资产价值评估模型，推动建立健全数据资产评估标准，建立完善数据资产评估工作机制，开展数据资产质量和价值评估，为数据资产流通提供价值和价格依据，保障数据资产价值公允性。探索数据资产入表新模式。探索将国有企业数据资产的开发利用纳入国有资产保值增值激励机制。

（八）探索数据资产金融创新

探索市场主体以合法的数据资产作价出资入股企业、进行股权债权融资、开展数据信托活动。在风险可控前提下，探索开展金融机构面向个人或企业的数据资产金融创新服务。做好数据资产金融创新工作的风险防范。

四、全面深化公共数据开发利用

（九）完善公共数据开放体系

开展公共数据分类分级管理，采取多种方式向社会开放公共数据。对用于公益服务的公共数据遵循"开放是常态、不开放是例外"原则，市大数据主管部门制定并发布年度公共数据开放计划，建立各部门公共数据开放利用清单，完善公共数据开放目录管理机制和标准规范，明确数据的开放主体、开放等级和开放模式等内容。提升市大数据中心公共数据汇聚开放能力，升级改造北京公共数据开放平台，积极对接全国一体化政务数据资源库和目录体系，扩大公共数据开放规模。通过服务窗口、开放平台等载体受理公共数据开放的社会需求，结合应用需求进行综合评估后相应调整开放计划，推动公共数据按用途加大供给使用范围。推动用于公共治理、公益服务的公共数据有条件无偿使用，加强北京公共数据开放创新基地建设，鼓励通过应用竞赛和建立联合实验室、研究中心、技术中心等方式，推动有条件无偿使用公共数据。将公共数据开放情况纳入本市智慧城市建设"月报季评"工作。支持相关单位、行业协会、产业联盟在京建设各类数据服务公共平台，提供公共数据服务。

（十）推进公共数据专区授权运营

按照有条件有偿使用的方式，探索用于产业发展、行业发展的公共数据开发利用。推广完善金融等公共数据专区建设经验，加快推进医疗、交通、空间等领域的公共数据专区建设。推进开展公共数据专区授权运营，市大数据主管部门负责制定公共数据授权运营规则，规范公共数据专区授权条件、授权程序、授权范围，以及运营主体、运营模式、运营评价、收益分配、监督审计和退出情形等。被授权运营主体按照"原始数据不出域、数据可用不可见"的要求，以模型、核验等产品和服务，向社会提供有偿开发利用。研究推动有偿使用公共数据按政府指导定价。

五、培育发展数据要素市场

（十一）建设一体化数据流通体系

统筹优化在京数据交易场所和平台布局，推动构建协同联通、内外并存、辐射全国的数据交易市场。提升北京国际大数据交易所能级，进一步明确功能定位，建立数据交易指数，服务各行业数据流通交易和开发利用；支持建设社会数据专区，开展数据产品交易、融合应用、资产评估、托管、跨境和数据商备案等服务；加大对数据流通基础设施和交易场所的投资，探索建设基于真实底层资产和交易场景的数字资产交易平台，给予数据资产运营单位相应业绩考核支持。允许数据商建立商用化的行业数据服务平台，为中小微企业等用户提供数据产品。鼓励高校、科研机构和平台企业加大开放社会数据，用于支持发展公共服务和公益事业。推进数据交易产业合作，打造数据流通交易生态。

（十二）推进社会数据有序流通

市大数据主管部门会同市金融监管部门研究制定数据交易场所管理制度，支持数据交易场所制定便于数据流通的数据交易规则。推动建立健全数据要素市场的价格形成机制，支持建立数据交易机构预定价、买卖双方协议定价、按次定价等数据产品定价模式。推动建立数据交易范式及合同模板。鼓励企业通过技术追溯、使用次数限制、数据水印等措施规范交易后的数据用途。鼓励数据商进场交易，鼓励数据经纪商、第三方专业服务机构等为数据交易双方提供数据产品开发、发布、承销和数据资产的合规化、标准化和增值化服务，促进提高数据交易效率。鼓励保险机构提供数据交易保险，降低数据交易风险。引导承担公共服务的单位依托依法设立的数据交易机构开展数据服务和数据产品交易活动，探索推进公共数据被授权运营单位在依法设立的数据交易机构登记、上架、备案对外交易的数据服务和数据产品。

（十三）率先探索数据跨境流通

鼓励开展数字经济国际合作，办好全球数字经济大会等会议论坛，在数据服务、市场开放、产品技术创新等方面实现合作共赢。围绕区域全面经济伙伴关系协定（RCEP）、全面与进步跨太平洋伙伴关系协定（CPTPP）、数字经济伙伴关系协定（DEPA）等高标准国际经贸规则，积极参与数据跨境流通国际规则和数据技术标准的制定，重点推动企业开展数据跨境流通业务合作。完善数据跨境监管机制，推进数据出境安全评估制度落地实施，持续推进"个人信息保护认证""个人信息出境标准合同"等工作，分类分级推动数据安全有序跨境流通。鼓励跨国企业依托现有云计算基础设施建设数据运营平台。支持海淀区等建设北京数字贸易港，支持朝阳区建设北京商务中心区跨国企业数据流通服务中心，支持北京大兴国际机场临空经济区建设数字贸易试验区，推进数据跨境流动国际合作。

六、大力发展数据服务产业

（十四）发展数据要素新业态

支持中央企业、市属国有企业、互联网平台企业以及其他有条件的企业和单位，在京成立数据集团、数据公司或数据研究院。发展数据生产服务业，支持企业开展数据采集、清洗加工、存储计算、数据分析、数据标注、数据训练等数据生产服务，支持企业研发建设数据生产线，推进数据生产自动化。培育人工智能生成内容产业发展，发展人工智能生成语音、图像和自然语言等内容，丰富合成数据供给。发展数据安全服务业，支持企业开发数据安全评估、资产保护、数据脱敏、存储加密、隐私计算、检测认证、监测预警、应急处置等产品和服务。发展数据流通服务业，培育一批专业数据流通服务商、数据经纪商和第三方服务机构，规范开展数据资产评估、数据经纪、数据托管、数据金融、合规咨询等专业服务，打造服务全国的数据流通交易产业生态。发展数据应用服务业，支持企业推广复制典型应用项目，推动数字经济与实体经济深度融合发展。

（十五）推进数据技术产品和商业模式创新

建立数据采集连接主体、数据来源和采集连接方式合法性、正当性的管理机制，推动不同场景、不同领域数据的标准化采集连接和高质量兼容互通，提升大规模高质量的数据要素生产供给能力。支持加强数据关键共性技术研发，建设数据技术创新能力平台，推进数据生产、流通、交易、治理等数据链全栈技术研发和成果转化。完善数据技术清单、产品目录和数据资产目录，推动将符合条件的数据技术和产品研发投入纳入研发费用加计扣除，支持企业加强数据技术和产品创新。鼓励企业采取"采产销"一体化数据产品运营模式。支持大型互联网企业建设数据要素平台，实时提供数据服务。鼓励开展数据众采、众创、众包、开源社区和专营店等商业模式创新。

（十六）推进数据应用场景示范

引导市场主体以应用场景为导向，按照用途用量发掘数据价值。深入推进全市智慧城市和数字政府建设场景开放，建立公共数据资源开发应用场景库，加快推出一批满足"一网通办""一网统管"和"一网慧治"等功能的便民利企数据产品和服务。深化工业数据应用场景示范，提升生产线物联网数据实时分析、三维产品数字孪生和设备预测性分析等数据应用水平。推动金融数据应用场景示范，完善数据信贷、金融风险智能分析和智能投资理财顾问等，推进数字人民币在数据交易支付结算等更多场景中的试点应用。促进商贸物流数据应用场景示范，建设数据海关和数据口岸等。加快自动驾驶数据应用场景示范，发展高级别自动驾驶汽车、智能网联公交车、自主代客泊车和高速公路无人物流等。实施医疗数据应用场景示范，开展个人健康实时监测与评估、疾病预警、慢病筛查、智能诊断和智能医疗等。推进文化数据应用场景示范，探索数字影视、数字人演播和文化元宇宙等。

七、开展数据基础制度先行先试

（十七）打造数据基础制度综合改革试验田

支持北京经济技术开发区等开展数据基础制度先行先试，打造政策高地、可信空间和数据工场。支持基于信创技术建设数据可信流通体系和"监管沙盒"，通过物理集中和逻辑汇通相结合的方式，导入工业、金融、能源、科研、商贸、电信、交通、医疗、教育等领域数据资源，促进数据跨行业融合应用，切实激活数据要素资源。推进国家数据知识产权试点，探索数据知识产权的制度构建、登记实践、权益保护和交易使用。建立社会数据资产登记中心，建设数据资产评估服务站，先行探索开展数据资产入表。支持建设数据跨境实验室和数据跨境服务平台，针对跨境电商、跨境支付、供应链管理、服务外包等典型应用场景，集中承载数据跨境监管、安全评估、认证等服务。示范建设数据服务产业基地，通过开放数据、开放场景和提供算力等，推进各类数据要素型企业入驻数据服务产业基地。建设数据要素创新研究院，支持数据驱动的科学研究。完善人工智能数据标注库，探索打造数据训练基地，促进研发自然语言、多模态、认知等超大规模智能模型。

（十八）建设可信数据基础设施

积极参与数据基础设施标准体系建设，推动基于 IPv6 的下一代互联网、基于数字对象架构的数联网、可信数据空间等关键技术建设面向全球、平等开放的数据基础设施，推动建立数据来源可确认、使用范围可界定、流通过程可追溯、安全风险可防范的数据可信流通体系，支持各类数据安全可信融合应用。推动京津冀协同建设数据流通算力基础设施，构建智能感知、高速互联、智能集约、全程覆盖、协同调度的数据原生基础设施和数据流通算力网络，为场内交易和场外流通提供高效率、低延时、安全可信的云算力支撑。优化提升北京数据托管服务平台。

八、加强数据要素安全监管治理

（十九）强化数据安全和治理

加强数据分类分级保护，落实自动驾驶、医疗健康、工业、金融、交通等行业数据分类分级指南，明确各类数据安全保护的范围、主体、责任和措施，加强对涉及国家利益、公共安全、商业秘密、个人隐私等重要数据的保护。完善数据安全技术体系，加强数据安全监测、加密传输、访问控制、数据脱敏、隐私计算等安全保障技术研发与应用。支持第三方机构开展数据安全和合规性的评估和审查。建立实施数据安全管理认证制度，引导企事业单位等通过数据安全管理认证提升数据安全管理水平。推进企事业单位等开展数据管理能力成熟度评估和贯彻标准执行。支持企事业单位参与数据领域标准的研制，推进数据治理全流程标准化和规范化。支持各有关部门、企业和行业协会建立基于数据全生命周期的数据质量管理制度，加强数据流向管理，对各类数据流向和质量问题进行识别、评估、预警、纠错、处置和动态更新。

（二十）创新数据监管模式

促进数据要素市场信用体系建设，逐步完善数据交易失信行为认定、守信激励、失信惩戒、信用修复、异议处理等机制。优化数据营商环境，建立健全数据生产流通使用全过程的合规公证、安全审查、算法审查、监测预警等制度。建立数据联管联治机制，推进分行业监管和跨行业协同监管。制定数据流通和交易负面清单，明确不能交易或严格限制交易的数据项。加强对数据垄断和不正当竞争行为监管，营造公平竞争、规范有序的市场环境。建设数据要素流通技术监测预警平台，探索数据流通过程中的敏捷监管、触发式监管和穿透式监管。探索开展数据审计工作。推出一批数据产权制度、数据流通领域的典型司法案例，加大宣传推广，为国内外数据要素司法实践提供参考。严厉打击黑市交易，取缔数据流通非法产业。

九、保障措施

（二十一）切实加强组织领导

坚持党对构建数据基础制度工作的全面领导，加强数据要素发展的总体设计、先行先试、统筹调度和安全保障，督促落实数据制度、数据流通、数据资产、数据服务产业等重大事项和重点项目。强化市大数据主管部门职责，争取国家相关部委支持。推进相关行业主管部门和各区结合各自实际抓好落实，推动各区健全大数据主管部门和区级大数据中心，支持海淀区、朝阳区、城市副中心、北京经济技术开发区等率先开展先行先试。建立由数据要素、科技创新、产业发展、商贸流通、安全监管等领域权威人士组成的数字经济专家委员会。探索推进数据要素统计核算，建立健全更加合理的统计核算和市场评价机制，定期对数据要素市场建设情况进行评估，及时总结提炼可复制可推广的经验和做法。将数据要素市场发展情况纳入政府绩效考评和高质量发展综合绩效评价。建立健全鼓励创新、包容创新的容错纠错机制。

（二十二）建设数据人才队伍

市大数据主管部门会同组织、机构编制、人力资源社会保障等部门制定数据人才引进培养计划。鼓励企业设立首席数据官，支持发展改革、教育、科技、经济和信息化、公安、民政、人力资源社会保障、规划自然资源、城市管理、交通、卫生健康、市场监管、政务服务等市级部门和各区开展首席数据官制度先行先试，加强数字治理的领导力建设。加强领导干部以数据要素为重点的数字经济知识培训，提升领导干部发挥数据要素作用、促进发展数字经济的能力和本领。加强数据人才培养，鼓励高校、职业院校、中小学校开设多层次、多方向、多形式的数据要素课程教学和培训，支持企业与院校通过联合办学及共建产教融合基地、实验室、实训基地等形式，拓展数据专员、数据分析师、数据合规师、数据标注师等多元化人才培养模式，引入数据相关国家职业标准和数字技术工程师培育项目，培养数据要素各类专业化和复合型人才。

（二十三）加大资金支持力度

利用财政资金支持数据服务产业发展，促进数据交易、数据商培育、数据基础设施建设、数据服务产业园区建设、社会数据开发利用、数据要素市场公共服务等发展，鼓励数据商在依法设立的数据交易机构进行数据资产登记和数据产品挂牌、交易、开放等活动。对企业的数据首登记、首挂牌、首交易、首开放等给予奖励，更好促进数据要素市场创新和产业化发展。充分利用高精尖产业发展基金，加大对数据服务产业投资，积极稳妥引入社会资本，鼓励设立数据服务产业基金，加大对数据要素型企业的投入力度。

北京市经济和信息化局关于印发《北京市公共数据专区授权运营管理办法（试行）》的通知

京经信发〔2023〕98 号

各区人民政府、各相关部门：

经市政府同意，现将《北京市公共数据专区授权运营管理办法（试行)》印发给你们，请结合实际认真贯彻落实。

北京市经济和信息化局
2023 年 12 月 5 日

北京市公共数据专区授权运营管理办法（试行）

第一章　总　　则

第一条　为贯彻落实中央、本市数据要素相关文件精神，加快推进公共数据有序开发利用，完善公共数据专区授权运营管理机制，培育数据要素市场，深入实施《北京市数字经济促进条例》和市委市政府《关于更好发挥数据要素作用进一步加快发展数字经济的实施意见》，结合本市实际，制定本办法。

第二条　本办法所称公共数据是指本市各级国家机关、经依法授权具有管理公共事务职能的组织在履行职责和提供公共服务过程中处理的各类数据。

第三条　本办法所称公共数据专区是指针对重大领域、重点区域或特定场景，为推动公共数据的多源融合及社会化开发利用、释放数据要素价值而建设的各类专题数据区域的统称，一般分为领域类、区域类及综合基础类。

（一）领域类：聚焦本市金融、教育、医疗、交通、信用、文旅等重大领域应用场景，为进一步深化和拓展领域应用场景而建设的专题数据区域，以赋能相关领域融合发展和产业带动为目标；优先支持与民生紧密相关、行业增值潜力显著和产业战略意义重大的领域开展公共数据专区授权运营。

（二）区域类：面向本市重点区域或特定场景，为进一步深化和拓展区域应用场景而建设的专题数据区域，以赋能特定区域，特别是基层社会治理为目标。

（三）综合基础类：面向跨领域、跨区域的综合应用场景而建设的专题数据区域，可向各行业领域、各区及其他公共数据专区提供数据支撑服务。

第四条 公共数据专区的授权运营管理工作包括专区建设运营、数据管理、运行维护及安全保障等，涉及专区监管部门、数据提供部门、专区运营单位及其合作方等公共数据专区授权运营参与方。

第五条 公共数据专区采取政府授权运营模式，选择具有技术能力和资源优势的企事业单位等主体开展运营管理。公共数据专区授权运营遵循以下基本原则：

（一）政府引导、市场运作。强化政府部门统筹管理作用，充分发挥运营单位主体作用，激发专区数据开发利用内生动力，推动构建"多元主体参与、多方合作共赢"新机制，支持新建专区运营单位落户北京数据基础制度先行区，培育数字经济产业发展新生态。

（二）需求导向、创新引领。坚持以经济社会发展需求为导向，以解决实际问题为落脚点，加大力度推动数据融合应用场景和专区运营机制创新，鼓励公共数据专区探索市场自主定价模式，向社会提供模型、核验等产品或服务。

（三）稳步试行、循序渐进。因地制宜聚焦重点领域和区域稳步推进公共数据专区授权运营，建立完善数据分类分级体系，规范优化存量，不断积累总结可复制可推广的经验做法，高质量发展增量。

（四）依法合规、安全可控。严格落实国家法律法规相关要求，密切跟踪、加强管理，夯实专区数据开发利用过程中的安全管控，确保数据依法合规使用，不得危害国家安全、公共利益，不得损害个人、组织的合法权益。

第二章 专区授权运营管理机制

第六条 市大数据主管部门作为公共数据专区统筹协调部门，制定、解释公共数据专区授权运营规则，以及指导、监督综合基础类公共数据专区的建设和运营。市大数据中心依托本市信息化基础设施为各专区建设提供共性技术支持。

第七条 相关行业主管部门和相关政府作为公共数据专区监管部门，负责落实各项重大决策，分别指导、管理领域类和区域类公共数据专区的建设和运营。对于尚无明确领域或区域归属的公共数据专区，先期由市大数据主管部门进行指导和管理，后续视实际情况交由相关部门进行监管。

第八条 专区运营单位作为专区运营主体，负责公共数据专区的建设运营、数据管理、运行维护及安全保障等工作，需投入必要的资金、技术并积极引入相关社会数据。专区运营单位应积极吸纳多元合作方、拓展政企融合应用场景，稳步构建具有专区特色的产业生态体系。

第三章　专区授权运营工作流程

第九条　公共数据专区授权运营工作流程包括信息发布、申请提交、资格评审、协议签订等。

第十条　市大数据主管部门会同专区监管部门发布重大领域、重点区域或特定场景开展公共数据专区授权运营的通知，明确申报条件和运营要求。

第十一条　意向申请单位应当在规定时间内，向市大数据主管部门提交公共数据专区授权运营申请。

第十二条　市大数据主管部门会同专区监管部门建立专家评审机制，组织开展专区运营单位综合评审，评审结果报市政府同意后向社会公开。

第十三条　授权运营协议应遵循法律法规相关规定，包括但不限于以下内容：授权主体和对象、授权内容、授权流程、授权应用范围、授权期限、责任机制、监督机制、终止和撤销机制等。

第十四条　授权运营协议的有效期一般为 5 年。本办法发布前已签署运营协议且协议不符合本办法要求的，需根据国家、本市政府要求重新签订补充协议。运营单位违反授权运营协议的，由市大数据主管部门会同专区监管部门上报市政府同意后，暂停或终止公共数据专区授权运营协议。

第四章　专区运营单位管理要求

第十五条　专区运营单位应符合以下基本条件：

（一）符合国家和本市对公共数据授权运营的有关规定；

（二）经营状况良好，单位及其法定代表人无重大违法记录，未被列入失信被执行人名单、重大税收违法案件当事人名单、严重违法失信企业名单等；

（三）具备满足公共数据专区运营所需的办公条件、专业团队和技术能力，包括但不限于技术、运营、管理人员等；

（四）公共数据专区监管部门会同市大数据主管部门研究确定的其他条件。

第十六条　专区运营单位应符合以下技术管理要求：

（一）熟悉并理解国家和本市数据管理相关规定及政策文件；

（二）熟悉公共数据的管理和应用，具备运用公共数据开展数据处理活动的技术基础；

（三）明确数据安全负责人和管理部门，建立公共数据授权运营内部管理和安全保障制度；

（四）具备接入政务网络的环境和条件，具备对公共数据进行获取、管理和应用的软硬件环境；

（五）具备符合网络安全等级保护三级标准和商用密码应用安全性评估要求的

系统开发和运维实践经验；

（六）具备针对公共数据专区合作方的管理能力，能够满足合作方有关数据和技术需求；

（七）具备及时响应政府监管要求所需的技术管理能力。

第十七条　专区实行数据产品及服务管理制度。专区运营单位围绕其形成的可面向市场提供的数据产品及服务，应及时按照授权运营协议的约定将相关定价及依据、应用场景、使用范围及方式等向专区监管部门备案。

第十八条　专区运营单位应以网络安全等级保护三级标准建设数据开发与运营管理平台，做好授权数据加工处理环节的管理。数据开发与运营管理平台的功能包括但不限于数据加工处理人员的实名认证与备案管理，操作行为的记录和审计管理，原始数据的加密和脱敏管理，元数据管理，数据模型的训练和验证功能，数据产品的提供、交易和计价功能。

第十九条　专区运营单位应严格按照有关规定对其合作方进行管理，明确合作方的管理要求，采用合同约束、考核评估等多种方式对合作方的行为进行监督管理。

第二十条　合作方退出分为主动退出、违约退出、考核退出、资质变更退出、不良信用退出等情况。专区运营单位应结合专区监管部门要求和实际运营管理需要，完善合作方退出机制，做好退出程序管理。

第五章　授权数据管理要求

第二十一条　公共数据遵照"原始数据不出域，数据可用不可见"的总体要求，在维护国家数据安全、保护个人信息的前提下开展授权运营。对不承载个人信息和不影响公共安全的公共数据，推动按用途加大供给使用范围。涉及个人信息的，运营单位在获得个人真实、有效授权后按应用场景使用。规范对个人信息的处理活动，不得采取"一揽子授权"、强制同意等方式过度收集个人信息，促进个人信息合理利用。

第二十二条　专区运营单位结合应用场景按需提出公共数据共享申请，由专区监管部门进行评估确认，经数据提供部门审核同意后依托市大数据平台授权共享。

第二十三条　市大数据主管部门负责会同公共数据专区监管部门按照《政务数据分级与安全保护规范》以及各领域、各行业相关标准规范要求，开展公共数据向公共数据专区的共享应用。针对一级数据允许提供原始数据共享，二级、三级数据须通过调用数据接口、部署数据模型等形式开展共享，四级数据原则上不予共享，确有需求的采用数据可用不可见等必要技术手段实现有条件共享。

第二十四条　市大数据主管部门会同公共数据专区监管部门、数据提供部门和专区运营单位共同建立数据质量逐级倒查反馈机制，以提升数据的准确性、相关性、完整性和时效性。对于错误和遗漏等数据质量问题，数据提供部门在职责范围内，须及时处理并予以反馈。各部门数据共享及质量反馈情况纳入本市智慧城市建设工作考核，鼓励各部门提供高质量数据。

第二十五条 专区运营单位应将专区数据成果进行反馈，并定期反馈公共数据应用绩效。鼓励专区运营单位将其自有数据提供本市相关政务部门共享使用。

第六章 安全管理与考核评估

第二十六条 专区运营单位是公共数据专区的管理责任主体，承担专区数据安全主体责任。专区运营单位应在专区监管部门的监督指导下，建立健全安全管理制度，建立职能清晰的运营团队，明确数据安全责任人，严格管理公共数据专区运营工作，落实数据汇聚、存储、开发利用等各环节的数据安全管理责任。建立数据泄露溯源、数据篡改及违规使用的监测预警机制，确保数据的安全合规使用。如运营单位发生违反法律法规情形，应承担相应法律责任。

第二十七条 专区的公共数据使用应遵循场景驱动、最小授权、集约利用原则，按需申请共享数据并在授权范围内使用，不得将数据用于或变相用于其他目的，不得以任何形式对外提供原始数据。专区运营单位应当明确数据管理策略，建立数据管理制度和操作规程，明确数据的归集、传输、存储、使用、销毁等各环节的管控要求。

第二十八条 推动建立公共数据专区技术监管体系，充分利用区块链等技术手段，在确保数据安全可控的前提下，开展数据授权使用，当监测发现安全风险、专区授权运营协议暂停或终止时，可通过技术策略终止公共数据授权使用行为。

第二十九条 市大数据主管部门联合网信、公安等监管部门加强各专区数据安全的监督检查，将专区检查纳入全市安全检查计划，每年开展。专区监管部门和专区运营单位应当配合检查，及时整改检查中发现的问题，防范数据安全风险。

第三十条 市大数据主管部门统筹制定公共数据专区运营绩效考核评估指标体系，定期组织专区监管部门、数据提供部门等开展专区应用绩效考核评估。对于考核评估结果优秀的专区运营单位，优先试点创新举措，并在数据申请应用、产业政策引导等方面适当倾斜。对于评估结果较差的专区运营单位，由市大数据主管部门会同专区监管部门进行提醒或约谈，连续两次评估结果较差的，上报市政府同意后终止专区授权运营协议。

第七章 附 则

第三十一条 本办法自发布之日起施行，由市大数据主管部门负责解释。国家和本市对公共数据专区授权运营有新规定的，从其规定。

《上海市公共数据开放暂行办法》

（2019 年 8 月 29 日上海市人民政府令第 21 号公布）

第一章　总　　则

第一条　（目的和依据）

为了促进和规范本市公共数据开放和利用，提升政府治理能力和公共服务水平，推动数字经济发展，根据相关法律法规，结合本市实际，制定本办法。

第二条　（适用范围）

本市行政区域内公共数据开放及其相关管理活动，适用本办法。

涉及国家秘密的公共数据管理，按照相关保密法律、法规的规定执行。

第三条　（定义）

本办法所称公共数据，是指本市各级行政机关以及履行公共管理和服务职能的事业单位（以下统称公共管理和服务机构）在依法履职过程中，采集和产生的各类数据资源。

本办法所称公共数据开放，是指公共管理和服务机构在公共数据范围内，面向社会提供具备原始性、可机器读取、可供社会化再利用的数据集的公共服务。

第四条　（工作原则）

本市公共数据开放工作，遵循"需求导向、安全可控、分级分类、统一标准、便捷高效"的原则。

第五条　（职责分工）

市政府办公厅负责推动、监督本市公共数据开放工作。

市经济信息化部门负责指导协调、统筹推进本市公共数据开放、利用和相关产业发展。

市大数据中心负责本市公共数据统一开放平台（以下简称开放平台）的建设、运行和维护，并制订相关技术标准。

区人民政府确定的部门负责指导、推进和协调本行政区域内公共数据开放工作。

其他公共管理和服务机构根据相关法律、法规和规章，做好公共数据开放的相关工作。

第六条　（数据安全保护）

市、区人民政府及各相关部门在公共数据开放过程中，应当落实数据安全管理要求，采取措施保护商业秘密和个人隐私，防止公共数据被非法获取或者不当利用。

第七条 （协调机制）

市人民政府建立健全公共数据开放工作的协调机制，协调解决公共数据开放的重大事项。

第八条 （专家委员会）

市经济信息化部门应当建立由高校、科研机构、企业、相关部门的专家组成的公共数据开放专家委员会。

公共数据开放专家委员会负责研究论证公共数据开放中的疑难问题，评估公共数据利用风险，对公共数据开放工作提出专业建议。

第二章　开　放　机　制

第九条 （数据开放主体）

市人民政府各部门、区人民政府以及其他公共管理和服务机构（以下统称数据开放主体）分别负责本系统、本行政区域和本单位的公共数据开放。

对于纳入开放范围的公共数据，应当在本市公共数据资源目录中列明数据开放主体。

第十条 （开放重点）

市经济信息化部门应当根据本市经济社会发展需要，确定年度公共数据开放重点。与民生紧密相关、社会迫切需要、行业增值潜力显著和产业战略意义重大的公共数据，应当优先纳入公共数据开放重点。

市经济信息化部门在确定公共数据开放重点时，应当听取相关行业主管部门和社会公众的意见。

自然人、法人和非法人组织可以通过开放平台对公共数据的开放范围提出需求和意见建议。

第十一条 （分级分类）

市经济信息化部门应当会同市大数据中心结合公共数据安全要求、个人信息保护要求和应用要求等因素，制定本市公共数据分级分类规则。数据开放主体应当按照分级分类规则，结合行业、区域特点，制定相应的实施细则，并对公共数据进行分级分类，确定开放类型、开放条件和监管措施。

对涉及商业秘密、个人隐私，或者法律法规规定不得开放的公共数据，列入非开放类；对数据安全和处理能力要求较高、时效性较强或者需要持续获取的公共数据，列入有条件开放类；其他公共数据列入无条件开放类。

非开放类公共数据依法进行脱密、脱敏处理，或者相关权利人同意开放的，可以列入无条件开放类或者有条件开放类。

第十二条 （开放清单）

数据开放主体应当按照年度开放重点和公共数据分级分类规则，在本市公共数据资源目录范围内，制定公共数据开放清单（以下简称开放清单），列明可以向社会开放的公共数据。通过共享等手段获取的公共数据，不纳入本单位的开放清单。

开放清单应当标注数据领域、数据摘要、数据项和数据格式等信息，明确数据的开放类型、开放条件和更新频率等。

市经济信息化部门应当会同数据开放主体建立开放清单审查机制。经审查后，开放清单应当通过开放平台予以公布。

第十三条 　（动态调整）

数据开放主体应当在市经济信息化部门的指导下建立开放清单动态调整机制，对尚未开放的公共数据进行定期评估，及时更新开放清单，不断扩大公共数据的开放范围。

第十四条 　（无条件开放类数据获取方式）

对列入无条件开放类的公共数据，自然人、法人和非法人组织可以通过开放平台以数据下载或者接口调用的方式直接获取。

第十五条 　（有条件开放类数据获取方式）

对列入有条件开放类的公共数据，数据开放主体应当通过开放平台公布利用数据的技术能力和安全保障措施等条件，向符合条件的自然人、法人和非法人组织开放。

数据开放主体应当与符合条件的自然人、法人和非法人组织签订数据利用协议，明确数据利用的条件和具体要求，并按照协议约定通过数据下载、接口访问、数据沙箱等方式开放公共数据。

数据利用协议示范文本由市经济信息化部门会同市大数据中心和数据开放主体制定。

第十六条 　（数据质量）

数据开放主体应当按照相关技术标准和要求，对列入开放清单的公共数据（以下简称开放数据）进行整理、清洗、脱敏、格式转换等处理，并根据开放清单明确的更新频率，及时更新数据。

第三章　平台建设

第十七条 　（开放平台）

市大数据中心应当依托市大数据资源平台建设开放平台。

数据开放主体应当通过开放平台开放公共数据，原则上不再新建独立的开放渠道。已经建成的开放渠道，应当按照有关规定进行整合、归并，将其纳入开放平台。

第十八条 　（平台功能）

开放平台为数据开放主体提供数据预处理、安全加密、日志记录等数据管理功能。

开放平台为获取、使用和传播公共数据的自然人、法人和非法人组织（以下统称数据利用主体）提供数据查询、预览和获取等功能。

市大数据中心应当根据数据开放主体和数据利用主体的需求，推进开放平台技术升级、功能迭代和资源扩展，确保开放平台具备必要的服务能力。

第十九条 （平台规范）

市大数据中心应当制定并公布开放平台管理制度，明确数据开放主体和数据利用主体在开放平台上的行为规范和安全责任，对开放平台上开放数据的存储、传输、利用等环节建立透明化、可审计、可追溯的全过程管理机制。

第二十条 （行为记录）

市大数据中心应当依托开放平台，形成数据开放和利用行为的全程记录，为数据开放和利用的日常监管提供支撑。

数据开放主体应当对数据处理和数据开放情况进行记录；数据利用主体应当对有条件开放类公共数据的访问、调用和利用等情况进行记录。记录应当通过开放平台提交市大数据中心。

第二十一条 （数据纠错）

自然人、法人和非法人组织认为开放数据存在错误、遗漏等情形，可以通过开放平台向数据开放主体提出异议。数据开放主体经基本确认后，应当立即进行异议标注，并由数据开放主体和市大数据中心在各自职责范围内，及时处理并反馈。

第二十二条 （权益保护）

自然人、法人和非法人组织认为开放数据侵犯其商业秘密、个人隐私等合法权益的，可以通过开放平台告知数据开放主体，并提交相关证据材料。

数据开放主体收到相关证据材料后，认为必要的，应当立即中止开放，同时进行核实。根据核实结果，分别采取撤回数据、恢复开放或者处理后再开放等措施，并及时反馈。

第四章 数据利用

第二十三条 （鼓励数据利用）

本市鼓励数据利用主体利用公共数据开展科技研究、咨询服务、产品开发、数据加工等活动。

数据利用主体应当遵循合法、正当的原则利用公共数据，不得损害国家利益、社会公共利益和第三方合法权益。

第二十四条 （成果展示与合作应用）

市经济信息化部门应当会同市大数据中心和数据开放主体通过开放平台，对社会价值或者市场价值显著的公共数据利用案例进行示范展示。

本市鼓励数据利用主体与市经济信息化部门、市大数据中心以及数据开放主体开展合作，将利用公共数据形成的各类成果用于行政监管和公共服务，提升公共管理的科学性和有效性。

第二十五条　（数据利用反馈与来源披露）

对有条件开放类公共数据，数据利用主体应当按照数据利用协议的约定，向数据开放主体反馈数据利用情况。

数据利用主体利用公共数据形成数据产品、研究报告、学术论文等成果的，应当在成果中注明数据来源。

第二十六条　（数据利用安全保障）

数据利用主体应当按照开放平台管理制度的要求和数据利用协议的约定，在利用公共数据的过程中，采取必要的安全保障措施，并接受有关部门的监督检查。

第二十七条　（利用监管）

数据开放主体应当建立有效的监管制度，对有条件开放类公共数据的利用情况进行跟踪，判断数据利用行为是否合法正当。

任何单位和个人可以对违法违规利用公共数据的行为向数据开放主体及有关部门举报。

第二十八条　（违法违规行为处理）

数据利用主体在利用公共数据的过程中有下列行为之一，市经济信息化部门应当会同市大数据中心和数据开放主体对其予以记录：

（一）违反开放平台管理制度；

（二）采用非法手段获取公共数据；

（三）侵犯商业秘密、个人隐私等他人合法权益；

（四）超出数据利用协议限制的应用场景使用公共数据；

（五）违反法律、法规、规章和数据利用协议的其他行为。

对存在前款行为的数据利用主体，市大数据中心和数据开放主体应当按照各自职责，采取限制或者关闭其数据获取权限等措施，并可以在开放平台对违法违规行为和处理措施予以公示。

第五章　多元开放

第二十九条　（优化开放环境）

市经济信息化部门结合本市大数据应用和产业发展现状，通过产业政策引导、社会资本引入、应用模式创新以及优秀服务推荐、联合创新实验室等方式，推动"产学研用"协同发展，营造良好的数据开放氛围。

第三十条　（多元主体参与）

市经济信息化部门应当会同市大数据中心、相关行业主管部门建立多元化的数据合作交流机制，引导企业、行业协会等单位依法开放自有数据，促进公共数据和非公共数据的多维度开放和融合应用。

本市鼓励具备相应能力的企业、行业协会等专业服务机构通过开放平台提供各类数据服务。

第三十一条 （非公共数据交易）

市经济信息化部门应当会同相关行业主管部门制定非公共数据交易流通标准，依托数据交易机构开展非公共数据交易流通的试点示范，推动建立合法合规、安全有序的数据交易体系。

第三十二条 （标准体系和技术规范）

本市鼓励企业、科研机构和社会团体参与制订数据开放利用、数据安全保护等相关国家标准、行业标准、地方标准以及相关技术规范，推动形成相关行业公约，建立行业自律体系。

第三十三条 （国际合作交流）

本市鼓励企业、科研机构和社会团体依法与境外企业、科研机构等开展公共数据开放领域的国际合作交流，提升本市公共数据开放的创新应用能力和认知水平。

第三十四条 （表彰机制）

市经济信息化部门应当会同市大数据中心和相关行业主管部门对在数据技术研发、数据服务提供、数据利用实践、数据合作交流等方面有突出表现的单位和个人，按照规定给予表彰。

第六章　监督保障

第三十五条 （安全管理职责）

市网信、公安等部门应当会同其他具有网络安全管理职能的部门建立本市公共数据开放的安全管理体系，协调处理公共数据开放重大安全事件，指导数据开放主体制定本机构的安全管理制度。

市大数据中心应当根据法律法规和相关要求，加强开放平台的安全管理，健全安全防护体系，完善安全防护措施，保障开放平台安全可靠运行。

数据开放主体应当制定并落实与公共数据分级分类开放相适应的安全管理制度，并按照相关法律法规，在数据开放前评估安全风险。

第三十六条 （安全保障措施监管）

数据利用主体未按照开放平台管理制度和数据利用协议落实数据安全保障措施的，市大数据中心应当提出整改要求，并暂时关闭其数据获取权限；对未按照要求进行整改的，市大数据中心应当终止对其提供数据服务。

第三十七条 （预警机制）

市网信、公安和保密部门应当会同数据开放主体建立公共数据开放安全预警机制，对涉密数据和敏感数据泄漏等异常情况进行监测和预警。

第三十八条 （应急管理）

市网信、公安部门应当建立公共数据开放应急管理制度，指导数据开放主体制定安全处置应急预案、定期组织应急演练，确保公共数据开放工作安全有序。

第三十九条 （组织保障）

数据开放主体应当加强公共数据开放工作的组织保障，明确牵头负责数据开放工作的机构，建立数据开放专人专岗管理制度。

市经济信息化部门应当会同市大数据中心制定公共数据开放工作培训计划，定期对数据开放工作相关机构工作人员开展培训，并纳入本市公务员培训工作体系。

第四十条 （资金保障）

行政事业单位开展公共数据开放所涉及的信息系统建设、改造、运维以及考核评估等相关经费，按照有关规定纳入市、区两级财政资金预算。

第四十一条 （考核评估）

市经济信息化部门可以委托第三方专业机构，对本市公共数据开放工作和数据利用成效等进行评估。评估结果纳入本市公共数据和一网通办管理考核。

市大数据中心应当对开放数据质量和开放平台运行情况进行监测统计，并将监测统计结果和开放平台运行报告提交市经济信息化部门，作为考核评估的依据。

第七章　法律责任

第四十二条 （数据开放主体责任）

数据开放主体有下列行为之一，由本级人民政府或者上级主管部门责令改正；情节严重的，依法对直接负责的主管人员和其他直接责任人员给予处分：

（一）未按照规定开放和更新本单位公共数据；

（二）未按照规定对开放数据进行脱敏、脱密等处理；

（三）不符合统一标准、新建独立开放渠道或者未按照规定将已有开放渠道纳入开放平台；

（四）未按照规定处理自然人、法人和非法人组织的异议或者告知；

（五）未按照规定履行数据开放职责的其他行为。

第四十三条 （数据利用主体责任）

数据利用主体在数据利用过程中有下列行为之一，依法追究相应法律责任：

（一）未履行数据利用协议规定的义务；

（二）侵犯商业秘密、个人隐私等他人合法权益；

（三）利用公共数据获取非法收益；

（四）未按照规定采取安全保障措施，造成危害信息安全事件；

（五）违反本办法规定，依法应当追究法律责任的其他行为。

第四十四条 （平台管理主体责任）

市大数据中心有下列行为之一，由主管部门责令改正；情节严重的，由主管部门对直接负责的主管人员和其他直接责任人员依法给予处分：

（一）未按照规定记录开放平台中公共数据开放和利用的全程行为；

（二）未按照规定处理自然人、法人和非法人组织的异议或者告知；

（三）未按照规定履行平台管理职责的其他行为。

第四十五条 （安全管理主体责任）

市网信和公安部门、市大数据中心、数据开放主体等具有网络安全管理职能的部门及其工作人员未按照规定履行安全管理职责的，由本级人民政府或者上级主管部门责令改正；情节严重的，依法对直接主管人员和其他直接责任人员给予处分。

第四十六条 （责任豁免）

数据开放主体按照法律、法规和规章的规定开放公共数据，并履行了监督管理职责和合理注意义务的，对因开放数据质量等问题导致数据利用主体或者其他第三方的损失，依法不承担或者免予承担相应责任。

第八章　附　　则

第四十七条 （遵照执行）

水务、电力、燃气、通信、公共交通、民航、铁路等公用事业运营单位涉及公共属性的数据开放，适用本办法。法律法规另有规定的，从其规定。

第四十八条 （实施日期）

本办法自 2019 年 10 月 1 日起施行。

上海市

2019 年 8 月 29 日

上海市经济信息化委关于印发《上海市公共数据开放分级分类指南（试行）》的通知

沪经信推〔2019〕1002 号

各区人民政府、市政府各委、办、局：

为贯彻落实《上海市公共数据开放暂行办法》（沪府令 21 号）相关要求，建立完善分级分类开放制度，保障本市公共数据开放工作有力有序推进，现将《上海市公共数据开放分级分类指南（试行）》印发给你们。请各单位结合本行业、本区域相关法律法规和实际情况，制订本机构公共数据开放分级分类细则，并贯彻执行。

上海市经济和信息化委员会

2019 年 11 月 1 日

上海市公共数据开放分级分类指南（试行）

1. 引言

根据《上海市公共数据和一网通办管理办法》（沪府令 9 号）和《上海市公共数据开放暂行办法》（沪府令 21 号）相关要求，对公共数据实施分级分类开放。

本指南规定了公共数据开放的分级分类流程、要点、方法、示例等内容，本市公共数据开放主体根据本指南对公共数据进行分级分类，并采取相应风险防控和安全保障措施，全面保障本市公共数据开放工作有力有序开展。

2. 范围

本指南适用于本市各级行政机关以及履行公共管理和服务职能的事业单位（以下统称公共管理和服务机构）在依法履职过程中，采集和产生的各类数据资源面向社会开放的分级分类。上海市水务、电力、燃气、通信、公共交通、民航、铁路等公用事业运营单位涉及公共属性数据开放，可参考本指南进行分级分类。

本指南提供通用、共性参考原则和方法，各数据开放主体根据本行业、本区域的法律法规和相关规定，对本指南进行调整、补充，并制定本机构公共数据开放分级分类细则。

涉及国家秘密的公共数据管理，按照相关保密法律、法规的规定执行，不纳入公共数据开放范围。

3. 规范性引用文件

《上海市公共数据和一网通办管理办法》（沪府令 9 号）

《上海市公共数据开放暂行办法》（沪府令 21 号）

GB/T 25069 信息安全技术术语

GB/T 35273 个人信息安全规范

4. 术语和定义

4.1　公共数据开放分级

公共数据开放分级是指在公共数据开放过程中，从公共数据安全要求、个人信息保护要求和应用要求等因素，将公共数据分为不同级别的管理方式。

4.2　公共数据开放分类

公共数据开放分类是指在公共数据开放过程中，将公共数据分为无条件开放、有条件开放、非开放三种开放类别的管理方式。

4.3 个人敏感信息

一旦遭到泄露或修改，会对标识的个人信息主体造成不良影响的个人信息。各行业个人敏感信息的具体内容根据接受服务的个人信息主体意愿和各自业务特点确定。例如个人敏感信息可以包括身份证号码、手机号码、种族、政治观点、宗教信仰，以及基因、照片、指纹等生物特征数据。

5. 分级分类原则

5.1 兼容性

分级分类应遵循国家、地方、部门法律法规、相关规定的要求。

5.2 安全性

分级分类应以公共数据安全可控开放为基础。

5.3 科学性

分级分类应符合公共数据的多维特征及其相互间客观存在的逻辑关联。

5.4 需求导向

分级分类应充分考虑社会公众对开放数据的实际需求。

5.5 可操作性

分级分类应具有可操作性，能够快速有效地制定妥善的开放方式。

5.6 可扩展性

分级分类应充分考虑国际国内发展趋势，定期征询相关专家咨询组织，完善和调整分级分类规则。

6. 公共数据开放类别

公共数据分为以下三种开放类别：

序号	开放类别	说明
1	非开放	涉及商业秘密、个人隐私，或者法律、法规规定不得开放的公共数据
2	有条件开放	对数据安全和处理能力要求较高、时效性较强或者需要持续获取的公共数据
3	无条件开放	除上述非开放和有条件开放以外的其他公共数据

表 1　公共数据开放类别

6.1 无条件开放类

对列入无条件开放类的公共数据，数据开放主体应当通过开放平台主动向社会开放。自然人、法人和其他组织无需申请即可获取、使用或者传播该类数据。

6.2 有条件开放类

对列入有条件开放类的公共数据，数据开放主体应当通过平台公示开放条件，自然人、法人和其他组织通过开放平台向数据开放主体提交数据开放申请，并说明申请用途、应用场景和安全保障措施等信息，符合条件的，可以获取公共数据。

6.3　非开放类

对列入非开放类的公共数据，暂时不纳入开放范围。经脱敏、匿名等处理后符合开放要求的，可将处理后的数据纳入无条件开放或有条件开放类。

7. 分级分类规则

公共数据的开放级别按照公共数据描述的对象，从三个维度分别展开：个人、组织、客体。个人指自然人；组织指本市政府部门、企事业单位以及其他法人、非法人组织和团体；客体指本市非个人或组织的客观实体，如道路、建筑等。

7.1　个人维度

开放级别	数据特征	数据示例	开放类型
A0	匿名非敏感数据	通过任何技术手段均不能识别到具体自然人身份，并且不包含个人敏感信息的数据。例如：景区游客流量、网站访问 IP。	无条件开放
A1	非匿名非敏感数据	可以通过一定技术手段识别到个人，但不包含个人敏感信息的数据。	有条件开放
A2	匿名敏感数据	不能识别到具体自然人身份，包含个人敏感信息的数据。	
A3	非匿名敏感数据	可以通过一定技术手段识别到个人，且包含个人敏感信息的数据。	非开放

表 2　个人维度开放级别

注：数据提供主体可以根据社会需求，对非开放类数据进行匿名、脱敏等处理，降级后按对应类别开放。

7.2　组织维度

开放级别	数据特征	数据示例	开放类型
B0	可从公开途径获取或者法律法规授权公开的数据	1. 组织发布在网站、宣传册中或任何其他公开来源的数据； 2. 组织涉及行政、司法行为、公共事项必须披露的数据； 3. 依据法律法规必须公开的数据，如"企业信息公示暂行条例"中明确应公开的内容； 4. 有条件开放类数据的脱敏脱密样本。	无条件开放

续表

开放级别	数据特征	数据示例	开放类型
B1	数据用于支撑组织运营管理和业务开展，或可反映出组织经营状况，在特定范围内对象知晓	1. 组织规范日常管理和运营的制度、规范、手册、流程图、信息系统等； 2. 组织水、电、气等资源消耗数据； 3. 组织缴纳税务、社保、公积金等数据； 4. 组织应披露但未到披露时间节点的各类信息，如财务报表等。	有条件开放
B2	数据涉及到组织核心利益，数据的泄露会对组织造成财务、声誉、技术等方面的影响	1. 技术信息：技术设计、技术样品、质量控制、应用试验、工艺流程、工业配方、化学配方、制作工艺、制作方法、计算机程序等； 2. 经营信息：发展规划、竞争方案、管理诀窍、客户名单、货源、产销策略、财务状况、投融资计划、标书标底、谈判方案等。	非开放

表 3 组织维度开放级别

7.3 客体维度

开放级别	数据特征	数据示例	开放类型
C0	可从公开途径获取或者法律法规授权公开的数据	1. 公共设施、设备的位置、指标参数、运行状态、统计数据等； 2. 环境保护、公共卫生、安全生产、食品药品、产品质量的监督检查情况。	无条件开放
C1	数据开放风险低，对公共秩序、公共利益影响较小	1. 城市公共卫生间、充电桩、公交站等公共服务设施的分布及状态等； 2. 城市道路车流量、道路、桥梁、隧道等可通行数据。	有条件开放
C2	数据开放风险中等，数据非授权操作后会对个人、企业、其他组织或国家机关运作造成损害	1. 传染病统计数据、药品使用统计数据等； 2. 公共治安视频数据等。	
C3	数据开放风险较高，数据非授权操作后会对个人、企业、其他组织或国家造成严重损害	1. 重要公共或基础设施的详细数据； 2. 高精度的地理、海洋、气象测绘数据等； 3. 各行业监管部门单独规定的本行业高风险数据等。	非开放

表 4 客体维度开放级别

8.　分级分类流程

分级分类按照以下流程进行：

8.1　确定分级分类对象

分级分类的对象为市大数据资源平台中已编目的数据集。

8.2　进行数据分级分类

数据开放主体按照第 7 章所述内容，对照表 2、表 3、表 4，确定数据集在个人、组织、客体三个维度的开放级别和开放类别。

8.3　确定开放条件

对于无条件开放类数据，直接开放数据；

对于非开放类数据，不予开放；

对于有条件开放类数据，根据开放级别查询附录，确定公共数据开放条件。由数据利用主体申请使用，评估符合条件后开放；

8.4　非开放类数据处理

对于非开放类数据，经脱敏、匿名等处理后符合开放要求的，可将处理后的数据重新进行分级，纳入无条件开放或有条件开放类后开放。

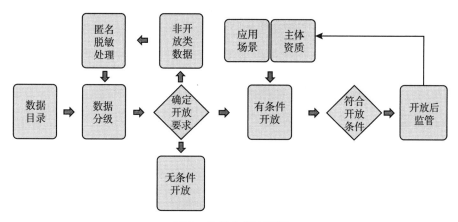

图 1　分级分类流程图

9.　数据融合风险

分级分类时，应当预判与已开放的数据集多源融合可能造成的数据安全风险。例如：数据集 A 采用了删除身份证号码中间 8 位的匿名处理后开放（如 310000XXXXXXXX1234），但同时开放的数据集 B 中包含了自然人生日信息，在该情况下，等同于开放了自然人全部身份证号码。数据开放主体应当对 A、B 重新定为更高级别开放，或改变匿名处理方式，处理后重新开放。

对于无法评估的不确定性风险，建议组织行业专家座谈、提请公共数据开放专家委员会研讨等方式确定开放方。

10. 数据开放条件

10.1　数据安全要求：

级别	数据安全要求	需提供的相关材料
A1	有基础的数据安全保护能力	数据安全保护人员、相关制度规范。根据具体数据集确定是否需提供个人或企业数据使用授权书。
A2	有较完善的数据安全保护体系	有等保 2 级以上，ISO27000 等认证，或满足同等要求的数据安全保护体系。根据具体数据集确定是否提供个人或企业数据使用授权书。
B1	有较完善的数据安全保护体系	有等保 2 级以上，ISO27000 等认证，或有满足同等要求的数据安全保护措施。根据具体数据集确定是否需提供个人或企业数据使用授权书。
C1	有基础的数据安全保护能力	有数据安全保护人员、相关制度规范。根据具体数据集确定是否需提供个人或企业数据使用授权书。
C2	有较完善的数据安全保护体系	有等保 2 级以上，ISO27000 等认证，或满足同等要求的数据安全保护体系。根据具体数据集确定是否需提供个人或企业数据使用授权书。

附表 1

10.2　应用场景要求：

级别	应用场景要求	示例或禁止
A1	不得用于挖掘个人敏感信息	禁止用于营销等目的的个人敏感信息挖掘，例如：融合自有数据挖掘个人电话号码。
A2	仅可在自身业务范围内进行科学研究、咨询报告、业务支撑等场景，不得对外提供查询服务	禁止用于向他人提供敏感信息的查询，例如：匿名的个人 X 光片可以进行科学研究，但不可用于向第三方提供查阅服务。
B1	仅可在自身业务范围内进行科学研究、咨询报告、业务支撑等场景，不得针对具体组织对外发布新闻等信息	不得发布相关解读。例如：禁止发布某企业用电量过低的新闻。
C1	可在自身业务范围内进行科学研究、咨询报告、业务支撑等场景	例如：公共充电桩充电信息，可以进行商店选址、规划等业务支撑。
C2	仅可用于主管部门授权的场景	例如：对交通监控视频数据的使用必须提供公安部门的授权。

附表 2

10.3　反馈要求：

级别	反馈内容
A1	注明数据来源，定期抽查数据使用情况
A2	注明数据来源，实时日志反馈，定期提交利用报告
B1	注明数据来源，定期抽查数据使用情况
C1	注明数据来源，定期抽查数据使用情况
C2	注明数据来源，实时日志反馈，定期提交利用报告

附表 3

11. 分级分类示例

数据集名称：2018 年交通处罚信息。

字段：决定书编号，案件案号，处罚当事人，法人代表，违章事实，处罚依据，处罚结果，执法主体，处罚日期

11.1　数据分级：

A. 个人维度：处罚当事人、法人代表中含有个人姓名，违章事实、处罚结果、处罚日期属于个人非敏感信息。列入 A1 级。

B. 组织维度：决定书编号，案件案号，执法主体为低风险的数据项，如果泄露不会造成对组织的不良影响。列入 B0 级。

C. 客体维度：处罚依据为公开可查询的客体信息，造成不良影响风险较低。列入 C0 级。

数据集整体描述了交通违法违章的处罚情况，无国家秘密、商业机密。

综上，本数据集的开放级别为 A1，B0，C0 级。

11.2　数据分类：

由于 A1 级为有条件开放，B0、C0 为无条件开放，因此本数据集为有条件开放。

11.3　确定开放条件：

查询附表 1、2、3 中 A1 级所对应的开放条件可得：

数据利用主体需有基础的数据安全保护能力（需提供数据安全保护负责人和联系方式，有数据安全和隐私保护制度），并提供个人数据使用授权书，应用场景不得用于个人敏感信息挖掘，需配合定期抽查数据使用情况，形成成果的，应当注明数据使用来源。

上海市经济信息化委　市互联网信息办公室关于印发《上海市公共数据开放实施细则》的通知

沪经信规范〔2022〕12 号

有关单位：

为贯彻落实《上海市数据条例》《上海市公共数据开放暂行办法》，促进公共数据更深层次、更高水平开放，支撑上海城市数字化转型，我们制定了《上海市公共数据开放实施细则》。现印发给你们，请按照执行。

上海市经济和信息化委员会

上海市互联网信息办公室

2022 年 12 月 31 日

上海市公共数据开放实施细则

第一章　总　　则

第一条　【目的和依据】

为了促进和规范本市公共数据开放、获取、利用和安全管理，推动公共数据更广范围、更深层次、更高质量开放，深入赋能治理、经济、生活各领域城市数字化转型，依据《上海市数据条例》《上海市公共数据开放暂行办法》等，结合本市实际，制定本细则。

第二条　【适用范围】

本市行政区域内公共数据开放、获取、利用和安全管理等活动，适用本细则。法律、法规和规章另有规定的，从其规定。

第三条　【定义】

本细则所称公共数据，是指本市国家机关、事业单位，经依法授权具有管理公共事务职能的组织，以及供水、供电、供气、公共交通等提供公共服务的组织（以下统称公共管理和服务机构），在履行公共管理和服务职责过程中收集和产生的数据。

本细则所称公共数据开放，是指公共管理和服务机构在公共数据范围内，面向社会提供具备原始性、可机器读取、可供社会化再利用的数据集的公共服务。

第四条　【工作原则】

本市公共数据开放利用工作坚持创新驱动、需求导向、场景牵引、公平公开、安全可控、分级分类、统一标准、便捷高效、流程规范的原则。

第五条　【职责分工】

市政府办公厅负责推动、监督本市公共数据开放工作。

市经济信息化部门是本市公共数据开放主管部门，负责指导协调、统筹推进本市公共数据开放、利用和相关产业发展。

市大数据中心负责本市公共数据统一开放平台（以下简称开放平台）的建设、运行和维护，并制订相关技术标准。

市网信部门负责统筹协调本市个人信息保护、网络数据安全和相关监管工作。

区人民政府确定的部门负责指导、推进和协调本行政区域内公共数据开放工作。

市政府各部门、区人民政府以及其他公共管理和服务机构（以下统称数据开放主体）分别负责本系统、行业、本行政区域和本单位的公共数据开放。

第二章　数据开放

第六条　【需求征集】

市经济信息化部门应当会同数据开放主体，面向全社会征集公共数据开放需求，加强场景规划和牵引，推动公共数据开放服务经济发展质量、生活体验品质、城市治理效能提升。征集需求范围包括但不限于：

（一）生产制造、科技研发、金融服务、商贸流通、航运物流、农业等经济领域；

（二）公共卫生、医疗、教育、养老、就业、商业、文旅等民生领域；

（三）交通运行、应急管理、环境保护等城市治理领域。开放需求可以通过线上线下问卷调查、座谈会、开放平台反馈等形式多渠道广泛征集。对于与民生紧密相关、社会迫切需要、行业增值潜力显著和产业战略意义重大的公共数据，应当优先重点开放。

第七条　【开放年度计划】

市经济信息化部门应当结合本市经济社会发展的实际需要，制定公共数据开放年度计划，明确年度开放重点、重点项目建设、开放质量要求、产业生态培育等重点工作任务。

区人民政府确定的部门根据实际情况，组织做好本行政区域内公共数据开放年度计划编制、示范项目建设、数据产业及生态培育等工作。

第八条　【示范项目】

市经济信息化部门会同数据开放主体依照开放年度计划发布公共数据示范项目指南，组织项目申报、评审，对优秀项目成果进行遴选、发布和推广。

数据开放主体应当对年度示范项目加强公共数据的开放保障，市大数据中心应当做好相关技术支持和平台服务。

第九条　【开放清单】

公共数据开放采取清单制管理，数据开放主体应当按照年度开放重点和公共数据分级分类规则，在本市公共数据目录范围内，编制本单位公共数据开放清单。

开放清单应当标注数据领域、数据摘要、数据项和数据格式等信息，明确数据的开放类型、开放条件和更新频率等，具体要求如下：

（一）具有简明扼要的名称，清楚展现该数据的关键字段、时间范围、地域范围等信息，并应当与相似数据集有明显区分度；

（二）具有准确、方便用户理解的数据字段及配套说明，不得使用无说明的缩写，对于专有词汇应当做好相应说明；

（三）明确数据格式，优先采用实时数据接口、通用文件格式等，原则上不得使用需要专有软件和工具才能打开的格式；

（四）明确开放类型和条件，具体按照本细则第十三条、第十四条、第十五条执行；

（五）明确数据更新频率，更新频率应当与数据产生频率相当。对于不定期产生的数据或不再更新的数据，可以列为静态数据；

（六）明确说明数据关联关系，在时间跨度、地理位置等方面的关联关系应当做出说明；

（七）提供其他需要明确的相关信息。开放清单应当与公共数据目录挂接，明确开放清单中的数据字段在数据湖中的目录来源，数据开放主体负责对挂接关系进行维护。

第十条　【开放清单动态调整】

数据开放主体应当每年组织对公共数据开放清单和尚未开放的公共数据的评估，在确有必要、确保安全的前提下，开展下列动态调整：

（一）对已经开放的数据集，因业务系统变更等原因无法继续更新的，应当将已开放的历史数据转为静态数据继续开放，并调整开放清单；

（二）社会迫切需要但尚未开放的公共数据，可以新增开放清单纳入开放范围；有必要的，可以进行脱密、脱敏处理后开放；

（三）对数据开放主体日常工作中形成的、无信息系统支撑的数据，可以纳入开放清单；

（四）信息公开中涉及的数据，可以纳入开放清单。

第十一条　【开放清单调整流程】

新增、修改开放清单的，数据开放主体应当通过开放平台提交工单，明确具体内容并说明原因。从无条件开放、有条件开放修改为不开放，或者从无条件开放修改为有条件开放的，应当提供相应的说明文件。

开放清单调整以工单形式在开放平台中提交，有下列情形的，将对工单予以退回：

（一）无合理理由调整的；

（二）提供信息不全的；

（三）不符合分级分类规则的；

（四）其他不符合要求的情形。

第十二条　【开放范围扩大】

数据开放主体应当按照国家和本市相关要求，结合公共数据开放年度计划和市场主体利用需求，合理调整公共数据的开放范围。支持将尚未开放的公共数据进行脱密、脱敏等技术处理后予以开放，组织做好相应的数据准备、分级分类和服务对接。

第十三条　【分级分类指南】

市经济信息化部门应当会同市大数据中心结合公共数据安全要求、个人信息保护要求和应用要求等因素，制定本市公共数据开放分级分类指南（以下简称分级分类指南）并进行动态更新。

数据开放主体应当按照分级分类指南，结合行业、区域特点，制定公共数据开放分级分类的实施细则，并对公共数据进行分级分类，确定开放类型、开放条件和监管措施。

分级分类指南应当包括以下内容：

（一）分级分类总体方法、原则与流程，如分级分类维度、级别设置、相应风险防控和安全保障措施等；

（二）各级别与开放类型的对应关系；

（三）各级别对应的开放条件；

（四）分级分类示例。

第十四条　【分级分类机制】

本市公共数据采取分级分类开放机制。对公共数据根据分级分类指南分为多个级别，并根据级别的组合划入三类开放：

（一）对涉及个人隐私、个人信息、商业秘密和保密商务信息，或者法律法规规定不得开放的公共数据，列入非开放类。非开放类公共数据依法进行脱密、脱敏处理，或者相关权利人同意开放的，可以列入无条件开放类或者有条件开放类。

（二）对数据安全和处理能力要求较高、时效性较强或者需要持续获取的公共数据，列入有条件开放类。

（三）其他公共数据列入无条件开放类。

第十五条　【开放条件】

列入有条件开放类的公共数据，数据开放主体应当参考分级分类指南，明确开放条件，并通过开放平台在相应数据集或者数据产品页面进行公布。数据开放主体应当在合法合规前提下，设定与开放数据风险相匹配的合理的开放条件，开放条件可以包括：

（一）应用场景要求，明确开放数据仅限于特定场景使用，或禁止用于特定场景；

（二）数据安全要求，明确数据利用主体的数据安全保护体系与保护能力、数据管理成熟度评估、数据安全成熟度评估等；

（三）数据利用反馈要求，明确利用成果应当注明数据来源，数据利用主体应当接受定期或不定期抽查，提交数据利用报告等；

（四）技术能力要求，明确数据利用主体需要具备的设施、人才等要求；

（五）信用要求，明确对数据利用主体信用状况要求，可以包括未被列入失信被执行人、企业经营异常名录、严重违法失信企业名单等；

（六）其他合理的开放条件。

第十六条　【数据质量提升】

数据开放主体应当加强执行标准规范，开展数据治理，提升数据质量，增强开放数据的及时性、完整性和准确性，包括但不限于：

（一）通过开放前校对核验、开放后及时修正等方式，确保开放数据无错值、空值、重复等情形。公共数据异议核实与处理根据本市相关规定执行。

（二）通过优化格式、实时接口开发、可视化呈现、零散数据整合、丰富字段说明等方式，提高数据的可用性。

（三）通过持续完善业务流程，升级完善信息系统，增加数据校验、更新提示等功能，优化数据产生的频次、字段、格式等。

市政府办公厅建立日常公共数据管理工作监督检查机制，对公共管理和服务机构的公共数据质量管理等情况开展监督检查。市大数据中心应当为数据开放主体做好相关数据治理技术和服务能力的供给，按规定组织开展公共数据的质量监督，对数据质量进行实时监测和定期评估，并建立异议与更正管理制度。

第三章　数据获取

第十七条　【无条件开放数据获取】

对列入无条件开放类的公共数据，自然人、法人和非法人组织可以通过开放平台以数据下载或者接口调用的方式直接获取，无须注册、申请等流程。

第十八条　【有条件开放数据获取】

对列入有条件开放类的公共数据，数据开放主体应当通过开放平台在相应数据页面列明申请材料，包括相关资质与能力证明、数据安全管理措施、应用场景说明等。涉及开放条件调整时，数据开放主体应主动并及时更新数据申请材料说明。

自然人、法人和非法人组织通过开放平台提交开放申请，上传相应材料。

第十九条　【开放申请和处理】

市大数据中心应当对公共数据开放申请进行审查，对申请主体材料齐全的予以受理，并以工单形式移交给数据开放主体进行处理。材料不齐全的，不予受理，并一次性告知理由。

数据开放主体收到工单后，应当在 10 个工作日内完成审核，审核应当遵循以下原则：

（一）公平公正原则，平等对待各类申请主体；

（二）场景驱动原则，对民生和经济发展有益、具有较高复制推广价值的应用场景应当优先支持；

（三）安全稳妥原则，对多源数据融合风险做好评估，对一次性大规模申请数据的复杂情形，可以组织专家评审。

审核通过的，数据开放主体应当通过开放平台及时告知结果；审核不通过的，应当一次性告知理由。

第二十条　【数据利用协议】

开放申请审核通过的，申请主体应当与数据开放主体通过开放平台签署数据利用协议。数据利用协议中应当包含应用场景要求、数据利用情况报送、数据安全保障措施、违约责任等内容。

第二十一条　【数据交付】

数据开放主体应当按照协议约定进行数据准备和交付，市大数据中心应当做好数据加工处理等技术支持。

数据交付应当通过开放平台进行，采用接口访问的，由市大数据中心负责接口开发、文档说明、系统对接等配套服务。确需线下交付的，数据开放主体应当向市经济信息化部门报备。

鼓励探索利用隐私计算、联邦学习、数据沙箱、可信数据空间等新技术、新模式进行数据交付。

第二十二条　【样本数据建设】

市大数据中心会同数据开放主体依托开放平台，在有条件开放类数据集的基础上建设高质量样本数据集，自然人、法人和非法人组织无需申请即可获取。

样本数据集应当从有条件开放类全量数据中针对性抽取，真实反映全量数据特征，符合开放数据质量管理要求，方便数据利用主体阅读与测试。

第四章　信息系统与开放平台

第二十三条　【信息系统】

数据开放主体应当在信息系统规划时同步做好公共数据开放方案，在系统建设验收前完成公共数据目录编制、开放清单编制等工作。对未按要求完成开放数据相关工作的信息系统将不予验收通过。

第二十四条　【开放平台】

市大数据中心应当依托市大数据资源平台建设开放平台。

数据开放主体应当通过开放平台开放公共数据，原则上不再新建独立的开放渠道。已经建成的开放渠道，应当按照有关规定进行整合、归并，将其纳入开放平台。

第二十五条　【平台功能】

市大数据中心应当根据数据开放主体和数据利用主体的需求，推进开放平台技术升级、功能迭代和资源扩展，确保开放平台具备必要的服务能力。开放平台应当具备以下功能：

（一）为数据开放主体提供各类数据归集、数据治理、清单编制、分级分类、申请审核、工单处理等功能，并提供相应的技术能力保障，协助数据开放主体更好履行开放职责；

（二）为数据开放主体提供开放数据的统计分析、风险判断、质量评估、合规服务等功能，为相关政策制定提供决策参考；

（三）为数据利用主体提供便捷的数据查询、数据预览、注册登记、开放申请、数据获取、应用展示、意见反馈等功能；

（四）对本市公共数据开放的有关政策、制度文件、新闻动态等进行展示，并保持动态更新；

（五）对数据开放和利用行为进行全程记录，为数据开放和利用的日常监管提供支撑；

（六）探索隐私计算、沙箱验证、数据资源图谱展示、数据地图预览等创新功能；

（七）具备必要的安全保护体系，保障开放平台安全可靠运行，防止公共数据被非法获取或者不当利用。

第二十六条　【平台规范】

市大数据中心应当制定并公布开放平台管理制度，明确数据开放主体和数据利用主体在开放平台上的行为规范和安全责任，对开放平台上开放数据的存储、传输、利用等环节建立透明化、可审计、可追溯的全过程管理机制。

第五章　数据利用

第二十七条　【创新利用方式】

本市鼓励对开放公共数据进行价值挖掘和开发利用，支持数据利用主体对开放数据进行实质性加工和创造性劳动后形成的数据产品依法进入流通交易市场，依法保护数据利用主体在数据开发中形成的相关财产权益。

本市鼓励不同规模、不同行业和不同所有制企业参与公共数据开放利用，引育数据专精特新企业，发展技术先进、主体多元、创新活跃、生态完备的数据产业集群。

本市探索开展公共数据授权运营，鼓励相关主体面向社会提供公共数据深度加工、模型训练、系统开发、数据交付、安全保障等市场化服务。公共数据授权运营具体按照本市有关规定执行。

第二十八条　【成果展示与合作应用】

市经济信息化部门应当对开放数据利用成效进行评估，形成优秀成果名录，组织开展专项宣传。对创新模式好、可复制性强、溢出效应显著的优秀成果加强场景应用推广，提升赋能范围，优先推荐参与国家相关试点示范工作。

开放平台应当对公共数据示范应用进行展示，鼓励对示范应用的复制推广。

鼓励数据利用主体与相关部门开展数据合作，将数据融合成果赋能行政监管和公共服务。

第二十九条　【数据利用反馈】

对有条件开放类公共数据，数据利用主体应当按照数据利用协议的约定，及时反馈数据利用情况。数据开放主体、市经济信息化部门、市网信部门、市大数据中心等可以对数据利用情况进行抽查，内容包括：

（一）数据调用的主要场景、服务对象、商业模式；

（二）数据调用的次数、主要利用的字段，使用的相关算法；

（三）产生的成本降低、管理优化等经济和社会效益；

（四）采取的安全保障措施等。

数据利用主体利用公共数据形成数据产品、研究报告、学术论文等成果的，应当在成果中注明数据来源。

第三十条　【利用监管】

对有条件开放类数据，市大数据中心、数据开放主体、市经济信息化部门应当对利用情况进行跟踪，对恶意数据调用行为加强防范。

任何单位和个人可以对违法违规利用公共数据的行为向数据开放主体及有关部门举报。

第三十一条　【权益保护】

自然人、法人和非法人组织认为公共数据开放与利用侵犯其个人隐私、商业秘密等合法权益的，可以通过开放平台告知数据开放主体，并提交相关证据材料。

数据开放主体收到相关证据材料后，认为必要的，应当立即中止开放并进行核实。根据核实结果，分别采取撤回数据、恢复开放或者处理后再开放等措施，并及时反馈。

第三十二条　【违法违规行为处理】

数据开放与数据利用行为违反国家和本市相关法律法规和规定的，依法承担相应责任。

数据利用主体在利用公共数据的过程中有下列行为之一，市经济信息化部门应当会同市大数据中心和数据开放主体对其予以记录：

（一）违反开放平台管理制度；

（二）采用非法手段获取公共数据；

（三）侵犯商业秘密、个人隐私等他人合法权益；

（四）超出数据利用协议限制的应用场景使用公共数据；

（五）违反法律、法规、规章和数据利用协议的其他行为。

对存在前款行为的数据利用主体，市大数据中心和数据开放主体应当按照各自职责，采取限制或者关闭其数据获取权限等措施，并可以在开放平台对违法违规行为和处理措施予以公示。

第三十三条　【健全服务体系】

市经济信息化部门应当会同数据开放主体构建公共数据开放的公共服务体系，建立健全相关公共服务渠道，建设大数据实验室、技术创新中心和新型研发组织，组织开展数据技能培训、数据赛事、标准宣贯等，营造良好的数据开放环境。

数据开放主体应当对公共数据的开放利用情况进行后续跟踪、服务，及时了解并主动对接数据利用主体的利用反馈与新增需求。

市大数据中心应当做好数据利用成果的收集和统计，并在开放平台中予以展示。

第三十四条 【关键技术与标准规范】

本市鼓励在公共数据开放中加强区块链、人工智能、联邦学习、隐私计算等关键技术应用，提升数据开放利用和安全管理水平。

本市推动分级分类、数据质量、去标识化、企业数据管理能力等相关标准在公共数据开放中的应用，研究制定相关地方标准和技术规范，推动形成相关行业公约。

第三十五条 【表彰机制】

市经济信息化部门应当会同市大数据中心和相关数据开放主体对在数据技术研发、数据服务提供、数据利用实践、数据合作交流等方面有突出表现的单位和个人，按照规定给予表彰。

第六章　保障措施

第三十六条 【安全保障】

市网信、公安等部门应当会同其他具有网络安全管理职能的部门建立本市公共数据开放的安全管理体系，协调处理公共数据开放重大安全事件，指导数据开放主体制定本机构的安全管理制度。

市大数据中心应当根据法律法规和相关要求，加强开放平台的安全管理，健全安全防护体系，完善安全防护措施，保障开放平台安全可靠运行。

各相关主体应当做好公共数据开放全流程的安全评估、防护和保障工作，强化应急处置能力。

第三十七条 【资金保障】

行政事业单位开展公共数据开放所涉及的信息系统建设、改造、运维以及考核评估等相关经费，按照有关规定纳入市、区两级财政资金预算。

鼓励支持公共数据开放的示范项目和优秀成果申报数字化转型专项。

第三十八条 【考核评估】

市经济信息化部门可以委托第三方专业机构，对本市公共数据开放工作和数据利用成效等进行评估。评估结果作为信息系统建设、改造与运维等方面的决策参考，并纳入本市公共数据和一网通办管理考核。相关数据开放主体应当根据评估结果改进公共数据开放工作。

市大数据中心应当对开放数据质量和开放平台运行情况进行监测统计，并将监测统计结果和开放平台运行报告提交市经济信息化部门，作为考核评估的依据。

第七章 附 则

第三十九条 （实施日期）

本细则自 2022 年 12 月 31 日起施行，有效期至 2027 年 12 月 30 日。

《浙江省公共数据和电子政务管理办法》

（2017 年 3 月 16 日浙江省人民政府令第 354 号公布）

第一章 总 则

第一条 为规范与促进我省公共数据和电子政务发展，推动公共数据和电子政务统筹建设与资源整合，提升政府信息化治理能力和公共服务水平，根据法律、法规和国务院有关规定，结合本省实际，制定本办法。

第二条 本省行政区域内公共数据和电子政务的规划与建设、管理与应用、安全与保障等活动，适用本办法。

本办法所称公共数据是指各级行政机关以及具有公共管理和服务职能的事业单位（以下统称公共管理和服务机构），在依法履行职责过程中获得的各类数据资源。

本办法所称电子政务是指各级行政机关运用信息技术与网络技术，优化内部管理，并向社会提供优质、高效、透明的公共管理和服务的活动。

第三条 公共数据和电子政务管理遵循统筹规划、集约建设、汇聚整合、共享开放、有效应用、保障安全的原则。

第四条 县级以上人民政府应当加强对公共数据和电子政务工作的领导和协调，将公共数据和电子政务建设纳入国民经济和社会发展规划，统筹推进本行政区域内公共数据和电子政务建设，所需经费列入本级财政预算。

第五条 省人民政府办公厅，设区的市、县（市、区）人民政府办公室（厅）或者设区的市、县（市、区）人民政府确定的部门是公共数据和电子政务的主管部门（以下统称公共数据和电子政务主管部门），负责指导、监督本行政区域内公共数据和电子政务管理工作。省人民政府办公厅所属的数据管理机构和设区的市、县（市、区）人民政府确定的有关机构（以下统称公共数据和电子政务工作机构），具体承担公共数据和电子政务管理工作。

县级以上人民政府有关部门在各自职责范围内，做好公共数据和电子政务相关工作。

省级行政机关应当指导、监督本系统公共数据和电子政务管理工作。

第二章　规划和建设

第六条　省公共数据和电子政务主管部门会同同级有关部门，编制全省公共数据和电子政务发展规划，报省人民政府批准后实施；设区的市、县（市、区）公共数据和电子政务主管部门根据上级人民政府有关发展规划，结合本地实际，编制本行政区域公共数据和电子政务发展规划，报本级人民政府批准后实施。

各级公共数据和电子政务主管部门根据公共数据和电子政务发展规划，制定年度工作计划，报本级人民政府批准后实施。

第七条　有关单位在起草信息化发展、智慧城市建设等相关专项规划时，应当征求同级公共数据和电子政务主管部门的意见，并与公共数据和电子政务发展规划相衔接。

各级行政机关部署电子政务应用时，应当与本地区公共数据和电子政务发展规划相衔接。

第八条　各级公共数据和电子政务主管部门会同同级政府投资、经济和信息化、财政、保密等主管部门，制定电子政务建设项目的立项审批、招标投标、政府采购、建设实施、项目监理、运营维护、绩效评价、保密安全等管理规定；定期组织实施电子政务建设项目绩效评价。

各级审计机关依法对电子政务建设项目预算执行情况和决算进行审计监督。

第九条　各级行政机关开展电子政务项目建设的，由公共数据和电子政务主管部门出具初审意见；初审意见作为同级政府投资主管部门审批立项、财政主管部门批复预算的条件。开展电子政务项目建设的，还应当遵守《浙江省信息化促进条例》的有关规定。

具备条件的设区的市、县（市、区），可以由公共数据和电子政务、政府投资、经济和信息化、财政等主管部门对电子政务项目建设进行联合审查。

第十条　各级人民政府按照职责分工做好以下电子政务基础设施建设：

（一）电子政务网络；

（二）电子政务云平台；

（三）公共数据平台；

（四）公共数据容灾备份中心。

第十一条　省公共数据和电子政务主管部门按照职责分工负责全省电子政务网络建设和管理；设区的市、县（市、区）公共数据和电子政务主管部门按照职责分工负责本行政区域内的电子政务网络建设、接入与管理。

第十二条　各级行政机关不得新建业务专网；按照法律、法规和国家规定需要新建业务专网的，应当征求同级公共数据和电子政务主管部门的意见。

各级行政机关应当按照国家和省有关规定，对已有业务专网进行合理分类，并入电子政务网络；国家规定不能并入的，应当做好与电子政务网络的协调。

各级公共数据和电子政务主管部门制定本级业务专网并入电子政务网络的方案并组织实施。

第十三条　省公共数据和电子政务主管部门建设和管理省级电子政务云平台，审核省级行政机关的电子政务云平台使用需求；设区的市人民政府建设电子政务云平台的，建设方案应当报省公共数据和电子政务主管部门备案；县（市、区）人民政府不得单独建设电子政务云平台，确需建设的，应当报省公共数据和电子政务主管部门同意。电子政务云平台的具体管理按照省人民政府有关规定执行。

各级行政机关应当在电子政务云平台上开发应用系统，应用系统产生的公共数据应当在公共数据平台和公共数据容灾备份中心进行备份。

第十四条　县级以上人民政府建立公共数据平台。其他各级行政机关不得新建、扩建、改建独立的数据中心；按照法律、法规和国家规定需要新建、扩建、改建独立的数据中心的，应当征求同级公共数据和电子政务主管部门的意见。各级公共数据和电子政务主管部门制定现有独立的数据中心整合方案，并组织实施。

第十五条　省公共数据和电子政务主管部门建设和管理浙江政务服务网；设区的市、县（市、区）人民政府按照浙江政务服务网的规范标准和要求，建立本行政区域网上政务服务体系，并延伸至乡镇（街道办事处）、行政村（社区）。

第三章　管理和应用

第十六条　公共数据资源实行统一目录管理。省公共数据和电子政务主管部门编制全省公共数据资源目录；设区的市、县（市、区）公共数据和电子政务主管部门可以编制公共数据资源补充目录（以下统称公共数据资源目录），并报省公共数据和电子政务主管部门备案。编制公共数据资源目录应当征求提供公共数据的机构的意见。

公共管理和服务机构应当按照国家和省有关规定，将本单位公共数据在公共数据资源目录中编目。

公共数据资源目录主要包括公共数据项目名称、共享和开放属性、更新频度等内容。

第十七条　公共数据可以通过下列方式获得：

（一）依照法律、法规规定采集有关数据；

（二）因履行公共管理和服务职责需要，通过监测、测量、录音、录像等方式产生有关数据；

（三）因履行公共管理和服务职责需要，通过协商等方式向公民、法人和其他组织获取有关数据。

第十八条　公共管理和服务机构应当遵循合法、必要、适度原则，按照法定范围和程序，采集公民、法人和其他组织的数据信息；被采集对象应当配合。

公共管理和服务机构因履行公共管理和服务职责，需要采集法律、法规未作规定的数据的，应当取得被采集对象的同意；被采集对象拒绝的，公共管理和服务机构不得采集，并不得因此拒绝履行有关公共管理和服务职责。

公共管理和服务机构可以通过共享方式获得公共数据的，不得违反规定通过其他方式重复采集。

第十九条 公共管理和服务机构通过监测、测量、录音、录像等方式产生公共数据的过程中，应当遵守保护国家秘密、商业秘密和个人隐私的相关规定。

第二十条 公共数据和电子政务工作机构归集、整合公共数据，实施人口、法人单位、自然资源和空间信息、宏观经济、公共信用信息等综合数据信息资源库建设。

各级公共管理和服务机构应当将公共数据资源目录中的数据归集到本级公共数据平台；设区的市、县（市、区）公共数据和电子政务工作机构应当将本级归集的公共数据汇集到上一级人民政府公共数据平台。公共数据归集的具体办法，由省、设区的市公共数据和电子政务主管部门制定。各级行政机关开展电子政务应用系统建设，应当同步规划有关公共数据的归集、整合，并按照规定编入公共数据资源目录。

第二十一条 公共管理和服务机构之间无偿共享公共数据；没有法律、法规、规章依据，公共管理和服务机构不得拒绝其他机构提出的共享要求。

公共管理和服务机构通过共享获得的公共数据，应当用于本机构履行职责需要，不得用于其他任何目的。

第二十二条 公共数据资源目录中的数据按照共享属性分为无条件共享类、受限共享类和非共享类。列入受限共享类和非共享类公共数据范围的，应当说明理由，并提供有关法律、法规、规章依据。

公共管理和服务机构因履行职责需要，要求使用无条件共享类公共数据的，公共数据和电子政务工作机构应当无条件开通相应访问权限。要求使用受限共享类公共数据的，由同级公共数据和电子政务工作机构会同提供公共数据的机构进行审核；审核同意的，开通相应访问权限。

受限共享类和非共享类公共数据可以经脱敏等处理后向公共管理和服务机构提供，法律、法规另有规定的除外。公共数据脱敏等处理的具体办法，由省公共数据和电子政务主管部门会同同级有关部门制定。

第二十三条 公共数据资源目录中的数据，通过公共数据平台共享交换。公共管理和服务机构之间不得新建共享交换通道；已建共享交换通道的，应当按照规定整合。

公共管理和服务机构应当采用请求响应的调用服务方式使用共享公共数据；需要采用拷贝数据或者其他方式使用的，应当征得同级公共数据和电子政务工作机构的同意。

第二十四条 公共数据开放实行目录管理。省公共数据和电子政务主管部门编制全省公共数据资源开放目录，设区的市、县（市、区）公共数据和电子政务主管部门可以编制公共数据资源开放补充目录（以下统称公共数据资源开放目录）；编制公共数据资源开放目录，应当征求提供公共数据的机构以及社会公众的意见。公共数据资源开放目录向社会公开。

公共数据和电子政务主管部门定期组织对本级公共数据资源开放目录的执行情况进行评估。

《中华人民共和国统计法》《中华人民共和国政府信息公开条例》等法律、法规对公共数据开放已有规定的，从其规定。

第二十五条　公共数据资源开放目录外的公共数据开放，应当遵守下列规定：

（一）法律、法规规定应当开放的公共数据，开放前应当告知同级公共数据和电子政务主管部门；

（二）法律、法规禁止开放的公共数据，不得开放；

（三）其他公共数据开放，应当经同级公共数据和电子政务主管部门审核同意。

第二十六条　公共数据和电子政务主管部门审核公共数据开放时，对涉及的国家安全、信息风险、社会效益等进行审核，并遵守下列程序规定：

（一）涉及相关法律问题的，应当进行合法性审查。

（二）涉及专业性较强问题的，应当召开专家论证会。

（三）涉及国家秘密的，应当进行保密审查；涉及商业秘密或者个人隐私的，由有权国家机关进行审查。

（四）涉及相关群体切身利益或者公众普遍关注问题的，应当采取听证会、座谈会、征求意见等方式公开听取所涉及公众的意见、建议。

公共数据和电子政务主管部门可以制定公共数据开放审核的具体规定。

第二十七条　公共数据资源开放目录中的数据，通过公共数据平台开放；未编入公共数据资源开放目录的数据，可以通过公共管理和服务机构门户网站开放，并按照规定编入公共数据资源开放目录。

公共数据应当以公民、法人和其他组织易于获取和加工的方式开放，法律、法规另有规定的除外。

第二十八条　县级以上人民政府根据国家和省有关规定，推动实施有关经济调节、市场监管、社会管理、公共服务和环境保护的大数据示范应用工程，提升政府大数据管理和服务水平。

鼓励公民、法人和其他组织对公共数据进行研究、分析、挖掘，开展大数据产业开发和创新应用。公共管理和服务机构与公民、法人以及其他组织开展公共数据合作时，应当征得同级公共数据和电子政务主管部门的同意，并签订书面合作协议；省公共数据和电子政务主管部门制定合作协议的示范文本。

公共管理和服务机构应当按照法律、法规规定，管理、使用与开发公共数据，保护国家秘密、商业秘密和个人隐私；管理、使用和开发经同意后采集以及采用协商等方式获得的公共数据的，还应当履行约定的义务。

第二十九条　各级行政机关应当通过电子政务基础设施，推广电子政务应用，提高办公效率，并实现内部流程信息和事务处理的电子化。

县级以上人民政府应当建立基于电子政务网络的统一的公文处理和公文交换系统。

各级公共数据和电子政务主管部门制定公共数据和电子政务应用考核办法，定期组织考核并公开结果。

第三十条 各级行政机关在办理公民、法人和其他组织的申请事项时，除法律、法规规定必须以纸质或者本人到场等形式提出申请外，应当接受能够识别身份的以电子方式提出的申请；各级行政机关应当公告电子方式申请的具体程序和要求。

各级行政机关接受电子方式提出申请的，不得同时要求公民、法人和其他组织履行纸质或者其他形式的双重义务，法律、法规另有规定的除外。

第三十一条 按照安全规范要求生成的电子签名，与本人到场签名具有同等效力，可以作为法定办事依据和归档材料。

各级行政机关应当使用省政府电子印章系统或者经审核评估达到要求的电子印章系统进行电子签名。电子印章系统使用的具体办法，按照省人民政府有关规定执行。

各级行政机关使用电子印章系统，向公民、法人和其他组织发放电子证照的，电子证照与纸质证照具有同等法律效力。

第三十二条 各级行政机关在办理公民、法人和其他组织的申请事项时，可以通过公共数据平台提取、确认证明文件的，不再另行要求申请人提供内容相同的证明文件。

通过公共数据平台提取、确认的电子证明文件，视为符合法律、法规规定的要求，法律、法规另有规定的除外。

第三十三条 各级行政机关可以单独采用电子归档形式，法律、法规另有规定的除外。

各级行政机关按照国家和省有关规定对公共数据、电子文件进行归档和登记备份，省档案行政管理部门负责制定公共数据和电子文件的归档、移交、保存、利用等具体规定。

各级档案行政管理部门负责本行政区域内公共数据和电子文件归档统一平台建设。

第四章 安全和保障

第三十四条 公共数据和电子政务主管部门依法履行下列公共数据和电子政务安全管理职责：

（一）编制本级公共数据和电子政务安全规划；

（二）建立公共数据和电子政务安全体系和标准规范；

（三）制定并督促落实公共数据和电子政务安全管理制度；

（四）定期开展重要应用系统和公共数据资源安全等级测评、风险评估和应急演练；

（五）协调处理重大公共数据和电子政务安全事件；

（六）国家和省规定的其他安全管理职责。

公安、经济和信息化、信息安全等主管部门在各自职责范围内，做好公共数据和电子政务安全管理工作。

第三十五条　各级公共管理和服务机构负责本单位公共数据和电子政务安全管理，依法履行下列安全管理职责：

（一）建立并实施公共数据风险评估、日常监控管理和容灾备份等管理制度

（二）建立有关接触公共数据的内部和外部人员岗位安全责任制，明确岗位职责，制定并落实有关惩戒措施；

（三）建立并实施公共数据分类、分级安全保护制度；

（四）制定并落实公共数据和电子政务安全检查制度；

（五）制定有关公共数据和电子政务安全事件的应急预案并定期组织演练；

（六）按照规定调查或者协助调查公共数据和电子政务安全事件，并向有关部门报告；

（七）国家和省规定的其他安全管理职责。

第三十六条　公共数据和电子政务工作机构按照国家和省有关规定，履行下列安全管理职责：

（一）建立并实施公共数据管控体系；

（二）建立并实施数据安全认证机制，防止数据越权访问、使用、篡改；

（三）实施电子政务云平台、公共数据平台、公共数据容灾备份中心安全管理。

第三十七条　公共数据和电子政务主管部门履行公共数据和电子政务管理职责，可以采取下列措施，有关单位和个人应当予以配合：

（一）进入涉嫌公共数据和电子政务违法的有关场所实施检查；

（二）询问当事人和有关人员，并要求其提供证明材料；

（三）查阅、复制有关资料；

（四）在证据可能灭失或者以后难以获取的情况下，可以依法先行登记保存；

（五）法律、法规和规章规定的其他措施。

第五章　法律责任

第三十八条　违反本办法规定的行为，有关法律、法规已有法律责任规定的，从其规定。

第三十九条　公共数据和电子政务主管部门与其他公共管理和服务机构及其工作人员有下列行为之一的，由本级人民政府或者上级主管部门责令改正；情节严重的，由有权机关对直接负责的主管人员和其他直接责任人员依法给予处分；构成犯

罪的，依法追究刑事责任：

（一）未按照规定获得、归集、共享、开放公共数据的；

（二）违法披露共享获得的公共数据的；

（三）泄露、买卖非开放公共数据的；

（四）非法复制、记录、存储公共数据的；

（五）未按照规定开展公共数据合作的；

（六）未按照规定归档和登记备份公共数据的；

（七）未依法履行公共数据安全管理职责的；

（八）其他滥用职权、玩忽职守、徇私舞弊的行为。

第四十条 公共数据和电子政务主管部门与其他行政机关及其工作人员有下列行为之一的，由本级人民政府或者上级主管部门责令改正；情节严重的，由有权机关对直接负责的主管人员和其他直接责任人员依法给予处分；构成犯罪的，依法追究刑事责任：

（一）未按照规定建立和落实电子政务建设项目管理机制的；

（二）未按照规定擅自新建业务专网的；

（三）未按照规定在政务云平台上开发应用系统的；

（四）未按照规定擅自新建、扩建、改建独立数据中心的；

（五）未按照规定要求申请人履行提供电子和纸质或者其他形式双重义务的；

（六）未按照规定归档和登记备份电子文件的；

（七）未按照规定在公共数据容灾备份中心进行备份的；

（八）未依法履行电子政务安全管理职责的；

（九）其他滥用职权、玩忽职守、徇私舞弊的行为。

附　　则

第四十一条 水务、电力、燃气、通信、公共交通、民航、铁路等公用企业在提供公共服务过程中获得的公共数据的归集、共享和开放管理，适用本办法。

中央国家机关派驻浙江的管理机构获得的公共数据的归集、共享和开放管理，参照本办法执行；具体办法由省公共数据和电子政务主管部门会同有关中央国家机关派驻浙江的管理机构制定。

第四十二条 本办法自 2017 年 5 月 1 日起施行。

浙江省人民政府

2017 年 3 月 16 日

《浙江省公共数据开放与安全管理暂行办法》

（2020 年 6 月 12 日浙江省人民政府令第 381 号公布）

第一章　总　　则

第一条　为了规范和促进本省公共数据开放、利用和安全管理，加快政府数字化转型，推动数字经济、数字社会发展，根据相关法律、法规和国家有关规定，结合本省实际，制定本办法。

第二条　本省行政区域内公共数据开放、利用和安全管理等活动，适用本办法。

本办法所称的公共数据，是指各级行政机关以及具有公共管理和服务职能的事业单位（以下统称公共管理和服务机构），在依法履行职责过程中获得的各类数据资源。

本办法所称的公共数据开放，是指公共管理和服务机构面向社会提供具备原始性、可机器读取、可供社会化利用的数据集的公共服务。

第三条　县级以上人民政府应当加强对公共数据开放、利用和安全管理的领导和协调，将公共数据开放、利用和安全管理纳入国民经济和社会发展规划体系，所需经费列入本级财政预算。

第四条　县级以上人民政府大数据发展主管部门或者设区的市、县（市、区）人民政府确定的部门是公共数据开放、利用的主管部门（以下统称公共数据主管部门），负责指导、监督、组织本行政区域内公共数据开放和利用，并具体承担本级公共数据的开放工作。

省、设区的市人民政府有关部门应当指导、规范和促进本系统公共数据的开放、利用。

提供公共数据开放服务的公共管理和服务机构（以下统称公共数据开放主体）负责做好本单位公共数据开放、利用和安全管理等相关工作。

经济和信息化、公共数据等主管部门负责推动利用公共数据促进相关产业发展。

网信、公安、公共数据、保密等主管部门按照各自职责，做好公共数据安全管理工作。

第五条　省公共数据主管部门负责组建公共数据专家委员会（以下简称专家委员会），并制定专家委员会工作规则。专家委员会由高等院校、科研机构、社会组织、企业、相关部门的专家组成。

第二章　数据开放

第六条　公共数据开放应当遵循依法开放的原则，法律、法规、规章以及国家规定要求开放或者规定可以开放的，应当开放；未明确开放的，应当安全有序开放；禁止开放的，不得开放。

公共数据开放主体应当积极推进公共数据开放工作，建立公共数据开放范围的动态调整机制，逐步扩大公共数据开放范围。

第七条　公共数据开放主体应当根据本地区经济社会发展情况，重点和优先开放下列公共数据：

（一）与公共安全、公共卫生、城市治理、社会治理、民生保障等密切相关的数据；

（二）自然资源、生态环境、交通出行、气象等数据；

（三）与数字经济发展密切相关的行政许可、企业公共信用信息等数据；

（四）其他需要重点和优先开放的数据。

确定公共数据重点和优先开放的具体范围，应当坚持需求导向，并征求有关行业协会、企业、社会公众和行业主管部门的意见。

第八条　突发自然灾害、事故灾难、公共卫生事件和社会安全事件，造成或者可能造成严重社会危害、直接影响社会公众切身利益的，负责处置突发事件的各级人民政府及其有关部门应当依法及时、准确开放相关公共数据，并根据公众需要动态更新。法律、法规另有规定的，从其规定。

第九条　省公共数据主管部门会同同级有关部门，根据国家有关公共数据分类分级的要求，制定公共数据分类分级规则，促进公共数据分类分级开放。

省有关行业主管部门根据国家和省公共数据分类分级相关规定，制定本系统公共数据分类分级实施细则。

第十条　省公共数据主管部门根据国家和省有关公共数据分类分级要求，组织编制全省公共数据开放目录，设区的市公共数据主管部门可以组织编制本级公共数据开放补充目录。

全省公共数据开放目录以及补充目录实行年度动态调整。全省公共数据开放目录以及补充目录应当标注数据名称、数据开放主体、数据开放属性、数据格式、数据类型、数据更新频率等内容。

第十一条　拟开放的公共数据未列入全省公共数据开放目录以及补充目录的，应当先编入相关目录，并明确数据开放主体。

公共管理和服务机构之间对具体公共数据的开放主体产生争议的，由争议各方协商解决；协商不成的，由同级公共数据主管部门征求专家委员会意见后，报本级人民政府确定。

第十二条　公共数据开放属性分为禁止开放类、受限开放类、无条件开放类。

公共数据主管部门可以对同级公共数据开放主体确定的数据开放属性提出修改建议,不能达成一致意见的,经征求专家委员会意见后,报本级人民政府决定。法律、法规另有规定的,从其规定。

第十三条　公共数据开放主体应当按照分类分级有关要求对本单位获得的公共数据进行评估;经评估符合开放条件的,报同级公共数据主管部门审查同意后列入公共数据开放目录。公共数据主管部门应当制定公共数据开放评估、审查的具体规定。

公共数据开放主体以及公共数据主管部门评估、审查拟开放公共数据时,应当遵守下列程序规定:

(一)涉及公共数据开放属性、开放程序等相关法律问题的,应当进行合法性审查;

(二)涉及专业性较强问题的,应当组织专家委员会进行论证;

(三)涉及国家秘密的,应当按照规定进行保密审查;

(四)涉及商业秘密、个人隐私的,应当按照国家和省有关规定进行审查。

第十四条　禁止开放具有下列情形的公共数据:

(一)依法确定为国家秘密的;

(二)开放后可能危及国家安全、公共安全、经济安全和社会稳定的;

(三)涉及商业秘密、个人隐私的;

(四)因数据获取协议或者知识产权保护等禁止开放的;

(五)法律、法规规定不得开放或者应当通过其他途径获取的。

前款所列的公共数据,依法已经脱敏、脱密等技术处理,符合开放条件的,可以列为无条件开放类或者受限开放类公共数据。省网信、公安、经济和信息化、公共数据等主管部门负责制定公共数据脱敏技术规范。

第一款第三项所列涉及商业秘密、个人隐私的公共数据不开放将会对公共利益造成重大影响的,公共数据开放主体可以将其列为无条件开放类或者受限开放类公共数据。

第十五条　公共数据开放主体可以将具备下列条件之一的公共数据确定为受限开放类数据:

(一)涉及商业秘密、个人信息的公共数据,其指向的特定公民、法人和其他组织同意开放,且法律、法规未禁止的;

(二)开放将严重挤占公共数据基础设施资源,影响公共数据处理运行效率的;

(三)开放后预计带来特别显著的经济社会效益,但现阶段安全风险难以评估的。

公共数据开放主体不得擅自将无条件开放类数据转为或者确定为受限开放类数据,因安全管理需要转为受限开放类数据的,应当向同级公共数据主管部门备案;公共数据开放主体应当对现有受限开放类数据定期进行评估,具备条件的,应当及时转为无条件开放类数据。

第十六条　公共数据开放主体应当向社会公平开放受限类公共数据，不得设定歧视性条件；公共数据开放主体应当向社会公开已获得受限类公共数据的名单信息。

公民、法人和其他组织可以向公共数据开放主体提出获取受限开放类数据的服务需求。

获取受限开放类数据应当符合规定的数据存储、数据处理、数据安全保护能力等条件并达到相应的信用等级。具体办法由省、设区的市公共数据主管部门会同同级有关部门分别制定并向社会公开。

第十七条　公共数据开放主体开放受限类公共数据的，应当与公共数据利用主体签订公共数据开放利用协议，并约定下列内容：

（一）公共数据利用主体应当向公共数据开放主体反馈数据利用情况，并对数据开放情况进行评价；

（二）未经同意，公共数据利用主体不得将获取的公共数据用于约定利用范围之外的其他用途；

（三）未经同意，公共数据利用主体不得传播所获取的公共数据；

（四）公共数据利用主体在发表论文、申请专利、出版作品、申请软件著作权和开发应用产品时，应当注明参考引用的公共数据；

（五）公共数据利用主体应当履行的安全职责及其数据利用安全能力要求、保障措施；

（六）公共数据利用主体应当接受公共数据利用安全监督检查。公共数据开放主体应当将签订的公共数据开放利用协议报同级公共数据主管部门备案。

公共数据开放利用协议示范文本由省公共数据主管部门会同同级有关部门制定。

第十八条　公共数据开放主体应当通过省、设区的市公共数据平台开放数据，不得新建独立的开放渠道；已经建成的开放渠道，应当按照有关规定进行整合并逐步纳入公共数据平台。因特殊原因不能通过公共数据平台开放的，应当事先向同级公共数据主管部门备案。

省公共数据平台负责开放省公共数据主管部门和省有关部门获得、归集的公共数据；设区的市公共数据平台负责开放本级有关部门以及设区的市公共数据主管部门获得、归集的公共数据和其他特色数据。

第十九条　公共数据应当以易于获取和加工的方式开放，法律、法规另有规定的，从其规定。

公共数据开放主体应当按照有关标准和要求，对开放的公共数据进行清洗、脱敏、脱密、格式转换等处理，并根据开放目录明确的更新频率，及时更新和维护。

第二十条　公共数据开放主体可以通过下列方式开放公共数据：

（一）下载数据；

（二）接口调用数据；

（三）通过公共数据平台以算法模型获取结果数据；

（四）法律、法规、规章和国家规定的其他方式。

公共数据开放主体不得通过前款第一项方式开放受限类公共数据；公共数据开放主体应当按照本办法第十三条的规定，对前款第三项方式下获取的结果数据进行评估、审查。

第二十一条 具有下列情形之一的，公民、法人和其他组织可以通过公共数据平台向公共数据开放主体提出意见建议，公共数据开放主体应当在 10 个工作日内处理完毕：

（一）公共数据开放目录确定的开放属性不符合法律、法规、规章以及本办法规定；

（二）开放的公共数据质量不符合国家和省有关规定；

（三）开放的公共数据存在错误、遗漏；

（四）违反法律、法规、规章的规定或者双方的约定开放公共数据。

第二十二条 公民、法人和其他组织可以提出公共数据开放目录外的数据开放服务需求，公共管理和服务机构应当按照本办法第十三条的规定进行评估、审查，并将有关处理结果告知需求人。

第三章 数 据 利 用

第二十三条 县级以上人民政府应当将公共数据作为促进经济社会发展的重要生产要素，发展和完善数据要素市场，以开放公共数据培育数字经济新产业、新业态和新模式，推动公共数据在经济调节、市场监管、公共服务、社会管理和环境保护等领域的开发利用，提升省域治理现代化水平。

第二十四条 公共数据利用主体开发利用公共数据应当合法、正当，不得损害国家利益、社会公共利益和第三方合法权益。

公共数据利用主体因公共数据依法开发利用所获得的数据权益受法律保护。

公共数据利用主体可以依法交易基于公共数据开发利用所获得的各类数据权益，法律、法规另有规定或者公共数据开放利用协议另有约定的除外。

第二十五条 县级以上人民政府应当探索建立多元化的行业数据合作交流机制，加强数据资源整合，鼓励公民、法人和其他组织依法开放自有数据，引导和培育大数据交易市场，促进数据融合创新，形成多元化的数据开放格局，提升社会数据资源价值。

公共数据主管部门应当引导公民、法人和其他组织利用开放数据开展应用示范，带动各类社会力量开展公共数据应用创新。

第二十六条 鼓励高等院校、科研机构和市场主体开展公共数据分析挖掘、数据可视化、数据安全与隐私保护等关键技术研究，提高数据开发利用和安全管理水平。

鼓励和支持利用开放的公共数据开展科技研究、咨询服务、应用开发、创新创业等活动，引导公民、法人和其他组织将社会数据与公共数据深度融合利用。

第二十七条　除法律、法规、规章另有规定外，公共数据开放主体应当免费开放下列公共数据：

（一）无条件开放的数据；

（二）获取本人、本单位的受限开放类数据；

（三）第三方经他人、其他单位授权获取其受限开放类数据；

（四）国家和省规定应当免费开放的数据。

第二十八条　公共数据开放主体应当对受限开放类公共数据的开放和利用情况进行后续跟踪、服务，及时了解公共数据利用行为是否符合公共数据安全管理规定和开放利用协议，及时处理各类意见建议和投诉举报。

第二十九条　省公共数据主管部门会同同级有关部门推动相关行业协会出台公共数据利用、安全管理等公约，促进行业建立和完善自律管理机制。

第四章　数据安全

第三十条　公共管理和服务机构应当将安全管理贯穿于公共数据采集、归集、清洗、共享、开放、利用和销毁的全过程，按照公共数据全生命周期管理，制定并实施有针对性的公共数据安全管理措施，防止公共数据被非法获取、篡改、泄露或者不当利用。

公共管理和服务机构应当落实公共数据安全管理要求，采取措施保护国家秘密、商业秘密和个人隐私。

第三十一条　公共管理和服务机构应当遵循合法、必要、正当的原则，采集各类数据；没有法律、法规依据，不得采集公民、法人和其他组织的相关数据；采集公共数据应当限定在必要范围内，不得超出公共管理和服务需要采集数据。

自然人向公共管理和服务机构申请办理各类事项时，有权选择核验身份信息的方式，公共管理和服务机构不得强制要求采用多种方式重复验证或者特定方式验证；已经通过身份证明文件验证身份的，不得强制通过采集人像等生物信息重复认证其身份。法律、法规、规章和国家另有规定或者自然人同意的除外。

第三十二条　公共管理和服务机构按照突发事件应对有关法律、法规规定，可以要求相关单位提供具有公共属性的数据，并向自然人采集应对突发事件相关的数据。

突发事件应对结束后，公共管理和服务机构应当对从其他单位和个人获得的公共数据进行分类评估，将其中涉及国家秘密、商业秘密和个人隐私的公共数据进行封存或者销毁等安全处理，并关停相关数据应用。法律、法规另有规定的，从其规定。

第三十三条　公共管理和服务机构在使用和处理公共数据过程中，因数据汇聚、关联分析等原因，可能产生涉密、涉敏数据的，应当进行安全评估，征求专家委员会的意见，并根据评估和征求意见情况采取相应的安全措施。

第三十四条　公共数据开放主体应当按照国家和省有关规定完善公共数据开放安全措施，并履行下列公共数据安全管理职责：

（一）建立公共数据开放的预测、预警、风险识别、风险控制等管理机制；

（二）制定公共数据开放安全应急处置预案并定期组织应急演练；

（三）建立公共数据安全审计制度，对数据开放和利用行为进行审计追踪；

（四）对受限开放类公共数据的开放和利用全过程进行记录。

省公共数据、网信主管部门应当会同同级有关部门制定公共数据开放安全规则。

第三十五条　公民、法人和其他组织认为开放的公共数据侵犯其商业秘密、个人隐私等合法权益的，有权要求公共数据开放主体中止、撤回已开放数据。

公共数据开放主体收到相关事实材料后，应当立即进行初步核实，认为必要的，应当立即中止开放；并根据最终核实结果，分别采取撤回数据、恢复开放或者处理后再开放等措施，有关处理结果应当及时告知当事人。

公共数据开放主体在日常监督管理过程中发现开放的公共数据存在安全风险的，应当立即采取中止、撤回开放等措施。

第三十六条　公共数据利用主体应当按照《中华人民共和国网络安全法》等法律、法规的规定，完善数据安全保护制度，履行公共数据开放利用协议约定的数据安全保护义务，建立公共数据利用风险评估和反馈机制，及时向公共数据开放主体报告公共数据利用过程中发现的各类数据安全问题。

第五章　监督管理

第三十七条　公共数据开放主体履行监督管理职责时，可以对公共数据利用主体采取下列措施，有关单位和个人应当配合：

（一）对涉嫌违法行为的有关场所实施现场检查；

（二）询问有关当事人、利害关系人、证人，并要求提供证明材料以及与涉嫌违法行为有关的其他资料；

（三）查阅、复制与涉嫌违法行为有关的电子数据、合同、票据、账簿、文件以及其他相关资料；

（四）法律、法规规定的其他措施。

第三十八条　省公共数据主管部门建立公共数据开放评价制度，定期对公共数据开放主体所开放的公共数据数量、质量、价值等内容进行评价。

第三十九条　公共数据利用主体有下列情形之一的，公共数据开放主体应当提出整改意见，并暂时关闭其获取该公共数据的权限；对未按照要求进行整改的，公共数据开放主体应当终止提供该公共数据开放服务，依法将相关失信信息记入其信用档案：

（一）未经同意超出公共数据开放利用协议约定的范围使用数据；

（二）未落实公共数据开放利用协议约定的安全保障措施；

（三）出于获取国家秘密、商业秘密或者个人隐私目的，挖掘公共数据；

（四）严重违反公共数据平台安全管理规范；

（五）其他严重违反公共数据开放利用协议的情形。

第四十条 省公共数据主管部门应当定期对从事公共数据开放工作的相关人员开展培训，并将相关内容纳入本级公务员培训或者其他相关培训工作体系。

第六章 法 律 责 任

第四十一条 违反本办法规定的行为，有关法律、法规、规章已有法律责任规定的，从其规定。

第四十二条 公共数据开放主体及其工作人员有下列行为之一的，由本级人民政府或者上级主管部门责令改正；情节严重的，由有权机关对直接负责的主管人员和其他直接责任人员依法给予处分；构成犯罪的，依法追究刑事责任：

（一）未按照规定开放和更新本单位公共数据；

（二）未按照规定对开放数据进行脱敏、脱密等处理；

（三）未按照规定对拟开放数据进行评估、审查；

（四）未按照规定通过其他渠道开放公共数据；

（五）未按照规定处理公民、法人和其他组织的意见建议；

（六）未按照规定记录受限开放类公共数据的开放和利用全过程；

（七）未按照规定履行个人信息保护职责；

（八）未按照规定履行数据开放、利用和安全管理职责的其他行为。

第四十三条 公共数据利用主体在利用公共数据过程中有下列行为之一的，依法承担相应的法律责任：

（一）未履行个人信息保护义务；

（二）侵犯商业秘密、个人隐私等他人合法权益；

（三）利用公共数据获取非法利益；

（四）未按照规定采取安全保障措施，发生危害公共数据安全的事件；

（五）其他违反本办法规定应当承担法律责任的行为。

第四十四条 网信、公安、公共数据、保密等主管部门及其工作人员未按照规定履行公共数据安全监督管理职责的，由本级人民政府或者上级主管部门责令改正；情节严重的，由有权机关依法对直接主管人员和其他直接责任人员给予处分。

第四十五条 公共数据开放主体及其工作人员按照法律、法规、规章和本办法的规定开放公共数据，并履行了监督管理职责和合理注意义务，由于难以预见或者难以避免的因素导致公共数据利用主体或者其他第三方损失的，对有关单位和个人不作负面评价，依法不承担或者免予承担相关责任。

第七章　附　　则

第四十六条　水务、电力、燃气、通信、公共交通、民航、铁路等公用事业运营单位涉及公共属性的数据开放，参照适用本办法；法律、法规另有规定的，从其规定。

第四十七条　法律、法规、规章对统计数据、地理信息数据、不动产数据、公共信用数据等公共数据的开放、利用和安全管理已有规定的，从其规定；没有规定的，参照适用本办法。

第四十八条　本办法自 2020 年 8 月 1 日起施行。

浙江省人民政府

2020 年 6 月 12 日

浙江省人民政府办公厅关于印发《浙江省公共数据授权运营管理办法（试行）》的通知

浙政办发〔2023〕44 号

各市、县（市、区）人民政府，省政府直属各单位：

《浙江省公共数据授权运营管理办法（试行）》已经省政府同意，现印发给你们，请结合实际认真贯彻落实。

浙江省人民政府办公厅

2023 年 8 月 1 日

浙江省公共数据授权运营管理办法（试行）

为规范公共数据授权运营管理，加快公共数据有序开发利用，培育数据要素市场，根据《中华人民共和国网络安全法》《中华人民共和国数据安全法》《中华人民共和国个人信息保护法》和《浙江省公共数据条例》等有关法律法规，制定本办法。

一、总则

（一）总体要求。公共数据授权运营坚持中国共产党的领导，遵循依法合规、安全可控、统筹规划、稳慎有序的原则，按照"原始数据不出域、数据可用不可见"的要求，在保护个人信息、商业秘密、保密商务信息和确保公共安全的前提下，向社会提供数据产品和服务。支持具备条件的市、县（市、区）优先在与民生紧密相关、行业发展潜力显著和产业战略意义重大的领域，先行开展公共数据授权运营试点工作。禁止开放的公共数据不得授权运营。

（二）适用范围。本办法适用于本省行政区域内公共数据授权运营试点工作。

（三）用语含义。

所称的公共数据授权运营，是指县级以上政府按程序依法授权法人或者非法人组织（以下统称授权运营单位），对授权的公共数据进行加工处理，开发形成数据产品和服务，并向社会提供的行为。

所称的授权运营协议，是指县级以上政府与授权运营单位就公共数据授权运营达成的书面协议，明确双方权利义务、授权运营范围、运营期限、合理收益的测算方法、数据安全要求、期限届满后资产处置、退出机制和违约责任等。所称的授权运营域，是指由公共数据主管部门依托一体化智能化公共数据平台（以下简称公共数据平台）组织建设和运维的，为授权运营单位提供加工处理授权运营公共数据服务的特定安全域，具备安全脱敏、访问控制、算法建模、监管溯源、接口生成、封存销毁等功能。

所称的数据产品和服务，是指利用公共数据加工形成的数据包、数据模型、数据接口、数据服务、数据报告、业务服务等。

二、职责分工

（一）建立省级公共数据授权运营管理工作协调机制（以下简称协调机制），由公共数据、网信、发展改革、经信、公安、国家安全、司法行政、财政、市场监管等省级单位组成。主要职责：负责本省行政区域内授权运营工作的统筹管理、安全监管和监督评价，健全完善授权运营相关制度规范和工作机制；确定公共数据授权运营的试点地区和省级试点领域；审议给予、终止或撤销省级授权运营等重大事项；统筹协调解决授权运营工作中的重大问题。

试点市、县（市、区）政府建立本级协调机制，负责本行政区域内授权运营工作的统筹管理、安全监管和监督评价，审议给予、终止或撤销本级授权运营等重大事项，统筹协调解决本级授权运营工作中的重大问题。

（二）公共数据主管部门负责落实协调机制确定的工作。省和试点的市、县（市、区）政府设置公共数据授权运营合同专用章，由公共数据主管部门管理使用。

（三）公共管理和服务机构负责做好本领域公共数据的治理、申请审核及安全监管等授权运营相关工作。

发展改革、经信、财政、市场监管等单位按照各自职责，做好数据产品和服务流通交易的监督管理工作。

网信、密码管理、保密行政管理、公安、国家安全等单位按照各自职责，做好授权运营的安全监管工作。

（四）省、试点市设本级公共数据授权运营专家组，提供业务和技术咨询。试点县（市、区）可根据需要设专家组。

三、授权运营单位安全条件

（一）基本安全要求。经营状况良好，具备授权运营领域所需的专业资质、知识人才积累和生产服务能力，并符合相应的信用条件。

（二）技术安全要求。

1. 落实数据安全负责人和管理部门，建立公共数据授权运营内部管理和安全保障制度。

2. 具有符合网络安全等级保护三级标准和商用密码安全性评估要求的系统开发和运维实践经验。

3. 具备成熟的数据管理能力和数据安全保障能力。

4. 近 3 年未发生网络安全或数据安全事件。

（三）应用场景安全要求。

1. 授权运营的应用场景具有重大经济价值和社会价值，并设置数据安全保障措施。

2. 应用场景具有较强的可实施性，在授权运营期限内有明确的目标和计划，能够取得显著成效。

3. 按照应用场景申请使用公共数据，坚持最小必要的原则。

（四）重点领域具体安全要求。由公共数据主管部门会同相关领域主管部门研究确定。

四、授权方式

（一）公共数据主管部门发布重点领域开展授权运营的通告，明确相应的条件。授权运营申请单位在规定时间内向公共数据主管部门提出需求，并提交授权运营申请表、最近 1 年的第三方审计报告和财务会计报告、数据安全承诺书、安全风险自评报告等材料。

协调机制有关单位可委托专家组论证授权运营中的业务和技术问题。

协调机制有关单位应核实授权运营申请单位是否符合安全条件、信用条件等要求，报本级政府确定后向社会公开。

（二）试点市、县（市、区）政府坚持总量控制、因地制宜、公平竞争的原则，结合具体应用场景确定授权运营领域与授权运营单位，并报省政府备案。

（三）省市两级公共数据主管部门依托本级公共数据平台建设授权运营域；县（市、区）依托市级授权运营域开展授权运营工作，确有必要的，可单独建设授权运营域。省公共数据主管部门负责制定全省授权运营域建设标准，并组织验收。

授权运营域应满足以下条件：遵循已有的公共数据平台标准规范体系，复用统一用户认证组件、用户授权服务等公共数据平台能力；实现网络隔离、租户隔离、开发与生产环境隔离，具备数据脱敏处理、数据产品和服务出域审核等功能，确保全流程操作可追踪，数据可溯源；满足政府监管需求，支持集成外部数据，具备分布式隐私计算能力；满足授权运营单位的基本数据加工需求。

（四）授权运营期限由双方协商确定，一般不超过 3 年。授权运营期限届满后，需要继续开展授权运营的，授权运营单位应按程序重新申请公共数据授权运营。

（五）授权运营协议终止或撤销的，公共数据主管部门应及时关闭授权运营单位的授权运营域使用权限，及时删除授权运营域内留存的相关数据，并按照规定留存相关网络日志不少于 6 个月。

五、授权运营单位权利与行为规范

（一）授权运营单位在数据加工处理或提供服务过程中发现公共数据质量问题的，可向公共数据主管部门提出数据治理需求。需求合理的，公共数据主管部门应督促数据提供单位在规定期限内完成数据治理。

（二）授权运营单位依法合规开展公共数据运营，不得泄露、窃取、篡改、毁损、丢失、不当利用公共数据，不得将授权运营的公共数据提供给第三方。相关管理人员、技术人员应通过省公共数据主管部门组织的授权运营岗前培训。定期报告运营情况，接受公共数据主管部门对授权运营涉及的业务和信息系统、数据使用情况、安全保障能力等方面的监督检查。严格执行数据产品和服务定价、合理收益有关规定。完善公共数据安全制度，建立健全高效的技术防护和运行管理体系，确保公共数据安全，切实保护个人信息。

授权运营单位在开展公共数据运营过程中，因数据汇聚、关联分析等原因发现数据间隐含关系与规律，并危害国家安全、公共利益，或侵犯个人信息、商业秘密、保密商务信息的，应立即停止相应的数据处理活动，及时向公共数据主管部门报告数据风险情况。

（三）授权运营单位通过一体化数字资源系统提交公共数据需求清单，涉及省回流市、县（市、区）数据的，应经省公共数据主管部门同意。

涉及个人信息、商业秘密、保密商务信息的公共数据，应经过脱敏、脱密处理，或经相关数据所指向的特定自然人、法人、非法人组织依法授权同意后获取。相关数据不得以"一揽子授权"、强制同意等方式获取。

（四）授权运营单位应在授权运营域内对授权运营的公共数据进行加工处理，形成数据产品和服务。加工处理公共数据应符合以下要求：

1. 授权运营单位所有参与数据加工处理的人员须经实名认证、备案与审查，签订保密协议，操作行为应做到有记录、可审查。保密协议应明确保密期限和违约责任。

2. 原始数据对数据加工处理人员不可见。授权运营单位使用经抽样、脱敏后的公共数据进行数据产品和服务的模型训练与验证。

3. 经公共数据主管部门审核批准后，授权运营单位可将依法合规获取的社会数据导入授权运营域，与授权运营的公共数据进行融合计算。

（五）授权运营单位加工形成的数据产品和服务应接受公共数据主管部门审核。

原始数据包不得导出授权运营域。通过可逆模型或算法还原出原始数据包的数据产品和服务，不得导出授权运营域。

经公共数据主管部门审核批准后导出授权运营域的数据产品和服务，不得用于或变相用于未经审批的应用场景。

数据产品和服务应按照国家和省有关数据要素市场规则流通交易。

（六）授权运营单位应坚持依法合规、普惠公平、收益合理的原则，确定数据产品和服务的价格。

授权运营单位在运营期限内，应向公共数据主管部门提交公共数据授权运营年度运营报告。报告内容包括：本单位与授权运营相关的数据产品和服务存储、加工处理、分析利用、安全管理及市场运营情况等。

六、数据安全与监督管理

（一）公共数据授权运营坚持统筹发展和安全的原则，按照"公共数据分类分级"要求，加强公共数据全生命周期安全和合法利用管理，确保数据来源可溯、去向可查，行为留痕、责任可究。

（二）公共数据授权运营安全坚持谁运营谁负责、谁使用谁负责的原则。授权运营单位主要负责人是运营公共数据安全的第一责任人。

（三）公共数据主管部门应加强公共数据安全管理。

1. 建立健全授权运营安全防护技术标准和规范，落实安全审查、风险评估、监测预警、应急处置等管理机制，开展公共数据安全培训。

2. 实施数据产品和服务的安全合规管理，对授权运营域的操作人员进行认证、授权和访问控制，记录数据来源、产品加工和数据调用等全流程日志信息。

3. 实施公共数据授权运营安全的监督检查。

4. 监督授权运营单位落实公共数据开发利用与安全管理责任。

（四）公共数据主管部门会同网信、密码管理、保密行政管理、公安、国家安全等单位，按照"一授权一预案"要求，结合公共数据授权运营的应用场景制定应急预案，并组织应急演练。未制定应急预案的，不得开展授权运营工作。

发生数据安全事件时，公共数据主管部门应按照应急预案启动应急响应，采取相应的应急处置措施，防止危害扩大，消除安全隐患。

（五）市场监管部门协同发展改革、经信、财政等单位完善数据产品和服务的市场化运营管理制度。对违反反垄断、反不正当竞争、消费者权益保护等法律法规规定的，由有关单位按照职责依法处置，相关不良信息依法记入其信用档案。

（六）知识产权主管部门会同发展改革、经信、司法行政等单位建立数据知识产权保护制度，推进数据知识产权保护和运用。

（七）公共数据主管部门会同有关单位或委托第三方机构，对本级授权运营单位开展授权运营情况年度评估，对授权运营单位实行动态管理，评估结果作为再次申请授权运营的重要依据。

（八）授权运营单位违反授权运营协议的，公共数据主管部门应按照协议约定要求其改正，并暂时关闭其授权运营域使用权限。授权运营单位应在约定期限内改正，并反馈改正情况；未按照要求改正的，终止其相关公共数据的授权。

授权运营单位违反授权运营协议，属于违反网络安全、数据安全、个人信息保护有关法律法规规定的，由网信、公安等单位按照职责依法予以查处，相关不良信息依法记入其信用档案。

七、附则

本办法自 2023 年 9 月 4 日起施行。国家和省对公共数据授权运营管理有新规定的，从其规定。

浙江省《数据资产确认工作指南》

浙江省地方标准 DB33/T 1329—2023

（2023 年 11 月 5 日浙江省市场监督管理局发布　自 2023 年 12 月 5 日起实施）

前　言

本标准按照 GB/T 1.1—2020《标准化工作导则　第 1 部分：标准化文件的结构和起草规则》的规定起草。

请注意本标准的某些内容可能涉及专利。本标准的发布机构不承担识别专利的责任。

本标准由浙江省标准化研究院提出。

本标准由浙江省财政厅归口。

本标准起草单位：浙江省标准化研究院、温州市财政局、温州市标准化科学研究院、天枢数链（浙江）科技有限公司、浙江大数据交易中心有限公司、杭州电子科技大学、浙江省金融控股有限公司、浙江省大数据发展中心、杭州高新技术产业开发区（滨江）市场监督管理局、杭州市数据资源管理局、杭州市大数据管理服务中心（杭州市人民政府电子政务中心）、杭州国际数字交易有限公司、杭州安恒信息技术股份有限公司、蚂蚁科技集团股份有限公司、杭州趣链科技有限公司、普华永道管理咨询（上海）有限公司深圳分公司、普华永道资产评估（上海）有限公司、杭州市质量技术监督检测院、中国计量大学、杭州复杂美科技有限公司、杭州贝嘟科技有限公司、温州市大数据运营有限公司、浙江浙天允资产评估有限公司。

本标准主要起草人：潘朝晖、宋丽红、孙曜、冯晔、孔俊、柳家旺、童洁、金加和、齐同军、吕德军、全力、赵程遥、俞巍滔、林峭笑、沈春悦、潘凯伟、彭晋、白晓媛、陈晓丰、陈钰炜、褚晓敏、周俊、丁凯、李宁、许涛、张炳东、余仰望、马金池、施进、杨阳、杨通鹏、詹睿、吴思进、李立兰、李艳、江滨、胡琼莺、潘凯凌、简兆煌。

数据资产确认工作指南

1　范围

本标准提供了数据资产确认的工作框架，数据资产初始确认、变更确认和终止确认的指导和建议。本标准适用于指导组织进行数据资产确认工作。

2　规范性引用文件

下列文件中的内容通过文中的规范性引用而构成本文件必不可少的条款。其中，注日期的引用文件，仅该日期对应的版本适用于本文件；不注日期的引用文件，其最新版本（包括所有的修改单）适用于本文件。

GB/T 33172　资产管理　综述、原则和术语

GB/T 35295　信息技术　大数据　术语

DB33/T 2227.2—2021　资产分类与编码规范　第 2 部分：资产多维分类编码

DB33/T 2227.3—2021　资产分类与编码规范　第 3 部分：资产卡片信息多维描述

3　术语和定义

GB/T 33172 和 GB/T 35295 界定的以及下列术语和定义适用于本文件。

3.1

组织　organization

具备职责、权限和相互关系等自身职能、以实现其目标的一组人。

［来源：GB/T 33172—2016，3.1.13，有修改］

3.2

数据资产　data asset

组织过去的交易或事项形成的，由组织合法拥有或控制的，为组织带来经济价值的数据资源。

注：数据资源指在社会生产活动中采集加工形成的数据，以电子或其他方式记录，如文本、图像、语音、视频、网页、数据库、传感信号等结构化或非结构化数据。

［来源：GB/T 40685—2021，3.1，有修改］

3.3

数据资产确认　data asset confirmation

组织按照一定的工作框架和流程，对数据资源相关要素进行识别，并判断是否

333

符合数据资产定义并作为数据资产管理的过程。

3.4

数据溯源　data provenance

数据在整个生存周期内（从产生、传播到消亡）的演变信息和演变处理内容的记录。

［来源：GB/T 34945—2017，2.1］

3.5

访问控制　access control

一种确保数据处理系统的资源只能由经授权实体以授权方式进行访问的手段。

［来源：GB/T 25069—2022，3.147］

4　工作框架

4.1　总体工作

4.1.1　组织建立与实施数据资产管理内部控制对开展数据资产确认工作是十分必要的，宜参照 GB/T 33173 的要求建立数据资产管理体系。通过制定数据资产管理以及确认工作制度，明确数据资产管理责任制，规范数据资产确认工作。

4.1.2　数据资产确认工作环节包括初始确认、变更确认和终止确认。

4.2　指导框架

数据资产确认工作框架包括以下内容：

a）工作制度：梳理数据资产确认工作需遵循的相关法律法规与政策文件，基于数据资产管理内部控制，制定数据资产确认工作程序，明确初始确认、变更确认和终止确认等环节的要求，确保决策、执行和监督相互分离，形成制衡；

b）工作流程：数据资产确认工作模式见附录 A 图 A.1，需对照图 A.1 细化梳理数据资产确认工作流程，汇合采购、生产、使用、数据资产管理、财务等相关部门共同绘制作业流程图，制定作业指导书，设计工作表单票据；

c）工作执行：明确作业岗位及人员，配备软硬件执行工具，按照作业流程和指导书执行作业，并保护好作业痕迹。

5　初始确认

5.1　资产识别

5.1.1　识别要素

组织对过去的交易或事项形成的数据资源进行梳理，识别出可能作为资产的数据资源。识别要素主要包括以下方面：

a）数据来源：可追踪、可溯源，来源清晰，包括交易获得、合法授权、自主生产等。数据溯源技术方法参见附录 B；

b）数据名称：文件名、表名、列名等；

c）数据存储方式：主要包括数据库、文件系统、对象存储系统等；

d）数据存储位置：在特定的逻辑存储类型下，数据具体存储位置。例如特定数据库的特定表或特定文件系统的特定目录；

e）数据状态：根据数据访问频繁程度进行区分的一种描述方式。包括活跃状态、留存状态、休眠状态；

f）数据使用场景：根据不同使用需要进行区分的一种描述方式。例如运维场景、开发场景、业务场景等；

g）数据分类分级：根据国家及行业对数据分类分级的要求，结合自身数据业务特性，对数据进行分类分级。多维分类方法见 DB33/T 2227.2—2021 和 DB33/T 2227.3—2021；

h）数据脱敏状态：已脱敏、未脱敏；

i）数据加密状态：已加密、未加密；

j）数据访问控制：包括但不限于用户访问限制、网络地址访问限制、应用访问限制等。

5.1.2　识别流程

识别流程包括：

a）识别数据资源环境信息，包括准备识别工具，需要开放的端口、权限等；

b）梳理组织拥有或控制的数据库、文件系统、对象存储系统等；

c）对梳理出的文件系统和数据库信息进行结果核查和查缺补漏；

d）识别文件系统及数据库中的文件、数据字段等内容；

e）对识别出的文件、数据字段等进行多维度标识；

f）形成初步的可能作为资产的数据资源清单。

5.2　确认条件判断

5.2.1　判断关键点

在识别基础上判断数据资源是否符合数据资产定义并同时满足预期价值流入和可靠计量的确认条件。判断的关键点包括：

a）过去的交易或事项形成；

b）拥有或控制；

c）预期价值流入；

d）可靠计量。

5.2.2　过去的交易或事项形成

5.2.2.1　数据资源是组织过去的交易获得、合法授权、自主生产等事项形成的。

5.2.2.2　交易获得的数据资源具有合法的交易凭证，如税务发票。

5.2.2.3　合法授权的数据资源具有合法合规的授权凭据，不合法的授权不符合确认条件。

5.2.2.4　自主生产的数据资源具有相应的成本和费用支出。

5.2.2.5　虚构的、没有发生的或者尚未发生的交易或事项不符合数据资产确认条件。

5.2.3　拥有或控制

5.2.3.1　数据资源是组织合法拥有或者控制的，即享有某项数据资源的所有权，或者虽然不享有某项数据资源的所有权，但该数据资源能被合法控制。

5.2.3.2　宜采用以访问控制为核心的信息技术对数据资源进行管控，可保证复杂网络环境下的数据资源和服务被合法用户使用，同时防止被非法用户窃取和滥用。

5.2.3.3　达不到有效控制条件的数据资源不符合数据资产确认条件。

5.2.3.4　访问控制技术方法参见附录 C。

5.2.4　预期价值流入

5.2.4.1　在判断数据资源产生的经济利益是否很可能流入时，需对数据资产在预计使用寿命内可能存在的各种经济因素作出合理估计，并且提供明确证据支持。

5.2.4.2　数据资源预期会给组织带来经济利益，具备直接或者间接导致现金和现金等价物流入的潜力。

5.2.4.3　不能明确预期价值流入的数据资源不符合数据资产确认条件。

5.2.5　可靠计量

5.2.5.1　数据资源的成本能够可靠地计量。

5.2.5.2　无法进行成本可靠计量的数据资源不符合数据资产确认条件。

5.3　确认流程

5.3.1　组织识别出可能作为资产的数据资源，经判断符合数据资产定义和确认条件的，可确认为数据资产。

5.3.2　数据资产初始确认工作由采购、生产、使用等部门提出请求，数据资产管理部门发起申请，财务部门启动流程。

5.3.3　财务部门确认流程启动至数据资产初始确认的过程包括：

a）采购、生产、使用等部门提供过去的交易或事项形成的证明材料；

b）数据资产管理部门核实合法拥有或控制数据资源；

c）财务部门核实满足预期价值流入和可靠计量条件后确定数据资产成本；

d）内部决策机构审定数据资产初始确认。

6　变更确认

6.1　变更识别

在数据资产使用、更新和维护过程中，进行数据资产内容变更识别。

6.2　变更判断

对识别提出内容变更的数据资产，判断是否进行数据资产管理变更，并评估是否符合数据资产变更条件。

6.3　变更确认流程

6.3.1　组织识别出数据资产变更内容，经评估判断符合变更条件的，可变更确认数据资产。

6.3.2　数据资产变更确认工作由采购、生产、使用等部门提出请求，数据资产管理部门发起申请，财务部门启动流程。

6.3.3　财务部门变更流程启动至数据资产变更确认的过程包括：

a）采购、生产、使用等部门提供变更内容的证明材料；

b）数据资产管理部门核实数据资产变更的必要性；

c）财务部门核实确定数据资产变更情形；

d）内部决策机构审定数据资产变更确认。

7　终止确认

7.1　终止识别

在数据资产使用、更新和维护过程中，进行数据资产终止确认内容识别。

7.2　终止判断

对识别提出终止确认的数据资产，判断该数据资产是否不再符合数据资产的定义和确认条件。

7.3　终止确认流程

7.3.1　组织识别出数据资产终止内容，经判断符合数据资产终止确认条件的，可终止确认。

7.3.2　数据资产终止确认工作由采购、生产、使用等部门提出请求，数据资产管理部门发起申请，财务部门启动流程。

7.3.3　财务部门终止流程启动至数据资产终止确认的过程包括：

a）采购、生产、使用等部门提供不再符合数据资产的定义和确认条件的证明材料；

b）数据资产管理部门核实数据资产终止确认的必要性；

c）财务部门核实确定数据资产终止情形；

d）内部决策机构审定数据资产终止确认。

附录 A
（规范性）

数据资产确认工作模式图

数据资产确认工作模式见图 A.1。

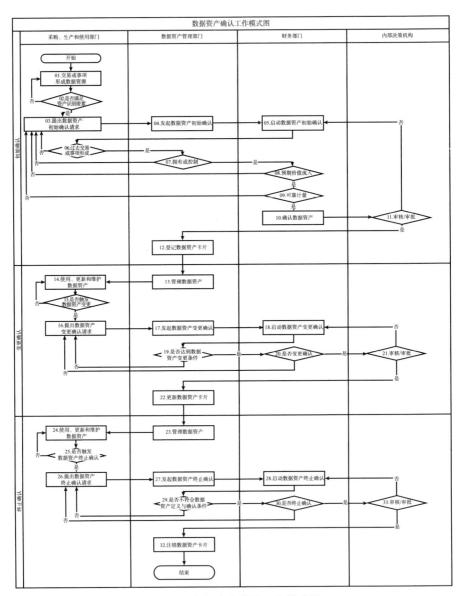

图 A.1 数据资产确认工作模式图

附录 B
（资料性）

数据资源溯源技术方法

B.1　概述

数据资产的来源包括交易获得、合法授权、自主生产的数据资源。可溯源到数据资源形成来源方的交易、授权、生产来源，层层推进，一直追溯到数据的源头。通过建立数据溯源模型，采用数据溯源方法，实现数据溯源及应用。

B.2　数据溯源模型

B.2.1　时间 – 值中心溯源模型

主要应用于医疗行业，又称 Time – Value Centric（TVC）模型。根据数据中的时间戳和流 ID 号来推断医疗事件的序列和原始数据的痕迹。结合医疗领域数据源特点，处理医疗事件流的溯源信息。

B.2.2　四维溯源模型

主要应用在地球学领域，将溯源看成一系列离散的活动集，这些活动发生在整个工作流生命周期中，并由四个维度（时间、空间、层和数据流分布）组成。通过时间维区分标注链中处于不同活动层中的多个活动，进而通过追踪发生在不同工作流组件中的活动，捕获工作流溯源和支持工作流执行的数据溯源。

B.2.3　开放数据溯源模型

从技术角度实现了不同系统之间交换时可用信息的溯源，允许并支持不同层级的描述同时存在，逐渐成为应用领域最为广泛的数据溯源信息交换的执行标准。

B.2.4　PrInt 数据溯源模型

支持实例级数据一体化进程的数据溯源模型，主要集中解决一体化进程系统中不允许用户直接更新异构数据源而导致数据不一致的问题。由 PrInt 提供的再现性是基于日志记录的，并将数据溯源纳入一体化进程。

B.2.5　Provenir 数据溯源模型

应用在生物医学科学、海洋学、传感器、卫生保健等领域，构建起完整的数据溯源管理系统。

B.2.6　ProVOC 模型

面向解决数据交易难题，ProVOC（Provenance Vocabulary Model）数据溯源描述模型发布。ProVOC 模型由数据，活动和执行实体三个基本类构件组成，详见 GB/T 34945—2017。

B.2.7　数据溯源安全模型

面向防止恶意篡改数据溯源中起源链的相关信息，数据溯源安全与区块链技术紧密相连、密切相关。构建基于区块链技术的溯源管理模型成为数据溯源安全模型的重要选择。

B.3 数据溯源方法

B.3.1 标注法

通过记录处理相关的信息来追溯数据的历史状态。用标注的方式来记录原始数据的一些重要信息，并让标注和数据一起传播，通过查看目标数据的标注来获得数据的溯源。

B.3.2 反向查询法

也称逆置函数法，通过逆向查询或构造逆向函数对查询求逆，根据转换过程反向推导，由结果追溯到原数据的过程，是在需要时才计算的方法。

B.3.3 数据追踪方法

引用追踪路径和追踪图的概念，将表视图作为元数据存储为特定的存储图，通过解析程序提出查询的特殊追踪路径，根据路径从数据库中提取出所需要的数据的方法。

B.3.4 面向关系数据库的溯源方法

面临复杂的结构化查询语言时，借助某种关联将数据溯源过程转化，对溯源数据进行计算、对溯源结果进行查询。

B.3.5 面向科学工作流的溯源方法

面向科学工作流的溯源计算方法是对不同阶段的科学工作过程及产品信息进行溯源。采用继承方法、分解算法、双向指针溯源方法，实现科学数据的高效追踪。

B.3.6 面向大数据平台的溯源方法

云计算环境下进行数据溯源，建立通信通道对虚拟层和物理层进行统一管理，实现云环境下存储虚拟化，能够快捷、安全地对数据溯源信息进行访问。

B.3.7 面向区块链的溯源方法

借助面向区块链技术的数据溯源方法，采用区块链、智能合约、人工智能等安全算法，将数据溯源嵌入数据采集、数据确权、数据流通、数据交易、数据监管等全生命周期节点。

附录 C
（资料性）

访问控制技术方法

C.1 概述

访问控制技术方法是一套将所有的数据资源组织起来标识出来托管起来的方法。访问控制中主体是提出访问数据资源具体请求的发起者，可以是某一用户，也可以是用户启动的进程、服务和设备等。客体是被访问的数据资源，包括所有可以被操作的信息、文件、记录，也可以是信息、文件、记录的集合体。访问控制内容包括访问识别，控制策略实施和安全审计等。

C.2　访问识别

C.2.1　身份认证

C.2.1.1　实现统一用户身份认证管理，包括用户基本信息管理、组织机构信息管理、账号生命周期管理等。

C.2.1.2　经过对网络用户身份进行识别后，才允许远程登入访问数据资源。

C.2.1.3　对用户身份认证信息生命周期的管理，支持身份认证信息的创建、注销、修改、删除等操作。

C.2.2　行为验证

实现主体对客体的识别及客体对主体的检验确认。

C.3　控制策略实施

C.3.1　通过数据脱敏技术，对某些敏感信息通过脱敏规则进行数据的变形，实现敏感隐私数据的可靠保护，帮助安全地使用脱敏后的真实数据集。

C.3.2　通过数据加密技术，在软件和硬件方面采取措施，提高数据的安全性和保密性，防止秘密数据被外部破译。包括数据传输加密技术、数据存储加密技术、数据完整性的鉴别技术和密钥管理技术等。

C.3.3　合理地设定控制规则集合，确保用户对信息资源在授权范围内的合法使用。

C.3.4　防止非法用户侵权进入系统，使有价值的信息资源泄露。并对合法用户，也不能越权行使权限以外的功能及访问范围。应明确人员访问权限，遵循权限最小化原则，防止非授权访问。

C.3.5　具备鉴权为远程访问控制提供方法，如一次性授权或给予特定命令或服务的鉴权，或可采取零信任、动态授权等技术。

C.4　安全审计

C.4.1　系统可以自动根据用户的访问权限，对计算机网络环境下的有关活动或行为进行系统的、独立的检查验证，并做出相应评价与安全审计。

C.4.2　对数据资源处理全过程进行主体行为审计。

C.4.3　具备可追踪溯源功能，满足监管的需要。

C.4.4　具备财务审计功能，用于数据资源计费、审计和制作报表。

C.4.5　通过采用区块链等防篡改技术保证审计日志的完整性。

参 考 文 献

［1］GB/T 25069—2022　信息安全技术　术语

［2］GB/T 33173　资产管理　管理体系　要求

［3］GB/T 34945—2017　信息技术　数据溯源描述模型

［4］GB/T 40685—2021　信息技术服务　数据资产　管理要求

［5］财政部财会［2008］7 号　企业内部控制基本规范

［6］财政部财会〔2010〕11 号　企业内部控制配套指引

［7］财政部财会〔2012〕21 号　行政事业单位内部控制规范（试行）

［8］财政部财会〔2017〕21 号　小企业内部控制规范（试行）

［9］明华，张勇，符小辉. 数据溯源技术综述〔J〕. 小型微型计算机系统，2012，33（09）.

《山东省电子政务和政务数据管理办法》

（2019 年 12 月 25 日山东省人民政府令第 329 号公布）

第一章　总　　则

第一条　为了规范电子政务建设与发展，推进政务数据共享与开放，提高政府服务与管理能力，优化营商环境，根据有关法律法规，结合本省实际，制定本办法。

第二条　本省行政区域内电子政务和政务数据的规划建设与管理、应用与服务、安全与保障以及其他相关活动，适用本办法；涉及国家秘密的，按照有关保守国家秘密的法律、法规执行。

第三条　本办法所称电子政务，是指各级行政机关运用信息技术，向社会提供公共管理和服务的活动。

本办法所称政务数据，是指各级行政机关在依法履行职责过程中制作或者获取的、以一定形式记录、保存的文件、资料、图表等各类数据，包括行政机关直接或者通过第三方依法采集的、依法经授权管理的和因履行职责需要依托政务信息系统形成的数据等。

第四条　电子政务和政务数据管理应当遵循统筹规划、集约建设、整合共享、开放便民、保障安全的原则。

第五条　县级以上人民政府应当加强对本行政区域内电子政务和政务数据相关工作的领导，将电子政务和政务数据发展纳入国民经济和社会发展规划，并将电子政务和政务数据建设、管理等经费列入本级财政预算。

第六条　县级以上人民政府大数据工作主管部门负责本级电子政务和政务数据的管理、指导、协调、推进等工作，其他有关部门在各自职责范围内做好相关工作。

乡镇人民政府、街道办事处应当依托统一的政务服务平台，为辖区群众提供优质便捷的公共服务。

第七条　县级以上人民政府和有关部门应当对在电子政务和政务数据工作中做

出突出贡献的单位和个人，按照有关规定给予表彰和奖励。

第二章　规划和建设

第八条　县级以上人民政府应当组织编制本级电子政务和政务数据发展规划，并向社会公布。

县级以上人民政府大数据工作主管部门应当根据本级电子政务和政务数据发展规划，制定年度工作计划并组织实施。

省人民政府有关部门根据省级电子政务和政务数据发展规划，制定本系统电子政务和政务数据相关建设专项规划，并报省人民政府大数据工作主管部门备案。

第九条　县级以上人民政府有关部门开发、维护或者购买电子政务和政务数据相关建设项目，应当报本级人民政府大数据工作主管部门审核；涉及固定资产投资和国家投资补助的，按照有关投资的法律、法规执行。

第十条　省人民政府大数据工作主管部门负责建设和管理省级电子政务云节点，并统筹全省电子政务云平台的建设、运行和监管，建立全省统一的电子政务云服务管理体系。

设区的市人民政府大数据工作主管部门负责本级电子政务云节点的建设、运行和监管，并将建设方案报省人民政府大数据工作主管部门备案。

县（市、区）人民政府及其工作部门不得新建电子政务云节点；已经建设的，由设区的市人民政府大数据工作主管部门按照规定逐步归并整合。

第十一条　县级以上人民政府有关部门依托省级或者市级电子政务云节点开展部署业务系统、应用管理等活动，应当向本级人民政府大数据工作主管部门提出申请。

第十二条　县级以上人民政府大数据工作主管部门负责本级电子政务网络的建设和管理，提高对政务服务的支撑能力。

第十三条　省人民政府大数据工作主管部门负责统一身份认证、电子印章等共性应用支撑系统的建设、管理和运行维护，为各级行政机关开展政务服务提供保障。

第三章　政务数据管理

第十四条　县级以上人民政府大数据工作主管部门负责本行政区域政务数据的汇聚和统筹管理。

第十五条　政务数据实行目录管理。省人民政府大数据工作主管部门负责组织编制省级政务数据总目录，统筹全省政务数据目录编制工作。

设区的市和县（市、区）人民政府的大数据工作主管部门负责组织编制本级政务数据总目录。

县级以上人民政府有关部门应当根据国家政务信息资源目录编制指南的具体要求，编制本部门的政务数据目录，明确政务数据的分类、格式、属性、更新时限、共享类型、共享方式、使用要求等内容，并报本级人民政府大数据工作主管部门备案。

第十六条　县级以上人民政府有关部门应当建立政务数据目录更新机制；有关法律、法规作出修改或者本部门行政管理职能发生变化的，应当在 15 个工作日内更新本部门政务数据目录。

第十七条　县级以上人民政府有关部门应当规范本部门政务数据采集、维护的程序，建立一数一源、多元校核的工作机制；除法律、法规另有规定外，不得重复采集、多头采集可以通过共享方式获取的政务数据。

第十八条　县级以上人民政府有关部门应当对采集的政务数据进行电子化、结构化、标准化处理，保障数据的完整性、准确性、时效性和可用性。

第十九条　县级以上人民政府有关部门依法履行职责需要购买社会数据的，应当报本级人民政府大数据工作主管部门批准；采购的数据应当纳入本部门政务数据目录并按照有关规定共享。

第四章　应用和服务

第二十条　省人民政府大数据工作主管部门负责组织建设人口、法人单位、空间地理、电子证照、公共信用、宏观经济等基础数据库和医疗健康、交通出行、生态环境等主题数据库，逐步实现各级行政机关政务数据的统一汇聚、管理和应用。

第二十一条　省人民政府、设区的市人民政府的大数据工作主管部门负责建设本级政务信息资源交换共享平台。县级以上人民政府有关部门应当按照本部门政务数据目录，通过省级或者市级政务信息资源交换共享平台为有关行政机关提供数据共享服务。

第二十二条　政务数据按照共享类型分为无条件共享、有条件共享和不予共享三种类型。可以提供给所有行政机关共享的政务数据属于无条件共享类；可以提供给部分行政机关共享或者仅能够部分提供给所有行政机关共享的政务数据属于有条件共享类；不宜提供给其他行政机关共享的政务数据属于不予共享类。

县级以上人民政府有关部门认为本部门的政务数据属于有条件共享或者不予共享类型的，应当在本部门编制的政务数据管理目录中注明相关法律、法规和规章等依据。

第二十三条　县级以上人民政府有关部门依法履行职责，可以使用其他有关部门的政务数据，但是不得用于其他目的。

对无条件共享类的政务数据，使用部门可以通过省级或者市级政务信息资源交换共享平台直接获取。

对有条件共享类的政务数据，使用部门可以通过省级或者市级政务信息资源交换共享平台向有关部门提出共享申请，有关部门应当在 10 个工作日内予以答复。有关部门同意共享的，使用部门应当按照答复意见使用政务数据；不同意共享的，应当说明理由。

第二十四条　省人民政府、设区的市人民政府应当建设本级政务数据开放网站，向社会提供数据开放服务。

县级以上人民政府有关部门应当按照规定，通过政务数据开放网站向社会提供本部门有关政务数据的开放服务。

第二十五条　县级以上人民政府有关部门开放本部门政务数据，应当遵守保守国家秘密、政府信息公开等法律、法规的规定，并按照数据安全、隐私保护和使用需求等确定本部门政务数据的开放范围。开放范围内的政务数据分为无条件开放和依申请开放两种类型。

对于无条件开放的政务数据，公民、法人和其他组织可以通过政务数据开放网站直接获取。

公民、法人和其他组织申请获取政务数据的，县级以上人民政府有关部门应当按照国家和省有关政府信息公开的规定及时予以办理。

第二十六条　省人民政府按照国家规定，建立省、设区的市、县（市、区）、乡镇（街道）、村（社区）数据互联、协同联动的政务服务体系，提高政务服务的质量和效率。

第二十七条　县级以上人民政府有关部门应当建立线上服务与线下服务相融合的政务服务工作机制，推行电子政务应用与服务；办理公民、法人和其他组织申请的政务服务事项时，能够通过数据共享手段获取的电子材料，除法律、法规另有规定外，不得要求申请人另行提供纸质材料。

第二十八条　鼓励公民、法人和其他组织利用开放的政务数据创新产品、技术和服务。

公民、法人和其他组织利用依申请开放的政务数据的，其利用数据的行为应当与获取数据的申请保持一致。

第五章　安全和保障

第二十九条　省人民政府、设区的市人民政府的大数据工作主管部门应当加强电子政务云节点、电子政务网络和共性应用支撑系统等基础设施安全保护，制定安全应用规则，建立安全保障和应急处置工作机制，定期组织进行安全风险评估和安全测评。

第三十条　省人民政府、设区的市人民政府的大数据工作主管部门应当采取措施，预防攻击、侵入、干扰政务数据库，破坏、窃取、篡改、删除、非法使用政务数据等情形的发生。

第三十一条　县级以上人民政府有关部门应当依照国家有关网络和信息安全的

法律、法规规定，制定本部门电子政务和政务数据安全管理制度和应急处置预案，定期组织开展安全演练。

县级以上人民政府有关部门的政务数据出现泄露、毁损、丢失等情形，或者有数据安全风险时，应当立即采取补救措施，并按照规定向本级人民政府大数据工作主管部门和网信部门报告。

第三十二条 电子政务和政务数据的建设管理、应用服务、安全保障应当执行有关国家标准、行业标准、地方标准和相关规范。

省人民政府大数据工作主管部门应当会同标准化行政主管部门制定电子政务和政务数据的建设管理、技术应用、运行维护、共享开放等地方标准。

第三十三条 省人民政府、设区的市人民政府的有关部门应当指定工作人员，具体负责本部门的电子政务和政务数据相关工作。

第三十四条 县级以上人民政府大数据工作主管部门应当会同有关部门制定电子政务和政务数据相关工作培训计划，定期组织对相关工作人员进行培训。

第三十五条 县级以上人民政府应当建立监督评估工作机制，加强对有关部门电子政务和政务数据相关工作的监督、检查和评估。

第六章 法 律 责 任

第三十六条 对违反本办法规定的行为，法律、法规已经规定法律责任的，适用其规定。

第三十七条 违反本办法，县级以上人民政府大数据工作主管部门、其他部门及其工作人员不依法履行职责，或者滥用职权、玩忽职守、徇私舞弊的，对直接负责的主管人员和其他直接责任人员依法予以处分。

第三十八条 危害电子政务和政务数据安全，或者利用电子政务和政务数据实施违法行为的，依法追究法律责任。

第七章 附   则

第三十九条 法律、法规授权的具有管理公共事务职能的事业单位和社会组织的电子政务和政务数据相关工作，执行本办法。

邮政、通信、水务、电力、燃气、热力、公共交通、民航、铁路等公用事业运营单位在依法履行公共管理和服务职责过程中采集和产生的各类数据资源的管理，参照本办法。法律、法规另有规定的，依照其规定。

第四十条 本办法自 2020 年 2 月 1 日起施行。

山东省人民政府

2019 年 12 月 25 日

山东省大数据局关于印发《山东省公共数据共享工作细则（试行）》的通知

鲁数发〔2021〕9 号

各市大数据局，省直各部门、单位：

现将《山东省公共数据共享工作细则（试行)》印发给你们，请认真抓好落实。

山东省大数据局

2021 年 12 月 31 日

山东省公共数据共享工作细则（试行）

为规范和促进山东省公共数据共享工作，依据《中华人民共和国数据安全法》《山东省大数据发展促进条例》《山东省电子政务和政务数据管理办法》等法律法规要求，结合本省实际，制定本细则。

第一章   总   则

第一条   本细则用于规范公共管理和服务机构间公共数据共享工作，包括因履行职责需要，使用其他公共管理和服务机构公共数据和为其他公共管理和服务机构提供公共数据的行为；涉及国家秘密的，按照保守国家秘密有关法律法规执行。

第二条   公共数据按照共享属性分为无条件共享、有条件共享和不予共享三种类型。可以提供给所有公共管理和服务机构共享的公共数据属于无条件共享类；可以提供给部分公共管理和服务机构共享，或仅能够部分提供给所有公共管理和服务机构共享，用于特定场景的公共数据属于有条件共享类；不宜提供给其他公共管理和服务机构共享的公共数据属于不予共享类。

第三条   公共数据以共享为原则，不共享为例外。使用数据的公共管理和服务机构因履职需要申请使用无条件共享数据的，大数据工作主管部门和提供数据的公共管理和服务机构应当予以共享；申请使用有条件共享数据的，由大数据工作主管部门会同提供数据的公共管理和服务机构进行审核，审核同意的，应当予以共享。

第二章   工 作 体 系

第四条   省级人民政府大数据工作主管部门负责统筹推动全省公共数据共享工

作，牵头建设和管理统一平台，统筹制定平台建设、汇聚治理、共享应用、安全管理相关标准，组织编制和维护省级数据资源目录、供给清单和需求清单，推进全省公共数据共享，做好服务成效评估和调度通报等工作。

县级以上人民政府大数据工作主管部门负责统筹推动本地区公共数据共享工作，开展统一平台本级节点建设和管理，组织编制和维护本级数据资源目录、供给清单和需求清单，推进本地区公共数据共享，做好服务成效评估和调度通报等工作。

第五条　提供数据的公共管理和服务机构负责根据业务职责编制数据资源目录，采集各类数据并向统一平台汇聚，编制供给清单，提供数据服务，保障数据的完整性、准确性、时效性和可用性。

第六条　使用数据的公共管理和服务机构负责编制需求清单，依法依规申请并使用数据，及时向同级人民政府大数据工作主管部门、提供数据的公共管理和服务机构反馈数据应用情况。

第七条　建立公共数据"首席代表"制度。公共管理和服务机构应明确专职人员担任"首席代表"，在授权范围内承担本单位公共数据的监督管理、业务协调、安全审查、需求审核、创新应用等工作。

第三章　采集汇聚

第八条　公共数据实行统一目录管理，省级人民政府大数据工作主管部门负责制定数据资源目录编制标准，组织编制全省统一、衔接一致、完整有效的公共数据资源目录。公共管理和服务机构按照各自职责，梳理形成本单位数据资源目录。省级有关部门负责统筹指导本行业、本领域的数据资源目录编制工作。

第九条　数据资源目录由同级人民政府大数据工作主管部门审核通过后，通过统一平台发布。

数据资源目录实行动态维护，发生变化时，公共管理和服务机构应在 15 个工作日内提交变更申请，同级人民政府大数据工作主管部门应在 2 个工作日内完成审核并发布。

第十条　大数据工作主管部门负责指导公共管理和服务机构开展数据采集。公共管理和服务机构根据工作职责和需求清单，规范采集数据，整合形成专题信息资源库。暂不能采集的，应纳入本单位数字化建设工作统筹推进。

第十一条　公共管理和服务机构应根据数据资源目录，将本单位所有可汇聚的公共数据汇聚至统一平台，并负责数据及时更新；对不予汇聚的数据，应提供相关法律法规依据，并作出书面说明。

第十二条　县级以上人民政府大数据工作主管部门负责提出数据治理要求，组织开展数据治理。公共管理和服务机构负责按照统一要求，开展数据源头治理，提升数据完整性、准确性。

第十三条　建立问题数据纠错响应机制。大数据工作主管部门、使用数据的公共管理和服务机构对发现的数据问题，应在 2 个工作日内通过统一平台反馈提供数据的公共管理和服务机构。提供数据的公共管理和服务机构应在 5 个工作日内完成数据校核，并通过统一平台提供准确数据，对确无法完成的，应做出说明。

第四章　数　据　服　务

第十四条　公共管理和服务机构、大数据工作主管部门应对采集汇聚的数据开发数据服务，挂载到相关数据资源目录下，通过统一平台发布，并做好运维服务。

对已汇聚至统一平台的数据，纳入基础信息资源库的，由同级人民政府大数据工作主管部门会同公共管理和服务机构梳理数据资源目录，开发数据服务；纳入主题信息资源库的，由统一平台提供数据高速汇聚、分类治理等能力，由公共管理和服务机构牵头梳理数据资源目录，开发数据服务。

对未汇聚至统一平台的数据，由公共管理和服务机构梳理数据资源目录，开发数据服务。

第十五条　统一平台提供接口共享和批量共享两种服务方式。

接口共享方式，用于数据单条查询或校核比对；批量共享方式，用于依托统一平台进行分析计算并导出分析结果，或导出批量原始数据。

第十六条　公共管理和服务机构对已发布的数据服务进行变更、停用等操作的，应提前 10 个工作日提交同级人民政府大数据工作主管部门审核备案，不得擅自操作。

第十七条　依托统一平台开展服务应用监测，市级各部门、县（市、区）数据应用情况应及时同步至市级人民政府大数据工作主管部门；省级各部门、各市数据服务应用情况应及时同步至省级人民政府大数据工作主管部门。

第五章　供　需　对　接

第十八条　共享工作实行供给清单、需求清单对接机制。

提供数据的公共管理和服务机构负责按照"应编尽编"的原则编制供给清单，通过统一平台发布，并进行动态更新。

使用数据的公共管理和服务机构负责按照"最小必要"的原则编制需求清单，通过统一平台发布，并进行动态更新。

第十九条　公共管理和服务机构负责编制本年度数据需求计划，每年 2 月底前报同级人民政府大数据工作主管部门。公共管理和服务机构应根据实际需求，每月对年度数据需求计划进行更新。

各级人民政府大数据工作主管部门负责组织公共管理和服务机构，将年度数据需求计划纳入供给清单，并做好服务供给。

第二十条　各级人民政府大数据工作主管部门负责定期组织供需对接，及时响应需求，解决数据共享中的问题。对于跨层级的数据供需对接，由省市人民政府大数据工作主管部门共同组织实施。

第六章　申请审核

第二十一条　使用数据的公共管理和服务机构按照"一场景一申请"的原则申请数据服务，内容填写须完整、准确。

申请接口共享服务的，应提交《接口共享数据服务需求清单》。

申请批量共享服务，导出分析结果的，应提交《批量分析数据服务需求清单》。

申请批量共享服务，导出原始数据的，应提交《批量导出数据服务需求清单》，并提交本单位数据安全管理制度，明确安全责任人和安全分管领导。

第二十二条　使用数据的公共管理和服务机构申请的无条件共享数据，通过统一平台直接获取。

使用数据的公共管理和服务机构申请同级的有条件共享数据，同级人民政府大数据工作主管部门在1个工作日内完成形式审核后，由提供数据的公共管理和服务机构在2个工作日内完成审核，并提供数据使用授权。

市、县级公共管理和服务机构申请上级的有条件共享数据，经大数据工作主管部门形式审核后，提供数据的公共管理和服务机构应于2个工作日内完成审核，并提供数据使用授权。县（市、区）申请使用省级数据的，审核结果自动同步至市级人民政府大数据工作主管部门。

同时申请使用多部门、多领域数据，大数据工作主管部门应及时予以审核并组织提供数据服务。

第二十三条　遇有突发公共安全事件等特殊情况时，大数据工作主管部门、公共管理和服务机构应启动数据应急供需"绿色通道"，立即进行线下或线上对接，提供数据的公共管理和服务机构即时确定供给清单，并及时提供服务。

第二十四条　对尚未纳入供给清单的数据需求，公共管理和服务机构应在3个工作日内做出响应，可满足需求的，应及时完成数据汇聚，并提供相关数据服务。

第二十五条　对审核不予通过的，公共管理和服务机构应依据相关法律法规说明具体理由，提交至统一平台；对驳回理由不充分的，大数据工作主管部门应组织相关公共管理和服务机构进行协商，根据协商结果确定数据共享审核意见。

第七章　安　全　保　障

第二十六条　全省各级各部门按照相关要求落实数据共享安全主体责任。大数据工作主管部门统筹推动公共数据共享工作的安全保障，公共管理和服务机构加强对公共数据采集、治理、共享、应用等过程的安全管理，全流程规范记录数据使用情况，接受大数据工作主管部门、网络和数据安全主管部门的监督。

第二十七条　各级人民政府大数据工作主管部门应当建立公共数据安全管理制度，统筹开展安全管理，开展统一平台安全运营和风险监测；指导公共管理和服务机构制定数据安全管理制度，协调处理公共数据共享安全事件。

公共管理和服务机构应当制定本单位数据安全相关管理制度，按照有关法律法规和数据共享相关安全要求，加强数据安全管理。使用数据的公共管理和服务机构申请使用数据应签订《公共数据规范使用承诺书》，并按承诺书要求规范使用数据。

第二十八条　各级人民政府大数据工作主管部门、公共管理和服务机构应当定期组织数据安全培训，开展数据风险评估，制定应急预案并组织演练。发现安全隐患时，应立即停止使用数据。发生安全事件时，应立即启动应急响应，保存相关记录，并按照规定向有关主管单位报告。

第二十九条　使用数据的公共管理和服务机构存在数据安全问题，以及下列违规情形的，大数据工作主管部门、公共管理和服务机构有权暂停或终止服务；情节严重的，应依照国家有关法律法规处理：

（一）未经同意将申请的数据用于约定共享范围之外的其他用途；

（二）未经许可将数据落地保存；

（三）存在刷接口调用量、空跑数据等其他违规使用情形；

（四）未严格落实数据和网络安全保护义务造成数据被非法利用的；

（五）对违反本细则的其他行为，法律法规已有规定的，适用其规定。

第八章　监督评估

第三十条　省级人民政府大数据工作主管部门应建立公共数据共享工作成效评估机制，督促检查全省数据共享工作情况，并定期进行通报。县级以上人民政府大数据工作主管部门应结合当地实际，开展本辖区数据共享监测和调度通报。

第三十一条　公共数据的采集汇聚、共享服务情况是政府信息化项目立项和验收的必要条件。公共管理和服务机构在项目立项前需明确供给清单，项目验收前需按照供给清单向统一平台提供数据。不提供数据、数据质量不符合要求、更新不及时的，项目不予验收，暂停拨付后续资金。

第九章　附　则

第三十二条　本细则下列用语的含义为：

公共数据，是指国家机关，法律法规授权的具有管理公共事务职能的组织，具有公共服务职能的企业事业单位，人民团体等（统称公共管理和服务机构）在依法履行公共管理职责、提供公共服务过程中，收集和产生的各类数据。

省一体化大数据平台（简称"统一平台"），是全省公共数据管理、共享开放的统一基础支撑平台。统一平台由省级建设管理主节点，各市建设管理市级节点，县（市、区）建设管理县级节点，省级相关业务部门建设行业分节点。

公共数据资源目录（简称"数据资源目录"），是指按照一定的分类方法进行排序和编码的一组信息，用于描述各个公共数据特征及组织方式，便于公共数据的组织、检索、定位、发现与获取。

数据服务，是指对公共数据进行治理，通过数据接口服务和批量数据服务等方式提供服务的行为。

数据服务供给清单（简称"供给清单"），是指数据资源目录以及与数据资源目录挂接的数据服务的集合，明确了可共享的数据范围、服务要求等。

数据服务需求清单（简称"需求清单"），是指使用数据的公共管理和服务机构因履职需要提出的数据服务需求的集合，明确了所需数据范围、服务要求等。

基础信息资源库，是指将分散在各公共管理和服务机构的基础信息数据汇聚成库，为全社会提供全面、精准、权威的基础数据支撑。

主题信息资源库，是指围绕某一主题应用场景，将关联的各公共管理和服务机构数据进行汇聚形成的数据库，支撑跨部门、跨领域数据应用。

专题信息资源库，是指各公共管理和服务机构整合本行业各层级的数据资源形成的数据库。

第三十三条 本细则自 2022 年 1 月 1 日起实施，有效期至 2023 年 12 月 31 日。

附录 1

接口共享数据服务需求清单

1. 使用数据的公共管理和服务机构需完整详细填写申请表相关内容，并申明提供的资料、信息全部属实；

2. 共享服务接口仅限使用数据的公共管理和服务机构内部使用，不得将服务接口或者所获取的数据转给第三方使用；

3. 提供数据的公共管理和服务机构有权对服务接口设置授权使用期限，使用数据的公共管理和服务机构在提交申请表时应注明申请使用期限，在授权使用期限到期后，应重新提交申请，如发现违规使用、超范围使用、存在安全风险等情况，提供数据的公共管理和服务机构有权对违规使用单位暂停或者中断所发布的服务接口；

4. 提交申请视为使用数据的公共管理和服务机构同意按照省一体化大数据平台安全管理规定使用数据，严格控制数据使用范围，严格遵守保密规定。

类别	信息项目	填写说明
服务接口信息	提供数据的公共管理和服务机构	填写所要申请的服务接口所属单位名称
	服务接口名称	填写所要申请的服务接口名称，申请一个服务接口需填写一张申请表
使用数据的公共管理和服务机构信息	单位代码	填写使用数据的公共管理和服务机构的统一社会信用代码
	单位名称	填写使用数据的公共管理和服务机构的名称
	单位联系人姓名	填写使用数据的公共管理和服务机构的联系人姓名
	联系人电话	填写使用数据的公共管理和服务机构的联系人电话
	联系人邮箱	填写使用数据的公共管理和服务机构的联系人邮箱
业务信息	应用系统名称	填写需要此服务接口数据的应用系统名称
	办事场景	描述使用此服务接口信息完成的具体业务场景描述，预期应用效果等。如"民政办理婚姻登记事项双方身份信息核验"
	申请依据	描述使用数据的公共管理和服务机构完成上述业务应用的相关法律、法规、政策具体依据
	使用范围	使用此服务接口对应的业务分类。在"行政依据"、"工作参考"、"数据校核"、"业务协同"、"其他"五种类型中选择。当选择"其他"，需要手动填写
	使用频率	需要对服务接口每天的调用次数
	使用期限	对服务接口的使用时间，以天为单位
	附加协议	对服务接口非技术方面的要求
	其他技术请求	基于特定服务接口的具体技术要求

经办人（签字）：　　　　　　　　　　　　申请日期：

申请单位（盖章）：

附录 2

批量分析数据服务需求清单

1. 使用数据的公共管理和服务机构需完整详细填写申请表相关内容，并申明提供的资料、信息全部属实；

2. 共享数据仅限使用数据的公共管理和服务机构内部使用，不得将数据或者所获取的数据转给第三方使用；

3. 提供数据的公共管理和服务机构有权对数据资源设置授权使用期限，使用数据的公共管理和服务机构在提交申请表时应注明申请使用期限，在授权使用期限到期后，应重新提交申请，如发现违规使用、超范围使用、存在安全风险等情况，提供数据的公共管理和服务机构有权对违规使用单位暂停或者中断所发布的数据服务；

4. 提交申请视为使用数据的公共管理和服务机构同意按照省一体化大数据平台安全管理规定使用数据，严格控制使用范围，严格遵守保密规定。

类别	信息项目	填写说明
数据资源信息	提供数据的公共管理和服务机构	填写所要申请的数据资源所属单位名称
	数据资源名称	填写所要申请的数据资源名称，申请多个数据资源只需填写一张申请表
使用数据的公共管理和服务机构信息	单位代码	填写使用数据的公共管理和服务机构的统一社会信用代码
	单位名称	填写使用数据的公共管理和服务机构的名称
	单位联系人姓名	填写使用数据的公共管理和服务机构的联系人姓名
	联系人电话	填写使用数据的公共管理和服务机构的联系人电话
	联系人邮箱	填写使用数据的公共管理和服务机构的联系人邮箱
业务信息	应用系统名称	填写需要此数据资源的应用系统立项名称或合同标准名称
	办事场景	描述使用此数据资源信息完成的具体业务场景描述，预期应用效果等。如"民政办理婚姻登记事项双方身份信息核验"
	申请依据	描述使用数据的公共管理和服务机构完成上述业务应用的相关法律、法规、政策具体依据
	使用范围	使用此数据资源对应的业务分类。在"行政依据"、"工作参考"、"数据校核"、"业务协同"、"其他"五种类型中选择。当选择"其他"，需要手动填写
	使用频率	需要对数据资源每天的调用次数
	使用期限	对数据资源的使用时间，以天为单位
	附加协议	对数据资源非技术方面的要求
	其他技术请求	基于特定数据资源的具体技术要求

经办人（签字）：   申请日期：
申请单位（盖章）：

附录 3

批量导出数据服务需求清单

1. 使用数据的公共管理和服务机构需完整详细填写申请表相关内容，并申明提

供的资料、信息全部属实;

2. 共享数据仅限使用数据的公共管理和服务机构内部使用,不得将数据或者所获取的数据转给第三方使用;

3. 提供数据的公共管理和服务机构有权对数据资源设置授权使用期限,使用数据的公共管理和服务机构在提交申请表时应注明申请使用期限,在授权使用期限到期后,应重新提交申请,如发现违规使用、超范围使用、存在安全风险等情况,提供数据的公共管理和服务机构有权对违规使用单位暂停或者中断所发布的数据服务;

4. 提交申请视为使用数据的公共管理和服务机构同意按照省一体化大数据平台安全管理规定使用数据,严格控制数据使用范围,严格遵守保密规定。

类别	信息项目	填写说明
数据资源信息	提供数据的公共管理和服务机构	填写所要申请的数据资源所属单位名称
	数据资源名称	填写所要申请的数据资源名称,申请多个数据资源只需填写一张申请表
	数据资源的时间范围	所需导出数据所在时间段:比如 2000. 1. 1 ~ 2021. 1. 1,全量
	数据资源的地域范围	比如:全省,济南市
	数据资源其他条件	对所需批量导出数据的其他限制条件
使用数据的公共管理和服务机构信息	单位代码	填写使用数据的公共管理和服务机构的统一社会信用代码
	单位名称	填写使用数据的公共管理和服务机构的名称
	单位联系人姓名	填写使用数据的公共管理和服务机构的联系人姓名
	联系人电话	填写使用数据的公共管理和服务机构的联系人电话
	联系人邮箱	填写使用数据的公共管理和服务机构的联系人邮箱
业务信息	应用系统名称	填写需要此数据资源的应用系统立项名称或合同标准名称
	办事场景	描述使用此数据资源信息完成的具体业务场景描述,预期应用效果等。如"民政办理婚姻登记事项双方身份信息核验"
	申请依据	描述使用数据的公共管理和服务机构完成上述业务应用的相关法律、法规、政策具体依据
	使用范围	使用此数据资源对应的业务分类。在"行政依据"、"工作参考"、"数据校核"、"业务协同"、"其他" 五种类型中选择。当选择"其他",需要手动填写

续表

类别	信息项目	填写说明
业务信息	使用频率	需要对数据资源每天的调用次数
	使用期限	对数据资源的使用时间，以天为单位
	附加协议	对数据资源非技术方面的要求
	其他技术请求	基于特定数据资源的具体技术要求

经办人（签字）：　　　　　　　　　　　　　申请日期：

申请单位（盖章）：

附录4

申请同级共享数据审批流程图

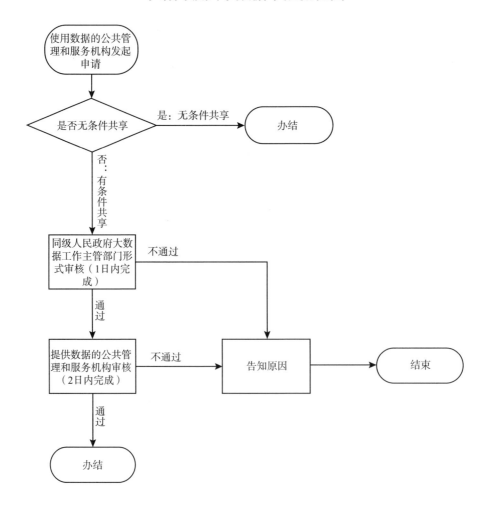

附录 5

申请上级共享数据审批流程图

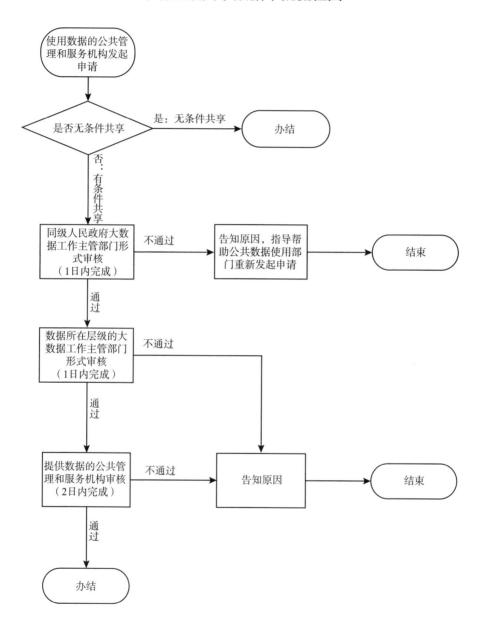

附录6

公共数据规范使用承诺书

申请单位：

申请使用数据：

按照《中华人民共和国数据安全法》《中华人民共和国网络安全法》《中华人民共和国保密法》以及《山东省电子政务和数据资源管理办法》等有关要求，本单位承诺如下：

1. 严格按照申请场景使用数据，不得超范围使用。如有其他应用场景，将按要求重新提出数据使用申请。

2. 不将数据上传至网络；不用于营利等增值服务；不用于危害国家安全、社会公共利益和他人合法权益的活动；无论本单位是否获利，均不以泄露、告知、公布、发表、复制、出版、宣传、讲授、再造、分发、传递、转让或任何其他方式，将数据和数据产出物提供给第三方。

3. 规范使用数据，不空跑数据，刷接口调用量。数据使用过程中，规范记录数据使用情况，形成数据使用日志等材料，确保数据使用内容、人员、场景和数据应用成果等可追溯。

4. 建立数据安全工作机制，制定并严格执行数据规范使用制度、安全管理与应急管理工作制度。

5. 明确数据安全负责人，对有关人员进行定期培训和检查，与第三方人员签订保密协议，严格实行人员权限管理。

6. 配合大数据工作主管部门、提供数据的公共管理和服务机构、安全保密主管单位，做好安全检查、安全监测、安全审计和安全评估等工作。

7. 严格做好软硬件安全、系统安全、网络安全和数据安全等方面的技术安全管理，制定安全策略和访问控制机制，防止发生数据意外丢失或更改、未经授权的披露、访问或非法销毁等问题。

8. 有违反或可能违反本承诺的情形发生，立即告知大数据工作主管部门和安全保密主管单位，及时采取补救措施，承担相关法律责任和被终止数据共享服务、销毁数据及数据产出物等后果。

《山东省公共数据开放办法》

（2022 年 1 月 31 日山东省人民政府令第 344 号公布）

第一条 为了促进和规范公共数据开放，提高社会治理能力和公共服务水平，推动数字经济发展，根据《中华人民共和国数据安全法》《山东省大数据发展促进条例》等法律、法规，结合本省实际，制定本办法。

第二条　本省行政区域内的公共数据开放活动，适用本办法；涉及国家秘密的，按照有关保守国家秘密的法律、法规执行。

本办法所称公共数据，是指国家机关，法律法规授权的具有管理公共事务职能的组织，具有公共服务职能的企业事业单位，人民团体等（以下统称公共数据提供单位）在依法履行公共管理职责、提供公共服务过程中，收集和产生的各类数据。

本办法所称公共数据开放，是指公共数据提供单位面向社会提供具备原始性、可机器读取、可进行社会化开发利用的数据集的公共服务。

第三条　公共数据开放应当遵循需求导向、创新发展、安全有序的原则。

第四条　县级以上人民政府应当加强对公共数据开放工作的领导，统筹解决公共数据开放重大事项，鼓励、引导科研机构、企业、行业组织等单位开放自有数据，推动公共数据与非公共数据融合应用、创新发展。

县级以上人民政府大数据工作主管部门应当按照国家规定建立公共数据资源体系，组织、监督本行政区域内的公共数据开放工作，推动公共数据开发利用；其他有关部门按照各自职责，做好相关工作。

第五条　省人民政府大数据工作主管部门应当建立公共数据开放管理制度，制定公共数据分类分级规则，并组织社会力量对公共数据开放活动进行绩效评价、风险评估。

第六条　省人民政府大数据工作主管部门应当依托省一体化大数据平台，建设统一的公共数据开放平台。

第七条　公共数据提供单位应当通过统一的公共数据开放平台开放公共数据，不得新建独立的开放渠道。已经建设完成的，应当进行整合、归并，并纳入统一的公共数据开放平台。

公共数据提供单位根据国家规定不能通过统一的公共数据开放平台开放公共数据的，应当告知县级以上人民政府大数据工作主管部门。

第八条　公共数据以开放为原则，不开放为例外。除法律、法规和国家规定不予开放的外，公共数据应当依法开放。

数据安全和处理能力要求较高或者需要按照特定条件提供的公共数据，可以有条件开放；其他公共数据，应当无条件开放。

未经县级以上人民政府大数据工作主管部门同意，公共数据提供单位不得将无条件开放的公共数据变更为有条件开放或者不予开放的公共数据，不得将有条件开放的公共数据变更为不予开放的公共数据。不予开放的公共数据经依法进行匿名化、去标识化等脱敏、脱密处理，或者经相关权利人同意，可以无条件开放或者有条件开放。

第九条　公共数据提供单位应当根据本地区经济社会发展情况，重点和优先开放与数字经济、公共服务、公共安全、社会治理、民生保障等领域密切相关的市场监管、卫生健康、自然资源、生态环境、就业、教育、交通、气象等数据，以及行政许可、行政处罚、企业公共信用信息等数据。

公共数据提供单位确定重点和优先开放的数据范围，应当征求社会公众、行业组织、企业、行业主管部门的意见。

第十条 省人民政府大数据工作主管部门应当对公共数据实行目录管理，制定公共数据目录编制规范。

公共数据提供单位应当按照公共数据目录编制规范，编制本单位公共数据目录和公共数据开放清单，确定公共数据的开放属性、类型、条件和更新频率，并进行动态调整，通过统一的公共数据开放平台向社会公布。

公共数据提供单位因法律、法规修改或者职能职责变更，申请调整公共数据开放清单的，应当经县级以上人民政府大数据工作主管部门同意。

第十一条 公共数据提供单位开放公共数据，可以通过下列方式：

（一）提供数据下载；

（二）提供数据服务接口；

（三）以算法模型提供结果数据；

（四）法律、法规和国家规定的其他方式。

第十二条 公共数据提供单位应当加强本单位公共数据开放和安全管理等工作，及时回应公民、法人和其他组织对公共数据的开放需求，并以易于获取和加工的方式提供公共数据开放服务。

第十三条 公共数据提供单位应当按照国家、省有关标准和要求，对开放的公共数据进行清洗、脱敏、脱密、格式转换等处理，并及时更新、维护。

公民、法人和其他组织认为开放的公共数据存在错误、遗漏等情形的，可以通过统一的公共数据开放平台向公共数据提供单位提出异议或者建议。公共数据提供单位应当及时处理并反馈。

第十四条 公民、法人和其他组织可以向公共数据提供单位申请获取有条件开放的公共数据。公共数据提供单位同意的，应当与公民、法人和其他组织签订公共数据开放利用协议，并告知县级以上人民政府大数据工作主管部门；未同意的，应当说明理由。

公共数据提供单位应当根据协议提供服务，及时了解公共数据开发利用活动是否符合公共数据安全管理规定和协议要求，并告知县级以上人民政府大数据工作主管部门。

公民、法人和其他组织应当按照协议要求对公共数据进行开发利用，并采取必要的防护措施，保障公共数据安全。

第十五条 公民、法人和其他组织开发利用公共数据应当遵循合法、正当、必要的原则，不得损害国家利益、公共利益和第三方合法权益。公民、法人和其他组织开发的数据产品和数据服务，应当注明公共数据的来源和获取日期。

第十六条 公民、法人和其他组织利用合法获取的公共数据开发的数据产品和数据服务，可以按照规定进行交易，有关财产权益依法受保护。

第十七条　鼓励、支持公民、法人和其他组织利用开放的公共数据开展科学研究、咨询服务、应用开发、创新创业等活动，促进公共数据与非公共数据融合发展。

省人民政府大数据工作主管部门可以通过统一的公共数据开放平台，为公民、法人和其他组织提供公共数据开发利用基础工具或者环境。

第十八条　公共数据提供单位应当建立本单位公共数据安全保护制度，落实有关公共数据安全的法律、法规和国家标准以及网络安全等级保护制度，采取相应的技术措施和其他必要措施，保障公共数据安全。

第十九条　违反本办法，公民、法人和其他组织在利用有条件开放的公共数据过程中，未遵守公共数据开放利用协议，或者损害国家利益、公共利益和第三方合法权益的，公共数据提供单位应当终止提供公共数据开放服务；违反有关法律、法规规定的，由有关机关依法处理。

第二十条　公共数据提供单位违反本办法，有下列行为之一的，由县级以上人民政府大数据工作主管部门责令改正；情节严重的，由有权机关对直接负责的主管人员和其他直接责任人员依法给予处分：

（一）未按照规定开放、更新公共数据的；

（二）拒不回应公民、法人和其他组织的公共数据开放需求的；

（三）未按照规定将本单位已建成的开放渠道纳入统一的公共数据开放平台的；

（四）未经同意变更公共数据开放属性的；

（五）未按照规定终止提供公共数据开放服务的。

第二十一条　有关单位和个人在公共数据开放活动中，出现偏差失误或者未能实现预期目标，但是符合国家确定的改革方向，决策程序符合法律、法规规定，未牟取私利或者未恶意串通损害国家利益、公共利益的，应当按照有关规定从轻、减轻或者免予追责。

经确定予以免责的单位和个人，在绩效考核、评先评优、职务职级晋升、职称评聘和表彰奖励等方面不受影响。

第二十二条　违反本办法规定的行为，法律、法规已经规定法律责任的，适用其规定。

第二十三条　本办法自 2022 年 4 月 1 日起施行。

山东省人民政府

2022 年 1 月 31 日

山东省大数据局关于印发《山东省公共数据开放工作细则（试行）》的通知

鲁数发〔2022〕15 号

各市大数据局，省直各部门、单位：

现将《山东省公共数据开放工作细则（试行）》印发给你们，请认真抓好落实。

山东省大数据局

2022 年 10 月 21 日

山东省公共数据开放工作细则（试行）

为规范和促进山东省公共数据开放利用，依据《山东省公共数据开放办法》（省政府令第 344 号）及相关法律、法规，结合本省实际，制定本细则。

第一章　总　　则

第一条　【适用范围】

本省行政区域内，国家机关、法律法规授权的具有管理公共事务职能的组织、具有公共服务职能的企业事业单位、人民团体等（以下统称公共数据提供单位），面向社会提供具备原始性、可机器读取、可进行社会化开发利用的数据集的公共服务，适用本细则。

第二条　【开放属性】

公共数据开放属性分为无条件开放、有条件开放和不予开放三种类型。无条件开放、有条件开放公共数据应当按照本规定的工作流程，通过统一的公共数据开放平台（以下简称开放平台）进行开放。

第二章　工　作　体　系

第三条　【工作主体构成】

公共数据开放工作体系包括公共数据开放主体、公共数据利用主体、公共数据开放主管部门。

第四条　【公共数据开放主体】

公共数据提供单位是公共数据开放主体，负责开展本单位公共数据资源目录编制、数据汇聚、清单编制、开放和安全等工作；审核本单位有条件开放数据获取申请，对数据利用情况进行后续跟踪、服务；及时回应公民、法人和其他组织对公共数据的开放需求。

第五条 　【公共数据利用主体】

依法依规获取各类开放公共数据的公民、法人和其他组织，是公共数据利用主体，应定期向公共数据开放主体报告有条件开放公共数据利用情况、成果与效益产出情况；建立数据利用风险评估机制与质量反馈机制，及时向公共数据开放主体报告数据利用中发现的各类数据安全风险和质量问题，切实履行数据安全保护义务。

第六条 　【公共数据开放主管部门】

省人民政府大数据工作主管部门是省公共数据开放主管部门，负责统筹管理、指导推进、监督评估全省公共数据开放、利用相关工作，组织建设开放平台，并负责开放平台省级相关数据管理工作。市、县人民政府大数据工作主管部门是本行政区域内公共数据开放主管部门，负责指导推进、监督评估本行政区域内公共数据开放、利用相关工作，根据需要组织编制和维护本级公共数据开放清单负，责开放平台本级相关数据管理工作。

第三章　数据开放与审核

第七条 　【目录编制】

公共数据开放主体应当根据法律、法规，参照有关规定，对本单位收集和产生的公共数据进行评估，按照无条件开放、有条件开放和不予开放三种类型确定开放属性；按照《山东省公共数据共享工作细则（试行）》相关要求，依托一体化大数据平台开展公共数据资源目录编制和数据汇聚。公共数据为有条件开放的，公共数据开放主体应当明确具体开放条件，不予开放的，公共数据开放主体应当明确有关依据。

第八条 　【开放清单编制】

公共数据开放主体应当根据公共数据资源目录和年度工作重点编制年度公共数据开放清单，经市级以上公共数据开放主管部门汇总审核后，原则上在每年 4 月底前通过开放平台统一发布。

公共数据开放主体因法律、法规修改或者职能职责变更，申请调整公共数据开放清单的，应当通过开放平台提出申请，经市级以上公共数据开放主管部门审核同意后，进行调整。

第九条 　【数据开放流程】

公共数据开放主体开放数据应当通过下列流程：

（一）公共数据开放主体依托一体化大数据平台，编制数据目录，匹配数据资源，进行安全审查，确定脱敏规则，提交开放数据。

（二）县级以上公共数据开放主管部门依托一体化大数据平台对提交的开放数据进行规范性审查。审查通过的，应当通过开放平台发布，并为公共数据开放主体提供开放数据资源的数据脱敏相关技术支撑；审查未通过的，应当反馈并说明理由、意见，公共数据开放主体应当根据反馈意见对目录和数据进行规范后，重新提交开放数据。

第十条 【数据服务方式】

开放平台提供数据下载、数据服务接口等服务方式。

数据下载方式，用于直接获取数据。公共数据开放主体须在开放平台上提供结构化数据文件等多种类型的数据下载服务。

数据服务接口方式，用于数据查询或校核比对。对已汇聚的数据，由同级公共数据开放主管部门会同公共数据开放主体开发数据服务接口；对未汇聚的数据，由公共数据开放主体开发数据服务接口。数据服务接口通过开放平台发布。

探索以数据沙箱、隐私计算等模式提供其他数据服务。

第十一条 【数据质量】

公共数据开放主体应当确保开放数据的真实性、完整性、准确性、时效性、可用性等。县级以上公共数据开放主管部门应当建立开放数据质量监测评估机制，负责保障公共数据的开放质量。

第四章 数据获取与审核

第十二条 【无条件开放数据获取流程】

对于无条件开放数据，公共数据利用主体可以通过开放平台以数据下载或者接口调用的方式直接获取。

第十三条 【有条件开放数据申请条件】

公共数据利用主体申请获取有条件开放数据，应当符合下列条件：

（一）基于山东省统一身份认证完成实名认证；

（二）未被列入失信被执行人名单、严重违法失信企业名单，不存在其他严重失信情形；

（三）符合公共数据开放主体确定的开放条件，以及开展安全评估审核所需的其他资质和能力要求。

第十四条 【有条件开放数据获取流程】

申请获取有条件开放数据，应当通过下列流程：

（一）数据获取申请。公共数据利用主体可以通过开放平台向公共数据开放主体申请获取有条件开放数据。申请时应在线提交《有条件开放数据申请表》、《公共数据安全承诺书》以及公共数据开放主体要求的其他相关证明材料。

（二）数据获取审核。数据获取审核应当遵循公平公正的原则，平等对待各类申请主体。县级以上公共数据开放主管部门应当在收到申请后 5 个工作日内完成对公共数据利用主体提交的本级数据获取申请材料的规范性审查。未通过材料规范性审查的，县级以上公共数据开放主管部门应当通过开放平台反馈并告知理由；通过

材料规范性审查的，由公共数据开放主体审核数据获取申请，原则上应当在 10 个
工作日内完成审核。

（三）开放数据获取。公共数据开放主体审核通过的，与公共数据利用主体签
订公共数据开放利用协议，为公共数据利用主体开通有条件开放数据使用权限，并
告知本级公共数据开放主管部门；未审核通过的，应当说明理由。公共数据开放利
用协议示范文本，由省公共数据开放主管部门会同本级有关部门制定。公共数据开
放主体可根据实际需要，完善公共数据开放利用协议。

第十五条　【未开放数据需求申请审核流程】

对于未开放的公共数据，公共数据利用主体可以通过开放平台提出申请，申请
时应在线提交《未开放数据需求申请表》。

市级以上公共数据开放主管部门应当在收到申请后 10 个工作日内完成公共数
据利用主体数据申请材料的规范性审查，未通过材料规范性审查的，直接反馈并告
知理由；通过材料规范性审查的，市级以上公共数据开放主管部门将数据申请通过
开放平台转至公共数据开放主体，公共数据开放主体原则上在 15 个工作日内，完
成数据需求论证并反馈。数据已经开放的，告知数据获取方式；数据未开放但经论
证可以开放的，应当在反馈后 20 个工作日内，通过开放平台进行开放；经论证数
据不可以开放的，应当告知理由。

第五章　数 据 利 用

第十六条　【数据利用责任】

公共数据利用主体对公共数据进行开发利用时，应当符合有关法律、法规及公
共数据开放利用协议要求，采取必要的防护措施，保障公共数据安全，并定期告知
公共数据开放主体公共数据开发利用情况。

公共数据利用主体认为开放的公共数据存在错误、遗漏、侵犯其合法权益等情
形的，可以通过开放平台向公共数据开放主体提出异议或者建议。公共数据开放主
体应当在 10 个工作日内处理并反馈。

第十七条　【数据应用发布】

公共数据利用主体利用开放的公共数据开发的数据产品和数据服务应当注明公共
数据的来源和获取日期，在不涉及商业秘密、不侵犯他人知识产权和个人信息、不违
反法律法规的前提下，可将其发布至开放平台，为社会公众提供数据应用服务。市级
以上公共数据开放主管部门应当定期对优秀开放数据利用成果进行宣传推广。

第十八条　【数据利用引导和生态培育】

县级以上公共数据开放主管部门应当根据区域优势和发展需要，联合高等院
校、科研院所和市场主体，开展多种形式公共数据开发利用活动，促进公共数据与
非公共数据融合应用。探索推动公共数据开放区域协同，开展公共数据授权运营，
推进数据要素市场化配置。

第六章　监督保障

第十九条　【监督评估】

省公共数据开放主管部门应建立公共数据开放工作成效评估机制，督促检查全省数据开放工作情况，并定期进行通报。县级以上公共数据开放主管部门应结合当地实际，开展本辖区数据开放监测和调度通报。

第二十条　【组织保障】

公共数据开放主体应当加强公共数据开放工作的组织保障，明确数据开放工作责任人，并在开放平台做好本单位相关人员信息的维护工作。

县级以上公共数据开放主管部门应当定期对公共数据开放工作相关工作人员开展培训，并将培训内容纳入本级公务员培训或者相关培训工作体系。

第二十一条　【平台保障】

省公共数据开放主管部门应当根据公共数据开放主体、市县公共数据开放主管部门及公共数据利用主体的需求，推进开放平台技术升级、功能迭代和资源扩展，确保开放平台具备必要的服务能力。

第二十二条　【安全保障】

公共数据开放主体应当制定并落实公共数据开放安全保护制度，在公共数据开放前进行安全审查和安全风险评估，依法对有条件开放数据进行安全追踪。县级以上公共数据开放主管部门应当对本行政区域内的公共数据开放工作进行风险评估，保证公共数据开放安全有序进行。风险评估可组织第三方评估机构开展。

第二十三条　【资金保障】

公共数据主管部门、公共数据开放主体开展公共数据开放所涉及的信息系统建设、改造、运维以及评估等相关经费，按照有关规定纳入"数字山东"建设总体保障。

第七章　附　则

第二十四条　本细则自 2022 年 11 月 1 日起实施，有效期至 2024 年 11 月 1 日。

广东省人民政府关于印发《广东省数据要素市场化配置改革行动方案》的通知

粤府函〔2021〕151 号

各地级以上市人民政府，省政府各部门、各直属机构：

现将《广东省数据要素市场化配置改革行动方案》印发给你们，请认真贯彻执行。执行过程中遇到的问题，请径向省政务服务数据管理局反映。

广东省人民政府

2021 年 7 月 5 日

广东省数据要素市场化配置改革行动方案

为贯彻落实《中共中央　国务院关于构建更加完善的要素市场化配置体制机制的意见》（中发〔2020〕9 号），加快推进数据要素市场化配置改革，提高数据要素市场配置效率，建设"全省一盘棋"数据要素市场体系，根据我省《关于构建更加完善的要素市场化配置体制机制的若干措施》，制定如下行动方案。

一、总体要求

（一）指导思想。

以习近平新时代中国特色社会主义思想为指导，全面贯彻党的十九大和十九届二中、三中、四中、五中全会精神，深入贯彻习近平总书记对广东系列重要讲话和重要指示批示精神，坚持深化供给侧结构性改革，同时注重需求侧改革，破除阻碍数据要素自由流通的体制机制障碍，加快培育数据要素市场，促进数据要素流通规范有序、配置高效公平，充分释放数据红利，推动数字经济创新发展，为我省打造新发展格局战略支点提供重要支撑。

（二）主要目标。

到 2021 年底，初步构建统一协调的公共数据运营管理体系，推动数据新型基础设施、数据运营机构和数据交易场所等核心枢纽建设，加快推进公共数据与社会数据融合，完善数据要素交易规则和监管机制，建立协同高效、安全有序的数据要素流通体系，培育两级数据要素市场。到 2022 年底，初步构建权责清晰的数据要素市场化配置制度规则和组织体系，在数据要素市场流通的运营模式、交易模式、技术支撑、安全保障等方面形成可复制、可推广的经验做法，实现数据要素市场规范有序发展，在全国打造"理念先进、制度完备、模式创新、高质安全"的数据要素市场体系和市场化配置改革先行区。

二、主要任务

（一）释放公共数据资源价值。

1. 创新公共数据运营模式。推动公共数据运营机构建设，强化统筹管理力度，补齐运营主体缺位短板，创新公共数据开发运营模式。建立健全公共数据运营规则，研究制定公共数据授权使用服务指南，强化授权场景、授权范围和运营安全的监督管理。

2. 健全公共数据管理机制。制定《广东省公共数据管理办法》，明确各级行政机关和公共企事业单位数据采集、汇聚、共享、使用、管理等要求。推进省市县三级政府及部门首席数据官制度试点，探索完善公共数据管理组织体系。建立公共数据管理评价机制，定期开展工作评估。

3. 完善公共数据资源体系。开展公共数据资源普查，摸清公共数据资源底数，形成全省统一的系统清单、数据清单、需求清单，推进公共数据资源体系建设。建立公共数据资源分类分级管理制度，为不同类型和级别数据利用策略的制定提供支撑。强化公共数据质量管理，开展公共数据管理能力评级和质量评测。

4. 探索公共数据资产化管理。建立公共数据资产确权登记和评估制度，探索公共数据资产凭证生成、存储、归集、流转和应用的全流程管理。选择一批优化营商环境的业务场景，开展公共数据资产凭证试点。

5. 强化政府内部数据共享。优化全省政务数据共享协调机制，制定相关实施方案，加快推进政务数据有序共享。完善数据供需对接机制，制订数据共享责任清单和数据需求清单，推进数据编目、数据挂接和数据需求对接。提升数据共享平台支撑能力，优化数据高效共享通道，推进数据跨部门、跨层级共享应用，推动国家和省级垂直管理系统数据服务基层。

6. 扩大公共数据有序开放。制定《广东省公共数据开放暂行办法》，探索建立公共数据开放清单制度，完善公共数据开放目录管理机制和标准规范。健全公共数据定向开放、授权开放管理制度。完善"开放广东"平台，扩展数据服务功能。培育数据应用开发者社区，定期举办开放数据创新应用大赛。

7. 深化公共数据资源开发利用。加快推进国家公共数据资源开发利用试点，选择有条件的地区和部门围绕典型业务应用场景先行先试，推动公共数据资源开发利用规范化和制度化。鼓励掌握数据的自然人、法人和非法人组织与政府开展合作，提高公共数据开发利用水平。

（二）激发社会数据资源活力。

8. 加快数字经济领域立法。加快推动出台数字经济领域地方性法规，在数据要素有序流通、数据资源开发利用、数字产业化发展、产业数字化转型和新型基础设施建设等方面提出具体促进措施。

9. 推进产业领域数字化发展。支持构建农业、工业、交通、教育、就业、卫生健康、社会保障、文化旅游、城市管理、基层社会治理、公共资源交易等领域数据开发利用场景。推进智慧农业、智慧金融、智慧医疗、智慧教育等领域建设。支持广州争取国家生物数据信息中心粤港澳大湾区枢纽节点。支持江门探索"数据+信创"双核驱动新型智慧城市建设。

10. 推动制造业数字化转型升级。支持汕头、佛山、惠州、东莞、中山等具备一定数字化基础的区域开展制造业数字化转型试点，推动产业集群数字化转型。建立工业基础大数据库，推动工业数据资源有效利用，加强工业数据分类分级指导，支持设立广东工业互联网大数据分中心。

11. 加快构建数据产业创新生态。支持数据服务企业做大做强，带动数据产业发展，培育壮大数据产业集群。鼓励行业组织、企业和高校院所等单位推动数据分析挖掘、数据可视化、数据安全与隐私保护等核心技术攻关，强化数据技术应用，搭建数据产品和服务体系，打造数据创新生态。

（三）加强数据资源汇聚融合与创新应用。

12. 统筹构建先进算力和数据新型基础设施。探索开展算力普查，摸清算力总量、人均算力和算力构成。统筹全省能源网和算力网建设布局，推动数据中心整合改造提升，提高使用低碳、零碳能源比例；有序推进全省数据中心科学合理布局、集约绿色发展，加快建设全国一体化大数据中心协同创新体系国家枢纽节点和大数据中心集群。支持广州超算、深圳超算提升能力，支持珠海横琴建设人工智能超算中心，支持广州、深圳、珠海、佛山、东莞、中山等地建设边缘计算资源池节点。构建数据安全存储、数据授权、数据存证、可信传输、数据验证、数据溯源、隐私计算、联合建模、算法核查、融合分析等数据新型基础设施，支撑数据资源汇聚融合和创新应用。

13. 推进政务大数据中心建设。加快推进"一中心多节点"的省市一体化政务大数据中心建设。完善人口、法人、空间地理、电子证照等基础数据库，丰富信用、金融、医疗、交通、生态、市场监管、文化旅游、社会救助、投资项目等主题数据库。加强城市视频监控及物联感知数据管理，构建物联网公共数据共享服务体系。

14. 推动"粤治慧"平台建设。建设"粤治慧"平台的基础版和市县标准版，支撑公共数据与社会数据融合应用，打造数据全闭环赋能体系。推动各地智慧城市运行管理平台纳入"一网统管"体系，加强省市县三级联动，实现对省域整体状态即时感知、全局分析和智能预警。

15. 推进重点领域数据创新应用。以卫生健康、社会保障、交通、科技、通信、企业投融资、普惠金融等重点领域为试点，推进公共数据和社会数据深度融合应用。支持大型工业企业、互联网平台企业等行业龙头企业与公共数据运营机构合作，开展数据汇聚与融合平台建设试点。

16. 健全数据融合应用管理制度和标准。加强对数据采集、存储、处理、传输、交换和销毁等关键环节的质量管控指导，推动数据管理能力成熟度评估（DCMM）。开展数据要素领域标准化专项研究，分阶段、分领域推进数据要素标准化试点。支持行业协会商会、企业和高校院所研究制定数据采集、处理、应用、质量管理等标准规范。进一步规范政府采购数据服务行为。

（四）促进数据交易流通。

17. 加快数据交易场所及配套机构建设。按照国家政策要求，推动建设省数据交易场所，规范数据入场交易，培育数据要素交易市场。搭建数据交易平台，提供数据交易、结算、交付、安全保障等综合配套服务。鼓励设立社会性数据经纪机构，规范开展数据要素市场流通中介服务。探索建立数据经纪人资格认证和管理制度，加强对数据经纪人的监管，规范数据经纪人的执业行为。

18. 完善数据流通制度。建立健全数据权益、交易流通、跨境传输和安全保护等基础性制度规范，明确数据主体、数据控制方、数据使用方权利义务，保护数据主体权益。健全数据市场定价机制，激发数据流转活力。研究制定数据管理地方性法规，探索建立数据产权制度。

19. 强化数据交易监管。研究制定数据交易监管制度、互通规则和违规惩罚措施，明确数据交易监管主体和监管对象。建立数据交易跨部门协同监管机制，健全投诉举报查处机制。开展数据要素交易市场监管，打击数据垄断、数据不正当竞争行为。搭建数据流通监管平台，加强数据交易流通安全监管。

20. 推动粤港澳大湾区数据有序流通。建设粤港澳大湾区大数据中心。支持广州南沙（粤港澳）数据要素合作试验区、珠海横琴粤澳深度合作区建设，探索建立"数据海关"，开展跨境数据流通的审查、评估、监管等工作。支持医疗等科研合作项目数据资源有序跨境流通，为粤港澳联合设立的高校、科研机构向国家争取建立专用科研网络，逐步实现科学研究数据跨境互联。推动粤东西北地区与粤港澳大湾区数据要素高效有序流通共享，在产业发展、社会治理、民生服务等领域形成一批数据应用典型案例。

21. 推动深圳先行示范区数据要素市场化配置改革试点。支持深圳数据立法，推进数据权益资产化与监管试点，规范数据采集、处理、应用、质量管理等环节。支持深圳建设粤港澳大湾区数据平台，设立数据交易市场或依托现有交易场所开展数据交易。开展数据生产要素统计核算试点，建立数据资产统计调查制度，明确数据资产统计范围、分类标准。

（五）强化数据安全保护。

22. 建立数据分类分级和隐私保护制度。建立政府主导、多方参与的数据分类分级保护制度，厘清各方权责边界，制订省市两级各部门及相关行业和领域的重要数据具体目录，对列入目录的数据进行重点保护。健全数据隐私保护和安全审查制度，落实政府部门、企事业单位、社会公众等数据安全保护责任，加强对个人隐私、个人信息、商业秘密、保密商务信息等数据的保护。

23. 健全数据安全管理机制。健全数据安全风险评估、报告、信息共享、监测预警和应急处置机制。支持有关部门、行业组织、企业、教育和科研机构、有关专业机构等在数据安全风险评估、防范、处置等方面开展协作。

24. 完善数据安全技术体系。构建云网数一体化协同安全保障体系，运用可信身份认证、数据签名、接口鉴权、数据溯源等数据保护措施和区块链等新技术，强化对算力资源和数据资源的安全防护，提高数据安全保障能力。

三、保障措施

（一）加强组织领导。各地、各部门要高度重视数据要素市场化配置改革工作，充分发挥主动性和创造性，加强组织协调，明确责任分工。承担试点任务的地区和部门要结合实际制定实施方案，明确具体措施和完成时限，确保各项任务落实到位。

（二）做好资金保障。统筹数字政府改革相关经费，做好数据要素市场化配置改革资金保障。积极稳妥引入社会资本，在产业数字化转型、数字产业化发展和政企数据融合应用等方面发挥作用。

（三）强化人才支撑。加强业务骨干培训，分层次、分类别组织开展首席数据官和数据要素市场化配置等专题培训，打造具有良好数据素养的人才队伍。发挥智库机构作用，为数据要素市场化配置改革提供智力支撑。

（四）强化监督评估。加强数据要素市场化配置改革情况跟踪分析，定期开展工作进展情况评估，及时优化调整。加强日常督促指导，推动工作落实。

《广东省公共数据管理办法》

（2021 年 10 月 18 日广东省人民政府令第 290 号公布）

第一章　总　　则

第一条　为了规范公共数据采集、使用、管理，保障公共数据安全，促进公共数据共享、开放和利用，释放公共数据价值，提升政府治理能力和公共服务水平，根据《中华人民共和国数据安全法》《中华人民共和国个人信息保护法》《国务院关于在线政务服务的若干规定》等相关法律法规规定，结合本省实际，制定本办法。

第二条　本省行政区域内行政机关、具有公共事务管理和公共服务职能的组织（以下统称公共管理和服务机构）实施的公共数据采集、使用、管理行为，适用本办法。

电力、水务、燃气、通信、公共交通以及城市基础设施服务等公共企业、事业单位和社会团体，实施公共服务以外的数据采集、使用、管理行为，不适用本办法。

涉及国家秘密的公共数据管理，或者法律法规对公共数据管理另有规定的，按照相关规定执行。

第三条　本办法下列用语的含义：

（一）公共数据，是指公共管理和服务机构依法履行职责、提供公共服务过程中制作或者获取的，以电子或者非电子形式对信息的记录；

（二）数源部门，是指根据法律、法规、规章确定的某一类公共数据的法定采集部门；

（三）数据主体，是指相关数据所指向的自然人、法人和非法人组织；

（四）省政务大数据中心，是指在数字政府改革模式下，集约建设的省市一体化的政务大数据中心，分为省级节点和地级以上市分节点，是承载数据汇聚、共享、分析等功能的载体。

第四条 公共数据管理应当遵循集约建设、统一标准、分类分级、汇聚整合、需求导向、共享开放、安全可控的原则。

公共数据作为新型公共资源，任何单位和个人不得将其视为私有财产，或者擅自增设条件、阻碍，影响其共享、开放和开发利用。

第五条 县级以上人民政府负责组织领导本行政区域内公共数据管理工作，协调解决与公共数据采集、使用、管理有关的重大问题。

第六条 县级以上人民政府政务服务数据管理机构作为公共数据主管部门，负责下列工作：

（一）统筹本行政区域内公共数据资源管理工作；

（二）对公共管理和服务机构提出公共数据管理任务和要求；

（三）编制、维护本级公共数据资源目录，建立公共数据资源清单管理机制；

（四）会同标准化行政主管部门制定公共数据相关标准和技术规范；

（五）会同机构编制管理部门根据法律、法规、规章明确公共数据采集和提供的责任部门；

（六）对公共管理和服务机构的公共数据管理工作进行监督评估，并向本级人民政府办公室（厅）提出相应的督查督办建议。

第七条 公共管理和服务机构作为本机构公共数据管理的责任主体，负责下列工作：

（一）明确公共数据管理的目标、责任、实施机构及人员；

（二）编制本机构公共数据资源目录，依法制定本机构公共数据采集清单和规范；

（三）本机构公共数据的校核、更新、汇聚；

（四）本机构公共数据的共享和开放；

（五）本机构公共数据的安全管理；

（六）法律、法规、规章规定的其他管理职责。

第八条 省人民政府按照国家规定加强与港澳地区的协同合作，推动建立粤港澳公共数据流动相关技术标准和业务规范，探索公共数据资源在大湾区内依法流动和有效应用的方式，建立健全相关制度机制。

第二章　公共数据目录管理

第九条 省公共数据主管部门应当会同有关部门，根据国家有关公共数据分类分级要求，制定公共数据分类分级规则。

地级以上市公共数据主管部门应当根据国家和省公共数据分类分级相关规定，增补本地公共数据的分类分级规则。

行业主管部门应当根据国家、省、地级以上市公共数据分类分级相关规定，加强对本部门公共数据的管理。

第十条　公共数据资源实行统一目录管理。目录编制指南由省公共数据主管部门统一制定。

公共管理和服务机构应当根据指南编制本机构公共数据资源目录，报本级公共数据主管部门审定。

县级以上公共数据主管部门应当审定和汇总公共管理和服务机构公共数据资源目录，并编制本级人民政府公共数据资源目录，通过省政务大数据中心发布。

公共数据资源目录应当包括公共数据的数据形式、共享内容、共享类型、共享条件、共享范围、开放属性、更新频率和公共数据的采集、核准、提供部门等内容。

第十一条　法律、法规、规章依据或者法定职能发生变化的，公共管理和服务机构应当在 15 个工作日内更新本机构公共数据资源目录，并报本级公共数据主管部门审定。

公共数据主管部门应当在 5 个工作日内审定，并更新本级人民政府公共数据资源目录。

第十二条　公共管理和服务机构应当在本机构公共数据资源目录中逐一注明公共数据的共享类型。

公共数据按照共享类型分为无条件共享、有条件共享、不予共享三种类型。

可以提供给所有公共管理和服务机构共享使用的公共数据，属于无条件共享类。

仅能够提供给部分公共管理和服务机构共享使用或者仅能够部分提供给相关公共管理和服务机构共享使用的公共数据，属于有条件共享类。

不宜提供给其他公共管理和服务机构共享使用的公共数据，属于不予共享类。

第十三条　公共管理和服务机构将公共数据列为有条件共享类型的，应当明确相关依据和共享条件。

公共管理和服务机构将公共数据列为不予共享类型的，应当提供法律法规依据或者国家相关规定，并报同级公共数据主管部门备案。

第三章　公共数据的采集、核准与提供

第十四条　公共管理和服务机构应当根据本机构的职责分工编制公共数据采集清单，按照一项数据有且只有一个法定数源部门的要求，并依据全省统一的技术标准和规范在法定职权范围内采集、核准与提供公共数据。

第十五条　公共管理和服务机构应当完整、准确地将本机构公共数据资源目录中的公共数据向省政务大数据中心汇聚。

公共数据汇聚的具体办法，由省和地级以上市公共数据主管部门在各自权限内制定。

第十六条　公共管理和服务机构应当按照公共数据资源目录中的更新频率，对本机构共享的公共数据进行更新，保证公共数据的完整性、准确性、一致性和时效性。

第十七条　公共管理和服务机构应当根据本机构履行职责需要和公共数据主管部门的工作要求，对本机构公共数据开展数据治理，提升数据质量。

公共数据主管部门应当依托省政务大数据中心，会同相关公共管理和服务机构对公共数据进行整合，并形成自然人、法人和非法人组织、自然资源和空间地理、电子证照等基础数据库和相关主题数据库。

第十八条　公共管理和服务机构应当以法定身份证件记载的数据作为标识，根据法定职权采集、核准与提供下列自然人基础数据：

（一）户籍登记数据，由公安机关负责；

（二）流动人口居住登记、居住变更登记和居住证办理数据，由流动人口服务管理部门、受公安机关委托的乡镇人民政府或者街道办事处流动人口服务管理机构负责；

（三）内地居民婚姻登记和收养登记数据，由民政部门、乡镇人民政府负责；

（四）出生和死亡登记数据，由卫生健康主管部门、公安机关负责；

（五）卫生健康数据，由卫生健康主管部门、乡镇人民政府、街道办事处负责；

（六）社会保障数据和最低生活保障数据，由税务部门、人力资源社会保障部门、民政部门负责；

（七）教育数据，由教育主管部门、人力资源社会保障部门、高等学校、科学研究机构负责；

（八）残疾人登记数据，由残疾人工作主管部门负责；

（九）住房公积金登记数据，由住房公积金主管部门负责；

（十）指定监护数据，由民政部门、乡镇人民政府、街道办事处负责；

（十一）有关资格证书和执业证书数据，由颁发该职业资格证书和执业证书的单位负责。

第十九条　公共管理和服务机构应当以统一社会信用代码作为唯一标识，根据法定职权采集、核准与提供下列法人和非法人组织基础数据：

（一）企业和个体工商户登记数据，由市场监督管理部门负责；

（二）民办非企业单位、社会团体、基金会等非营利组织登记数据，由社会组织管理部门负责；

（三）事业单位登记数据，由事业单位登记管理机关负责；

（四）法人和非法人组织统一社会信用代码数据，由市场监督管理部门、社会组织管理部门、事业单位登记管理机关等登记管理部门负责。

第二十条　自然资源、水利、农业农村、林业、气象等主管部门和从事相关研究的事业单位，根据法定职权采集、核准与提供国土空间用途、土地、矿产、森林、草地、湿地、水、海洋、渔业、野生动物、气候、气象等自然资源和空间地理基础数据。

第二十一条　数源部门依法承担公共数据采集、核准和提供过程的数据管理责任。

数据使用机构依法承担公共数据使用过程的数据安全管理责任。数据安全责任事故与数源部门、公共数据主管部门存在明确关联或者责任的除外。

第四章　公共数据的共享和使用

第二十二条　公共数据主管部门应当建立统一的公共数据共享申请机制、审批机制和反馈机制，负责统筹协调公共管理和服务机构提出的公共数据需求申请，并组织完成相关公共数据的依法共享。

第二十三条　无条件共享的公共数据，由公共管理和服务机构通过省政务大数据中心申请并获取。

有条件共享的公共数据，由公共管理和服务机构直接通过省政务大数据中心向数源部门提出共享请求，数源部门应当在 5 个工作日内予以答复。同意共享的，数源部门应当在答复之日起 5 个工作日内完成数据共享；拒绝共享的，应当提供法律、法规、规章依据。

对于不予共享的公共数据，以及未符合共享条件的有条件共享的公共数据，公共管理和服务机构可以向数源部门提出核实、比对需求，数源部门应当通过适当方式及时予以配合。法律、法规、规章另有规定的除外。

公共管理和服务机构通过线上共享公共数据确有困难的，可以通过线下方式实施数据共享。

第二十四条　数源部门依据规定的共享条件以及公共管理和服务机构履行职责的需要进行审核，核定应用业务场景、用数单位、所需数据、共享模式、截止时间等要素，按照最小授权原则，确保公共数据按需、安全共享。

第二十五条　公共管理和服务机构需要跨层级或者跨区域共享公共数据的，应当按照第二十三条规定的程序和要求，通过省政务大数据中心直接向数源部门提出共享请求，并同时向上一级和同级公共数据主管部门备案。

第二十六条　为了落实惠民政策、应对突发事件等目的，公共数据主管部门和数源部门可以根据国家法律、法规、规章规定，按照第二十三条、第二十四条、第二十五条规定的程序和要求，向企业事业单位共享相关公共数据。有关企业事业单位应当合法合规使用公共数据，并采取必要措施确保数据安全。

高等院校或者科研院所通过共享获得的公共数据只能用于科研教育等公益性活动。

第五章 重点领域数据应用

第二十七条 公共管理和服务机构的管理和服务事项应当优先使用电子证照、电子签名、电子印章和电子档案，并做好保障服务。

第二十八条 公共管理和服务机构应当使用国家和全省统一的电子证照系统。电子证照与纸质证照具有同等法律效力，可以作为法定办事依据和归档材料。

第二十九条 符合法律规定的电子签名，与手写签名或者盖章具有同等法律效力，公共管理和服务机构应当采纳和认可。

第三十条 公共管理和服务机构可以使用合法的电子印章进行签署、验证等活动。

加盖电子印章的公文、证照、协议、凭据、凭证、流转单等电子文档合法有效，与加盖实物印章的纸质书面材料具有同等法律效力。

第三十一条 公共管理和服务机构应当加强电子文件归档管理，按照档案管理要求及时以电子化形式归档并依法向档案部门移交，法律法规另有规定的除外。

真实、完整、安全、可用的电子档案与纸质档案具有同等法律效力。

第六章 公共数据开放

第三十二条 公共数据应当依法有序开放。

法律、法规、规章以及国家规定要求开放或者可以开放的公共数据，应当开放；未明确能否开放的，应当在确保安全的前提下开放。

可以部分提供或者需要按照特定条件提供给社会的公共数据，应当在符合相关要求或者条件时开放。

涉及商业秘密、个人隐私，或者根据法律、法规、规章等规定不得开放的公共数据，不予开放。但是，经过依法脱密、脱敏处理或者相关权利人同意开放的，应当开放。

公共管理和服务机构应当积极推进公共数据开放工作，建立公共数据开放范围的动态调整机制，逐步扩大公共数据开放范围。

第三十三条 公共管理和服务机构应当按照省公共数据主管部门要求，将审核后开放的公共数据通过省政务大数据中心推送到数据开放平台。

地级以上市人民政府及其有关部门、县级人民政府及其有关部门不得再新建数据开放平台，已建成运行的开放平台应当与省数据开放平台进行对接。

公共数据开放的具体程序由省公共数据主管部门另行制定。

第三十四条 省公共数据主管部门根据国家和省有关公共数据分类分级要求，组织编制省公共数据开放目录，并根据本省经济社会发展需要，确定公共数据开放重点。公共数据开放重点的确定，应当听取相关行业主管部门和社会公众的意见。

地级以上市公共数据主管部门应当依照省公共数据开放目录组织编制本市公共

数据开放目录。

省公共数据开放目录以及地级以上市公共数据开放目录实行年度动态调整。

第七章　公共数据开发利用

第三十五条　单位和个人依法开发利用公共数据所获得的财产权益受法律保护。

公共数据的开发利用不得损害国家利益、社会公共利益和第三方合法权益。

第三十六条　省和地级以上市公共数据主管部门应当加强公共数据开发利用指导，创新数据开发利用模式和运营机制，建立公共数据服务规则和流程，提升数据汇聚、加工处理和统计分析能力。

省和地级以上市公共数据主管部门可以根据行业主管部门或者市场主体的合理需求提供数据分析模型和算法，按照统一标准对外输出数据产品或者提供数据服务，满足公共数据开发利用的需求。

第三十七条　鼓励市场主体和个人利用依法开放的公共数据开展科学研究、产品研发、咨询服务、数据加工、数据分析等创新创业活动。相关活动产生的数据产品或者数据服务可以依法进行交易，法律法规另有规定或者当事人之间另有约定的除外。

第三十八条　省人民政府推动建立数据交易平台，引导市场主体通过数据交易平台进行数据交易。

数据交易平台的开办者应当建立安全可信、管理可控、可追溯的数据交易环境，制定数据交易、信息披露、自律监管等规则，自觉接受公共数据主管部门的监督检查。

数据交易平台应当采取有效措施，依法保护商业秘密、个人信息和隐私以及其他重要数据。

政府向社会力量购买数据服务有关项目，应当纳入数字政府建设项目管理范围统筹考虑。

第八章　数据主体权益保障

第三十九条　公共管理和服务机构依法向数据主体采集、告知、出具的数据或者相应证照，数据主体享有与其相关的数据或者相应证照的使用权，任何组织或者个人不得侵犯。

第四十条　公共管理和服务机构根据法律、法规、规章的规定，可以要求相关单位提供或者向数据主体紧急采集与突发事件应对相关的数据。

突发事件应对结束后，公共管理和服务机构应当对相关公共数据进行分类评估，采取封存、销毁等方式将涉及国家秘密、商业秘密、个人信息和隐私的公共数据进行安全处理，并关停相关数据应用。法律法规另有规定的，从其规定。

第四十一条　省和地级以上市公共数据主管部门应当依法建立数据主体授权第

三方使用数据的机制。涉及商业秘密、个人信息和隐私的敏感数据或者相应证照经数据主体授权同意后，可以提供给被授权的第三方使用。

第四十二条 数据主体有权依法向公共管理和服务机构申请查阅、复制本单位或者本人的数据；发现相关数据有错误或者认为商业秘密、个人信息和隐私等合法权益受到侵害的，有权依法提出异议并请求及时采取更正、删除等必要措施。

第四十三条 数据主体认为公共管理和服务机构违反法律、法规、规章规定，损害其合法权益的，可以向同级公共数据主管部门投诉。

第九章　安　全　保　障

第四十四条 县级以上网信、公安、国家安全、公共数据、保密、通信管理等主管部门应当按照各自职责，做好公共数据安全管理工作。

第四十五条 公共数据主管部门负责组织建立公共数据安全保障制度，制定公共数据安全等级保护措施，按照国家和本省规定定期对公共数据共享数据库采用加密方式进行本地及异地备份，指导、督促公共数据采集、使用、管理全过程的安全保障工作，定期开展公共数据共享风险评估和安全审查。

公共数据主管部门对外输出数据产品或者提供数据服务时，应当建立健全公共数据安全保障、监测预警和风险评估体系，明确数据要素流通全生命周期、各环节的责任主体和标准规范要求。

第四十六条 公共管理和服务机构应当加强公共数据安全管理，制定本机构公共数据安全管理规章制度，建立公共数据分类分级安全保护、风险评估、日常监控等管理制度，健全公共数据共享和开放的保密审查等安全保障机制，并定期开展公共数据安全检查，定期备份本机构采集、管理和使用的公共数据，做好公共数据安全防范工作。

公共管理和服务机构应当设置或者明确公共数据安全管理机构，确定安全管理责任人，加强对工作人员的管理，强化系统安全防护，定期组织开展系统的安全测评和风险评估，保障信息系统安全。

公共管理和服务机构及其工作人员不得将通过共享获得的公共数据用于政府信息公开或者提供给其他单位和个人使用；不得泄露、出售或者非法向其他单位和个人提供履行职责过程中知悉的商业秘密、个人信息和隐私。

数据使用机构应当定期向公共管理和服务机构、公共数据主管部门反馈公共数据的使用情况。

第四十七条 县级以上公共数据主管部门应当会同网信、公安、国家安全、保密、通信管理等主管部门制定公共数据安全工作规范，建立应急预警、响应、支援处理和灾难恢复机制。

公共数据主管部门应当加强与公共管理和服务机构间的日常联合调试工作，确保发生突发事件时公共数据相关活动有效进行。

第十章　监　督　管　理

第四十八条　县级以上公共数据主管部门应当会同有关部门建立公共数据采集、编目、汇聚、共享、开放工作的评估机制，监督本行政区域内公共数据管理工作，定期开展公共数据采集、使用和管理情况评估，并通报评估结果。

第四十九条　县级以上人民政府办公室（厅）应当组织制定年度公共数据管理评估方案，对行政机关公共数据管理工作开展年度评估，并将评估结果作为下一年度政务信息化项目审批的重要参考依据。

第五十条　使用财政性资金建设信息系统的，项目单位应当编制项目所涉及的公共数据清单，纳入项目立项报批流程；项目竣工验收前应当编目、汇聚、共享系统相关公共数据，并作为符合性审查条件。

对未按照要求编制目录、实施公共数据汇聚的新建系统或者运维项目，政务信息化项目审批主管部门不得批准立项或者开展验收活动，不得使用财政资金。

第五十一条　同级公共管理和服务机构在公共数据采集、使用和管理过程中发生争议的，应当自行协商解决；协商不成的，由本级公共数据主管部门予以协调解决；公共数据主管部门协调不成的，会同本级机构编制管理部门等单位联合会商；联合会商仍不能解决的，由公共数据主管部门列明各方理据，提出倾向性意见，按照权限及时报请本级党委或者人民政府决定。

跨层级或者跨区域公共管理和服务机构之间在公共数据采集、使用和管理过程中发生争议的，应当自行协商解决；协商不成的，由共同的上一级公共数据主管部门参照前款规定解决。

第十一章　法　律　责　任

第五十二条　公共管理和服务机构在依法行使公共管理职权和提供公共服务时有下列情形之一的，由公共数据主管部门通知限期整改；逾期未完成整改的，公共数据主管部门应当及时将有关情况上报本级人民政府纳入督查督办事项并责令改正；情节严重或者造成严重损害的，由有权机关对直接负责的主管人员和其他直接责任人员依法给予处分；构成犯罪的，依法追究刑事责任：

（一）未按照要求采集、核准与提供本机构负责范围的业务数据；

（二）未按照要求编制或者更新公共数据资源目录；

（三）未按照要求将本机构管理的公共数据接入省政务大数据中心；

（四）未按照规定使用共享数据；

（五）违规泄露、出售或者非法向其他单位和个人提供涉及商业秘密、个人信息和隐私的公共数据；

（六）擅自更改或者删除公共数据；

（七）未按照要求使用电子签名、电子印章、电子证照、电子档案；

（八）可以通过省政务大数据中心共享获得的公共数据，要求单位或者个人重复提供证明材料；

（九）其他未按照公共数据主管部门要求做好本机构公共数据管理工作的行为；

（十）其他违反法律、法规、规章规定的行为。

第五十三条 公共数据开发利用主体在利用公共数据过程中有下列行为之一的，依法承担相应的法律责任：

（一）未履行个人信息保护义务；

（二）侵犯他人商业秘密、个人隐私等合法权益；

（三）利用公共数据获取非法利益；

（四）未按照规定采取安全保障措施，发生危害公共数据安全的事件；

（五）其他违反法律、法规、规章规定应当承担法律责任的行为。

第五十四条 公共数据主管部门不履行或者不正确履行本办法规定职责的，由本级人民政府或者上级主管部门责令改正；情节严重或者造成严重损害的，由有权机关对直接负责的主管人员和其他直接责任人员依法给予处分；构成犯罪的，依法追究刑事责任。

第五十五条 网信、公安、国家安全、公共数据、保密、通信管理等主管部门及其工作人员未按照规定履行公共数据安全监督管理职责的，由本级人民政府或者上级主管部门责令改正；情节严重或者造成严重损害的，由有权机关对直接负责的主管人员和其他直接责任人员依法给予处分；构成犯罪的，依法追究刑事责任。

第十二章 附 则

第五十六条 中央驻粤单位以及运行经费由本省各级财政保障的其他机关、事业单位、团体等单位参与本省公共数据采集、使用、管理的行为，参照本办法执行。

第五十七条 本办法自 2021 年 11 月 25 日起施行。

广东省

2021 年 10 月 18 日

广东省政务服务数据管理局关于印发
《广东省公共数据开放暂行办法》的通知

粤政数〔2022〕22 号

各地级以上市人民政府，省有关单位：

经省人民政府同意，现将《广东省公共数据开放暂行办法》印发给你们，请认真贯彻执行。执行过程中遇到的问题，请径向省政务服务数据管理局反映。

省政务服务数据管理局

2022 年 11 月 30 日

广东省公共数据开放暂行办法

第一章　总　　则

第一条　为了规范、促进公共数据开放和开发利用，释放公共数据价值，深化数字政府改革建设，提升政府治理能力和公共服务水平，推动数字经济、数字社会发展，根据《中华人民共和国数据安全法》《中华人民共和国个人信息保护法》《广东省公共数据管理办法》等相关法律法规规定，结合本省实际，制定本办法。

第二条　本省行政区域内行政机关、具有公共事务管理和公共服务职能的组织（以下统称公共管理和服务机构）通过数据开放平台实施的公共数据开放及其相关管理行为，以及公共数据利用主体对开放数据的利用行为，适用本办法。

涉及国家秘密的公共数据开放，或者法律、法规对公共数据开放另有规定的，按照相关规定执行。

第三条　本办法下列术语的含义：

（一）公共数据，是指公共管理和服务机构依法履行职责、提供公共服务过程中制作或者获取的，以电子或者非电子形式对信息的记录；

（二）数据主体，是指相关数据所指向的自然人、法人和非法人组织；

（三）公共数据开放，是指公共管理和服务机构面向社会提供公共数据的公共服务；

（四）公共数据开放主体，是指提供公共数据开放服务的公共管理和服务机构；

（五）公共数据利用主体，是指对开放的公共数据进行开发利用的自然人、法人和非法人组织。

第四条　公共数据开放，应当遵循统筹管理、分类分级、便捷高效、安全可控的原则，依法有序开放，依法不予开放的除外。

第五条　县级以上人民政府应当指导、规范和促进本行政区域内公共数据的开放和开发利用。

县级以上人民政府政务服务数据管理机构作为公共数据主管部门，负责指导、监督、组织、统筹推动本行政区域内公共数据开放和开发利用。

网信、公安、保密、公共数据等主管部门按照各自职责，做好公共数据安全管理工作。

工业和信息化主管部门负责促进相关产业发展。

第六条　公共数据开放主体应当积极开展公共数据开放工作，建立本机构公共数据开放管理制度，明确负责组织公共数据开放工作的部门和人员，做好本机构公共数据开放和安全管理等相关工作，建立公共数据开放范围的动态调整机制，适时调整公共数据开放范围。

第二章 一般规定

第七条 省公共数据主管部门应当根据全省经济社会发展需要，会同省有关行业主管部门确定年度公共数据开放重点。与行业增值潜力显著、产业战略意义重大、民生紧密相关、社会迫切需要，以及与粤港澳大湾区和中国特色社会主义先行示范区建设相关的公共数据，应当优先纳入公共数据开放重点。

公共数据开放主体应当参照年度公共数据开放重点，结合本地区经济社会发展情况，重点和优先开放下列公共数据：

（一）与公共安全、公共卫生、城市治理、社会治理、民生保障等密切相关的数据；

（二）与自然资源、生态环境、交通出行等相关的数据；

（三）与行政许可、企业公共信用信息等相关的数据；

（四）其他需要重点和优先开放的数据。

公共数据开放重点的确定，应当听取相关行业主管部门和社会公众的意见。

第八条 公共数据开放主体应当根据年度公共数据开放重点，制定本机构年度公共数据开放计划，向本级公共数据主管部门备案，稳步推进公共数据开放工作。

县、市级公共数据主管部门应当将本级归集的公共数据开放主体年度公共数据开放计划汇集到上一级公共数据主管部门并向社会公布。

第九条 公共数据开放属性分为不予开放类、有条件开放类、无条件开放类。

公共数据开放主体应当根据公共数据分类分级相关规定和规则，确定开放属性、开放条件和监管措施。

公共数据主管部门可对本级公共数据开放主体确定的数据开放属性提出修改建议，未能达成一致意见的，报本级人民政府决定。

第十条 公共数据开放主体应当将具有下列情形的公共数据列为不予开放类：

（一）依法确定为国家秘密的；

（二）开放后可能危及国家安全、公共安全、经济安全和社会稳定的；

（三）涉及商业秘密、个人隐私的公共数据，相关数据主体未同意开放的；

（四）因数据获取协议或者知识产权保护等原因禁止开放的；

（五）法律、法规、规章规定不得开放或者应当通过其他途径获取的。

公共数据开放主体将公共数据列为不予开放类数据的，应当向本级公共数据主管部门提供相关依据。

第十一条 公共数据开放主体可以将具备下列条件之一的公共数据列为有条件开放类数据：

（一）涉及商业秘密、个人隐私的公共数据，相关数据主体同意开放，且法律、法规未禁止的；

（二）无条件开放将严重挤占公共数据基础设施资源，影响公共数据处理运行效率的；

（三）开放后预计带来特别显著的经济社会效益，但现阶段安全风险需要谨慎评估的；

（四）除上述三项外，按照有关法律、法规认定应当有条件开放的其他公共数据。

公共数据开放主体将公共数据列为有条件开放类数据的，应当向本级公共数据主管部门提供相关依据。

第十二条　除第十条、第十一条规定外的不予开放类和有条件开放类以外的数据，应被列为无条件开放类数据。

第十三条　列为不予开放类的公共数据，依法经脱密、脱敏处理，符合开放要求的，可以列为无条件开放类或者有条件开放类数据。公共数据的脱密工作按照保密行政主管部门相关要求开展，脱敏工作按照省公共数据主管部门公共数据脱敏相关要求开展。

涉及商业秘密、个人隐私的不予开放类数据，行政机关依法定程序认为不开放将会对公共利益造成重大影响的，公共数据开放主体可以依法将其列为无条件开放类或者有条件开放类数据。

公共数据开放主体应当对现有不予开放类数据、有条件开放类数据定期进行评估，具备条件的：

（一）不予开放类数据应当及时转为有条件开放类数据或无条件开放类数据；

（二）有条件开放类数据应当及时转为无条件开放类数据。

公共数据开放主体将其开放目录中的无条件开放类数据转为有条件开放类数据或不予开放类数据，将有条件开放类数据转为不予开放类数据，应当向公共数据主管部门提供相关法律依据。

第十四条　公共数据开放主体应当按照分类分级、脱密、脱敏及有关要求对本机构制作或者获取的拟开放公共数据进行风险评估，涉及公共数据开放属性、开放程序等相关法律问题的，应进行合法性审查，涉及专业性较强问题的，组织相关领域专家进行专家论证。

拟开放公共数据涉及商业秘密、个人隐私，但经公共数据开放主体评估后符合开放要求的，公共数据开放主体应向公共数据主管部门提供评估结果的佐证材料。

第十五条　公共数据开放目录基于公共数据资源目录进行编制。县级以上公共数据主管部门根据国家和省有关要求，组织编制本级公共数据开放目录和相关责任清单。公共数据开放目录实行动态调整。

公共数据开放目录应当包含数据主题、数据摘要、数据项和数据格式等信息，明确公共数据开放主体、开放属性、开放条件和更新频率等。

公共数据开放主体应当按照年度开放计划和公共数据开放目录要求，编制本机构公共数据开放目录和相关责任清单，明确可以开放的公共数据，通过数据开放平台予以公布。通过共享等手段获得的公共数据，不应纳入本机构的开放目录。

公共数据主管部门应对公共数据开放资源目录不定期开展数据风险评估工作。公共数据开放主体应当在本级公共数据主管部门的指导下，对尚未开放的公共数据进行定期评估，及时更新公共数据开放目录，适时调整公共数据的开放范围。

自然人、法人和非法人组织可以通过数据开放平台对公共数据开放目录外的数据开放服务提出需求，公共数据开放主体应当按照相关规定进行评估、审查，并将有关处理结果告知需求方。

第十六条 公共数据应当以电子的、易于识别和加工的格式开放，法律、法规另有规定的，从其规定。

公共数据开放主体应当按照有关标准和要求，对列入公共数据开放目录的公共数据进行整理、清洗、格式转换等处理。公共数据开放主体在进行上述处理时，应当在满足有关标准和要求下采用对公共数据开放价值影响最小的方式。

公共数据开放主体应当根据公共数据开放目录明确的更新频率，及时更新和维护，确保公共数据的可用性、有效性和时效性。

第十七条 公共数据开放主体应当按照本级公共数据主管部门要求，将审核后开放的公共数据通过"一网共享"平台推送到数据开放平台。

地级以上市人民政府及其有关部门、县级人民政府及其有关部门未经批准不得再新建数据开放平台，已建成运行的开放平台应当向省公共数据主管部门备案，并纳入全省数据开放平台的管理体系。

因特殊原因不能通过数据开放平台开放的，公共数据开放主体应当事先向本级公共数据主管部门备案。

第十八条 数据开放平台应当提供目录发布、数据汇集、安全存储、目录检索、数据预览、数据获取、统计分析、情况反馈、日志记录等服务，并提供数据下载、接口访问等多种数据获取方式。数据开放平台对公共数据利用主体进行实名制管理。

省公共数据主管部门应当根据公共数据开放和开发利用的需求，推进数据开放平台技术升级、功能迭代和资源扩展，确保数据开放平台具备必要的服务能力。

省公共数据主管部门应当制定并公布数据开放平台管理制度，明确公共数据主管部门、开放主体、利用主体和平台提供方在数据开放平台上的行为规范和安全责任，对数据开放平台上开放数据的上下线、变更、访问等环节建立透明化、可审计、可追溯的全过程管理机制。

第三章　公共数据开放利用

第十九条 公共数据开放主体应当向社会公平开放无条件开放类和有条件开放类公共数据，不得设定歧视性条件。

第二十条　公共数据开放主体应当按照本机构公共数据开放目录，通过数据开放平台向公共数据利用主体提供无条件开放类公共数据开放服务。

第二十一条　公共数据开放主体应当按照本机构公共数据开放目录，通过数据开放平台公布有条件开放类数据的开放条件，向符合条件的公共数据利用主体提供有条件开放类公共数据开放服务。

公共数据开放主体对公共数据利用主体提出的获取有条件开放类数据的服务申请进行审核，应当自收到申请之日起 20 个工作日内予以答复。通过审核的，可依申请提供数据；未通过审核的，要明确列出未通过审核的理由。

公共数据利用主体获取有条件开放类数据应当与公共数据开放主体签订公共数据利用协议。

第二十二条　公共数据利用主体可以通过下列方式获取开放的公共数据：

（一）数据下载；

（二）接口调用数据；

（三）通过数据开放平台以算法模型获取结果数据；

（四）存储介质传递数据；

（五）法律、法规、规章规定的其他方式。

第二十三条　鼓励利用开放公共数据从事科技研究、咨询服务、产品开发、数据加工等活动，将非公共数据与公共数据深度融合利用，发掘数据价值。

公共数据利用主体应当依法利用公共数据，不得损害国家利益、社会公共利益和第三方合法权益。

第四章　权 益 保 障

第二十四条　数据主体可以授权公共数据利用主体协助查询、获取、利用与其相关的公共数据。授权利用应当限定具体事项，并约定访问次数和使用期限。

数据主体认为所开放的公共数据侵犯其商业秘密、个人信息和隐私等合法权益的，可以通过数据开放平台告知公共数据开放主体，并提交相关证据材料。公共数据开放主体应当进行审查，并予以答复和处理。

第二十五条　公共数据利用主体应当诚信、善意利用公共数据，不得损害国家利益、社会公共利益和第三方合法权益。

公共数据利用主体在利用开放的公共数据形成论文、算法、发明、软件等成果或产品时，应当标注参考引用的公共数据。

第二十六条　公共数据利用主体应当通过数据开放平台向公共数据开放主体反馈有条件开放类公共数据利用情况。

未经同意，公共数据利用主体不得将获取的公共数据用于约定利用范围之外的其他用途，不得传播所获取的原始公共数据。

公共数据利用主体应当具备相应数据利用安全能力，履行相关安全职责，接受公共数据利用安全监督检查。

第二十七条 公共数据主管部门应当向公共数据利用主体收集公共数据开放情况的意见，适时提升公共数据开放服务水平。

公共数据利用主体对依法获取的数据资源开发利用的成果，所产生的财产权益受法律保护，并可以依法交易。法律另有规定或者当事人另有约定的除外。

第二十八条 突发自然灾害、事故灾难、公共卫生事件和社会安全事件，造成或者可能造成严重社会危害、直接影响社会公众切身利益的，负责处置突发事件的各级人民政府及其有关部门应当会同公共数据开放主体依法及时、准确开放相关公共数据，并根据公众需要动态更新。法律、法规另有规定的，从其规定。

第五章 监督保障与法律责任

第二十九条 省公共数据主管部门建立公共数据年度开放评估和通报制度，定期对公共数据开放主体年度开放计划的执行情况、公共数据开放数量和质量、公共数据开发利用成效等方面进行评估，并进行通报。

第三十条 自然人、法人和非法人组织可以向公共数据开放主体提出意见建议，具有下列情形之一的，公共数据开放主体应当及时处理：

（一）公共数据开放目录确定的开放属性不符合法律、法规、规章以及本办法规定；

（二）开放的公共数据质量不符合国家和省有关规定；

（三）开放的公共数据存在错误、遗漏；

（四）法律、法规、规章规定的其他情形。

第三十一条 省公共数据主管部门应当会同省网信、公安、国家安全、保密、通信管理等主管部门建立公共数据开放应急管理制度。

县级以上公共数据主管部门应当会同网信、公安、国家安全、保密、通信管理等主管部门制定公共数据开放安全工作规范，建立预警、响应、处理和灾难恢复机制。

县级以上公共数据主管部门应当指导公共数据开放主体制定安全处置应急预案并定期组织应急演练，建立完善其应急处置能力，确保发生突发事件时公共数据开放活动安全有序进行。

第三十二条 公共数据主管部门应当会同公共数据开放主体对有条件开放类公共数据的开放利用情况进行监督。

自然人、法人和非法人组织可以对损害其合法权益的公共数据开放行为向公共数据主管部门及公共数据开放主体投诉与举报。

第三十三条 省公共数据主管部门会同本级有关部门推动相关行业组织出台公共数据利用、安全管理等公约，促进行业建立和完善自律管理机制。

第三十四条 公共数据利用主体在利用公共数据的过程中有下列行为之一的，

公共数据主管部门应当会同公共数据开放主体对其予以处理：

（一）超出公共数据利用协议限制的应用场景使用公共数据；

（二）未落实公共数据利用协议约定的安全保障措施；

（三）严重违反数据开放平台安全管理制度和规范；

（四）采用非法手段获取公共数据；

（五）利用公共数据侵犯他人合法权益或公共利益；

（六）违反法律、法规、规章和公共数据利用协议的其他行为。

对存在前款行为的公共数据利用主体，公共数据主管部门和公共数据开放主体应当按照各自职责，依法采取限制措施。公共数据利用主体对处理不服的，可以提起申诉。

第三十五条　县级以上网信、公安、国家安全、公共数据、保密、通信管理等主管部门按照各自职责，做好公共数据开放安全管理工作。

省公共数据主管部门应当根据法律法规和相关要求，加强数据开放平台的安全管理，健全安全防护体系，保障平台安全可靠运行，防止公共数据被非法获取或者不当利用。

公共数据开放主体应当落实公共数据分类分级、脱敏、风险评估、应急处置等公共数据安全管理制度要求，建立健全本机构公共数据开放安全保障机制。

公共数据利用主体应当制定并落实与数据安全保护要求、公共数据利用协议相适应的安全管理制度，按照相关法律法规和政策标准规范，在公共数据利用过程中，采取必要的安全保障措施，防止商业秘密、个人信息和隐私泄露。

第三十六条　公共数据开放主体及其工作人员有违反本办法义务的，由本级人民政府或者上级主管部门责令改正；情节严重的，由有权机关对直接负责的主管人员和其他直接责任人员依法给予处理；构成犯罪的，依法追究刑事责任。

公共数据主管部门及其工作人员违反本办法义务的，由本级人民政府或上级主管部门责令改正；情节严重的，由有权机关对直接负责的主管人员和其他直接责任人员依法给予处理；构成犯罪的，依法追究刑事责任。

公共数据利用主体违反本办法义务的，由本级人民政府或上级主管部门责令改正；情节严重的，由有权机关对直接负责的主管人员和其他直接责任人员依法给予处理；构成犯罪的，依法追究刑事责任。

第三十七条　网信、公安、国家安全、公共数据、保密、通信管理等主管部门及其工作人员未按照规定履行公共数据安全监督管理职责的，由本级人民政府或者上级主管部门责令改正；情节严重或者造成严重损害的，由有权机关对直接负责的主管人员和其他直接责任人员依法给予处分；构成犯罪的，依法追究刑事责任。

第六章　附　　则

第三十八条　中央驻粤单位以及运行经费由本省各级财政保障的其他机关、事业单位、团体等单位参与本省公共数据开放及相关管理行为，参照本办法执行。

法律、法规、规章对统计数据、地理信息数据、不动产数据、公共信用信息数据等公共数据的开放、利用和安全管理有规定的，从其规定。

第三十九条 本办法自公布之日起施行，有效期三年。

《深圳市公共数据安全要求》

深圳市地方标准 DB4403/T 271—2022

（2022 年 11 月 14 日深圳市市场监督管理局发布　自 2022 年 12 月 1 日起实施）

1　范围

本文件规定了公共数据安全要求，主要包括总体安全原则和要求、总体框架、数据分级方法、通用管理安全要求、通用技术安全要求及数据处理活动安全要求。

本文件适用于公共管理和服务机构数据安全能力的建设、评估与监管，也适用于处理大量个人信息的服务平台数据安全能力的建设与评估。

2　规范性引用文件

下列文件中的内容通过文中的规范性引用而构成本文件必不可少的条款。其中，注日期的引用文件，仅该日期对应的版本适用于本文件；不注日期的引用文件，其最新版本（包括所有的修改单）适用于本文件。

GB/T 20984—2022 信息安全技术信息安全风险评估方法

GB/T 22239—2019 信息安全技术网络安全等级保护基本要求

GB/T 22240—2020 信息安全技术网络安全等级保护定级指南

GB/T 35273—2020 信息安全技术个人信息安全规范

GB/T 37988—2019 信息安全技术数据安全能力成熟度模型

GB/T 39477—2020 信息安全技术政务信息共享数据安全技术要求

GB/T 39786—2021 信息安全技术信息系统密码应用基本要求

3　术语和定义

GB/T 35273—2020、GB/T 37988—2019 界定的以及下列术语和定义适用于本文件。

3.1　公共数据 common data 公共管理和服务机构及处理大量个人信息的服务平台在依法履行公共管理职责或者提供公共服务过程中产生、处理的数据。注：本文件提及的数据均指公共数据。

3.2　数据安全 data security 通过采取必要措施，确保数据处于有效保护和合法利用的状态，以及具备保障持续安全状态的能力。

3.3　公共管理和服务机构 public administration and service institutions 本市国家机关、事业单位和其他依法管理公共事务的组织，以及提供教育、卫生健康、社会福利、供水、供电、供气、环境保护、公共交通和其他公共服务的组织。

3.4　敏感个人信息 personal sensitive information 一旦泄露、非法提供或滥用有可能危害人身和财产安全，极易导致个人名誉、身心健康受到损害或歧视性待遇等的个人信息。

注1：敏感个人信息包括公民身份号码、个人生物特征信息、银行账号、通信记录和内容、财产信息、征信信息、行踪轨迹、住宿信息、健康生理信息、交易信息、14 岁以下（含）儿童的个人信息等。

注2：个人信息处理者通过个人信息或其他信息加工处理后形成的信息，如一旦泄露、非法提供或滥用可能危害人身和财产安全，极易导致个人名誉、身心健康受到损害或歧视性待遇等的个人信息，也属于敏感个人信息。

［来源：GB/T 25069—2022，3.195，有修改］

3.5　重要数据 key data

一旦泄露可能直接影响国家安全、公共安全、经济安全和社会稳定的数据。

注：包括未公开的政府信息，数量达到一定规模的基因、地理、矿产信息等，原则上不包括个人信息、企业内部经营管理信息等。

［来源：GB/T 41479—2022，3.9，有修改］

3.6　匿名化 anonymization

公共数据中涉及的个人信息经过处理无法识别特定自然人且不能复原的过程。

3.7　数据合作方 data cooperator

与公共管理和服务机构进行业务合作、提供技术支撑和数据服务等，并可能接触到公共数据的外部单位。

3.8　安全多方计算 secure multi-party computation

在无可信第三方的情况下，各方约定一个安全计算函数，确保计算过程中各方数据安全的同时，得到预期计算的结果。

3.9　第三方应用 third party application

第三方提供的产品或服务，以及被接入或嵌入公共管理和服务机构产品或服务中的自动化工具。

注：包括但不限于软件开发工具包、第三方代码、组件、脚本、接口、算法模型、小程序等。

［来源：GB/T 41479—2022，3.12，有修改］

4　总体安全原则和要求

4.1　总体安全原则

为规范公共数据安全的基本要求，防范和抵御数据可能面临的各类安全风险，公共管理和服务机构在处理数据过程中，应遵循下列原则，具体包括：

　　a）合法正当原则：公共数据收集采取合法、正当的方式，不应窃取或者以其他非法方式获取数据，数据处理活动过程不应危害国家安全、公共利益，不应损害个人、组织的合法权益；

　　b）权责明确原则：采取技术和其他必要的措施保障数据的安全，对数据处理活动中涉及的组织和个人的合法权益负责；

　　c）目的明确原则：数据处理活动具有明确、清晰、具体的目的；

　　d）明示同意原则：数据相关主体拥有对其个人信息的处理目的、方式、范围等规则的知情权，在进行数据处理活动前应向数据相关主体明示，并获得授权同意，法律、行政法规另有规定的例外情况，从其规定；

　　e）最小必要原则：数据处理活动仅处理可满足特定公共服务为目的所需的最少数据类型和数量；

　　f）公开透明原则：以明确、易懂和合理的方式公开个人信息处理的范围、目的、规则等，并接受外部监督，法律、行政法规另有规定的例外情况，从其规定；

　　g）动态调整原则：数据安全等级随着数据对客体侵害程度的变化进行动态调整，数据重要程度、数据处理活动过程、数据安全管控措施等的变更可能引起数据对客体侵害程度的变化；

　　h）全程可控原则：采取必要管控措施确保数据处理活动各环节的可控性，防止未授权访问及处理公共数据，记录数据处理活动各环节过程，记录内容清晰可追溯。

4.2　总体安全要求

承载公共数据的信息系统应按 GB/T 22239—2019 描述的基本要求，同步规划、建设、运营信息系统，并对信息系统组织开展定级备案、等级测评、安全整改工作；数据处理过程涉及的密码技术应按 GB/T 39786—2021 描述的密码应用基本要求执行。

5　总体框架

5.1　总体框架图

总体框架如图 1 所示。

5.2　安全要求类别

在总体安全要求基础上，公共数据安全要求由如下两大类构成：

　　a）数据通用安全要求：明确通用管理安全要求及通用技术安全要求，从管理及技术角度分级阐述公共数据安全要求；

　　b）数据处理活动安全要求：数据处理活动围绕数据收集、数据存储、数据传输、数据使用、数据加工、数据开放共享、数据交易、数据出境、数据销毁与删除 9 个过程，分级阐述公共数据安全要求。

6 数据分级方法

6.1 分级概述

公共管理和服务机构应对数据进行分类管理，在数据分类基础上，根据数据在经济社会发展中的重要程度，以及一旦遭到篡改、破坏、泄露或者被非法获取、非法利用，对国家安全、社会秩序和公共利益或者个人信息主体、公共管理和服务机构合法权益造成的损害程度，对数据分级。

6.2 确定定级对象

数据定级对象应包括数据库和数据子类，也可为数据子类下的具体数据字段。数据定级对象分级方法不适用于半结构化及非结构化数据。

6.3 定级要素

数据定级对象的定级要素包括：

a）受侵害的客体；

b）对客体的侵害程度。

6.3.1 受侵害的客体

数据定级对象受到破坏所侵害的客体包括以下三个方面：

a）个人信息主体及公共管理和服务机构的合法权益；

b）社会秩序和公共利益；

c）国家安全。

6.3.2 对客体的侵害程度

对客体的侵害程度应根据数据定级对象遭受篡改、破坏、泄露或者被非法获取、非法利用时，涉及的数据类型、数据量、数据影响面综合判定。对客体造成的侵害程度归结为以下四种：

a）无损害；

b）一般损害；

c）严重损害；

d）特别严重损害。

6.4 定级要素与等级关系

应对业务系统的数据库、数据子类或数据字段分别定级；针对业务系统的数据库，按照 GB/T 22240—2020 中 4.3 规定的定级要素及安全保护等级的关系，以及 6.1 规定的业务信息安全定级方法，参照表 1 定级，形成业务系统数据库清单，相关示例见表 A.1；数据子类或数据字段定级要素与等级关系应符合附录 B 的规定。

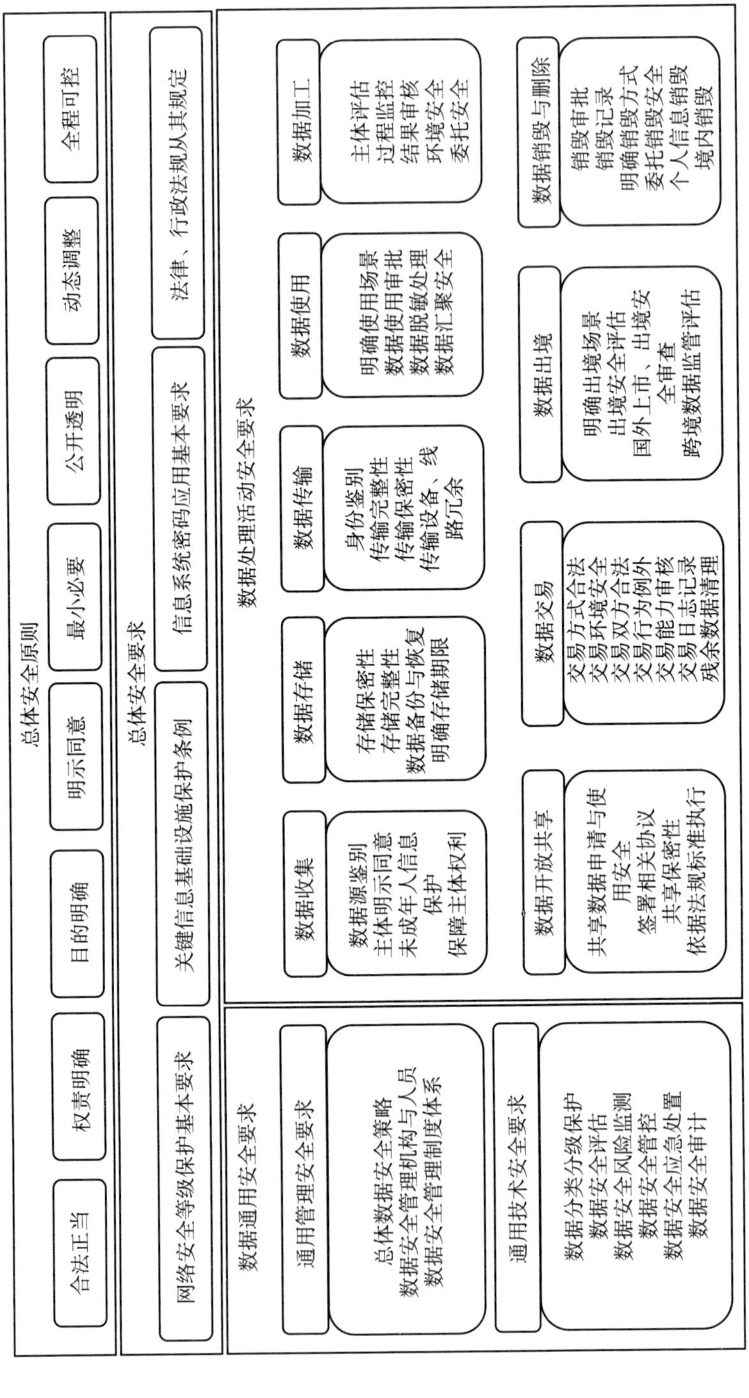

图1 总体框架

总体安全原则
- 合法正当
- 权责明确
- 目的明确
- 明示同意
- 最小必要
- 公平透明
- 动态调整
- 全程可控

总体安全要求
- 网络安全等级保护基本要求
- 关键信息基础设施保护条例
- 信息系统密码应用基本要求
- 法律、行政法规从其规定

数据处理活动安全要求

数据收集
- 数据源鉴别
- 主体明示同意
- 未成年人信息保护
- 保障主体权利

数据开放共享
- 共享数据申请与使用
- 安全
- 签署相关协议
- 共享保密性
- 依据法规标准执行

数据存储
- 存储保密性
- 存储完整性
- 数据备份与恢复
- 明确存储期限

数据交易
- 交易方式合法
- 交易环境安全
- 交易双方合法
- 交易行为合规
- 交易能力审核
- 交易日志记录
- 残余数据清理

数据传输
- 身份鉴别
- 传输完整性
- 传输保密性
- 传输设备、线路冗余

数据使用
- 明确使用场景
- 数据使用审批
- 数据脱敏处理
- 数据汇聚安全

数据出境
- 明确出境场景
- 出境安全评估
- 国外上市、出境安全审查
- 跨境数据监管评估

数据加工
- 主体评估
- 过程监控
- 结果审核
- 环境安全
- 委托安全

数据销毁与删除
- 销毁审批
- 销毁记录
- 明确销毁方式
- 委托销毁安全
- 个人信息销毁
- 境内销毁

数据通用安全要求

通用管理安全要求
- 总体数据安全策略
- 数据安全管理机构与人员
- 数据安全管理制度体系

通用技术安全要求
- 数据分类分级保护
- 数据安全风险评估
- 数据安全监测
- 数据安全应急处置
- 数据安全审计

表1　　　　　　　　　　数据库定级要素与安全等级关系

受侵害的客体	对客体的侵害程度		
	一般损害	严重损害	特别严重损害
个人信息主体及公共管理和服务机构的合法权益	第一级	第二级	第二级
社会秩序和公共利益	第二级	第三级	第四级
国家安全	第三级	第四级	第五级

6.5　定级步骤

数据对象定级步骤依据图2。

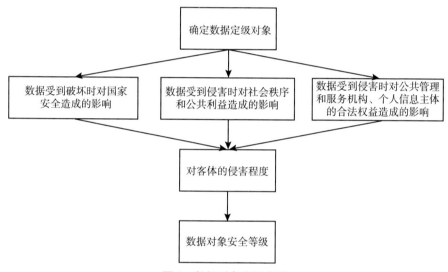

图2　数据对象定级步骤

6.6　级别变更

数据处理活动过程中，数据级别发生变更的，应及时对变更后数据重新级别判定，数据级别可能发生变更的场景包括但不限于数据汇聚融合、加工、脱敏、超过时效等。

6.7　级别要求

当不同级别的数据同时被处理且无法精细化管控时，应"就高不就低"，按照数据对象安全等级最高的要求实施保护。数据库安全等级与其安全要求的对应关系见表2，数据子类或数据字段安全等级与其安全要求的对应关系应符合附录B的规定。

表 2   数据库安全等级与安全要求关系

数据库安全等级	安全要求
第一级	基本安全要求
第二级	基本安全要求
第三级	基本安全要求、三级增强安全要求
第四级	基本安全要求、三级增强安全要求、四级增强安全要求
第五级	第五级为非常重要的监督管理对象，其安全要求不在本文件描述

7 通用管理安全要求

7.1 总体数据安全策略

7.1.1 基本安全要求

应明确数据安全管理的策略，包括管理目标、原则、要求等内容，制定或修订完善总体安全管理框架，公共数据安全管理应作为重点内容，纳入总体安全管理范畴。

7.1.2 三级增强安全要求

应定期对数据安全策略的合理性及适用性进行论证和审定，动态调整。

7.1.3 四级增强安全要求

四级无增强安全要求。

7.2 数据安全管理机构与人员

7.2.1 基本安全要求

7.2.1.1 机构管理

机构管理包括如下要求：

a）应设立数据安全管理机构，明确数据安全责任人，落实数据安全保护责任；

b）应按照相关法律、法规、规章的要求编制公共数据资源目录，加强数据安全保护；

c）数据安全责任人履行职责包括但不限于：

    1）组织制定数据保护计划并落实；

    2）组织开展数据安全影响分析和风险评估，督促整改安全隐患；

    3）组织按要求向有关部门报告数据安全保护和事件处置情况；

    4）组织受理并处理数据安全投诉和举报事项等。

d）数据安全管理机构应明确数据管理员、数据安全管理员、数据安全审计员等岗位职责，落实岗位人员，保障数据安全管理与审计工作开展。相关岗位职责应包括：

    1）数据管理员负责数据存储、数据权限分配、数据资产梳理等；

    2）数据安全管理员负责数据权限审批、数据分类分级、数据安全风险检测与评估、数据安全事件应急响应处置、教育培训等，可由安全管理员兼任；

　　3）数据安全审计员负责数据安全审计等。

　　e）处理个人信息达到国家网信部门规定数量的，应指定个人信息保护负责人，负责对个人信息处理活动以及采取的保护措施等进行监督，并公开个人信息保护负责人联系方式，将个人信息保护负责人的姓名、联系方式等报送履行个人信息保护职责部门；

　　f）应针对数据类别级别变更、数据权限变更、重大数据操作及外部系统接入等事项建立审批程序，按照审批程序执行审批过程；

　　g）涉及数据合作方的机构，应与数据合作方签订合作协议及数据安全保密协议，明确双方数据安全保密责任与义务，宜定期审核数据合作方资质背景、数据安全保障能力等，并组织动态合规评估。

　　7.2.1.2　人员管理

　　人员管理包括如下要求：

　　a）应加强人员管理，明确规定人员录用、人员培训、人员考核、保密协议、离岗离职、外部人员管理等方面管理要求并严格落实；

　　b）应与内部数据岗位人员、数据合作方人员签订保密协议，明确数据访问范围、操作权限、人员调离岗保密要求、保密期限、违约责任等，有效约束操作行为；

　　c）应制定数据安全培训计划，定期组织数据安全培训工作，每年至少一次；针对机构全员，培训内容包括但不限于数据安全意识、法律法规等；针对数据岗位人员，培训内容包括但不限于标准规范、技能培训、应急响应、应急演练等，留存培训记录；

　　d）宜组织数据岗位人员考取相关资质证书，持证上岗。

　　7.2.2　三级增强安全要求

　　7.2.2.1　机构管理

　　机构管理包括如下要求：

　　a）应针对重大数据处理活动建立逐级审批机制；

　　b）应定期审查审批事项，及时更新需授权和审批的项目、审批部门和审批人等信息。

　　7.2.2.2　人员管理

　　人员管理包括如下要求：

　　a）应配备专职安全管理员承担数据安全管理员工作；

　　b）应针对不同数据岗位制定不同的培训计划，对数据安全基础知识、岗位操作规程等进行培训；

　　c）应定期对不同数据岗位人员进行技能考核。

　　7.2.3　四级增强安全要求

　　7.2.3.1　机构管理

　　四级无增强安全要求。

7.2.3.2 人员管理

人员管理包括如下要求：

a）关键事务岗位应配备多人共同管理；

b）应从内部人员中选拔从事关键数据岗位的人员。

7.3 数据安全管理制度体系

7.3.1 基本安全要求

数据安全管理制度体系包括如下要求：

a）应指定专门的部门或授权数据安全管理机构负责数据安全管理制度的制定；

b）应建立健全数据安全保护制度体系，制度体系内容包括但不限于数据安全政策、组织机构与人员管理、数据分类分级、数据安全评估、数据安全风险监测、数据访问权限管控、数据安全应急与处置、数据安全审计、数据活动安全管理要求（包括数据收集、存储、传输、使用、加工、开放共享、交易、出境、销毁等）、数据安全教育培训、数据合作方管理、个人信息安全保护等；

c）提供重要互联网平台服务、用户数量巨大、业务类型复杂的个人信息处理者，应按照国家规定建立健全个人信息保护合规制度体系，成立主要由外部成员组成的独立机构对个人信息保护情况进行监督；

d）应建立投诉、举报受理处置制度，收到通过其平台编造、传播虚假信息，发布侵害他人名誉、隐私、知识产权和其他合法权益信息，以及假冒、仿冒、盗用他人名义发布信息的投诉、举报，自接受投诉举报起，受理时间不超过 3 天，受理后进行调查取证，一经查实，应依法采取停止传输、消除等处置措施；

e）应建立个人信息主体保护权利的渠道和机制，及时响应个人信息主体查阅、复制、更正、删除其个人信息及注销账号的请求，按照 GB/T 35273—2020 中 8.7 规定的要求响应个人信息主体的请求，不应对请求设置不合理条件；

f）应通过正式、有效的方式发布数据安全管理制度，并进行版本控制；

g）应定期对数据安全管理制度的合理性和适用性进行论证和审定，对存在不足或需要改进的安全管理制度进行修订。

7.3.2 三级增强安全要求

应形成由安全策略、管理制度、操作规程、记录表单等构成的全面的数据安全管理制度体系。

7.3.3 四级增强安全要求

四级无增强安全要求。

8 通用技术安全要求

8.1 数据分类分级保护

8.1.1 基本安全要求

数据分类分级保护包括如下要求：

a）应结合数据资产识别技术手段，梳理数据资产，并明确数据资产类型、数据量、存储位置、数据关联系统、数据共享情况、数据出境情况等；

b）应明确数据分类标准，依据数据资源属性特征，将数据合理划分类别，形成数据资源分类目录，相关示例见附录 C；

c）应明确数据对象安全等级，依据数据一旦遭到篡改、破坏、泄露或者非法获取、非法利用时，对国家安全、社会秩序和公共利益或者个人信息主体、公共管理和服务机构合法权益造成的侵害程度确定安全等级，常见个人信息分类分级相关示例见附录 D；

d）应在数据分类分级基础上，形成数据资产清单，相关示例见附录 A，落实不同数据安全等级差异化防护措施要求；数据库安全等级差异化防护要求依据本文件第 7 至 9 章落实执行，数据子类或数据字段安全等级差异化防护措施应符合附录 B 的规定；

e）应定期评审数据对象的类别和级别，如需变更数据所属类型或级别，应依据变更审批流程执行变更。

8.1.2　三级增强安全要求

应采取数据安全防护措施，对重要数据和敏感个人信息进行重点保护。

8.1.3　四级增强安全要求

应建立数据资产识别技术能力，对数据对象进行标记与跟踪，构建数据血缘关系。

8.2　数据安全评估

8.2.1　基本安全要求

数据安全评估包括如下要求：

a）应结合自身数据安全要求，制定数据安全风险评估方法，明确风险评估目的、范围、依据、评估流程、评估频率、实施评估、综合评估分析等内容；

b）在出现法律法规重大更改或增删、业务活动发生重大变化、数据资产发生重大变化、发生重大数据安全事件、数据安全管理方针发生变化等重大情况变化时应进行局部或全面数据安全风险评估，形成数据安全风险评估报告；

c）涉及国家、行业存在数据安全合规监管要求的机构，应定期开展数据安全合规性评估，并向有关主管部门报送合规性评估报告；

d）涉及敏感个人信息处理、个人信息自动化决策、委托处理、他人提供（含境外）、公开、其他对个人权益有重大影响的个人信息处理活动等，应事先开展个人信息保护影响评估，评估记录至少保存三年。

8.2.2　三级增强安全要求

应定期开展数据安全自评估工作，涉及处理敏感个人信息及国家规定的重要数据的机构，应按照有关规定定期开展风险评估，并向有关主管部门报送风险评估报告，风险评估报告应包括处理的重要数据种类、数量，开展数据处理活动的情况，面临的数据安全风险以其应对措施等。

8.2.3　四级增强安全要求

四级无增强安全要求。

8.3 数据安全风险监测

8.3.1 基本安全要求

数据安全风险监测包括如下要求：

a）应具备常态化数据安全风险监测能力，持续监测数据安全风险，风险类型包括但不限于账号险、权限风险、异常操作行为、数据出境风险、数据暴露面风险等；

b）应加强数据安全风险闭环管理，持续提升数据安全风险处置能力。

8.3.2 三级增强安全要求

数据安全风险监测包括如下要求：

a）应建立数据安全风险监测预警机制，制定合理有效的风险监测指标；

b）应对数据安全事件和可能引发数据安全事件的风险隐患进行收集、分析判断和持续监控预警，建立数据安全监测预警流程，有效保障业务系统所承载数据资产的机密性、完整性、可用性；

c）应配备专人负责数据安全风险监测工作，定期出具风险监测报告；

d）应定期对数据安全风险监测工作的有效性、全面性进行审核验证。

8.3.3 四级增强安全要求

四级无增强安全要求。

8.4 数据安全管控

8.4.1 基本安全要求

8.4.1.1 数据访问权限管控

数据访问权限管控包括如下要求：

a）应根据不同数据级别，明确数据管理、审计类账号权限开通、分配、使用、变更、注销等安全管理要求，账号关联对象包括机构内部及数据合作方人员；

b）应对账号及对应权限进行记录，并在账号或权限发生变更时及时更新，重点关注离职人员账号回收、管理权限变更、沉默账号、复活账号；

c）应严格控制账号访问、操作权限，明确账号权限审批流程；

d）应对账号进行统一身份认证、操作行为记录；

e）应对业务系统之间的数据访问采取身份鉴别、访问控制、安全审计、资源控制等技术措施；

f）应对数据批量下载、上传、删除、共享和销毁等重大操作行为设置内部审批流程，并记录操作行为。

8.4.1.2 数据防泄露管控

应在网络层面对数据流转、泄露和滥用情况进行监控，及时对异常数据操作行为进行预警。

8.4.1.3 数据接口管控

数据接口管控包括如下要求：

a）应在数据接口调用前进行身份鉴别，通过技术手段限制非白名单接口接入；

b）应对数据接口定期开展安全检测，及时发现并处置数据安全风险隐患；

c）应对数据接口实施调用审批流程，对接口调用行为进行日志记录；

d）应定期梳理数据接口，形成接口清单。

8.4.2　三级增强安全要求

8.4.2.1　数据访问权限管控

应对数据跨网络区域传输采取安全管控措施，包括但不限于网络及应用层的访问控制策略，控制粒度为端口级。

8.4.2.2　数据防泄露管控

应在终端层面对数据流转、泄露和滥用情况进行监控，及时对异常数据操作行为进行预警，并在网络层面实现对异常数据操作行为及时定位和阻断。

8.4.2.3　数据接口管控

数据接口管控包括如下要求：

a）应对异常数据接口调用行为实现自动预警、拦截功能；

b）应对开放数据接口的平台相关接口数据交互行为进行监测，对接口数据交互行为进行日志记录；

c）应建立数据接口全生命周期管理机制，形成接口清单，动态更新接口活动状态，如新增、活跃、失活、复活、下线等接口状态，并采取安全管控措施。

注：开放数据接口的平台包括但不限于数据开放平台、数据共享交换平台、数据交易平台、大数据平台、能力开放平台。

8.4.3　四级增强安全要求

8.4.3.1　数据访问权限管控

应基于数据分级分类结果配置主体对客体的访问控制策略，访问控制粒度应达到主体为用户级或进程级，客体为接口、应用功能、文件、数据库表级等。

8.4.3.2　数据防泄露管控

应在终端层面对异常数据操作行为及时定位和阻断。

8.4.3.3　数据接口管控

四级无增强安全要求。

8.5　数据安全应急处置

8.5.1　基本安全要求

数据安全应急处置包括如下要求：

a）应建立数据安全应急处置机制，依据本市、本区、本行业网络安全事件应急相关文件开展应急处置工作；

b）发生数据泄露、毁损、丢失、篡改等数据安全事件时应立即启动应急预案，采取相应的应急处置措施，及时告知相关权利人，并按照有关规定向市网信、公安部门和有关行业主管部门报告；

c）数据安全应急处置后应分析事件发生原因，总结应急处置经验，调整数据安全策略，形成事件调查记录和总结报告，避免再次发生类似情况；

d）发生个人信息泄露、毁损、丢失等数据安全事件，或发生数据安全事件风险明显加大时，应立即采取补救措施，及时以电话、短信、邮件或信函等方式告知个人信息主体，并主动报告有关主管部门，必要时应向市网信部门报告；

e）应采取技术手段对数据安全事件的日志或流量关联分析进行溯源，造成严重事件的应依法追究事件主体责任；

f）应根据应急预案明确的数据安全事件场景定期开展应急演练，检验和完善应急处置机制，每年至少一次，事件场景包括但不限于数据泄露、丢失、滥用、篡改、毁损、违规使用等。

8.5.2　三级增强安全要求

数据安全应急处置包括如下要求：

a）应跟踪和记录数据收集、分析、加工、挖掘等过程，保证在发生事件时溯源数据能重现相应过程；

b）关键信息基础设施系统数据在发生重要数据泄露、较大规模个人信息泄露时，应及时上报关键信息基础设施安全保护工作部门。

8.5.3　四级增强安全要求

应采取技术手段保证数据处理活动的溯源数据真实性和保密性。

8.6　数据安全审计

8.6.1　基本安全要求

数据安全审计包括如下要求：

a）应制定数据安全审计制度，审计覆盖面包括数据收集、数据存储、数据传输、数据使用、数据加工、数据开放共享、数据销毁与删除等数据处理活动各环节，明确审计策略、审计对象、审计内容、审计周期、审计结果、审计问题跟踪等要求；

b）应对数据处理活动环节实施日志留存管理，日志记录至少包括时间、IP 地址、操作账号、操作内容、操作结果等，在发生安全事件时可提供溯源取证能力，日志保存时间不少于 180 天；

c）应定期对数据处理活动各环节日志进行数据安全审计，每年至少一次，形成数据安全审计报告。

8.6.2　三级增强安全要求

应定期对数据账号操作及接口调用情况进行安全审计。

8.6.3　四级增强安全要求

四级无增强安全要求。

9　数据处理活动安全要求

9.1　数据收集

9.1.1　基本安全要求

数据收集包括如下要求：

a）应对数据收集来源进行鉴别和记录，确保数据收集来源的合法性、正当性，明确数据类型及收集渠道、目的、用途、范围、频度、方式等；

b）收集外部机构数据前，应对外部机构数据源的合法性、合规性进行鉴别；

c）个人信息收集应遵循合法、正当、必要和诚信原则，并获得个人信息主体的明示同意，不应通过误导、欺诈、胁迫或者其他违背个人信息主体真实意愿的方式获取其同意；

d）应按照 GB/T 35273—2020 中 5.1 至 5.6 规定的要求开展个人信息收集工作；

e）提供公共服务的移动互联网应用程序或第三方应用，应遵循最小化收集原则，不应因个人信息主体不同意收集非必要个人信息，而拒绝个人信息主体使用移动互联网应用程序或第三方应用。

9.1.2　三级增强安全要求

收集外部机构数据前，应对数据收集过程中的网络环境、系统进行安全评估，确保收集数据的机密性、完整性和可用性。

9.1.3　四级增强安全要求

四级无增强安全要求。

9.2　数据存储

9.2.1　基本安全要求

数据存储包括如下要求：

a）应明确数据存储相关安全管控措施，如加密、访问控制、数字水印、完整性校验等；

b）应明确数据备份与恢复安全策略，建立数据备份恢复操作规程，说明数据备份周期、备份方式、备份地点；建立数据恢复性验证机制，保障数据的可用性与完整性；

c）应提供异地数据备份功能，利用通信网络将数据定时批量传送至备用场地；

d）个人生物识别信息应与个人身份信息分开存储，原则上不应存储原始个人生物识别信息（如样本、图像等），仅存储个人生物识别信息的摘要信息；

e）个人信息存储期限应为实现个人信息主体授权使用目的所必需的最短时间，法律法规另有规定或者个人信息主体另行授权同意的除外，超出个人信息存储期限后，应对个人信息进行删除或匿名化处理。

9.2.2　三级增强安全要求

数据存储包括如下要求：

a）应提供异地实时备份功能，利用通信网络将数据实时备份至备份场地；

b）应具备勒索病毒事前预警、事中阻断及事后恢复的保障能力；

c）应提供数据处理环节关联信息系统的热冗余，保证数据的高可用性。

9.2.3　四级增强安全要求

应建立异地灾难备份中心，提供数据的实时切换。

9.3 数据传输

9.3.1 基本安全要求

数据传输包括如下要求：

a）应明确数据传输相关安全管控措施，如传输通道加密、数据内容加密、数据接口传输安全等；

b）应对数据传输两端进行身份鉴别，确保数据传输双方可信任；

c）应采用校验技术保证数据在传输过程中的完整性。

9.3.2 三级增强安全要求

数据传输包括如下要求：

a）应对关键网络传输线路及核心设备实施冗余建设，确保数据传输的网络可用性；

b）重要数据不应通过离线或即时通信方式传输。

9.3.3 四级增强安全要求

在可能涉及法律责任认定的应用中，应采用密码技术提供数据原发证据和数据接收证据，实现数据原发行为的抗抵赖和数据接收行为的抗抵赖。

9.4 数据使用

9.4.1 基本安全要求

数据使用包括如下要求：

a）应明确数据使用业务场景的目的、范围、审批流程（含权限授予、变更、撤销等）、人员岗位职责等，鼓励在保障安全的情况下，开展数据利用；

b）应明确数据统计分析、展示、发布、公开披露等不同数据使用场景的安全管理要求；

c）应根据不同数据使用场景采用安全处理措施（如去标识化、匿名化等），降低数据敏感度及暴露风险；

d）存在利用算法推荐技术进行自动化决策分析的情形，应保证决策的透明度和结果公平合理；

e）数据公开前应开展数据安全风险评估，明确公开数据的内容与种类、公开方式、公开范围、安全保障措施、可能的风险与影响范围等。涉及敏感个人信息、商业秘密信息的，以及可能对公共利益或者国家安全产生重大影响的，不应公开，法律、法规、规章另有规定的除外；

f）利用所掌握的数据资源，公开市场预测、统计等信息时，不应危害国家安全、公共安全、经济安全和社会稳定。

9.4.2 三级增强安全要求

数据使用包括如下要求：

a）应采取技术措施保证汇聚大量数据时不暴露敏感信息；

b）宜对不同数据使用场景采取数字水印等技术，实现数据防泄密及溯源能力；

c）宜对接入或嵌入的第三方应用加强数据安全管理，宜对接入或嵌入的第三方应用开展技术检测，确保其数据处理行为符合双方约定要求，对审计发现超出双方约定的行为及时停止接入。

9.4.3　四级增强安全要求

四级无增强安全要求。

9.5　数据加工

9.5.1　基本安全要求

数据加工包括如下要求：

a）应对参与数据加工活动的主体进行合法性、正当性的评估，确保参与数据加工活动的主体为合法合规的组织机构或个人；

b）应在数据加工前，书面明确数据加工目的、范围、期限、规则及数据加工主体的责任与义务；

c）开展数据加工活动过程中，知道或应知道可能危害国家安全、公共安全、经济安全和社会稳定的，应立即停止加工活动；

d）委托他人加工处理数据的，应与其订立数据安全保护合同，明确双方安全保护责任；委托加工处理个人信息的，应约定委托处理的目的、期限、处理方式、个人信息的种类、保护措施以及双方的权利和义务等，并对受托人的个人信息处理活动进行监督，不应超出已征得个人信息主体授权同意的范围。

9.5.2　三级增强安全要求

数据加工包括如下要求：

a）应对数据加工的过程进行评估与监控，对数据加工过程的数据操作行为进行记录、审计，对异常数据操作行为及时预警、处置；

b）应对数据加工结果进行评估，如产生新数据，应对新数据进行安全审核，确保新数据不存在数据泄露风险；

c）应提供安全的数据加工环境，包括网络环境、终端环境等，避免加工过程导致数据泄露、数据破坏等安全风险；

d）加工重要数据的，应加强访问控制，建立登记、审批机制并留存记录。

9.5.3　四级增强安全要求

四级无增强安全要求。

9.6　数据开放共享

9.6.1　基本安全要求

数据开放共享包括如下要求：

a）公共数据提供部门应与公共数据使用部门签署相关协议，明确数据使用目的、供应方式、保密约定、数据共享范围、数据安全保护要求等内容；

b）公共数据提供部门应采用国家相关标准规定的密码技术，保障数据共享过程的保密性和完整性；

c）政务信息资源交换平台的政务信息共享应履行 GB/T 39477—2020 第 6 章确定的共享数据安全要求。

9.6.2 三级增强安全要求

数据开放共享包括如下要求：

a）公共数据提供部门应建立内部审批机制，明确数据对外共享目的、范围、期限、频次等内容；

b）公共数据提供部门宜对共享的数据采取数字水印等技术，确保共享数据可溯源；

c）宜采用多方安全计算、同态加密等数据隐私计算技术实现数据共享的安全性。

9.6.3 四级增强安全要求

四级无增强安全要求。

9.7 数据交易

9.7.1 基本安全要求

应按照相关法律、法规、规章的要求开展数据交易，加强交易过程的数据安全保护。

9.7.2 三级增强安全要求

三级无增强安全要求。

9.7.3 四级增强安全要求

四级无增强安全要求。

9.8 数据出境

9.8.1 基本安全要求

数据出境包括如下要求：

a）应明确数据出境业务场景，严格遵守国家法律、行政法规数据出境安全监管要求，符合国家法律、行政法规规定情形的，应提前开展数据出境安全评估及网络安全审查工作，严禁未授权数据出境行为；

b）境内用户在境内访问境内网络的，其流量不应路由至境外；

c）应建立跨境数据的评估、审批及监管控制流程，并依据流程实施相关控制并记录过程。

9.8.2 三级增强安全要求

三级无增强安全要求。

9.8.3 四级增强安全要求

四级无增强安全要求。

9.9 数据销毁与删除

9.9.1 基本安全要求

数据销毁与删除包括如下要求：

a）应建立数据销毁与删除规程，明确数据销毁与删除场景、方式及审批机制，设置相关监督角色，记录数据销毁与删除操作过程；

b）如因业务终止或组织解散，无数据承接方的，应及时有效销毁其控制的数据，法律、法规另有规定的除外；

c）委托数据合作方完成数据处理后，应要求数据合作方及时销毁委托的相关数据，法律、法规另有规定或者双方另有约定的除外；

d）根据要求、约定删除数据或完成数据处理后无需保留源数据的，应及时删除相关数据；

e）应按照 GB/T 35273—2020 中 8.3 规定的要求执行个人信息删除操作。

9.9.2 三级增强安全要求

数据销毁与删除包括如下要求：

a）应在中国境内对介质存储的数据进行销毁或删除；

b）应对存储数据的介质或物理设备采取无法恢复的方式进行数据销毁与删除，如物理粉碎、消磁、多次擦写等。

9.9.3 四级增强安全要求

四级无增强安全要求。

深圳市

2022 年 11 月 14 日

深圳市发展和改革委员会关于印发
《深圳市数据交易管理暂行办法》的通知

深发改规〔2023〕3 号

各有关单位：

《深圳市数据交易管理暂行办法》已经市政府同意，现印发给你们，请遵照执行。

深圳市发展和改革委员会

2023 年 2 月 21 日

深圳市数据交易管理暂行办法

第一章　总　　则

第一条　为引导培育本市数据交易市场，规范数据交易行为，促进数据有序高效流动，根据《中华人民共和国网络安全法》《中华人民共和国数据安全法》《中华人民共和国个人信息保护法》《深圳经济特区数据条例》《深圳经济特区数字经济产业促进条例》等有关法律法规规定，结合本市实际，制定本办法。

第二条　在经市政府批准成立的数据交易场所内进行的数据交易及其相关管理活动，适用本办法。

第三条　本市数据交易坚持创新制度安排、释放价值红利、促进合规流通、保障安全发展、实现互利共赢的原则，着力建立合规高效、安全可控的数据可信流通体系。

第四条　市发展改革部门是本市数据交易的综合监督管理部门，负责统筹协调全市数据交易管理工作，主要履行以下职责：

（一）统筹全市数据交易规划编制、政策制定以及规则制度体系建设，鼓励和引导市场主体在依法设立的数据交易场所进行数据交易；

（二）推动数据交易场所运营机构利用先进的信息化技术建立数据来源可确认、使用范围可界定、流通过程可追溯、安全风险可防范的数据交易服务环境；

（三）会同相关部门建立协同配合的数据交易监督工作机制，对数据交易场所运营机构和交易市场主体进行管理。

市网信、教育、科技创新、工业和信息化、公安、司法、财政、人力资源和社会保障、规划与自然资源、交通运输、商务、卫生健康、审计、国有资产监督管理、市场监督管理、统计、地方金融监督管理、政务服务数据管理、国家安全、证券监督管理等部门在各自职责范围内承担监管职责。

第五条　本办法所称数据交易场所是经市政府批准成立的，组织开展数据交易活动的交易场所。

数据卖方是指在数据交易场所内出售交易标的的法人或非法人组织。

数据买方是指在数据交易场所内购买交易标的的法人或非法人组织。

数据商是指从各种合法来源收集或维护数据，经汇总、加工、分析等处理转化为交易标的，向买方出售或许可；或为促成并顺利履行交易，向委托人提供交易标的发布、承销等服务，合规开展业务的企业法人。

第三方服务机构是指辅助数据交易活动有序开展，提供法律服务、数据资产化服务、安全质量评估服务、培训咨询服务及其他第三方服务的法人或非法人组织。

第二章　数据交易主体

第六条　数据交易主体包括数据卖方、数据买方和数据商。数据卖方应当作为数据商或通过数据商保荐，方可开展数据交易。

第七条　在保证数据安全、公共利益及数据来源合法的前提下，市场主体按照不同情形，依法享有数据资源持有权、数据加工使用权和数据产品经营权等权利。

数据卖方和数据商应加强数据质量、安全及合规管理，确保数据的真实性和来源合法性。数据买方应当按照交易申报的使用目的、场景和方式合规使用数据。

第八条　数据商运行管理指南、数据交易所生态合作方管理指南等业务规则由数据交易场所运营机构另行制定。

第三章　数据交易场所运营机构

第九条　数据交易场所运营机构应当按照相关法律、行政法规和数据交易综合监督管理部门的规定，为数据集中交易提供基础设施和基本服务，承担以下具体职责：

（一）提供数据集中交易的场所，搭建安全、可信、可控、可追溯的数据交易环境，支撑数据、算法、算力资源有序流通；

（二）提供交易标的上市、交易撮合、信息披露、交易清结算等配套服务；

（三）制定完善数据交易标的上市、可信流通、信息披露、价格生成、自律监管等交易规则、服务指南和行业标准；

（四）实行数据交易标的管理，审核、安排数据交易标的上市交易，决定数据交易标的暂停上市、恢复上市和终止上市；

（五）对交易过程形成的交易信息进行保管和归案；

（六）负责在数据交易场所内开展数据交易活动的数据交易主体和第三方服务机构的登记及其交易（服务）行为管理；

（七）组织实施交易品种和交易方式创新，探索开展数据跨境交易业务以及数据资产证券化等对接资本市场业务；

（八）依法依规建立数据交易安全保障体系，指导数据交易主体和第三方服务机构做好数据可信流通、留痕溯源、风险识别、合规检测等数据安全技术保障服务，采取有效措施保护个人信息、个人隐私、商业秘密、保密商务信息和国家规定的重要数据。及时发现、处理并依法向相关监管机构报送违法违规线索，配合相关监管机构检查和调查取证；

（九）开展数据交易宣传推广、教育培训、业务咨询和保护协作等市场培育服务；

（十）经主管部门批准的其他业务。

第十条　数据交易场所运营机构原则上应当采取公司制组织形式，依法建立健全法人治理结构，完善议事规则、决策程序和内部审计制度，加强内控管理，保持内部治理的有效性。

第十一条　数据交易场所运营机构开展经营活动不得违法从事下列活动：

（一）采取集中竞价、做市商等集中交易方式进行交易；

（二）未经交易主体委托、违背交易主体意愿、假借交易主体名义开展交易活动；

（三）挪用交易主体交易资金；

（四）为牟取佣金收入，诱使交易主体进行不必要的交易；

（五）提供、传播虚假或者误导交易主体的信息；

（六）利用交易软件进行后台操纵；

（七）其他违背交易主体真实意思表示或与交易主体利益相冲突的行为。

数据交易场所运营机构不得对外提供融资、融资担保、股权质押。

数据交易场所运营机构的董事、监事、高级管理人员及其他工作人员不得直接或间接入市参与本交易场所交易，也不得接受委托进行交易。

第四章　数据交易标的

第十二条　数据交易场所的交易标的包括数据产品、数据服务、数据工具等。

（一）数据产品

数据产品主要包括用于交易的原始数据和加工处理后的数据衍生产品。包括但不限于数据集、数据分析报告、数据可视化产品、数据指数、API 数据、加密数据等。

（二）数据服务

数据服务指卖方提供数据处理（收集、存储、使用、加工、传输等）服务能力，包括但不限于数据采集和预处理服务、数据建模、分析处理服务、数据可视化服务、数据安全服务等。

（三）数据工具

数据工具指可实现数据服务的软硬件工具，包括但不限于数据存储和管理工具、数据采集工具、数据清洗工具、数据分析工具、数据可视化工具、数据安全工具。

（四）经主管部门同意的其他交易标的

危害国家安全、公共利益，侵犯个人、组织合法权益，包括不借助其他数据的情况下可以识别特定自然人的数据，不得作为交易标的。如发现重大敏感数据出境涉嫌危害国家安全需进行国家安全审查。

第十三条　数据交易标的在数据交易场所上市前，数据商应当提交关于数据来源、数据授权使用目的和范围、数据处理行为等方面的说明材料以及第三方服务机构出具的数据合规评估报告。数据交易主体可委托第三方服务机构开展数据资产价值评估、数据质量评估认证、数据安全检测评估认证等服务。

第十四条　鼓励以下情形的数据交易标的在数据交易场所内进行交易：

（一）公共数据经授权运营方式加工形成的、已不具备公共属性的数据产品；

（二）本市财政资金保障运行的公共管理和服务机构采购非公共数据产品、数据服务和数据工具；

（三）市属和区属国有企业采购或出售的数据产品、数据服务和数据工具。

第十五条　数据买方应按照买卖双方约定和数据授权使用的目的和范围使用数据。数据商及第三方服务机构未经数据卖方和买方许可，不得擅自使用交易的数据产品和数据工具，不得泄漏交易过程中的未公开材料及其获悉的其他非公开信息。

第十六条　数据交易场所运营机构应当制定数据产品质量评估及管理规范、数据及数据交易合规性审核指南、数据流通交易负面清单和谨慎清单。

第五章　数据交易行为

第十七条　数据交易包括交易准备、交易磋商、交易合同签订、交付结算、争议处理等行为。

第十八条　在交易准备环节，数据卖方应依据实际情况披露交易标的的描述说明、适用范围、更新频率、计费方式等信息，并向数据交易场所运营机构提供产品或服务样例。数据买方应提供所属行业、数据需求内容、数据用途等信息。

数据交易场所运营机构应对数据卖方和数据买方提供的信息进行审核，督促数据交易主体及时、准确提供信息。

第十九条　在交易磋商环节，数据卖方和数据买方就交易时间、数据用途、使用期限、交付质量、交付方式、交易金额、交易参与方安全责任、保密条款等内容进行协商。

数据交易场所运营机构应提供在线撮合服务，并向数据买方提供用于测试样例数据的实验环境，保障测试实验环境安全。

数据交易场所运营机构应当从数据质量维度、数据样本一致性维度、数据计算贡献维度、数据业务应用维度等方面探索构建数据价值评估指标体系，为数据交易定价提供参考。

第二十条　数据交易场所运营机构应当对数据交易合同进行审核并备份存证，合同需包括数据描述、数据用途、数据质量、交易方式、交易金额、数据使用期限、安全责任、交易时间、保密条款等内容。

数据买方如使用本市财政资金进行采购，应当按照有关规定公开合同签订时间、合同价款、项目概况、违约责任等合同基本信息，但涉及国家秘密、商业秘密的除外。

第二十一条　数据交易场所运营机构应当建立统一的安全规范和技术标准保障交付安全。

数据交易场所运营机构应当实行交易资金第三方结算制度，由交易资金的开户银行或非银行支付机构负责交易资金的结算。

第二十二条　数据交易场所运营机构应建立争议解决机制，制定并公布争议解决规则，根据自愿原则，公平、公正解决争议。

第六章　数据交易安全

第二十三条　数据交易场所运营机构应当建立数据流通交易安全基础设施，加强防攻击、防泄漏、防窃取的监测、预警、控制和应急处置能力建设，关键设备应当采用自主可控的产品和服务。

第二十四条　数据交易场所运营机构、数据卖方、数据买方、数据商和第三方服务机构应依照法律、法规、规章和国家标准的强制性要求，建立健全全流程数据安全管理制度，组织开展安全教育培训，落实数据安全保护责任，采取相应的技术措施和其他必要措施，保障数据安全。

第二十五条　数据交易场所运营机构应当制定数据安全事件应急预案，对重要系统和数据库进行容灾备份，定期开展数据交易环境安全等级保护测试和渗透测试等数据安全应急演练，提升数据安全事件应对能力。

第二十六条　数据交易场所运营机构应当制定数据安全分级管理实施细则。数据交易主体应当根据数据安全管理的不同级别采取不同强度的安全保护措施。

第七章　管理与监督

第二十七条　市发展改革部门会同市网信、工业和信息化、公安、市场监督管理、政务服务数据管理、地方金融监管、国家安全等部门建立数据交易监管机制专责小组，主要承担以下职责：

（一）制定监管制度，建立协同监管工作机制；

（二）落实"双随机、一公开"监管要求，制定监督检查方案并组织实施；

（三）协调、督促相关监管部门对检查发现或投诉举报的问题依照法律法规进行处理处罚；

（四）其他数据交易监管事项。

第二十八条　数据交易监管机制专责小组应当加强对交易监管数据的归集、监测、共享，推行非现场监管、信用监管、风险预警等新型监管模式，提升监管水平。

第二十九条　监管机制专责小组依法依规对数据交易场所运营机构履行数据安全责任、落实安全管理制度和保护技术措施等情况进行监督，不定期开展飞行检查，查阅、复制有关文件和资料，对数据交易场所运营机构的有关人员进行约见谈话、询问。对于监管机制专责小组指出的相关问题，数据交易场所运营机构应当按要求进行整改。

第三十条　监管机制专责小组在依法开展监管执法活动时，数据交易场所运营机构、数据交易主体及第三方服务机构应予以配合，并提供相关信息和技术支撑。

第三十一条　数据交易场所运营机构发现违反市场监督管理、网络安全、数据安全等方面相关法律、法规、规章的数据交易行为，应当依法采取必要的处置措施，保存有关记录，并向监督管理部门报告。

第三十二条　数据交易场所运营机构对交易过程形成完整的交易日志并安全保存，保存时间不少于三十年。法律法规另有规定的，依照其规定。交易信息可作为监管部门进行监管执法的重要依据。

第三十三条　鼓励数据相关行业组织加强行业自律建设，提供信息、技术、培训等服务，促进行业健康发展。

第八章　附　　则

第三十四条　本办法由深圳市发展和改革委员会负责解释。

第三十五条　本办法自 2023 年 3 月 1 日起施行，有效期三年。

深圳市发展和改革委员会关于印发
《深圳市数据产权登记管理暂行办法》的通知

深发改规〔2023〕5 号

各有关单位：

《深圳市数据产权登记管理暂行办法》已经市政府同意，现予以印发，请遵照执行。

深圳市发展和改革委员会
2023 年 6 月 15 日

深圳市数据产权登记管理暂行办法

第一章　总　　则

第一条　为规范数据产权登记行为，保护数据要素市场参与主体的合法权益，促进数据的开放流动和开发利用，根据《中华人民共和国民法典》《中华人民共和国数据安全法》《深圳经济特区数据条例》《深圳经济特区数字经济产业促进条例》及其他有关法律、法规，结合深圳市实际，制定本办法。

第二条　本办法中下列用语的含义：

数据资源，是指自然人、法人或非法人组织在依法履职或经营活动中制作或获取的，以电子或其他方式记录、保存的原始数据集合。

数据产品，是指自然人、法人或非法人组织通过对数据资源投入实质性劳动形成的数据及其衍生产品，包括但不限于数据集、数据分析报告、数据可视化产品、数据指数、应用程序编程接口（API 数据）、加密数据等。

登记机构，是指由本市数据产权登记工作主管部门管理的、提供数据产权登记服务的机构。

第三方服务机构，是指对数据资源和数据产品的真实性和合规性进行实质性审查，并出具相应审查报告的机构。

数据产权登记，是指数据产权登记机构将数据资源和数据产品的权属情况及其他事项进行记载的行为。

第三条 数据资源和数据产品在本市行政区域内的首次登记、许可登记、转移登记、变更登记、注销登记和异议登记，适用本办法。

数据知识产权登记按有关规定执行，不适用本办法。

第四条 数据产权登记应当遵循制度创新、分步推进、依法合规、规范统一、公开透明、安全高效的原则。

第五条 市发展改革委是本市数据产权登记工作的主管部门，负责统筹协调全市数据产权登记管理工作，主要履行以下职责：

（一）制定全市数据产权登记管理规章制度，规范数据产权登记行为；

（二）推动建设数据产权登记存证示范平台，指导登记机构制订相关技术标准，积极推动跨地域登记规则互认；

（三）会同相关部门建立协同配合的数据产权登记监管工作机制，对登记机构、登记主体及第三方服务机构进行管理，指导数据产权登记活动依法有序开展。

市委网信办、市公安局、市政务服务数据管理局、市国家安全局在各自职责范围内承担数据产权登记监管职责。

各行业主管部门应当指导登记机构完善管理细则，对相应行业数据资源和数据产品登记进行指导和管理。

第二章　登记申请人及登记主体

第六条 登记申请人，是指向登记机构发起登记行为的自然人、法人或非法人组织。

登记申请人应确保登记申请材料及登记内容的真实性和完整性，确保所登记的数据资源或产品来源合法、内容合规、授权明晰。

第七条 登记主体，是指在登记机构完成登记，取得相关登记证明的自然人、法人或非法人组织。

登记主体具有以下权利：

（一）对合法取得的数据资源或数据产品享有相应的数据资源持有、数据加工使用和数据产品经营等相关权利；

数据资源持有是指在相关法律法规或合同约定下，相关主体可对数据资源进行管理、使用、收益或处分等行为。

数据加工使用是指在相关法律法规或合同约定下，相关主体以各种方式、技术手段对数据进行采集、使用、分析或加工等行为。

数据产品经营是指在相关法律法规或合同约定下，相关主体可对数据产品进行占有、使用、收益或处分等行为。

（二）经登记机构审核后获取的数据资源或数据产品登记证书、数据资源许可凭证，可作为数据交易、融资抵押、数据资产入表、会计核算、争议仲裁的依据。

第八条　数据资源或数据产品登记后，登记主体持有、使用或授权他人使用数据资源或数据产品的，应当在保护公共利益、数据安全和数据来源者合法权益的前提下依照有关法律法规进行。

第三章　登 记 机 构

第九条　登记机构履行下列职能：

（一）实行数据资源和数据产品登记管理，制定并执行数据登记服务、登记审查、争议处置等业务规则，推动我市登记规则与其他城市登记规则互认和交易规则衔接；

（二）数据资源和数据产品的登记申请受理、审查、公示和发证；

（三）依法提供与数据产权登记业务有关的查询、信息、咨询和培训服务；

（四）运营和维护数据产权登记存证平台，实现与市内外数据交易平台和数据登记平台互联；建立登记信息内部控制制度，采取技术措施和其他必要措施，保障系统安全、稳定运行；

（五）配合行政管理部门和执法部门对第三方服务机构违法违规行为进行处罚；

（六）研究完善数据产权登记新方式，探索将数据产权登记应用于企业数据资产确认、融资抵押、数据要素型企业认定和据生产要素统计核算等；

（七）经主管部门批准的其他业务。

第十条　登记机构应当运用区块链等相关技术，对登记信息进行上链保存，并妥善保存登记的原始凭证及有关文件和资料。其保存期限不得少于三十年。法律法规另有规定的，从其规定。

第十一条　登记机构应当公开业务规则、与数据产权登记业务有关的主要收费项目和标准。登记机构制定或者变更业务规则、调整数据产权登记主要收费项目和标准等，应当征求相关市场主体的意见并向主管部门报备。

第十二条　登记机构及其工作人员依法对与数据产权登记业务有关的数据、文件和资料负有保密义务。但有下列情形之一的，登记机构应当办理：

（一）登记主体查询其有关数据和资料；

（二）数据交易场所履行准入审查职责要求登记机构提供相关数据和资料；

（三）人民法院、人民检察院、公安机关和监管部门等依照法定的条件和程序进行查询和取证；

（四）其他法律、法规规定应当办理的情形。

第四章　登 记 行 为

第十三条　数据产权登记以一项数据资源或数据产品为登记单位，每个登记单位拥有唯一的登记编号。

第十四条 数据产权登记类型包括首次登记、许可登记、转移登记、变更登记、注销登记和异议登记。办理许可登记、转移登记、变更登记、注销登记和异议登记前，需办理首次登记。

第十五条 首次登记是指数据资源或数据产品的第一次登记，是对数据资源或数据产品相关权利归属及相关情况的记录。首次登记程序为申请、受理、审查、公示和发证。数据首次登记由第三方服务机构进行实质性审查，登记机构进行形式审查。申请首次登记的登记申请人为数据资源或数据产品的持有人。登记申请人办理登记前，应当与其他利害关系人就登记内容达成一致。

申请首次登记的登记申请人应当提交下列材料：

（一）首次登记申请表；

（二）若为数据资源首次登记，提交数据资源基本信息表，主要内容包括数据来源、数据规模、所属行业（或领域）、覆盖地区、时间跨度等；

（三）若为数据产品首次登记，提交数据产品基本信息表，主要内容包括所属行业（或领域）、覆盖地区、数据来源等；

（四）数据来源佐证材料；

（五）第三方服务机构出具的包含数据资源或数据产品真实性、合法性情况的实质性审核材料；

（六）登记申请人身份相关材料；

（七）法律、法规、规章、规范性文件以及登记机构登记实施细则规定的其他材料。

第十六条 市场主体通过交易等方式获得已登记数据资源数据加工使用等权利许可的，权利获得主体可以向登记机构申请许可登记。

许可登记程序为申请、受理、审查和发证。

申请许可登记的登记申请人应当提交下列材料：

（一）许可登记申请书；

（二）许可信息表，包括许可权利人、被许可权利人、许可权益、许可方式、保密要求、使用限制、使用期限等；

（三）数据资源流通记录等许可佐证材料；

（四）第三方服务机构对于许可真实性和合法性的实质性审核材料；

（五）登记申请人身份相关材料；

（六）在与登记机构衔接互认的交易场所中获得数据资源相应权利许可的，无需再次提交上述第二到第五项材料。

第十七条 数据资源或数据产品的权利主体发生变更的，新权利主体可以向登记机构申请转移登记。转移登记程序为申请、受理、审查和发证。申请转移登记的登记申请人应当提交下列材料：

（一）转移登记申请书；

（二）新权利主体身份佐证材料；

（三）数据资源或数据产品权利主体转移的佐证材料；

（四）第三方服务机构对于转移真实性和合法性的实质性审核材料；

（五）在与登记机构衔接互认的交易场所中获得数据资源或数据产品的，无需再次提交上述第二到第四项材料。

第十八条　原登记内容发生变化或需更正原登记内容的，登记主体应及时向登记机构申请变更登记。

变更登记程序为申请、受理、审查和发证。

申请变更登记的登记申请人应当提交下列材料：

（一）变更登记申请书；

（二）变更内容的佐证材料；

（三）登记机构要求提供的其他材料。

第十九条　登记主体可向登记机构申请数据资源或数据产品的注销登记。因人民法院、仲裁委员会的生效法律文书等情形导致原权利主体的数据资源或数据产品相关权利灭失的，由新权利主体进行注销或转移登记；如无新权利主体，可由登记机构对相关数据资源或数据产品进行注销。

注销登记程序为申请、受理、审查和销证。

申请注销登记的登记申请人应当提交下列材料：

（一）注销登记申请书；

（二）权利变更或灭失的佐证材料；

（三）登记机构要求提供的其他材料。

第二十条　利害关系人认为登记内容错误，且登记主体拒绝办理变更登记或注销登记的，利害关系人可向登记机构申请异议登记，并提交相应证明材料。登记机构受理异议登记申请的，应当将异议事项记载于登记凭证，并向登记申请人出具异议登记证明。

异议登记申请人应当在异议登记受理之日起 15 日内，提交人民法院受理通知书、仲裁委员会受理通知书等提起诉讼、申请仲裁的材料。逾期不提交的，异议登记失效。异议登记失效后，申请人就同一事项以同一理由再次申请异议登记的，登记机构不予受理。登记机构根据人民法院判决、裁定或仲裁机构裁决等法律文书对数据资源或数据产品进行相应处置。

异议登记期间，登记凭证上记载的权利人以及第三人因处分权利申请登记的，登记机构应当书面告知申请人该权利已经存在异议登记的有关事项。申请人申请继续办理的，应当予以办理，但申请人应当提供知悉异议登记存在并自担风险的书面承诺。

第二十一条　有下列情形之一的，登记机构不予办理登记：

（一）关系国家安全、国民经济命脉、重要民生、重大公共利益等国家核心数据的；

（二）数据获取方式违反法律、法规规定或应获得数据来源方授权而未获得授权的；

（三）存在尚未解决的权属争议的；

（四）法律、法规规定的其他情形。

第五章　监督与管理

第二十二条　市发展改革委会同市委网信办、市工业和信息化局、市公安局、市财政局、市市场监管局、市政务服务数据管理局以及各行业主管部门（统称"监管部门"），建立跨部门的协同监管机制，承担以下职责：

（一）制定监管制度，建立协同监管工作机制；

（二）落实"双随机，一公开"监管要求，制定监督检查方案并组织实施；

（三）协调、督促相关监管部门对检查发现或投诉举报的问题依照法律法规进行处理处罚；

（四）其他数据产权登记监管事项。

第二十三条　登记主管部门应加强对登记监管数据的归集和共享，建立登记监管数据共享机制，制定共享目录，明确各部门共享责任，实现有关数据的共享口推行非现场监管、信用监管、风险预警等新型监管模式，提升监管水平。

第二十四条　监管部门依法依规对登记机构履行数据安全责任、落实安全管理制度和保护技术措施等情况进行监督，对登记机构不定期开展飞行检查，查阅、复制有关文件和资料，对登记机构有关人员进行约见、谈话和询问。登记机构应当积极配合监督检查，并如实反映情况，提供工作底稿及相关资料。

第二十五条　登记机构应当建立数据产权登记监控制度，发现有违反市场监督管理、网络安全、数据安全等方面相关的法律、法规、规章，损害国家利益和社会公共利益，侵犯个人隐私和商业秘密的行为，应当依法采取必要的处置措施，保存有关记录，并向监管部门报告。

第二十六条　登记机构应当建立保护数据传输、存储和使用安全的基础设施，加强防攻击、防泄漏、防窃取的监测、预警、控制和应急处置能力建设，制定数据安全事件应急预案，对重要系统和数据库进行容灾备份，定期开展数据安全等级保护测试和渗透测试，关键设备应采用自主可控的产品和服务。

第二十七条　登记机构和第三方服务机构应当实施保密措施，确保数据产权登记相关材料不被泄露或用于不正当活动。

第二十八条　登记机构应当制定数据分级分类登记管理实施细则，根据数据的不同级别和类别采取不同的登记管理措施。

第六章　法　律　责　任

第二十九条　登记申请人应当按照登记平台提示项目如实登记，并对登记内容的真实性、完整性和合法性负责。办理登记时，存在提供虚假材料等行为给他人造成损害的，登记申请人应当承担相应的法律责任。因登记申请人填写错误等情形导致不能正确登记的，其后果由登记申请人自行承担。

第三十条　登记机构及其工作人员因登记错误给他人造成损害，应当承担相应的法律责任。登记机构工作人员进行虚假登记，损毁、伪造数据产权登记证明，擅自修改登记事项，泄露数据产权登记信息，利用数据产权登记信息进行不正当活动，或者有其他滥用职权、玩忽职守行为的，由相关部门根据职责分工依法给予处罚；给他人造成损害的，依法承担赔偿责任；构成犯罪的，依法追究刑事责任。

第三十一条　第三方服务机构出具评估报告或其它审查报告时，应当保证报告的客观性、真实性、准确性和完整性，因虚假记载、误导性陈述、信息泄露或其它违反法律法规、行业规则的情形给他人造成损害的，依法承担赔偿责任；构成犯罪的，依法追究刑事责任。

第七章　附　　则

第三十二条　登记机构可以依照本办法制定数据产权登记和管理的具体实施细则。

第三十三条　本办法由深圳市发展和改革委员会负责解释。

第三十四条　本办法自 2023 年 7 月 1 日起施行，有效期三年。

《深圳市企业数据合规指引》

深圳市人民检察院
深圳市互联网信息办公室
深圳市发展和改革委员会
深圳市司法局
深圳数据交易所
2023 年 9 月 11 日

第一章　总　　则

第一条 【目的和依据】为引导企业加强数据合规管理，促进企业数据合规利用，保障企业数据安全，根据《中华人民共和国数据安全法》《中华人民共和国个人信息保护法》《中华人民共和国网络安全法》等法律法规，制定本指引。

第二条 【适用范围和效力】深圳市各类企业进行数据处理活动可参照本指引开展数据合规管理。

本指引不具有强制性，法律、法规及有关国家、行业标准另有专门规定的，从其规定。

第三条 【涉案企业合规从宽】企业参照本指引建立并严格实施数据合规管理制度，履行数据合规义务，积极配合监管，主动采取措施有效减轻、消除危害后果，符合涉案企业合规适用条件的，检察机关可根据具体情况开展合规考察。

对于涉案企业合规建设经评估符合有效性标准的，检察机关可以参考评估结论依法作出不批准逮捕、变更强制措施、不起诉的决定，或提出从宽处罚的量刑建议；符合行政处罚法规定条件的，可以向有关主管机关提出从轻或者减轻行政处罚等建议、意见。

第四条 【数据合规指引的必要性】引导各类企业开展数据合规管理是提高企业数据合规意识，提高数据保护水平，降低企业及其员工涉数据类违法犯罪风险的重要举措。企业可以通过建立完善的数据合规管理体系，有效预防数据安全风险事件。

第五条 【职责明确原则】企业应当通过建立完善的数据合规管理组织体系和制度体系，明确企业内部各部门数据安全管理职责，落实数据合规主体责任。

第六条 【合法、正当和诚信原则】企业处理数据应当符合法律、法规和强制性标准的规定，遵循合法、正当和诚信原则，不得从事危害国家安全、公共利益的数据处理活动，不得非法收集、使用、加工、传输、买卖、提供、公开他人个人信息，不得通过误导、欺诈、胁迫等方式处理个人信息。

第七条 【数据质量保障原则】企业应当采取适当措施保证数据质量，并定期对数据进行更新，避免因数据不准确、不完整、不及时产生的不利影响。

第八条 【负责原则】企业应当对其数据处理活动负责，并采取必要措施保障所处理数据的安全。

第九条 【分类分级保护原则】企业应当建立数据分类分级保护制度，按照数据对国家安全、公共利益或者个人、组织合法权益的影响和重要程度进行分类分级，针对不同类别级别的数据采取相应的管理和保护措施。

第十条 【风险导向原则】企业应当采取必要措施对国家核心数据、重要数据、敏感个人信息等存在较高合规风险的数据予以重点保护，加强合规管理。

第十一条 【可追溯原则】企业对数据进行修改、查询、导出、删除等处理时，应当记录相应操作，确保操作记录可追溯、可审查。

第二章 数据合规管理组织体系建设

第十二条 【一般要求】企业开展数据处理活动应当依照法律、法规的规定，建立健全数据合规管理组织体系和常态化沟通协作机制，明确数据合规责任主体，组织开展数据合规教育培训，加强人力资源考核与保障，强化数据合规意识。

第十三条 【数据合规决策层的职责】数据合规第一负责人由企业法定代表人或主要负责人担任，对数据合规负领导责任。数据合规第一负责人与董事会应当承担以下职责：

（一）为企业数据合规管理制度体系的建构和运行提供必要的资源保障和条件支持，确保合规管理制度体系有效运转并持续改进；

（二）确立数据合规方针和合规目标，并确保企业战略方向与合规方针和目标保持一致；

（三）保障数据合规管理部门具备独立履行职责的能力与权限；

（四）审批企业重大数据合规事项；

（五）确保将数据合规管理要求融入企业的业务过程；

（六）确保建立有效的数据违规举报与惩处机制；

（七）引导培育企业数据合规自主性，促成数据合规企业文化。

第十四条 【数据合规管理层的职责】企业应当设立专门的数据合规管理部门，或由合规管理、法务等相关部门承担数据合规管理职能，并配备数据合规专员。数据合规管理部门在部门负责人的指导下开展工作，承担以下职责：

（一）组织制定企业数据合规管理制度规范与合规计划，并推动其有效实施；

（二）统筹实施数据合规管理工作，并对数据合规管理情况进行评估与检查；

（三）建立数据合规举报与调查机制，对数据合规举报制定调查方案并开展调查；

（四）定期组织或协助人事部门开展数据安全合规培训，为企业相关内部职能部门提供数据合规咨询与支持；

（五）向数据合规第一负责人与董事会报告数据合规重大风险和数据合规工作落实情况。

第十五条 【数据合规执行层的职责】企业内部开展数据处理工作的各职能部门负责本部门业务范围内的数据合规工作，并承担以下职责：

（一）结合企业数据合规管理制度和合规指引，明确本部门日常数据处理活动的全生命周期合规要求和具体工作机制；

（二）确保本部门员工遵守企业合规制度规范，履行数据合规义务；

（三）配合数据合规管理负责人和合规管理部门开展合规风险审查、评估、整改等各项合规工作；

（四）密切监测日常数据处理工作中的数据安全合规风险，并采取适当的安全保护措施；

（五）当发现数据处理活动存在较大合规风险或者发生数据安全事件时，及时向数据合规管理负责人和合规管理部门报告，并配合采取应急处置和整改措施。

第十六条 【个人信息保护负责人的指定及责任】处理个人信息达到国家网信部门规定数量的企业应当指定专门的个人信息保护负责人，并承担以下职责：

（一）统筹实施企业内部的个人信息合规工作；

（二）组织制定个人信息合规方面的内部制度和操作规程，并督促落实；

（三）组织开展个人信息安全影响评估，督促整改安全隐患；

（四）定期组织开展合规审计；

（五）及时受理相关投诉、举报；

（六）与监管部门保持沟通，通报或报告个人信息保护和事件处置等情况。企业应当公开个人信息保护负责人的姓名、联系方式等情况，并报送履行个人信息保护职责的部门。

第十七条 【数据合规教育和培训】企业应当定期组织开展数据合规教育培训及考核，确保内部人员充分了解数据法规、数据合规计划、数据合规义务与举报程序等，提升内部人员数据合规意识，促进企业合规守法经营。

第十八条 【人力资源管理与保障】企业应当在数据合规管理制度规范中明确员工的数据合规义务，鼓励将数据合规落实效果纳入考核体系，作为决定评优评先、职务晋升与薪酬待遇的重要依据。

企业应当将遵守数据合规要求和履行数据合规义务作为人员聘用条件。对于数据处理关键岗位的员工应当开展必要的背景调查，了解其犯罪记录，诚信状况等相关信息，并通过签署合规承诺书、保密协议等方式明确其应遵守的数据合规要求和履行的数据合规义务，并建立相应的奖惩机制督促落实。关键岗位员工离岗后，应当按照数据合规管理要求执行离岗交接、审计、脱密等措施。

第十九条 【合规承诺制度】企业应当建立数据合规承诺制度，明确违反数据合规承诺的后果与问责机制，数据合规第一负责人，数据合规管理部门负责人以及其他数据处理关键岗位员工应作出并严格履行数据合规承诺。

第二十条 【举报与调查机制】企业应当建立内部数据合规举报机制，鼓励、支持内部人员对试图、涉嫌或实际存在的数据不合规行为进行举报，并采取必要措施保护内部举报人信息，不得因此对举报人采取不利措施。

收到举报后，数据合规管理部门应当结合举报线索的真实性、有效性及时启动调查程序，确保调查过程的独立性、公正性，形成调查结果报告并采取相应处理和改进措施，持续完善数据合规管理制度体系。

第二十一条 【文件化信息】企业应当以适当的形式和载体记录数据合规管理体系运行产生的文件化信息。文件化信息应当以清晰、易读和易检索的方式保存，并采取必要措施防止泄密、不当使用或完整性受损。

第三章 数据合规管理制度体系建设

第二十二条 【一般要求】企业应当依照法律、法规规定，结合自身业务，建立健全覆盖数据全生命周期的数据合规管理制度体系，明确企业内部数据合规管理的相关标准、规范和操作规程，坚持安全和发展并重，确保数据合规管理制度与生产运营、业务发展同步规划、同步建设、同步运行。

第二十三条 【数据分类分级保护制度】企业应当根据自身业务内容定期对企业数据资产进行全面梳理，并结合所属行业、地区的相关标准，对数据进行分类分级，经数据合规管理部门审批后，形成数据分类分级清单。对无明确分类分级标准的数据，可根据数据的重要程度、对国家安全、公共利益或者个人、组织合法权益造成的危害程度等因素，按照就高从严原则进行分类分级。

企业应确立数据分类分级管控标准，明确不同类别级别数据的操作要求和保护措施。同时处理不同级别数据且难以分别采取保护措施的，企业应当按照其中级别最高的要求给予保护。

第二十四条 【重要数据、核心数据保护制度】企业应当结合相关法律、法规和主管部门、所属行业重要数据具体目录等标准规范，识别和确定自身业务活动中涉及的重要数据与核心数据，形成数据清单。

企业应当对重要数据与核心数据实施更加严格的合规管理制度，明确重要数据、核心数据的管理职责、操作规范、审批要求、备案机制等事项，建立重要数据和核心数据的日常记录和容灾备份机制，强化重要数据与核心数据的安全保障。

第二十五条 【采取安全技术保护措施】企业应当根据数据分类分级情况，采取适当的匿名化、备份、加密、访问控制、入侵防范等数据安全保护措施，加强对数据处理系统、数据传输网络、数据存储环境、数据访问接口等物理和网络环境的安全防护，将数据安全技术保护覆盖到数据处理的全过程。

处理重要数据的系统应满足三级以上网络安全等级保护和关键信息基础设施安全保护要求，处理核心数据的系统依照有关规定从严保护。

第二十六条 【权限控制机制】企业应当按照最小授权原则合理确定数据访问与操作权限，仅在完成职责所需的范围内授予特定人员最小必要的数据操作权限，并采取技术措施，避免出现越权访问、下载、复制、修改数据等行为。针对重要数据和核心数据，企业应当通过设置严格的数据处理权限、配备风险阻断机制、明确安全审计流程、落实访问和操作留痕等方式，实现权限最小化管控。

第二十七条 【依法申报数据安全审查】鼓励企业主动审查其数据处理活动是否影响或者可能影响国家安全，符合法律法规规定条件的，应当按照国家有关规定，申报网络安全审查。

掌握超过 100 万用户个人信息的网络平台运营者赴国外上市，必须向网络安全审查办公室申报网络安全审查。

第二十八条 【建立合规风险评估机制】企业应当建立数据合规风险评估机制，每年至少开展一次数据合规风险评估，对数据分类分级保护情况、数据安全技术保护措施有效性、关键基础设施安全水平、数据处理合规情况、法律法规变化和监管动态落实情况、数据安全预警和应急事件处置能力、数据安全问题整改和监管执法响应情况等内容进行评估，并形成数据合规风险评估报告。涉及处理重要数据的，还应对重要数据的处理情况作出评估，并向有关主管部门报送风险评估报告。对新上线业务、第三方数据合作业务以及重点存量业务，企业可以不定期开展合规风险评估。

企业应当根据数据合规风险评估报告对相关职能部门、岗位员工作出风险提示，并要求其采取相应的风险处置和整改措施，必要时应暂停或取消具有较高合规风险的业务活动。

第二十九条 【定期合规审计】企业内部应当定期开展数据合规审计，或委托具有相关资质的外部机构进行，并形成、保存相应的数据合规审计报告。对于审计过程中发现的合规问题与安全隐患应及时采取整改措施。

企业可以针对风险较高的数据处理行为进行不定期审计，确保及时发现问题隐患并予以改正。

第三十条 【监测预警与存在安全缺陷、漏洞的补救措施】企业应当建立数据安全风险监测预警机制，及时监测日常数据处理活动中的异常情况和安全风险，并进行预警。当发现数据安全缺陷、漏洞等风险时，应当立即采取预防、补救措施；造成或者可能造成严重后果的，应当及时告知可能受到影响的主体，并向有关主管部门报告。

企业应当建立针对数据不合规行为的监测机制，及时发现日常数据处理活动中的不合规行为，采取相应的处置和惩戒措施，并对类似问题进行排查。发生可能对企业带来重大数据合规风险的违规行为时，应当及时向数据合规负责人汇报，并确定相应的解决方案。

第三十一条　【数据安全应急预案、演练和处置机制】企业应当制定数据安全应急预案，按照危害程度、影响范围等因素对数据安全事件进行分级，并结合分级情况确定应急处置的方针策略、人员职责、具体措施、流程规范、物资保障等事项。企业应当每年至少组织一次应急响应培训和应急预案演练，使相关人员掌握熟悉应急处置策略和规程。

当发生数据安全事件时，企业应当按照应急预案及时采取处置措施，防止危害扩大，消除安全隐患，记录事件内容，保留相关证据，并向有关主管部门报告。安全事件对个人、组织造成实质性危害的，企业还应及时以电话、短信、邮件等方式向所涉主体告知安全事件情况、危害后果、已采取的补救措施等信息。无法逐一告知的，可采取公告方式告知。

第三十二条　【积极配合监管】企业应当建立监管执法配合机制，受到监管部门调查时应立即通知数据合规负责人、数据合规管理部门负责人和相关职能部门负责人等人员，启动必要的内部调查程序并明确监管调查对接人员，必要时应当暂停相应的数据处理活动。

企业应当对监管部门的监管执法予以协助、配合，不得拒绝、阻挠，不得提供虚假材料、信息或隐匿、销毁、转移证据。

企业积极配合监管并主动开展合规整改采取措施有效减轻、消除危害后果的，可以向监管部门申请酌情从轻或减轻行政处罚。

第三十三条　【建立监管响应和整改机制】企业应当按照监管部门提出的监管建议及时采取整改措施，优化、更新数据合规管理制度，建立健全数据合规长效机制，有效消除安全隐患。

第三十四条　【外部投诉机制】企业应当建立便捷的数据合规外部投诉机制，公布受理部门或人员联系方式、受理流程等信息，鼓励受到数据不合规行为影响的主体进行投诉，并在合理时间内向投诉人回复处理情况。

第四章　数据全生命周期合规

第一节　数据收集和使用

第三十五条　【以爬虫等手段抓取数据的合法标准】企业采用网络爬虫等自动化工具收集数据的，应当遵守法律法规、行业自律公约，尊重爬取对象网站的爬虫协议及规则，事前评估对网络服务的性能、功能可能带来的影响，避免干扰网络服务的正常功能或妨碍计算机信息系统正常运行。

企业收集涉及他人知识产权、商业秘密或非公开的个人信息的数据，应事前征得所涉主体同意。企业不得以下列不正当的方式获取他人持有的数据：

（一）以盗窃、胁迫、欺诈，电子侵入等方式，未经授权或超越授权获取数据；

（二）违反国家规定，侵入国家事务、国防建设、尖端科学技术领域的计算机信息系统获取数据；

（三）以非法获取内部访问、操作权限等方式，未经授权或超越授权获取数据；

（四）以提供替代性产品或服务为目的，违反约定或者合理、正当的数据抓取协议，或以其他违反诚实信用和商业道德的方式获取数据；

（五）以其他违反法律禁止性规定或可能导致不正当竞争的方式获取数据。

第三十六条　【以购买、交换等手段收集数据的合法标准】企业通过向第三方购买、交换、共享等方式收集数据的，应当符合法律、法规要求，对第三方的资质以及获取和持有数据的合规性进行必要审查，要求其作出数据来源合法性承诺并提供必要证明。

对从第三方获取的数据，企业应当承担与直接收集的数据同等的安全保护责任与合规义务。

第三十七条　【在提供产品、服务过程中收集数据的合法标准】企业在提供产品、服务过程中收集个人信息，应当符合最小必要原则，仅收集与实现产品或服务的业务功能直接相关的个人信息。不得因个人不同意提供非必要个人信息，而拒绝向其提供基本功能或服务。

企业基于开发新型业务功能、提升服务体验等目的，超出必要范围收集用户个人信息的，应当征得个人同意。

企业如需使用在提供产品、服务过程中收集到的数据，应当事先获得相关数据主体的授权同意。

第三十八条　【自动化决策场景的合规义务】企业利用数据进行自动化决策的，应当保证自动化决策的透明度，并以适当方式公示其自动化决策的基本原理、目的意图和主要运行机制等信息。自动化决策的结果可能对个人权益造成显著影响的，应当对此种影响及可能产生的后果予以说明，并为个人提供拒绝自动化决策的选项。

通过自动化决策方式进行信息推送、商业营销的，应当同时提供不针对个人特征的选项，并向个人提供便捷的拒绝方式。

企业不得利用数据分析，对交易条件相同的交易相对人实施差别待遇，但是有下列情形之一的除外：

（一）根据交易相对人的实际需求，且符合正当的交易习惯和行业惯例，实行不同交易条件的；

（二）针对新用户在合理期限内开展优惠活动的；

（三）基于公平、合理、非歧视规则实施随机性交易的；

（四）法律、法规规定的其他情形。

前款所称交易条件相同，是指交易相对人在交易安全交易成本、信用状况、交易环节、交易持续时间等方面不存在实质性差别。

第三十九条　【分类管理】 企业应当建立个人信息分类管理制度，结合个人信息的主体属性、具体种类、敏感程度、处理方式、应用场景、对个人权益的影响、可能存在的安全风险等因素明确个人信息分类标准，并分别确定针对不同类型个人信息的处理规则、合规义务和保护标准。敏感个人信息及未成年人个人信息处理规则应当遵循法律、法规的相关规定。

第四十条　【个人信息保护影响评估】 企业应当针对业务中涉及的对个人权益有重大影响的数据处理活动开展个人信息保护影响评估，持续检验、监控个人信息处理活动的合法合规程度、对个人合法权益造成损害的各种风险以及相关保护措施的有效性，形成和保存个人信息保护影响评估报告和处理情况记录，并采取相应改进措施。

第四十一条　【建立个人信息权利行使的响应机制】 企业应当为用户行使《中华人民共和国个人信息保护法》赋予的各项权利提供便捷的申请受理和响应机制，明确合理的响应时限。

第二节　数据存储

第四十二条　【分级分域管理】 企业应当根据分类分级等内部规范对不同类型、风险等级和重要、敏感程度的数据进行分级分域管理，对不同数据进行物理隔离或强逻辑隔离，并采取相适应的安全保护措施和访问控制机制，维护数据的完整性、保密性、可用性。

企业应当通过加密存储、访问控制、校验技术等措施强化对重要数据和敏感个人信息的保护。

第四十三条　【数据存储介质管理】 企业应当根据数据类型、风险等级和重要、敏感程度等因素选择安全性能、防护级别与安全等级相适应的存储设备和介质，制定数据存储设备和介质清单，建立数据存储设备和介质管理制度，规范存储设备和介质的使用、操作、维修和故障处理，并对传递、使用数据存储设备和介质的行为建立审批和日志记录等管控机制，强化存储设备和介质的物理安全和加密管理。

第四十四条　【云平台存储】 企业使用第三方云平台进行数据存储的，应当要求云服务提供商定期报告云平台运行状态、安全状况等信息，并定期对第三方云平台的稳定性和采取的安全保护措施等进行审计，确保其具备充分的数据安全保护能力。

企业终止使用云平台存储服务的，有权取回数据、文档等资料并对其完整性、有效性进行验证。云服务提供商应当按照约定方式删除、销毁云平台存储的数据及副本。

第四十五条　【技术保护措施：去标识化、匿名化】 企业在存储数据时应当采取加密、去标识化、匿名化处理等安全技术措施，降低个人信息被篡改、破坏、泄露或者非法获取、非法利用等风险。经过去标识化处理的个人信息应当与其他个人信息分开存储，并严格控制访问权限。

第四十六条 【数据备份及恢复】企业应当建立重要数据和个人信息的备份与恢复机制，确定数据备份的范围、频率、方法和流程，并定期对备份数据进行恢复测试和完整性校验，防范数据意外损毁、丢失等风险。

第三节 数据传输和提供

第四十七条 【数据传输的合规要求】企业应当采取加密等安全保护措施确保数据传输介质和环境安全，保障重要数据和敏感个人信息传输过程的安全性，防范未经授权访问和数据泄露。

第四十八条 【向第三方提供数据的合规要求】企业因业务需要等正当理由向第三方提供或共享、委托处理数据的，应当对数据接收方进行事前资格审查并评估其数据安全保护能力。涉及提供重要数据、敏感数据的，应当留存相应的日志记录。

企业应当通过合同等形式与数据接收方约定处理数据的目的、范围、方式、限制与应采取的安全保护措施等事项，明确双方权利和义务，并对数据接收方的处理活动进行必要监督。发现数据接收方违反法律、法规规定或双方约定处理数据的，应当立即要求其停止相关行为并采取必要的补救措施；必要时应当暂停或终止向其提供数据，并监督数据接收方及时返还、删除、销毁已获得的数据。

第四十九条 【向第三方提供个人信息的合规要求与豁免】企业向第三方提供或共享、委托处理个人信息的，应当向个人告知接收方的名称或者姓名、联系方式、处理目的、处理方式和个人信息的种类，并按照法律规定征得个人单独同意。

第五十条 【共同处理场合下的合规要求】两个以上的企业共同决定个人信息的处理目的和处理方式的，应当约定各自的权利和义务、应采取的安全保护措施、发生数据安全事件时的补救与应急处置措施以及责任承担等事项。

第五十一条 【合作方管理】企业应当加强对合作方的合规管理，明确信息系统开发及运维、数据存储、数据处理等合作方的准入标准和资格审查机制，并通过签订合规协议等形式明确双方的权利和义务，以及合作方的数据处理权限、应采取的安全保护措施等事项。

企业应当定期对合作方进行合规检查和审计，并结合风险特征对合作方进行合规分级、分类管控，对不同风险级别的合作方采取相适应的合规管理措施。发现合作方存在严重违法、违规、违约行为或发生重大数据安全事故、丧失数据安全保障能力、故意不履行数据安全保护职责等情形的，应及时终止与其合作。

第五十二条 【第三方接入场景/SDK 的合规义务】企业在其产品或服务中接入由第三方提供的软件开发工具包的，应当事前对接入第三方进行安全检测，评估是否存在已知的安全漏洞以及可能引起数据泄露等安全事件的行为，并建立相应的接入第三方合规管理机制，通过签署开发者服务协议等形式明确双方的权利和义务、应采取的安全保护措施、发生数据安全事件时的补救与应急处置措施以及责任承担等事项，并留存第三方接入日志记录。

第三方软件开发工具包具备收集、处理个人信息功能的，企业应当要求该第三方如实、完整披露收集、处理个人信息的具体情况，并应将相关情况及时、准确告知所涉个人，并按照法律规定征得个人同意。

企业应当对第三方软件开发工具包进行持续安全监测，发现接入第三方存在违反法律、法规规定或双方约定处理数据，或未落实数据安全保护责任造成较大安全风险的，应当及时切断接入，并督促其采取整改措施。对于存在流量劫持、资费消耗、隐私窃取等恶意行为的第三方软件开发工具包应当取消其接入权限。

第五十三条　【合并、重组、分立、解散、破产场合下的合规要求】企业因兼并、重组、破产等原因需要转移数据的，应当制定数据转移方案，明确数据承接方及其应当履行的数据安全保护责任等事项，并以合适的方式通知受影响的个人。

作为数据承接方的企业应当继续承担数据合规义务和数据安全责任。因业务需要等正当理由确需改变数据处理目的、范围、方式的，应当重新征得所涉个人同意。

第四节　数　据　交　易

第五十四条　【数据交易场所的合规义务】数据交易场所应当建立数据来源可确认、使用范围可界定、交易过程可追溯、安全风险可防范的可信数据交易环境，制定平台准入、数据质量评估、交易管理、合规审查、信息披露、自律监管等规则，对场内交易进行管理，交易参与主体应当予以配合。

数据交易场所应当对场内交易进行合法性与合规性评估，并履行以下义务：

（一）要求数据提供方说明数据来源，并审核相关信息；

（二）审核数据交易双方身份和数据交易合同；

（三）留存相关审核、交易记录；

（四）监督数据交易、结算和交付；

（五）采取必要技术手段确保数据交易安全，保护个人信息、个人隐私、商业秘密、保密商务信息和重要数据；

（六）法律、法规规定的其他义务。

第五十五条　【数据来源合规】开展数据交易的企业应当建立针对数据来源的合规审查机制，确保数据获取手段合法合规、数据来源链路清晰，并经过所涉主体明确授权同意，不存在侵犯国家、公共利益或其他组织、个人合法权益的情况。

第五十六条　【数据内容合规】开展数据交易的企业应当建立针对数据内容的合规审查机制，不得交易含有以下内容的数据产品或服务：

（一）含有未经授权的个人信息的；

（二）含有侵犯他人知识产权或商业秘密的内容的；

（三）含有未经依法开放的公共数据的；

（四）含有国家核心数据或国家秘密的；

（五）含有法律、法规规定禁止交易的其他数据的。

第五十七条 【数据质量合规】开展数据交易的企业应当建立必要的数据质量校验机制，提升交易数据的准确性、完整性和及时性，并通过数据复核、交叉验证等方式强化重要数据、敏感数据的质量审查。

第五十八条 【反馈修改机制】开展数据交易的企业应当建立问题反馈和修改机制，对证明存在错误或侵权的数据及时采取更正、删除等补救措施。

第五十九条 【交易数据的使用监测】开展数据交易的企业应当通过与交易相对方签订数据使用协议等方式，明确交易数据的使用目的、范围、方式、处理限制与应采取的安全保护措施等事项，以及发生违约、侵权行为时的法律责任，并在合理范围内对数据使用行为进行监督。

数据购买方应当按照约定的目的、场景和方式合规使用数据，不得将通过交易获取的数据用于违反法律法规或双方约定的其他用途。

第六十条 【免责事由/容错机制】开展数据交易的企业对超出其可预见范围和技术控制能力的数据错误等质量瑕疵，在及时采取补救措施后仍造成损失的，应当允许其通过事前约定等方式减轻或免除相应责任，但对损失的发生存在故意或重大过失的除外。

开展数据交易的企业参照本指引数据交易合规要求，履行数据合规义务，其销售的交易标的已按照深圳数据交易所的上市合规评估流程完成合法性与合规性评估的，检察机关可视情况适用涉案企业合规程序。

第五节　数据删除和销毁

第六十一条 【应当删除、销毁数据的情形】企业应当建立数据存储冗余管理策略，定期对存储数据进行盘点，对于对实现处理目的不再必要的数据，应当及时进行删除或匿名化处理。

当出现以下情形时，企业应当对其持有的全部数据或相关数据进行删除、销毁：

（一）企业终止运营、解散或破产，且没有数据承接方的；

（二）约定的数据存储期限已经届满的，或发生约定的数据删除、销毁事由的；

（三）根据法律、法规规定应当删除、销毁数据的其他情形。

第六十二条 【数据删除与销毁的合规要求】企业应当建立数据删除和销毁的操作规程和管理制度，明确删除和销毁的对象、权限、流程和技术等要求，确保被销毁数据不可恢复，并对相关活动进行记录和留存。

企业对数据存储设备和介质进行报废处理的，应当事先采取格式化、重复删除、介质消磁等方式删除其中存储的数据，并采取物理损毁等方式对介质进行彻底销毁。

第六十三条 【删除个人信息的情形】符合下列情形之一的，企业应当在十五个工作日之内对相关个人信息进行删除或匿名化处理，并遵循可审计原则记录删除时间、操作人、数据内容等相关信息。个人信息处理者未删除的，个人有权请求删除：

（一）处理目的已实现、无法实现或者为实现处理目的不再必要；

（二）企业停止提供产品或者服务，或者保存期限已届满；

（三）个人撤回同意；

（四）企业违反法律、行政法规或者违反约定处理个人信息；

（五）法律、行政法规规定的其他情形。

法律、行政法规规定的保存期限未届满，或者删除个人信息从技术上难以实现的，企业当停止除存储和采取必要的安全保护措施之外的处理。

第五章　数据出境合规

第六十四条　【适用数据出境安全评估的情形】企业向境外提供数据，有下列情形之一的，应当通过所在地省级网信部门向国家网信部门申报数据出境安全评估：

（一）企业向境外提供重要数据；

（二）关键信息基础设施运营者和处理 100 万人以上个人信息的企业向境外提供个人信息；

（三）自上年 1 月 1 日起累计向境外提供 10 万人个人信息或者 1 万人敏感个人信息的企业向境外提供个人信息；

（四）国家网信部门规定的其他需要申报数据出境安全评估的情形。

第六十五条　【数据出境风险自评估的开展】企业在申报数据出境安全评估前，应当开展数据出境风险自评估，重点评估以下事项：

（一）数据出境和境外接收方处理数据的目的、范围、方式等的合法性、正当性、必要性；

（二）出境数据的规模、范围、种类、敏感程度，数据出境可能对国家安全、公共利益、个人或者组织合法权益带来的风险；

（三）境外接收方承诺承担的责任义务，以及履行责任义务的管理和技术措施、能力等能否保障出境数据的安全；

（四）数据出境中和出境后遭到篡改、破坏、泄露、丢失、转移或者被非法获取、非法利用等的风险，个人信息权益维护的渠道是否通畅等；

（五）与境外接收方拟订立的数据出境相关合同或者其他具有法律效力的文件等是否充分约定了数据安全保护责任义务；

（六）其他可能影响数据出境安全的事项。

第六十六条　【需要重新评估的情形】在数据出境安全评估的结果有效期内出现以下情形之一的，企业当重新申报评估：

（一）向境外提供数据的目的、方式、范围、种类和境外接收处理数据的用途、方式发生变化影响出境数据安全的，或者延长个人信息和重要数据境外保存期限的；

（二）境外接收方所在国家或者地区数据安全保护政策法规和网络安全环境发生变化以及发生其他不可抗力情形、数据处理者或者境外接收方实际控制权发生变化、数据处理者与境外接收方法律文件变更等影响出境数据安全的；

（三）出现影响出境数据安全的其他情形。通过数据出境安全评估的结果有效期为2年，自评估结果出具之日起计算。有效期届满，需要继续开展数据出境活动的，数据处理者应当在有效期届满60个工作日前重新申报评估。

第六十七条　**【明确约定数据安全保护责任义务】**企业应当在与境外接收方订立的法律文件中明确约定数据安全保护责任义务，至少包括以下内容：

（一）数据出境的目的、方式和数据范围，境外接收方处理数据的用途、方式等；

（二）数据在境外保存地点、期限，以及达到保存期限、完成约定目的或者法律文件终止后出境数据的处理措施；

（三）对于境外接收方将出境数据再转移给其他组织、个人的约束性要求；

（四）境外接收方在实际控制权或者经营范围发生实质性变化，或者所在国家、地区数据安全保护政策法规和网络安全环境发生变化以及发生其他不可抗力情形导致难以保障数据安全时，应当采取的安全措施；

（五）违反法律文件约定的数据安全保护义务的补救措施、违约责任和争议解决方式；

（六）出境数据遭到篡改、破坏、泄露、丢失、转移或者被非法获取、非法利用等风险时，妥善开展应急处置的要求和保障个人维护其个人信息权益的途径和方式。

第六十八条　**【向境外提供个人信息的条件】**企业因业务等需要，确需向中华人民共和国境外提供个人信息的，应当具备下列条件之一：

（一）依照《个人信息保护法》第四十条的规定通过国家网信部门组织的安全评估；

（二）按照国家网信部门的规定经专业机构进行个人信息保护认证；

（三）按照国家网信部门制定的标准合同与境外接收方订立合同，约定双方的权利和义务；

（四）法律、行政法规或者国家网信部门规定的其他条件。

中华人民共和国缔结或者参加的国际条约、协定对向中华人民共和国境外提供个人信息的条件等有规定的，可以按照其规定执行。

企业应当采取必要措施，保障境外接收方处理个人信息的活动达到法律规定的个人信息保护标准。

第六十九条　**【个人数据出境场景下的告知同意要求】**企业向中华人民共和国境外提供个人信息的，应当向个人告知境外接收方的名称或者姓名、联系方式、处理目的、处理方式、个人信息的种类以及个人向境外接收方行使《个人信息保护法》规定的各项权利的方式和程序等事项，并取得个人的单独同意。

第七十条　【个人信息出境场景下的个人信息保护影响评估】企业向境外提供个人信息的，应当事前进行个人信息保护影响评估，并对处理情况进行记录。个人信息保护影响评估应当包括下列内容：

（一）个人信息的处理目的、处理方式等是否合法、正当、必要；

（二）对个人权益的影响及安全风险；

（三）所采取的保护措施是否合法、有效并与风险程度相适应。个人信息保护影响评估报告和处理情况记录应当至少保存三年。

第七十一条　【适用个人信息保护认证的情形】企业通过经专业机构进行个人信息保护认证的方式向境外提供个人信息的，应当符合 TC260 - PG - 20222A《个人信息跨境处理活动安全认证规范》、GB/T35273《信息安全技术个人信息安全规范》的要求。

第七十二条　【适用出境标准合同的情形】企业通过订立标准合同的方式向境外提供个人信息的，应当同时符合下列情形：

（一）非关键信息基础设施运营者；

（二）处理个人信息不满 100 万人的；

（三）自上年 1 月 1 日起累计向境外提供个人信息不满 10 万人的；

（四）自上年 1 月 1 日起累计向境外提供敏感个人信息不满 1 万人的。

法律、行政法规或者国家网信部门另有规定的，从其规定。企业不得采取数量拆分等手段，将依法应当通过出境安全评估的个人信息通过订立标准合同的方式向境外提供。

第七十三条　【遵守出口管制要求的合规义务】国家对与维护国家安全和利益、履行国际义务相关的属于管制物项的数据依法实施出口管制，企业向境外提供涉及出口管制的数据的，应当依法向有关部门申请出口许可证；可能危害国家安全和利益的，不得向境外提供。

第七十四条　【境外司法或执法机构调取数据场景下的合规义务】非经中华人民共和国主管机关批准，企业不得向外国司法或者执法机构提供存储于中华人民共和国境内的数据。

第六章　附　　则

第七十五条　【基本概念】本指引所称的概念含义如下：

（一）数据，是指任何以电子或者其他方式对信息的记录；

（二）个人信息，是指以电子或者其他方式记录的与已识别或者可识别的自然人有关的各种信息，不包括匿名化处理后的信息；

（三）敏感个人信息，是指一旦泄露或者非法使用，容易导致自然人的人格尊严受到侵害或者人身、财产安全受到危害的个人信息,包括生物识别、宗教信仰、特定身份、医疗健康、金融账户、行踪轨迹等信息,以及不满十四周岁未成年人的个人信息。

(四)重要数据,是指一旦遭到篡改、破坏、泄露或者非法获取、非法利用等,可能危害国家安全、经济运行、社会稳定、公共健康和安全等的数据;

(五)国家核心数据,是指关系国家安全、国民经济命脉、重要民生、重大公共利益等的数据:

(六)数据处理,包括数据的收集、传输、存储、加工、使用、提供、公开等;

(七)数据安全,是指通过采取必要措施,确保数据处于有效保护和合法利用的状态,以及具备保障持续安全状态的能力;

(八)数据合规,是指企业通过采取必要措施,确保其在日常经营活动中的数据处理行为达到个人信息保护、网络安全、数据安全等方面的法律要求的状态:

(九)数据合规管理,是指以预防和降低涉数据违法犯罪和数据安全风险为目的,以企业及其员工行为为管理对象,开展的一系列管理活动;

(十)自动化决策,是指通过计算机程序自动分析、评估个人的行为习惯、兴趣爱好或者经济、健康、信用状况等,并进行决策的活动;

(十一)数据交易场所,是指经深圳市政府批准成立的,组织开展数据交易活动的交易场所。

第七十六条 【指引的解释】本指引由深圳市人民检察院、深圳市互联网信息办公室、深圳市司法局、深圳市发展和改革委员会、深圳数据交易所负责解释。

第七十七条 【施行日期】本指引自发布之日起施行。

深圳市卫生健康委员会关于印发
《深圳市卫生健康数据管理办法》的通知

深卫健规〔2023〕3 号

各有关单位:

为了规范卫生健康数据活动,保障数据安全,保护个人和组织的合法权益,促进卫生健康数据有序流动和开放共享,我委制定了《深圳市卫生健康数据管理办法》,现予以印发,请遵照执行。

深圳市卫生健康委员会
2023 年 11 月 16 日

深圳市卫生健康数据管理办法

第一章　总　　则

第一条　为了规范卫生健康数据活动，保障数据安全，维护个人和组织的合法权益，促进卫生健康数据有序流动和开放共享，根据《中华人民共和国个人信息保护法》《中华人民共和国数据安全法》《深圳经济特区医疗条例》《深圳经济特区健康条例》《深圳经济特区数据条例》等法律法规规定，结合本市卫生健康工作实际，制定本办法。

第二条　本市辖区范围内卫生健康行政部门、医疗卫生机构及其工作人员开展的卫生健康数据处理活动及其监督管理适用本办法。

涉及国家秘密的数据处理活动，按照国家有关规定执行。

第三条　本办法中下列用语的含义：

（一）卫生健康数据，是指在疾病防治、健康管理、医学教学和科研、医疗管理、行业管理等过程中产生的与卫生健康相关的数据。

（二）卫生健康公共数据，是指在依法履行公共管理职责或者提供公共服务过程中收集或者产生的，以一定形式记录、保存的卫生健康数据。

（三）卫生健康个人数据，是指依法收集或者产生的，载有可识别特定自然人信息的卫生健康数据，不包括匿名化处理后的数据。

（四）卫生健康敏感个人数据，是指一旦泄露或者非法使用，容易导致自然人的人格尊严受到侵害或者人身、财产安全受到危害的卫生健康个人数据，以及不满十四周岁未成年人的卫生健康个人数据。

（五）数据处理，是指数据的收集、存储、使用、加工、传输、提供、公开、删除等行为。

第四条　市卫生健康行政部门依法负责全市卫生健康数据处理的管理工作，统筹规划、指导、评估、监督全市卫生健康数据处理活动，建立健全卫生健康数据治理体系、管理制度和标准规范，在职责范围内组织开展卫生健康数据处理活动，推动卫生健康数据开放共享。

区卫生健康行政部门依法负责辖区内卫生健康数据处理的管理工作，在职责范围内组织开展卫生健康数据处理活动，推动卫生健康数据开放共享。

第五条　医疗卫生机构依法负责本单位卫生健康数据处理的管理工作，建立完善本单位卫生健康数据管理制度，开展卫生健康数据处理活动。

第六条　本办法第四条、第五条规定的单位（以下统称责任单位）应当按照分类应用、分级授权、权责一致的原则对卫生健康数据处理活动进行规范管理，履行数据安全保护义务，不得损害国家利益、公共利益以及其他组织或者个人的合法权益，并符合合法、正当、必要、安全的要求。涉及生物安全的卫生健康数据处理活动，还应当符合生物安全管理的有关规定。

鼓励企业、科研机构、高等院校等参与卫生健康数据科学研究和开发应用。

第二章　数据处理的一般规定

第七条　市卫生健康行政部门依托城市大数据中心组织建设、运营、维护深圳市卫生健康数据中心（以下简称市卫生健康数据中心）。市卫生健康数据中心按照"一数一源"原则，收集、存储全市卫生健康数据，分类形成卫生健康资源配置、居民电子健康档案、电子病历、疾病和健康危险因素监测等卫生健康相关主题数据库，统一、集约、安全、高效管理全市卫生健康数据资源，支持智慧健康建设、数字健康产业发展。

市、区卫生健康行政部门分别建设市、区卫生健康信息化平台，实现卫生健康数据互通共享，并将卫生健康数据汇聚至市卫生健康数据中心统一管理。

第八条　责任单位应当明确本单位卫生健康数据管理的分管负责人和责任部门，并配备专职或者兼职工作人员，建立健全本单位数据管理制度，加强单位内部信息共享管理，组织开展数据安全和个人信息保护教育培训，落实数据安全保护责任。

第九条　市卫生健康行政部门组织编制并公布全市卫生健康公共数据资源目录，制定卫生健康数据标准、安全和处理等相关规范，按照有关规定对卫生健康数据实行分类分级及安全管理，并将卫生健康公共数据资源纳入深圳市公共数据资源目录体系管理，规范卫生健康公共数据共享目录和开放目录。

第十条　卫生健康行政部门为履行法定职责处理卫生健康个人数据的，应当在处理前集中公告个人数据处理规则；个人数据处理规则未规定的，应当依法向个人告知。

医疗卫生机构处理卫生健康个人数据的，应当在处理前依法向个人进行告知，并取得个人或者其监护人的明确同意，涉及卫生健康个人敏感数据的，应当取得单独同意。

法律、行政法规另有规定的除外。

第十一条　责任单位为应对突发公共卫生事件，或者紧急情况下为保护自然人的生命健康和财产安全需要处理卫生健康个人数据的，应当按照最小必要原则，在法律法规规定的范围内进行数据处理，不得用于其他用途。

未经个人或者其监护人同意，责任单位及其工作人员不得公开其姓名、出生日期、身份证件号码、生物识别信息、住址、电话号码、电子邮箱、健康信息、行踪信息等信息，因应对突发公共卫生事件需要且经匿名化处理的除外。

第十二条　责任单位进行卫生健康数据处理时，应当按照有关规定实施合规审计。开展涉及人的生命科学和生物医学研究的卫生健康数据处理活动，应当按照有关规定进行伦理审查。

第十三条　责任单位按规定委托相关单位开展卫生健康数据处理活动的，应当与被委托单位签订委托协议和保密协议，明确委托数据处理的目的、期限、处理方式、涉及的数据范围和种类、委托结束后的数据删除、数据安全保护措施和责任、违约责任等双方权利义务，并应当明确未经责任单位同意，被委托单位不得将数据处理转委托第三方处理。责任单位应当对被委托单位开展数据活动进行监督。

第三章　数据收集、传输和存储

第十四条　责任单位收集卫生健康数据时，应当根据工作需要，明确数据收集的目的、范围、期限、处理规则、安全管理措施等。

责任单位应当真实、准确、按时、完整收集卫生健康数据，加强数据质量控制。

第十五条　责任单位在收集、存储卫生健康个人数据时，应当依法告知当事人数据收集和存储的必要性、目的、范围、期限、处理规则以及对个人权益的影响，并按规定取得当事人同意，且不得违反法律法规规定和双方的约定。

责任单位不得在法律、行政法规规定的范围外收集、存储可识别个人身份的人脸、指纹、虹膜等生物识别信息。

第十六条　责任单位应当对数据传输、存储采取下列安全防护措施：

（一）对涉及工作秘密、商业秘密、知识产权和个人信息以及其他敏感信息等数据采用国密算法进行加密；

（二）采用由密码技术支持的网络传输通道保护机制，保障通信网络数据传输的完整性、机密性，并具备应急恢复能力；

（三）数据存储在境内安全可信的服务器上，选取安全性能、防护级别与其安全等级相匹配的存储载体；

（四）建立可靠的数据容灾备份机制，保证数据的有效归档、恢复和使用；

（五）对身份鉴别、安全策略、异地备份、系统恢复等重要操作实行安全审计；

（六）法律、法规、规章和网络安全部门、卫生健康行政部门等规定的其他措施。

第十七条　医疗卫生机构应当按照深圳市居民电子健康档案管理规范要求，在本机构信息系统中为实名就医的个人建立身份标识唯一、基本数据项一致的居民电子健康档案，记录为其提供的健康服务信息，并按照全市统一的接口规范、数据标准和质量控制等要求，依法依规将数据录入或者上传至卫生健康信息化平台，实现居民电子健康档案联网管理。

使用电子病历系统的医疗卫生机构还应当依法将患者的电子病历数据上传至卫生健康信息化平台实现联网管理。

第十八条　鼓励产生卫生健康数据的企事业单位、科研机构等其他单位将卫生健康数据按照规范传输至市卫生健康数据中心。

第四章 数据使用、加工和删除

第十九条 责任单位应当制定本辖区、本单位数据使用、加工的权限管理制度，责任单位工作人员应当在权限范围内使用、加工数据。

第二十条 责任单位应当建立电子实名认证和数据访问控制制度，防止数据泄露或者被非法使用。数据的访问日志应当保存 6 个月以上，对居民电子健康档案、医学证明文件、归档电子病历以及其他医学文书的数据访问日志应当保存 3 年以上。

第二十一条 医疗卫生机构为居民提供预防保健、健康管理、临床诊疗、互联网诊疗等医疗卫生服务时，经个人或者其监护人同意，可以依法查阅其居民电子健康档案。

符合下列情形之一的，医疗卫生机构可以依法查阅个人电子病历：

（一）个人或者其监护人单独同意；

（二）为居民提供医疗卫生服务时，查阅其在本机构以及属于同一法人单位的医疗机构的电子病历；

（三）为应对突发公共卫生事件，或者紧急情况下为保护自然人的生命健康所必需；

（四）法律、行政法规规定的其他情形。

第二十二条 医疗卫生机构基于个人同意查阅居民电子健康档案和个人电子病历的，应当由个人或其监护人在充分知情的前提下自愿、单独同意。个人或者其监护人可以选择下列同意方式：

（一）同意医疗卫生机构为个人提供本次卫生健康服务时查阅；

（二）同意医疗卫生机构为个人提供卫生健康服务时均可以查阅。

医疗卫生机构取得前款规定的个人同意的，个人或者其监护人有权撤回其同意，医疗卫生机构应当提供便捷的撤回同意的方式。个人撤回同意的，不影响撤回前基于个人同意已进行的个人信息处理活动的效力。

第二十三条 医疗卫生机构在查阅居民电子健康档案或者个人电子病历时，不得违规进行拍照、录像、截屏、复制和本地保存等操作，不得用于卫生健康以外的目的。法律、行政法规另有规定的除外。

第二十四条 责任单位在委托、授权数据使用、加工时，应当对数据安全进行评估，并采取下列安全措施，保障数据安全：

（一）根据数据使用、加工的实际需要，制定并执行符合最小必要原则的数据提取方案；

（二）采取必要措施保障数据安全；

（三）及时清理、删除提取过程所产生的中间数据；

（四）保留数据使用过程中的申请、审批和删除记录；

（五）其他必要的安全措施。

第二十五条 对数据加工过程中临时保存的数据，以及保存或者使用期限届满后的数据，责任单位应当采用无法还原的方式及时进行删除，并验证数据删除操作的可信性，重点关注数据残留风险及数据备份风险。法律、法规另有规定的除外。

数据删除的审批流程、操作记录等资料应当存档保存。

第二十六条 按照"谁使用、谁负责、谁解释"的原则，由数据使用者负责卫生健康数据使用的对外解释。数据使用者应当收集数据使用过程中出现的问题，并积极与数据提供者协商处理。

第五章 数据共享和开放

第二十七条 责任单位应当建立卫生健康公共数据的共享对接机制，在卫生健康公共数据共享目录范围内，应有关国家机关、事业单位、医疗卫生单位等公共管理和服务机构的申请，依法共享卫生健康公共数据，并做好登记和管理。

第二十八条 责任单位应当要求卫生健康公共数据共享申请单位列明申请的数据字段，明确数据使用的依据、目的、范围、方式、期限等，并要求其按照规定加强共享数据使用管理，不得超出使用范围、期限或者用于其他目的。

责任单位依据规定的共享条件以及申请单位履行职责的需要进行审核，核定应用业务场景、用数单位、所需数据、共享模式、截止时间等要素，按照最小授权原则，确保卫生健康公共数据按需、安全共享。

第二十九条 责任单位共享数据涉及卫生健康个人数据的，应当取得个人或者其监护人的单独同意，因履行法定职责或者法定义务所必需、应对突发公共卫生事件或者紧急情况下为保护自然人的生命健康和财产安全所必需等法律、行政法规另有规定的除外。

申请单位应当配合责任单位取得申请共享的个人数据所涉个人或者其监护人作出的单独同意的资料。

第三十条 申请共享卫生健康公共数据涉及卫生健康个人数据的，责任单位应当要求申请单位提供以下资料：

（一）收集处理卫生健康个人数据的法律、法规、规章等依据；

（二）提供明确的所需共享数据的人员名单；

（三）数据接收方的名称、联系方式、处理目的、处理方式和个人信息的种类；

（四）限于实现处理目的所必要的最小范围、采取对个人权益影响最小的方式等个人信息保护措施。

申请单位无法明确共享数据人员名单的，责任单位可以提供卫生健康公共数据共享查询接口，按照最小必要原则与申请单位协商确定涉及个人的范围和触发数据共享查询的条件，以确定共享数据人员名单。

第三十一条 责任单位应当在卫生健康个人数据共享前，通过短信、电话、网络、微信等方式，向数据所涉及个人或者其监护人发送信息告知数据接收方的名称、联系方式、处理目的和处理方式和个人信息的种类。法律、法规另有规定的除外。

第三十二条 国家机关、事业单位申请共享卫生健康公共数据的，由卫生健康行政部门通过城市大数据中心的公共数据共享平台，按照规定提供共享。

第三十三条 区卫生健康行政部门、市属医疗卫生单位申请共享卫生健康公共数据的，由市卫生健康行政部门通过市卫生健康信息化平台，按照规定提供共享。

区属医疗卫生单位申请共享卫生健康公共数据的，由区卫生健康行政部门通过区卫生健康信息化平台，按照规定提供共享。

第三十四条 责任单位应当规范数据共享管理，对不能通过公共数据共享平台或者卫生健康信息化平台共享卫生健康公共数据的，应当按照法律、法规等规定提供数据共享，并履行个人信息保护职责。

第三十五条 下列卫生健康公共数据不予共享：

（一）除法律、行政法规另有规定外，涉及工作秘密、商业秘密、知识产权的数据；

（二）除法律、行政法规另有规定外，共享后可能危害国家安全、公共安全、经济安全、社会稳定、公众健康或者公共利益的数据；

（三）法律、法规规定的其他不予共享的数据。

第三十六条 卫生健康行政部门通过公共数据共享平台无条件共享基本医疗卫生服务目录、收费价格、医疗卫生公共信用信息、医疗卫生相关证照和其他依法应当主动公开的卫生健康公共数据。

第三十七条 公安机关、司法、人力资源社会保障部门、医疗保障部门、保险等部门，因办理案件或者社会保险审核等需要，直接向数源责任单位提出卫生健康数据需求的，责任单位应当依法予以提供。

第三十八条 卫生健康公共数据开放坚持公平有序、安全可控、分类管理的原则，不得侵害国家利益、公共利益和个人、组织的合法权益。

第三十九条 责任单位应当向成年居民本人、未成年人的监护人开放居民电子健康档案和电子病历，提供在线查询、复制、更新、使用、授权等功能，并通过电子签名、数字水印等技术保障数据防篡改、防泄露、可追溯。

第四十条 责任单位通过公共数据开放平台向社会提供可机器读取的卫生健康公共数据，按照向社会开放条件分为无条件开放、有条件开放和不予开放三类。

无条件开放的卫生健康公共数据，是指应当无条件向自然人、法人和非法人组织开放的公共数据。

有条件开放的卫生健康公共数据，是指按照特定方式向自然人、法人和非法人组织平等开放的卫生健康公共数据。

不予开放的卫生健康公共数据，是指涉及国家安全、商业秘密和个人隐私，或者法律、法规等规定不得开放的公共数据。

第四十一条　责任单位开放卫生健康数据时，应当评估可能带来的安全风险，并采取必要的安全防控措施。

第四十二条　任何组织和个人不得以再识别或者推断个人身份为目的对共享和开放的卫生健康数据进行数据处理。

第六章　安全和监管

第四十三条　责任单位应当严格落实数据安全主体责任，制定数据安全管理制度和数据安全应急预案，定期开展数据安全测评、风险评估和应急演练，保障卫生健康数据安全。

第四十四条　责任单位应当按照国家网络安全等级保护制度要求，构建可信的网络安全环境，加强卫生健康数据相关系统安全保障体系建设，开展网络安全定级、备案、测评等工作，提升关键信息基础设施和重要信息系统的安全防护能力。

第四十五条　责任单位应当建立安全预警和信息报告制度，加强日常检查和监测预警，及时发现数据泄露等异常情况。

发生数据安全事件的，责任单位应当立即启动应急预案，采取补救措施，按照规定及时向数据主管部门和上一级卫生健康行政部门报告，并依法及时告知相关组织或者个人。

第四十六条　卫生健康行政部门应当加强对卫生健康数据处理活动的监督，对责任单位的数据报送情况、数据质量、数据应用等进行检查评估。

第四十七条　医疗卫生机构应当建立健全数据安全管理制度，结合工作实际细化数据安全操作规程和技术规范，涉及的管理制度每年至少修订一次，与数据管理工作人员每年度签署保密协议。

第四十八条　责任单位及其工作人员违反本办法规定的，依据《中华人民共和国数据安全法》《中华人民共和国个人信息保护法》《深圳经济特区数据条例》《深圳经济特区医疗条例》《深圳经济特区健康条例》等规定予以处理。

第七章　附　　则

第四十九条　本办法自 2024 年 1 月 1 日起施行，有效期 5 年。

后　记

从 2020 年起，我们开始关注跟踪数据资产的发展，并陆续围绕数字经济、数据资产的确权及交易、公共数据授权运营、公共数据资产管理等领域开展研究。期间，我们赴上海、山东、江西等地，以及科技、金融等行业开展调研，同时联合数据开发应用领域、会计领域和评估领域的相关专家、学者开展多项专题研究，形成了相关成果，积累了相关经验。

几年间，我们见证了数据资产从最初的悄然萌芽，到现在的苗壮生长，并对它未来的发展充满期待和信心。为此，我们希望将数据资产的前世今生生动直观地展现给读者，把我们关于数据资产的研究和思考毫无保留地与读者分享，让更多的人了解它、关注它、培育它、应用它。

为编写好本书，我们认真学习领会"数据二十条"等相关文件精神，精心策划本书内容。本书共四个章节，围绕"数据资产"这个核心展开。第一章基础知识，详细阐释了数据、数据资源、数据资产的内涵与联系；第二章数据资产化，清晰展示了数据从应用场景构建、加工、确权、价值衡量，到最终价值实现的数据资产化路径全貌；第三章公共数据与公共数据资产，系统梳理了公共数据共享开放、授权运营的相关文件出台情况和实践探索情况，进一步明确了加强公共数据资产管理的重要意义；第四章数据安全，全面介绍了数据安全内涵、数据安全法律法规制度建设情况、数据安全风险点，以及数据安全保护措施。

本书所附的许多案例来自国有企业和地方有关部门，对已经公开的案例，我们直接写明相关主体和来源；对尚未公开的案例，或因案例提供者要求，不宜实名的，我们做了匿名处理。在此，对相关部门、单位和企业的贡献表示衷心感谢。同时，为方便读者查阅，本书收集整理了近几年出台的，与本书内容相关的法律法规制度文件。

　　本书编写人员来自政府部门、商业银行、数据公司、科创企业、医院、基金公司等，在大家的辛勤付出下才有了本书的出版。我们热切地盼望能把对数据资产的认识、理解和思考传递给读者，使读者在阅读过程中清晰地感受到数据资产化的脉络，认识到数据资产的价值。书籍是作者与读者的对话，能与读者产生共鸣和碰撞将是我们最大的收获。希望我们以本书为契机，共同在数据资产领域开展更加深入的探索实践，不负伟大时代，推动数据资产在数字经济发展中茁壮成长、熠熠生辉。